HANDBUCH DER LEHRE VON DER VERTEILUNG DER PRIMZAHLEN.

VON

DR. EDMUND LANDAU,

ORDENTLICHEM PROFESSOR DER MATHEMATIK AN DER KÖNIGLICHEN GEORG-AUGUST-UNIVERSITÄT ZU GÖTTINGEN.

ERSTER BAND.

LEIPZIG UND BERLIN.
DRUCK UND VERLAG VON B. G. TEUBNER.
1909.

MEINER LIEBEN FRAU

GEWIDMET.

Vorwort.

Die Lehre von der Verteilung der Primzahlen ist als eines der allerwichtigsten Kapitel der mathematischen Wissenschaft anzusehen; sind doch die Primzahlen die Bausteine, aus denen die ganzen Zahlen zusammengesetzt sind, und die ganzen Zahlen das Fundament, auf dem sich nach Hinzufügung der nicht ganzen Zahlen und der Funktionen das Gebäude der Analysis erhoben hat. Daher sind die Probleme, um welche es sich in diesem Werke handelt, auch dem Laien verständlich; ihre Lösung aber ist den größten Mathematikern des neunzehnten Jahrhunderts nicht gelungen und ist erst einer jüngeren Generation und der Zeit vom letzten Dezennium des verflossenen Jahrhunderts an vorbehalten geblieben. Manches wichtige Problem harrt noch heute seiner Erledigung.

Die Lehre von der Verteilung der Primzahlen entbehrte noch vor kurzem überhaupt der sicheren Grundlage, während es jetzt gelungen ist, eine Reihe von Sätzen zu beweisen, welche man früher nur durch heuristische Begründungen plausibel machen konnte. Der Anstoß dazu wurde durch Herrn Hadamard gegeben; er hat durch seine tiefen funktionentheoretischen Untersuchungen, deren Publikation 1888 begann, die Mittel geschaffen, um die schon von Riemann für den vorliegenden Zweck eingeführte sogenannte Zetafunktion erfolgreich anzuwenden. Die so entstandene, noch junge Disziplin hat eine zusammenhängende Darstellung mit Ausführung der Beweise bisher nicht gefunden. Das ausgezeichnete, 1894 erschienene Lehrbuch der analytischen Zahlentheorie von Herrn Bachmann (Leipzig, Teubner), dem ich seinerzeit die Anregung zur Beschäftigung mit diesem Thema verdankte, konnte noch keine Darstellung jener neueren Methoden und Beweise enthalten, da dieselben damals in der Hauptsache noch nicht veröffentlicht waren. Ferner ist eine ausführliche Monographie über das Primzahlproblem von Herrn Torelli im Jahre 1901 erschienen, unter dem Titel: Sulla totalità dei numeri primi fino a un limite assegnato (Atti della Reale Accademia delle Scienze Fisiche e Matematiche, Napoli, Ser. 2, Bd. 11, No. 1). Herr Torelli bespricht zunächst die älteren Arbeiten; er gibt dann eine recht vollständige Übersicht über die in neuerer Zeit (bis zum Jahre 1901) gewonnenen Resultate und führt auch die rein zahlentheoretischen Teile der Beweise größtenteils näher aus. Jedoch erwähnt er die neueren funktionentheoretischen Hilfsmittel meist ohne Beweis und begnügt sich bei der Darstellung der Anwendungen der Funktionentheorie auf die Primzahltheorie meist mit einer kurzen Skizze des Beweisganges. Dadurch erleichtert er dem Leser das Studium der Originalabhandlungen; er beabsichtigt aber nicht, ihm die Beweise der Sätze aus der Primzahltheorie ohne Hinzuziehung der Originalabhandlungen zugänglich zu machen.

Das Bedürfnis nach einem Lehrbuch der Primzahltheorie ist also bisher nicht erfüllt worden. Ein um die Wende des Jahrhunderts erschienenes Lehrbuch wäre auch schon veraltet, da seitdem eine Reihe größerer Abhandlungen erschienen ist, welche alle wesentlichen früher erlangten Resultate durch einheitliche Methoden und auf erheblich abgekürzten Wegen herleiteten und eine Reihe weiterer Ergebnisse hinzufügten, die auf den alten Wegen unerreicht geblieben waren. Insbesondere gelang es, ganz bestimmte Vermutungen zu beweisen — oder zu widerlegen (meist ersteres), welche schon Jahrzehnte hindurch, zum Teil schon seit Euler, in der Literatur ausgesprochen waren. Da jene neueren Abhandlungen fast ausnahmslos einen und denselben Verfasser haben, wird der Leser es diesem nicht verdenken, wenn er hiermit einen langgehegten Plan ausführt, im Zusammenhange die gesicherten Wahrheiten der Primzahltheorie mit vollständigen Beweisen darzustellen.

Bevor ich dies unternahm, habe ich zur gründlichen Durcharbeitung des Stoffes in einer einstündigen Vorlesung an der Berliner Universität „Theorie der Riemann'schen Zetafunction, mit Anwendung auf die Zahlentheorie" im Sommersemester 1903 und namentlich in zwei vierstündigen Vorlesungen „Über die Verteilung der Primzahlen" in den Sommersemestern 1908 (Berlin) und 1909 (Göttingen) die Hauptkapitel des vorliegenden Werkes vorgetragen; einer meiner Schüler, der auch die zweite Berliner Vorlesung gehört hat und schon selbst mit Erfolg produktiv in diesem Gebiet tätig war, Herr Dr. Walter Schnee, war so freundlich, mich bei der Durchsicht der Korrekturbogen zu unterstützen. Ich benutze ferner gern diese Gelegenheit, um meinem Freunde und Studiengenossen Dr. Rudolf Ziegel, Dozenten an der Handelshochschule Berlin und Mathematiker der Versicherungsgesellschaft „Victoria", meinen Dank dafür auszusprechen, daß er sich der liebenswürdigen Mühe unterzogen hat, die Druckbogen nicht nur dieses Werkes, sondern auch meiner sämtlichen mathematischen Abhandlungen von der Dissertation (1899) an bis jetzt durchzusehen. Ich spreche auch der Firma B. G. Teubner in Leipzig meinen besten Dank für die schöne Ausstattung dieses Werkes und für ihr Eingehen auf zahlreiche Wünsche aus.

Ich bemerke ausdrücklich, daß ich aus der Zahlentheorie nur die allerersten Anfangsgründe voraussetze: Die Tatsache, daß jede ganze Zahl eindeutig in Primfaktoren zerlegbar ist, und — vom zweiten Buch an — die einfachsten Sätze über Kongruenzen. Auch aus der Theorie der Funktionen einer komplexen Variablen setze ich zwar gründliche Beherrschung ihrer Elemente (also des Cauchyschen Integralsatzes mit seinen klassischen Folgerungen) voraus, nicht aber neuere Sätze (wie etwa die Hadamardsche Theorie der ganzen transzendenten Funktionen), welche ich durchweg im Verlaufe meiner Darstellung entwickle, soweit ich sie gebrauche.

In einer langen Einleitung gebe ich eine ausführliche historische Übersicht über die wichtigsten Etappen der Entwicklung des Primzahlproblems und die präzise Formulierung der in der Folge zu beweisenden Hauptsätze. Übrigens bezieht sich diese Einleitung nur auf die zwei ersten Bücher; jedes der vier späteren Bücher erhält seine eigene historische Einleitung.

Das erste Buch beschäftigt sich vor allem damit, einen Satz zu beweisen und in seinen tiefsten Gründen zu beleuchten, welcher kurz als der „Primzahlsatz" bezeichnet wird und überhaupt als das wichtigste Theorem der Primzahltheorie anzusehen ist; derselbe besteht in der Gleichung

$$\lim_{x=\infty} \frac{\pi(x)}{\frac{x}{\log x}} = 1,$$

wo $\pi(x)$ die Anzahl der Primzahlen $\leqq x$ und $\log x$ den natürlichen Logarithmus von x bezeichnet. Dieser Satz ist schon von Gauß in seiner Jugend vermutet worden; er wurde aber erst im Jahre 1896 bewiesen, und zwar gleichzeitig von Herrn de la Vallée Poussin und Herrn Hadamard (von letzterem in einer etwas anderen Gestalt, die sich leicht in die obige überführen läßt).

Im ersten Teil (dem Beginn des ersten Buches) zeige ich, wie weit man in dieser Richtung mit ganz elementaren Methoden gelangen kann; darunter verstehe ich solche, welche mit endlichen Summen operieren, und nehme natürlich keinen Anstand, zur Abschätzung endlicher Summen die Hilfsmittel der Integralrechnung zu benutzen. Im zweiten Teil zeige ich die Tragweite der Einführung einer bestimmten Klasse unendlicher Reihen mit reeller Variablen; es sind dies die sogenannten Dirichletschen Reihen vom Typus

$$\sum_{n=1}^{\infty} \frac{a_n}{n^s}.$$

Übrigens liefert diese Einführung nicht viel mehr als die elementaren Methoden und macht nur manchen Zusammenhang übersichtlicher. Erst im dritten Teil, der die klassischen Hilfsmittel aus der Theorie der Funktionen einer komplexen Variablen hinzunimmt, beweise ich den Primzahlsatz und noch schärfere Relationen über $\pi(x)$ mit vielen Folgerungen. Für den Beweis des Primzahlsatzes schlage ich einen anderen Weg ein als seine beiden Entdecker und schließe mich an eine von mir im Jahre 1903 veröffentlichte Abhandlung an. Die Methode unterscheidet sich dadurch wesentlich von den beiden älteren, daß ich die Hadamardsche Theorie der ganzen transzendenten Funktionen nicht benutze, sondern um so rascher mit den klassischen funktionentheoretischen Hilfsmitteln allein zum Ziele gelange. Im vierten Teil entwickle ich, soweit ich sie gebrauche, die Hadamardschen Sätze über ganze transzendente Funktionen und deren Anwendungen auf die Verteilung der Nullstellen der Riemannschen Zetafunktion und auf das Primzahlproblem. Bei dieser Gelegenheit beweise ich auch eine von Riemann heuristisch hergeleitete und erst von Herrn von Mangoldt bewiesene Identität für die Anzahl der Primzahlen unter einer gegebenen Größe.

Das zweite Buch behandelt die Primzahlen einer arithmetischen Progression, deren Anfangsglied und Differenz teilerfremd sind. Die zwei ersten Teile des zweiten Buches (Teil 5—6 des Werkes) sind übrigens von dem langen und schwierigen Teil 4 (im ersten Buch) unabhängig und können in unmittelbarem Anschluß an Teil 3 gelesen werden. Teil 5—7 entsprechen in ihrer Anlage den Teilen 2—4 im ersten Buch; auf die Vermeidung Dirichletscher Reihen (wie im Teil 1) habe ich hier als unlohnend verzichtet. Es enthält also Teil 5 die Anwendung der Dirichletschen Reihen mit reellen Variabeln, insbesondere den berühmten Dirichletschen Beweis vom Vorhandensein unendlich vieler Primzahlen in der Progression, Teil 6 die Anwendung der klassischen funktionentheoretischen Hilfsmittel auf die betreffenden Dirichletschen Reihen als Funktionen komplexen Argumentes, Teil 7 das Studium der Verteilung der Nullstellen dieser Funktionen unter Anwendung aller zu Gebote stehenden Hilfsmittel. Insbesondere beweise ich im Teil 6 u. a. für die Anzahl $\Pi(x)$ der Primzahlen $\leqq x$ in der Progression $ky + l$ die Relation

$$\lim_{x=\infty} \frac{\Pi(x)}{\frac{x}{\log x}} = \frac{1}{\varphi(k)},$$

welche dem Primzahlsatz entspricht (und wo $\varphi(k)$, wie gewöhnlich, die Anzahl der teilerfremden Restklassen modulo k bezeichnet), im

Teil 7 u. a. eine genaue Formel für die Primzahlmenge der Progression, welche die Riemannsche verallgemeinert. Teil 8 enthält einige Anwendungen der gefundenen Ergebnisse auf andere mathematische Probleme.

Im dritten Buch, welches ohne Kenntnisnahme des zweiten Buches gelesen werden kann, behandle ich analog zwei mit $\mu(n)$ und $\lambda(n)$ bezeichnete zahlentheoretische Funktionen (die sogenannte Möbiussche und Liouvillesche Funktion) und im vierten Buch dieselben Funktionen für die Zahlen einer arithmetischen Progression.

Im fünften Buch löse ich einige andere Probleme der Primzahltheorie, welche dem Leser, der sich in die Methoden eingearbeitet hat, auch dankbare Stoffe zu eigenem Schaffen bieten können.

Im sechsten Buch untersuche ich im Zusammenhang die Eigenschaften der sogenannten Dirichletschen Reihen vom speziellen Typus

$$\sum_{n=1}^{\infty} \frac{a_n}{n^s},$$

von denen im vorangehenden schon so manches mitbewiesen war, und vom allgemeineren Typus

$$\sum_{n=1}^{\infty} a_n e^{-\lambda_n s},$$

wo die λ_n eine beliebige Folge monoton ins Unendliche wachsender Größen sind.

Die Ausführlichkeit der Darstellung soll dem Leser das Eindringen in diese schwierige Materie erleichtern; in den Originalabhandlungen nehmen naturgemäß die entsprechenden Beweisführungen oft einen viel geringeren Raum ein.

Die Titel der im Laufe des Buches benutzten Abhandlungen und vieler weiterer Arbeiten über die Verteilung der Primzahlen und die damit innig verbundene Theorie der Dirichletschen Reihen, insbesondere der Zetafunktion, sind in einem besonderen Literaturverzeichnis zusammengestellt und für jeden Autor chronologisch numeriert. Dabei habe ich auch einige Lehrbücher genannt, von denen natürlich meist nur einzelne Kapitel in Betracht kommen; dagegen habe ich z. B. Primzahltabellen unerwähnt gelassen. Dies Verzeichnis gestattet mir, im Texte der Einleitungskapitel nur die Nummer der betreffenden Abhandlung und die Zahl der Seite zu zitieren; diese Zitate haben übrigens für den Leser, welcher die Primzahltheorie erst kennen lernen will, keine Bedeutung, da es eines Nachschlagens der erwähnten Stellen zum Verständnis des Textes nicht bedarf. Im weiteren Texte — nach den Einleitungskapiteln — habe ich grundsätzlich auf solche Bemerkungen und Fußnoten verzichtet, welche die Quellen der einzelnen Methoden, Sätze, Kunstgriffe und Beweise angeben; all dies ist in einem besonderen ausführlichen Anhang „Quellenangaben“ zusammengestellt. Dieser Anhang braucht natürlich von dem Leser, dem es nur auf das Erlernen der Wahrheiten ankommt, nicht durchgesehen zu werden. Benutzte oder historisch erwähnte Arbeiten aus anderen Gebieten sind nicht im Literaturverzeichnis aufgeführt, sondern werden dort, wo sie vorkommen, in extenso zitiert.

Ich würde mich aufrichtig freuen, wenn meine Darstellung ihr Ziel erreicht, die Kenntnis der Beweise für die Gesetze der Primzahlverteilung recht vielen Mathematikern zu vermitteln. Die Schwierigkeit der früher ungelösten Probleme hatte fast jeden von der Primzahltheorie abgeschreckt. Möge es mir gelungen sein, die Wege zu den nunmehr erreichten Zielen so weit geebnet zu haben, daß diese Wege jetzt von vielen betreten und fortgesetzt werden.

Göttingen, den 13. September 1909.

Edmund Landau.

Inhalt zum ersten Bande.

Einleitung.

Historische Übersicht über die Entwicklung des Primzahlproblems.

Erstes Kapitel.

Entwicklung vor Hadamard.

Zweites Kapitel.

Hadamard und seine Nachfolger.

Erstes Buch.

Über die Anzahl der Primzahlen unter einer gegebenen Größe.

Erster Teil.

Anwendung elementarer Methoden.

Drittes Kapitel.

Über die Wahrscheinlichkeit, daß eine Zahl Primzahl ist.

Viertes Kapitel.

Beweis, daß $\pi(x)$ von der Größenordnung $\frac{x}{\log x}$ ist.

Zehntes Kapitel.

Über die Unbestimmtheitsgrenzen des Produktes

$$\frac{\log^q x}{x}\left(\pi(x)-\int\limits_2^x \frac{du}{\log u}\right).$$

Dritter Teil.

Anwendung der Elemente der Theorie der Funktionen komplexer Variabeln.

Elftes Kapitel.

Eigenschaften der Zetafunktion.

Zwölftes Kapitel.

Beweis des Primzahlsatzes und der schärferen Abschätzungen für die Primzahlmenge.

Dreizehntes Kapitel.

Folgerungen aus dem Primzahlsatz und den schärferen Relationen über $\pi(x)$.

Achtzehntes Kapitel.

Anwendung auf das Primzahlproblem.

Neunzehntes Kapitel.

Beweis genauer Formeln für gewisse endliche über Primzahlen erstreckte Summen.

Zwanzigstes Kapitel.

Genauere Abschätzung der Anzahl $N(T)$ der Nullstellen von $\zeta(s)$ im Rechteck $0 < \sigma < 1$, $0 < t \leqq T$.

Einundzwanzigstes Kapitel.

Über die Beziehungen zwischen der oberen Grenze der reellen Teile der Nullstellen der Zetafunktion und der Abschätzung der Primzahlmenge.

Zweites Buch.

Über die Primzahlen einer arithmetischen Progression.

Fünfter Teil.

Anwendung der Dirichletschen Reihen mit reellen Veränderlichen.

Zweiundzwanzigstes Kapitel.

Hilfssätze aus der Zahlentheorie.

Achtundzwanzigstes Kapitel.

Primzahlgesetze.

Neunundzwanzigstes Kapitel.

Funktionentheoretischer Beweis des Nichtverschwindens der reellen Reihe L.

Siebenter Teil.

Theorie der verallgemeinerten Zetafunktionen mit Anwendungen auf das Primzahlproblem.

Dreißigstes Kapitel.

Die Fortsetzbarkeit der Funktionen $L_\varkappa(s)$ in der ganzen Ebene und die Funktionalgleichung.

Einunddreißigstes Kapitel.

Die Produktzerlegung der ganzen Funktionen $L(s, \chi)$ bzw. $(s-1)\, L(s, \chi)$ für eigentliche und uneigentliche Charaktere.

Zweiunddreißigstes Kapitel.

Beweis des Nichtverschwindens von $L_\varkappa(s)$ in einem gewissen Teile des kritischen Streifens mit Anwendung auf das Primzahlproblem.

Dreiunddreißigstes Kapitel.

Die genaue Primzahlformel für die arithmetische Progression.

Vierunddreißigstes Kapitel.

Genauere Abschätzung von $N(T)$.

Achter Teil.

Anwendungen der Theorie der Primzahlen in einer arithmetischen Progression.

Fünfunddreißigstes Kapitel.

Über die Zerlegung der Zahlen in Quadrate.

Sechsunddreißigstes Kapitel.

Über die Zerlegung der Zahlen in Kuben.

Siebenunddreißigstes Kapitel.

Über den größten Primteiler gewisser Produkte.

EINLEITUNG.

HISTORISCHE ÜBERSICHT ÜBER DIE ENTWICKLUNG DES PRIMZAHLPROBLEMS.

Erstes Kapitel.

Entwicklung vor Hadamard.

§ 1.

Euklid.

Unter einer Primzahl versteht man eine positive ganze Zahl, welche von 1 verschieden und nur durch 1 und durch sich selbst teilbar ist.

Die Reihe der Primzahlen beginnt mit

$$2, 3, 5, 7, 11, 13, 17, 19, 23, 29, 31, 37, 41, 43, 47, 53, 59, 61, 67,$$
$$71, 73, 79, 83, 89, 97, \cdots.$$

Der Fundamentalsatz der Zahlentheorie besteht darin, daß jede ganze Zahl auf eine und nur eine Weise in Primfaktoren zerlegbar ist. Wenn also

$$p_1 = 2, \quad p_2 = 3, \quad p_3 = 5, \cdots,$$

allgemein p_n gleich der $n$ten Primzahl gesetzt wird und $a > 1$ eine beliebige positive ganze Zahl ist, so ist a auf eine und nur eine Weise in der Form

$$a = p_{\alpha_1}^{b_1} \cdots p_{\alpha_\nu}^{b_\nu}$$

darstellbar, wo $\nu \geqq 1$, $1 \leqq \alpha_1 < \alpha_2 < \cdots < \alpha_\nu$ ist und die Exponenten $b_1, \cdots, b_\nu$ sämtlich $\geqq 1$ sind.

Schon Euklid[1] hat bewiesen, daß es unendlich viele Primzahlen gibt; aus dem obigen Fundamentalsatz folgt dies noch nicht, da endlich viele Primzahlen infolge der Willkür der Exponenten bereits unendlich viele Zahlen erzeugen. Euklids Beweis ist einfach folgender: Gäbe es nur endlich viele Primzahlen $p_1, p_2, \cdots, p_\varrho$, so müßte jede Zahl > 1 durch mindestens eine dieser ϱ Primzahlen teilbar sein; aber das um 1 vermehrte Produkt jener Zahlen

$$p_1 p_2 \cdots p_\varrho + 1$$

ist weder durch p_1, noch durch $p_2, \cdots$, noch durch p_ϱ teilbar, da es,

1) **1**, S. 388—391.

durch jede dieser Zahlen geteilt, den Rest 1 läßt. Also gibt es unendlich viele Primzahlen.

Es werde für jedes, auch nicht ganzzahlige, x unter $\pi(x)$ die Anzahl der Primzahlen $\leqq x$ verstanden, d. h. für $x < 2$ der Wert 0, für $x \geqq 2$ die Anzahl der Primzahlen in der Reihe

$$1, 2, \cdots, [x],$$

wo $[x]$ die größte ganze Zahl $\leqq x$ bezeichnet; es ist also

$$\begin{aligned} \pi(x) &= 0 \quad \text{für} \quad x < 2, \\ \pi(x) &= 1 \quad \text{für} \quad 2 \leqq x < 3, \\ \pi(x) &= 2 \quad \text{für} \quad 3 \leqq x < 5, \\ &\cdots\cdots\cdots\cdots \end{aligned}$$

allgemein

$$\pi(x) = n \quad \text{für} \quad p_n \leqq x < p_{n+1}.$$

$\pi(x)$ ist also eine mit wachsendem x niemals abnehmende Funktion; d. h. für $x_1 < x_2$ ist

$$\pi(x_1) \leqq \pi(x_2).$$

Ferner wächst nach dem Euklidschen Satze $\pi(x)$ mit x ins Unendliche. Anders ausgedrückt: wenn g eine beliebige positive Größe ist, so gibt es ein $\xi = \xi(g)$, so daß für alle $x \geqq \xi$

$$\pi(x) > g$$

ist. Ich schreibe kurz

$$\lim_{x=\infty} \pi(x) = \infty,$$

indem ich mich gleich bei dieser historischen Übersicht einheitlich der modernen Bezeichnungen bediene.

§ 2.

Legendre.

Das Wachstum der Funktion $\pi(x)$ ist sehr unregelmäßig, und es kann natürlich nicht das Verlangen gestellt werden, $\pi(x)$ durch einen einfachen analytischen Ausdruck genau darzustellen, etwa für ganzzahlige x nur durch Kombination endlich vieler rationaler und trigonometrischer Funktionen. Das Hauptstreben hatte sich von jeher darauf gerichtet, $\pi(x)$ mit einer der einfacheren Funktionen $f(x)$ der positiven Variablen x derart in Zusammenhang zu bringen, daß $\pi(x)$ annähernd durch $f(x)$ dargestellt wird. Diese Redeweise „annähernd" scheint auf den ersten Blick einer präzisen Bedeutung bar zu sein; die Fragestellung wird eine ganz präzise, wenn man verlangt, daß der Fehler $\pi(x) - f(x)$ im Verhältnis zum wahren Werte $\pi(x)$ für alle hinreichend großen x beliebig klein wird. Man verlangt also, daß der Quotient

$$\frac{\pi(x) - f(x)}{\pi(x)} = 1 - \frac{f(x)}{\pi(x)}$$

für $x = \infty$ einen Limes besitzt und daß dieser Limes gleich Null ist. Es soll also

$$\lim_{x=\infty} \frac{f(x)}{\pi(x)} = 1$$

sein, oder, was dasselbe besagt,

$$\lim_{x=\infty} \frac{\pi(x)}{f(x)} = 1. \tag{1}$$

Mit anderen Worten, es wird eine von den Primzahlen selbst unabhängige Funktion $f(x)$ des positiven Argumentes x gesucht, welche die Eigenschaft besitzt: Zu jeder positiven Größe δ gibt es ein $\xi = \xi(\delta)$ derart, daß für alle $x \geqq \xi$

$$1 - \delta < \frac{\pi(x)}{f(x)} < 1 + \delta,$$

d. h.

$$\left| \frac{\pi(x)}{f(x)} - 1 \right| < \delta$$

ist.

In diesem Sinne ist eine Vermutung zu interpretieren, welche Legendre im Jahre 1798 ausgesprochen und im Jahre 1808 präziser gefaßt hat.

Im Jahre 1798 sagte er[1], unter a eine positive ganze Zahl und unter b die Anzahl der Primzahlen $\leqq a$ verstehend:

„Au reste, il est vraisemblable que la formule rigoureuse qui donne la valeur de b lorsque a est très-grand, est de la forme $b = \frac{a}{A \log. a + B}$, A et B étant des coefficiens constans, et log. a désignant un logarithme hyperbolique. La détermination exacte de ces coefficiens seroit un problême curieux et digne d'exercer la sagacité des Analystes."

Im Jahre 1808 äußert er sich folgendermaßen[2]:

„Quoique la suite des nombres premiers soit extrêmement irrégulière, on peut cependant trouver avec une précision très-satisfaisante,

1) **2a**, S. 19.

2) **2b**, S. 394; **4** Bd. 2, S. 65; **5**, Bd. 2, S. 65.

combien il y a de ces nombres depuis 1 jusqu'à une limite donnée x. La formule qui résout la question est

$$y = \frac{x}{\log . x - 1.08366},$$

log. x étant un logarithme hyperbolique."[1]

Legendre vermutet also, daß die Funktion $A(x)$, welche man durch die Gleichung

$$\pi(x) = \frac{x}{\log x - A(x)}$$

definieren kann, für $x = \infty$ gegen einen Grenzwert

$$\lim_{x=\infty} A(x) \tag{2}$$

konvergiert, dessen erste Dezimalen mit 1,08366 übereinstimmen. Das besagt insbesondere wegen

$$\frac{\pi(x)}{\frac{x}{\log x}} = \frac{\pi(x) \log x}{x} = \frac{1}{1 - \frac{A(x)}{\log x}},$$

daß

$$\lim_{x=\infty} \frac{\pi(x)}{\frac{x}{\log x}} = 1 \tag{3}$$

ist, d. h., daß die elementare Funktion

$$f(x) = \frac{x}{\log x}$$

der Gleichung (1) genügt[2]. Natürlich ist für (3) die Existenz von (2) nicht nötig; sondern die Gleichungen (3) und

1) Abel schrieb am 4. August 1823 an Holmboe (nach dem Studium von Legendres Buch) diese Formel ab, mit der Vorbemerkung: „Følgende Theorem som findes der og som vistnok er det mærkværdigste i hele Mathematiken kan jeg [ikke] afholde mig fra at afskrive." Vgl. S. 5 der Brieftexte (oder auch S. 5 der französischen Übersetzungen) in: Niels Henrik Abel. Mémorial publié à l'occasion du centenaire de sa naissance. Kristiania (Dybwad), Paris (Gauthier-Villars), London (Williams & Norgate), Leipzig (Teubner); 1902. Jener Passus kommt auch am Schluß des Werkes im Faksimile 1 vor.

2) Übrigens hält Legendre (**2b,** S. 395; **4,** Bd. 2, S. 66; **5,** Bd. 2, S. 66) auch für möglich, daß bei der Vergleichsfunktion

$$\frac{x}{1{,}00 \cdots \log x - 1{,}08366 \cdots}$$

der Koeffizient von $\log x$ nicht genau 1 ist, sondern nur sehr nahe an 1 liegt.

$$\lim_{x=\infty} \frac{A(x)}{\log x} = 0$$

sind offenbar entweder beide richtig oder beide falsch.

Legendre war sich sehr wohl bewußt, daß er seine Vermutung nicht beweisen konnte.

Legendre sprach ferner 1808 — diesmal mit vermeintlichem, aber falschem Beweis — bei einem anderen Primzahlproblem eine sehr weittragende Vermutung aus. Es seien k und l zwei positive ganze Zahlen. In der Linearform

$$ky + l,$$

wo y alle ganzen Zahlen $\geqq 0$ durchläuft, d. h. unter den Zahlen

$$l, \quad k + l, \quad 2k + l, \quad 3k + l, \cdots$$

kann offenbar, wenn k und l einen gemeinsamen Teiler $d > 1$ haben, nur höchstens eine Primzahl vorkommen; denn jede Zahl $ky + l$ ist durch d teilbar. Legendre[1] vermutete nun:

Jede arithmetische Progression

$$ky + l,$$

in welcher

$$(k, l) = 1$$

ist[2], stellt unendlich viele Primzahlen dar.

Legendre vermutete 1830 noch genauer das Folgende: Man verteile alle Primzahlen — mit Ausnahme der endlich vielen in k aufgehenden — auf die $h = \varphi(k)$ Progressionen $ky + l_\nu (\nu = 1, 2, \cdots, h)$, wo $l_1, \cdots, l_h$ die zu k teilerfremden positiven Zahlen $\leqq k$ bezeichnen; es sei $\pi_\nu(x)$ für $\nu = 1, \cdots, h$ die Anzahl der Primzahlen $ky + l_\nu \leqq x$. Dann ist für je zwei Indizes ν und ν' aus der Reihe $1, \cdots, h$

$$(4) \qquad \lim_{x=\infty} \frac{\pi_\nu(x)}{\pi_{\nu'}(x)} = 1.$$

Das meint er offenbar mit den Worten[3]:

„Cela posé si on s'arrête à une valeur déterminée du nombre n que nous supposerons très-grand par rapport à A, tous les nombres premiers moindres que nA, excepté ceux qui divisent A, seront compris dans ces diverses progressions, et notre objet est de prouver

1) **2b**, S. 404; **4**, Bd. 2, S. 77; **5**, Bd. 2, S. 77. Als bloße Vermutung (ohne vermeintlichen Beweis) hatte Legendre dies schon 1788 ausgesprochen: **1**, S. 552.

2) Ich verstehe unter (a, b) den größten gemeinsamen Teiler von a und b.

3) **4**, Bd. 2, S. 99; **5**, Bd. 2, S. 97.

qu'ils sont répartis également entre elles, c'est-à-dire que s'il y a P nombres premiers compris dans la progression dont le terme général est $nA - C_p$, et Q nombres premiers compris dans la progression dont le terme général est $nA - C_q$, n étant le même de part et d'autre, le rapport $\frac{P}{Q}$ deviendra aussi peu différent de l'unité qu'on voudra en donnant à n une valeur suffisamment grande."

Auch diesmal wird Legendres Verdienst durch die Tatsache getrübt, daß er hierfür einen vermeintlichen Beweis angibt, welcher nicht stichhaltig ist, auch nicht unter der Annahme der Richtigkeit seiner vorangehenden Vermutungen.

Im Verein mit (3) und mit Rücksicht darauf, daß für $x > k$

$$\pi(x) = \pi_1(x) + \cdots + \pi_h(x) + a$$

ist, wo a die Anzahl der in k aufgehenden Primzahlen bezeichnet, vermutet also Legendre[1], daß

$$(5) \qquad \lim_{x=\infty} \frac{\pi_1(x)}{\frac{x}{\log x}} = \cdots = \lim_{x=\infty} \frac{\pi_h(x)}{\frac{x}{\log x}} = \frac{1}{h}$$

ist. In der Tat würde aus (4) für jedes $\nu = 1, \cdots, h$ folgen:

$$\lim_{x=\infty} \frac{\pi_1(x) + \cdots + \pi_h(x)}{\pi_\nu(x)} = 1 + 1 + \cdots + 1 = h,$$

$$\lim_{x=\infty} \frac{\pi(x)}{\pi_\nu(x)} = h,$$

$$\lim_{x=\infty} \frac{\pi_\nu(x)}{\frac{x}{\log x}} = \lim_{x=\infty} \frac{\pi_\nu(x)}{\pi(x)} \cdot \lim_{x=\infty} \frac{\pi(x)}{\frac{x}{\log x}} = \frac{1}{h},$$

wie in (5) ausgesagt wurde.

§ 3.

Dirichlet.

In der Einleitung einer Arbeit[2], welche heute als sein größtes Werk anzusehen ist, beginnt Dirichlet mit folgenden Worten:

„Die aufmerksame Betrachtung der natürlichen Reihe der Primzahlen läſst an derselben eine Menge von Eigenschaften wahrnehmen,

1) **4,** Bd. 2, S. 101; **5,** Bd. 2, S. 100.

2) **2; 4.**

deren Allgemeinheit durch fortgesetzte Induction zu jedem beliebigen Grade von Wahrscheinlichkeit erhoben werden kann, während die Auffindung eines Beweises, der allen Anforderungen der Strenge genügen soll, mit den gröfsten Schwierigkeiten verbunden ist. Eines der merkwürdigsten Resultate dieser Art bietet sich dar, wenn man sämmtliche Glieder der Reihe durch dieselbe übrigens ganz beliebige Zahl dividirt. Nimmt man die Primzahlen aus, die im Divisor aufgehen und mithin unter den ersten Gliedern der Reihe vorkommen, so werden alle übrigen einen Rest lassen, welcher relative Primzahl zum Divisor ist, und das Resultat, welches sich bei fortgesetzter Division herausstellt, besteht darin, dafs jeder Rest der genannten Art unaufhörlich wiederkehrt, und zwar so, dafs das Verhältnifs der Zahlen, welche für irgend zwei solche Reste bezeichnen, wie oft sie bis zu einem gewissen Gliede erschienen sind, bei immer weiter fortgesetzter Division die Einheit zur Grenze hat. Abstrahirt man von der zunehmenden Gleichmäfsigkeit des Vorkommens der einzelnen Reste und beschränkt das Beobachtungsresultat auf die nie aufhörende Wiederkehr eines jeden derselben, so läfst sich dasselbe in dem Satze aussprechen: »dafs jede unbegrenzte arithmetische Reihe, deren erstes »Glied und Differenz keinen gemeinschaftlichen Factor haben, unendlich »viele Primzahlen enthält.«"

Dirichlet schließt sich also den beiden Vermutungen Legendres

$$\lim_{x=\infty} \pi_\nu(x) = \infty$$

und

$$\lim_{x=\infty} \frac{\pi_\nu(x)}{\pi_{\nu'}(x)} = 1$$

über die Primzahlen der arithmetischen Progression an. Der Zweck seiner Arbeit und das große darin erreichte Ziel war nun, die erste derselben (also das im Schlußsatze des Zitates Ausgesprochene) zu beweisen. Dirichlets Beweis ist bald klassisch geworden, und ich werde auch in diesem Werke bis auf einen einzigen Punkt den Satz genau im Anschluß an Dirichlet beweisen. Jener Punkt, dessen Überwindung übrigens das Schwierigste und Bedeutendste bei Dirichlets Leistung war, besteht darin, daß es erforderlich ist, zu zeigen: Die Summen gewisser unendlichen Reihen, deren Konvergenz leicht dargetan werden kann, sind von Null verschieden. Dirichlet bewies[1] jenes Nichtverschwinden dadurch, daß er feststellte: Jede unter jenen Reihensummen ist das Produkt einer positiven Größe mit einer gewissen

1) **5a**, S. 368—369; **5b**, S. 460—461.

Anzahl (Klassenanzahl binärer quadratischer Formen einer gewissen Diskriminante), folglich nicht Null.

Um also zu präzisieren: Dirichlet **bewies**, daß für die Anzahl $\pi_\nu(x)$ der Primzahlen $ky + l_\nu \leqq x$

$$\lim_{x=\infty} \pi_\nu(x) = \infty$$

ist, und er **vermutete** nur, daß für zwei solche Progressionen $ky + l_\nu$, $ky + l_{\nu'}$ mit der Differenz k

$$\lim_{x=\infty} \frac{\pi_\nu(x)}{\pi_{\nu'}(x)} = 1$$

ist.

Dirichlet hat also für das tiefere Problem der Primzahlen der arithmetischen Progression das nachgeholt, was für das allgemeine Primzahlproblem schon durch Euklid geleistet war.

Zum allgemeinen Primzahlproblem hat Dirichlet zwar indirekt durch die Einführung der analytischen Methoden in die Zahlentheorie beigetragen; er hat aber von den betreffenden Anwendungen selbst nichts ausgeführt. Sein Passus[1] vom Jahre 1838 „j'ai fait l'application de ces principes à la démonstration de la formule remarquable que Legendre a donnée pour exprimer d'une manière très-approchée combien il y a de nombres premiers au dessous d'une limite quelconque, mais très-grande" ist übrigens bei weitem nicht etwa so aufzufassen, daß Dirichlet einen Beweis des Satzes

$$\lim_{x=\infty} \frac{\pi(x)}{\frac{x}{\log x}} = 1$$

besessen habe. Sein (1889 durch die Werke bekannt gewordener) handschriftlicher Zusatz (hinter „remarquable") vom Jahre 1838 „qui n'est exacte que dans son premier terme, la véritable expression-limite étant $\sum \frac{1}{\log(n)}$" in dem an Gauß gesandten Exemplar jener Abhandlung ist auch höchstens so zu verstehen, daß Dirichlet schon richtig (vgl. den Bericht über Tschebyschef im folgenden Paragraphen) erkannt hat, Legendres Formel sei unzutreffend. Er konnte aber nicht etwa beweisen, daß die Funktion

$$f(x) = \sum_{n=2}^{[x]} \frac{1}{\log n}$$

1) **3a**, S. 272; **3b**, S. 372.

die Gleichung

$$\lim_{x=\infty} \frac{\pi(x)}{f(x)} = 1$$

erfüllt.

§ 4.

Tschebyschef.

Im allgemeinen Primzahlproblem hat nach Euklid erst Tschebyschef die ersten weiteren sicheren Schritte gemacht und wichtige Sätze bewiesen. Man verdankt ihm zwei grundlegende Arbeiten[1] über den Gegenstand, aus den Jahren[2] 1851 und 1852. Tschebyschef hat sich in seinen Publikationen geringere Ziele gesteckt als den Beweis von

$$\lim_{x=\infty} \frac{\pi(x)}{\frac{x}{\log x}} = 1$$

zu erbringen; aber jene für die damalige Zeit sehr weit liegenden Ziele hat er auf höchst scharfsinnige Art erreicht, teils durch elementare Summenabschätzungen, teils durch Anwendung dessen, was wir heute Dirichletsche Reihen mit reellen Variablen nennen.

Ehe ich seine Hauptresultate aufzähle, führe ich zu ihrer Erläuterung einige Hilfsrechnungen aus, welche den Leser mit der dabei auftretenden Funktion von $x > 1$

$$\int_2^x \frac{du}{\log u}$$

befreunden sollen und auch die spätere Anwendung[3] der Zeichen O und o zur Abkürzung solcher Rechnungen erwünscht erscheinen lassen sollen.

1) **2** und **4**. Der Inhalt von **2** ist auch 1849 als dritter Anhang (S. 209—229) im Lehrbuche **1** erschienen und auch in **8** (S. 214—244) italienisch übersetzt. Die deutsche Übersetzung des Werkes **1** (von H. Schapira, Berlin (Mayer und Müller); 1889, 2. Ausg. 1902) kommt nicht in Betracht, da auf Wunsch des Verfassers jener Anhang fortgeblieben war.

2) Ich nenne hier wie stets die den Zeitschriftenbänden vorgedruckten Jahreszahlen, welche natürlich nicht immer das Jahr des Erscheinens des betreffenden Bandes oder gar Heftes wirklich angeben. Tschebyschefs erste Arbeit trägt den Vermerk: Lu le 24 Mai 1848.

3) Vgl. § 5 und § 12. Hier mache ich von jenen Zeichen noch keinen Gebrauch.

Ich behaupte zunächst die Richtigkeit der Gleichung

$$(1)\qquad \lim_{x=\infty} \frac{\int\limits_2^x \frac{du}{\log u}}{\frac{x}{\log x}} = 1,$$

d. h. ich behaupte, daß der Grenzwert des Quotienten auf der linken Seite existiert und den Wert 1 hat.

Zum Beweise werde zunächst das Hilfsmittel der partiellen Integration angewandt. Es ist

$$\int \frac{du}{\log u} = \frac{u}{\log u} + \int \frac{du}{\log^2 u},$$

also für $x > 1$

$$(2)\qquad \int\limits_2^x \frac{du}{\log u} = \frac{x}{\log x} - \frac{2}{\log 2} + \int\limits_2^x \frac{du}{\log^2 u}.$$

Nun ist für $x \geqq 4$

$$\begin{aligned} 0 &< \int\limits_2^x \frac{du}{\log^2 u} \\ &= \int\limits_2^{\sqrt{x}} \frac{du}{\log^2 u} + \int\limits_{\sqrt{x}}^x \frac{du}{\log^2 u} \\ &< \int\limits_2^{\sqrt{x}} \frac{du}{\log^2 2} + \int\limits_{\sqrt{x}}^x \frac{du}{\log^2 (\sqrt{x})} \\ &= \frac{\sqrt{x} - 2}{\log^2 2} + \frac{x - \sqrt{x}}{\frac{1}{4}\log^2 x} \\ &< \frac{\sqrt{x}}{\log^2 2} + \frac{4x}{\log^2 x}, \end{aligned}$$

folglich

$$0 < \frac{\log x}{x} \int\limits_2^x \frac{du}{\log^2 u} < \frac{\log x}{\log^2 2 \cdot \sqrt{x}} + \frac{4}{\log x};$$

da für $\alpha \gtreqless 0$, $\beta > 0$ (hier $\alpha = 1$, $\beta = \frac{1}{2}$)

$$\lim_{x=\infty} \frac{\log^\alpha x}{x^\beta} = 0$$

ist, ist

$$\lim_{x=\infty} \frac{\log x}{x} \int_2^x \frac{du}{\log^2 u} = 0,$$

so daß sich aus (2)

$$\lim_{x=\infty} \frac{\log x}{x} \int_2^x \frac{du}{\log u} = 1$$

und damit die Richtigkeit der Behauptung (1) ergibt.

Durch die Identität

$$\frac{\pi(x)}{\frac{x}{\log x}} = \frac{\pi(x)}{\int_2^x \frac{du}{\log u}} \cdot \frac{\int_2^x \frac{du}{\log u}}{\frac{x}{\log x}}$$

ersieht man also, daß aus jeder der beiden Gleichungen

$$\lim_{x=\infty} \frac{\pi(x)}{\frac{x}{\log x}} = 1 \tag{3}$$

und

$$\lim_{x=\infty} \frac{\pi(x)}{\int_2^x \frac{du}{\log u}} = 1 \tag{4}$$

die Richtigkeit der anderen folgen würde.

Ich behaupte ferner, daß für jedes ganzzahlige $q \geqq 1$

$$\lim_{x=\infty} \frac{\int_2^x \frac{du}{\log u} - \left(\frac{x}{\log x} + \frac{1!x}{\log^2 x} + \frac{2!x}{\log^3 x} + \cdots + \frac{(q-1)!x}{\log^q x}\right)}{\frac{q!x}{\log^{q+1} x}} = 1 \tag{5}$$

ist[1]. In der Tat ergibt sich durch partielle Integration

---

1) Dies bleibt für $q = 0$ richtig und ist dann mit (1) gleichbedeutend, wenn die Klammer im Zähler der linken Seite von (5) Null bezeichnet.

$$\begin{aligned}\int \frac{du}{\log u} &= \frac{u}{\log u} + \int \frac{du}{\log^2 u}\\ &= \frac{u}{\log u} + \frac{1!u}{\log^2 u} + 2!\int \frac{du}{\log^3 u}\\ &= \frac{u}{\log u} + \frac{1!u}{\log^2 u} + \frac{2!u}{\log^3 u} + 3!\int \frac{du}{\log^4 u}\\ &= \cdot\ \cdot\ \cdot\ \cdot\ \cdot\ \cdot\ \cdot\ \cdot\ \cdot\ \cdot\ \cdot\ \cdot\ \cdot\ \cdot\\ &= \frac{u}{\log u} + \frac{1!u}{\log^2 u} + \frac{2!u}{\log^3 u} + \cdots + \frac{q!u}{\log^{q+1} u} + (q+1)!\int \frac{du}{\log^{q+2} u},\end{aligned}$$

also für $x > 1$

$$\int_2^x \frac{du}{\log u} - \left(\frac{x}{\log x} + \frac{1!x}{\log^2 x} + \cdots + \frac{(q-1)!x}{\log^q x}\right)$$

$$(6) \qquad = \frac{q!x}{\log^{q+1} x} + c + (q+1)!\int_2^x \frac{du}{\log^{q+2} u},$$

wo c eine Konstante bezeichnet. Das in (6) am Ende stehende Integral ist für $x \geqq 4$ positiv und

$$\begin{aligned}&= \int_2^{\sqrt{x}} \frac{du}{\log^{q+2} u} + \int_{\sqrt{x}}^x \frac{du}{\log^{q+2} u}\\ &< \frac{\sqrt{x}-2}{\log^{q+2} 2} + \frac{x-\sqrt{x}}{\log^{q+2}(\sqrt{x})}\\ &< \frac{\sqrt{x}}{\log^{q+2} 2} + \frac{2^{q+2}x}{\log^{q+2} x};\end{aligned}$$

sein Quotient durch

$$\frac{q!x}{\log^{q+1} x}$$

hat also für $x = \infty$ den Limes 0, so daß aus (6) die Behauptung (5) folgt.

Das Hauptresultat der ersten T s c h e b y s c h e f schen Arbeit[1]) lautet nun:

W e n n q e i n e b e l i e b i g g r o ß e p o s i t i v e g a n z e Z a h l u n d δ e i n e b e l i e b i g k l e i n e p o s i t i v e G r ö ß e i s t, s o g i b t e s i m m e r w i e d e r e i n x, f ü r w e l c h e s

1) „II-ème Théorême“: **1a**, S. 215; **1b**, S. 209; **2a**, S. 146; **2b**, S. 348; **2c**, S. 34; **8**, S. 224. Die Seitenzahlen in **1c** nenne ich hier und im Folgenden nicht besonders, da sie durchweg mit denen von **1a** übereinstimmen.

$$\pi(x) > \int_2^x \frac{du}{\log u} - \frac{\delta x}{\log^q x} \tag{7}$$

ist, und immer wieder ein x, für welches

$$\pi(x) < \int_2^x \frac{du}{\log u} + \frac{\delta x}{\log^q x} \tag{8}$$

ist.

D. h. oberhalb jeder Schranke ξ gibt es ein $x_1 = x_1(q, \delta, \xi)$, so daß (7) erfüllt ist, und ein $x_2 = x_2(q, \delta, \xi)$, welches (8) befriedigt.

(7) läßt sich auch so schreiben:

$$\frac{\log^q x}{x}\left(\pi(x) - \int_2^x \frac{du}{\log u}\right) > -\delta, \tag{9}$$

und (8) folgendermaßen:

$$\frac{\log^q x}{x}\left(\pi(x) - \int_2^x \frac{du}{\log u}\right) < \delta. \tag{10}$$

Der Tschebyschefsche Satz (9), (10) läßt sich also modern[1])

1) Bekanntlich versteht man unter der oberen Unbestimmtheitsgrenze (oder dem oberen Limes) einer für alle reellen x oberhalb einer gewissen Stelle definierten reellen Funktion $f(x)$, in Zeichen unter

$$\limsup_{x=\infty} f(x)$$

oder auch

$$\overline{\lim_{x=\infty}} f(x)$$

(sprich: Limes superior von $f(x)$ für $x = \infty$) die Zahl z, welche durch folgenden Schnitt erzeugt wird. Man teilt alle reellen Größen α in zwei Klassen; α kommt in die erste Klasse, wenn immer wieder einmal, d. h. für $x_1 = x_1(\alpha, \xi) > \xi$,

$$f(x) > \alpha$$

ist; α kommt in die zweite Klasse, wenn von einer gewissen Stelle an, d. h. für alle $x \geqq \eta = \eta(\alpha)$,

$$f(x) \leqq \alpha$$

ist. Hierbei sind die extremen Fälle

$$z = \limsup_{x=\infty} f(x) = -\infty$$

und

$$z = \limsup_{x=\infty} f(x) = +\infty$$

denkbar, in welchen es keine Zahl der ersten Klasse, bzw. keine Zahl der zweiten Klasse gibt. Abgesehen von diesen beiden Fällen ist z endlich und es gehört

folgendermaßen formulieren: Es ist für jedes ganze $q > 0$, also natürlich[1] auch für jedes reelle q

$$\limsup_{x=\infty} \frac{\log^q x}{x}\left(\pi(x) - \int_2^x \frac{du}{\log u}\right) \geqq 0 \tag{11}$$

und

$$\liminf_{x=\infty} \frac{\log^q x}{x}\left(\pi(x) - \int_2^x \frac{du}{\log u}\right) \leqq 0; \tag{12}$$

die obere Unbestimmtheitsgrenze liegt also zwischen 0 (inkl.) und ∞ (inkl.), die untere zwischen $-\infty$ (inkl.) und 0 (inkl.).

Aus (11) und (12) ergibt sich zunächst[2] für jedes einzelne q: Wenn

$$\lim_{x=\infty} \frac{\log^q x}{x}\left(\pi(x) - \int_2^x \frac{du}{\log u}\right) \tag{13}$$

existiert, so ist dieser Grenzwert $= 0$.

Also insbesondere für $q = 1$, wenn (1) beachtet wird: Entweder

$$\lim_{x=\infty} \frac{\pi(x)}{\frac{x}{\log x}}$$

existiert nicht oder dieser Grenzwert ist $= 1$.

Noch präziser hat für $q = 1$ Tschebyschef durch die Relationen (11) und (12) bewiesen:

$$\limsup_{x=\infty} \frac{\pi(x)}{\frac{x}{\log x}} \geqq 1 \tag{14}$$

---

für $\varepsilon > 0$ jedes $z - \varepsilon$ der ersten Klasse an, wird also immer wieder einmal übertroffen, jedes $z + \varepsilon$ der zweiten Klasse, wird also von einer gewissen Stelle an nicht mehr übertroffen. Ebenso läßt sich $\liminf_{x=\infty} f(x)$ (oder auch $\underline{\lim}_{x=\infty} f(x)$) definieren, bzw. durch die Festsetzung

$$\liminf_{x=\infty} f(x) = -\limsup_{x=\infty} (-f(x))$$

auf den Limes superior zurückführen. Beide Zahlen lim sup und lim inf sind also — in vorteilhaftem Gegensatze zu lim — bei jeder für $x > x_0$ definierten reellen Funktion vorhanden, wenn man die extremen Werte $-\infty$ und ∞ zuläßt. Ebenso sind lim sup und lim inf für $x = a$ (statt $x = \infty$) bei Annäherung von einer Seite, sowie bei beiderseitiger Annäherung zu erklären.

1) Da (11) und (12) mit einem q für jedes kleinere gelten.

2) „IV-me Théorème": **1a**, S. 220; **1b**, S. 214; **2a**, S. 150; **2b**, S. 354—355; **2c**, S. 40; **8**, S. 231—232.

und

(15)
$$\liminf_{x=\infty} \frac{\pi(x)}{\frac{x}{\log x}} \leqq 1 .$$

In der Tat folgt aus
$$\lim_{x=\infty} F(x) = \alpha$$
und
$$\limsup_{x=\infty} G(x) = \beta,$$
daß
$$\limsup_{x=\infty} (F(x) + G(x)) = \alpha + \beta$$
ist, und entsprechendes für den lim inf statt des lim sup.

Tschebyschef zog aus seinen Sätzen (11) und (12) noch eine weitere wichtige Folgerung[1], welche Legendres Vermutung über den Grenzwert
$$\lim_{x=\infty} A(x)$$
des § 2 widerlegte. Tschebyschef bewies: Wenn
$$\lim_{x=\infty} A(x)$$
existiert[2], so ist dieser Grenzwert $= 1$. Nach der Definition
$$\pi(x) = \frac{x}{\log x - A(x)}$$
ist nämlich zunächst
$$\begin{aligned} A(x) &= \log x - \frac{x}{\pi(x)} \\ &= \frac{x}{\pi(x)\log x} \, \frac{\log^2 x}{x} \left(\pi(x) - \frac{x}{\log x}\right); \end{aligned}$$
aus der Existenz von
$$\lim_{x=\infty} A(x) = A_0$$
folgt a fortiori
$$\lim_{x=\infty} \frac{A(x)}{\log x} = 0 ,$$
$$\lim_{x=\infty} \frac{x}{\pi(x)\log x} = 1 ,$$

1) „III-ème Théorème": **1a**, S. 218; **1b**, S. 212; **2a**, S. 148; **2b**, S. 352; **2c**, S. 38; **8**, S. 229.

2) Unter Existenz eines Limes verstehe ich stets, daß der Grenzwert existiert und endlich ist, unbeschadet dessen, daß ich gelegentlich die Schreibweise
$$\lim_{x=\infty} f(x) = \infty$$
anwende.

also

$$\lim_{x=\infty} \frac{\log^2 x}{x}\left(\pi(x) - \frac{x}{\log x}\right) = A_0. \tag{16}$$

Nun ist nach (5), wenn darin $q = 1$ gesetzt wird,

$$\lim_{x=\infty} \frac{\int\limits_2^x \frac{du}{\log u} - \frac{x}{\log x}}{\frac{x}{\log^2 x}} = 1,$$

$$\lim_{x=\infty} \frac{\log^2 x}{x}\left(\int\limits_2^x \frac{du}{\log u} - \frac{x}{\log x}\right) = 1, \tag{17}$$

also, wenn (17) von (16) subtrahiert wird,

$$\lim_{x=\infty} \frac{\log^2 x}{x}\left(\pi(x) - \int\limits_2^x \frac{du}{\log u}\right) = A_0 - 1,$$

so daß nach dem Tschebyschefschen Satz über den Grenzwert (13)

$$A_0 - 1 = 0,$$
$$A_0 = 1$$

sein müßte.

Tschebyschef zog aus seinem Satz mit Rücksicht auf die in (5) für ganzes $q \geqq 1$ enthaltene Relation

$$\lim_{x=\infty} \frac{\log^q x}{x}\left(\int\limits_2^x \frac{du}{\log u} - \left(\frac{x}{\log x} + \frac{1!x}{\log^2 x} + \cdots + \frac{(q-1)!x}{\log^q x}\right)\right) = 0$$

noch die Folgerung[1]: Für ein ganzzahliges $q \geqq 1$ ist das Produkt

$$\frac{\log^q x}{x}\left\{\pi(x) - \left(\frac{x}{\log x} + \cdots + \frac{(q-1)!x}{\log^q x}\right)\right\} \tag{18}$$

bei gegebenem $\delta > 0$ immer wieder einmal $> -\delta$ und immer wieder einmal $< \delta$, d. h. der lim sup des Ausdrucks (18) ist $\geqq 0$, sein lim inf $\leqq 0$, sein lim also entweder nicht vorhanden oder 0.

Das Hauptresultat der zweiten Arbeit[2] Tschebyschefs lautet:

---

1) Hauptinhalt des „V-ème Théorème": **1a**, S. 223; **1b**, S. 217; **2a**, S. 152; **2b**, S. 358; **2c**, S. 43; **8**, S. 235.

2) **4.** Bei der Aufzählung der Hauptergebnisse dieser Arbeit gebe ich keine genaueren Seitenzahlen an, da die Ergebnisse zum Teil nur zwischen den Zeilen stehen und von Tschebyschef nicht in der pointierten Weise herausgearbeitet sind wie bei seiner ersten Abhandlung.

Es ist

$$\lim_{x=\infty} \inf \frac{\pi(x)}{\frac{x}{\log x}} > 0$$

und sogar

(19)
$$\lim_{x=\infty} \inf \frac{\pi(x)}{\frac{x}{\log x}} \geqq a,$$

wo a die numerische Konstante

$$\log \frac{2^{\frac{1}{2}} 3^{\frac{1}{3}} 5^{\frac{1}{5}}}{30^{\frac{1}{30}}} = 0{,}92129 \cdots$$

bezeichnet; andererseits ist

$$\lim_{x=\infty} \sup \frac{\pi(x)}{\frac{x}{\log x}} < \infty,$$

(d. h. der lim sup endlich) und sogar

(20)
$$\lim_{x=\infty} \sup \frac{\pi(x)}{\frac{x}{\log x}} \leqq \tfrac{6}{5} a$$
$$= 1{,}10555 \cdots$$

In Verbindung mit (14) und (15) war durch (19) und (20) festgestellt, daß

(21)
$$0{,}92129 \cdots \leqq \lim_{x=\infty} \inf \frac{\pi(x)}{\frac{x}{\log x}} \leqq 1$$

und

(22)
$$1 \leqq \lim_{x=\infty} \sup \frac{\pi(x)}{\frac{x}{\log x}} \leqq 1{,}10555 \cdots$$

ist.

Diese Resultate (19) und (20) über den Quotienten

$$\frac{\pi(x)}{\frac{x}{\log x}}$$

bewies Tschebyschef, indem er zunächst für den bequemer zu behandelnden Quotienten

$$\frac{\vartheta(x)}{x},$$

wo

$$\vartheta(x) = \sum_{p \leqq x} \log p$$

(Summe der natürlichen Logarithmen aller Primzahlen $\leqq x$) ist, die zu (19) und (20) analogen Relationen über seine Unbestimmtheitsgrenzen nachwies:

$$\liminf_{x=\infty} \frac{\vartheta(x)}{x} \geqq a \tag{23}$$

und

$$\limsup_{x=\infty} \frac{\vartheta(x)}{x} \leqq \tfrac{6}{5} a. \tag{24}$$

Von (23) und (24) ging er zu (19) und (20) über, indem er sich auf die evidente[1] Identität

$$\pi(x) - \pi(l-1) = \sum_{n=l}^{x} \frac{\vartheta(n) - \vartheta(n-1)}{\log n} \qquad (x \geqq l \geqq 2;\ x \text{ und } l \text{ ganz}) \tag{25}$$

stützte und etwa folgendermaßen schloß: Es sei von einer gewissen Stelle $l-1$, wo l ganz und $\geqq 2$ ist, an[2]

$$\vartheta_{\mathrm{I}}(x) \geqq \vartheta(x) \geqq \vartheta_{\mathrm{II}}(x),$$

wo also $\vartheta_{\mathrm{I}}(x)$ und $\vartheta_{\mathrm{II}}(x)$ je eine obere und untere Abschätzungsfunktion von $\vartheta(x)$ ist. Nach der aus (25) folgenden Identität

$$\pi(x) - \pi(l-1) = \sum_{n=l}^{x} \vartheta(n)\left(\frac{1}{\log n} - \frac{1}{\log(n+1)}\right) - \frac{\vartheta(l-1)}{\log l} + \frac{\vartheta(x)}{\log(x+1)}$$

ist für ganze $x \geqq l$

$$\pi(x) - \pi(l-1) \geqq \sum_{n=l}^{x} \vartheta_{\mathrm{II}}(n)\left(\frac{1}{\log n} - \frac{1}{\log(n+1)}\right) - \frac{\vartheta_{\mathrm{I}}(l-1)}{\log l} + \frac{\vartheta_{\mathrm{II}}(x)}{\log(x+1)}$$

$$= \frac{\vartheta_{\mathrm{II}}(l-1) - \vartheta_{\mathrm{I}}(l-1)}{\log l} + \sum_{n=l}^{x} \frac{\vartheta_{\mathrm{II}}(n) - \vartheta_{\mathrm{II}}(n-1)}{\log n} \tag{26}$$

und

---

1) In der Tat ist $\frac{\vartheta(n) - \vartheta(n-1)}{\log n} = 1$ oder $= 0$, je nachdem n eine Primzahl oder eine zusammengesetzte Zahl ist.

2) Ich schließe mich hier auch in den Bezeichnungen an Tschebyschef an, um recht klar zu machen, daß Tschebyschef, ohne es auszusprechen, implizite schon bewiesen hat: Falls

$$\lim_{x=\infty} \frac{\vartheta(x)}{x} = 1$$

ist, so ist

$$\lim_{x=\infty} \frac{\pi(x)}{\frac{x}{\log x}} = 1.$$

$$\pi(x) - \pi(l-1) \leqq \sum_{n=l}^{x} \vartheta_{\mathrm{I}}(n)\left(\frac{1}{\log n} - \frac{1}{\log(n+1)}\right) - \frac{\vartheta_{\mathrm{II}}(l-1)}{\log l} + \frac{\vartheta_{\mathrm{I}}(x)}{\log(x+1)}$$

$$(27) \qquad = \frac{\vartheta_{\mathrm{I}}(l-1) - \vartheta_{\mathrm{II}}(l-1)}{\log l} + \sum_{n=l}^{x} \frac{\vartheta_{\mathrm{I}}(n) - \vartheta_{\mathrm{I}}(n-1)}{\log n}.$$

Wenn also für alle $x \geqq l-1$

$$\frac{\vartheta(x)}{x} \leqq b$$

ist, so kann

$$\vartheta_{\mathrm{I}}(x) = bx,$$

$$\vartheta_{\mathrm{II}}(x) = 0$$

gesetzt werden, und (27) liefert für ganze $x \geqq l$

$$\pi(x) < c + b\sum_{n=l}^{x} \frac{1}{\log n}$$

$$\leqq c + b\sum_{n=2}^{x} \frac{1}{\log n}$$

$$\leqq c + \frac{b}{\log 2} + b\int_2^x \frac{du}{\log u},$$

wo c eine Konstante ist, d. h. für ganze und nicht ganze $x \geqq l$

$$\pi(x) = \pi([x])$$

$$\leqq c + \frac{b}{\log 2} + b\int_2^{[x]} \frac{du}{\log u}$$

$$\leqq c + \frac{b}{\log 2} + b\int_2^x \frac{du}{\log u},$$

folglich

$$\limsup_{x=\infty} \frac{\pi(x)}{\frac{x}{\log x}} \leqq b.$$

Dies besagt, daß

$$\limsup_{x=\infty} \frac{\pi(x)}{\frac{x}{\log x}} \leqq \limsup_{x=\infty} \frac{\vartheta(x)}{x}$$

ist.

Ebenso ließe sich aus (26)

$$\liminf_{x=\infty} \frac{\pi(x)}{\frac{x}{\log x}} \geqq \liminf_{x=\infty} \frac{\vartheta(x)}{x}$$

schließen, was jedoch wegen

$$\begin{aligned}\vartheta(x) &= \sum_{p \leqq x} \log p \\ &\leqq \sum_{p \leqq x} \log x \\ &= \pi(x) \log x,\end{aligned}$$

$$\frac{\vartheta(x)}{x} \leqq \frac{\pi(x)}{\frac{x}{\log x}}$$

unmittelbar klar ist.

Aus (23) und (24) folgen also wirklich (19) und (20), also in Verbindung mit den Resultaten der ersten Tschebyschefschen Abhandlung (21) und (22).

Tschebyschefs zweite Arbeit war durch folgenden Umstand veranlaßt worden: Bertrand[1)] hatte bei Gelegenheit einer gruppentheoretischen Untersuchung von dem Satz Gebrauch gemacht, den er nicht beweisen konnte und nur innerhalb der Grenzen der Tabellen verifiziert hatte[2)]: „Für jedes ganze $x \geqq 7$ gibt es mindestens eine Primzahl p, welche dem Intervall

$$\frac{x}{2} < p \leqq x - 2$$

angehört." Dies beweist man nun nach Tschebyschef folgendermaßen. Wegen (23) und (24) ist bei gegebenem $\delta > 0$ von einem gewissen $l = l(\delta)$ an, d. h. für alle $x \geqq l$

$$a - \delta < \frac{\vartheta(x)}{x} < \tfrac{6}{5} a + \delta; \tag{28}$$

also ist speziell von einem l an

$$0,9 < \frac{\vartheta(x)}{x} < 1,2.$$

Daher ist für $x \geqq l$, wenn bei $\vartheta(2x)$ die Abschätzung nach unten, bei $\vartheta(x)$ die Abschätzung nach oben benutzt wird,

$$\begin{aligned}\vartheta(2x) - \vartheta(x) &> 0,9 \cdot 2x - 1,2 \cdot x \\ &= 0,6 \cdot x;\end{aligned}$$

1) Auf S. 129 des Mémoire sur le nombre de valeurs que peut prendre une fonction quand on y permute les lettres qu'elle renferme. Journal de l'École Royale Polytechnique, Heft 30 (im Bd. 18), S. 123—140; 1845.

2) So daß also sein betreffendes gruppentheoretisches Ergebnis von ihm nur als für alle Permutationsgruppen bis zu 6 Millionen Elementen für bewiesen erklärt wurde.

wegen

$$\pi(2x) - \pi(x) = \sum_{x<p\leqq 2x} 1$$
$$\geqq \sum_{x<p\leqq 2x} \frac{\log p}{\log(2x)}$$
$$= \frac{1}{\log(2x)} \sum_{x<p\leqq 2x} \log p$$
$$= \frac{\vartheta(2x) - \vartheta(x)}{\log(2x)}$$

ist also für $x \geqq l$

$$\pi(2x) - \pi(x) > 0{,}6 \frac{x}{\log(2x)}.$$

Es ist daher

$$\lim_{x=\infty} (\pi(2x) - \pi(x)) = \infty;$$

die Primzahlmenge zwischen x (exkl.) und $2x$ (inkl.) wächst also ins Unendliche. Von einer gewissen Stelle an liegt folglich zwischen $\frac{x}{2}$ (exkl.) und $x-2$ (inkl.) mindestens eine Primzahl, und bis zu jener Stelle brauchte es nur aus den Tabellen verifiziert zu werden. So hat Tschebyschef das Bertrandsche Postulat und zugleich mehr bewiesen.

Noch schärfer konnte Tschebyschef aus (28) schließen: Falls $\delta > 0$ ist, ist für $x \geqq l = l(\delta)$, was auch $\varepsilon > 0$ bedeuten möge,

$$\vartheta((1+\varepsilon)x) - \vartheta(x) > (1+\varepsilon)(a-\delta)x - (\tfrac{6}{5}a+\delta)x$$

(29)
$$= \{(1+\varepsilon-\tfrac{6}{5})a - (2+\varepsilon)\delta\}x.$$

Für jedes $\varepsilon > \frac{1}{5}$ ist $\delta > 0$ so klein wählbar, daß die geschweifte Klammer in (29) positiv ist; für alle $\varepsilon > \frac{1}{5}$ ist also

$$\lim_{x=\infty} \inf \frac{\vartheta((1+\varepsilon)x) - \vartheta(x)}{x} > 0,$$

also wegen

$$\pi((1+\varepsilon)x) - \pi(x) \geqq \frac{\vartheta((1+\varepsilon)x) - \vartheta(x)}{\log((1+\varepsilon)x)}$$
$$\lim_{x=\infty} \{\pi((1+\varepsilon)x) - \pi(x)\} = \infty.$$

In Worten: Zwischen x (exkl.) und $(1+\varepsilon)x$ (inkl.) liegen, falls $\varepsilon > \frac{1}{5}$ ist, von einer gewissen Stelle an mindestens eine Primzahl, von einer gewissen Stelle an mindestens zwei Primzahlen, $\cdots$, bei gegebenem q von einer gewissen Stelle an mindestens q Primzahlen.

Es ist damit auch folgendes bewiesen: Wenn p_n die $n$te Primzahl bedeutet, so ist

$$\limsup_{n=\infty} \frac{p_{n+1}}{p_n} \leqq \tfrac{6}{5};$$

denn sonst gäbe es ja ein $\varepsilon > \frac{1}{5}$, so daß unendlich oft

$$\frac{p_{n+1}}{p_n} > 1 + \varepsilon$$

ist, d. h. zwischen p_n (exkl.) und $(1+\varepsilon)p_n$ (inkl.) keine Primzahl liegt, was dem Obigen widerspricht.

Zum Schluß seiner zweiten Arbeit konstatiert Tschebyschef noch, daß das arithmetische Mittel zwischen $a\frac{x}{\log x}$ und $\frac{6}{5}a\frac{x}{\log x}$, nämlich $\frac{11}{10}a\frac{x}{\log x}$, die Primzahlfunktion $\pi(x)$ mit einem Fehler darstellt, dessen Quotient durch die Näherungsfunktion $\frac{11}{10}a\frac{x}{\log x}$ von einer gewissen Stelle an kleiner als $\frac{1}{10}$ ist. In der Tat ist bei gegebenem $\delta > 0$ nach den Relationen (19) und (20) von einer gewissen Stelle an

$$a - \delta < \frac{\pi(x)\log x}{x} < \tfrac{6}{5}a + \delta,$$

$$-\tfrac{1}{10}a - \delta < \frac{\pi(x)\log x}{x} - \tfrac{11}{10}a < \tfrac{1}{10}a + \delta,$$

$$\left|\frac{\pi(x)\log x}{x} - \tfrac{11}{10}a\right| < \tfrac{1}{10}a + \delta, \tag{30}$$

$$\left|\frac{\pi(x) - \frac{11}{10}\frac{a x}{\log x}}{\frac{11}{10}\frac{a x}{\log x}}\right| < \tfrac{1}{11} + \frac{10}{11a}\delta,$$

was, wenn nur δ klein genug gewählt ist, kleiner als $\frac{1}{10}$ ist.

Noch prägnanter ist es, aus (30) für $0 < \delta < a$ so weiter zu schließen:

$$\left|\frac{\pi(x) - \frac{11}{10}\frac{a x}{\log x}}{\pi(x)}\right| < \left(\tfrac{1}{10}a + \delta\right)\frac{\frac{x}{\log x}}{\pi(x)}$$

$$< \left(\tfrac{1}{10}a + \delta\right)\frac{1}{a-\delta},$$

$$\limsup_{x=\infty} \frac{\left|\pi(x) - \frac{11}{10}\frac{a x}{\log x}\right|}{\pi(x)} \leqq \tfrac{1}{10},$$

d. h.: Der absolut genommene Fehler ist, wenn $\delta > 0$ gegeben ist, im Verhältnis zum wahren Wert von einer gewissen Stelle an $< \frac{1}{10} + \delta$, also z. B. von einer gewissen Stelle an $< \frac{1}{9}$.

Tschebyschef zog im Verlaufe seiner zweiten Arbeit aus seinen Sätzen (23) und (24), die man ja auch mit Konstanten A, B

$$Ax < \vartheta(x) < Bx \qquad (x \geqq 2)$$

schreiben kann, folgende interessante Folgerung:

Wenn $F(n)$ für alle ganzzahligen $n \geqq 2$ definiert und positiv ist, ferner so beschaffen ist, daß

$$\frac{F(n)}{\log n}$$

bei wachsendem n niemals zunimmt, so sind die Reihen

(31) $$\sum_p F(p) = F(2) + F(3) + F(5) + \cdots$$

und

(32) $$\sum_{n=2}^{\infty} \frac{F(n)}{\log n} = \frac{F(2)}{\log 2} + \frac{F(3)}{\log 3} + \frac{F(4)}{\log 4} + \cdots$$

entweder beide konvergent oder beide divergent.

In der Tat ist für ganze $x \geqq 2$

$$\sum_{p \leqq x} F(p) = \sum_{n=2}^{x} \frac{(\vartheta(n) - \vartheta(n-1)) F(n)}{\log n}$$

$$= \sum_{n=2}^{x} \vartheta(n) \left(\frac{F(n)}{\log n} - \frac{F(n+1)}{\log(n+1)}\right) + \frac{\vartheta(x) F(x+1)}{\log(x+1)},$$

also einerseits, da nach Voraussetzung stets

$$\frac{F(n)}{\log n} - \frac{F(n+1)}{\log(n+1)} \geqq 0$$

ist,

$$\sum_{p \leqq x} F(p) < \sum_{n=2}^{x} Bn \left(\frac{F(n)}{\log n} - \frac{F(n+1)}{\log(n+1)}\right) + \frac{BxF(x+1)}{\log(x+1)}$$

$$= B \sum_{n=2}^{x} \frac{F(n)}{\log n}(n - (n-1)) + \frac{BF(2)}{\log 2}$$

(33) $$= B \sum_{n=2}^{x} \frac{F(n)}{\log n} + \frac{BF(2)}{\log 2},$$

andererseits

$$\sum_{p \leqq x} F(p) > \sum_{n=2}^{x} An \left(\frac{F(n)}{\log n} - \frac{F(n+1)}{\log(n+1)}\right) + \frac{AxF(x+1)}{\log(x+1)}$$

(34) $$= A \sum_{n=2}^{x} \frac{F(n)}{\log n} + \frac{AF(2)}{\log 2}.$$

Aus (33) folgt, daß mit (32) die Reihe (31) konvergiert, aus (34) das Umgekehrte.

Natürlich folgt aus dem Bewiesenen die Richtigkeit der Behauptung auch dann, wenn $F(n)$ seine Voraussetzungen

$$\frac{F(n)}{\log n} \geqq \frac{F(n+1)}{\log(n+1)} > 0$$

nur von einer gewissen Stelle an erfüllt; denn auf die Konvergenz oder Divergenz einer Reihe ist die Abänderung endlich vieler Glieder ohne Einfluß.

Ich habe so lange bei Tschebyschef verweilt, weil er der erste war, dessen Publikationen die allgemeine Primzahltheorie gesicherte Ergebnisse verdankt; wie Tschebyschef die Ungleichungen (23) und (24) bewiesen hat, aus denen ich die weiteren Ergebnisse seiner zweiten Abhandlung mit wenigen Strichen entwickeln konnte, wird der Leser später bei der systematischen Darstellung der Primzahltheorie erfahren.

Tschebyschef konnte, wie aus dem Vorangehenden ersichtlich ist, vor allem folgende Fragen nicht lösen, welche in innigem Zusammenhang miteinander stehen.

1. Ist es wahr, daß

$$\lim_{x=\infty} \frac{\pi(x)\log x}{x}$$

und

$$\lim_{x=\infty} \frac{\vartheta(x)}{x}$$

existieren? (Alsdann müssen die beiden Grenzwerte nach den Ergebnissen Tschebyschefs $=1$ sein und (3), (4) wären bewiesen.)

2. Ist es wahr, daß für alle $\varepsilon > 0$

$$\lim_{x=\infty} \{\pi((1+\varepsilon)x) - \pi(x)\} = \infty$$

ist, d. h., was offenbar ganz dasselbe bedeutet, daß

$$\lim_{n=\infty} \frac{p_{n+1}}{p_n} = 1$$

ist?

Offenbar liegt die Vermutung 1. noch tiefer als die Vermutung 2., welche durch sie mitbestätigt würde.

Die Vermutung 1. ist nach dem Obigen mit

$$\lim_{x=\infty} \frac{\pi(x)}{\int\limits_2^x \frac{du}{\log u}} = 1$$

identisch. Für spätere Zwecke will ich sie noch gleich in folgende Form kleiden:

$$\lim_{x=\infty} \frac{\pi(x)}{Li(x)} = 1,$$

wo $Li(x)$ (sprich: Integrallogarithmus von x), abgesehen von einer konstanten Differenz mit

$$\int_2^x \frac{du}{\log u}$$

identisch ist. Es gilt nämlich für $x > 1$ bei zu Null abnehmendem positiven δ die Definition

$$(35) \qquad Li(x) = \lim_{\delta=0} \left(\int_0^{1-\delta} \frac{du}{\log u} + \int_{1+\delta}^x \frac{du}{\log u} \right),$$

so daß jene Konstante $= Li(2)$ ist:

$$Li(x) = Li(2) + \int_2^x \frac{du}{\log u}.$$

Daß der Grenzwert (35) existiert (während

$$\int_0^x \frac{du}{\log u}$$

sinnlos ist), ergibt sich folgendermaßen. Zunächst darf in $u = 0$ hinein integriert werden, da für zu 0 abnehmendes u

$$\lim_{u=0} \frac{1}{\log u} = 0$$

ist; ferner ist, wenn

$$u = e^v$$

gesetzt wird, für $0 < \delta < 1$

$$\int_0^{1-\delta} \frac{du}{\log u} = \int_{-\infty}^{\log(1-\delta)} \frac{e^v}{v}\, dv$$

$$= \int_{-\infty}^{-1} \frac{e^v}{v}\, dv + \int_{-1}^{\log(1-\delta)} \frac{e^v}{v}\, dv,$$

sowie

$$\int_{1+\delta}^{x} \frac{du}{\log u} = \int_{\log(1+\delta)}^{\log x} \frac{e^v}{v}\, dv.$$

Nun ist

$$\frac{e^v}{v} = \frac{1}{v} + 1 + \frac{v}{2!} + \cdots;$$

die Summe vom zweiten Glied an

$$\frac{e^v - 1}{v} = 1 + \frac{v}{2!} + \cdots$$

darf gewiß in $v = 0$ hinein integriert werden, so daß einfach

$$\lim_{\delta=0}\left(\int_{-1}^{\log(1-\delta)} \frac{e^v - 1}{v}\, dv + \int_{\log(1+\delta)}^{\log x} \frac{e^v - 1}{v}\, dv\right) = \int_{-1}^{\log x} \frac{e^v - 1}{v}\, dv$$

ist, und der Ausdruck

$$\int_{-1}^{\log(1-\delta)} \frac{1}{v}\, dv + \int_{\log(1+\delta)}^{\log x} \frac{1}{v}\, dv = \log(-\log(1-\delta)) + \log\frac{\log x}{\log(1+\delta)}$$

$$= \log\log x + \log\frac{-\log(1-\delta)}{\log(1+\delta)}$$

hat gewiß wegen

$$\lim_{\delta=0} \frac{-\log(1-\delta)}{\log(1+\delta)} = \lim_{\delta=0} \frac{\delta + \frac{\delta^2}{2} + \cdots}{\delta - \frac{\delta^2}{2} + \cdots}$$

$$= 1$$

einen Limes (nämlich $\log\log x$).

Die Vermutung 1. ist, wie ich mit Rücksicht auf eine oben erwähnte Stelle bei Dirichlet hervorhebe, auch mit

$$\lim_{x=\infty} \frac{\pi(x)}{\sum\limits_{n=2}^{[x]} \frac{1}{\log n}} = 1$$

identisch; denn es ist ja für $x \geqq 2$

$$\sum_{n=2}^{[x]} \frac{1}{\log n} > \int_2^{[x]+1} \frac{du}{\log u}$$

$$> \int_2^{x} \frac{du}{\log u}$$

und

$$\sum_{n=2}^{[x]} \frac{1}{\log n} < \frac{1}{\log 2} + \int_2^{[x]} \frac{du}{\log u}$$

$$\leqq \frac{1}{\log 2} + \int_2^{x} \frac{du}{\log u},$$

also

$$\left| \sum_{n=2}^{[x]} \frac{1}{\log n} - \int_2^{x} \frac{du}{\log u} \right| < \frac{1}{\log 2},$$

$$\lim_{x=\infty} \frac{\sum_{n=2}^{[x]} \frac{1}{\log n}}{\int_2^{x} \frac{du}{\log u}} = 1.$$

§ 5.
Riemann.

Riemann, dem die Primzahltheorie die genialste und fruchtbarste Abhandlung[1] (aus dem Jahre[2] 1860) verdankt, stellte sich ein verwandtes, aber doch anderes Ziel als Tschebyschef und griff es mit viel kräftigeren Hilfsmitteln an. Sein Ziel war, für eine eng mit $\pi(x)$ zusammenhängende, von der Primzahlverteilung abhängige Funktion einen bestimmten genauen Ausdruck aufzustellen, der ein Glied $Li(x)$ und unendlich viele andere Glieder enthält. Jener genaue, aber recht komplizierte[3] Ausdruck setzt übrigens gar nicht etwa in Evidenz, daß

$$\lim_{x=\infty} \frac{\pi(x)}{\frac{x}{\log x}} = 1$$

1) **1; 2.**

2) Dieselbe ist im Bericht über die Sitzung der Berliner Akademie vom 3. November 1859 abgedruckt.

3) Ich bitte den Leser, sich durch die auf diese Formel bezüglichen komplizierten Darlegungen nicht abschrecken zu lassen. Die Riemannsche Formel ist bei weitem nicht das Wichtigste an der Primzahltheorie und wird erst im Kapitel 19 des Werkes, um dort bewiesen zu werden, wieder erscheinen. Die übrigen im vorliegenden Paragraphen genannten Eigenschaften der Zetafunktion werden auch nicht vor Kapitel 15 wiederkehren.

ist; man darf also nicht glauben, daß Riemanns Formel, selbst wenn er sie bewiesen hätte, die Tschebyschefschen Probleme gelöst hätte. Nun ist es aber Riemann keineswegs gelungen, die von ihm vermutete „Riemannsche Primzahlformel" zu beweisen; er hat nur das Werkzeug geschaffen, durch dessen Verfeinerung man später diese Vermutung und vieles andere hat beweisen können. Jenes Werkzeug ist die Anwendung der Theorie der Funktionen eines komplexen Argumentes s auf eine ganz bestimmte Funktion $\zeta(s)$, die „Riemannsche Zetafunktion", welche in der Halbebene[1] $\Re(s) > 1$ durch die Reihe

$$\zeta(s) = \sum_{n=1}^{\infty} \frac{1}{n^s}$$

definiert ist, wo n^s die Bedeutung $e^{s \log n}$ bei reellem $\log n$ hat.

Riemann bewies:

1. Die Funktion $\zeta(s)$ ist in der ganzen Ebene regulär bis auf den Punkt $s = 1$, der ein Pol erster Ordnung mit dem Residuum 1 ist; mit anderen Worten:

$$(s-1)\zeta(s)$$

und

$$\zeta(s) - \frac{1}{s-1}$$

sind ganze transzendente Funktionen.

2. Die Funktion[2]

$$\Gamma\left(\tfrac{s}{2}\right)\pi^{-\frac{s}{2}}\zeta(s)$$

(welche übrigens in $s = 0$ und $s = 1$ Pole erster Ordnung hat, sonst regulär ist) bleibt ungeändert, wenn s durch $1 - s$ ersetzt wird.

Dies ließ sich durch Benutzung der bekannten Funktionalgleichungen der Gammafunktion in die Gestalt bringen:

$$\zeta(1-s) = \frac{2}{(2\pi)^s} \cos\frac{s\pi}{2}\, \Gamma(s)\zeta(s)$$

und besagt in dieser oder der ursprünglichen Gestalt, daß der Quotient

$$\frac{\zeta(1-s)}{\zeta(s)}$$

sich durch bekannte Funktionen darstellen läßt, d. h., daß man den

1) Ich verstehe unter $\sigma = \Re(s)$ den reellen Teil der komplexen Zahl $s = \sigma + ti$, unter $t = \Im(s)$ den Koeffizienten von i im rein imaginären Teil.

2) Die Eigenschaften der Eulerschen Gammafunktion setze ich als bekannt voraus.

Verlauf der Funktion $\zeta(s)$ in der ganzen Ebene beherrscht, falls man ihn in der Halbebene

$$\sigma \geqq \tfrac{1}{2}$$

verfolgen kann.

Aus diesen Ergebnissen konnte Riemann leicht schließen, daß $\zeta(s)$ für $s=-2$, $s=-4$, $s=-6, \cdots$, allgemein $s=-2q$ (wo q eine positive ganze Zahl ist) von der ersten Ordnung verschwindet, sonst aber für alle reellen s, sowie für $\sigma<0$ und $\sigma>1$ von Null verschieden ist, so daß alle von $-2q$ verschiedenen etwa vorhandenen Nullstellen dem Streifen $0 \leqq \sigma \leqq 1$ angehören und nicht reell sind.

Riemann vermutete ferner, ohne mehr als heuristische Gründe für die Richtigkeit anführen zu können, daß die Zetafunktion folgende sechs Eigenschaften besitzt:

I. Es gibt unendlich viele Nullstellen von $\zeta(s)$ im Streifen $0 \leqq \sigma \leqq 1$, die natürlich symmetrisch zur reellen Achse und auch nach der Funktionalgleichung symmetrisch zur Geraden $\sigma=\frac{1}{2}$ verteilt liegen.

II. Wenn für $T>0$ unter $N(T)$ die Anzahl[1] der Nullstellen (mehrfache mehrfach gezählt) verstanden wird, deren Ordinate zwischen 0 (exkl.) und T (inkl.) liegt, so ist

$$(1) \qquad N(T)=\frac{1}{2\pi} T \log T-\frac{1+\log(2\pi)}{2\pi} T+O(\log T).$$

Hierbei verstehe ich unter der Bezeichnung $O(\log T)$ eine Funktion von T, deren Quotient durch $\log T$ absolut genommen für alle T von einer gewissen Stelle an unterhalb einer festen Schranke liegt. Ich verstehe allgemein, wenn $g(x)$ eine für alle reellen x von einem gewissen Werte an definierte und positive Funktion von x ist und $f(x)$ eine von einem gewissen reellen x an definierte reelle oder komplexe Funktion von x, unter der Schreibweise

$$f(x)=O(g(x))$$

(sprich: O von $g(x)$), daß

$$\limsup_{x=\infty} \frac{|f(x)|}{g(x)}$$

endlich ist, d. h., daß es zwei Zahlen ξ und A gibt, für welche bei allen $x \geqq \xi$

$$|f(x)|<A g(x)$$

ist.

1) Dieselbe ist für jedes T endlich, da es sich wegen der Beschränkung $0 \leqq \sigma \leqq 1$ nur um ein endliches Gebiet der komplexen Ebene handelt.

Im obigen Falle gibt es natürlich, wenn (1) überhaupt wahr ist, ein A, welches allen $T \geqq 2$ entspricht, da ja auf der endlichen Strecke $2 \leqq T \leqq \xi$ gewiß

$$\frac{\left| N(T) - \frac{1}{2\pi} T \log T - \frac{1 + \log(2\pi)}{2\pi} T \right|}{\log T}$$

unterhalb einer festen Schranke liegt. Mit anderen Worten, (1) besagt: Es gibt eine absolute Konstante A, so daß für alle $T \geqq 2$

$$\left| N(T) - \left(\frac{1}{2\pi} T \log T - \frac{1 + \log(2\pi)}{2\pi} T \right) \right| < A \log T$$

ist.

II. enthält I.; aus II. folgt insbesondere leicht: Wenn $\beta_n + \gamma_n i$ $(n = 1, 2, \cdots)$, nach wachsenden Ordinaten γ_n geordnet, die Nullstellen in der oberen Halbebene sind, so ist

$$\sum_{n=1}^{\infty} \frac{1}{\gamma_n^2}$$

konvergent, dagegen

$$\sum_{n=1}^{\infty} \frac{1}{\gamma_n}$$

divergent, d. h.:

III. Wenn $\varrho = \beta + \gamma i$ alle nicht reellen Wurzeln von $\zeta(s)$ durchläuft, ist

$$\sum_{\varrho} \frac{1}{|\varrho|^2}$$

konvergent, dagegen

$$\sum_{\varrho} \frac{1}{|\varrho|}$$

divergent.

Aus III. folgt: Das, was wir heute als Weierstraßsche Produktdarstellung der ganzen transzendenten Funktion

$$(s-1) \frac{s}{2} \Gamma\left(\frac{s}{2}\right) \zeta(s) = (s-1) \Gamma\left(\frac{s}{2} + 1\right) \zeta(s)$$

bezeichnen, hat die Gestalt:

$$(2) \qquad (s-1) \Gamma\left(\frac{s}{2} + 1\right) \zeta(s) = e^{k(s)} \prod_{\varrho} \left(1 - \frac{s}{\varrho}\right) e^{\frac{s}{\varrho}},$$

wo $k(s)$ eine ganze transzendente Funktion ist. Danach ist, wenn C die Eulersche Konstante bezeichnet,

$$(s-1)\zeta(s)=\frac{1}{\Gamma\left(\frac{s}{2}+1\right)}e^{k(s)}\prod_{\varrho}\left(1-\frac{s}{\varrho}\right)e^{\frac{s}{\varrho}}$$

$$=e^{C\frac{s}{2}}\prod_{q=1}^{\infty}\left(1+\frac{s}{2q}\right)e^{-\frac{s}{2q}}\cdot e^{k(s)}\prod_{\varrho}\left(1-\frac{s}{\varrho}\right)e^{\frac{s}{\varrho}},$$

also kurz

(3) $$(s-1)\zeta(s)=e^{K(s)}\prod_{\mathfrak{r}}\left(1-\frac{s}{\mathfrak{r}}\right)e^{\frac{s}{\mathfrak{r}}},$$

wo $\mathfrak{r}$ alle Wurzeln von $\zeta(s)$ durchläuft und $K(s)$ eine ganze Funktion[1] ist.

Riemann vermutete nun weiter auf Grund heuristischer Erwägungen:

IV. Die in (2) und (3) auftretenden ganzen transzendenten Funktionen $k(s)$ und $K(s)=k(s)+\frac{C}{2}s$ sind ganze rationale Funktionen ersten Grades, so daß bei beliebiger Anordnung der Wurzeln ϱ bzw. $\mathfrak{r}$

$$(s-1)\zeta(s)=ae^{bs}\frac{1}{\Gamma\left(\frac{s}{2}+1\right)}\prod_{\varrho}\left(1-\frac{s}{\varrho}\right)e^{\frac{s}{\varrho}}$$

und

$$(s-1)\zeta(s)=Ae^{Bs}\prod_{\mathfrak{r}}\left(1-\frac{s}{\mathfrak{r}}\right)e^{\frac{s}{\mathfrak{r}}}$$

ist, wo a, b, A, B Konstanten sind.

V. Die Wurzeln ϱ von $\zeta(s)$, welche dem Streifen $0\leqq\sigma\leqq 1$ angehören, haben alle den reellen Teil $\frac{1}{2}$.

VI. Es besteht die unten mit (5) bezeichnete Identität für eine mit $\pi(x)$ eng verwandte Funktion.

Zur Erläuterung von VI. muß hier die Erklärung verschiedener Zeichen vorausgeschickt werden.

Es sei

$$Li(e^w)$$

(sprich: Integrallogarithmus von e^w) für alle nicht reellen $w=u+vi$

1) Bei der Ausdrucksweise „ganze Funktion" oder „ganze transzendente Funktion" soll der Spezialfall der ganzen rationalen Funktion einschließlich des noch spezielleren Falls der Konstante nicht ausgeschlossen sein.

($v \gtrless 0$) durch die längs horizontaler Geraden erstreckten Integrale definiert:

$$Li(e^w) = \int\limits_{-\infty+vi}^{w} \frac{e^s}{s}\,ds + \pi i \qquad \text{für } v > 0,$$

$$Li(e^w) = \int\limits_{-\infty+vi}^{w} \frac{e^s}{s}\,ds - \pi i \qquad \text{für } v < 0;$$

diese Integrale sind jedenfalls wegen

$$\left|\frac{e^s}{s}\right| \leqq \frac{e^\sigma}{|v|}$$

konvergent. Für positiv-reelle w ist wegen

$$e^w > 1$$

das Zeichen

$$Li(e^w)$$

schon am Ende von § 4 definiert. Für reelle $w \leqq 0$ werde für den vorliegenden Zweck dem Zeichen kein Sinn beigelegt.

Es bedeute x^s für $x > 1$ und komplexes s den Wert $e^{s\log x}$, wo $\log x$ reell ist. Für die Wurzeln ϱ ist $\varrho \log x$ nicht reell, also

$$Li(x^\varrho) = Li(e^{\varrho \log x})$$

definiert.

Es bedeute $f(x)$ für nicht ganze $x > 1$ die Funktion

$$f(x) = \pi(x) + \tfrac{1}{2}\pi\left(x^{\frac{1}{2}}\right) + \tfrac{1}{3}\pi\left(x^{\frac{1}{3}}\right) + \cdots, \tag{4}$$

wo die Reihe rechts von selbst abbricht, da für $y < 2$

$$\pi(y) = 0$$

ist. $f(x)$ ist also für nicht ganze $x > 1$ die Anzahl der Primzahlen bis x plus der halben Anzahl der Primzahlquadrate bis x (d. h. der Primzahlen bis $\sqrt{x}$) plus dem dritten Teil der Anzahl der Primzahlkuben bis x (d. h. der Primzahlen bis $\sqrt[3]{x}$) plus usw. Man kann hierfür auch schreiben

$$f(x) = \sum_{p^m \leqq x} \frac{1}{m},$$

eine in der Folge oft benutzte Schreibweise bei Summen, in denen unabhängig p alle Primzahlen, m alle positiven ganzen Zahlen durchläuft, so weit $p^m \leqq x$ ist. Für ganze x, die weder Primzahl noch Primzahlquadrat noch Primzahlkubus usw. sind, sei $f(x)$ ebenso definiert; wenn aber $x = p_0^{m_0}$ ist, so sei $f(x)$ gleich obigem Ausdruck (4) vermindert um $\frac{1}{2}\frac{1}{m_0}$, d. h.

$$f(x) = \sum_{p^m \leqq x} \frac{1}{m} - \frac{1}{2}\frac{1}{m_0}$$

$$= \sum_{p^m < x} \frac{1}{m} + \frac{1}{2}\frac{1}{m_0}.$$

Das betreffende x ist also gewissermaßen nur ein halbes Mal berücksichtigt. Man kann auch so definieren: Für diese x ist bei positivem, zu 0 abnehmendem δ

$$f(x) = \lim_{\delta=0} \frac{f(x+\delta) + f(x-\delta)}{2}$$

(Mittelwert an der Sprungstelle); in der Tat ist bei ganzem $x = p_0^{m_0}$ für $0 < \delta < 1$

$$f(x+\delta) = \sum_{p^m \leqq x} \frac{1}{m}$$

$$= \sum_{p^m < x} \frac{1}{m} + \frac{1}{m_0},$$

$$f(x-\delta) = \sum_{p^m < x} \frac{1}{m},$$

$$\frac{f(x+\delta) + f(x-\delta)}{2} = \sum_{p^m < x} \frac{1}{m} + \frac{1}{2}\frac{1}{m_0}.$$

Offenbar ist die Anzahl der nicht verschwindenden Glieder rechts in (4)

$$O(\log x),$$

da

$$\pi\left(x^{\frac{1}{m}}\right) > 0$$

erfordert:

$$x^{\frac{1}{m}} \geqq 2,$$

$$\frac{1}{m}\log x \geqq 2,$$

$$m \leqq \frac{\log x}{\log 2}.$$

Jedes Glied rechts in (4) ist höchstens gleich dem vorangehenden.

Also ist, wenn Tschebyschefs Satz[1])

$$\pi(x) = O\left(\frac{x}{\log x}\right)$$

benutzt wird,

$$\begin{aligned} f(x) - \pi(x) &= \tfrac{1}{2}\pi\left(x^{\frac{1}{2}}\right) + O\left(\log x\,\pi\left(x^{\frac{1}{3}}\right)\right) \\ &= O\left(\frac{\sqrt{x}}{\log x}\right) + O\left(\log x \frac{\sqrt[3]{x}}{\log x}\right) \\ &= O\left(\frac{\sqrt{x}}{\log x}\right) + O\left(\sqrt[3]{x}\right) \\ &= O\left(\frac{\sqrt{x}}{\log x}\right), \end{aligned}$$

also $f(x)$ gleich $\pi(x)$ bis auf einen Fehler von weit geringerer Ordnung als $\pi(x)$.

Riemann stellte nun ohne strengen Beweis für $f(x)$ folgende identische Gleichung[2]) auf:

$$(5) \quad f(x) = Li(x) - \sum_{\varrho', \varrho''}\left(Li(x^{\varrho'}) + Li(x^{\varrho''})\right) + \int_x^\infty \frac{1}{(y^2-1)\,y\log y}\,dy - \log 2,$$

wo ϱ', ϱ'' alle nicht reellen Wurzelpaare

$$\varrho' = \beta + \gamma i, \quad \varrho'' = 1 - \varrho' = 1 - \beta - \gamma i$$

von $\zeta(s)$, nach wachsendem positivem γ geordnet, durchlaufen. Das ist die oben als Vermutung VI. bezeichnete „Riemannsche Primzahlformel."

Ich betone nochmals, daß, selbst die Richtigkeit dieser Formel vorausgesetzt, daraus noch keineswegs

$$(6) \qquad \lim_{x=\infty} \frac{\pi(x)}{Li(x)} = 1,$$

d. h.

$$\lim_{x=\infty} \frac{f(x)}{Li(x)} = 1$$

folgt. Die Wege zum „Primzahlsatz" (6), den ich als das wichtigste Gesetz über die Verteilung der Primzahlen ansehe, sind aber, wie der weitere geschichtliche Verlauf zeigt, viel einfachere gewesen als die zur Riemannschen Formel (5). Wer den Beweis von (6) kennen lernen will, hat nicht nötig, sich mit dem Beweis oder auch nur dem Sinn der Formel (5) vertraut zu machen.

1) Vgl. § 4, Relation (20).

2) Ein Rechenfehler im letzten — konstanten — Gliede ist berichtigt.

§ 6.
Gauß.

Ich nenne Gauß erst jetzt, weil er selbst nichts über die Primzahltheorie publiziert hat; die näheren Einzelheiten seiner Beschäftigung mit dem Gegenstande wurden erst im Jahre 1863 — nach dem Erscheinen von Riemanns Abhandlung — dadurch bekannt, daß im Bd. 2 seiner gesammelten Werke ein hochinteressanter Brief[1] an Encke vom 24. Dezember 1849 abgedruckt ist.[2] In diesem erzählt Gauß, daß er schon als Knabe[3] über das Problem nachgedacht hatte und vor Legendre zur Vermutung gelangt war, $\pi(x)$ in bestimmte Beziehung zu elementaren Funktionen von x zu bringen.

Der Brieftext beginnt:

„Die gütige Mittheilung Ihrer Bemerkungen über die Frequenz der Primzahlen ist mir in mehr als einer Beziehung interessant gewesen. Sie haben mir meine eigenen Beschäftigungen mit demselben Gegenstande in Erinnerung gebracht, deren erste Anfänge in eine sehr entfernte Zeit fallen, ins Jahr 1792 oder 1793, wo ich mir die Lambertschen Supplemente zu den Logarithmentafeln angeschafft hatte. Es war noch ehe ich mit feineren Untersuchungen aus der höhern Arithmetik mich befasst hatte eines meiner ersten Geschäfte, meine Aufmerksamkeit auf die abnehmende Frequenz der Primzahlen zu richten, zu welchem Zweck ich dieselben in den einzelnen Chiliaden abzählte, und die Resultate auf einem der angehefteten weissen Blätter verzeichnete. Ich erkannte bald, dass unter allen Schwankungen diese Frequenz durchschnittlich nahe dem Logarithmen verkehrt proportional sei, so dass die Anzahl aller Primzahlen unter einer gegebenen

1) **1.**

2) Vor 1863 hatte man nur ohne nähere Erläuterung in dem 1852 erschienenen Briefwechsel von Olbers und Bessel (**1**, S. 234—235) die vage Andeutung gelesen (in einem Briefe von Bessel an Olbers vom 1. September 1810): „Von einer Untersuchung über das berüchtigte Integral $\int \frac{dx}{lx}$ theile ich Ihnen etwas mit, da ich glaube, dass es Sie interessiren wird. Soldner hat vor einiger Zeit eine kleine Schrift über diesen Gegenstand herausgegeben, „Théorie et tables d'une nouvelle Transcendante"; von welcher Gauss und Schumacher uns einmal unterhielten, und welche Gauss veranlasste uns die Bemerkung mitzutheilen, dass das Integral, so weit er es kenne, mit der Anzahl der Primzahlen in Verbindung zu stehen scheine."

3) Gauß ist im Jahre 1777 geboren und spricht im Briefe von den Jahren 1792—1793.

Grenze n nahe durch das Integral

$$\int \frac{dn}{\log n}$$

ausgedrückt werde, wenn der hyperbolische Logarithm. verstanden werde."

Damit meint Gauß, daß $\pi(x)$ näherungsweise gleich

$$\int_2^x \frac{du}{\log u}$$

ist. Daß Gauß diese annähernde Gleichheit in dem ganz präzisen Sinn der Gleichung

$$(1) \qquad \lim_{x=\infty} \frac{\pi(x)}{\int_2^x \frac{du}{\log u}} = 1$$

meint, geht aus einer späteren Stelle seines Briefes hervor.

Gauß knüpft nämlich an Legendres Vermutung an, es sei $\pi(x)$ näherungsweise

$$\frac{x}{\log x - 1{,}08366},$$

d. h. das $A(x)$ des § 2 habe für $x = \infty$ den Limes $1{,}08 \cdots$. Gauß berechnet nun auf Grund der Primzahltabellen den Wert von $A(x)$ für einige große Werte von x, findet jedesmal positive Werte für A und fügt hinzu[1]:

„Es scheint, dass bei wachsendem n der (Durchschnitts-) Werth von A abnimmt, ob aber die Grenze beim Wachsen des n ins Unendliche 1 oder eine von 1 verschiedene Grösse sein wird, darüber wage ich keine Vermuthung."

Gauß glaubt also zunächst, daß

$$\lim_{x=\infty} \frac{A(x)}{\log x} = 0$$

ist und hält damit die Gleichungen (1) und

$$\lim_{x=\infty} \frac{\pi(x)}{\frac{x}{\log x}} = 1$$

1) Sein n ist unser x.

für richtig; ferner vermutet er, daß

$$\lim_{x=\infty} A(x)$$

existiert; nur will er keine Vermutung darüber wagen, ob dieser Grenzwert gleich 1 oder gleich einer anderen Größe ist. In der zweiten Hälfte des nächsten Satzes führt er dennoch die Möglichkeit des ersteren Falles näher aus:

„Ich kann nicht sagen dass eine Befugniss da ist, einen ganz einfachen Grenzwerth zu erwarten; von der andern Seite könnte der Ueberschuss des A über 1 ganz füglich eine Grösse von der Ordnung $\frac{1}{\log n}$ sein.“

Mit anderen Worten: Es sei nicht unwahrscheinlich, daß $A(x)$ neben der Eigenschaft

$$\lim_{x=\infty} A(x) = 1$$

noch die schärfere hat, daß

$$\frac{A(x)-1}{\frac{1}{\log x}} = \log x(A(x)-1)$$

für $x = \infty$ einen Limes besitzt und daß dieser von Null verschieden ist.

Auf diese Vermutungen ist Gauß wohl etwa durch folgende Erwägungen gekommen.

Es werde als wahr angenommen: Die Primzahlmenge $\pi(x)$ wird durch die Funktion

$$\int_2^x \frac{du}{\log u}$$

so genau dargestellt, daß nicht nur

$$\lim_{x=\infty} \frac{\pi(x) - \int_2^x \frac{du}{\log u}}{\frac{x}{\log x}} = 0$$

ist, sondern sogar

$$\lim_{x=\infty} \frac{\pi(x) - \int_2^x \frac{du}{\log u}}{\frac{x}{\log^3 x}} = 0,$$

d. h.

(2) $$\lim_{x=\infty} \frac{\log^3 x}{x}\left(\pi(x) - \int_2^x \frac{du}{\log u}\right) = 0.$$

Dann wäre

$$\pi(x) = \int_2^x \frac{du}{\log u} + \frac{x}{\log^3 x}\varepsilon_1(x),$$

wo

$$\lim_{x=\infty} \varepsilon_1(x) = 0$$

ist[1]. In Verbindung mit der in § 4 durch (5) für $q = 2$ bewiesenen Relation

$$\int_2^x \frac{du}{\log u} = \frac{x}{\log x} + \frac{x}{\log^2 x} + \frac{2x}{\log^3 x} + \frac{x}{\log^3 x}\varepsilon_2(x),$$

wo

$$\lim_{x=\infty} \varepsilon_2(x) = 0$$

ist, ergibt sich also, wenn

$$\varepsilon_1(x) + \varepsilon_2(x) = \varepsilon_3(x)$$

gesetzt wird,

$$\frac{x}{\log x - A(x)} = \pi(x)$$

(3) $$= \frac{x}{\log x} + \frac{x}{\log^2 x} + \frac{2x}{\log^3 x} + \frac{x}{\log^3 x}\varepsilon_3(x),$$

wo

(4) $$\lim_{x=\infty} \varepsilon_3(x) = 0$$

ist. Löst man die Gleichung (3) nach $A(x)$ auf, so erhält man

$$A(x) = \log x - \frac{1}{\frac{1}{\log x} + \frac{1}{\log^2 x} + \frac{2}{\log^3 x} + \frac{\varepsilon_3(x)}{\log^3 x}}$$

$$= \frac{1 + \frac{1}{\log x} + \frac{2}{\log^2 x} + \frac{\varepsilon_3(x)}{\log^2 x} - 1}{\frac{1}{\log x} + \frac{1}{\log^2 x} + \frac{2}{\log^3 x} + \frac{\varepsilon_3(x)}{\log^3 x}}$$

(5) $$= \frac{1 + \frac{2}{\log x} + \frac{\varepsilon_3(x)}{\log x}}{1 + \frac{1}{\log x} + \frac{2}{\log^2 x} + \frac{\varepsilon_3(x)}{\log^2 x}}.$$

---

1) Solche Beziehungen werde ich später durch Einführung der Schreibweise $o(g(x))$ sehr vereinfachen.

Hieraus würde zunächst

$$\lim_{x=\infty} A(x) = 1$$

folgen (wobei nur angewendet wird, daß

$$\lim_{x=\infty} \frac{\varepsilon_3(x)}{\log x} = 0$$

ist, was bereits aus der Annahme der Richtigkeit der Gleichung

$$\lim_{x=\infty} \frac{\log^2 x}{x} \left(\pi(x) - \int_2^x \frac{du}{\log u} \right) = 0$$

folgt, ohne daß (2) als wahr angenommen wird). Ferner ergibt sich aus (5)

$$\log x(A(x) - 1) = \log x \left(\frac{1 + \frac{2}{\log x} + \frac{\varepsilon_3(x)}{\log x}}{1 + \frac{1}{\log x} + \frac{2}{\log^2 x} + \frac{\varepsilon_3(x)}{\log^2 x}} - 1 \right)$$

$$= \log x \frac{\frac{1}{\log x} - \frac{2}{\log^2 x} + \frac{\varepsilon_3(x)}{\log x} - \frac{\varepsilon_3(x)}{\log^2 x}}{1 + \frac{1}{\log x} + \frac{2}{\log^2 x} + \frac{\varepsilon_3(x)}{\log^2 x}}$$

$$= \frac{1 - \frac{2}{\log x} + \varepsilon_3(x) - \frac{\varepsilon_3(x)}{\log x}}{1 + \frac{1}{\log x} + \frac{2}{\log^2 x} + \frac{\varepsilon_3(x)}{\log^2 x}};$$

wegen (4) folgt daraus, daß

$$\lim_{x=\infty} \log x(A(x) - 1) = 1$$

wäre, — unter der Annahme, daß (2) wahr ist.

Dies ist wohl ungefähr der Anlaß zu Gauß' Vermutungen gewesen.

Aber bewiesen hat Gauß nichts; jenen Brief hat er im Alter von 72 Jahren, also gegen Ende seines Lebens geschrieben; der Brief enthält nur eine Erläuterung und Erweiterung der Vermutungen, welche Gauß schon als Knabe gehabt hatte.

§ 7.

Mertens.

Herr Mertens hat im Jahre 1874[1)] zunächst die Tschebyschefschen Kunstgriffe verfeinert und zum ersten Male eine Relation be-

1) **2.**

wiesen, deren Beweis Legendre[1] und Tschebyschef[2] erfolglos beschäftigt hatte, nämlich die Existenz von

$$\lim_{x=\infty}\Big(\sum_{p\leqq x}\frac{1}{p}-\log\log x\Big)=g$$

und sogar die noch schärfere Relation

$$(1)\qquad \sum_{p\leqq x}\frac{1}{p}=\log\log x+g+O\Big(\frac{1}{\log x}\Big).$$

Ein dabei von Herrn Mertens aufgestellter Hilfssatz ist von besonderem Interesse:

$$\sum_{p\leqq x}\frac{\log p}{p}=\log x+O(1).$$

In derselben Arbeit beweist Herr Mertens zum erstenmal die Konvergenz einer speziellen schon von Euler[3] unerlaubter Weise benutzten Reihe, nämlich

$$-\tfrac{1}{3}+\tfrac{1}{5}-\tfrac{1}{7}-\tfrac{1}{11}+\tfrac{1}{13}+\tfrac{1}{17}-\tfrac{1}{19}-\tfrac{1}{23}+\tfrac{1}{29}-\cdots,$$

wo die Nenner alle Primzahlen $p\geqq 3$ durchlaufen und die Vorzeichen $+1$ oder -1 sind, je nachdem p, durch 4 geteilt, den Rest 1 oder 3 läßt. Ich schreibe hier diese spezielle Reihe auf; Herr Mertens hat aber auch die Konvergenz einer Klasse analoger Reihen bewiesen, in denen statt 4 eine beliebige ganze Zahl k steht. Er hat dann — alles noch in derselben Abhandlung — seine genannten Sätze und die klassische Dirichletsche Methode benutzt, um für die Primzahlen der arithmetischen Progression $ky+l$, wo

$$(k,l)=1$$

ist, die Verallgemeinerung[4] von (1) zu beweisen:

$$\sum_{\substack{p\equiv l\\ p\leqq x}}\frac{1}{p}=\frac{1}{\varphi(k)}\log\log x+G+O\Big(\frac{1}{\log x}\Big).$$

Aber daraus folgte nicht etwa schon, daß der Quotient der Glieder-

1) **2b**, S. 396—397; **4**, Bd. 2, S. 67—68; **5**, Bd. 2, S. 67—69.

2) **1a**, S. 225—229; **1b**, S. 219—223; **2a**, S. 154—157; **2b**, S. 361—365; **2c**, S. 45—48; **8**, S. 239—244.

3) **2**, S. 241; **4**; **5**, S. 511—513.

4) Um die Formeln nicht zu lang werden zu lassen, lasse ich unter den Summenzeichen den Zusatz mod. k stets fort.

zahlen links für zwei solche Reihen $ky + l_\nu$, $ky + l_{\nu'}$, d. h. der Legendresche Quotient

$$\frac{\pi_\nu(x)}{\pi_{\nu'}(x)}$$

für $x = \infty$ den Limes 1 hat. Man konnte aus Herrn Mertens' Resultat (aber auch schon aus Dirichlets Formeln) in Verbindung mit bekannten Grenzwertsätzen nur schließen, daß

$$\lim_{x=\infty} \frac{\pi_\nu(x)}{\pi_{\nu'}(x)}$$

entweder nicht existiert oder $= 1$ ist, allerhöchstens, daß

$$\liminf_{x=\infty} \frac{\pi_\nu(x)}{\pi_{\nu'}(x)} \leqq 1$$

und

$$\limsup_{x=\infty} \frac{\pi_\nu(x)}{\pi_{\nu'}(x)} \geqq 1$$

ist.

Von Herrn Mertens' weiteren bedeutenden Leistungen in der Primzahltheorie ist hier noch insbesondere zu erwähnen, daß er[1] zuerst direkte Beweise für das Nichtverschwinden der unendlichen Reihen angegeben hat, welche bei Dirichlets Beweis des Satzes von der arithmetischen Progression gebraucht werden. Die Mertensschen Beweise sind von der Theorie der Klassenzahl der quadratischen Formen unabhängig und völlig elementar.

Zweites Kapitel.

Hadamard und seine Nachfolger.

§ 8.

Hadamard.

Nachdem Tschebyschef über die Unbestimmtheitsgrenzen des Quotienten

$$\frac{\pi(x)\log x}{x}$$

bewiesen hatte, daß die untere > 0 (sogar $\geqq 0{,}92129\cdots$), die obere

---

1) **4; 5; 6; 7; 10.**

endlich (und $\leqq 1{,}10555 \cdots$) ist, wurde von verschiedenen Seiten mit der Tschebyschefschen Methode durch Anwendung komplizierterer Ausdrücke der Spielraum dieser Schranken verengert, jede der Schranken etwas näher an 1 herangerückt. Dies bedeutete keinen prinzipiellen Fortschritt; denn mit dem Tschebyschefschen Mitteln ist es niemand gelungen, das Ziel zu erreichen,

$$\liminf_{x=\infty} \frac{\pi(x)\log x}{x} \geqq 1$$

und

$$\limsup_{x=\infty} \frac{\pi(x)\log x}{x} \leqq 1,$$

d. h.

$$\lim_{x=\infty} \frac{\pi(x)\log x}{x} = 1$$

zu beweisen. Sylvester[1] beschließt 1881 eine seiner Arbeiten, welche diesem Ziele zustrebt und nichts weiter als eine Verengerung der Tschebyschefschen Schranken erreicht, mit den Worten:

„But to pronounce with certainty upon the existence of such possibility, we shall probably have to wait until some one is born into the world as far surpassing Tchebycheff in insight and penetration as Tchebycheff has proved himself superior in these qualities to the ordinary run of mankind."

Als Sylvester diese Zeilen schrieb, war Jacques Hadamard schon geboren. Diesem gelang es, das Ziel zu erreichen, und zwar auf dem Wege, welchen schon lange zuvor zu verwandten, aber anderen Zwecken Riemann betreten hatte.

Lange hatten die Riemannschen Ideen nicht nutzbar gemacht werden können; von den Schwierigkeiten, die ihn aufgehalten hatten, war bis zum Jahre 1892 noch keine überwunden. 1892[2] und 1893[3] erschienen nun zwei hochbedeutende funktionentheoretische Arbeiten von Herrn Hadamard. Am Schluß[4] der zweiten bewies er die im § 5 mit I., III., IV. bezeichneten Riemannschen Vermutungen, also die Existenz der ϱ, die Divergenz von

$$\sum_{\varrho} \frac{1}{|\varrho|},$$

1) **3,** S. 247.

2) Essai sur l'étude des fonctions données par leur développement de Taylor. a) Journal de Mathématiques pures et appliquées, Ser. 2, Bd. 8, S. 101—186; 1892. b) Thèse (86 S.). Paris; 1892.

3) **1.**

4) S. 210—215.

die Konvergenz von

$$\sum_{\varrho} \frac{1}{|\varrho|^2}$$

und die Gleichungen

$$(1) \qquad (s-1)\zeta(s) = a e^{bs} \frac{1}{\Gamma\left(\frac{s}{2}+1\right)} \prod_{\varrho} \left(1 - \frac{s}{\varrho}\right) e^{\frac{s}{\varrho}},$$

$$(s-1)\zeta(s) = A e^{Bs} \prod_{\mathfrak{r}} \left(1 - \frac{s}{\mathfrak{r}}\right) e^{\frac{s}{\mathfrak{r}}}.$$

Mit berechtigtem Entdeckerstolz durfte Herr Hadamard in dem späteren Bericht[1] über seine Arbeiten schreiben:

„Une fois ces propositions établies, la théorie analytique des nombres premiers put, après un arrêt de trente ans, prendre un nouvel essor; elle n'a cessé, depuis ce moment, de faire de rapides progrès.“

Übrigens betonte Herr Hadamard ausdrücklich, daß er Riemanns Vermutung II. nicht beweisen könne und nicht einmal die Existenz von

$$\lim_{T=\infty} \frac{N(T)}{T \log T};$$

über $N(T)$ erhielt er nur weniger genaue Abschätzungen.

Auf seine ersten Arbeiten gestützt, bewies alsdann[2] Herr Hadamard im Jahre 1896 durch eine weitere lange Reihe von Schlüssen die Gleichung

$$(2) \qquad \lim_{x=\infty} \frac{\vartheta(x)}{x} = 1,$$

womit, wie ich im § 4 schon gezeigt habe, auch der Primzahlsatz

$$(3) \qquad \lim_{x=\infty} \frac{\pi(x)}{\frac{x}{\log x}} = 1$$

mitbewiesen war. Gleichzeitig wurden (2) und (3) 1896 auch von Herrn de la Vallée Poussin bewiesen (vgl. § 10). Ein wichtiges Hilfsmittel beider Autoren bestand in dem unterwegs erbrachten Nachweis, daß keine Nullstelle von $\zeta(s)$ den reellen Teil 1 besitzt.

§ 9.
Von Mangoldt.

Zwischen 1893 und 1896 (Jahre des Erscheinens der beiden Hadamardschen Arbeiten über $\zeta(s)$) fällt eine weitere bahnbrechende

1) **7**, S. 10.
2) **4**.

Arbeit[1] von Herrn von Mangoldt aus dem Jahre 1895. Von dem Hadamardschen Ergebnis (1) des § 8 ausgehend und durch Hinzufügung einer langen Reihe weiterer Schlüsse hat Herr von Mangoldt die Riemannsche Vermutung VI. bewiesen, d. h. die Riemannsche Primzahlformel; die Hauptschwierigkeit lag, wie man sich ja denken kann, in dem Beweise, daß die darin auftretende Summe

$$\sum_{\varrho', \varrho''} (Li(x^{\varrho'}) + Li(x^{\varrho''}))$$

konvergiert. Eines der von Mangoldtschen Hilfsmittel bestand darin, daß es ihm am Anfang seiner Arbeit gelungen war, die Riemannsche Vermutung II. fast völlig zu beweisen, d. h. völlig mit der etwas ungenaueren Restabschätzung $O(\log^2 T)$ statt $O(\log T)$, also die Formel

$$N(T) = \frac{1}{2\pi} T \log T - \frac{1 + \log(2\pi)}{2\pi} T + O(\log^2 T).$$

Ich füge gleich hinzu, daß im Jahre 1905 Herr von Mangoldt[2] die Riemannsche Vermutung II. in vollem Umfange bewiesen hat.

Übrig bleibt allein die Riemannsche Vermutung V., daß alle von den $-2q$ verschiedenen Nullstellen von $\zeta(s)$ den reellen Teil $\frac{1}{2}$ haben. Das ist bis heute unbewiesen und unwiderlegt. Ja noch mehr: Man weiß nicht einmal, ob die obere Grenze der reellen Teile der Nullstellen $= 1$ oder < 1 ist. Kleiner als $\frac{1}{2}$ kann sie jedenfalls nicht sein; denn, da $\zeta(s)$ im Streifen $0 \leqq \sigma \leqq 1$ unendlich viele Nullstellen hat und da in diesem Streifen aus

$$\zeta(s) = 0$$

nach der Riemannschen Funktionalgleichung

$$\zeta(1 - s) = 0$$

folgt, so hat $\zeta(s)$ unendlich viele Wurzeln im Streifen

$$\tfrac{1}{2} \leqq \sigma \leqq 1,$$

übrigens infolgedessen (nach der Schlußbemerkung des § 8) sogar im Streifen

$$\tfrac{1}{2} \leqq \sigma < 1.$$

§ 10.

De la Vallée Poussin.

Auf die erste Hadamardsche Arbeit aus dem Jahre 1893, insbesondere auch auf die Formel (1) des § 8 gestützt, hat Herr de la

1) **2.**
2) **7.**

Vallée Poussin[1] etwa gleichzeitig mit Herrn Hadamard und unabhängig von ihm im Jahre 1896 einen Beweis des Satzes

$$\lim_{x=\infty} \frac{\vartheta(x)}{x} = 1$$

publiziert und auch ausdrücklich die Folgerung[2]

$$\lim_{x=\infty} \frac{\pi(x)\log x}{x} = 1$$

hervorgehoben.

Den nächsten wichtigen Fortschritt in der Primzahltheorie hat aber Herr de la Vallée Poussin — unter Benutzung der bisherigen Ergebnisse — allein und als erster gemacht, in einer hochbedeutenden Arbeit[3] vom Jahre 1899. Nachdem 1896 bewiesen war, daß $\pi(x)$ zu jeder der beiden Funktionen $\frac{x}{\log x}$ und $\int\limits_2^x \frac{du}{\log u}$ in der Beziehung steht, daß der Quotient für $x = \infty$ den Limes 1 hat, entstand die weitere Frage, ob $\pi(x)$ durch eine der beiden Funktionen besser dargestellt wird als durch die andere. In dieser Hinsicht war durch Tschebyschef nur bekannt, daß

$$\lim_{x=\infty} \frac{\log^2 x}{x}\left(\pi(x) - \frac{x}{\log x}\right),$$

wenn vorhanden, $= 1$, aber

$$\lim_{x=\infty} \frac{\log^2 x}{x}\left(\pi(x) - \int\limits_2^x \frac{du}{\log u}\right),$$

wenn vorhanden, $= 0$ ist, und ferner, daß entsprechendes für jeden weiteren „Näherungswert des Integrallogarithmus in endlicher Form"

$$f_q(x) = \frac{x}{\log x} + \frac{1!\,x}{\log^2 x} + \cdots + \frac{(q-2)!\,x}{\log^{q-1} x}$$

gilt. Da nämlich, wie in § 4 festgestellt wurde,

$$\lim_{x=\infty} \frac{\log^q x}{x}\left(\int\limits_2^x \frac{du}{\log u} - f_q(x)\right) = (q-1)!$$

ist und da nach Tschebyschef

1) **2,** Première partie (S. 183—256).
2) **2,** S. 360—361.
3) **9.**

$$\text{(1)} \qquad \lim_{x=\infty} \frac{\log^q x}{x} \left(\pi(x) - \int_2^x \frac{du}{\log u} \right),$$

wenn vorhanden, $= 0$ ist, so ist

$$\text{(2)} \qquad \lim_{x=\infty} \frac{\log^q x}{x} (\pi(x) - f_q(x)),$$

wenn vorhanden[1], $= (q-1)!$; also wird, wenn diese Grenzwerte existieren, $\pi(x)$ besser durch $\int_2^x \frac{du}{\log u}$ als durch $f_q(x)$ dargestellt.

Herr de la Vallée Poussin bewies nun 1899 für jedes q die Relation

$$\text{(3)} \qquad \lim_{x=\infty} \frac{\log^q x}{x} \left(\pi(x) - \int_2^x \frac{du}{\log u} \right) = 0.$$

Er hat damit für $q = 2$ bewiesen, daß

$$\lim_{x=\infty} \frac{\log^2 x}{x} \left(\pi(x) - \int_2^x \frac{du}{\log u} \right) = 0$$

ist, also nach § 6 die Gaußsche Vermutung

$$\lim_{x=\infty} A(x) = 1,$$

ferner, wenn $q = 3$ eingesetzt wird,

$$\lim_{x=\infty} \frac{\log^3 x}{x} \left(\pi(x) - \int_2^x \frac{du}{\log u} \right) = 0,$$

also nach § 6 die Gaußsche Vermutung von der Existenz des

$$\lim_{x=\infty} \log x (A(x) - 1),$$

der sich natürlich alsdann $= 1$ ergeben mußte, und eben für beliebiges q die Relation (3), welche besagt, daß $\int_2^x \frac{du}{\log u}$, also auch $Li(x)$, die Funktion $\pi(x)$ besser darstellt als jedes $f_q(x)$, „besser" in dem ganz

1) Und zwar sind (1) und (2) entweder beide vorhanden oder beide nicht vorhanden. Vgl. die Erörterungen im § 4 über den dort mit (18) bezeichneten Ausdruck.

präzisen Sinn der durch Herrn de la Vallée Poussin für jedes q bewiesenen Relationen (3) und

$$(4) \qquad \lim_{x=\infty} \frac{\log^q x}{x} (\pi(x) - f_q(x)) = (q-1)!.$$

Es ist — um die Überlegenheit des $Li(x)$ über jedes $f_q(x)$ noch prägnanter hervorzuheben — nach (3)

$$\lim_{x=\infty} \frac{\log^{q+1} x}{x} (\pi(x) - Li(x)) = 0,$$

während nach (4)

$$\lim_{x=\infty} \frac{\log^{q+1} x}{x} (\pi(x) - f_q(x)) = +\infty$$

ist.

Am handlichsten ist es, Herrn de la Vallée Poussins Ergebnis so zu schreiben: Für jedes q ist nach (3)

$$\pi(x) = Li(x) + O\left(\frac{x}{\log^q x}\right),$$

also mit Rücksicht auf § 4, (5)

$$\pi(x) = \frac{x}{\log x} + \frac{1!x}{\log^2 x} + \cdots + \frac{(q-2)!x}{\log^{q-1} x} + O\left(\frac{x}{\log^q x}\right).$$

Dies besagt für $q = 2$ als erste der von Herrn de la Vallée Poussin erstiegenen neuen Stufen

$$\pi(x) = \frac{x}{\log x} + O\left(\frac{x}{\log^2 x}\right).$$

Ich bemerke noch, daß Herrn de la Vallée Poussins Ergebnis (3), welches zu den wichtigen genannten Folgerungen Anlaß gab, aus der zuvor von ihm in dieser Abhandlung bewiesenen noch schärferen Formel folgt:

$$(5) \qquad \pi(x) = \int_2^x \frac{du}{\log u} + O\left(x e^{-\alpha\sqrt{\log x}}\right),$$

wo α eine positive Konstante ist. In der Tat ist für jedes q

$$\lim_{x=\infty} \left(\frac{\log^q x}{x} \cdot x e^{-\alpha\sqrt{\log x}}\right) = \lim_{x=\infty} \frac{\log^q x}{e^{\alpha\sqrt{\log x}}}$$

$$= \lim_{y=\infty} \frac{y^{2q}}{e^{\alpha y}}$$

$$= 0.$$

Um das α näher zu erläutern, füge ich hinzu, daß es Herrn de la Vallée Poussin zunächst gelungen war, den Satz zu beweisen: Es existiert eine positive Konstante a, für welche das Gebiet

$$\sigma \geqq 1 - \frac{1}{a \log t}, \quad t \geqq 2$$

nicht unendlich viele Nullstellen von $\zeta(s)$ enthält, d. h. für welche es ein t_0 derart gibt, daß

$$\zeta(s) \neq 0 \quad \text{für} \quad \sigma \geqq 1 - \frac{1}{a \log t}, \quad t \geqq t_0 \tag{6}$$

ist.

Mit noch anderen Worten (ohne dabei die Zahl a zu erwähnen): Für die Nullstellen $\beta_n + \gamma_n i$ von $\zeta(s)$ in der oberen Halbebene ist

$$\liminf_{n=\infty} (1 - \beta_n) \log \gamma_n > 0.$$

Für jedes solche a (er bewies, daß $\frac{1}{a} = 0{,}034666 \cdots$, d. h. $a = 28{,}8 \cdots$ diese Eigenschaft hat) folgerte er nun (5) in dem Sinne, daß α jede Zahl $< \frac{1}{\sqrt{a}}$ bedeuten kann[1], also z. B. für

$$\alpha = 0{,}186.$$

Um von (6) zu (5) überzugehen, machte er nochmals von den Hadamardschen Sätzen über Existenz und Verteilung der Nullstellen von $\zeta(s)$ Gebrauch.

So viel über Herrn de la Vallée Poussins Beiträge zum allgemeinen Primzahlproblem.

Bei dem Problem der Primzahlen der arithmetischen Progression hat er[2] durch ganz analoge Methoden in ihrer Anwendung auf Verallgemeinerungen der Riemannschen Zetafunktion den Nachweis geführt, daß für die Anzahl der Primzahlen $ky + l_\nu \leqq x$, wo

$$(k, l_\nu) = 1$$

ist,

$$\lim_{x=\infty} \frac{\pi_\nu(x)}{\frac{x}{\log x}} = \frac{1}{\varphi(k)}$$

ist, ebenso für die Summe ihrer Logarithmen

$$\vartheta_\nu(x) = \sum_{\substack{p \equiv l_\nu \\ p \leqq x}} \log p,$$

1) Zur Orientierung: (6) ist besser, je kleiner a ist; (5) ist besser, je größer α ist.

2) **2**, Deuxième partie (S. 281—362).

daß

$$\lim_{x=\infty} \frac{\vartheta_\nu(x)}{x} = \frac{1}{\varphi(k)}$$

ist; er bewies also insbesondere für zwei solche Progressionen $ky + l_\nu$, $ky + l_{\nu'}$ mit derselben Differenz

$$\lim_{x=\infty} \frac{\pi_\nu(x)}{\pi_{\nu'}(x)} = 1\,,$$

womit die Legendre-Dirichletsche Vermutung bestätigt war.

Gleichzeitig wurden diese Sätze, wenigstens für $\vartheta_\nu(x)$, auch von Herrn Hadamard in der 1896er Arbeit[1] entwickelt, ohne daß hier die Beweise in allen Einzelheiten ausgeführt wurden. Herr Hadamard bemerkt mit Recht, daß mutatis mutandis alles auch geht, überläßt aber dem Leser sehr viel, während Herr de la Vallée Poussin auf alle jene Einzelheiten eingeht.

§ 11.
Verfasser.

Die erste meiner Arbeiten, von denen ich hier sprechen muß, ist vom Jahre 1903[2]. Sie hat zwei nach derselben neuen Methode bearbeitete Teile, einen auf das Primzahlproblem bezüglichen und einen, der das entsprechende allgemeinere Problem für die Primideale eines algebraischen Zahlkörpers behandelt, wovon in diesem Werke nicht die Rede sein soll.

Der erste Teil enthält kein neues Ergebnis über $\pi(x)$, sondern liefert auf sehr abgekürztem Wege den Primzahlsatz und überhaupt mit Ausschluß der Formel (5) des § 10 alle Hadamard-de la Vallée Poussinschen Ergebnisse über $\pi(x)$; an Stelle jener Formel (5) aber die fast gleich scharfe[3]

$$\pi(x) = \int_2^x \frac{du}{\log u} + O\left(x e^{-\sqrt[13]{\log x}}\right),$$

welche auch für jedes q

$$\lim_{x=\infty} \frac{\log^q x}{x}\left(\pi(x) - \int_2^x \frac{du}{\log u}\right) = 0$$

1) **4.**

2) **10.**

3) Hierin hätte ich damals 13 ohne weiteres bis zu 10 (exkl.), aber nicht weiter, also gewiß nicht bis zu 2 hin verkleinern können.

(Formel (3) des § 10), also alle Konsequenzen daraus liefert. Jene neue Methode, deren Einzelheiten der Leser in der Folge kennen lernen und bei den verschiedensten Problemen mit Erfolg angewendet finden wird, führt erstlich bei dem vorliegenden Problem viel schneller zum Ziel, ab ovo auf wenigen Druckseiten gegenüber den zwei viel längeren älteren Beweisen; dann ist sie prinzipiell einfacher, da sie von den neueren Hadamardschen Sätzen über die ganzen Funktionen im allgemeinen und $(s-1)\zeta(s)$ im besonderen keinen Gebrauch macht, also die Existenz der komplexen Wurzeln von $\zeta(s)$ nicht als bekannt voraussetzt, ja nicht einmal die schon durch Riemann gesicherte Tatsache, daß $\zeta(s)$ in der ganzen Ebene existiert. Ich bleibe beim ganzen Verlauf meines Beweises des Primzahlsatzes

$$\lim_{x=\infty} \frac{\pi(x)}{\frac{x}{\log x}} = 1$$

und der allgemeineren Relation

$$\lim_{x=\infty} \frac{\log^q x}{x}\left(\pi(x) - \int_2^x \frac{du}{\log u}\right) = 0,$$

soweit ich aus der Halbebene $\sigma > 1$ herausgehe, in nächster Nähe der Geraden $\sigma = 1$, eben in einer solchen Nähe, von der ich mit den elementarsten Mitteln nachweise, daß $\zeta(s)$ dort keine Nullstelle hat und gewisse Ungleichungen erfüllt.

Im zweiten Teil meiner Arbeit, den ich, wie gesagt, in diesem Werke nicht reproduziere, um nicht den Boden der elementaren Zahlentheorie zu verlassen, habe ich mit meiner Methode überhaupt zum ersten Male den entsprechenden „Primidealsatz" beweisen können; alle früheren Methoden konnten nicht zum Ziele führen, weil für die betreffende verallgemeinerte Zetafunktion unbekannt war — und auch heute noch unbekannt ist —, ob ihr Produkt mit $s-1$ eine ganze transzendente Funktion ist oder auch nur irgendwo links von einer gewissen Geraden existiert. Ich hatte damit eines der sogenannten Hilbertschen[1)] Probleme gelöst. Ich erwähne dies, um dem Leser verständlich zu machen, warum ich solchen Wert auf eine Methode lege, welche bei dem Problem, an dem er sie zunächst kennen lernen soll, kein neues Endergebnis gegenüber den älteren Methoden liefert. Übrigens wird der Leser auch Probleme der Primzahltheorie kennen

1) **2a**, S. 275—276; **2b**, S. 215; **3**, S. 86.

lernen, die erst mit den erwähnten, von mir herrührenden Hilfsmitteln bewältigt werden konnten.

In einer anderen Arbeit[1] vom Jahre 1903 gelang es mir ganz ebenso mit jenen einfachen Mitteln (die hier umsomehr den Weg abkürzten, als die unnötig gewordenen Hilfssätze über Existenz und Verteilung der Nullstellen der betreffenden Funktionen bei Herrn de la Vallée Poussin einen breiten Raum einnahmen) zu beweisen, daß für die Primzahlen $\leqq x$ in der arithmetischen Progression $ky + l_\nu$

$$\lim_{x=\infty} \frac{\pi_\nu(x)}{\frac{x}{\log x}} = \frac{1}{\varphi(k)}$$

ist, und auch (was bei Herrn de la Vallée Poussin noch nicht ausgeführt war), daß für jedes q

$$\lim_{x=\infty} \frac{\log^q x}{x} \left(\pi_\nu(x) - \frac{1}{\varphi(k)} \int_2^x \frac{du}{\log u} \right) = 0 \tag{1}$$

ist. Ich bewies nämlich zunächst durch Anwendung des Cauchyschen Integralsatzes[2], daß

$$\pi_\nu(x) = \frac{1}{\varphi(k)} \int_2^x \frac{du}{\log u} + O\left(x e^{-\sqrt[\gamma]{\log x}}\right) \tag{2}$$

ist, wo γ eine — übrigens von k abhängige — Konstante ist. Mit (2) war wegen

$$\lim_{x=\infty} \left(\log^q x \, e^{-\sqrt[\gamma]{\log x}}\right) = 0$$

(1) bewiesen.

In meinen Abhandlungen seit 1903 habe ich jene Beweise nur unwesentlich vereinfacht und höchstens etwas allgemeiner formulieren können, so daß immer deutlicher wurde, wie wenig die Eigenschaft der p, gerade die Primzahlen zu sein, bei den Beweisen benutzt wird. Im Jahre 1908[3] bewies ich übrigens zum erstenmal (durch eine neue Hilfsbetrachtung mit meinen elementaren Methoden), daß in (2) die Zahl γ von k und l_ν unabhängig (z. B. $= 9$) gewählt werden kann.

Ich will unter Übergehung einer großen Reihe meiner Abhand-

1) **13.**

2) Dieses klassischen Hilfsmittels konnte ich in keiner meiner Arbeiten entraten, wenn ich sie nicht in ganz unnötiger Weise durch Maskierung desselben hätte in die Länge ziehen wollen.

3) **40.**

lungen, deren Ergebnisse in das vorliegende Werk hineingearbeitet sind, nur noch zweierlei erwähnen.

I. Kürzlich habe ich[1] gezeigt: Man kann, von Herrn de la Vallée Poussins Satz (6) des § 10

$$\zeta(s) \neq 0 \text{ für } \sigma \geqq 1 - \frac{1}{a \log t}, \; t \geqq t_0$$

ausgehend, ohne nochmals die Existenz der Wurzeln von $\zeta(s)$ anzuwenden (von ihrer Existenz muß man allerdings zur Zeit Gebrauch machen, um ihre Nichtexistenz im Gebiete des genannten Satzes (6) zu beweisen), den Satz (5) des § 10

$$\pi(x) = \int_2^x \frac{du}{\log u} + O\left(x e^{-\alpha \sqrt{\log x}}\right)$$

direkt, und zwar auch für alle

$$\alpha < \frac{1}{\sqrt{a}},$$

auf meinem Wege beweisen. Dies ist von großer Tragweite, da das Analoge auch für Zahlklassen gilt, bei denen die Existenz der zugehörigen Funktionen in der ganzen Ebene zweifelhaft ist. Übrigens hatte ich bei jener Gelegenheit auch Herrn de la Vallée Poussins a verkleinert, also α vergrößert und damit die Primzahlmenge genauer abgeschätzt, als bisher geschehen war.

II. Von meinen Arbeiten in der Primzahltheorie hat mir nächst der am Anfang dieses Paragraphen genannten vom Jahre 1903 am meisten eine meiner letzten[2] Freude gemacht, in der es mir gelungen ist, den von Mangoldtschen Beweis der Riemannschen Primzahlformel durch einen erheblich kürzeren zu ersetzen; hernach führte ich[3] das auch bei einer analogen Formel für die Primzahlen einer arithmetischen Progression aus; die entsprechende Übertragung der von Mangoldtschen Methode war wegen der Kompliziertheit der Betrachtungen, die sich im allgemeinen Fall der Progression noch steigern würde, nie bewerkstelligt worden.

Damit habe ich dem Leser die wichtigsten Marksteine in der

---

1) **42,** S. 46—53. An einer Stelle von **34** (S. 239—244) konnte ich den in Betracht kommenden Nachweis nur für alle $\alpha < \frac{1}{2\sqrt{a}}$ führen, in **42** dann für alle $\alpha < \frac{1}{\sqrt{a}}$.

2) **35.**

3) **41.**

Entwicklung des Primzahlproblems gezeigt, soweit sie sich auf die asymptotischen Gesetze von $\pi(x)$ und die genaue Riemannsche Formel nebst den Analoga bei der arithmetischen Progression beziehen. Ich muß naturgemäß darauf verzichten, weitere Dinge in der Einleitung aufzuführen, die ja nicht eine Aufzählung aller im folgenden zu beweisenden Sätze bieten soll. Im Gegenteil: Alles, was ich bisher besprochen habe, gehört den zwei ersten der folgenden sechs Bücher an, und auch in diesen zweien steht mancher wichtige Satz, den ich im vorhergehenden auch nicht einmal andeutungsweise erwähnt habe; ich werde auch manchen verdienten Forscher noch zu nennen haben, von dem der Leser in diesen Zeilen noch nichts erfahren hat. Aber der Leser, der mir bis hierher getreulich gefolgt ist, wird schon ungeduldig geworden sein, endlich die Beweise für die Sätze kennen zu lernen, die ihm hier aufgezählt wurden. Er wird sich wie ein Wanderer vorkommen, der eine Bergwanderung machen will und statt dessen nur zu hören bekommt, wer zuerst die Berge erstiegen hat und wie er, wenn er einmal auf einer Spitze angelangt sein wird, von da aus auf einen anderen Gipfel direkt in der Höhe steigen kann, ohne inzwischen ins Tal zurückzukehren. Also bitte ich den Leser, jetzt mit mir hinaufzusteigen und sich nicht zu bald wieder nach dem Tale zurückzusehnen. Was er bisher erfahren hat, wird ihm doch, weil es ihm die Ziele im voraus zeigt, bei der Wanderung von Nutzen sein, und die Entwicklung der Wissenschaft ist ja gerade in der Primzahltheorie ähnlich gewesen: Man hatte meist längst in scheinbar greifbarer Nähe die Ziele vor Augen, welche man dann nur langsam erreichen konnte.

ERSTES BUCH.

ÜBER DIE ANZAHL DER PRIMZAHLEN UNTER EINER GEGEBENEN GRÖSSE.

Erster Teil.

Anwendung elementarer Methoden.

Drittes Kapitel.

Über die Wahrscheinlichkeit, daß eine Zahl Primzahl ist.

§ 12.

Bezeichnungen.

Schon im § 5 habe ich die Bedeutung der Abkürzung

$$f(x) = O(g(x))$$

erklärt, in welcher $f(x)$ und $g(x)$ für alle (nicht nur ganzzahligen) positiven x von einer gewissen Stelle an definiert sind und $g(x)$ von einem x an positiv sein soll, nämlich:

$$\limsup_{x=\infty} \frac{|f(x)|}{g(x)} < \infty,$$

d. h. es gibt ein ξ und ein A, so daß für alle $x \geqq \xi$

$$|f(x)| < Ag(x)$$

ist. Eo ipso ist hierbei A positiv.

Beispiele:

$$\sqrt{x} = O(x),$$

$$x + 1 = O(x),$$

$$e^{\sqrt{\log x}} = O(x),$$

$$\frac{1}{x^2} = O\left(\frac{1}{x^{\frac{3}{2}}}\right),$$

$$x \sin x = O(x),$$

$$e^{ix} = O(1)$$

usw.

Dies Zeichen O gestattet oftmals bei komplizierten Formeln, welche nur asymptotischen Zwecken, d. h. Limesbeweisen für $x = \infty$, dienen sollen, von vornherein mehrere Glieder, auf deren genauere Abschätzung es nicht ankommt, in ein abgekürztes Symbol zusammenzuziehen.

Das Zeichen genügt natürlich den Bedingungen:

1. Aus

$$f_1(x) = O(g_1(x)),$$
$$f_2(x) = O(g_2(x))$$

folgt

$$f_1(x) + f_2(x) = O(g_1(x) + g_2(x)).$$

Denn, wenn für $x \geqq \xi_1$

$$|f_1(x)| < A_1 g_1(x),$$

für $x \geqq \xi_2$

$$|f_2(x)| < A_2 g_2(x)$$

ist, so ist für $x \geqq \xi_3$, wo ξ_3 die größere der beiden Zahlen ξ_1, ξ_2 bezeichnet (d. h. eventuell ihren gemeinsamen Wert, falls sie gleich sind), in Zeichen, wo

$$\xi_3 = \text{Max.}\,(\xi_1, \xi_2)$$

ist,

$$\begin{aligned} |f_1(x) + f_2(x)| &\leqq |f_1(x)| + |f_2(x)| \\ &< A_1 g_1(x) + A_2 g_2(x) \\ &< \text{Max.}\,(A_1, A_2) \cdot (g_1(x) + g_2(x)). \end{aligned}$$

Falls hierbei

$$g_1(x) = g_2(x)$$

ist, so ist natürlich

$$\begin{aligned} f_1(x) + f_2(x) &= O(2 g_1(x)) \\ &= O(g_1(x)). \end{aligned}$$

2. Überhaupt folgt aus

$$f(x) = O(a g(x)),$$

wo a eine positive Konstante ist, offenbar

$$f(x) = O(g(x)).$$

Denn, wenn für $x \geqq \xi$

$$|f(x)| < A \cdot a g(x)$$

ist, so ist eben für jene x

$$|f(x)| < Aa \cdot g(x).$$

3. Es folgt aus

$$f_1(x) = O(g_1(x)),$$
$$f_2(x) = O(g_2(x))$$

offenbar

$$f_1(x) f_2(x) = O(g_1(x) g_2(x));$$

denn, wenn für $x \geqq \xi_1$

$$|f_1(x)| < A_1 g_1(x),$$

für $x \geqq \xi_2$

$$|f_2(x)| < A_2 g_2(x)$$

ist, so ist für $x \geqq \text{Max.}(\xi_1, \xi_2)$

$$|f_1(x) f_2(x)| < A_1 A_2 \cdot g_1(x) g_2(x).$$

Mit $O(1)$ bezeichne ich nach dem Obigen jede Funktion von x, welche für alle hinreichend großen x definiert ist und entweder für $x = \infty$ einen endlichen Limes besitzt oder wenigstens dem absoluten Betrage nach für alle hinreichend großen x unterhalb einer festen Schranke verbleibt. Eine reelle Funktion wird also mit $O(1)$ bezeichnet, wenn sie für $x = \infty$ endliche obere und untere Unbestimmtheitsgrenze besitzt, eine komplexe Funktion, wenn dies von ihrem reellen und imaginären Teil einzeln gilt.

Beispiele:

$$\sin x = O(1),$$

$$\frac{1+i}{x} = O(1),$$

$$\frac{\sin x}{x} = O(1),$$

$$\frac{\log x}{x} = O(1),$$

$$\frac{x}{x-10} = O(1)$$

usw.

Nicht so häufig, aber mitunter gebrauche ich auch folgendes Zeichen:

Definition: Wenn $f(x)$ und $g(x)$ von einem gewissen x an definiert sind und $g(x)$ für alle hinreichend großen x positiv ist, schreibe ich

$$f(x) = o(g(x))$$

(sprich etwa: klein o von $g(x)$), falls

$$\lim_{x=\infty} \frac{f(x)}{g(x)} = 0$$

ist.

O soll an Ordnung, o an „von kleinerer Ordnung" erinnern.

Natürlich folgt aus

$$f(x) = o(g(x))$$

a fortiori

$$f(x) = O(g(x));$$

ebenso folgt aus

$$f_1(x) = O(g_1(x))$$

nebst

$$f_2(x) = o(g_2(x))$$

unmittelbar nach Definition, daß

$$f_1(x) f_2(x) = o(g_1(x) g_2(x))$$

ist; denn

$$\limsup_{x=\infty} \frac{|f_1(x)|}{g_1(x)} < \infty,$$

$$\lim_{x=\infty} \frac{f_2(x)}{g_2(x)} = 0$$

liefert

$$\lim_{x=\infty} \frac{f_1(x)}{g_1(x)} \cdot \frac{f_2(x)}{g_2(x)} = 0.$$

Ich brauche wohl kaum die evidente Tatsache zu erwähnen, daß es eine Stufenleiter der Ordnungen für das Verhalten der Funktionen bei $x = \infty$ nicht gibt; z. B. von zwei für $x > 0$ definierten und für $x = \infty$ unendlich werdenden reellen Funktionen kann durchaus nicht immer eine als die stärker unendlich werdende bezeichnet werden.

Definition: Ich nenne zwei von einem x an positive Funktionen $f_1(x)$ und $f_2(x)$ asymptotisch gleich, wenn

$$\lim_{x=\infty} \frac{f_1(x)}{f_2(x)} = 1$$

ist, und schreibe dafür

$$f_1(x) \sim f_2(x).$$

Diese Definition erfüllt natürlich die drei Bedingungen, welche für jeden derartigen Begriff erforderlich sind:

1. Sie ist symmetrisch in $f_1(x)$ und $f_2(x)$.
2. Es ist

$$f_1(x) \sim f_1(x).$$

3. Aus

$$f_1(x) \sim f_2(x),$$

$$f_2(x) \sim f_3(x)$$

folgt

$$f_1(x) \sim f_3(x).$$

(In der Tat folgt aus

$$\lim_{x=\infty} \frac{f_1(x)}{f_2(x)} = 1$$

und

$$\lim_{x=\infty} \frac{f_2(x)}{f_3(x)} = 1,$$

daß

$$\lim_{x=\infty} \frac{f_1(x)}{f_3(x)} = 1$$

ist.)

Hierbei ist stets — was für meine Zwecke genügt — nur von Funktionen die Rede, die von einem gewissen x an positiv sind.

Beispiele:

$$x \sim x + \sin x,$$

$$x + 1000\sqrt{x} \sim x,$$

$$1 + \frac{1}{\log x} \sim 1,$$

$$\sqrt{x} \sim \sqrt{x+1},$$

$$\frac{1}{x + \log x} \sim \frac{1}{x},$$

$$\int_2^x \frac{du}{\log u} \sim \frac{x}{\log x}$$

usw.

Definition: Zwei von einem gewissen x an positive Funktionen $f_1(x)$ und $f_2(x)$ haben dieselbe Größenordnung, wenn ihr Quotient

$$\frac{f_1(x)}{f_2(x)}$$

von einem gewissen x an unterhalb einer endlichen und oberhalb einer positiven Schranke verbleibt.

Diese Definition ist offenbar symmetrisch in $f_1(x)$ und $f_2(x)$; es ist eben notwendig und hinreichend, daß

$$f_1(x) = O(f_2(x))$$

und

$$f_2(x) = O(f_1(x))$$

ist. Ferner hat selbstverständlich $f_1(x)$ mit $f_1(x)$ dieselbe Größenordnung, und wenn $f_1(x)$, $f_2(x)$, sowie $f_2(x)$, $f_3(x)$ dieselbe Größenordnung haben, so haben ersichtlich $f_1(x)$ und $f_3(x)$ dieselbe Größenordnung.

Beispiel: x und $2x + 1 + x \sin x$ haben dieselbe Größenordnung.

Definition: Unter

$$\sum_{n=v}^{w} f(n)$$

verstehe ich, wenn $w \geqq v$ ist, mögen diese beiden Zahlen ganz sein oder nicht, die Summe

$$\sum_{n=[v]}^{[w]} f(n),$$

wo also n alle ganzen Zahlen des Intervalls von $[v]$ inkl. bis $[w]$ inkl. durchläuft, deren Anzahl $[w] - [v] + 1$ beträgt. Falls $w < v$ ist, möge

$$\sum_{n=v}^{w} f(n) = 0$$

sein.

Entsprechend sei

$$\prod_{n=v}^{w} f(n) = \prod_{n=[v]}^{[w]} f(n)$$

für $w \geqq v$, dagegen

$$\prod_{n=v}^{w} f(n) = 1$$

für $w < v$.

Beispiel:

$$\sum_{n=e}^{\pi} \log n = \log 2 + \log 3.$$

Definition[1]: Unter

$$\sum_{p \leqq x} f(p)$$

bzw.

$$\prod_{p \leqq x} f(p)$$

verstehe ich eine Summe bzw. ein Produkt, wo p nur alle Primzahlen $\leqq x$ durchläuft. In

$$\sum_{p} f(p)$$

und

$$\prod_{p} f(p)$$

---

1) Diese in der Einleitung schon mehrfach benutzte Bezeichnungsweise soll dauernd in diesem Werke verwendet werden.

ist gemeint, daß p alle Primzahlen, wachsend geordnet, durchläuft. Entsprechend sind die Angaben $v \leqq p \leqq w$, $p \geqq x$ und dergl. zu verstehen.

§ 13.

Divergenzbeweis der Reihe $\sum_p \frac{1}{p}$ und des Produktes $\prod_p \frac{1}{1-\frac{1}{p}}$.

Satz: Die unendliche Reihe

$$\tfrac{1}{2} + \tfrac{1}{3} + \tfrac{1}{5} + \cdots = \sum_p \frac{1}{p}$$

divergiert, d. h.[1] es ist

$$\lim_{x=\infty} \sum_{p \leqq x} \frac{1}{p} = \infty;$$

das unendliche Produkt

$$\prod_p \frac{p}{p-1} = \prod_p \frac{1}{1-\frac{1}{p}}$$

divergiert auch, d. h.[2] es ist

$$\lim_{x=\infty} \prod_{p \leqq x} \frac{1}{1-\frac{1}{p}} = \infty,$$

$$\lim_{x=\infty} \prod_{p \leqq x} \left(1-\frac{1}{p}\right) = 0.$$

Beweis: Bekanntlich divergiert die harmonische Reihe

$$1 + \tfrac{1}{2} + \tfrac{1}{3} + \tfrac{1}{4} + \cdots = \sum_{n=1}^{\infty} \frac{1}{n},$$

d. h. es ist

$$\lim_{x=\infty} \sum_{n=1}^{x} \frac{1}{n} = \infty.$$

Nach Annahme einer beliebigen positiven Größe g gibt es also ein $\xi = \xi(g)$, so daß

$$\sum_{n=1}^{\xi} \frac{1}{n} > g \tag{1}$$

ist.

1) Denn eine monoton zunehmende Folge positiver Größen kann nur konvergieren oder zu $+\infty$ divergieren.

2) Vgl. die vorige Anmerkung.

Wenn p irgend eine Primzahl ist, so ist

$$\frac{1}{1-\frac{1}{p}} = 1 + \frac{1}{p} + \frac{1}{p^2} + \cdots,$$

also, wenn diese Gleichung für alle Primzahlen $\leqq \xi$ angesetzt und alsdann das Produkt gebildet wird,

$$\prod_{p \leqq \xi} \frac{1}{1-\frac{1}{p}} = \prod_{p \leqq \xi} \left(1 + \frac{1}{p} + \frac{1}{p^2} + \cdots\right). \tag{2}$$

Die rechte Seite von (2) ist aber offenbar, da das formal gebildete Produkt endlich vieler absolut konvergenter Reihen absolut konvergiert und beliebig geordnet werden darf,

$$= \sum_{n=1}^{\infty}{}' \frac{1}{n},$$

wo n alle ganzen Zahlen durchläuft, deren Primfaktoren sämtlich $\leqq \xi$ sind. Nun ist aber, da die Zahlen $\leqq \xi$ gewiß alle zu diesen n in Σ' gehören,

$$\sum_{n=1}^{\infty}{}' \frac{1}{n} \geqq \sum_{n=1}^{\xi} \frac{1}{n},$$

also nach (1)

$$\begin{aligned} \prod_{p \leqq \xi} \frac{1}{1-\frac{1}{p}} &= \sum_{n=1}^{\infty}{}' \frac{1}{n} \\ &\geqq \sum_{n=1}^{\xi} \frac{1}{n} \\ &> g, \end{aligned}$$

womit die zweite Behauptung des Satzes, nämlich

$$\lim_{x=\infty} \prod_{p \leqq x} \frac{1}{1-\frac{1}{p}} = \infty,$$

d. h.

$$\lim_{x=\infty} \prod_{p \leqq x} \left(1 - \frac{1}{p}\right) = 0$$

bewiesen ist.

Daraus folgt aber unmittelbar die Divergenz der Reihe

$$\sum_{p} \frac{1}{p};$$

denn eine unendliche Reihe

$$\sum_{n=1}^{\infty} u_n$$

mit positiven, sämtlich von 1 verschiedenen Gliedern ist bekanntlich (dann und) nur dann konvergent, wenn

$$\lim_{n=\infty} (1-u_1)(1-u_2)\cdots(1-u_n)$$

vorhanden und von 0 verschieden ist.

§ 14.

Hilfssatz aus der Zahlentheorie.

Satz: Es seien $p', p'', \cdots, p^{(\varrho)}$ irgend ϱ gegebene verschiedene Primzahlen (nicht notwendig die ϱ ersten) und es sei $x > 0$. Dann ist die Anzahl

$$B(x) = B(x;\, p', p'', \cdots, p^{(\varrho)})$$

der ganzen Zahlen $\leqq x$, welche durch keine dieser ϱ Primzahlen teilbar sind,

$$\begin{aligned}
B(x) = {} & [x] && \text{(ein Glied)}\\
& -\left[\frac{x}{p'}\right] - \cdots - \left[\frac{x}{p^{(\varrho)}}\right] && (\varrho \text{ Glieder})\\
& +\left[\frac{x}{p'p''}\right] + \left[\frac{x}{p'p'''}\right] + \cdots + \left[\frac{x}{p^{(\varrho-1)}p^{(\varrho)}}\right] && \left(\tbinom{\varrho}{2}\text{Glieder}\right)\\
& - \cdots\cdots\cdots\cdots\cdots\cdots\cdots\cdots \\
& + (-1)^k\left[\frac{x}{p'p''\cdots p^{(k)}}\right] + \cdots && \left(\tbinom{\varrho}{k}\text{Glieder}\right)\\
& + \cdots\cdots\cdots\cdots\cdots\cdots\cdots\cdots \\
& + (-1)^\varrho\left[\frac{x}{p'p''\cdots p^{(\varrho)}}\right] && \text{(ein Glied).}
\end{aligned}$$

Hierin stehen also in der $(k+1)$ten Zeile $(k = 1, \cdots, \varrho)$ die $\binom{\varrho}{k}$ Glieder, die allen Kombinationen der ϱ Primzahlen zu je k entsprechen, jedes mit dem Faktor $(-1)^k$ versehen. Die Anzahl aller Glieder ist also

$$\begin{aligned}1 + \binom{\varrho}{1} + \binom{\varrho}{2} + \cdots + \binom{\varrho}{k} + \cdots + \binom{\varrho}{\varrho} &= (1+1)^\varrho\\ &= 2^\varrho.\end{aligned}$$

Beweis: 1. Für $\varrho = 0$ wäre der Satz trivial; wenn keine Primzahl gegeben ist, ist die Anzahl aller ganzen Zahlen bis x (inkl.)

$$B(x) = [x].$$

2. Für $\varrho = 1$ ist die gesuchte Anzahl (d. h. die Anzahl aller ganzen Zahlen $\leqq x$, die nicht durch p' teilbar sind) mit der Anzahl $[x]$ aller ganzen Zahlen $\leqq x$, vermindert um die Anzahl aller Multipla[1] von p', welche $\leqq x$ sind, identisch.

Nun hat allgemein für jedes m (mag es Primzahl sein oder nicht) die Anzahl seiner Multipla $\leqq x$ den Wert

$$\left[\frac{x}{m}\right];$$

denn, wenn

$$ym \leqq x$$

sein soll, so muß

$$y \leqq \frac{x}{m}$$

sein, und solcher positiver ganzer Zahlen gibt es stets $\left[\frac{x}{m}\right]$ (auch wenn $m > x$ ist, alsdann eben keine).

Daher ist die gesuchte Anzahl

$$B(x) = [x] - \left[\frac{x}{p'}\right],$$

was gerade die Behauptung ist.

3. Für $\varrho = 2$ ist die gesuchte Anzahl: Die Anzahl $[x]$ aller ganzen Zahlen $\leqq x$, vermindert um die Anzahl $\left[\frac{x}{p'}\right]$ aller Multipla $\leqq x$ von p', vermindert um die Anzahl $\left[\frac{x}{p''}\right]$ aller Multipla $\leqq x$ von p'', aber zum Schluß noch (da für jede Zahl, die zugleich durch p' und p'' teilbar ist, hierdurch zweimal eine Einheit weggenommen war, sie also zur Zeit gewissermaßen statt 0 mal -1 mal gezählt ist) vermehrt um die Anzahl $\left[\frac{x}{p'p''}\right]$ der Multipla $\leqq x$ von $p'p''$:

$$B(x) = [x] - \left[\frac{x}{p'}\right] - \left[\frac{x}{p''}\right] + \left[\frac{x}{p'p''}\right].$$

4. Es sei $\varrho \geqq 1$ beliebig. Dann bedeutet das allgemeine Glied

$$(-1)^k \left[\frac{x}{p^{(\nu_1)} \cdots p^{(\nu_k)}}\right]$$

des behaupteten Ausdruckes für $B(x)$, daß für jedes Multiplum von $p^{(\nu_1)} \cdots p^{(\nu_k)}$, das $\leqq x$ ist, eine Einheit zu- oder abgezählt wird, je nach-

1) Unter Multiplum verstehe ich das Produkt mit einer positiven ganzen Zahl.

dem k gerade oder ungerade ist. Wie oft ist also irgend eine Zahl $\leqq x$ berücksichtigt? Wenn sie durch keine der Primzahlen $p', \cdots, p^{(\varrho)}$ teilbar ist, einmal, nämlich im ersten Gliede $[x]$. Wenn sie durch mindestens eine und zwar genau γ $(1 \leqq \gamma \leqq \varrho)$ jener ϱ Primzahlen teilbar ist,

$$\begin{aligned} 1 - \gamma + \binom{\gamma}{2} - \cdots + (-1)^k \binom{\gamma}{k} + \cdots + (-1)^\varrho \binom{\gamma}{\varrho} \\ = 1 - \gamma + \binom{\gamma}{2} - \cdots + (-1)^\gamma \binom{\gamma}{\gamma} \\ = (1-1)^\gamma \\ = 0 \end{aligned}$$

Male; denn der $(k+1)$ten Zeile entsprechen gerade $\binom{\gamma}{k}$ Glieder mit dem Vorzeichen $(-1)^k$ (auch für $k > \gamma$, nämlich alsdann 0 Glieder).

Damit ist der Satz allgemein bewiesen.

§ 15.

Beweis des Satzes $\pi(x) = o(x)$.

Welches ist die Wahrscheinlichkeit dafür, daß eine positive ganze Zahl eine Primzahl ist?

Diese Frage ist noch nicht präzise gestellt; denn der Begriff der Wahrscheinlichkeit ist nur für endlich viele mögliche Fälle als der Quotient der Anzahl der günstigen durch die Anzahl der möglichen Fälle definiert. Wenn also gefragt wird, mit welcher Wahrscheinlichkeit eine positive ganze Zahl $\leqq x$, wo $x \geqq 1$ ist, eine Primzahl ist, so lautet die Antwort ohne weiteres

$$\frac{\pi(x)}{[x]};$$

mit der zu Anfang dieses Paragraphen gestellten Frage ohne Hinzufügung des x meint man also natürlich, welches der Limes

$$\lim_{x=\infty} \frac{\pi(x)}{[x]}$$

ist, korrekter ausgedrückt: ob dieser Limes existiert und, wenn ja, welchen Wert er hat. Wegen

$$\lim_{x=\infty} \frac{[x]}{x} = 1$$

ist die Aufgabe identisch mit dem Problem, die Existenz des Limes

$$\lim_{x=\infty} \frac{\pi(x)}{x}$$

mit etwaiger Wertbestimmung zu untersuchen.

Die Antwort gibt der

Satz: Es ist

$$\pi(x) = o(x),$$

d. h.

$$\lim_{x=\infty} \frac{\pi(x)}{x} = 0.$$

Beweis: Es sei $\delta > 0$ gegeben; nach dem Satz des § 13 gibt es ein ϱ derart, daß, wenn $p_1, \cdots, p_\varrho$ die ϱ ersten Primzahlen sind,

$$(1) \qquad \prod_{\nu=1}^{\varrho}\left(1 - \frac{1}{p_\nu}\right) < \frac{\delta}{2}$$

ist. Ich nehme $x > p_\varrho$ an; dann ist offenbar

$$\pi(x) \leqq \varrho + B(x; p_1, p_2, \cdots, p_\varrho);$$

denn die $\pi(x) - \varrho$ von $p_1, \cdots, p_\varrho$ verschiedenen Primzahlen $\leqq x$ gehören sämtlich zu den $B(x; p_1, p_2, \cdots, p_\varrho)$ Zahlen $\leqq x$, welche weder durch $p_1, \cdots$, noch durch p_ϱ teilbar sind. Nach dem Satz des § 14 ist also

$$\pi(x) \leqq \varrho + [x] - \sum_{\nu=1}^{\varrho}\left[\frac{x}{p_\nu}\right] + \sum_{\substack{\nu, \nu'=1 \\ \nu<\nu'}}^{\varrho}\left[\frac{x}{p_\nu p_{\nu'}}\right] - \cdots + (-1)^\varrho\left[\frac{x}{p_1 \cdots p_\varrho}\right],$$

folglich, wenn ich alle 2^ϱ eckigen Klammern weglasse, was einen absolut genommen unterhalb 2^ϱ gelegenen Fehler verursacht,

$$\begin{aligned}
\pi(x) &< \varrho + 2^\varrho + x - \sum_{\nu=1}^{\varrho}\frac{x}{p_\nu} + \sum_{\substack{\nu, \nu'=1 \\ \nu<\nu'}}^{\varrho}\frac{x}{p_\nu p_{\nu'}} - \cdots + (-1)^\varrho \frac{x}{p_1 \cdots p_\varrho} \\
&= \varrho + 2^\varrho + x\left(1 - \frac{1}{p_1}\right)\left(1 - \frac{1}{p_2}\right)\cdots\left(1 - \frac{1}{p_\varrho}\right) \\
&= \varrho + 2^\varrho + x\prod_{\nu=1}^{\varrho}\left(1 - \frac{1}{p_\nu}\right),
\end{aligned}$$

also wegen (1)

$$\pi(x) < \varrho + 2^\varrho + \frac{\delta}{2}x$$

Wird nun $\xi = \xi(\delta)$ so gewählt, daß

$$\xi > p_\varrho$$

und

$$\varrho + 2^{\varrho} < \frac{\delta}{2}\xi$$

ist, so ist für alle $x \geqq \xi$

$$\pi(x) < \frac{\delta}{2}\xi + \frac{\delta}{2}x$$

$$\leqq \frac{\delta}{2}x + \frac{\delta}{2}x$$

$$= \delta x,$$

$$\frac{\pi(x)}{x} < \delta,$$

womit die Behauptung

$$\lim_{x=\infty}\frac{\pi(x)}{x} = 0$$

bewiesen ist.

Auf dem Wege zu unserem fernen Ziel

$$\pi(x) \sim \frac{x}{\log x}$$

sind wir also schon so weit gelangt, daß wir wissen: $\pi(x)$ wird zwar mit x unendlich, aber schwächer als x.

Viertes Kapitel.

Beweis, daß $\pi(x)$ von der Größenordnung $\frac{x}{\log x}$ ist.

---

§ 16.

Hilfssatz über $T(x)$.

Definition: Für alle $x > 0$ sei $T(x)$ durch eine der Gleichungen

$$T(x) = \sum_{n=1}^{x} \log n,$$

$$T(x) = \log \prod_{n=1}^{x} n,$$

$$T(x) = \log([x]!)$$

definiert.

Für ganzzahlige $x > 0$ ist also insbesondere

$$T(x) = \log(x!).$$

Satz: Es ist

$$T(x) = x \log x - x + O(\log x).$$

Beweis: Es ist für $x \geqq 1$ einerseits[1)]

$$\begin{aligned}\sum_{n=1}^{x} \log n &= \sum_{n=1}^{x-1} \log n + \log[x] \\ &\leqq \sum_{n=1}^{x-1} \int_{n}^{n+1} \log u \, du + \log[x] \\ &= \int_{1}^{[x]} \log u \, du + \log[x] \\ &\leqq \int_{1}^{x} \log u \, du + \log x \\ &= x \log x - x + 1 + \log x \\ &= x \log x - x + O(\log x), \qquad (1)\end{aligned}$$

andererseits

$$\begin{aligned}\sum_{n=1}^{x} \log n &= \sum_{n=2}^{x} \log n \\ &\geqq \sum_{n=2}^{x} \int_{n-1}^{n} \log u \, du \\ &= \int_{1}^{[x]} \log u \, du \\ &= \int_{1}^{x} \log u \, du - \int_{[x]}^{x} \log u \, du \\ &\geqq \int_{1}^{x} \log u \, du - \log x \\ &= x \log x - x + 1 - \log x \\ &= x \log x - x + O(\log x). \qquad (2)\end{aligned}$$

Aus (1) und (2) zusammengenommen folgt die Behauptung

$$T(x) = x \log x - x + O(\log x).$$

1) Die folgenden Rechnungen sind auch für $1 \leqq x < 2$ richtig, da alsdann nach Festsetzung $\sum_{n=1}^{x-1}$ und $\sum_{n=2}^{x}$ den Wert 0 bedeutet.

Von diesem Satze wird vorläufig nur die weniger scharfe Fassung

$$T(x) = x \log x + O(x)$$

zur Anwendung kommen.

§ 17.

Einführung der Funktionen $\vartheta(x)$, $\psi(x)$ und grundlegende Identität.

Definition: Es sei[1] für $x > 0$

$$\vartheta(x) = \sum_{p \leqq x} \log p$$

und $\psi(x)$ durch die von selbst abbrechende Reihe erklärt:

$$\psi(x) = \vartheta(x) + \vartheta(\sqrt{x}) + \vartheta(\sqrt[3]{x}) + \cdots$$

$$= \sum_{m=1}^{\infty} \vartheta(\sqrt[m]{x}).$$

Offenbar ist

$$\psi(x) = \sum_{m=1}^{\frac{\log x}{\log 2}} \vartheta(\sqrt[m]{x});$$

denn

$$\sqrt[m]{x} \geqq 2$$

erfordert, daß

$$\frac{1}{m} \log x \geqq \log 2$$

ist.

Durch Vertauschung der Summationsfolge kann man für $x \geqq 1$ auch schreiben:

$$\psi(x) = \sum_{m=1}^{\infty} \sum_{p \leqq \sqrt[m]{x}} \log p$$

$$= \sum_{p^m \leqq x} \log p$$

$$= \sum_{p \leqq x} \log p \sum_{m \leqq \frac{\log x}{\log p}} 1$$

$$= \sum_{p \leqq x} \log p \left[\frac{\log x}{\log p}\right].$$

---

1) $\vartheta(x)$ war bereits in § 4 so definiert.

Also ist $\psi(x)$ für $x \geqq 1$ offenbar der Logarithmus des kleinsten gemeinsamen Vielfachen aller ganzen positiven Zahlen bis x. Denn p kommt in mindestens einer dieser Zahlen in $\left[\frac{\log x}{\log p}\right]$facher Vielfachheit vor, nämlich in der nicht oberhalb x gelegenen Zahl

$$p^{\left[\frac{\log x}{\log p}\right]},$$

aber in keiner Zahl $\leqq x$ mit größerer Vielfachheit, da

$$\begin{aligned} p^{\left[\frac{\log x}{\log p}\right]+1} &> p^{\frac{\log x}{\log p}} \\ &= x \end{aligned}$$

ist.

Trivial ist über $\vartheta(x)$ als obere Abschätzung

$$\vartheta(x) = O(x \log x),$$

da doch gewiß

$$\begin{aligned} \vartheta(x) &\leqq \sum_{p \leqq x} \log x \\ (1) \qquad &= \pi(x) \log x \\ &\leqq x \log x \end{aligned}$$

ist. Nach dem Ergebnis des vorigen Kapitels kann gleich noch schärfer aus (1)

$$\vartheta(x) = o(x \log x)$$

geschlossen werden.

Daraus folgt für $\psi(x)$ dieselbe Abschätzung $o(x \log x)$ folgendermaßen: Da

$$\psi(x) = \vartheta(x) + \vartheta(\sqrt{x}) + \vartheta(\sqrt[3]{x}) + \cdots$$

nur $O(\log x)$ Glieder enthält, von denen jedes höchstens gleich dem vorangehenden ist, ist

$$\begin{aligned} (2) \qquad \psi(x) &= \vartheta(x) + O(\log x \, \vartheta(\sqrt{x})) \\ &= o(x \log x) + o(\log x \cdot \sqrt{x} \log x) \\ &= o(x \log x). \end{aligned}$$

Zum Zwecke genauerer Abschätzungen schicke ich zunächst einige Hilfssätze voraus:

Satz: Wenn x und k positiv sind, davon k ganz, ist

$$\left[\frac{[x]}{k}\right] = \left[\frac{x}{k}\right].$$

Beweis: Es hat x jedenfalls die Form

$$x = g + \Theta,$$

wo g ganz und

$$0 \leqq \Theta < 1$$

ist; g ist eben $[x]$, und die Behauptung lautet

$$\left[\frac{g}{k}\right] = \left[\frac{g+\Theta}{k}\right].$$

Dazu ist nur zu beweisen, daß keine ganze Zahl y den Ungleichungen

$$\frac{g}{k} < y \leqq \frac{g+\Theta}{k}$$

genügen kann. In der Tat wäre alsdann

$$\frac{g}{k} < y < \frac{g+1}{k},$$

$$g < ky < g + 1,$$

was gewiß unmöglich ist.

Satz: Es ist für alle $x > 0$

$$(3) \qquad [x]! = \prod_{p \leqq x} p^{\left[\frac{x}{p}\right] + \left[\frac{x}{p^2}\right] + \left[\frac{x}{p^3}\right] + \cdots}$$

Die Reihe im Exponenten bricht von selbst ab und hat für $x \geqq 1$ genau

$$\left[\frac{\log x}{\log p}\right]$$

Glieder, da

$$\frac{x}{p^m} \geqq 1$$

nur für

$$m \leqq \frac{\log x}{\log p}$$

besteht.

Die Behauptung kann auch

$$[x]! = \prod_p p^{\left[\frac{x}{p}\right] + \left[\frac{x}{p^2}\right] + \cdots}$$

$$= \prod_p p^{\sum_{m=1}^{\infty} \left[\frac{x}{p^m}\right]}$$

geschrieben werden, wo nicht nur der Exponent eine (scheinbar) unendliche Reihe ist, sondern im Produkt p alle Primzahlen durchläuft; für $p > x$ ist eben der Exponent von selbst $= 0$.

Beweis: 1. Es sei x ganz. Dann ist zunächst klar, daß bei der Zerlegung von

$$[x]! = x!$$

in Primfaktoren nur Primzahlen $p \leqq x$ auftreten. Es fragt sich, wie oft p vorkommt. Die Anzahl der Multipla $\leqq x$ von p ist $\left[\frac{x}{p}\right]$. Das ist aber noch nicht die gesuchte Anzahl; denn p geht nicht in jedem Multiplum genau einmal auf. p geht mindestens zweimal in den $\left[\frac{x}{p^2}\right]$ Multipla $\leqq x$ von p^2 auf usf. Der Exponent von p in (3)

$$\left[\frac{x}{p}\right] + \left[\frac{x}{p^2}\right] + \left[\frac{x}{p^3}\right] + \cdots$$

ist nun gleich der Anzahl der bis x (inkl.) gelegenen Multipla von p plus der Anzahl der Multipla $\leqq x$ von p^2 plus $\cdots$. Wenn also eine Zahl bis x durch p^λ, aber nicht durch $p^{\lambda+1}$ teilbar („genau λ Male durch p teilbar") ist, so ist p als Faktor von x genau

$$1 + 1 + \cdots + 1$$

Male berücksichtigt, wo λ die Anzahl der Einsen ist. Damit ist (3) für ganzzahliges x bewiesen.

2. Für nicht ganzzahliges x ist nach 1.

$$[x]! = \prod_{p \leqq [x]} p^{\left[\frac{[x]}{p}\right] + \left[\frac{[x]}{p^2}\right] + \cdots};$$

nach dem vorigen Satz können in den Exponenten die eckigen Klammern um x weggelassen werden, da

$$\left[\frac{[x]}{p^m}\right] = \left[\frac{x}{p^m}\right]$$

ist; ferner ist der Multiplikationsbereich $p \leqq [x]$ gewiß mit dem Bereich $p \leqq x$ identisch. Damit ist der Satz allgemein bewiesen.

Eine für das weitere grundlegende Identität liefert der

Satz: Für alle $x > 0$ ist

$$T(x) = \sum_{n=1}^{x} \psi\left(\frac{x}{n}\right).$$

Diese Summe kann natürlich auch bis $n = \left[\frac{x}{2}\right]$ oder auch bis $n = \infty$ erstreckt werden, da für

$$n > \frac{x}{2}$$

$$\psi\left(\frac{x}{n}\right) = 0$$

ist.

Beweis: Aus (3) folgt

$$T(x) = \log([x]!)$$

$$= \log \prod_{p \leqq x} p^{\left[\frac{x}{p}\right] + \left[\frac{x}{p^2}\right] + \cdots}$$

(4)
$$= \sum_{p \leqq x} \log p \left(\left[\frac{x}{p}\right] + \left[\frac{x}{p^2}\right] + \cdots\right)$$

$$= \sum_{p \leqq x} \log p \sum_{m=1}^{\infty} \left[\frac{x}{p^m}\right]$$

$$= \sum_{m=1}^{\infty} \sum_{p \leqq x} \log p \left[\frac{x}{p^m}\right]$$

(5)
$$= \sum_{m=1}^{\infty} \sum_{p \leqq \sqrt[m]{x}} \log p \left[\frac{x}{p^m}\right].$$

Nun ist

$$\sum_{p \leqq \sqrt[m]{x}} \log p \left[\frac{x}{p^m}\right] = \sum_{p \leqq \sqrt[m]{x}} \log p (1 + 1 + \cdots + 1),$$

wo die Klammer so viele Einsen enthält, als es ganze positive Zahlen $\leqq \frac{x}{p^m}$ gibt; man kann also schreiben:

$$\sum_{p \leqq \sqrt[m]{x}} \log p \left[\frac{x}{p^m}\right] = \sum_{p \leqq \sqrt[m]{x}} \log p \sum_{n=1}^{\frac{x}{p^m}} 1$$

und erhält durch Vertauschung der Summationsfolge

$$\sum_{p \leqq \sqrt[m]{x}} \log p \left[\frac{x}{p^m}\right] = \sum_{n=1}^{x} \sum_{p \leqq \sqrt[m]{\frac{x}{n}}} \log p$$

$$= \sum_{n=1}^{x} \vartheta\left(\sqrt[m]{\frac{x}{n}}\right).$$

Dies gibt, in (5) eingesetzt:

$$T(x)=\sum_{m=1}^{\infty}\sum_{n=1}^{x}\vartheta\left(\sqrt[m]{\frac{x}{n}}\right)$$
$$=\sum_{n=1}^{x}\sum_{m=1}^{\infty}\vartheta\left(\sqrt[m]{\frac{x}{n}}\right)$$
$$=\sum_{n=1}^{x}\psi\left(\frac{x}{n}\right),$$

was zu beweisen war.

Beispiel:

$$T(10)=\log 2+\log 3+\log 4+\log 5+\log 6+\log 7+\log 8+\log 9+\log 10$$
$$=8\log 2+4\log 3+2\log 5+\log 7,$$
$$\psi\left(\tfrac{10}{1}\right)=\psi(10)$$
$$=\vartheta(10)+\vartheta(\sqrt{10})+\vartheta(\sqrt[3]{10})$$
$$=\vartheta(10)+\vartheta(3)+\vartheta(2)$$
$$=\log 2+\log 3+\log 5+\log 7+\log 2+\log 3+\log 2$$
$$=3\log 2+2\log 3+\log 5+\log 7,$$
$$\psi\left(\tfrac{10}{2}\right)=\psi(5)$$
$$=\vartheta(5)+\vartheta(\sqrt{5})$$
$$=\vartheta(5)+\vartheta(2)$$
$$=\log 2+\log 3+\log 5+\log 2$$
$$=2\log 2+\log 3+\log 5,$$
$$\psi\left(\tfrac{10}{3}\right)=\psi(3)$$
$$=\vartheta(3)$$
$$=\log 2+\log 3,$$
$$\psi\left(\tfrac{10}{4}\right)=\psi(2)$$
$$=\vartheta(2)$$
$$=\log 2,$$
$$\psi\left(\tfrac{10}{5}\right)=\psi(2)$$
$$=\vartheta(2)$$
$$=\log 2,$$
$$\sum_{n=1}^{10}\psi\left(\frac{10}{n}\right)=\sum_{n=1}^{5}\psi\left(\frac{10}{n}\right)$$
$$=8\log 2+4\log 3+2\log 5+\log 7.$$

§ 18.

Beweis, daß $\psi(x)$ und $\vartheta(x)$ die Größenordnung x haben.

In diesem Paragraphen will ich zeigen, daß $\psi(x)$ im Sinne der Definition des § 12 mit x gleiche Größenordnung hat, ebenso $\vartheta(x)$; mit anderen Worten, daß

$$\psi(x) = O(x),$$
$$\vartheta(x) = O(x),$$
$$\frac{1}{\psi(x)} = O\left(\frac{1}{x}\right)$$

und

$$\frac{1}{\vartheta(x)} = O\left(\frac{1}{x}\right)$$

ist; noch anders ausgedrückt, daß die Quotienten

$$\frac{\psi(x)}{x}$$

und

$$\frac{\vartheta(x)}{x}$$

von einer gewissen Stelle an oberhalb einer positiven und unterhalb einer endlichen Schranke liegen. Jene Stelle kann natürlich alsdann $=2$ angenommen werden, da für jedes $\xi > 2$ auf der endlichen Strecke von 2 bis ξ die Quotienten gewiß zwischen zwei solchen Schranken liegen. Wegen

$$\vartheta(x) \leqq \psi(x)$$

braucht übrigens die obere Abschätzung nur für $\psi(x)$, die untere nur für $\vartheta(x)$ bewiesen zu werden. Es ist aber bequemer, beides direkt für $\psi(x)$ zu beweisen; damit sind die Behauptungen für $\vartheta(x)$ auf Grund der Relation § 17, (2)

$$\begin{aligned}\psi(x) &= \vartheta(x) + O\left(\log x\, \vartheta(\sqrt{x})\right)\\ &= \vartheta(x) + O(\log x \cdot \sqrt{x} \log x)\\ &= \vartheta(x) + o(x),\end{aligned}$$
$$\frac{\psi(x)}{x} = \frac{\vartheta(x)}{x} + o(1)$$

mitbewiesen.

Aus der Identität

$$T(x) = \sum_{n=1}^{\infty} \psi\left(\frac{x}{n}\right)$$

folgt nun für alle $x > 0$

$$T\left(\frac{x}{2}\right) = \sum_{n=1}^{\infty} \psi\left(\frac{x}{2n}\right),$$

also

$$T(x) - 2T\left(\frac{x}{2}\right) = \sum_{n=1}^{\infty} \psi\left(\frac{x}{n}\right) - 2\sum_{n=1}^{\infty} \psi\left(\frac{x}{2n}\right)$$

$$= \left(\psi(x) + \psi\left(\frac{x}{2}\right) + \psi\left(\frac{x}{3}\right) + \cdots\right) - 2\left(\psi\left(\frac{x}{2}\right) + \psi\left(\frac{x}{4}\right) + \psi\left(\frac{x}{6}\right) + \cdots\right)$$

$$= \psi(x) - \psi\left(\frac{x}{2}\right) + \psi\left(\frac{x}{3}\right) - \psi\left(\frac{x}{4}\right) + \cdots$$

$$= \sum_{n=1}^{\infty} (-1)^{n+1} \psi\left(\frac{x}{n}\right).$$

In diesem Ausdruck haben die Glieder, so lange sie nicht 0 sind, abwechselndes Vorzeichen und es ist absolut genommen jedes nicht größer als das vorangehende. Insbesondere ist

$$\psi\left(\frac{x}{3}\right) - \psi\left(\frac{x}{4}\right) \geqq 0,$$

$$\psi\left(\frac{x}{5}\right) - \psi\left(\frac{x}{6}\right) \geqq 0,$$

$$\cdots\cdots\cdots\cdots;$$

daher ist

$$0 \leqq \psi(x) - \psi\left(\frac{x}{2}\right) \leqq T(x) - 2T\left(\frac{x}{2}\right). \tag{1}$$

Wenn andererseits

$$-\psi\left(\frac{x}{2}\right) + \psi\left(\frac{x}{3}\right) \leqq 0,$$

$$-\psi\left(\frac{x}{4}\right) + \psi\left(\frac{x}{5}\right) \leqq 0,$$

$$\cdots\cdots\cdots\cdots$$

berücksichtigt wird, so ergibt sich

$$\psi(x) \geqq T(x) - 2T\left(\frac{x}{2}\right). \tag{2}$$

Nach der im § 16 bewiesenen Relation

$$T(x) = x \log x + O(x)$$

ist nun

$$T\left(\frac{x}{2}\right) = \frac{x}{2}\log\frac{x}{2} + O\left(\frac{x}{2}\right)$$

$$= \frac{x}{2}\log x - \frac{x}{2}\log 2 + O(x)$$

$$= \frac{x}{2}\log x + O(x),$$

also

$$T(x) - 2\,T\left(\frac{x}{2}\right) = x\log x + O(x) - 2\left(\frac{x}{2}\log x + O(x)\right)$$
$$= O(x).$$

(1) liefert also

$$\psi(x) - \psi\left(\frac{x}{2}\right) = O(x).$$

Der nicht negative Quotient

$$\frac{\psi(x) - \psi\left(\frac{x}{2}\right)}{x}$$

liegt also für alle $x > \xi$, wo $\xi > 2$ angenommen sei, unterhalb einer endlichen Schranke; da er für $2 \leqq x \leqq \xi$ gewiß unterhalb einer festen Schranke liegt und für $0 < x < 2$ gleich Null ist, gibt es ein A derart, daß für alle $x > 0$

$$\frac{\psi(x) - \psi\left(\frac{x}{2}\right)}{x} < A,$$

(3)
$$\psi(x) - \psi\left(\frac{x}{2}\right) < Ax$$

ist. (3) liefert, wenn $\frac{x}{2}$ statt x geschrieben wird, für alle $x > 0$

$$\psi\left(\frac{x}{2}\right) - \psi\left(\frac{x}{4}\right) < A\frac{x}{2},$$

dies weiter

$$\psi\left(\frac{x}{4}\right) - \psi\left(\frac{x}{8}\right) < A\frac{x}{4},$$

$$\cdots\cdots\cdots$$

(4)
$$\psi\left(\frac{x}{2^n}\right) - \psi\left(\frac{x}{2^{n+1}}\right) < A\frac{x}{2^n}$$

bei jedem ganzen $n \geqq 0$, alles für $x > 0$. Wird (4) über $n = 0, 1, 2, \cdots$ summiert, so ergibt sich

$$\psi(x) = \sum_{n=0}^{\infty}\left(\psi\left(\frac{x}{2^n}\right) - \psi\left(\frac{x}{2^{n+1}}\right)\right)$$
$$< Ax\sum_{n=0}^{\infty}\frac{1}{2^n}$$
$$= 2Ax,$$

womit

(5)
$$\psi(x) = O(x)$$

bewiesen ist.

Um die untere Abschätzung von $\psi(x)$ zu erhalten, wird (2) benutzt werden; aber hier genügt für $T(x)$ nicht die Abschätzung

$$T(x) = x \log x + O(x),$$

sondern ich schreibe etwas genauer

$$T(x) = x \log x - x + o(x),$$

was ja auch in § 16 reichlich bewiesen war, da

$$\log x = o(x)$$

ist. Das gibt

$$T(x) - 2T\left(\frac{x}{2}\right) = x \log x - x + o(x) - 2\left(\frac{x}{2}\log\frac{x}{2} - \frac{x}{2} + o(x)\right)$$

$$= x \log 2 + o(x), \tag{6}$$

also nach (2)

$$\psi(x) \geqq x \log 2 + o(x),$$

$$\liminf_{x=\infty} \frac{\psi(x)}{x} \geqq \log 2$$

$$> 0.$$

Übrigens liefert (6) auch leicht als präzisere Fassung von (5) eine numerische obere Schranke für

$$\limsup_{x=\infty} \frac{\psi(x)}{x}.$$

Denn wegen (1) und (6) ist nach Annahme von $\delta > 0$ von einem gewissen $\xi = \xi(\delta)$ an, d. h. für alle $x \geqq \xi$

$$\psi(x) - \psi\left(\frac{x}{2}\right) < (\log 2 + \delta)x,$$

also für alle $x \geqq \xi$ und alle ganzzahligen $n \geqq 0$, bei denen

$$\frac{x}{2^n} \geqq \xi$$

ist,

$$\psi\left(\frac{x}{2^n}\right) - \psi\left(\frac{x}{2^{n+1}}\right) < (\log 2 + \delta)\frac{x}{2^n},$$

d. h., wenn die ganze Zahl m bei gegebenem $x \geqq \xi$ durch

$$\frac{x}{2^m} \geqq \xi > \frac{x}{2^{m+1}}$$

bestimmt ist,

$$\psi(x)-\psi\left(\frac{x}{2^{m+1}}\right)=\sum_{n=0}^{m}\left(\psi\left(\frac{x}{2^n}\right)-\psi\left(\frac{x}{2^{n+1}}\right)\right)$$

$$<(\log 2+\delta)x\sum_{n=0}^{m}\frac{1}{2^n}$$

$$<2(\log 2+\delta)x,$$

$$\psi(x)<2(\log 2+\delta)x+\psi\left(\frac{x}{2^{m+1}}\right)$$

$$\leqq 2(\log 2+\delta)x+\psi(\xi).$$

Daher ist

$$\limsup_{x=\infty}\frac{\psi(x)}{x}\leqq 2(\log 2+\delta)$$

für jedes $\delta>0$, folglich

$$\limsup_{x=\infty}\frac{\psi(x)}{x}\leqq 2\log 2.$$

Mit Rücksicht auf

$$\lim_{x=\infty}\frac{\psi(x)-\vartheta(x)}{x}=0$$

ist

$$\liminf_{x=\infty}\frac{\psi(x)}{x}=\liminf_{x=\infty}\frac{\vartheta(x)}{x},$$

$$\limsup_{x=\infty}\frac{\psi(x)}{x}=\limsup_{x=\infty}\frac{\vartheta(x)}{x},$$

und wir haben also auch gefunden:

$$\liminf_{x=\infty}\frac{\vartheta(x)}{x}\geqq\log 2$$

und

$$\limsup_{x=\infty}\frac{\vartheta(x)}{x}\leqq 2\log 2.$$

§ 19.

Beweis, daß die Quotienten $\frac{\pi(x)\log x}{x}$ und $\frac{\vartheta(x)}{x}$ dieselben Unbestimmtheitsgrenzen haben.

Satz:

$$\frac{\pi(x)\log x}{x}-\frac{\vartheta(x)}{x}=O\left(\frac{1}{\log x}\right).$$

Vorbemerkung: Dieser Satz besagt insbesondere, daß

$$\frac{\pi(x)\log x}{x}-\frac{\vartheta(x)}{x}=o(1),$$

d. h.

$$\lim_{x=\infty}\left(\frac{\pi(x)\log x}{x}-\frac{\vartheta(x)}{x}\right)=0$$

ist, folglich

$$\liminf_{x=\infty}\frac{\pi(x)\log x}{x}=\liminf_{x=\infty}\frac{\vartheta(x)}{x},$$

$$\limsup_{x=\infty}\frac{\pi(x)\log x}{x}=\limsup_{x=\infty}\frac{\vartheta(x)}{x},$$

womit die Überschrift dieses Paragraphen gerechtfertigt ist. Nach dem Resultat des vorigen Paragraphen ist also

$$\limsup_{x=\infty}\frac{\pi(x)\log x}{x}\leqq 2\log 2$$
$$<\infty,$$

$$\liminf_{x=\infty}\frac{\pi(x)\log x}{x}\geqq \log 2$$
$$>0,$$

wie im Titel dieses Kapitels angekündigt wurde.

Beweis: Ich wende das wichtige, von Abel zuerst mit Erfolg bei Abschätzungen benutzte Hilfsmittel der partiellen Summation an, welches in der Identität

$$\sum_{n=v}^{w}(a_n-a_{n-1})b_n=\sum_{n=v}^{w}a_n(b_n-b_{n+1})-a_{v-1}b_v+a_w b_{w+1}$$

(v, w ganz, $w\geqq v$) besteht. Damit ergibt sich für $x>1$

$$\pi(x)=\sum_{p\leqq x}1$$

$$=\sum_{n=2}^{x}\frac{\vartheta(n)-\vartheta(n-1)}{\log n}$$

$$=\sum_{n=2}^{x}\vartheta(n)\left(\frac{1}{\log n}-\frac{1}{\log(n+1)}\right)+\frac{\vartheta(x)}{\log([x]+1)}$$

$$=\sum_{n=2}^{x}\vartheta(n)\frac{\log\left(1+\frac{1}{n}\right)}{\log n\log(n+1)}+\frac{\vartheta(x)}{\log x}+\vartheta(x)\left(\frac{1}{\log([x]+1)}-\frac{1}{\log x}\right),$$

$$\left|\pi(x)-\frac{\vartheta(x)}{\log x}\right|\leqq\sum_{n=2}^{x}\vartheta(n)\frac{\frac{1}{n}}{\log^2 n}+\vartheta(x)\left(\frac{1}{\log x}-\frac{1}{\log(x+1)}\right),$$

also wegen

$$\vartheta(x)=O(x)$$

$$\pi(x) - \frac{\vartheta(x)}{\log x} = O\sum_{n=2}^{x} \frac{1}{\log^2 n} + O\left(x \cdot \frac{\log\left(1+\frac{1}{x}\right)}{\log^2 x}\right)$$

$$= O\left(\frac{1}{\log^2 2} + \int_2^{[x]} \frac{du}{\log^2 u}\right) + O\left(x \cdot \frac{\frac{1}{x}}{\log^2 x}\right)$$

$$= O(1) + O\int_2^{x} \frac{du}{\log^2 u}$$

$$= O(1) + O\int_2^{\sqrt{x}} \frac{du}{\log^2 u} + O\int_{\sqrt{x}}^{x} \frac{du}{\log^2 u}$$

$$= O(1) + O\left(\frac{\sqrt{x}}{\log^2 2}\right) + O\left(\frac{x}{\log^2(\sqrt{x})}\right)$$

$$= O\left(\frac{x}{\log^2 x}\right),$$

und, wenn dies mit $\frac{\log x}{x}$ multipliziert wird,

$$\frac{\pi(x)\log x}{x} - \frac{\vartheta(x)}{x} = O\left(\frac{1}{\log x}\right).$$

§ 20.

Folgerungen über die Primzahlmenge zwischen x und $(1+\varepsilon)x$.

Es sei $x > 0$, $\varepsilon > 0$. Dann ist die Anzahl der Primzahlen zwischen x (exkl.) und $(1+\varepsilon)x$ (inkl.)

$$\pi((1+\varepsilon)x) - \pi(x).$$

Nach dem im § 19 erzielten Ergebnis

$$\log 2 \leqq \liminf_{x=\infty} \frac{\pi(x)\log x}{x} \leqq \limsup_{x=\infty} \frac{\pi(x)\log x}{x} \leqq 2\log 2$$

ist bei gegebenem $\delta > 0$ für alle $x \geqq \xi = \xi(\delta)$

$$(\log 2 - \delta)\frac{x}{\log x} < \pi(x) < (2\log 2 + \delta)\frac{x}{\log x},$$

folglich für $x \geqq \xi$

$$\pi((1+\varepsilon)x) - \pi(x) > (\log 2 - \delta)\frac{(1+\varepsilon)x}{\log(1+\varepsilon) + \log x} - (2\log 2 + \delta)\frac{x}{\log x}.$$

Der Quotient der rechten Seite durch $\frac{x}{\log x}$ hat für $x = \infty$ den Limes

$$(\log 2 - \delta)(1 + \varepsilon) - (2 \log 2 + \delta);$$

es ist daher bei jedem $\delta > 0$

$$\liminf_{x=\infty} \frac{\pi((1+\varepsilon)x) - \pi(x)}{\frac{x}{\log x}} > (\log 2 - \delta)(1 + \varepsilon) - (2 \log 2 + \delta);$$

folglich ist

$$\liminf_{x=\infty} \frac{\pi((1+\varepsilon)x) - \pi(x)}{\frac{x}{\log x}} \geqq \log 2\,(1 + \varepsilon) - 2 \log 2$$

$$= \log 2\,(\varepsilon - 1).$$

Im Falle $\varepsilon > 1$ wächst also die Primzahlmenge zwischen x und $(1 + \varepsilon)x$ mit x ins Unendliche.

$\log 2$ ist in diesem Resultat ganz herausgefallen. Offenbar ist das Charakteristische: Weil für die Unbestimmtheitsgrenzen von

$$(1) \qquad \frac{\pi(x)}{\frac{x}{\log x}}$$

zwei Schranken gefunden waren, deren Quotient 2 ist, ist die obige Tatsache

$$\lim_{x=\infty} \left(\pi((1+\varepsilon)x) - \pi(x)\right) = \infty$$

für $\varepsilon + 1 > 2$, d. h. für alle $\varepsilon > 1$ bewiesen Dem Schrankenquotienten $\varkappa$ entsprechen alle $\varepsilon > \varkappa - 1$; in der Tat folgt aus

$$A \leqq \liminf_{x=\infty} \frac{\pi(x) \log x}{x} \leqq \limsup \frac{\pi(x) \log x}{x} < \varkappa A$$

bei gegebenem $\delta > 0$ von einem gewissen x an

$$(A - \delta)\frac{x}{\log x} < \pi(x) < (\varkappa A + \delta)\frac{x}{\log x},$$

$$\pi((1+\varepsilon)x) - \pi(x) > (A - \delta)\frac{(1+\varepsilon)x}{\log(1+\varepsilon) + \log x} - (\varkappa A + \delta)\frac{x}{\log x},$$

$$\liminf_{x=\infty} \frac{\pi((1+\varepsilon)x) - \pi(x)}{\frac{x}{\log x}} \geqq (A - \delta)(1 + \varepsilon) - (\varkappa A + \delta),$$

also

$$\liminf_{x=\infty} \frac{\pi((1+\varepsilon)x) - \pi(x)}{\frac{x}{\log x}} \geqq A(1 + \varepsilon) - \varkappa A$$

$$= A(1 + \varepsilon - \varkappa),$$

so daß für $\varepsilon > \varkappa - 1$ diese untere Unbestimmtheitsgrenze positiv ist.

Der Beweis des im § 4 erwähnten Bertrandschen Postulats erfordert allerdings gerade für $\varepsilon = 1$ die Richtigkeit des soeben für alle $\varepsilon > 1$ bewiesenen Satzes, d. h. er erfordert für die Unbestimmtheitsgrenzen des Quotienten (1) Schranken, deren Quotient < 2 ist. Ich werde im nächsten Kapitel Schranken vom Quotienten $\frac{6}{5}$ herleiten und damit den Satz

$$\lim_{x=\infty} \left(\pi((1+\varepsilon)x) - \pi(x)\right) = \infty$$

für alle $\varepsilon > \frac{1}{5}$ beweisen; dabei wird so gerechnet werden, daß sich auch ein nicht zu hohes x ergibt, von dem an die Abschätzungen gelten, so daß das Bertrandsche Postulat für alle erforderlichen x bewiesen werden wird.

Fünftes Kapitel.

Verengerung der Schranken für den Quotienten $\pi(x) : \frac{x}{\log x}$.

---

§ 21.

Abschätzungen von $U(x)$.

In § 16 war festgestellt, daß für alle (ganzen oder nicht ganzen) $x \geqq 1$

$$T(x) \leqq x \log x - x + 1 + \log x$$

und

$$T(x) \geqq x \log x - x + 1 - \log x$$

ist A fortiori ist also für alle $x \geqq 1$

(1) $$T(x) = x \log x - x + \Theta(\log x + 1),$$

wo

$$\Theta = \Theta(x)$$

eine Größe bezeichnet, welche die Relation

$$|\Theta| \leqq 1$$

erfüllt.

Diese Abschätzung werde auf die Funktion

$$U(x) = T(x) - T\left(\frac{x}{2}\right) - T\left(\frac{x}{3}\right) - T\left(\frac{x}{5}\right) + T\left(\frac{x}{30}\right)$$

angewendet, deren Zweck nachher ersichtlich sein wird. Für alle $x \geqq 30$ ergibt sich nach (1), da die fünf Argumente $x, \frac{x}{2}, \frac{x}{3}, \frac{x}{5}, \frac{x}{30}$ sämtlich $\geqq 1$ sind,

$$U(x) = x\log x - \frac{x}{2}\log\frac{x}{2} - \frac{x}{3}\log\frac{x}{3} - \frac{x}{5}\log\frac{x}{5} + \frac{x}{30}\log\frac{x}{30}$$
$$-x + \frac{x}{2} + \frac{x}{3} + \frac{x}{5} - \frac{x}{30}$$
$$+\ \Theta_1\left(\log x + 1 + \log\frac{x}{2} + 1 + \log\frac{x}{3} + 1 + \log\frac{x}{5} + 1 + \log\frac{x}{30} + 1\right),$$

wo

$$|\Theta_1| \leqq 1$$

ist, also wegen

$$1 - \tfrac{1}{2} - \tfrac{1}{3} - \tfrac{1}{5} + \tfrac{1}{30} = \frac{30 - 15 - 10 - 6 + 1}{30}$$
$$= 0$$

$$U(x) = x(\tfrac{1}{2}\log 2 + \tfrac{1}{3}\log 3 + \tfrac{1}{5}\log 5 - \tfrac{1}{30}\log 30) + 5\,\Theta_2(\log x + 1)$$

(2) $$= ax + 5\,\Theta_2(\log x + 1),$$

wo a die Konstante

$$\log\frac{2^{\frac{1}{2}}\,3^{\frac{1}{3}}\,5^{\frac{1}{5}}}{30^{\frac{1}{30}}} = 0{,}92129\cdots$$

bezeichnet und

$$|\Theta_2| \leqq 1$$

ist.

Für die asymptotische Folgerung

$$\lim_{x=\infty}\left(\pi((1+\varepsilon)x) - \pi(x)\right) = \infty \qquad (\varepsilon > \tfrac{1}{5})$$

wird es übrigens nachher auf den Wert von a gar nicht ankommen, und, wenn ich hier nur diesen Zweck im Auge hätte, so würde auch die Abschätzung

$$U(x) = ax + o(x)$$

statt (2) genügen.

(2) war für alle $x \geqq 30$ bewiesen; ich behaupte, daß es bereits für $x \geqq 1$ gilt. Auf dem Wege zu (2) war für

$$y = x,\ \frac{x}{2},\ \frac{x}{3},\ \frac{x}{5},\ \frac{x}{30}$$

die Relation

(3) $$|T(y) - (y\log y - y)| < \log y + 1$$

verwendet, aber nur, um aus ihr die Folgerung

(4) $$|T(y) - (y\log y - y)| \leqq \log x + 1$$

zu ziehen. Diese Abschätzung (4) bleibt aber (bei den genannten fünf Werten von y) für $1 \leqq x < 30$ gültig. Denn, soweit dabei $y \geqq 1$ ist, ist sogar (3) gültig; soweit $y < 1$ ist, ist wegen

$$\frac{d}{dy}(y - y\log y) = -\log y$$
$$> 0$$

$$\begin{aligned}|T(y) - (y\log y - y)| &= y - y\log y \\ &< 1 - 1\log 1 \\ &= 1 \\ &\leqq \log x + 1.\end{aligned}$$

Das Resultat dieses Paragraphen lautet also: Für alle $x \geqq 1$ ist

$$ax - 5(\log x + 1) \leqq U(x) \leqq ax + 5(\log x + 1).$$

§ 22.

Beweis des Bertrandschen Postulats.

Nach der grundlegenden Identität des § 17

$$T(x) = \sum_{n=1}^{\infty} \psi\left(\frac{x}{n}\right)$$

ist

$$U(x) = T(x) - T\left(\frac{x}{2}\right) - T\left(\frac{x}{3}\right) - T\left(\frac{x}{5}\right) + T\left(\frac{x}{30}\right)$$

$$= \sum_{n=1}^{\infty} \psi\left(\frac{x}{n}\right) - \sum_{n=1}^{\infty} \psi\left(\frac{x}{2n}\right) - \sum_{n=1}^{\infty} \psi\left(\frac{x}{3n}\right) - \sum_{n=1}^{\infty} \psi\left(\frac{x}{5n}\right) + \sum_{n=1}^{\infty} \psi\left(\frac{x}{30n}\right)$$

$$(1)\quad \begin{cases} = \psi(x) - \psi\left(\frac{x}{6}\right) + \psi\left(\frac{x}{7}\right) - \psi\left(\frac{x}{10}\right) + \psi\left(\frac{x}{11}\right) - \psi\left(\frac{x}{12}\right) + \psi\left(\frac{x}{13}\right) - \psi\left(\frac{x}{15}\right) \\ + \psi\left(\frac{x}{17}\right) - \psi\left(\frac{x}{18}\right) + \psi\left(\frac{x}{19}\right) - \psi\left(\frac{x}{20}\right) + \psi\left(\frac{x}{23}\right) - \psi\left(\frac{x}{24}\right) + \psi\left(\frac{x}{29}\right) - \psi\left(\frac{x}{30}\right) + \cdots \end{cases}$$

$$= \sum_{n=1}^{\infty} c_n \psi\left(\frac{x}{n}\right),$$

wo sich c_n mit der Periode 30 wiederholt, d. h. das Glied $\psi\left(\frac{x}{n}\right)$ zum Koeffizienten hat:

	wenn n, durch 30 geteilt, den Rest läßt:
$c_n = 1$	1, 7, 11, 13, 17, 19, 23, 29;
$c_n = 0$	2, 3, 4, 5, 8, 9, 14, 16, 21, 22, 25, 26, 27, 28;
$c_n = -1$	6, 10, 12, 15, 18, 20, 24, 30.

In der Tat treten die zu der Zahl 30 teilerfremden Zahlen n einmal auf (nur bei $T(x)$), die durch genau eine der Primzahlen 2, 3, 5 teilbaren $1 - 1 = 0$ mal, die durch genau zwei derselben teilbaren $1 - 2 = -1$ mal $\left(\text{d. h. einmal mit dem Minuszeichen vor } \psi\left(\frac{x}{n}\right)\right)$, die durch $2 \cdot 3 \cdot 5 = 30$ teilbaren $2 - 3 = -1$ mal.

Da in der Reihe (1) die Vorzeichen der Glieder $\psi\left(\frac{x}{n}\right)$ abwechseln und der absolute Betrag jedes Gliedes höchstens gleich dem des vorangehenden ist, ergibt sich

$$\psi(x) \geqq U(x) \tag{2}$$

und

$$\psi(x) - \psi\left(\frac{x}{6}\right) \leqq U(x). \tag{3}$$

(2) liefert nach der Schlußformel des vorigen Paragraphen für alle $x \geqq 1$

$$\psi(x) \geqq ax - 5(\log x + 1), \tag{4}$$

(3) für alle $x \geqq 1$

$$\psi(x) - \psi\left(\frac{x}{6}\right) \leqq ax + 5(\log x + 1). \tag{5}$$

Aus (5) folgt für $x \geqq 1$ und ganzes $n \geqq 0$, so lange $\frac{x}{6^n} \geqq 1$ ist,

$$\begin{aligned}\psi\left(\frac{x}{6^n}\right) - \psi\left(\frac{x}{6^{n+1}}\right) &\leqq a\frac{x}{6^n} + 5\left(\log\frac{x}{6^n} + 1\right)\\ &\leqq a\frac{x}{6^n} + 5(\log x + 1),\end{aligned}$$

also durch Summation über alle diese zu einem $x \geqq 1$ gehörigen $n = 0, 1, \cdots, \left[\frac{\log x}{\log 6}\right]$

$$\begin{aligned}\psi(x) &= \sum_{n=0}^{\frac{\log x}{\log 6}}\left(\psi\left(\frac{x}{6^n}\right) - \psi\left(\frac{x}{6^{n+1}}\right)\right)\\ &\leqq ax\sum_{n=0}^{\frac{\log x}{\log 6}}\frac{1}{6^n} + 5\left(\left[\frac{\log x}{\log 6}\right] + 1\right)(\log x + 1)\\ &< ax\sum_{n=0}^{\infty}\frac{1}{6^n} + 5\left(\frac{\log x}{\log 6} + 1\right)(\log x + 1)\\ &= \tfrac{6}{5}ax + \left(\frac{5}{\log 6}\log x + 5\right)(\log x + 1)\\ &< \tfrac{6}{5}ax + (3\log x + 5)(\log x + 1). \qquad (6)\end{aligned}$$

Mit (4) und (6) ist zunächst bewiesen:

$$\limsup_{x=\infty} \frac{\pi(x)\log x}{x} = \limsup_{x=\infty} \frac{\psi(x)}{x}$$

$$\leqq \tfrac{6}{5}a,$$

$$\liminf_{x=\infty} \frac{\pi(x)\log x}{x} = \liminf_{x=\infty} \frac{\psi(x)}{x}$$

$$\geqq a;$$

für alle

$$\varepsilon > \tfrac{6}{5} - 1$$

$$= \tfrac{1}{5}$$

ist daher

$$\lim_{x=\infty} \left(\pi((1+\varepsilon)x) - \pi(x)\right) = \infty.$$

Für die Funktion $\vartheta(x)$ hat man einerseits wegen

$$\psi(x) - 2\psi(\sqrt{x}) = \vartheta(x) - \vartheta(\sqrt{x}) + \vartheta(\sqrt[3]{x}) - \vartheta(\sqrt[4]{x}) + \cdots$$

$$\vartheta(x) \geqq \psi(x) - 2\psi(\sqrt{x}),$$

andererseits

$$\vartheta(x) \leqq \psi(x).$$

Also ergibt sich für alle $x \geqq 1$ aus (4) und (6)

$$\vartheta(x) > ax - 5(\log x + 1) - 2\left(\tfrac{6}{5}a\sqrt{x} + (\tfrac{3}{2}\log x + 5)(\tfrac{1}{2}\log x + 1)\right)$$

$$= ax - \tfrac{12}{5}a\sqrt{x} - \tfrac{3}{2}\log^2 x - 13\log x - 15,$$

$$\vartheta(x) < \tfrac{6}{5}ax + 3\log^2 x + 8\log x + 5.$$

Folglich gilt für alle $x \geqq \frac{3}{2}$ wegen

$$2x - 2 \geqq 1,$$

$$\log(2x-2) < \log(2x)$$

$$< \log x + 0{,}7$$

die Abschätzung

$$\vartheta(2x-2) - \vartheta(x) > a(2x-2) - \tfrac{12}{5}a\sqrt{2x-2} - \tfrac{3}{2}(\log x + 0{,}7)^2$$

$$- 13(\log x + 0{,}7) - 15 - \tfrac{6}{5}ax - 3\log^2 x - 8\log x - 5$$

$$= \tfrac{4}{5}ax - \tfrac{12}{5}a\sqrt{2}\sqrt{x-1} - \tfrac{9}{2}\log^2 x - 23{,}1\log x - 29{,}835 - 2a$$

$$> 0{,}8 \cdot 0{,}92x - \tfrac{12}{5} \cdot 0{,}93 \cdot \tfrac{3}{2}\sqrt{x} - \tfrac{9}{2}\log^2 x - 24\log x - 30 - 2$$

$$> 0{,}7x - 3{,}4\sqrt{x} - 4{,}5\log^2 x - 24\log x - 32.$$

Diese rechte Seite ist für $x \geqq 800$ positiv; denn mit Rücksicht auf

$$\log 800 < 7$$

ist für $x = 800$ jener Ausdruck

$$\begin{aligned} &> 0{,}7\cdot 800 - 3{,}4:29 - 4{,}5\cdot 49 - 24\cdot 7 - 32\\ &= 560 - 98{,}6 - 220{,}5 - 168 - 32\\ &> 0, \end{aligned}$$

und für $x \geqq 800$ ist seine Ableitung

$$\begin{aligned} 0{,}7 - \frac{1{,}7}{\sqrt{x}} - \frac{9\log x}{x} - \frac{24}{x} &\geqq 0{,}7 - \frac{1{,}7}{\sqrt{800}} - \frac{9\log 800}{800} - \frac{24}{800}\\ &> 0{,}7 - \frac{1{,}7}{28} - \frac{9\cdot 7}{800} - \frac{24}{800}\\ &> 0. \end{aligned}$$

Für alle $x \geqq 800$ ist daher

$$\vartheta(2x-2) - \vartheta(x) > 0,$$

d. h. zwischen x (exkl.) und $2x-2$ (inkl.) mindestens eine Primzahl gelegen. Man kann sehr schnell verifizieren, daß dies auch für $3\frac{1}{2} \leqq x < 800$ wahr ist. Denn für $3\frac{1}{2} \leqq x < 5$ leistet dies die Primzahl 5, und es sind die Primzahlen

$$5,\ 7,\ 11,\ 19,\ 31,\ 59,\ 113,\ 223,\ 443,\ 883$$

so beschaffen, daß jede kleiner als das um 2 verminderte Doppelte der vorangehenden ist. Also gibt es in jedem Intervall $x < y \leqq 2x-2$, wo $x \geqq 3\frac{1}{2}$ ist, mindestens eine Primzahl, womit das Bertrandsche Postulat bewiesen ist.

Nun ist ja $2x-2$ durch das zufällige Bedürfnis des Bertrandschen gruppentheoretischen Problems hereingekommen; wenn dafür $2x$ gesetzt wird, gilt das Ergebnis bereits von $x=1$ an:

Für alle $x \geqq 1$ liegt zwischen x (exkl.) und $2x$ (inkl.) mindestens eine Primzahl.

Zugunsten dieses eleganten Wortlauts habe ich in den letzten zwei Paragraphen ausnahmsweise etwas numerisch, ohne die Zeichen O und o, gerechnet.

§ 23.

Weitere Verengerung der Schranken.

Es ist nicht auffallend, daß man durch Benutzung längerer analoger Ausdrücke $U(x)$ an Stelle von

$$U(x) = T(x) - 2T\left(\frac{x}{2}\right)$$

des § 18 oder an Stelle von

$$U(x) = T(x) - T\left(\frac{x}{2}\right) - T\left(\frac{x}{3}\right) - T\left(\frac{x}{5}\right) + T\left(\frac{x}{30}\right)$$

des § 21 zu noch schärferen Abschätzungen für die Unbestimmtheitsgrenzen von

$$\frac{\psi(x)}{x}$$

gelangen kann.

Ein solcher Ausdruck

$$\begin{aligned} U(x) &= a_1 T(x) + a_2 T\left(\frac{x}{2}\right) + a_3 T\left(\frac{x}{3}\right) + \cdots + a_m T\left(\frac{x}{m}\right) \\ &= \sum_{d=1}^{m} a_d T\left(\frac{x}{d}\right) \end{aligned}$$

muß jedenfalls der Bedingung

$$\frac{a_1}{1} + \frac{a_2}{2} + \frac{a_3}{3} + \cdots + \frac{a_m}{m} = 0$$

genügen, damit er, wie erforderlich, $= O(x)$ ist. Es ist nun

$$\begin{aligned} U(x) &= \sum_{d=1}^{m} a_d \sum_{k=1}^{\infty} \psi\left(\frac{x}{kd}\right) \\ &= \sum_{n=1}^{\infty} c_n \psi\left(\frac{x}{n}\right), \end{aligned}$$

wo

$$c_n = \sum a_d$$

ist und hierin d alle diejenigen der Zahlen $\leqq m$ durchläuft, welche in n aufgehen. Daß dabei, wie in den bisherigen zwei Fällen, die von Null verschiedenen c_n abwechselnd $+1$ und -1 sind, ist nicht einmal erforderlich; periodisch sind die c_n jedenfalls, da für zwei Glieder

$$\psi\left(\frac{x}{n}\right), \quad \psi\left(\frac{x}{n'}\right),$$

bei welchen $n' - n$ durch $m!$ (oder auch nur durch das kleinste gemeinsame Vielfache von $1, 2, \cdots, m$) teilbar ist, die Gesamtheit der in n bzw. n' aufgehenden d dieselbe, also

$$c_n = c_{n'}$$

ist.

Daß jenes Abwechseln der Vorzeichen nicht erforderlich ist, um Schranken für

$$\frac{\psi(x)}{x}$$

zu erhalten, lehrt schon das einfache Beispiel

$$\begin{aligned} U(x) &= T(x) - 3\,T\left(\frac{x}{3}\right) \\ &= \psi(x) + \psi\left(\frac{x}{2}\right) - 2\,\psi\left(\frac{x}{3}\right) + \psi\left(\frac{x}{4}\right) + \psi\left(\frac{x}{5}\right) - 2\,\psi\left(\frac{x}{6}\right) + \cdots \end{aligned}$$

Hier ist

$$U(x) = x\log x - x + o(x) - 3\left(\frac{x}{3}\log\frac{x}{3} - \frac{x}{3} + o(x)\right)$$
$$= x\log 3 + o(x),$$

also offenbar einerseits

$$\psi(x) - \psi\left(\frac{x}{3}\right) \leqq U(x)$$
$$\sim x\log 3,$$

folglich

$$\psi(x) \leqq x\log 3\sum_{n=0}^{\infty}\frac{1}{3^n} + o(x)$$
$$= \tfrac{3}{2}x\log 3 + o(x),$$
$$\limsup_{x=\infty}\frac{\psi(x)}{x} \leqq \tfrac{3}{2}\log 3,$$

andererseits

$$\psi(x) + \psi\left(\frac{x}{2}\right) \geqq U(x)$$
$$\sim x\log 3,$$
$$2\psi(x) \geqq x\log 3 + o(x),$$
$$\liminf_{x=\infty}\frac{\psi(x)}{x} \geqq \tfrac{1}{2}\log 3.$$

Natürlich liefert dies — obendrein nach unten recht unscharf verwertete — $U(x)$ nichts Neues zu unseren früheren Kenntnissen; es sollte nur das Wesen der Methode klar machen.

Übrigens bedarf man gar keines neuen $U(x)$, um die in § 22 aus

$$U(x) = T(x) - T\left(\frac{x}{2}\right) - T\left(\frac{x}{3}\right) - T\left(\frac{x}{5}\right) + T\left(\frac{x}{30}\right)$$

erhaltenen Schranken zu verschärfen. Aus der damaligen Relation

$$\psi(x) - \psi\left(\frac{x}{6}\right) + \psi\left(\frac{x}{7}\right) - \psi\left(\frac{x}{10}\right) + \psi\left(\frac{x}{11}\right) - \psi\left(\frac{x}{12}\right) + \psi\left(\frac{x}{13}\right) - \psi\left(\frac{x}{15}\right)$$
$$+ \psi\left(\frac{x}{17}\right) - \psi\left(\frac{x}{18}\right) + \psi\left(\frac{x}{19}\right) - \psi\left(\frac{x}{20}\right) + \psi\left(\frac{x}{23}\right) - \psi\left(\frac{x}{24}\right) + \psi\left(\frac{x}{29}\right)$$
$$- \psi\left(\frac{x}{30}\right) + \cdots = ax + o(x)$$

schließe ich nämlich jetzt z. B. so weiter:

$$\psi(x) - \psi\left(\frac{x}{6}\right) + \psi\left(\frac{x}{7}\right) - \psi\left(\frac{x}{10}\right) \leqq ax + o(x),$$

also unter Benutzung von

$$\psi(x) \leqq \tfrac{6}{5} a x + o(x),$$
$$\psi(x) \geqq a x + o(x)$$

folgendermaßen:

$$\psi(x) - \psi\left(\frac{x}{6}\right) \leqq a x + o(x) - \psi\left(\frac{x}{7}\right) + \psi\left(\frac{x}{10}\right)$$
$$\leqq a x + o(x) - a\frac{x}{7} + \tfrac{6}{5} a \frac{x}{10}$$
$$= \tfrac{171}{175} a x + o(x),$$

folglich

$$\psi(x) \leqq \tfrac{171}{175} \cdot \tfrac{6}{5}\, a x + o(x),$$
$$\limsup_{x=\infty} \frac{\psi(x)}{x} \leqq \tfrac{171}{175} \cdot \tfrac{6}{5}\, a,$$

was besser als $\frac{6}{5} a$ ist.

Die Benutzung jener schärferen Kunstgriffe und jener längeren $U(x)$ führe ich hier nicht weiter aus, da man doch nicht auf diesem elementaren Wege das Ziel erreichen kann, die Abschätzungen der beiden Unbestimmtheitsgrenzen beliebig nahe aneinander zu bringen.

Sechstes Kapitel.

Beweis, daß die Unbestimmtheitsgrenzen von $\pi(x) : \frac{x}{\log x}$ den Wert 1 einschließen.

§ 24.

Beweis, daß die obere Unbestimmtheitsgrenze $\geqq 1$ ist.

In diesem Kapitel werde ich beweisen, daß der Quotient

$$\frac{\pi(x) \log x}{x}$$

sich jedenfalls keiner von 1 verschiedenen Grenze nähern kann, genauer, daß er nicht von einer Stelle an dauernd $< 1 - \delta$ sein kann, wo δ fest und > 0 ist, und analog, daß er für kein $\delta > 0$ von einer gewissen Stelle an $\geqq 1 + \delta$ sein kann.

In diesem Paragraphen werde ich ersteres beweisen, mit anderen Worten den

Satz:

$$\limsup_{x=\infty} \frac{\pi(x) \log x}{x} \geqq 1.$$

Beweis: Statt dessen brauche ich nach §§ 18 und 19 nur zu beweisen, daß

$$\limsup_{x=\infty} \frac{\psi(x)}{x} \geqq 1$$

ist. D. h.: Aus den Annahmen

$$\delta > 0,$$
$$\psi(x) \leqq (1-\delta)x$$

für alle $x \geqq \xi$ soll ein Widerspruch entwickelt werden; ξ darf $\geqq 1$ angenommen werden.

Aus

$$T(x) = \sum_{n=1}^{x} \psi\left(\frac{x}{n}\right)$$

folgt für alle $x \geqq \xi$, da bei der Zerlegung

$$T(x) = \sum_{n=1}^{\frac{x}{\xi}} \psi\left(\frac{x}{n}\right) + \sum_{n=\frac{x}{\xi}+1}^{x} \psi\left(\frac{x}{n}\right)$$

in der ersten Summe

$$\frac{x}{n} \geqq \frac{x}{\left[\frac{x}{\xi}\right]}$$
$$\geqq \frac{x}{\frac{x}{\xi}}$$
$$= \xi,$$

in der zweiten

$$\frac{x}{n} \leqq \frac{x}{\left[\frac{x}{\xi}\right]+1}$$
$$< \frac{x}{\frac{x}{\xi}}$$
$$= \xi$$

ist,

$$T(x) \leqq \sum_{n=1}^{\frac{x}{\xi}} (1-\delta)\frac{x}{n} + \sum_{n=\frac{x}{\xi}+1}^{x} \psi(\xi)$$

$$\leqq (1-\delta)x \sum_{n=1}^{\frac{x}{\xi}} \frac{1}{n} + \psi(\xi) \sum_{n=1}^{x} 1$$

$$\leqq (1-\delta)x\sum_{n=1}^{x}\frac{1}{n} + x\psi(\xi)$$

$$\leqq (1-\delta)x\left(1+\int_1^x\frac{du}{u}\right) + O(x)$$

$$= (1-\delta)x(1+\log x) + O(x)$$

$$\sim (1-\delta)x\log x,$$

$$\limsup_{x=\infty}\frac{T(x)}{x\log x} \leqq 1-\delta$$

$$< 1,$$

was der in § 16 bewiesenen Relation

$$T(x) \sim x\log x$$

widerspricht.

§ 25.

Beweis, daß die untere Unbestimmtheitsgrenze $\leqq 1$ ist.

Satz: Es ist

$$\liminf_{x=\infty}\frac{\pi(x)\log x}{x} \leqq 1.$$

Beweis: Es sei

$$\delta > 0$$

und für alle $x \geqq \xi$, wo $\xi \geqq 1$ ist,

$$\psi(x) \geqq (1+\delta)x;$$

wenn daraus ein Widerspruch entwickelt wird, ist der Satz bewiesen.

Hier ergibt sich für alle $x \geqq \xi$

$$T(x) = \sum_{n=1}^{\frac{x}{\xi}}\psi\left(\frac{x}{n}\right) + \sum_{n=\frac{x}{\xi}+1}^{x}\psi\left(\frac{x}{n}\right)$$

$$\geqq \sum_{n=1}^{\frac{x}{\xi}}\psi\left(\frac{x}{n}\right)$$

$$\geqq (1+\delta)x\sum_{n=1}^{\frac{x}{\xi}}\frac{1}{n}$$

$$\geqq (1+\delta) x \int_1^{\left[\frac{x}{\xi}\right]+1} \frac{du}{u}$$

$$> (1+\delta) x \int_1^{\frac{x}{\xi}} \frac{du}{u}$$

$$= (1+\delta) x \log \frac{x}{\xi}$$

$$\sim (1+\delta) x \log x,$$

$$\liminf_{x=\infty} \frac{T(x)}{x \log x} \geqq 1+\delta$$

$$> 1,$$

im Gegensatze zu

$$T(x) \sim x \log x.$$

Siebentes Kapitel.

Über einige von den Primzahlen abhängende Summen.

§ 26.

Über die Summe $\sum\limits_{p \leqq x} \frac{\log p}{p}$.

Aus der Identität (vgl. § 17, (4))

$$T(x) = \sum_{p \leqq x} \log p \left(\left[\frac{x}{p}\right] + \left[\frac{x}{p^2}\right] + \cdots\right)$$

folgt, da

$$\sum_{p \leqq x} \log p \left(\left[\frac{x}{p^2}\right] + \left[\frac{x}{p^3}\right] + \cdots\right) \leqq \sum_{p \leqq x} \log p \left(\frac{x}{p^2} + \frac{x}{p^3} + \cdots \text{ ad inf.}\right)$$

$$= x \sum_{p \leqq x} \frac{\log p}{p(p-1)}$$

ist und die unendliche Reihe

$$\sum_p \frac{\log p}{p(p-1)}$$

als Teil der Reihe

$$\sum_{n=2}^{\infty} \frac{\log n}{n(n-1)} = \sum_{n=2}^{\infty} O\left(\frac{\log n}{n^2}\right)$$

konvergiert,

$$T(x) = \sum_{p \leqq x} \log p \left[\frac{x}{p}\right] + O(x),$$

also mit Rücksicht auf

$$T(x) = x \log x + O(x)$$

$$\sum_{p \leqq x} \log p \left[\frac{x}{p}\right] = x \log x + O(x).$$

Die Weglassung der eckigen Klammern links bewirkt einen Fehler

$$\leqq \sum_{p \leqq x} \log p \cdot 1 = \vartheta(x)$$
$$= O(x);$$

daher ist

$$\sum_{p \leqq x} \log p \frac{x}{p} + O(x) = x \log x + O(x),$$

$$x \sum_{p \leqq x} \frac{\log p}{p} = x \log x + O(x),$$

$$\sum_{p \leqq x} \frac{\log p}{p} = \log x + O(1).$$

§ 27.

Hilfssatz.

Satz[1]: Es sei $f(u)$ eine für $u \geqq 2$ positive, niemals zunehmende Funktion, welche für $u = \infty$ den Grenzwert 0 hat; dann existiert

$$\lim_{x=\infty} \left(\sum_{n=2}^{x} f(n) - \int_2^x f(u)\,du \right) = A,$$

und es ist genauer

$$\sum_{n=2}^{x} f(n) - \int_2^x f(u)\,du = A + O(f(x)).$$

1) Natürlich könnte in ihm statt 2 auch eine andere Zahl stehen.

Beweis: Es ist für $x \geqq 2$

$$\sum_{n=2}^{x} f(n) - \int_{2}^{x} f(u)\,du = \sum_{n=2}^{x}\left(f(n) - \int_{n}^{n+1} f(u)\,du\right) + \int_{x}^{[x]+1} f(u)\,du$$

$$= \sum_{n=2}^{x}\int_{n}^{n+1}(f(n) - f(u))\,du + O(f(x));$$

wegen

$$0 \leqq \int_{n}^{n+1}(f(n) - f(u))\,du \leqq f(n) - f(n+1)$$

konvergiert

$$\sum_{n=2}^{\infty}\int_{n}^{n+1}(f(n) - f(u))\,du = A$$

mit der Restabschätzung

$$\sum_{n=2}^{x}\int_{n}^{n+1}(f(n) - f(u))\,du = A + O\sum_{n=x+1}^{\infty}(f(n) - f(n+1))$$

$$= A + O(f([x]+1))$$

$$= A + O(f(x)),$$

womit der Satz bewiesen ist.

Speziell für

$$f(u) = \frac{1}{u \log u}$$

ist also

$$\sum_{n=2}^{x}\frac{1}{n \log n} = \int_{2}^{x}\frac{du}{u \log u} + A + O\left(\frac{1}{x \log x}\right)$$

$$= \log\log x + A_0 + O\left(\frac{1}{x \log x}\right).$$

§ 28.

Über die Summe $\sum_{p \leqq x}\frac{1}{p}$.

Wenn

$$\sum_{p \leqq x}\frac{\log p}{p} = R(x)$$

$$= \log x + r(x)$$

gesetzt wird, wo nach § 26

$$r(x) = O(1)$$

und speziell

$$r(1) = 0$$

ist, ergibt sich für $x \geqq 2$

$$\sum_{p \leqq x} \frac{1}{p} = \sum_{p \leqq x} \frac{\log p}{p} \frac{1}{\log p}$$

$$= \sum_{n=2}^{x} \frac{R(n) - R(n-1)}{\log n}$$

$$= \sum_{n=2}^{x} \frac{\log n - \log(n-1)}{\log n} + \sum_{n=2}^{x} \frac{r(n) - r(n-1)}{\log n}$$

$$= -\sum_{n=2}^{x} \frac{\log\left(1 - \frac{1}{n}\right)}{\log n} + \sum_{n=2}^{x} r(n)\left(\frac{1}{\log n} - \frac{1}{\log(n+1)}\right) + \frac{r([x])}{\log([x]+1)}$$

$$(1) \quad = \sum_{n=2}^{x} \frac{\frac{1}{n}}{\log n} + \sum_{n=2}^{x} \frac{-\log\left(1 - \frac{1}{n}\right) - \frac{1}{n}}{\log n} + \sum_{n=2}^{x} \frac{r(n) \log\left(1 + \frac{1}{n}\right)}{\log n \log(n+1)} + O\left(\frac{1}{\log x}\right).$$

Wegen der für $n \geqq 2$ gültigen Entwicklung

$$-\log\left(1 - \frac{1}{n}\right) - \frac{1}{n} = \frac{1}{2n^2} + \frac{1}{3n^3} + \cdots$$

$$\leqq \frac{1}{n^2} + \frac{1}{n^3} + \cdots$$

$$= \frac{1}{n(n-1)}$$

$$= O\left(\frac{1}{n^2}\right)$$

konvergiert

$$\sum_{n=2}^{\infty} \frac{-\log\left(1 - \frac{1}{n}\right) - \frac{1}{n}}{\log n} = A_1$$

mit der Restabschätzung

$$\sum_{n=2}^{x} \frac{-\log\left(1 - \frac{1}{n}\right) - \frac{1}{n}}{\log n} = A_1 + O \sum_{n=x+1}^{\infty} \frac{1}{n^2 \log n}$$

$$= A_1 + O\left(\frac{1}{x^2 \log x}\right) + O \int_x^{\infty} \frac{du}{u^2 \log u}$$

$$= A_1 + O\left(\frac{1}{x^2 \log x}\right) + O\left(\frac{1}{\log x}\int_x^\infty \frac{du}{u^2}\right)$$

$$= A_1 + O\left(\frac{1}{x \log x}\right);$$

analog ist wegen

$$\frac{r(n)\log\left(1+\frac{1}{n}\right)}{\log n \log(n+1)} = O\left(\frac{1}{n \log^2 n}\right)$$

$$\sum_{n=2}^{\infty} \frac{r(n)\log\left(1+\frac{1}{n}\right)}{\log n \log(n+1)} = A_2$$

konvergent und

$$\sum_{n=2}^{x} \frac{r(n)\log\left(1+\frac{1}{n}\right)}{\log n \log(n+1)} = A_2 + O\sum_{n=x+1}^{\infty} \frac{1}{n \log^2 n}$$

$$= A_2 + O\left(\frac{1}{x \log^2 x}\right) + O\int_x^\infty \frac{du}{u \log^2 u}$$

$$= A_2 + O\left(\frac{1}{\log x}\right).$$

(1) liefert also

$$\sum_{p \leqq x} \frac{1}{p} = \sum_{n=2}^{x} \frac{1}{n \log n} + A_1 + A_2 + O\left(\frac{1}{\log x}\right);$$

nach der Schlußformel des vorigen Paragraphen ist daher

$$\sum_{p \leqq x} \frac{1}{p} = \log\log x + A_0 + A_1 + A_2 + O\left(\frac{1}{\log x}\right)$$

$$= \log\log x + B + O\left(\frac{1}{\log x}\right).$$

Zweiter Teil.

Anwendung der Dirichletschen Reihen mit reellen Variabeln.

Achtes Kapitel.

Fundamentaleigenschaften der Dirichletschen Reihen.

§ 29.

Definition und Konvergenzgebiet.

Definition: Unter einer Dirichletschen Reihe versteht man eine unendliche Reihe der Gestalt

$$f(s)=\sum_{n=1}^{\infty}\frac{a_n}{n^s},$$

wo die a_n konstante reelle Koeffizienten, s eine reelle Variable ist.

Eine solche Reihe kann überall konvergieren, wie z. B.

$$\sum_{n=1}^{\infty}\frac{\frac{1}{n!}}{n^s};$$

in der Tat ist für jedes s

$$\lim_{n=\infty}\frac{\frac{1}{(n+1)!}}{(n+1)^s}:\frac{\frac{1}{n!}}{n^s}=\lim_{n=\infty}\frac{1}{n+1}\frac{n^s}{(n+1)^s}$$
$$=0.$$

Sie kann auch nirgends konvergieren, wie z. B.

$$\sum_{n=1}^{\infty}\frac{n!}{n^s}$$

wegen

$$\lim_{n=\infty} \frac{n!}{n^s} : \frac{(n+1)!}{(n+1)^s} = \lim_{n=\infty} \frac{1}{n+1} \frac{(n+1)^s}{n^s}$$
$$= 0.$$

Abgesehen von diesen zwei extremen Fällen hat der Konvergenzbereich die durch den folgenden Satz beschriebene Gestalt:

Satz: Wenn $f(s)$ weder überall noch nirgends konvergiert, so gibt es eine Zahl α derart, daß die Reihe für $s < \alpha$ divergiert, für $s > \alpha$ konvergiert.

Beweis: Wenn $f(s)$ für ein $s = s_0$ konvergiert oder auch nur zwischen endlichen Schranken oszilliert, so läßt sich zunächst zeigen, daß sie für jedes größere s, d. h. für $s = s_0 + \varepsilon$, $\varepsilon > 0$, konvergiert. In der Tat ist, wenn

$$\sum_{n=1}^{x} \frac{a_n}{n^{s_0}} = S(x)$$

gesetzt wird,

$$S(x) = O(1),$$

d. h. für alle x

$$|S(x)| < A,$$

folglich für ganze v, w $(w \geqq v \geqq 1)$

$$\sum_{n=v}^{w} \frac{a_n}{n^{s_0+\varepsilon}} = \sum_{n=v}^{w} \frac{S(n) - S(n-1)}{n^\varepsilon}$$

$$= \sum_{n=v}^{w} S(n)\left(\frac{1}{n^\varepsilon} - \frac{1}{(n+1)^\varepsilon}\right) - \frac{S(v-1)}{v^\varepsilon} + \frac{S(w)}{(w+1)^\varepsilon},$$

$$\left|\sum_{n=v}^{w} \frac{a_n}{n^{s_0+\varepsilon}}\right| < A \sum_{n=v}^{w} \left(\frac{1}{n^\varepsilon} - \frac{1}{(n+1)^\varepsilon}\right) + \frac{A}{v^\varepsilon} + \frac{A}{(w+1)^\varepsilon}$$

$$= \frac{2A}{v^\varepsilon};$$

daher ist bei gegebenem $\delta > 0$ für $w \geqq v \geqq \xi = \xi(\delta)$

$$\left|\sum_{n=v}^{w} \frac{a_n}{n^{s_0+\varepsilon}}\right| < \delta,$$

was die Konvergenz von $f(s_0 + \varepsilon)$ beweist.

Ich teile nun alle reellen Zahlen in zwei Klassen:

I. diejenigen, für welche $f(s)$ divergiert,

II. diejenigen, für welche $f(s)$ konvergiert.

Nach dem eben Bewiesenen ist jede Zahl der ersten Klasse kleiner als jede Zahl der zweiten Klasse; nach Voraussetzung gibt es Zahlen in beiden Klassen. Also bestimmt der Schnitt eine Zahl α derart, daß $f(s)$ für $s < \alpha$ divergiert, für $s > \alpha$ konvergiert, womit der Satz bewiesen ist.

Für $s = \alpha$ selbst kann sowohl Divergenz als Konvergenz stattfinden, wie folgende zwei Beispiele zeigen:

1. Die Reihe

$$\sum_{n=1}^{\infty} \frac{1}{n^s} \tag{1}$$

divergiert bekanntlich für $s \leqq 1$ und konvergiert für $s > 1$. Ersteres (Fall $s \leqq 1$) folgt am schnellsten aus der für ganzes $w \geqq 1$ geltenden Abschätzung

$$\begin{aligned} \sum_{n=1}^{w} \frac{1}{n^s} &\geqq \sum_{n=1}^{w} \frac{1}{n} \\ &> \int_1^w \frac{du}{u} \\ &= \log w, \end{aligned}$$

letzteres (Fall $s > 1$) aus der für ganzes $w \geqq 1$ gültigen Rechnung

$$\begin{aligned} \sum_{n=1}^{w} \frac{1}{n^s} &\leqq 1 + \int_1^w \frac{du}{u^s} \\ &= 1 + \frac{1}{s-1}\left(1 - \frac{1}{w^{s-1}}\right) \\ &< 1 + \frac{1}{s-1}. \end{aligned}$$

Die Summe (1) wird mit $\zeta(s)$ bezeichnet und ist also — vorläufig — eine Funktion (Zetafunktion) des reellen Argumentes $s > 1$.

2. Die Reihe

$$\sum_{n=2}^{\infty} \frac{\frac{1}{\log^2 n}}{n^s} = \sum_{n=2}^{\infty} \frac{1}{n^s \log^2 n}$$

divergiert für $s < 1$, da dort (w ganz und $\geqq 2$)

$$\sum_{n=2}^{w} \frac{1}{n^s \log^2 n} > \int_2^w \frac{du}{u^s \log^2 u}$$

$$\geqq \frac{1}{\log^2 w} \int_2^w \frac{du}{u^s}$$

$$= \frac{1}{\log^2 w} \frac{1}{1-s} (w^{1-s} - 2^{1-s})$$

ist; sie konvergiert für $s \geqq 1$, da dort (w ganz und $\geqq 2$)

$$\sum_{n=2}^{w} \frac{1}{n^s \log^2 n} \leqq \sum_{n=2}^{w} \frac{1}{n \log^2 n}$$

$$\leqq \frac{1}{2 \log^2 2} + \int_2^w \frac{du}{u \log^2 u}$$

$$= \frac{1}{2 \log^2 2} + \left(\frac{1}{\log 2} - \frac{1}{\log w}\right)$$

$$< \frac{1}{2 \log^2 2} + \frac{1}{\log 2}$$

ist.

α heiße allgemein der Konvergenzpunkt der Dirichletschen Reihe; dabei mögen die beiden extremen Fälle $\alpha = -\infty$ (Konvergenz für alle s) und $\alpha = +\infty$ (Konvergenz für kein s) einbezogen werden.

§ 30.

Gleichmäßige Konvergenz, Stetigkeit und Differentiierbarkeit der Dirichletschen Reihen.

Satz: Wenn eine Dirichletsche Reihe

$$f(s) = \sum_{n=1}^{\infty} \frac{a_n}{n^s}$$

für $s = s_0$ konvergiert, so ist sie für alle $s > s_0$, d. h. für alle $s \geqq s_0$ gleichmäßig konvergent.

Beweis: Wenn

$$R(x) = \sum_{n=x}^{\infty} \frac{a_n}{n^{s_0}}$$

gesetzt wird, ist für $\varepsilon > 0$ und ganzes $v \geqq 2$

$$\sum_{n=v}^{\infty} \frac{a_n}{n^{s_0+\varepsilon}} = \sum_{n=v}^{\infty} \frac{R(n) - R(n+1)}{n^{\varepsilon}}$$

$$= \sum_{n=v}^{\infty} R(n)\left(\frac{1}{n^{\varepsilon}} - \frac{1}{(n-1)^{\varepsilon}}\right) + \frac{R(v)}{(v-1)^{\varepsilon}}.$$

Nach Annahme von $\delta > 0$ ist für alle $n \geqq \xi = \xi(\delta)$, wo $\xi \geqq 2$ gewählt sei,

$$|R(n)| < \delta,$$

also für alle ganzen $v \geqq \xi$

$$\left|\sum_{n=v}^{\infty} \frac{a_n}{n^{s_0+\varepsilon}}\right| < \delta \sum_{n=v}^{\infty}\left(\frac{1}{(n-1)^{\varepsilon}} - \frac{1}{n^{\varepsilon}}\right) + \frac{\delta}{(v-1)^{\varepsilon}}$$

$$= \frac{2\delta}{(v-1)^{\varepsilon}}$$

$$\leqq 2\delta,$$

womit der Satz bewiesen ist.

Aus ihm folgt, daß eine für s_0 konvergente Dirichletsche Reihe für alle $s > s_0$ stetig ist und für $s = s_0$ nach rechts stetig. D. h. eine Dirichletsche Reihe ist stetig im Innern des Konvergenzbereiches, und, falls sie dort konvergiert, auch im Konvergenzpunkt nach rechts.

Hinter dem Hauptschluß beim Beweise des Fundamentalsatzes aus dem § 29 steckt folgender allgemeiner Reihensatz, den es sich empfiehlt, jetzt besonders zu beweisen, um nicht immer denselben Schluß zu wiederholen:

Satz: Wenn die Reihe mit reellen Gliedern

$$\sum_{n=1}^{\infty} b_n$$

konvergiert oder auch nur zwischen endlichen Schranken oszilliert und die Zahlenfolge c_n von einer gewissen Stelle N an positiv ist, nicht zunimmt und zu Null strebt:

$$c_N \geqq c_{N+1} \geqq \cdots > 0,$$

$$\lim_{n=\infty} c_n = 0,$$

so konvergiert die Reihe

$$\sum_{n=1}^{\infty} b_n c_n.$$

Beweis: Wenn

$$\sum_{n=1}^{x} b_n = B_x$$

gesetzt wird, wo also für alle x

$$|B_x| < B$$

ist, so ist für $w \geqq v \geqq N$ (v, w ganz)

$$\sum_{n=v}^{w} b_n c_n = \sum_{n=v}^{w} (B_n - B_{n-1}) c_n$$

$$= \sum_{n=v}^{w} B_n (c_n - c_{n+1}) - B_{v-1} c_v + B_w c_{w+1},$$

$$\left| \sum_{n=v}^{w} b_n c_n \right| < B \sum_{n=v}^{w} (c_n - c_{n+1}) + B c_v + B c_{w+1}$$

$$= 2 B c_v,$$

womit wegen

$$\lim_{v=\infty} c_v = 0$$

der Satz bewiesen ist.

Er führt leicht zu dem

Satz: Wenn

$$f(s) = \sum_{n=1}^{\infty} \frac{a_n}{n^s}$$

für s_0 konvergiert, so konvergiert

$$\sum_{n=1}^{\infty} \frac{a_n \log n}{n^s}$$

für $s > s_0$.

Beweis: Es ist

$$\frac{a_n \log n}{n^s} = \frac{a_n}{n^{s_0}} \frac{\log n}{n^{s-s_0}}.$$

Wird hierin

$$b_n = \frac{a_n}{n^{s_0}},$$

$$c_n = \frac{\log n}{n^{s-s_0}}$$

gesetzt, so sind die Voraussetzungen des vorigen Satzes für $s > s_0$ erfüllt; denn es ist einerseits

$$\lim_{n=\infty} c_n = 0$$

und andererseits nimmt c_n von einer gewissen Stelle an beständig ab, da

$$\frac{d}{du}\frac{\log u}{u^{s-s_0}} = \frac{1}{u^{s-s_0+1}} - \frac{\log u \cdot (s-s_0)}{u^{s-s_0+1}}$$

für

$$u > e^{\frac{1}{s-s_0}}$$

negativ ist.

Satz: Wenn

$$f(s) = \sum_{n=1}^{\infty} \frac{a_n}{n^s}$$

den Konvergenzpunkt α hat, wo α endlich oder $\alpha = -\infty$ ist, so ist $f(s)$ für $s > \alpha$ differentiierbar und dort

$$f'(s) = -\sum_{n=1}^{\infty} \frac{a_n \log n}{n^s}.$$

Beweis: Die Reihe

$$\sum_{n=1}^{\infty} \frac{a_n \log n}{n^s},$$

deren allgemeines Glied die Ableitung des allgemeinen Gliedes von $-f(s)$ ist, ist nach dem vorigen Satze für $s > s_0$ konvergent, wo s_0 irgend eine Zahl $> \alpha$ ist, d. h. für alle $s > \alpha$. Als Dirichletsche Reihe ist sie bei festem $\gamma > \alpha$ für alle $s \geq \gamma$ gleichmäßig konvergent. Daher ist $f(s)$ für alle $s > \alpha$ differentiierbar und dort

$$f'(s) = -\sum_{n=1}^{\infty} \frac{a_n \log n}{n^s}.$$

Durch wiederholte Anwendung dieses Satzes ergibt sich, daß für $s > \alpha$ die Funktion $f(s)$ beliebig oft differentiierbar und

$$f^{(\nu)}(s) = (-1)^{\nu} \sum_{n=1}^{\infty} \frac{a_n \log^{\nu} n}{n^s} \qquad (\nu = 1, 2, \ldots)$$

ist.

Beispiel: Die Reihe

$$f(s) = 1 - \frac{1}{2^s} + \frac{1}{3^s} - \frac{1}{4^s} + \cdots$$

$$= \sum_{n=1}^{\infty} \frac{(-1)^{n+1}}{n^s}$$

ist für $s > 0$ konvergent, da die Glieder abwechselndes Vorzeichen haben und dem absoluten Betrage nach monoton zu Null abnehmen; also existiert $f^{(\nu)}(s) (\nu = 1, 2, \cdots)$ für $s > 0$, ist stetig und durch die Reihe darstellbar

$$f^{(\nu)}(s) = (-1)^{\nu} \sum_{n=1}^{\infty} \frac{(-1)^{n+1} \log^{\nu} n}{n^s}.$$

Insbesondere ist also für zu 1 abnehmendes s

$$\lim_{s=1} f^{(\nu)}(s)$$

vorhanden. Nun ist für $s > 1$ wegen der absoluten Konvergenz

$$\begin{aligned}\left(1 - \frac{2}{2^s}\right) \zeta(s) &= \left(1 - \frac{2}{2^s}\right)\left(1 + \frac{1}{2^s} + \frac{1}{3^s} + \frac{1}{4^s} + \cdots\right) \\ &= 1 + \frac{1}{2^s} + \frac{1}{3^s} + \frac{1}{4^s} + \frac{1}{5^s} + \frac{1}{6^s} + \cdots \\ &\qquad - \frac{2}{2^s} \qquad - \frac{2}{4^s} \qquad - \frac{2}{6^s} \qquad - \cdots \\ &= 1 - \frac{1}{2^s} + \frac{1}{3^s} - \frac{1}{4^s} + \frac{1}{5^s} - \frac{1}{6^s} + \cdots \\ &= f(s).\end{aligned}$$

Also existiert für jedes $\nu = 1, 2, \cdots$ bei zu 1 abnehmendem s

$$\lim_{s=1} \frac{d^{\nu}\left\{\left(1 - \frac{2}{2^s}\right)\zeta(s)\right\}}{d s^{\nu}},$$

was ich bald anwenden werde.

Ich will es gleich noch anders formulieren. Die Funktion

$$\begin{aligned} g(s) &= \frac{1 - \frac{2}{2^s}}{s - 1} \\ &= \frac{1 - 2^{1-s}}{s - 1}\end{aligned}$$

ist für alle $s \gtrless 1$ definiert, $\neq 0$, stetig und beliebig oft differentiierbar. Für alle diese $s \gtrless 1$ ist

$$\begin{aligned} g(s) &= \frac{1 - e^{-(s-1)\log 2}}{s - 1} \\ &= \log 2 - \frac{\log^2 2}{2!}(s - 1) + \cdots \end{aligned}$$

Wird

$$g(1) = \log 2$$

definiert, so ist $g(s)$ für alle reellen s definiert, $\neq 0$, stetig und beliebig oft differentiierbar. Also ist auch die Funktion

$$h(s)=\frac{f(s)}{g(s)},$$

die für $s>1$ den Wert

$$(s-1)\zeta(s)$$

hat, für $s>0$ definiert, stetig und beliebig oft differentiierbar.

§ 31.

Über die Beziehungen zwischen den Werten einer Dirichletschen Reihe und der summatorischen Funktion ihrer Koeffizienten.

Zusammen mit einer Dirichletschen Reihe

$$f(s)=\sum_{n=1}^{\infty}\frac{a_n}{n^s}$$

betrachten wir stets die Summe

$$S(x)=\sum_{n=1}^{x}a_n,$$

welche für alle $x\geqq 1$ die Summe ihrer ersten $[x]$ Koeffizienten darstellt.

Hierüber besteht zunächst folgender

Satz: Wenn

(1) $$\lim_{x=\infty}\frac{S(x)}{x}=A$$

ist, so konvergiert

$$f(s)=\sum_{n=1}^{\infty}\frac{a_n}{n^s}$$

für $s>1$, und für zu 1 abnehmendes s ist

(2) $$\lim_{s=1}(s-1)f(s)=A.$$

Aus der Existenz des Grenzwertes (1) soll also die des Grenzwertes (2) erschlossen und überdies festgestellt werden, daß beide einander gleich sind. Natürlich ist es dasselbe, ob man (1) für ganzzahliges x oder für stetig ins Unendliche wachsendes x ausspricht.

Beweis: 1. Es werde zunächst der Spezialfall

$$a_n = 1,$$
$$f(s) = \zeta(s)$$

behandelt, in welchem offenbar die Voraussetzung (1) mit

$$A = 1$$

erfüllt ist und $f(s)$ für $s > 1$ konvergiert. Für $s > 1$ ergibt sich

$$\begin{aligned} \frac{1}{s-1} &= \int_1^\infty \frac{du}{u^s} \\ &< \sum_{n=1}^\infty \frac{1}{n^s} \\ &= \zeta(s) \\ &< 1 + \int_1^\infty \frac{du}{u^s} \\ &= 1 + \frac{1}{s-1} \\ &= \frac{s}{s-1}, \end{aligned}$$

$$1 < (s-1)\zeta(s) < s$$

und damit die Richtigkeit der Behauptung

$$\lim_{s=1} (s-1)\zeta(s) = 1.$$

2. Im allgemeinen Fall folgt zunächst für ganze v, w $(1 \leqq v \leqq w)$ aus

$$\begin{aligned} \sum_{n=v}^{w} \frac{a_n}{n^s} &= \sum_{n=v}^{w} \frac{S(n) - S(n-1)}{n^s} \\ &= \sum_{n=v}^{w} S(n)\left(\frac{1}{n^s} - \frac{1}{(n+1)^s}\right) - \frac{S(v-1)}{v^s} + \frac{S(w)}{(w+1)^s}, \end{aligned}$$

da für alle n nach (1)

$$|S(n)| < Bn$$

ist,

$$\left|\sum_{n=v}^{w}\frac{a_n}{n^s}\right| < B\sum_{n=v}^{w} n\left(\frac{1}{n^s}-\frac{1}{(n+1)^s}\right)+\frac{B\cdot(v-1)}{v^s}+\frac{Bw}{(w+1)^s}$$

$$= B\sum_{n=v}^{w}\frac{1}{n^s}(n-(n-1))+\frac{2B\cdot(v-1)}{v^s}$$

$$< B\sum_{n=v}^{w}\frac{1}{n^s}+\frac{2B}{v^{s-1}};$$

wegen der Konvergenz von

$$\zeta(s)=\sum_{n=1}^{\infty}\frac{1}{n^s}$$

für $s>1$ ist also $f(s)$ für $s>1$ konvergent.

Weiter ergibt sich, da nach Annahme von $\delta>0$ für alle $n\geqq N=N(\delta)$

$$|S(n)-An|<\delta n$$

ist, für $s>1$

$$\sum_{n=N+1}^{\infty}\frac{a_n-A}{n^s}=\sum_{n=N+1}^{\infty}\frac{(S(n)-An)-(S(n-1)-A\cdot(n-1))}{n^s}$$

$$=\sum_{n=N+1}^{\infty}(S(n)-An)\left(\frac{1}{n^s}-\frac{1}{(n+1)^s}\right)-\frac{S(N)-AN}{(N+1)^s},$$

$$\left|\sum_{n=N+1}^{\infty}\frac{a_n}{n^s}-A\sum_{n=N+1}^{\infty}\frac{1}{n^s}\right|<\delta\sum_{n=N+1}^{\infty}n\left(\frac{1}{n^s}-\frac{1}{(n+1)^s}\right)+\frac{\delta N}{(N+1)^s}$$

$$=\delta\sum_{n=N+1}^{\infty}\frac{1}{n^s}(n-(n-1))+\frac{2\delta N}{(N+1)^s}$$

$$<\delta\sum_{n=N+1}^{\infty}\frac{1}{n^s}+\frac{2\delta}{(N+1)^{s-1}}$$

$$<\delta\zeta(s)+2\delta,$$

$$\left|(s-1)\left(\sum_{n=N+1}^{\infty}\frac{a_n}{n^s}-A\sum_{n=N+1}^{\infty}\frac{1}{n^s}\right)\right|<\delta(s-1)\zeta(s)+2\delta(s-1),$$

$$\left|(s-1)\left(\sum_{n=1}^{\infty}\frac{a_n}{n^s}-A\sum_{n=1}^{\infty}\frac{1}{n^s}\right)\right|<\delta(s-1)\zeta(s)+2\delta(s-1)+(s-1)\sum_{n=1}^{N}\frac{|a_n|}{n}$$
$$+|A|(s-1)\sum_{n=1}^{N}\frac{1}{n}.$$

Da die rechte Seite wegen

$$\lim_{s=1}(s-1)\zeta(s)=1$$

für $s=1$ den Limes δ hat, ist $\varepsilon=\varepsilon(\delta)$ so bestimmbar, daß für $1<s<1+\varepsilon$

$$|(s-1)(f(s)-A\zeta(s))|<2\delta$$

ist. Dies besagt

$$\lim_{s=1}(s-1)(f(s)-A\zeta(s))=0,$$

also

$$\lim_{s=1}(s-1)f(s)=A,$$

was zu beweisen war.

Wäre der bewiesene Satz umkehrbar, so würde das ganze Gebäude der Primzahltheorie mit großer Geschwindigkeit errichtet werden können. Er ist aber nicht umkehrbar, d. h. aus (2) folgt nicht (1), wie folgendes Beispiel zeigt:

$$f(s)=\sum_{n=1}^{\infty}\frac{(-1)^{n+1}n}{n^s}$$
$$=\frac{1}{1^s}-\frac{2}{2^s}+\frac{3}{3^s}-\cdots$$
$$=\frac{1}{1^{s-1}}-\frac{1}{2^{s-1}}+\frac{1}{3^{s-1}}-\cdots$$

Diese Reihe (welche schon in § 30 vorkam und übrigens für $s>2$ mit

$$(1-2^{2-s})\zeta(s-1)$$

übereinstimmt) ist für $s>1$ konvergent. Es ist für $s>1$ ferner wegen der monotonen Abnahme der absolut genommenen Glieder

$$0<f(s)<1,$$

also

$$\lim_{s=1}(s-1)f(s)=0.$$

Trotzdem ist aber weder

$$\lim_{x=\infty}\frac{S(x)}{x}=0$$

noch dieser Grenzwert überhaupt vorhanden. Denn es ist für ganze $w \geqq 1$

$$S(w) = a_1 + a_2 + \cdots + a_w$$
$$= 1 - 2 + 3 - 4 + \cdots + (-1)^{w+1} w,$$

d. h.

$$S(1) = 1,$$
$$S(2) = 1 - 2$$
$$= -1,$$
$$S(3) = -1 + 3$$
$$= 2,$$
$$S(4) = 2 - 4$$
$$= -2,$$
$$\cdots\cdots\cdots$$
$$S(2m - 1) = m,$$
$$S(2m) = -m,$$

also

$$\lim_{m=\infty} \frac{S(2m-1)}{2m-1} = \tfrac{1}{2},$$
$$\lim_{m=\infty} \frac{S(2m)}{2m} = -\tfrac{1}{2}.$$

In diesem Beispiel ist offenbar

$$\limsup_{x=\infty} \frac{S(x)}{x} = \tfrac{1}{2},$$
$$\liminf_{x=\infty} \frac{S(x)}{x} = -\tfrac{1}{2}.$$

Dies Intervall $(-\frac{1}{2} \cdots \frac{1}{2})$ schließt nun den Wert

$$\lim_{s=1} (s-1) f(s) = 0$$

ein.

Dahinter steckt der allgemeine

Satz: 1. Wenn

$$f(s) = \sum_{n=1}^{\infty} \frac{a_n}{n^s} \tag{3}$$

für $s > 1$ konvergiert, so ist

$$\limsup_{s=1} (s-1) f(s) \leqq \limsup_{x=\infty} \frac{S(x)}{x}.$$

2. Wenn (3) für $s > 1$ konvergiert, ist

$$\liminf_{s=1} (s-1) f(s) \geqq \liminf_{x=\infty} \frac{S(x)}{x}.$$

Bei dieser Verschärfung des vorigen Satzes muß natürlich die Konvergenz von $f(s)$ für $s > 1$ in die Voraussetzung aufgenommen werden; falls allerdings $\frac{S(x)}{x}$ endliche Unbestimmtheitsgrenzen hat, liefert der Anfang des vorangehenden Beweises die Konvergenz von $f(s)$ für $s > 1$.

Beweis: Es genügt, den ersten Teil des Satzes zu beweisen, da der zweite durch Multiplikation mit -1 auf ihn zurückführbar ist.

Aus der Konvergenz von $f(s)$ für $s > 1$ schließe ich zunächst für $s > 1$

$$\lim_{x=\infty} \frac{S(x)}{x^s} = 0; \tag{4}$$

in der Tat ist, wenn $s > 1$ gegeben und s_0 zwischen 1 und s eingeschoben (z. B. $s_0 = \frac{s+1}{2}$ gesetzt) wird,

$$R(x) = \sum_{n=1}^{x} \frac{a_n}{n^{s_0}} = O(1),$$

folglich für $x \geqq 1$

$$\begin{aligned} S(x) &= \sum_{n=1}^{x} \frac{a_n}{n^{s_0}} n^{s_0} \\ &= \sum_{n=1}^{x} (R(n) - R(n-1))\, n^{s_0} \\ &= \sum_{n=1}^{x} R(n)\,(n^{s_0} - (n+1)^{s_0}) + R(x)\,([x]+1)^{s_0} \\ &= O\sum_{n=1}^{x} ((n+1)^{s_0} - n^{s_0}) + O(x^{s_0}) \\ &= O(x^{s_0}), \end{aligned}$$

also (4) richtig. Aus (4) folgt wegen der für alle $x \geqq 1$ gültigen Identität

$$\begin{aligned} \sum_{n=1}^{x} \frac{a_n}{n^s} &= \sum_{n=1}^{x} \frac{S(n) - S(n-1)}{n^s} \\ &= \sum_{n=1}^{x} S(n) \left(\frac{1}{n^s} - \frac{1}{(n+1)^s}\right) + \frac{S(x)}{([x]+1)^s} \end{aligned}$$

für $s > 1$ weiter[1])

$$f(s) = \sum_{n=1}^{\infty} S(n)\left(\frac{1}{n^s} - \frac{1}{(n+1)^s}\right). \tag{5}$$

Es werde

$$\limsup_{x=\infty} \frac{S(x)}{x} = A$$

gesetzt; für $A = \infty$ ist die Behauptung des Satzes trivial. Es darf also $A = -\infty$ oder A endlich angenommen werden.

I. Es sei $A = -\infty$. Dann ist nach Annahme jedes $\omega > 0$ für alle $n \geqq N = N(\omega)$

$$S(n) < -\omega n,$$

also, wenn $s > 1$ ist,

$$f(s) < \sum_{n=1}^{N-1} S(n)\left(\frac{1}{n^s} - \frac{1}{(n+1)^s}\right) - \omega \sum_{n=N}^{\infty} n\left(\frac{1}{n^s} - \frac{1}{(n+1)^s}\right)$$

$$= \sum_{n=1}^{N-1} S(n)\left(\frac{1}{n^s} - \frac{1}{(n+1)^s}\right) - \omega \sum_{n=N}^{\infty} \frac{1}{n^s}(n-(n-1)) - \frac{\omega(N-1)}{N^s},$$

$$(s-1)f(s) < (s-1)\left|\sum_{n=1}^{N-1} S(n)\left(\frac{1}{n^s} - \frac{1}{(n+1)^s}\right)\right| - \omega(s-1)\sum_{n=N}^{\infty}\frac{1}{n^s};$$

weil die rechte Seite für $s = 1$ den Limes $-\omega$ hat, ist also für $1 < s < 1 + \varepsilon(\omega)$

$$(s-1)f(s) < -\frac{\omega}{2},$$

d. h., wie behauptet,

$$\limsup_{s=1}(s-1)f(s) = -\infty.$$

II. A sei endlich. Nach Annahme von $\delta > 0$ ist für $n \geqq N = N(\delta)$

$$S(n) < (A+\delta)n,$$

folglich, wenn $s > 1$ ist,

1) Übrigens ist in (5) $f(s)$ durch eine absolut konvergente Reihe dargestellt, da

$$S(n)\left(\frac{1}{n^s} - \frac{1}{(n+1)^s}\right) = O\left(n^{\frac{s+1}{2}}\right) O\left(\frac{1}{n^{1+s}}\right)$$

$$= O\left(\frac{1}{n^{\frac{1+s}{2}}}\right)$$

ist.

$$f(s) < \sum_{n=1}^{N-1} S(n)\left(\frac{1}{n^s} - \frac{1}{(n+1)^s}\right) + (A+\delta)\sum_{n=N}^{\infty} n\left(\frac{1}{n^s} - \frac{1}{(n+1)^s}\right)$$

$$= \sum_{n=1}^{N-1} S(n)\left(\frac{1}{n^s} - \frac{1}{(n+1)^s}\right) + (A+\delta)\sum_{n=N}^{\infty}\frac{1}{n^s} + \frac{(A+\delta)(N-1)}{N^s},$$

also, da das Produkt der rechten Seite mit $s-1$ für $s=1$ den Limes $A+\delta$ hat,

$$\limsup_{s=1}\,(s-1)f(s) \leqq A+\delta,$$

$$\limsup_{s=1}\,(s-1)f(s) \leqq A,$$

was zu beweisen war.

Von den vielen möglichen Verallgemeinerungen des letzten Satzes auf Fälle, in denen $S(x)$ mit einer anderen Funktion als x, $f(s)$ mit einer anderen Funktion als $s-1$ in Verbindung gebracht wird, hebe ich noch als für meine Zwecke wichtig hervor den

Satz: Wenn

$$f(s) = \sum_{n=1}^{\infty}\frac{a_n}{n^s} \tag{3}$$

für $s > 1$ konvergiert, ist

$$\limsup_{s=1}\frac{1}{\log\frac{1}{s-1}}f(s) \leqq \limsup_{x=\infty}\frac{\frac{S(x)}{x}}{\log x} = A$$

und

$$\liminf_{s=1}\frac{1}{\log\frac{1}{s-1}}f(s) \geqq \liminf_{x=\infty}\frac{\frac{S(x)}{x}}{\log x}.$$

Beweis: Es genügt wiederum, den ersten Teil zu beweisen, und zwar bloß für $A < \infty$. Da der Leser jetzt hinreichend geübt ist, ziehe ich $A = -\infty$ und $-\infty < A < \infty$ zusammen und schließe unter Benutzung von (5) so weiter: B sei irgend eine Zahl $> A$. Für $n \geqq N = N(B)$ ist

$$S(n) < B\frac{n}{\log n},$$

also, wenn $s > 1$ ist,

$$f(s) < \sum_{n=1}^{N-1} S(n)\left(\frac{1}{n^s} - \frac{1}{(n+1)^s}\right) + B\sum_{n=N}^{\infty}\frac{n}{\log n}\left(\frac{1}{n^s} - \frac{1}{(n+1)^s}\right)$$

$$= B\sum_{n=2}^{\infty}\frac{n}{\log n}\left(\frac{1}{n^s} - \frac{1}{(n+1)^s}\right) + g_1(s), \tag{6}$$

wo

$$\lim_{s=1} g_1(s)$$

existiert, also gewiß

$$\lim_{s=1}\left(\frac{1}{\log\frac{1}{s-1}}\,g_1(s)\right)=0$$

ist. Nun ist für $s>1$

$$\left|\frac{1}{n^s}-\frac{1}{(n+1)^s}-\frac{s}{n^{s+1}}\right| = \left|s\int_n^{n+1}\frac{du}{u^{s+1}}-\frac{s}{n^{s+1}}\right|$$

$$<-\frac{s}{(n+1)^{s+1}}+\frac{s}{n^{s+1}}$$

$$=s(s+1)\int_n^{n+1}\frac{du}{u^{s+2}}$$

$$<\frac{s(s+1)}{n^{s+2}}$$

$$\leqq\frac{s(s+1)}{n^3};$$

wenn $g_2(s)$ (desgl. $g_3(s), \cdots$) eine Funktion bezeichnet, deren Quotient durch $\log\frac{1}{s-1}$ für zu 1 abnehmendes s den Limes 0 hat, so liefert die Relation

$$\left|\sum_{n=2}^{\infty}\frac{n}{\log n}\left(\frac{1}{n^s}-\frac{1}{(n+1)^s}-\frac{s}{n^{s+1}}\right)\right|<s(s+1)\sum_{n=2}^{\infty}\frac{1}{n^2\log n}$$

die Folgerung

$$\sum_{n=2}^{\infty}\frac{n}{\log n}\left(\frac{1}{n^s}-\frac{1}{(n+1)^s}\right)-s\sum_{n=2}^{\infty}\frac{1}{n^s\log n}=g_2(s),$$

$$(7)\qquad \sum_{n=2}^{\infty}\frac{n}{\log n}\left(\frac{1}{n^s}-\frac{1}{(n+1)^s}\right)=s\sum_{n=2}^{\infty}\frac{1}{n^s\log n}+g_2(s);$$

nun ist für $s>1$

$$\sum_{n=2}^{\infty}\frac{1}{n^s\log n}>\int_2^{\infty}\frac{du}{u^s\log u},$$

$$\sum_{n=2}^{\infty}\frac{1}{n^s\log n}<\frac{1}{2^s\log 2}+\int_2^{\infty}\frac{du}{u^s\log u},$$

also

$$\sum_{n=2}^{\infty} \frac{1}{n^s \log n} = \int_2^{\infty} \frac{du}{u^s \log u} + g_3(s)$$

$$= \int_{\log 2}^{\infty} \frac{e^v\, dv}{e^{vs} v} + g_3(s)$$

$$= \int_{\log 2}^{\infty} e^{-v(s-1)} \frac{dv}{v} + g_3(s)$$

$$= \int_{(s-1)\log 2}^{\infty} e^{-w} \frac{dw}{w} + g_3(s)$$

$$= c + \int_{(s-1)\log 2}^{1} \frac{e^{-w}}{w}\, dw + g_3(s),$$

also, da

$$\int_0^1 \frac{e^{-w} - 1}{w}\, dw$$

existiert,

$$\sum_{n=2}^{\infty} \frac{1}{n^s \log n} = \int_{(s-1)\log 2}^{1} \frac{dw}{w} + g_4(s)$$

$$= -\log((s-1)\log 2) + g_4(s)$$

(8) $$= \log \frac{1}{s-1} + g_5(s).$$

Nach (6), (7) und (8) ist also

$$\frac{f(s)}{\log \frac{1}{s-1}} < Bs + \frac{g_6(s)}{\log \frac{1}{s-1}},$$

d. h.

$$\limsup_{s=1} \frac{f(s)}{\log \frac{1}{s-1}} \leqq B,$$

also, da dies für alle $B > A$ gilt,

$$\limsup_{s=1} \frac{f(s)}{\log \frac{1}{s-1}} \leqq A.$$

§ 32.

Darstellung der Konvergenzabszisse einer Dirichletschen Reihe.

Zu jeder zahlentheoretischen Funktion $S(n)$, oder, was dasselbe besagt, zu jeder Funktion des stetigen Argumentes x, welche für $x < 1$ Null und für $g \leqq x < g+1$ ($g \geqq 1$ ganz) konstant ist, gehört eine bestimmte Dirichletsche Reihe

$$f(s) = \sum_{n=1}^{\infty} \frac{a_n}{n^s},$$

für welche

$$S(x) = \sum_{n=1}^{x} a_n$$

ist. Es braucht ja nur

$$a_n = S(n) - S(n-1)$$

gesetzt zu werden. Die Dirichletsche Reihe braucht natürlich nirgends zu konvergieren. Falls aber

$$S(x) = O(x^c)$$

für irgend ein c ist, ist sicher ihr Grenzpunkt $\alpha < \infty$, da ja alsdann

$$\begin{aligned} a_n &= S(n) - S(n-1) \\ &= O(n^c), \\ \frac{a_n}{n^{c+2}} &= O\left(\frac{1}{n^2}\right) \end{aligned}$$

ist. Übrigens ist alsdann $\alpha \leqq c$, d. h. $f(s)$ für $s > c$ konvergent, wie aus

$$\sum_{n=v}^{w} \frac{a_n}{n^s} = \sum_{n=v}^{w} \frac{S(n) - S(n-1)}{n^s}$$

$$= \sum_{n=v}^{w} S(n)\left(\frac{1}{n^s} - \frac{1}{(n+1)^s}\right) - \frac{S(v-1)}{v^s} + \frac{S(w)}{(w+1)^s}$$

wegen

$$S(n)\left(\frac{1}{n^s} - \frac{1}{(n+1)^s}\right) = O\left(n^c \cdot \frac{1}{n^{s+1}}\right)$$

hervorgeht.

Umgekehrt: Falls für irgend ein s_0

$$(1) \qquad f(s_0) = \sum_{n=1}^{\infty} \frac{a_n}{n^{s_0}}$$

konvergiert, ist im Falle $s_0 \leqq 0$

$$S(x) = O(1),$$

im Falle $s_0 > 0$

$$\lim_{n=\infty} \frac{a_n}{n^{s_0}} = 0,$$

$$a_n = O(n^{s_0}),$$

$$S(x) = O\sum_{n=1}^{x} n^{s_0}$$

$$= O(x^{s_0+1}),$$

jedenfalls also

$$S(x) = O(x^c).$$

Übrigens läßt sich aus der Konvergenz von (1), wo $s_0 \geqq 0$ ist, schärfer

$$S(x) = O(x^{s_0})$$

herleiten: Wenn

$$R(x) = \sum_{n=1}^{x} \frac{a_n}{n^{s_0}}$$

gesetzt wird, ist für $x \geqq 1$

$$S(x) = \sum_{n=1}^{x} a_n$$

$$= \sum_{n=1}^{x} (R(n) - R(n-1)) n^{s_0}$$

$$= \sum_{n=1}^{x} R(n)(n^{s_0} - (n+1)^{s_0}) + R(x)([x]+1)^{s_0}$$

$$= O\sum_{n=1}^{x} ((n+1)^{s_0} - n^{s_0}) + O(x^{s_0})$$

$$= O(x^{s_0}).$$

Wenn γ die untere Grenze der c ist, für welche

$$S(x) = O(x^c)$$

ist, mit anderen Worten, wenn

$$\gamma = \limsup_{x=\infty} \frac{\log |S(x)|}{\log x}$$

ist[1)], so haben wir also festgestellt, daß erstens

$$\alpha \leqq \gamma$$

1) Daß log 0 sinnlos bzw. $-\infty$ ist, stört bei dieser Definition von γ nicht. Falls stets $S(x) = 0$ ist (natürlich nicht nur dann), wäre eben $\gamma = -\infty$.

ist und zweitens

$$\gamma \leqq \text{Max.}(\alpha, 0),$$

und damit insbesondere im Falle $\alpha \geqq 0$ den

Satz: Wenn der Konvergenzpunkt α von

$$f(s) = \sum_{n=1}^{\infty} \frac{a_n}{n^s}$$

$\geqq 0$ ist, so ist

$$\alpha = \limsup_{x=\infty} \frac{\log |S(x)|}{\log x}.$$

Es genügt, hierbei x ganzzahlig wachsen zu lassen, da

$$\log [x] \sim \log x$$

ist.

Diese Formel ist also z. B. stets dann gültig, wenn

$$\lim_{x=\infty} S(x)$$

nicht existiert, d. h.

$$f(0) = \sum_{n=1}^{\infty} a_n$$

divergiert.

Beispiele: 1. Für

$$a_n = 1$$

ist bei jedem $x \geqq 0$

$$S(x) = [x],$$

also

$$\lim_{x=\infty} \frac{\log |S(x)|}{\log x} = \lim_{x=\infty} \frac{\log [x]}{\log x}$$

$$= 1,$$

$$\alpha = 1.$$

2. Für

$$a_n = (-1)^{n+1} n$$

ist, wie im vorigen Paragraphen ausgerechnet wurde,

$$S(2m-1) = m,$$

$$S(2m) = -m,$$

also bei jedem $x \geqq 0$

$$S(x) = (-1)^{[x]+1} \left[\frac{x+1}{2}\right],$$

$$|S(x)| \sim \frac{x}{2},$$

$$\lim_{x=\infty} \frac{\log |S(x)|}{\log x} = 1,$$

$$\alpha = 1.$$

3. Für

$$a_n = (-1)^{n+1}$$

ist

$$S(2m-1) = 1,$$

$$S(2m) = 0,$$

also

$$\frac{\log |S(x)|}{\log x} \begin{cases} = 0 \text{ für ungerades } x \geqq 3, \\ = -\infty \text{ für gerades } x \geqq 2, \end{cases}$$

d. h.

$$\limsup_{x=\infty} \frac{\log |S(x)|}{\log x} = 0,$$

$$\alpha = 0.$$

Im Konvergenzbereiche braucht eine Dirichletsche Reihe nicht absolut zu konvergieren; andererseits ist klar, daß eine für s_0 absolut konvergente Dirichletsche Reihe für $s > s_0$ absolut konvergiert, da ja

$$\left|\frac{a_n}{n^s}\right| < \left|\frac{a_n}{n^{s_0}}\right|$$

ist. Also gibt es zu jeder Dirichletschen Reihe ein β derart, daß die Summe der absoluten Beträge für $s < \beta$ divergiert, für $s > \beta$ konvergiert; hierbei sind die beiden extremen Fälle $\beta = -\infty$ und $\beta = +\infty$ einzubeziehen. Offenbar ist stets

$$\alpha \leqq \beta \leqq \alpha + 1;$$

denn eine für s_0 konvergente Reihe ist für $s > s_0 + 1$ wegen

$$\frac{a_n}{n^{s_0}} = O(1),$$

$$\frac{a_n}{n^s} = O\left(\frac{1}{n^{s-s_0}}\right)$$

absolut konvergent.

Nach dem bewiesenen Satze ergibt sich unmittelbar, daß im Falle $\beta \geqq 0$

$$\beta = \limsup_{x=\infty} \frac{\log \sum_{n=1}^{x} |a_n|}{\log x}$$

ist; jener Satz braucht ja nur auf die Dirichletsche Reihe

$$\sum_{n=1}^{\infty} \frac{|a_n|}{n^s}$$

angewendet zu werden.

Bei einer Dirichletschen Reihe folgen also von links nach rechts eine Strecke mit Divergenz, eine Strecke bedingter Konvergenz und eine Strecke absoluter Konvergenz aufeinander. Die mittlere ist, wenn sie nicht ganz zusammengeschrumpft ist, von positiver endlicher Länge ≤ 1; auch jede der beiden äußeren (unendlichen) Strecken braucht nicht vorhanden zu sein.

Beispiele: 1. $\alpha = \beta = -\infty$ bei

$$\sum_{n=1}^{\infty} \frac{\frac{1}{n!}}{n^s}.$$

2. $-\infty < \alpha = \beta$ bei

$$\sum_{n=1}^{\infty} \frac{1}{n^s},$$

wo $\alpha = 1$, $\beta = 1$ ist.

3. $-\infty < \alpha < \beta$ bei

$$\sum_{n=1}^{\infty} \frac{(-1)^{n+1}}{n^s},$$

wo $\alpha = 0$, $\beta = 1$ ist.

4. $\alpha = \beta = \infty$ bei

$$\sum_{n=1}^{\infty} \frac{n!}{n^s}.$$

Neuntes Kapitel.

Untersuchung einiger spezieller Dirichletscher Reihen.

§ 33.

Die zur Funktion $\psi(x)$ gehörige Reihe.

Ich verstehe unter $\psi(x)$ unsere frühere Funktion

$$\sum_{p^m \leqq x} \log p$$

und setze von jetzt an dauernd für ganze $n \geqq 1$

$$\psi(n) - \psi(n-1) = \Lambda(n),$$

d. h.

$\Lambda(n) = 0$ für $n = 1$ und alle $n > 1$, die nicht Primzahlpotenzen sind,
$\Lambda(n) = \log p$ für $n = p^m$, $m \geqq 1$.

Zur summatorischen Funktion $\psi(x)$ gehört die Dirichletsche Reihe

$$(1) \qquad \sum_{n=1}^{\infty} \frac{\Lambda(n)}{n^s},$$

welche wegen[1)]

$$\Lambda(n) \leqq \log n$$

für $s > 1$ konvergiert.

Wir werden nun finden, daß die Reihe (1) in engem Zusammenhange mit der Zetafunktion steht, und beweisen zu diesem Zweck zunächst den

Satz: Für $s > 1$ ist

$$\zeta(s) = \prod_p \frac{1}{1 - \frac{1}{p^s}}.$$

Beweis: Die Konvergenz des unendlichen Produktes steht fest, da

$$\sum_p \frac{1}{p^s}$$

als Teilreihe von $\zeta(s)$ konvergiert. Nun ist für $s > 1$

$$\prod_{p \leqq x} \frac{1}{1 - \frac{1}{p^s}} = \prod_{p \leqq x} \left(1 + \frac{1}{p^s} + \frac{1}{p^{2s}} + \cdots\right)$$

$$= \sum_{n=1}^{\infty}{}' \frac{1}{n^s},$$

wo n in Σ' alle Zahlen durchläuft, deren Primfaktoren sämtlich $\leqq x$ sind. Da zu diesen alle Zahlen $\leqq x$ gehören, ist

$$\sum_{n=1}^{\infty}{}' \frac{1}{n^s} = \sum_{n=1}^{x} \frac{1}{n^s} + \sum_{n=x+1}^{\infty}{}' \frac{1}{n^s},$$

$$0 \leqq \prod_{p \leqq x} \frac{1}{1 - \frac{1}{p^s}} - \sum_{n=1}^{x} \frac{1}{n^s}$$

$$= \sum_{n=x+1}^{\infty}{}' \frac{1}{n^s}$$

$$< \sum_{n=x+1}^{\infty} \frac{1}{n^s},$$

1) Von dem Satz $\psi(x) = O(x)$ des ersten Teils mache ich hier absichtlich keinen Gebrauch.

also

$$\lim_{x=\infty}\left(\prod_{p\leqq x}\frac{1}{1-\frac{1}{p^s}}-\sum_{n=1}^{x}\frac{1}{n^s}\right)=0,$$

$$\lim_{x=\infty}\prod_{p\leqq x}\frac{1}{1-\frac{1}{p^s}}=\lim_{x=\infty}\sum_{n=1}^{x}\frac{1}{n^s}$$

$$=\sum_{n=1}^{\infty}\frac{1}{n^s}$$

$$=\zeta(s).$$

Satz: Für $s>1$ ist

$$-\frac{\zeta'(s)}{\zeta(s)}=\sum_{n=1}^{\infty}\frac{\Lambda(n)}{n^s}.$$

Beweis: Für $-1<u<1$ ist

$$1-u=e^{-u-\frac{u^2}{2}-\frac{u^3}{3}-\cdots},$$

also, da für $s>1$ und jede Primzahl p

$$0<\frac{1}{p^s}<\tfrac{1}{2}$$

ist,

$$1-\frac{1}{p^s}=e^{-\frac{1}{p^s}-\frac{1}{2}\frac{1}{p^{2s}}-\frac{1}{3}\frac{1}{p^{3s}}-\cdots}$$

$$=e^{-\sum\limits_{m=1}^{\infty}\frac{1}{m\,p^{ms}}},$$

$$\zeta(s)=\prod_{p}e^{\sum\limits_{m=1}^{\infty}\frac{1}{m\,p^{ms}}}$$

$$=e^{\sum\limits_{p}\sum\limits_{m=1}^{\infty}\frac{1}{m\,p^{ms}}},$$

wo die Doppelreihe mit positiven Gliedern im Exponenten beliebig geordnet werden, z. B. so als Dirichletsche Reihe geschrieben werden kann:

$$\sum_{p,m}\frac{1}{m\,p^{ms}}=\sum_{n=1}^{\infty}\frac{a_n}{n^s},$$

wo

$$a_n=\frac{1}{m}\text{ für }n=p^m,$$

$$a_n=0\text{ sonst}$$

ist. Es ist also

$$\log \zeta(s) = \sum_{n=1}^{\infty} \frac{a_n}{n^s},$$

folglich, da nach § 30 gliedweises Differentiieren einer Dirichletschen Reihe im Konvergenzbereich (hier also gewiß für $s > 1$) gestattet ist,

$$\frac{\zeta'(s)}{\zeta(s)} = -\sum_{n=1}^{\infty} \frac{a_n \log n}{n^s}.$$

Nun ist

$$a_n \log n = \frac{1}{m} \log (p^m) = \log p \text{ für } n = p^m,$$

$$a_n \log n = 0 \text{ sonst},$$

also stets

$$a_n \log n = \Lambda(n);$$

dadurch erhalten wir

$$-\frac{\zeta'(s)}{\zeta(s)} = \sum_{p,m} \frac{\log p}{p^{ms}},$$

$$= \sum_{n=1}^{\infty} \frac{\Lambda(n)}{n^s}.$$

§ 34.

Hilfssätze über $\zeta'(s)$ und $\frac{\zeta'(s)}{\zeta(s)}$ mit Anwendungen auf $\psi(x)$ und $\vartheta(x)$.

Über $\zeta(s)$ ist uns aus § 31 schon bekannt, daß für zu 1 abnehmendes s

(1) $$\lim_{s=1} (s-1)\zeta(s) = 1$$

ist; ich behaupte — hier, wie meist[1]) für zu 1 abnehmendes s („Limes von rechts") — den

Satz:

$$\lim_{s=1} (s-1)^2 \zeta'(s) = -1.$$

Beweis: Für $s > 1$ ist

$$\zeta'(s) = -\sum_{n=1}^{\infty} \frac{\log n}{n^s},$$

$$-\zeta'(s) = \sum_{n=2}^{\infty} \frac{\log n}{n^s}.$$

1) Wenn nichts anderes gesagt ist.

Die Funktion

$$\frac{\log u}{u^s}$$

nimmt bei festem $s > 1$ für $u \geqq e$ mit wachsendem u monoton ab, da

$$\frac{d}{du}\frac{\log u}{u^s} = \frac{1}{u^{s+1}} - \frac{s \log u}{u^{s+1}}$$

für

$$u > e^{\frac{1}{s}}$$

negativ ist. Folglich ist

$$\sum_{n=2}^{\infty} \frac{\log n}{n^s} \begin{cases} < \dfrac{\log 2}{2^s} + \dfrac{\log 3}{3^s} + \displaystyle\int_3^{\infty} \frac{\log u}{u^s} du, \\ > \dfrac{\log 2}{2^s} + \displaystyle\int_3^{\infty} \frac{\log u}{u^s} du; \end{cases}$$

wegen

$$\int \frac{\log u}{u^s} du = -\frac{1}{s-1}\frac{\log u}{u^{s-1}} + \frac{1}{s-1}\int \frac{du}{u^s}$$

$$= -\frac{1}{s-1}\frac{\log u}{u^{s-1}} - \frac{1}{(s-1)^2}\frac{1}{u^{s-1}},$$

$$\int_3^{\infty} \frac{\log u}{u^s} du = \frac{1}{s-1}\frac{\log 3}{3^{s-1}} + \frac{1}{(s-1)^2}\frac{1}{3^{s-1}}$$

ist also

$$\left| \sum_{n=2}^{\infty} \frac{\log n}{n^s} - \frac{1}{(s-1)^2}\frac{1}{3^{s-1}} \right| < \frac{\log 2}{2^s} + \frac{\log 3}{3^s} + \frac{1}{s-1}\frac{\log 3}{3^{s-1}},$$

$$\left| (s-1)^2 \sum_{n=2}^{\infty} \frac{\log n}{n^s} - \frac{1}{3^{s-1}} \right| < (s-1)^2\left(\frac{\log 2}{2^s} + \frac{\log 3}{3^s}\right) + (s-1)\frac{\log 3}{3^{s-1}},$$

$$\lim_{s=1} \left((s-1)^2 \sum_{n=2}^{\infty} \frac{\log n}{n^s} - \frac{1}{3^{s-1}} \right) = 0,$$

$$\lim_{s=1} (s-1)^2 \sum_{n=2}^{\infty} \frac{\log n}{n^s} = 1,$$

$$\lim_{s=1} (s-1)^2 \zeta'(s) = -1.$$

Hieraus in Verbindung mit (1) ergibt sich

$$\lim_{s=1}(s-1)\frac{\zeta'(s)}{\zeta(s)} = \lim_{s=1}\frac{(s-1)^2\zeta'(s)}{(s-1)\zeta(s)}$$
$$= -1,$$

$$\lim_{s=1}(s-1)\sum_{n=1}^{\infty}\frac{\Lambda(n)}{n^s} = 1,$$

also nach dem zweiten Satz des § 31

$$\limsup_{x=\infty}\frac{\psi(x)}{x} \geqq 1,$$

$$\liminf_{x=\infty}\frac{\psi(x)}{x} \leqq 1,$$

wie in §§ 24—25 auf anderem Wege bewiesen wurde. Hier kommt es weniger künstlich heraus.

Die entsprechenden Relationen für $\vartheta(x)$ ergeben sich direkt aus der zugehörigen Dirichletschen Reihe

$$\sum_p \frac{\log p}{p^s}.$$

Es ist

$$\sum_{n=1}^{\infty}\frac{\Lambda(n)}{n^s} = \sum_p\frac{\log p}{p^s} + \sum_{m=2}^{\infty}\sum_p\frac{\log p}{p^{ms}},$$

also, da die Doppelsumme wegen

$$\sum_{m=2}^{\infty}\sum_p\frac{\log p}{p^{ms}} \leqq \sum_{k=1}^{\infty}\frac{\log k}{k^{2s}} + \sum_{k=1}^{\infty}\frac{\log k}{k^{3s}} + \cdots$$
$$= \sum_{k=1}^{\infty}\frac{\log k}{k^s(k^s-1)}$$

eine für $s > \frac{1}{2}$ konvergente Dirichletsche Reihe

$$\sum_{n=1}^{\infty}\frac{b_n}{n^s}$$

darstellt und infolgedessen für $s=1$ einen Limes hat,

$$\lim_{s=1}(s-1)\sum_p\frac{\log p}{p^s} = 1,$$

folglich nach § 31

$$\limsup_{x=\infty} \frac{\vartheta(x)}{x} \geqq 1$$

und

$$\liminf_{x=\infty} \frac{\vartheta(x)}{x} \leqq 1.$$

§ 35.

Der Eindeutigkeitssatz der Dirichletschen Reihen.

Auch die Quelle der grundlegenden Identität des § 17

$$T(x) = \sum_{n=1}^{x} \psi\left(\frac{x}{n}\right)$$

wird hier ersichtlich.

Zu $T(x)$ gehört die Dirichletsche Reihe

$$\sum_{n=1}^{\infty} \frac{\log n}{n^s} = -\zeta'(s).$$

Nun ist identisch für $s > 1$

$$-\zeta'(s) = -\frac{\zeta'(s)}{\zeta(s)} \cdot \zeta(s),$$

$$\sum_{n=1}^{\infty} \frac{\log n}{n^s} = \sum_{n=1}^{\infty} \frac{\Lambda(n)}{n^s} \cdot \sum_{n=1}^{\infty} \frac{1}{n^s}$$

(1) $$= \sum_{k=1}^{\infty} \frac{\Lambda(k)}{k^s} \cdot \sum_{l=1}^{\infty} \frac{1}{l^s}.$$

Beim Ausmultiplizieren zweier absolut konvergenter Dirichletscher Reihen

$$\sum_{n=1}^{\infty} \frac{\alpha_n}{n^s} \cdot \sum_{n=1}^{\infty} \frac{\beta_n}{n^s} = \sum_{k=1}^{\infty} \frac{\alpha_k}{k^s} \cdot \sum_{l=1}^{\infty} \frac{\beta_l}{l^s}$$

entsteht bei folgender Anordnung wieder eine Dirichletsche Reihe:

$$\sum_{n=1}^{\infty} \frac{\gamma_n}{n^s},$$

wo alle Zahlenpaare k, l zusammengefaßt sind, deren Produkt n ist[1]):

$$\begin{aligned}\gamma_n &= \sum_{kl=n} \alpha_k \beta_l \\ &= \sum_{k\mid n} \alpha_k \beta_{\frac{n}{k}} \\ &= \sum_{l\mid n} \alpha_{\frac{n}{l}} \beta_l.\end{aligned}$$

Im vorliegenden Fall werde

$$\alpha_k = \Lambda(k),$$
$$\beta_l = 1$$

gesetzt; dann ist

$$\text{(2)} \qquad \begin{aligned}\log n &= \sum_{kl=n} \Lambda(k) \cdot 1 \\ &= \gamma_n,\end{aligned}$$

wie direkt festgestellt werden kann[2]), aber aus dem nächsten Satz ohne direkte Verifikation folgt. Also ist

$$\begin{aligned}T(x) &= \sum_{n=1}^{x} \log n \\ &= \sum_{kl \leqq x} \Lambda(k) \cdot 1,\end{aligned}$$

wo über alle Paare positiver ganzer Zahlen k, l zu summieren ist, deren Produkt $\leqq x$ ist. Das bedeutet, wenn zuerst nach k, dann nach l summiert wird,

$$\begin{aligned}T(x) &= \sum_{l=1}^{x} 1 \cdot \sum_{k=1}^{\frac{x}{l}} \Lambda(k) \\ &= \sum_{l=1}^{x} 1 \cdot \psi\left(\frac{x}{l}\right) \\ &= \sum_{n=1}^{x} \psi\left(\frac{x}{n}\right).\end{aligned}$$

---

1) Das Zeichen $k \mid n$ bedeutet, daß k alle Teiler von n durchläuft.

2) Für $n = p_1^{\lambda_1} \cdots p_\varrho^{\lambda_\varrho}$ ist nämlich

$$\begin{aligned}\sum_{k\mid n} \Lambda(k) &= (\log p_1 + \cdots + \log p_1)\,\{\lambda_1 \text{ Glieder}\} + \cdots + (\log p_\varrho + \cdots + \log p_\varrho)\,\{\lambda_\varrho \text{ Glieder}\} \\ &= \lambda_1 \log p_1 + \cdots + \lambda_\varrho \log p_\varrho \\ &= \log n.\end{aligned}$$

Wenn übrigens in umgekehrter Reihenfolge summiert wird, so ergibt sich ein anderer Satz, den wir aus § 17 auch schon kennen:

$$T(x) = \sum_{k=1}^{x} \Lambda(k) \sum_{l=1}^{\frac{x}{k}} 1$$

$$= \sum_{k=1}^{x} \Lambda(k) \left[\frac{x}{k}\right]$$

$$= \sum_{p \leqq x} \log p \left[\frac{x}{p}\right] + \sum_{p \leqq \sqrt{x}} \log p \left[\frac{x}{p^2}\right] + \cdots$$

$$= \sum_{p \leqq x} \log p \left(\left[\frac{x}{p}\right] + \left[\frac{x}{p^2}\right] + \cdots\right).$$

Um nun ohne jene direkte Verifikation von (1) auf (2) schließen zu können, beweise ich folgenden allgemeinen

Satz: Wenn für $s > s_0$

$$\sum_{n=1}^{\infty} \frac{a_n}{n^s} = \sum_{n=1}^{\infty} \frac{b_n}{n^s}$$

ist, so ist

$$a_1 = b_1,$$

$$a_2 = b_2,$$

$$\cdot \quad \cdot \quad \cdot$$

allgemein

$$a_n = b_n.$$

Aus diesem Satz folgt offenbar das Obige, da nach (1) für $s > 1$

$$\sum_{n=1}^{\infty} \frac{\log n}{n^s} = \sum_{n=1}^{\infty} \frac{\sum_{k \mid n} \Lambda(k)}{n^s}$$

ist.

Beweis: Wenn

$$a_n - b_n = c_n$$

gesetzt wird, so ist zu beweisen: Aus

$$\sum_{n=1}^{\infty} \frac{c_n}{n^s} = 0$$

für $s > s_0$ folgt

$$c_1 = 0,$$
$$c_2 = 0,$$

Es sei dies nicht wahr, sondern zuerst

$$c_N \neq 0,$$

also im Falle $N > 1$ noch

$$c_1 = \cdots = c_{N-1} = 0.$$

Dann ist für alle $s > s_0$

$$-\frac{c_N}{N^s} = \sum_{n=N+1}^{\infty} \frac{c_n}{n^s}.$$

Wegen der Konvergenz von

$$\sum_{n=1}^{\infty} \frac{c_n}{n^{s_0+1}}$$

ist

$$|c_n| < A n^{s_0+1},$$

wo A von n unabhängig ist, also für $s > s_0 + 2$

$$\left| \sum_{n=N+1}^{\infty} \frac{c_n}{n^s} \right| < A \sum_{n=N+1}^{\infty} \frac{n^{s_0+1}}{n^s}$$

$$= A \sum_{n=N+1}^{\infty} \frac{1}{n^{s-s_0-1}}$$

$$< A \int_N^{\infty} \frac{du}{u^{s-s_0-1}}$$

$$= \frac{A}{s-s_0-2} \frac{1}{N^{s-s_0-2}};$$

also wäre für $s > s_0 + 2$

$$|c_N| < \frac{A}{s-s_0-2} \frac{N^s}{N^{s-s_0-2}}$$

$$= \frac{A N^{s_0+2}}{s-s_0-2},$$

also, da man sich s beliebig groß denken darf,

$$c_N = 0,$$

gegen die Annahme.

§ 36.

Die Reihe für $\log \zeta(s)$ mit Anwendung auf $\pi(x)$ und $\sum\limits_{p \leqq x} \frac{1}{p}$.

Zur Funktion $\pi(x)$ gehört folgende Dirichletsche Reihe:

$$\sum_{n=1}^{\infty} \frac{\pi(n) - \pi(n-1)}{n^s} = \sum_p \frac{1}{p^s}.$$

Sie hängt mit der Zetafunktion auch eng zusammen. Es ist für $s > 1$ nach § 33

$$\log \zeta(s) = \sum_{p,m} \frac{1}{mp^{ms}}$$

$$= \sum_p \frac{1}{p^s} + \sum_{m=2}^{\infty} \sum_p \frac{1}{mp^{ms}},$$

also

$$(1) \qquad \sum_p \frac{1}{p^s} = \log \zeta(s) - \sum_{m=2}^{\infty} \sum_p \frac{1}{mp^{ms}},$$

wo die Doppelsumme rechts eine für $s > \frac{1}{2}$ konvergente und insbesondere für $s = 1$ nach rechts stetige Dirichletsche Reihe darstellt. Da

$$\lim_{s=1} (s-1)\zeta(s) = 1$$

ist, ist

$$\lim_{s=1} (\log(s-1) + \log \zeta(s)) = 0,$$

also a fortiori

$$\lim_{s=1} \left(1 + \frac{\log \zeta(s)}{\log(s-1)}\right) = 0,$$

$$\lim_{s=1} \frac{\log \zeta(s)}{\log(s-1)} = -1,$$

$$\lim_{s=1} \frac{\log \zeta(s)}{\log \frac{1}{s-1}} = 1,$$

$$\lim_{s=1} \frac{\sum\limits_p \frac{1}{p^s}}{\log \frac{1}{s-1}} = 1.$$

Nach dem dritten Satz des § 31 ist also

$$\limsup_{x=\infty} \frac{\pi(x)}{\frac{x}{\log x}} \geqq 1,$$

$$\liminf_{x=\infty} \frac{\pi(x)}{\frac{x}{\log x}} \leqq 1.$$

Ich benutze die obige Formel (1), um in der früheren Relation (vgl. § 28)

$$\sum_{p \leqq x} \frac{1}{p} = \log\log x + B + O\left(\frac{1}{\log x}\right)$$

die Konstante

$$B = \lim_{x=\infty}\left(\sum_{p\leqq x}\frac{1}{p} - \log\log x\right)$$

zu bestimmen, d. h. durch eine gewisse unendliche Reihe auszudrücken. Es ist, wenn $\varepsilon_1(s)$, $\varepsilon_2(s)$, $\cdots$ Funktionen bezeichnen, die für zu 1 abnehmendes s den Limes 0 haben,

$$\sum_p \frac{1}{p^s} = \log\zeta(s) - \sum_{m=2}^{\infty}\sum_p \frac{1}{mp^m} + \varepsilon_1(s)$$

(2)
$$= \log\frac{1}{s-1} - \sum_{m=2}^{\infty}\sum_p \frac{1}{mp^m} + \varepsilon_2(s).$$

Andererseits ist für $s \geqq 1$, $n \geqq 2$

$$\frac{1}{n^s\log n} - \int_n^{n+1}\frac{du}{u^s\log u} = \int_n^{n+1}\left(\frac{1}{n^s\log n} - \frac{1}{u^s\log u}\right)du$$

$$= \int_n^{n+1} du\int_u^n \frac{d}{dv}\left(\frac{1}{v^s\log v}\right)dv$$

$$= \int_n^{n+1} du\int_u^n \left(-\frac{s}{v^{s+1}\log v} - \frac{1}{v^{s+1}\log^2 v}\right)dv,$$

$$\left|\frac{1}{n^s\log n} - \int_n^{n+1}\frac{du}{u^s\log u}\right| \leqq \frac{s}{n^2\log n} + \frac{1}{n^2\log^2 n},$$

also für $1 \leqq s < 2$

$$\sum_{n=2}^{\infty}\left(\frac{1}{n^s\log n} - \int_n^{n+1}\frac{du}{u^s\log u}\right)$$

gleichmäßig konvergent, d. h. für zu 1 abnehmendes s

$$\lim_{s=1}\left(\sum_{n=2}^{\infty}\frac{1}{n^s\log n}-\int_2^{\infty}\frac{du}{u^s\log u}\right)=\lim_{s=1}\sum_{n=2}^{\infty}\left(\frac{1}{n^s\log n}-\int_n^{n+1}\frac{du}{u^s\log u}\right)$$

$$=\sum_{n=2}^{\infty}\left(\frac{1}{n\log n}-\int_n^{n+1}\frac{du}{u\log u}\right)$$

$$=\lim_{x=\infty}\sum_{n=2}^{x}\left(\frac{1}{n\log n}-\int_n^{n+1}\frac{du}{u\log u}\right)$$

$$=\lim_{x=\infty}\left(\sum_{n=2}^{x}\frac{1}{n\log n}-\int_2^{[x]+1}\frac{du}{u\log u}\right)$$

$$=\lim_{x=\infty}\left(\sum_{n=2}^{x}\frac{1}{n\log n}-\int_2^{x}\frac{du}{u\log u}\right),$$

folglich, wenn

$$\lim_{s=1}\int_2^{e}\frac{du}{u^s\log u}=\int_2^{e}\frac{du}{u\log u}$$

addiert wird,

$$\lim_{s=1}\left(\sum_{n=2}^{\infty}\frac{1}{n^s\log n}-\int_e^{\infty}\frac{du}{u^s\log u}\right)=\lim_{x=\infty}\left(\sum_{n=2}^{x}\frac{1}{n\log n}-\int_e^{x}\frac{du}{u\log u}\right)$$

$$=\lim_{x=\infty}\left(\sum_{n=2}^{x}\frac{1}{n\log n}-\log\log x\right)$$

(3) $$=D,$$

wo diese Konstante D zum Schluß noch herausfallen wird.

Ferner ist für $s > 1$

$$\int_e^{\infty}\frac{du}{u^s\log u}=\int_1^{\infty}\frac{e^v\,dv}{e^{sv}v}$$

$$=\int_1^{\infty}\frac{e^{-v(s-1)}\,dv}{v}$$

$$=\int_{s-1}^{\infty}\frac{e^{-w}\,dw}{w};$$

nun ist[1)] die Eulersche Konstante

$$C = \lim_{h=+0} \left(-\int_h^\infty \frac{e^{-w}\, dw}{w} + \log \frac{1}{h} \right)$$

$$= \lim_{s=1} \left(-\int_{s-1}^\infty \frac{e^{-w}\, dw}{w} + \log \frac{1}{s-1} \right),$$

folglich

(4) $$\int_e^\infty \frac{du}{u^s \log u} = \log \frac{1}{s-1} - C + \varepsilon_3(s).$$

Nach (3) und (4) ergibt sich

$$\sum_{n=2}^\infty \frac{1}{n^s \log n} = \log \frac{1}{s-1} + D - C + \varepsilon_4(s),$$

also in Verbindung mit (2)

(5) $$\sum_p \frac{1}{p^s} - \sum_{n=2}^\infty \frac{1}{n^s \log n} = -\sum_{m=2}^\infty \sum_p \frac{1}{m p^m} - D + C + \varepsilon_5(s).$$

Wenn die linke Seite als eine einzige Dirichletsche Reihe angesehen wird, ist dieselbe wegen der Relation des § 28

$$\sum_{p \leqq x} \frac{1}{p} = \log \log x + B + o(1)$$

---

1) Wenn nämlich C als

$$\lim_{x=\infty} \left(\sum_{n=1}^x \frac{1}{n} - \log x \right)$$

definiert wird, so setze ich aus der Theorie der Gammafunktion voraus, daß

$$-C = \Gamma'(1)$$

$$= \int_0^\infty e^{-w} \log w\, dw$$

ist. Nun ist für $h > 0$

$$\int_h^\infty e^{-w} \log w\, dw = e^{-h} \log h + \int_h^\infty \frac{e^{-w}}{w}\, dw$$

$$= (e^{-h} - 1) \log h + \left(\int_h^\infty \frac{e^{-w}}{w}\, dw - \log \frac{1}{h} \right),$$

und das erste Glied rechts hat für zu Null abnehmendes h den Limes 0.

und der Relation

$$\sum_{n=2}^{x} \frac{1}{n \log n} = \log \log x + D + o(1)$$

für $s = 1$ konvergent und $= B - D$; daher folgt aus (5)

$$B - D = -\sum_{m=2}^{\infty} \sum_{p} \frac{1}{m p^m} - D + C;$$

wir finden also, daß in

(6) $$\sum_{p \leqq x} \frac{1}{p} = \log \log x + B + O\left(\frac{1}{\log x}\right)$$

(7) $$B = C - \sum_{m=2}^{\infty} \sum_{p} \frac{1}{m p^m}$$

ist.

Wegen

$$\begin{aligned} \sum_{m=2}^{\infty} \sum_{p > x} \frac{1}{m p^m} &= O \sum_{p > x} \sum_{m=2}^{\infty} \frac{1}{p^m} \\ &= O \sum_{p > x} \frac{1}{p(p-1)} \\ &= O \sum_{n=x}^{\infty} \frac{1}{n(n-1)} \\ &= O\left(\frac{1}{x}\right) \\ &= O\left(\frac{1}{\log x}\right) \end{aligned}$$

ist offenbar mit (6) und (7) die Relation

$$\sum_{p \leqq x} \sum_{m=1}^{\infty} \frac{1}{m} \frac{1}{p^m} = \log \log x + C + O\left(\frac{1}{\log x}\right)$$

bewiesen; aus ihr ergibt sich weiter

$$-\sum_{p \leqq x} \log\left(1 - \frac{1}{p}\right) = \log \log x + C + O\left(\frac{1}{\log x}\right),$$

$$\begin{aligned} \prod_{p \leqq x} \left(1 - \frac{1}{p}\right) &= e^{-(\log \log x + C)} e^{O\left(\frac{1}{\log x}\right)} \\ &= \frac{e^{-C}}{\log x} \left\{\left(1 + O\left(\frac{1}{\log x}\right)\right)\right\} \\ &= \frac{e^{-C}}{\log x} + O\left(\frac{1}{\log^2 x}\right), \end{aligned}$$

also in erster Annäherung

$$\prod_{p \leqq x}\left(1-\frac{1}{p}\right) \sim \frac{e^{-C}}{\log x}.$$

Zehntes Kapitel.

Über die Unbestimmtheitsgrenzen des Produktes

$$\frac{\log^q x}{x}\left(\pi(x)-\int\limits_2^x \frac{du}{\log u}\right).$$

---

§ 37.

Erläuterung des Problems und Erledigung des Falles $q=2$.

Wegen

$$\lim_{x=\infty} \frac{\log x}{x}\int\limits_2^x \frac{du}{\log u} = 1$$

(vgl. § 4, (1)) lautet das in §§ 24—25 und nochmals in § 36 erzielte Resultat

$$\liminf_{x=\infty} \frac{\pi(x)\log x}{x} \leqq 1,$$

$$\limsup_{x=\infty} \frac{\pi(x)\log x}{x} \geqq 1$$

auch so:

$$\liminf_{x=\infty} \frac{\log x}{x}\left(\pi(x)-\int\limits_2^x \frac{du}{\log u}\right) \leqq 0,$$

$$\limsup_{x=\infty} \frac{\log x}{x}\left(\pi(x)-\int\limits_2^x \frac{du}{\log u}\right) \geqq 0.$$

Diese Tatsache, daß 0 dem Intervall der Unbestimmtheitsgrenzen angehört (also insbesondere, daß der Limes, wenn vorhanden, $=0$ ist), will ich jetzt für jedes konstante q beim Produkt

$$\frac{\log^q x}{x}\left(\pi(x)-\int\limits_2^x \frac{du}{\log u}\right)$$

nachweisen, d. h. den

Satz:

$$\liminf_{x=\infty} \frac{\log^q x}{x}\left(\pi(x)-\int_2^x \frac{du}{\log u}\right) \leqq 0,$$

$$\limsup_{x=\infty} \frac{\log^q x}{x}\left(\pi(x)-\int_2^x \frac{du}{\log u}\right) \geqq 0.$$

Vorbemerkungen: Für $q<1$ wäre es wegen

$$\pi(x)=O\left(\frac{x}{\log x}\right)$$

nichts Neues, da alsdann der Limes des Produktes 0 ist.

Es soll also bewiesen werden, daß für jedes $q>1$ und jedes $\delta>0$ jenseits jeder Schranke ξ ein $x=x_1(q,\delta,\xi)$ gefunden werden kann, für das

$$\pi(x)>\int_2^x \frac{du}{\log u}-\frac{\delta x}{\log^q x} \tag{1}$$

ist, und auch ein $x=x_2(q,\delta,\xi)>\xi$, für das

$$\pi(x)<\int_2^x \frac{du}{\log u}+\frac{\delta x}{\log^q x} \tag{2}$$

ist.

Übrigens sind natürlich dann auch (1) und (2) jenseits jeder Stelle ξ gleichzeitig erfüllbar; denn, da die Funktion $\pi(x)$ nur Sprünge von der Länge

$$1=o\left(\frac{x}{\log^q x}\right)$$

macht, so kann sie nur dann immer wieder einmal größer als die rechte Seite von (1) und immer wieder einmal kleiner als die rechte Seite von (2) sein, wenn sie immer wieder einmal zwischen beiden rechten Seiten liegt.

Wegen der Schwierigkeit des Beweises will ich in diesem Paragraphen den Fall $q=2$ vorausschicken; alsdann braucht der Satz natürlich nur für jedes ganze $q>2$ bewiesen zu werden, da aus seiner Gültigkeit für ein q seine Richtigkeit für jedes kleinere q folgt.

1. Es soll bewiesen werden, daß immer wieder einmal

$$\pi(x)<\int_2^x \frac{du}{\log u}+\frac{\delta x}{\log^2 x}$$

ist. Das sei nicht wahr. Dann wäre von einer gewissen Stelle an dauernd

$$\pi(x) \geqq \int\limits_2^x \frac{du}{\log u} + \frac{\delta x}{\log^2 x},$$

also von einer gewissen Stelle an

$$\pi(x) > \sum_{n=2}^{x} \frac{1}{\log n} + \frac{\delta x}{2\log^2 x}.$$

Es ist für $s > 1$ infolge § 33

$$-\frac{\zeta'(s)}{\zeta(s)} = \sum_p \frac{\log p}{p^s} + \sum_{n=1}^{\infty} \frac{c_n}{n^s},$$

wo

$$\sum_{n=1}^{\infty} \frac{c_n}{n^s}$$

für $s > \frac{1}{2}$ konvergiert.

Wird

$$\pi(n) - \pi(n-1) = a_n$$

gesetzt, so ist daher für $s > 1$

$$\sum_{n=2}^{\infty} \frac{a_n \log n}{n^s} = \sum_p \frac{\log p}{p^s}$$

$$= -\frac{\zeta'(s)}{\zeta(s)} - \sum_{n=1}^{\infty} \frac{c_n}{n^s},$$

(3) $$\sum_{n=2}^{\infty} \left(a_n - \frac{1}{\log n}\right) \frac{\log n}{n^s} = -\frac{\zeta'(s)}{\zeta(s)} - \zeta(s) - \sum_{n=1}^{\infty} \frac{c_n}{n^s} + 1.$$

Ich behaupte, daß die rechte Seite von (3) für $s = 1$ einen Limes hat, d. h. daß

$$\lim_{s=1} \left(\frac{\zeta'(s)}{\zeta(s)} + \zeta(s)\right)$$

existiert. Wegen

$$\frac{\zeta'(s)}{\zeta(s)} + \zeta(s) = \frac{(s-1)\zeta'(s) + (s-1)\zeta^2(s)}{(s-1)\zeta(s)}$$

brauche ich mit Rücksicht auf

$$\lim_{s=1} (s-1)\zeta(s) = 1$$

nur zu beweisen, daß

$$\lim_{s=1}((s-1)\zeta'(s)+(s-1)\zeta^2(s)) \tag{4}$$

existiert.

Nach dem Schluß des § 30 existiert

$$\lim_{s=1}\frac{d}{ds}\{(s-1)\zeta(s)\}=\lim_{s=1}\{(s-1)\zeta'(s)+\zeta(s)\} \tag{5}$$

und auch[1)] der Grenzwert des in der Form $\frac{0}{0}$ auftretenden Quotienten

$$\lim_{s=1}\frac{(s-1)\zeta(s)-1}{s-1}=\lim_{s=1}\left(\zeta(s)-\frac{1}{s-1}\right);$$

daher existiert wegen

$$(s-1)\zeta^2(s)-\zeta(s)=\frac{(s-1)\zeta(s)-1}{s-1}\cdot(s-1)\zeta(s)$$

der Grenzwert

$$\lim_{s=1}((s-1)\zeta^2(s)-\zeta(s)), \tag{6}$$

folglich durch Addition der Ausdrücke (5) und (6) der Grenzwert (4).

Es ist also bewiesen, daß die rechte Seite von (3) für $s=1$ einen Limes hat. Dasselbe gilt also von der linken Seite. Diese läßt sich,

$$\sum_{n=2}^{x}\left(a_n-\frac{1}{\log n}\right)=R(x)$$

gesetzt, auch so schreiben:

$$\sum_{n=2}^{\infty}(R(n)-R(n-1))\frac{\log n}{n^s}=\sum_{n=2}^{\infty}R(n)\left(\frac{\log n}{n^s}-\frac{\log(n+1)}{(n+1)^s}\right).$$

Also existiert

$$\lim_{s=1}\sum_{n=2}^{\infty}R(n)\left(\frac{\log n}{n^s}-\frac{\log(n+1)}{(n+1)^s}\right). \tag{7}$$

Es sei nun — dies war die ad absurdum zu führende Annahme — für alle $x\geqq N$ (wo N ganz ist)

$$R(x)>\frac{\delta x}{2\log^2 x};$$

1) In der Tat ist für das $h(s)$ am Ende des § 30, welches u. a. im Punkte $s=1$ den Wert 1 hat und für $s>1$ gleich $(s-1)\zeta(s)$ ist,

$$\lim_{s=1}\frac{h(s)-h(1)}{s-1}=h'(1)$$

vorhanden.

N sei $\geqq 3$ gewählt, damit für $n \geqq N$ stets die Klammer in (7) positiv sei.[1] Dann ist

$$\sum_{n=N}^{\infty} R(n)\left(\frac{\log n}{n^s}-\frac{\log(n+1)}{(n+1)^s}\right) > \frac{\delta}{2}\sum_{n=N}^{\infty}\frac{n}{\log^2 n}\left(\frac{\log n}{n^s}-\frac{\log(n+1)}{(n+1)^s}\right)$$

$$=\frac{\delta}{2}\sum_{n=N}^{\infty}\frac{\log n}{n^s}\left(\frac{n}{\log^2 n}-\frac{n-1}{\log^2(n-1)}\right)+\frac{\delta}{2}\frac{(N-1)\log N}{N^s\log^2(N-1)}.$$

Nun ist

$$\frac{n}{\log^2 n}-\frac{(n-1)}{\log^2(n-1)}=\int\limits_{n-1}^{n}\frac{d}{du}\left(\frac{u}{\log^2 u}\right)du$$

$$=\int\limits_{n-1}^{n}\left(\frac{1}{\log^2 u}-\frac{2}{\log^3 u}\right)du$$

$$=\int\limits_{n-1}^{n}\frac{1-\frac{2}{\log u}}{\log^2 u}\,du,$$

also bei jedem $n \geqq N$, wenn $N > e^4+1$ ist (was angenommen werden darf),

$$>\frac{1}{2}\int\limits_{n-1}^{n}\frac{du}{\log^2 u}$$

$$>\frac{1}{2}\frac{1}{\log^2 n},$$

folglich

$$\sum_{n=N}^{\infty} R(n)\left(\frac{\log n}{n^s}-\frac{\log(n+1)}{(n+1)^s}\right) > \frac{\delta}{4}\sum_{n=N}^{\infty}\frac{1}{n^s\log n}. \tag{8}$$

Wenn s zu 1 abnimmt, wächst aber die rechte Seite von (8) — im Widerspruch zu der Existenz von (7) — über alle Grenzen; denn nach Annahme von G ist für passendes x

$$\sum_{n=N}^{x}\frac{1}{n\log n} > G,$$

---

1) In der Tat ist

$$\frac{d}{du}\frac{\log u}{u^s}=\frac{1}{u^{s+1}}-\frac{s\log u}{u^{s+1}}$$
$$<0$$

für $u > e^{\frac{1}{s}}$, also gewiß für $u > e$, was auch das $s > 1$ sei.

also wegen

$$\sum_{n=N}^{\infty} \frac{1}{n^s \log n} > \sum_{n=N}^{x} \frac{1}{n^s \log n}$$

$$\liminf_{s=1} \sum_{n=N}^{\infty} \frac{1}{n^s \log n} \geqq \lim_{s=1} \sum_{n=N}^{x} \frac{1}{n^s \log n}$$

$$> G.$$

2. Aus

$$\pi(x) \leqq \int_2^x \frac{du}{\log u} - \frac{\delta x}{\log^2 x} \qquad (x \geqq \xi)$$

kommt der Widerspruch ganz ebenso heraus, da von einer gewissen Stelle an

$$R(n) < -\frac{\delta n}{2 \log^2 n}$$

wäre.

Damit ist im Spezialfalle $q = 2$ der Satz bewiesen.

§ 38.

Hilfssatz aus der Differentialrechnung.

Für den allgemeinen Beweis brauche ich den

Satz: Es sei $h(s)$ für $s > 0$ definiert und beliebig oft differentiierbar; wenn für $s > 1$

$$g(s) = \frac{h(s) - h(1)}{s - 1}$$

gesetzt wird, so ist für zu 1 abnehmendes s bei jedem $\nu \geqq 0$

$$\lim_{s=1} g^{(\nu)}(s)$$

vorhanden.

Beweis: Für $s > 1$ ist nach dem Taylorschen Satz mit Restglied $(\nu + 2)$ ter Ordnung

$$(1) \qquad h(s) = h(1) + \frac{s-1}{1!} h'(1) + \cdots + \frac{(s-1)^{\nu+1}}{(\nu+1)!} h^{(\nu+1)}(1) + \psi(s),$$

wo

$$\psi(s) = \frac{(s-1)^{\nu+2}}{(\nu+2)!} h^{(\nu+2)}(1 + \Theta_0(s-1)) \quad (0 < \Theta_0 < 1)$$

ist; für $s > 0$ ist die durch (1) definierte Funktion $\psi(s)$ beliebig oft differentiierbar. Die Anwendung des Taylorschen Satzes mit Restglied $(\nu+1)$ter Ordnung auf $h'(s)$ ergibt

$$h'(s) = h'(1) + \frac{s-1}{1!}h''(1) + \cdots + \frac{(s-1)^\nu}{\nu!}h^{(\nu+1)}(1) + \psi'(s),$$

wo das Restglied $\psi'(s)$ die Ableitung des alten Restgliedes $\psi(s)$ sein muß und zwar

$$\psi'(s) = \frac{(s-1)^{\nu+1}}{(\nu+1)!}h^{(\nu+2)}(1+\Theta_1(s-1)) \quad (0<\Theta_1<1)$$

ist; die Anwendung auf $h''(s)$ mit Restglied νter Ordnung liefert

$$h''(s) = h''(1) + \frac{s-1}{1!}h'''(1) + \cdots + \frac{(s-1)^{\nu-1}}{(\nu-1)!}h^{(\nu+1)}(1) + \psi''(s),$$

wo

$$\psi''(s) = \frac{(s-1)^\nu}{\nu!}h^{(\nu+2)}(1+\Theta_2(s-1)) \quad (0<\Theta_2<1)$$

ist, usf. bis zu

$$h^{(\nu)}(s) = h^{(\nu)}(1) + \frac{s-1}{1!}h^{(\nu+1)}(1) + \psi^{(\nu)}(s),$$

wo

$$\psi^{(\nu)}(s) = \frac{(s-1)^2}{2!}h^{(\nu+2)}(1+\Theta_\nu(s-1)) \quad (0<\Theta_\nu<1)$$

ist.

Nun ist für $s>1$

$$g^{(\nu)}(s) = \frac{d^\nu}{ds^\nu}\left(\frac{h(s)-h(1)}{s-1}\right)$$

$$= \frac{d^\nu}{ds^\nu}\left(h'(1) + \frac{s-1}{2!}h''(1) + \cdots + \frac{(s-1)^\nu}{(\nu+1)!}h^{(\nu+1)}(1) + \frac{\psi(s)}{s-1}\right).$$

Hierin ist

$$\lim_{s=1}\frac{d^\nu}{ds^\nu}\left(h'(1) + \frac{s-1}{2!}h''(1) + \cdots + \frac{(s-1)^\nu}{(\nu+1)!}h^{(\nu+1)}(1)\right) = \frac{h^{(\nu+1)}(1)}{\nu+1};$$

in dem allgemeinen Gliede der rechten Seite von

$$\frac{d^\nu}{ds^\nu}\left(\frac{\psi(s)}{s-1}\right) = \psi^{(\nu)}(s)\frac{1}{s-1} - \binom{\nu}{1}\psi^{(\nu-1)}(s)\frac{1}{(s-1)^2} + \cdots + (-1)^\nu\psi(s)\frac{\nu!}{(s-1)^{\nu+1}}$$

ist wegen

$$\frac{\psi^{(\varrho)}(s)}{(s-1)^{\nu-\varrho+1}} = \frac{s-1}{(\nu-\varrho+2)!}h^{(\nu+2)}(1+\Theta_\varrho(s-1)) \quad \begin{pmatrix}\varrho=0,\cdots,\nu\\ 0<\Theta_\varrho<1\end{pmatrix}$$

$$\lim_{s=1}\frac{\psi^{(\varrho)}(s)}{(s-1)^{\nu-\varrho+1}} = 0;$$

daher ist

$$\lim_{s=1}\frac{d^\nu}{ds^\nu}\left(\frac{\psi(s)}{s-1}\right) = 0,$$

also
$$\lim_{s=1} g^{(\nu)}(s)$$
vorhanden $\left(\text{und } = \frac{h^{(\nu+1)}(1)}{\nu+1}\right)$.

§ 39.

Erledigung des allgemeinen Falls.

Aus der für $s > 1$ gültigen Gleichung § 37, (3)
$$\sum_{n=2}^{\infty}\left(a_n - \frac{1}{\log n}\right)\frac{\log n}{n^s} = -\frac{\zeta'(s)}{\zeta(s)} - \zeta(s) - \sum_{n=1}^{\infty}\frac{c_n}{n^s} + 1$$
folgt für $s > 1$ und jedes ganze $q > 2$ durch $(q-2)$maliges Differentiieren:

(1) $$\sum_{n=2}^{\infty}\left(a_n - \frac{1}{\log n}\right)\frac{\log^{q-1} n}{n^s} = (-1)^{q-1}\frac{d^{q-2}}{ds^{q-2}}\left(\frac{\zeta'(s)}{\zeta(s)} + \zeta(s)\right) + \sum_{n=1}^{\infty}\frac{C_n}{n^s},$$

wo die letzte Reihe rechts für $s > \frac{1}{2}$ konvergiert, also bei Abnahme von s zu 1 einen Limes hat. Ich behaupte, daß auch

(2) $$\lim_{s=1}\frac{d^{q-2}}{ds^{q-2}}\left(\frac{\zeta'(s)}{\zeta(s)} + \zeta(s)\right)$$

existiert; wegen
$$\frac{\zeta'(s)}{\zeta(s)} + \zeta(s) = \frac{(s-1)\zeta'(s) + (s-1)\zeta^2(s)}{(s-1)\zeta(s)}$$
und mit Rücksicht darauf, daß im § 30 für jedes ν die Existenz von
$$\lim_{s=1}\frac{d^\nu}{ds^\nu}((s-1)\zeta(s))$$
festgestellt war, habe ich also nur noch zu beweisen, daß für jedes ν
$$\lim_{s=1}\frac{d^\nu}{ds^\nu}((s-1)\zeta'(s) + (s-1)\zeta^2(s))$$
existiert.

Es ist
$$(s-1)\zeta'(s) + (s-1)\zeta^2(s) = (s-1)\zeta'(s) + \zeta(s) + \{(s-1)\zeta(s) - 1\}\zeta(s)$$
$$= \frac{d}{ds}\{(s-1)\zeta(s)\} + \{(s-1)\zeta(s) - 1\}\zeta(s).$$

Ich habe also nur für jedes ν die Existenz von
$$\lim_{s=1}\frac{d^\nu}{ds^\nu}(\{(s-1)\zeta(s) - 1\}\zeta(s))$$
zu beweisen.

Wegen

$$\{(s-1)\zeta(s)-1\}\,\zeta(s)=\left(\zeta(s)-\frac{1}{s-1}\right)(s-1)\zeta(s)$$

ist nur zu beweisen, daß

(3) $$\lim_{s=1}\frac{d^\nu}{ds^\nu}\left(\zeta(s)-\frac{1}{s-1}\right)$$

existiert.

Dies folgt aus dem Satz des § 38, wenn er auf die Funktion $h(s)$ vom Ende des § 30 angewendet wird, welche u. a. für $s>1$

$$=(s-1)\zeta(s)$$

war und für $s=1$ den Wert 1 hat, sowie eben die Voraussetzungen jenes Satzes erfüllt. Wegen

$$g(s)=\frac{(s-1)\zeta(s)-1}{s-1}$$
$$=\zeta(s)-\frac{1}{s-1}$$

existiert also der Grenzwert (3) und mithin der Grenzwert (2).

Nach (1) existiert daher für jedes $q\geqq 2$

(4) $$\lim_{s=1}\sum_{n=2}^{\infty}\left(a_n-\frac{1}{\log n}\right)\frac{\log^{q-1}n}{n^s}=\lim_{s=1}\sum_{n=2}^{\infty}R(n)\left(\frac{\log^{q-1}n}{n^s}-\frac{\log^{q-1}(n+1)}{(n+1)^s}\right).$$

Wäre nun für alle hinreichend großen x

$$\pi(x)\geqq\int\limits_2^x\frac{du}{\log u}+\frac{\delta x}{\log^q x}$$

bzw.

$$\pi(x)\leqq\int\limits_2^x\frac{du}{\log u}-\frac{\delta x}{\log^q x},$$

so wäre für alle ganzen $n\geqq N$

(5) $$R(n)>\frac{\delta}{2}\frac{n}{\log^q n}$$

bzw.

(6) $$R(n)<-\frac{\delta}{2}\frac{n}{\log^q n};$$

N sei $>e^{q-1}$ gewählt, damit für $s>1$, $n\geqq N$ stets

$$\frac{\log^{q-1}n}{n^s}-\frac{\log^{q-1}(n+1)}{(n+1)^s}>0$$

sei[1]. Dann wäre also sowohl im Falle (5) als auch im Falle (6)

$$\left|\sum_{n=N}^{\infty} R(n)\left(\frac{\log^{q-1} n}{n^s}-\frac{\log^{q-1}(n+1)}{(n+1)^s}\right)\right| > \frac{\delta}{2}\sum_{n=N}^{\infty}\frac{n}{\log^q n}\left(\frac{\log^{q-1} n}{n^s}-\frac{\log^{q-1}(n+1)}{(n+1)^s}\right)$$

$$=\frac{\delta}{2}\sum_{n=N}^{\infty}\frac{\log^{q-1} n}{n^s}\left(\frac{n}{\log^q n}-\frac{n-1}{\log^q(n-1)}\right)+\frac{\delta}{2}\,\frac{(N-1)\log^{q-1} N}{N^s\log^q(N-1)}.$$

Nun ist, wenn N überdies $> e^{2q}+1$ angenommen wird, für $u \geqq N-1$

$$\frac{q}{\log u} < \tfrac{1}{2},$$

also

$$\frac{n}{\log^q n}-\frac{(n-1)}{\log^q(n-1)}=\int_{n-1}^{n}\frac{d}{du}\,\frac{u}{\log^q u}\,du$$

$$=\int_{n-1}^{n}\left(\frac{1}{\log^q u}-\frac{q}{\log^{q+1} u}\right)du$$

$$>\tfrac{1}{2}\int_{n-1}^{n}\frac{1}{\log^q u}\,du$$

$$>\frac{1}{2\log^q n},$$

$$\left|\sum_{n=N}^{\infty} R(n)\left(\frac{\log^{q-1} n}{n^s}-\frac{\log^{q-1}(n+1)}{(n+1)^s}\right)\right| > \frac{\delta}{2}\sum_{n=N}^{\infty}\frac{\log^{q-1} n}{n^s}\,\frac{1}{2\log^q n}$$

$$=\frac{\delta}{4}\sum_{n=N}^{\infty}\frac{1}{n^s\log n},$$

was wegen der Divergenz von

$$\sum_{n=2}^{\infty}\frac{1}{n\log n}$$

---

1) In der Tat ist

$$\frac{d}{du}\,\frac{\log^{q-1} u}{u^s}=\frac{(q-1)\log^{q-2} u}{u^{s+1}}-\frac{s\log^{q-1} u}{u^{s+1}}$$

$$<0$$

für

$$u > e^{\frac{q-1}{s}},$$

also gewiß bei allen $s > 1$ für

$$u > e^{q-1}.$$

mit der Existenz des Grenzwertes auf der rechten Seite von (4) in Widerspruch steht.

Damit ist der Satz des § 37 allgemein bewiesen, und damit sind auch die wichtigen Folgerungen begründet, welche in § 4 daraus gezogen sind:

1. Wenn in

$$\pi(x) = \frac{x}{\log x - A(x)}$$

$$\lim_{x=\infty} A(x)$$

existiert, so ist

$$\lim_{x=\infty} A(x) = 1.$$

2. Es ist für jedes ganze $q \geqq 1$

$$\limsup_{x=\infty} \frac{\log^q x}{x}\left(\pi(x) - \left(\frac{x}{\log x} + \cdots + \frac{(q-1)!\, x}{\log^q x}\right)\right) \geqq 0,$$

$$\liminf_{x=\infty} \frac{\log^q x}{x}\left(\pi(x) - \left(\frac{x}{\log x} + \cdots + \frac{(q-1)!\, x}{\log^q x}\right)\right) \leqq 0.$$

Dritter Teil.

Anwendung der Elemente der Theorie der Funktionen komplexer Variabeln.

Elftes Kapitel.

Eigenschaften der Zetafunktion.

---

§ 40.

Einführung der Zetafunktion.

Ich erinnere zunächst an einen grundlegenden, von Weierstraß herrührenden und z. B. ganz schnell mit Hilfe des Cauchyschen Integralsatzes beweisbaren[1)]

Satz: Wenn

$$f_1(s), f_2(s), \cdots, f_n(s), \cdots$$

unendlich viele im Kreise $|s - s_0| < r$ reguläre analytische Funktionen der komplexen Variablen s sind und

$$\sum_{n=1}^{\infty} f_n(s) = f(s)$$

für $|s - s_0| < r$ gleichmäßig konvergiert, so ist $f(s)$ dort eine reguläre analytische Funktion, also gewiß beliebig oft differentiierbar; ferner ist dort für jedes $\nu = 1, 2, \cdots$

$$\sum_{n=1}^{\infty} \frac{d^\nu f_n(s)}{ds^\nu} = \sum_{n=1}^{\infty} f_n^{(\nu)}(s)$$

konvergent und

$$= f^{(\nu)}(s).$$

Dieser Satz liefert insbesondere: Wenn die Voraussetzung der gleichmäßigen Konvergenz in einer gewissen kreisförmigen Umgebung

1) Ein solcher Beweis steht z. B. bei H. Burkhardt, Einführung in die Theorie der analytischen Funktionen einer komplexen Veränderlichen, 3. Aufl., Leipzig (Veit; 1908), S. 161—163.

jedes Punktes eines zusammenhängenden Bereiches, in dem die $f_n(s)$ als regulär vorausgesetzt werden (z. B. einer Halbebene) erfüllt ist, so ist $f(s)$ in jenem Bereiche regulär und dort

$$f^{(\nu)}(s) = \sum_{n=1}^{\infty} f_n^{(\nu)}(s).$$

Die komplexe Variable s setze ich stets $= \sigma + ti$, d. h. ich verstehe unter σ ihren reellen Teil.

Als erste Anwendung des Satzes betrachte ich die Funktionenfolge:

$$f_n(s) = \frac{1}{n^s} \quad (n = 1, 2, \cdots),$$

wo ich unter n^s die ganze transzendente Funktion $e^{s \log n}$ verstehe, in der $\log n$ den reellen Wert des Logarithmus bezeichnet. $f_n(s)$ ist dann auch eine ganze transzendente Funktion, also gewiß für jedes n in jedem Bereiche regulär. Es ist

$$\begin{aligned} |n^s| &= |n^{\sigma + ti}| \\ &= |e^{\log n (\sigma + ti)}| \\ &= e^{\log n \cdot \sigma} \\ &= n^{\sigma}, \end{aligned}$$

also

$$(1) \qquad \sum_{n=1}^{\infty} \frac{1}{n^s}$$

für[1] $\sigma > 1$ (absolut) konvergent; für $\sigma > 1 + \delta$, wo $\delta > 0$ fest ist, ist bei allen $n = 1, 2, \cdots$

$$\left| \frac{1}{n^s} \right| \leqq \frac{1}{n^{1+\delta}},$$

also (1) gleichmäßig konvergent. (1) definiert also eine für $\sigma > 1 + \delta$ reguläre, d. h., da $\delta > 0$ beliebig war, eine für $\sigma > 1$ reguläre Funktion von s, welche mit $\zeta(s)$ bezeichnet werden möge. Die Zetafunktion ist also in der Halbebene $\sigma > 1$ durch die Reihe

$$\zeta(s) = \sum_{n=1}^{\infty} \frac{1}{n^s}$$

definiert, und es ist ebenda

$$\zeta^{(\nu)}(s) = (-1)^{\nu} \sum_{n=1}^{\infty} \frac{\log^{\nu} n}{n^s},$$

1) Diese Schreibweise $\sigma > 1$ bedeutet also: In der Halbebene $\Re(s) > 1$.

da ja

$$\frac{d}{ds}\frac{1}{n^s} = \frac{d}{ds}e^{-s\log n}$$
$$= e^{-s\log n}(-\log n)$$
$$= -\frac{\log n}{n^s}$$

ist.

§ 41.

Produktdarstellung der Zetafunktion mit Folgerungen.

Wir hatten schon in § 33 für $s > 1$ die Identität

$$\sum_{n=1}^{\infty}\frac{1}{n^s} = \zeta(s)$$

(1) $$= \prod_p \frac{1}{1-\frac{1}{p^s}}.$$

Satz: Die Identität (1) gilt für $\sigma > 1$.

Beweis: Zunächst ist für $\sigma > 1$ die Konvergenz des unendlichen Produktes gegen einen von Null verschiedenen Wert klar, da wegen

$$\left|\frac{1}{p^s}\right| = \frac{1}{p^\sigma}$$

die Reihe

$$\sum_p \frac{1}{p^s}$$

absolut konvergiert und kein Glied $\frac{1}{p^s}$ den Wert 1 hat.

Wegen

$$\left|\frac{1}{p^s}\right| \leq \frac{1}{2^\sigma}$$
$$< \tfrac{1}{2}$$

ist

$$\frac{1}{1-\frac{1}{p^s}} = 1 + \frac{1}{p^s} + \frac{1}{p^{2s}} + \cdots,$$

also wegen der absoluten Konvergenz dieser Reihe und wegen der für $n_1 > 0$, $n_2 > 0$ offenbar gültigen Relation

$$n_1^s\, n_2^s = (n_1 n_2)^s$$

$$\prod_{p \leqq x} \frac{1}{1-\frac{1}{p^s}} = \prod_{p \leqq x} \left(1 + \frac{1}{p^s} + \frac{1}{p^{2s}} + \cdots\right)$$

$$= \sum_{n=1}^{\infty}{}' \frac{1}{n^s},$$

wo n alle Zahlen durchläuft, deren Primfaktoren sämtlich $\leqq x$ sind. Daher ist

$$\prod_{p \leqq x} \frac{1}{1-\frac{1}{p^s}} - \sum_{n=1}^{x} \frac{1}{n^s} = \sum_{n=x+1}^{\infty}{}' \frac{1}{n^s},$$

$$\left| \prod_{p \leqq x} \frac{1}{1-\frac{1}{p^s}} - \sum_{n=1}^{x} \frac{1}{n^s} \right| < \sum_{n=x+1}^{\infty} \frac{1}{n^\sigma},$$

$$\lim_{x=\infty} \left(\prod_{p \leqq x} \frac{1}{1-\frac{1}{p^s}} - \sum_{n=1}^{x} \frac{1}{n^s} \right) = 0,$$

$$\prod_{p} \frac{1}{1-\frac{1}{p^s}} = \sum_{n=1}^{\infty} \frac{1}{n^s}$$

$$= \zeta(s).$$

Dieser Satz lehrt insbesondere, daß $\zeta(s)$ in der Halbebene $\sigma > 1$ keine Nullstelle hat.

Wie in § 33 für $s > 1$ beweise ich jetzt allgemeiner den

Satz: Es ist für $\sigma > 1$

$$-\frac{\zeta'(s)}{\zeta(s)} = \sum_{p,m} \frac{\log p}{p^{ms}}$$

$$= \sum_{n=1}^{\infty} \frac{\Lambda(n)}{n^s}.$$

Wegen der absoluten Konvergenz kommt es bei $\sum\limits_{p,m}$ auf die Reihenfolge der Glieder nicht an.

Beweis: Für $|u| < 1$ ist

$$\frac{1}{1-u} = e^{u + \frac{u^2}{2} + \cdots + \frac{u^m}{m} + \cdots},$$

also für alle Primzahlen p und $\sigma > 1$

$$\frac{1}{1-\frac{1}{p^s}} = e^{\sum\limits_{m=1}^{\infty} \frac{1}{m} \frac{1}{p^{ms}}},$$

folglich nach dem vorigen Satz für $\sigma > 1$

$$\begin{aligned}\zeta(s) &= \prod_p \frac{1}{1-\frac{1}{p^s}} \\ &= e^{\sum\limits_p \sum\limits_{m=1}^{\infty} \frac{1}{m}\frac{1}{p^{ms}}} \\ &= e^{\sum\limits_{p,m} \frac{1}{m}\frac{1}{p^{ms}}},\end{aligned}$$

wo die Doppelreihe im Exponenten absolut konvergiert (da die Reihe der absoluten Beträge dieselbe Reihe für die reelle Variable σ ist), also beliebig geordnet werden kann. Die Reihe im Exponenten kann z. B. nach wachsendem p^m geordnet werden; dann ist sie eine einfach unendliche Reihe, nämlich

$$\sum_{n=2}^{\infty} \frac{\Lambda(n)}{\log n \cdot n^s},$$

die für $\sigma > 1 + \delta$ ($\delta > 0$) gleichmäßig konvergiert (weil ihre Glieder absolut genommen $\leqq$ den Gliedern für $1 + \delta$ sind), und es ergibt sich[1]) für $\sigma > 1$

$$\begin{aligned}\zeta'(s) &= e^{\sum\limits_{p,m} \frac{1}{m}\frac{1}{p^{ms}}} \frac{d}{ds} \sum_{p,m} \frac{1}{m}\frac{1}{p^{ms}} \\ &= \zeta(s) \cdot \left(-\sum_{p,m} \frac{\log p}{p^{ms}}\right),\end{aligned}$$

$$\begin{aligned}-\frac{\zeta'(s)}{\zeta(s)} &= \sum_{p,m} \frac{\log p}{p^{ms}} \\ &= \sum_{n=1}^{\infty} \frac{\Lambda(n)}{n^s} \\ &= \sum_p \frac{\log p}{p^s} + \sum_p \frac{\log p}{p^{2s}} + \cdots \\ &= \sum_p \frac{\log p}{p^s - 1}.\end{aligned}$$

1) Man beachte, daß ich jetzt — obgleich es sehr leicht wäre — nicht nötig habe, die Konvergenz der Reihe der Ableitungen besonders festzustellen und daß ich — vorläufig — hier im Komplexen das Zeichen $\log \zeta(s)$ bei der vorliegenden „logarithmischen Differentiation" vermeide.

§ 42.

Erste Methode der Fortsetzung von $\zeta(s)$ über die Gerade $\sigma = 1$ hinaus bis zur Achse des Imaginären $\sigma = 0$.

Es fragt sich nun, ob $\zeta(s)$ über die Gerade $\sigma = 1$ hinaus fortgesetzt werden kann oder nicht. Obgleich wir aus § 31 wissen, daß für zu 1 abnehmendes s

$$\lim_{s=1}(s-1)\zeta(s) = 1$$

ist, so dürfen wir nicht etwa schließen, daß $s = 1$ ein Pol erster Ordnung mit dem Residuum 1 ist. Vielmehr sind wir nur berechtigt, zu sagen: $s = 1$ ist gewiß keine reguläre Stelle; falls $s = 1$ ein Pol ist (was also Fortsetzbarkeit über die Gerade $\sigma = 1$ hinüber in der Nähe der Stelle $s = 1$ bedingt), ist es ein Pol erster Ordnung mit dem Residuum 1.

Daß letzteres wirklich der Fall ist, will ich zunächst unter Benutzung der schon früher behandelten und für reelle $s > 0$ konvergenten Dirichletschen Reihe

$$(1) \qquad 1 - \frac{1}{2^s} + \frac{1}{3^s} - \frac{1}{4^s} + \cdots$$

beweisen. Diese Reihe ist offenbar für $\sigma > 1$ absolut konvergent, für $\sigma > 1 + \delta$ $(\delta > 0)$ gleichmäßig konvergent und für $\sigma > 1$

$$= \left(1 - \frac{2}{2^s}\right)\zeta(s)$$
$$= (1 - 2^{1-s})\zeta(s);$$

in der Tat ist ja für $\sigma > 1$

$$\left(1 - \frac{2}{2^s}\right)\zeta(s) = 1 + \frac{1}{2^s} + \frac{1}{3^s} + \frac{1}{4^s} + \cdots$$
$$\qquad - \frac{2}{2^s} \qquad - \frac{2}{4^s} \qquad - \cdots$$
$$= 1 - \frac{1}{2^s} + \frac{1}{3^s} - \frac{1}{4^s} + \cdots.$$

Ich behaupte nun, daß (1) für $\sigma > 0$ konvergiert und zwar in einer gewissen Umgebung jedes dieser Halbebene angehörigen Punktes gleichmäßig; das bewirkt, daß (1) eine für $\sigma > 0$ reguläre Funktion darstellt. Hierfür will ich aber, um nicht Versteck zu spielen, gleich die allgemeinen dahinterliegenden Sätze über Dirichletsche Reihen beweisen.

Unter einer Dirichletschen Reihe verstehe ich jetzt eine Reihe

$$\sum_{n=1}^{\infty} \frac{a_n}{n^s},$$

wo die Koeffizienten a_n und die Variable s komplex sind.

Satz: Es sei

$$\sum_{n=1}^{\infty} \frac{a_n}{n^s}$$

für $s = s_0$ konvergent oder auch nur

$$\sum_{n=1}^{x} \frac{a_n}{n^{s_0}} = O(1).$$

Dann konvergiert die Reihe für alle s, deren reeller Teil σ größer als der reelle Teil σ_0 von $s_0 = \sigma_0 + t_0 i$ ist, und zwar gleichmäßig in dem Rechteck

$$\sigma_0 + \delta \leqq \sigma \leqq \omega, \; -T \leqq t \leqq T,$$

wo $\delta > 0$, $\omega > \sigma_0 + \delta$, $T > 0$ ist und im übrigen δ, ω, T beliebig, aber fest sind. Folglich, da jeder Punkt der Halbebene $\sigma > \sigma_0$ in ein solches Rechteck eingeschlossen werden kann: Die Reihe definiert eine für $\sigma > \sigma_0$ reguläre analytische Funktion.

Beweis: Wenn

$$\sum_{n=1}^{x} \frac{a_n}{n^{s_0}} = S(x)$$

gesetzt wird, ist für ganze v, w $(w \geqq v \geqq 1)$

$$\sum_{n=v}^{w} \frac{a_n}{n^s} = \sum_{n=v}^{w} \frac{S(n) - S(n-1)}{n^{s-s_0}}$$

$$= \sum_{n=v}^{w} S(n)\left(\frac{1}{n^{s-s_0}} - \frac{1}{(n+1)^{s-s_0}}\right) - \frac{S(v-1)}{v^{s-s_0}} + \frac{S(w)}{(w+1)^{s-s_0}}.$$

Nach Voraussetzung ist für alle n

$$|S(n)| < A,$$

also für $\sigma > \sigma_0$

$$\left|\sum_{n=v}^{w} \frac{a_n}{n^s}\right| < A \sum_{n=v}^{w} \left|\frac{1}{n^{s-s_0}} - \frac{1}{(n+1)^{s-s_0}}\right| + \frac{A}{v^{\sigma-\sigma_0}} + \frac{A}{w^{\sigma-\sigma_0}}.$$

Nun ist
$$\frac{1}{n^{s-s_0}} - \frac{1}{(n+1)^{s-s_0}} = (s-s_0)\int\limits_n^{n+1} \frac{du}{u^{s-s_0+1}},$$
da ja
$$\begin{aligned}\frac{d}{du}u^{-(s-s_0)} &= \frac{d}{du}e^{-(s-s_0)\log u}\\ &= e^{-(s-s_0)\log u}\cdot\left(-\frac{s-s_0}{u}\right)\\ &= -(s-s_0)\,u^{-(s-s_0+1)}\end{aligned}$$
ist. Dies Integral ist das Integral einer komplexen Funktion des reellen[1] Argumentes u. Es gilt dafür die Abschätzung: Der absolute Betrag des Integrals einer stetigen Funktion ist höchstens gleich der Länge des Integrationsweges mal dem Maximum des absoluten Betrages des Integranden. Der absolute Betrag des Integranden ist
$$\begin{aligned}\frac{1}{|u^{s-s_0+1}|} &= \frac{1}{u^{\Re(s-s_0)+1}}\\ &\leqq \frac{1}{n^{\sigma-\sigma_0+1}};\end{aligned}$$
die Weglänge ist 1. Daher ergibt sich
$$\left|\sum_{n=v}^{w}\frac{a_n}{n^s}\right| < A\,|s-s_0|\sum_{n=v}^{w}\frac{1}{n^{\sigma-\sigma_0+1}} + \frac{A}{v^{\sigma-\sigma_0}} + \frac{A}{w^{\sigma-\sigma_0}}.$$
Hieraus folgt zunächst bei festem s, wo $\sigma > \sigma_0$ ist, wegen der Konvergenz von
$$\sum_{n=1}^{\infty}\frac{1}{n^{\sigma-\sigma_0+1}},$$
daß nach Annahme von $\varepsilon > 0$ für $w \geqq v \geqq v_0 = v_0(\varepsilon)$
$$\left|\sum_{n=v}^{w}\frac{a_n}{n^s}\right| < \varepsilon$$
ist, d. h.
$$\sum_{n=1}^{\infty}\frac{a_n}{n^s}$$

---

1) Es läßt sich natürlich auch als Integral einer analytischen Funktion von u interpretieren (s, s_0 sind konstant), welche in der Halbebene $\Re(u) > 0$, aber auch in der ganzen durch einen Schnitt von $u = 0$ bis $u = -\infty$ (längs der negativen reellen Achse) aufgetrennten Ebene regulär ist. Daher könnte man auch von n bis $n+1$ auf beliebiger anderer Bahn in dieser aufgeschnittenen u-Ebene gehen.

konvergiert. Schärfer ergibt sich für alle s des Gebietes $\sigma_0 + \delta \leqq \sigma \leqq \omega$, $-T \leqq t \leqq T$

$$\left|\sum_{n=v}^{w} \frac{a_n}{n^s}\right| < A\,(\omega - \sigma_0 + T + |t_0|) \sum_{n=v}^{w} \frac{1}{n^{1+\delta}} + \frac{A}{v^\delta} + \frac{A}{w^\delta},$$

wo die rechte Seite von s unabhängig ist und für $w \geqq v \geqq v_0 = v_0(\varepsilon)$ kleiner als ε ist, was den ausgesprochenen Satz vollständig beweist.

Eine Dirichletsche Reihe, die in einem Punkte konvergiert, konvergiert also in jedem mit Bezug auf die Abszisse (d. h. die Projektion auf die reelle Achse) rechts gelegenen Punkte. Wenn sie daher für jedes reelle s konvergiert, so konvergiert sie für jedes komplexe s; **Beispiel:**

$$\sum_{n=1}^{\infty} \frac{\frac{1}{n!}}{n^s}.$$

Wenn sie für kein reelles s konvergiert, so konvergiert sie für kein komplexes s; **Beispiel:**

$$\sum_{n=1}^{\infty} \frac{n!}{n^s}.$$

Abgesehen von diesen zwei extremen Fällen liefert die Einteilung (Schnitt) aller reellen Punkte in Divergenz- und Konvergenzpunkte ein α, so daß die Reihe für $s < \alpha$ divergiert, für $s > \alpha$ konvergiert; alsdann ist sie in der Halbebene $\sigma < \alpha$ divergent, in der Halbebene $\sigma > \alpha$ konvergent. Da (in Bezug auf die Abszisse) zwischen α und ein s der Halbebene $\sigma > \alpha$ ein s_0 eingeschoben werden kann, so definiert nach dem zweiten Teil des vorigen Satzes die Reihe eine für $\sigma > \alpha$ reguläre Funktion und kann dort beliebig oft gliedweise differentiiert werden.

In dem einen extremen Fall $\alpha = -\infty$ stellt die Reihe eine ganze transzendente Funktion dar und darf in der ganzen Ebene beliebig oft differentiiert werden.

Im Fall des endlichen α heißt die Gerade $\sigma = \alpha$ die Konvergenzgerade der Dirichletschen Reihe, die Zahl α die Konvergenzabszisse.

Da aus der absoluten Konvergenz einer Dirichletschen Reihe für s_0 wegen

$$\left|\frac{a_n}{n^s}\right| \leqq \left|\frac{a_n}{n^{s_0}}\right|$$

unmittelbar ihre absolute Konvergenz für $\Re(s) > \Re(s_0)$ folgt, gibt es ebenso eine Gerade $\sigma = \beta$, so daß (abgesehen von den extremen Fällen $\beta = -\infty$ und $\beta = \infty$) die Reihe für $\sigma < \beta$ nicht absolut konvergiert, für $\sigma > \beta$ absolut konvergiert, und wie in § 32 erkennt man, daß entweder

$$\alpha = \beta = -\infty$$

oder

$$\alpha = \beta = +\infty$$

oder α endlich und

$$\alpha \leqq \beta \leqq \alpha + 1$$

ist. Es folgen in der komplexen Ebene, allgemein gesprochen, von links nach rechts aufeinander: Eine Halbebene mit Divergenz, ein Streifen bedingter Konvergenz, dessen Dicke höchstens 1 ist, und eine Halbebene absoluter Konvergenz.

Insbesondere für

$$1 - \frac{1}{2^s} + \frac{1}{3^s} - \frac{1}{4^s} + \cdots$$

ist

$$\alpha = 0,$$

da die Reihe für reelle $s > 0$ konvergiert und für $s = 0$ divergiert. Die Reihe konvergiert also für $\sigma > 0$ und stellt dort eine reguläre Funktion dar. Da diese für $\sigma > 1$

$$= (1 - 2^{1-s})\,\zeta(s)$$

ist, ist also $\zeta(s)$ über die Gerade $\sigma = 1$ hinaus mindestens bis zur Geraden $\sigma = 0$ (exkl.) fortsetzbar und in der Halbebene $\sigma > 0$ meromorph, d. h. regulär bis auf etwaige Pole. $\zeta(s)$ ist gewiß regulär für jedes s dieser Halbebene, welches keine Nullstelle der ganzen transzendenten Funktion

$$1 - 2^{1-s} = 1 - e^{(1-s)\log 2}$$

ist. Diese Funktion hat als Nullstellen die Wurzeln von

$$(1 - s)\log 2 = -2\lambda\pi i \quad (\lambda \text{ ganz}),$$

d. h. die Werte

$$s = 1 + \frac{2\lambda\pi}{\log 2}i,$$

welche alle den reellen Teil 1 haben und Nullstellen erster Ordnung sind. Jede dieser Stellen kann ein Pol (aber dann nur erster Ordnung) von $\zeta(s)$ sein, braucht es aber nicht. Genauer: $\zeta(s)$ ist in einem solchen Punkte regulär, wenn dort

$$1 - \frac{1}{2^s} + \frac{1}{3^s} - \frac{1}{4^s} + \cdots = 0$$

ist, hat aber einen Pol erster Ordnung, wenn dort

$$1 - \frac{1}{2^s} + \frac{1}{3^s} - \frac{1}{4^s} + \cdots \neq 0$$

ist. Letzteres ist für $s = 1$ ($\lambda = 0$) gewiß der Fall, da

$$1 - \tfrac{1}{2} + \tfrac{1}{3} - \tfrac{1}{4} + \cdots > 0$$

ist. $\zeta(s)$ hat also im Punkte $s = 1$ einen Pol erster Ordnung; dies folgt natürlich auch daraus, daß für zu 1 abnehmendes s

$$\lim_{s=1} (s-1)\zeta(s) = 1$$

ist und $s = 1$ nach dem Vorangehenden regulär oder Pol erster Ordnung war.

Ob die Reihe

$$1 - \frac{1}{2^s} + \frac{1}{3^s} - \frac{1}{4^s} + \cdots$$

in den anderen Punkten

$$s = 1 + \frac{2\lambda\pi}{\log 2} i \quad (\lambda \gtrless 0)$$

von Null verschieden ist oder nicht, d. h., ob dies Pole von $\zeta(s)$ sind oder nicht, tritt hier nicht ohne weiteres zutage. Aber die im nächsten Paragraphen enthaltene zweite Fortsetzungsmethode wird zeigen, daß $\zeta(s)$ für $\sigma > 0$ nur den Pol $s = 1$ hat, d. h., daß

$$(s-1)\zeta(s)$$

und

$$\zeta(s) - \frac{1}{s-1}$$

für $\sigma > 0$ regulär sind.

§ 43.

Zweite Methode der Fortsetzung von $\zeta(s)$ bis zur Achse des Imaginären und Beweis, daß $(s-1)\zeta(s)$ für $\sigma > 0$ regulär ist.

Für $s \neq 1$ und alle ganzen $v \geqq 1$ ist

$$\sum_{n=1}^{v} \int_n^{n+1} \frac{du}{u^s} = \int_1^{v+1} \frac{du}{u^s}$$

(1)
$$= \frac{1}{s-1}\left(1 - \frac{1}{(v+1)^{s-1}}\right).$$

Wenn $\sigma > 1$ ist, ist

$$\lim_{v=\infty} \left| \frac{1}{(v+1)^{s-1}} \right| = \lim_{v=\infty} \frac{1}{(v+1)^{\sigma-1}}$$
$$= 0,$$

also

$$\lim_{v=\infty} \frac{1}{(v+1)^{s-1}} = 0.$$

Die rechte Seite von (1) hat also für $v = \infty$ den Grenzwert $\frac{1}{s-1}$; daher ist für $\sigma > 1$

$$\sum_{n=1}^{\infty} \int_n^{n+1} \frac{du}{u^s} = \frac{1}{s-1};$$

diese Gleichung werde gliedweise von

$$\sum_{n=1}^{\infty} \frac{1}{(n+1)^s} = \zeta(s) - 1$$

subtrahiert. Das ergibt für $\sigma > 1$

$$\zeta(s) - \frac{1}{s-1} - 1 = \sum_{n=1}^{\infty} \left(\frac{1}{(n+1)^s} - \int_n^{n+1} \frac{du}{u^s} \right). \tag{2}$$

Nun liefert die partielle Integration

$$s \int \frac{(u-n)\,du}{u^{s+1}} = -\frac{u-n}{u^s} + \int \frac{du}{u^s},$$

also

$$s \int_n^{n+1} \frac{(u-n)\,du}{u^{s+1}} = -\frac{1}{(n+1)^s} + \int_n^{n+1} \frac{du}{u^s},$$

$$\frac{1}{(n+1)^s} - \int_n^{n+1} \frac{du}{u^s} = -s \int_n^{n+1} \frac{(u-n)\,du}{u^{s+1}}.$$

Aus (2) ergibt sich also für $\sigma > 1$

$$\zeta(s) - \frac{1}{s-1} - 1 = -s \sum_{n=1}^{\infty} \int_n^{n+1} \frac{(u-n)\,du}{u^{s+1}}. \tag{3}$$

Ich behaupte nun, daß die unendliche Reihe auf der rechten Seite von (3), deren Glieder gewiß für $\sigma > 0$ reguläre Funktionen sind[1], für

1) Das allgemeine Glied mal $-s$ ist ja für $s \neq 1$

$$= \frac{1}{(n+1)^s} - \frac{1}{s-1} \left(\frac{1}{n^{s-1}} - \frac{1}{(n+1)^{s-1}} \right),$$

jedes s mit reellem Teil $\sigma > 0$ konvergiert, und zwar in einer gewissen Umgebung jedes solchen s gleichmäßig. Damit wird dann bewiesen sein, daß

$$\zeta(s) - \frac{1}{s-1}$$

für $\sigma > 0$ regulär ist; denn, da die Summe rechts in (3) dort regulär ist, so ist es auch ihr Produkt mit $-s$. Damit ist dann bewiesen, daß $\zeta(s)$ mindestens für $\sigma > 0$ mit Ausnahme des Poles erster Ordnung $s = 1$, wo das Residuum 1 ist, regulär ist.

Die Behauptung über die Summe in (3) folgt unmittelbar daraus, daß für $\sigma \geqq \delta$ $(\delta > 0)$

$$\begin{aligned} \left| \int_n^{n+1} \frac{(u-n)\,du}{u^{s+1}} \right| &\leqq \int_n^{n+1} \frac{|u-n|}{|u^{s+1}|}\,du \\ &\leqq \int_n^{n+1} \frac{1}{n^{\sigma+1}}\,du \\ &= \frac{1}{n^{\sigma+1}} \\ &\leqq \frac{1}{n^{1+\delta}} \end{aligned}$$

ist, wo rechts das von s unabhängige allgemeine positive Glied einer konvergenten Reihe steht.

(3) läßt sich auch so schreiben:

$$(4) \qquad \zeta(s) - \frac{1}{s-1} = 1 - s \sum_{n=1}^{\infty} \int_0^1 \frac{u\,du}{(n+u)^{s+1}}$$

oder natürlich auch ohne Anwendung der Integralabkürzung für die elementaren Funktionen

$$(5) \qquad \zeta(s) = 1 + \frac{1}{s-1} + \sum_{n=1}^{\infty} \left\{ \frac{1}{(n+1)^s} + \frac{1}{s-1} \left(\frac{1}{(n+1)^{s-1}} - \frac{1}{n^{s-1}} \right) \right\}.$$

(3), (4), (5) stellen also $\zeta(s)$ für $\sigma > 0$ (exkl. $s = 1$) dar.

---

bzw. für $s = 1$ der Limes hiervon

$$\frac{1}{n+1} - \int_n^{n+1} \frac{du}{u} = \frac{1}{n+1} - \log \frac{n+1}{n};$$

also ist das allgemeine Glied mal $-s$ eine ganze transzendente Funktion von s; da diese für $s = 0$ verschwindet, ist natürlich auch das allgemeine Glied eine ganze transzendente Funktion.

Die Einführung der Integrale hatte bisher namentlich den Vorteil, daß mit ihrer Hilfe der Nachweis der Konvergenz der Summe besonders leicht geführt werden konnte.

Es ist für diesen dritten Teil des Werkes unerheblich, ob $\zeta(s)$ über die Achse des Imaginären fortsetzbar ist und ob es bei freier Bahn eine eindeutige Funktion ist. Es hat eben im folgenden $\zeta(s)$ für $\sigma > 0$, $s \neq 1$ den eindeutig bestimmten Wert zu bedeuten, welchen die für $\sigma > 1$ durch die Reihe

$$\sum_{n=1}^{\infty} \frac{1}{n^s}$$

definierte analytische Funktion bei beliebiger ganz in der Halbebene $\sigma > 0$ verlaufender (und natürlich den Pol 1 vermeidender) Bahn im Punkte s annimmt. Dieser Wert wird z. B. durch die Formeln (3), (4), (5) dargestellt.

Ich behaupte, daß bei der in der Umgebung von $s = 1$ (mindestens mit dem Radius 1) gültigen Entwicklung

$$\zeta(s) = \frac{1}{s-1} + C_0 + C_1(s-1) + \cdots$$

C_0 die Eulersche Konstante ist, d. h., daß

$$\lim_{s=1}\left(\zeta(s) - \frac{1}{s-1}\right) = C$$

ist. In der Tat ist nach (3)

$$\begin{aligned}
\lim_{s=1}\left(\zeta(s) - \frac{1}{s-1}\right) &= 1 + \sum_{n=1}^{\infty}\left(\frac{1}{n+1} - \int_n^{n+1}\frac{du}{u}\right) \\
&= 1 + \lim_{x=\infty}\left(\sum_{n=1}^{x-1}\frac{1}{n+1} - \sum_{n=1}^{x-1}\int_n^{n+1}\frac{du}{u}\right) \\
&= \lim_{x=\infty}\left(\sum_{n=1}^{x}\frac{1}{n} - \int_1^{[x]}\frac{du}{u}\right) \\
&= \lim_{x=\infty}\left(\sum_{n=1}^{x}\frac{1}{n} - \log([x])\right) \\
&= C.
\end{aligned}$$

Aus

$$\zeta(s) = \frac{1}{s-1} + C + C_1(s-1) + \cdots$$

folgt weiter, mindestens für $0 < |s-1| < 1$,

$$\zeta'(s) = -\frac{1}{(s-1)^2} + C_1 + \cdots,$$

also für hinreichend kleine $|s-1|$ (exkl. $s=1$)

$$\frac{\zeta'(s)}{\zeta(s)} = \frac{-\frac{1}{(s-1)^2} + C_1 + \cdots}{\frac{1}{s-1} + C + \cdots}$$

$$= -\frac{1}{s-1} + C + D_1(s-1) + D_2(s-1)^2 + \cdots,$$

d. h.

$$\lim_{s=1}\left(\frac{\zeta'(s)}{\zeta(s)} + \frac{1}{s-1}\right) = C.$$

§ 44.

Darstellung von $\zeta'(s)$ für $\sigma > 0$.

Da in der Umgebung jeder Stelle des zusammenhängenden Gebietes $\sigma > 0$, $s \neq 1$ die unendliche Reihe in den Formeln (3), (4), (5) des vorigen Paragraphen gleichmäßig konvergiert, darf man gliedweise differentiieren und erhält für $\sigma > 0$, $s \neq 1$ aus (5)

$$(1)\quad \begin{cases} \zeta'(s) = -\frac{1}{(s-1)^2} \\ +\sum_{n=1}^{\infty}\left\{-\frac{\log(n+1)}{(n+1)^s} - \frac{1}{(s-1)^2}\left(\frac{1}{(n+1)^{s-1}} - \frac{1}{n^{s-1}}\right) - \frac{1}{s-1}\left(\frac{\log(n+1)}{(n+1)^{s-1}} - \frac{\log n}{n^{s-1}}\right)\right\}. \end{cases}$$

Es empfiehlt sich, auch das allgemeine Glied dieser Reihe in Integralform darzustellen. Es ist

$$-\int\frac{u\,du}{(n+u)^{s+1}} + s\int\frac{u\log(n+u)\,du}{(n+u)^{s+1}} = -\int\frac{u\,du}{(n+u)^{s+1}} - \frac{u\log(n+u)}{(n+u)^s}$$

$$+\int\frac{du}{(n+u)^s}\left(\log(n+u) + \frac{u}{n+u}\right)$$

$$= -\frac{u\log(n+u)}{(n+u)^s} + \int\frac{\log(n+u)}{(n+u)^s}\,du$$

$$= -\frac{u\log(n+u)}{(n+u)^s} - \frac{1}{s-1}\,\frac{\log(n+u)}{(n+u)^{s-1}} + \frac{1}{s-1}\int\frac{du}{(n+u)^s}$$

$$= -\frac{u\log(n+u)}{(n+u)^s} - \frac{1}{s-1}\,\frac{\log(n+u)}{(n+u)^{s-1}} - \frac{1}{(s-1)^2}\,\frac{1}{(n+u)^{s-1}},$$

also

$$-\int_n^{n+1}\frac{(u-n)\,du}{u^{s+1}}+s\int_n^{n+1}\frac{(u-n)\log u\,du}{u^{s+1}}=-\int_0^1\frac{u\,du}{(n+u)^{s+1}}+s\int_0^1\frac{u\log(n+u)\,du}{(n+u)^{s+1}}$$

$$=-\frac{\log(n+1)}{(n+1)^s}-\frac{1}{s-1}\left(\frac{\log(n+1)}{(n+1)^{s-1}}-\frac{\log n}{n^{s-1}}\right)-\frac{1}{(s-1)^2}\left(\frac{1}{(n+1)^{s-1}}-\frac{1}{n^{s-1}}\right),$$

was mit dem allgemeinen Gliede der Summe in (1) übereinstimmt. Daher ist für $\sigma > 0$, $s \neq 1$

$$(2)\qquad \zeta'(s)=-\frac{1}{(s-1)^2}+\sum_{n=1}^{\infty}\left(-\int_n^{n+1}\frac{(u-n)\,du}{u^{s+1}}+s\int_n^{n+1}\frac{(u-n)\log u\,du}{u^{s+1}}\right).$$

Das allgemeine Glied dieser Summe ist die durch formales Differentiieren nach s gebildete Ableitung des in der Formel (3) des vorigen Paragraphen auftretenden Ausdrucks

$$-s\int_n^{n+1}\frac{(u-n)\,du}{u^{s+1}}.$$

Um dem Leser die Betrachtungen über die Differentiation eines komplexen Integrals nach einem Parameter zu ersparen, habe ich den längeren, aber elementareren Weg des Textes eingeschlagen.

Da die in (2) auftretende Summe

$$\sum_{n=1}^{\infty}\left(-\int_n^{n+1}\frac{(u-n)\,du}{u^{s+1}}\right)$$

für sich konvergiert, kann auch geschrieben werden:

$$\zeta'(s)=-\frac{1}{(s-1)^2}-\sum_{n=1}^{\infty}\int_n^{n+1}\frac{(u-n)\,du}{u^{s+1}}+s\sum_{n=1}^{\infty}\int_n^{n+1}\frac{(u-n)\log u}{u^{s+1}}\,du.$$

Natürlich darf hier für $\sigma > 0$, $s \neq 1$ beliebig oft weiter differentiiert werden; doch brauche ich diese Formeln nicht.

§ 45.

Beweis des Nichtverschwindens der Zetafunktion auf der Geraden $\sigma = 1$.

In § 41 war bewiesen worden, daß $\zeta(s)$ für $\sigma > 1$ von Null verschieden ist. Dazu kommt nunmehr der

Satz: Es ist für $t \gtrless 0$

$$\zeta(1+ti)\neq 0,$$

d. h. die Funktion $\zeta(s)$ hat auf der Geraden $\sigma = 1$ keine Nullstelle.

Beweis: Ich gehe von der für $\sigma > 1$ gültigen Darstellung

$$\zeta(s) = e^{\sum\limits_{p,m} \frac{1}{m p^{ms}}}$$

aus. Für $\varepsilon > 0$, $t \gtreqless 0$ ist

$$(1) \qquad \zeta(1 + \varepsilon + ti) = e^{\sum\limits_{p,m} \frac{1}{m p^{m(1+\varepsilon+ti)}}}$$

und speziell für $\varepsilon > 0$

$$(2) \qquad \zeta(1 + \varepsilon) = e^{\sum\limits_{p,m} \frac{1}{m p^{m(1+\varepsilon)}}}.$$

Wenn auf beiden Seiten von (1) der absolute Betrag genommen wird, so ergibt sich wegen

$$\left| e^{\sum\limits_{n=1}^{\infty} u_n} \right| = e^{\Re \sum\limits_{n=1}^{\infty} u_n} = e^{\sum\limits_{n=1}^{\infty} \Re(u_n)}$$

und

$$\Re \frac{1}{m p^{m(1+\varepsilon+ti)}} = \Re \frac{\cos(mt \log p) - i \sin(mt \log p)}{m p^{m(1+\varepsilon)}} = \frac{\cos(mt \log p)}{m p^{m(1+\varepsilon)}}$$

die Gleichung

$$(3) \qquad |\zeta(1 + \varepsilon + ti)| = e^{\sum\limits_{p,m} \frac{\cos(mt \log p)}{m p^{m(1+\varepsilon)}}},$$

also auch, wenn $2t$ statt t geschrieben wird, für $\varepsilon > 0$, $t \gtreqless 0$

$$(4) \qquad |\zeta(1 + \varepsilon + 2ti)| = e^{\sum\limits_{p,m} \frac{\cos(2mt \log p)}{m p^{m(1+\varepsilon)}}}.$$

Nach (2), (3) und (4) ist für $\varepsilon > 0$, $t \gtreqless 0$

$$(\zeta(1+\varepsilon))^3 |\zeta(1+\varepsilon+ti)|^4 |\zeta(1+\varepsilon+2ti)| = e^{\sum\limits_{p,m} \frac{3 + 4\cos(mt\log p) + \cos(2mt \log p)}{m p^{m(1+\varepsilon)}}}.$$

Da für jedes reelle φ

$$\begin{aligned} 3 + 4\cos\varphi + \cos 2\varphi &= 3 + 4\cos\varphi + 2\cos^2\varphi - 1 \\ &= 2 + 4\cos\varphi + 2\cos^2\varphi \\ &= 2(1 + \cos\varphi)^2 \\ &\geqq 0 \end{aligned}$$

ist, ist im Exponenten jedes Glied $\geqq 0$, also

$$(\zeta(1+\varepsilon))^3 |\zeta(1+\varepsilon+ti)|^4 |\zeta(1+\varepsilon+2ti)| \geqq 1,$$

$$(5) \qquad |\zeta(1+\varepsilon+ti)| \geqq \frac{1}{(\zeta(1+\varepsilon))^{\frac{3}{4}} |\zeta(1+\varepsilon+2ti)|^{\frac{1}{4}}}.$$

Nun ist für $\varepsilon > 0$

$$\zeta(1+\varepsilon) = \sum_{n=1}^{\infty} \frac{1}{n^{1+\varepsilon}}$$

$$< 1 + \int_1^{\infty} \frac{du}{u^{1+\varepsilon}}$$

$$= 1 + \frac{1}{\varepsilon},$$

also für $0 < \varepsilon \leqq 1$

$$\zeta(1+\varepsilon) < \frac{2}{\varepsilon}.$$

Dies gibt, in (5) eingesetzt, für $0 < \varepsilon \leqq 1$, $t \gtreqless 0$

$$|\zeta(1+\varepsilon+ti)| > \frac{\varepsilon^{\frac{3}{4}}}{2^{\frac{3}{4}} |\zeta(1+\varepsilon+2ti)|^{\frac{1}{4}}}$$

$$(6) \qquad > \frac{\varepsilon^{\frac{3}{4}}}{2 |\zeta(1+\varepsilon+2ti)|^{\frac{1}{4}}}.$$

Aus (6) folgt

$$(7) \qquad \left| \frac{\zeta(1+\varepsilon+ti)}{\varepsilon} \right| > \frac{1}{2\varepsilon^{\frac{1}{4}} |\zeta(1+\varepsilon+2ti)|^{\frac{1}{4}}}.$$

Wenn nun $t \gtrless 0$ angenommen wird und ε zu Null abnimmt, so konvergiert der Faktor

$$|\zeta(1+\varepsilon+2ti)|^{\frac{1}{4}}$$

des Nenners der rechten Seite von (7) gegen den endlichen Wert $|\zeta(1+2ti)|^{\frac{1}{4}}$, mag derselbe Null[1)] oder positiv sein. Wegen des Faktors $\varepsilon^{\frac{1}{4}}$ im Nenner wächst also für zu Null abnehmendes ε die rechte Seite von (7) über alle Grenzen, also auch die linke Seite. Daraus folgt, daß

$$\zeta(1+ti) \neq 0$$

1) Da der Satz $\zeta(1+ti) \neq 0$ im Moment noch nicht bewiesen ist, ist es nicht ausgeschlossen, daß $\zeta(1+2ti) = 0$ ist.

ist; denn wäre
$$\zeta(1+ti)=0,$$
so wäre bei jeder Annäherung
$$\lim_{s=1+ti}\frac{\zeta(s)}{s-(1+ti)}=\zeta'(1+ti),$$
also insbesondere für positives, abnehmendes ε
$$\lim_{\varepsilon=0}\frac{\zeta(1+\varepsilon+ti)}{\varepsilon}=\zeta'(1+ti),$$
$$\lim_{\varepsilon=0}\left|\frac{\zeta(1+\varepsilon+ti)}{\varepsilon}\right|=|\zeta'(1+ti)|,$$
während nach dem oben Bewiesenen der Limes nicht existiert. Damit ist der Satz bewiesen.

§ 46.

Obere Abschätzungen für $|\zeta(s)|$ und $|\zeta'(s)|$.

Die Ungleichung (6) des vorigen Paragraphen dient nicht nur dazu, den letzten Satz zu beweisen; sondern sie bildet eine der Grundlagen beim Beweise des Primzahlsatzes. Um sie weiter zu verwerten, soll zunächst der Nenner in (6) derart vergrößert werden, daß das Funktionszeichen ζ nicht mehr darin vorkommt. Dies geschieht durch folgenden

Satz: Es gibt eine absolute Konstante[1] c_1, so daß für $1\leqq\sigma\leqq 2$, $t\geqq 2$
$$|\zeta(s)|<c_1\log t$$
ist.

1) Im folgenden bedeuten $c_1, c_2, \cdots$ positive Konstanten, welche unabhängig von den Variabeln in den betreffenden Relationen wählbar sind. Übrigens kann jede dieser Konstanten durch jeden größeren Wert ersetzt werden. Es kommt eben nur darauf an, die Existenz einer solchen Konstanten zu beweisen, d. h. festzustellen, daß eine gewisse Funktion der Variabeln, im Falle des Textes der Quotient
$$\frac{|\zeta(\sigma+ti)|}{\log t},$$
für das betreffende Gebiet, hier für $1\leqq\sigma\leqq 2$, $t\geqq 2$, endlich bleibt. Die im Satz auftretende Zahl 2 bei $\sigma\leqq 2$ sowohl als bei $t\geqq 2$ könnte übrigens durch jede andere Größe >1 ersetzt werden. Der Wortlaut des Textes genügt mir gerade. Wegen
$$|\zeta(\sigma+ti)|=|\zeta(\sigma-ti)|$$
folgt aus ihm noch unmittelbar, daß für $1\leqq\sigma\leqq 2$, $t\leqq -2$
$$|\zeta(\sigma+ti)|<c_1\log(-t)$$
ist.

Beweis: Es ist nach § 43, (3) und (5) für $\sigma > 0$, $s \neq 1$

$$\zeta(s) = 1 + \frac{1}{s-1} + \sum_{n=1}^{\infty} f_n(s),$$

wo

$$f_n(s) = -s \int_n^{n+1} \frac{(u-n)\,du}{u^{s+1}} \tag{1}$$

$$= \frac{1}{(n+1)^s} + \frac{1}{s-1}\left(\frac{1}{(n+1)^{s-1}} - \frac{1}{n^{s-1}}\right) \tag{2}$$

ist.

Ich nehme $t \geqq 2$ an und wende für $n = 1, 2, \cdots, [t]$ den Ausdruck (2), für alle folgenden n den Ausdruck (1) von $f_n(s)$ an. Dann ergibt sich

$$\zeta(s) = 1 + \frac{1}{s-1} + \sum_{n=1}^{t} \frac{1}{(n+1)^s} + \sum_{n=1}^{t} \frac{1}{s-1}\left(\frac{1}{(n+1)^{s-1}} - \frac{1}{n^{s-1}}\right)$$

$$- s \sum_{n=t+1}^{\infty} \int_n^{n+1} \frac{(u-n)\,du}{u^{s+1}}$$

$$= 1 + \frac{1}{s-1} + \sum_{n=1}^{t} \frac{1}{(n+1)^s} + \frac{1}{s-1}\left(\frac{1}{([t]+1)^{s-1}} - 1\right) - s \sum_{n=t+1}^{\infty} \int_n^{n+1} \frac{(u-n)\,du}{u^{s+1}}$$

$$= \sum_{n=1}^{t+1} \frac{1}{n^s} + \frac{1}{s-1}\,\frac{1}{([t]+1)^{s-1}} - s \sum_{n=t+1}^{\infty} \int_n^{n+1} \frac{(u-n)\,du}{u^{s+1}}. \tag{3}$$

Aus (3)[1] folgt für $1 \leqq \sigma \leqq 2$, $t \geqq 2$

$$|\zeta(s)| \leqq \sum_{n=1}^{t+1} \frac{1}{n^\sigma} + \frac{1}{|\sigma - 1 + ti|}\,\frac{1}{([t]+1)^{\sigma-1}} + |\sigma + ti| \sum_{n=t+1}^{\infty} \int_n^{n+1} \frac{(u-n)\,du}{u^{\sigma+1}}$$

$$< \sum_{n=1}^{t+1} \frac{1}{n} + \frac{1}{t} + (2+t) \sum_{n=t+1}^{\infty} \int_n^{n+1} \frac{du}{u^2}$$

$$= 1 + \frac{1}{[t]+1} + \sum_{n=2}^{t} \frac{1}{n} + \frac{1}{t} + (2+t) \int_{[t]+1}^{\infty} \frac{du}{u^2}$$

1) Für eine spätere Anwendung ist es wichtig, zu beachten, daß in (3) natürlich statt t irgend eine von s unabhängige Zahl $\geqq 0$ stehen könnte.

$$< 1 + \tfrac{1}{3} + \int_1^{[t]} \frac{du}{u} + \tfrac{1}{2} + 2t \int_t^{\infty} \frac{du}{u^2}$$

$$= 1 + \tfrac{1}{3} + \log [t] + \tfrac{1}{2} + 2$$

$$< 4 + \log t$$

$$\leqq \frac{4}{\log 2} \log t + \log t,$$

also

$$|\zeta(s)| < c_1 \log t,$$

wenn nur

$$c_1 \geqq \frac{4}{\log 2} + 1$$

angenommen wird.

Damit ist der Satz bewiesen.

Er gestattet, aus der Relation § 45, (6)

$$|\zeta(1 + \varepsilon + ti)| > \frac{\varepsilon^{\frac{3}{4}}}{2\,|\zeta(1 + \varepsilon + 2ti)|^{\frac{1}{4}}} \qquad (0 < \varepsilon \leqq 1,\ t \gtreqless 0)$$

für $0 < \varepsilon \leqq 1$, $t \geqq 2$ weiterzuschließen:

$$|\zeta(1 + \varepsilon + ti)| > \frac{\varepsilon^{\frac{3}{4}}}{2 c_1 \log^{\frac{1}{4}} (2t)}$$

$$(4) \qquad > \frac{\varepsilon^{\frac{3}{4}}}{c_2 \log^{\frac{1}{4}} t}.$$

Für einen späteren Zweck soll analog für $|\zeta'(s)|$ eine obere Schranke hergeleitet werden. Diese muß sich sogar auf ein Gebiet beziehen, welches über die Gerade $\sigma = 1$ hinüberreicht.

Satz: Es ist für $t \geqq 3$, $1 - \frac{1}{\log t} \leqq \sigma \leqq 2$

$$|\zeta'(s)| < c_3 \log^2 t.$$

Das Gebiet ist nach unten von einem Stück der horizontalen Geraden $t = 3$ begrenzt, nämlich von dem Stück $1 - \frac{1}{\log 3} \leqq \sigma \leqq 2$, rechts von dem Stück $t \geqq 3$ der vertikalen Geraden $\sigma = 2$, links von der Kurve

$$\sigma = 1 - \frac{1}{\log t}, \quad t \geqq 3,$$

welche die Gerade $\sigma = 1$ zur Asymptote besitzt.

Beweis: Es ist für $\sigma > 0$, $s \neq 1$ nach § 44, (1) und (2)

$$\zeta'(s) = -\frac{1}{(s-1)^2} + \sum_{n=1}^{\infty} g_n(s),$$

wo

$$(5)\quad g_n(s) = -\frac{\log(n+1)}{(n+1)^s} - \frac{1}{(s-1)^2}\left(\frac{1}{(n+1)^{s-1}} - \frac{1}{n^{s-1}}\right) - \frac{1}{s-1}\left(\frac{\log(n+1)}{(n+1)^{s-1}} - \frac{\log n}{n^{s-1}}\right)$$

$$(6)\quad = -\int_n^{n+1} \frac{(u-n)\,du}{u^{s+1}} + s\int_n^{n+1} \frac{(u-n)\log u\,du}{u^{s+1}}$$

ist. t werde $\geqq 3$ angenommen. Ich wende am Anfang, bis $n = [t]$, für $g_n(s)$ den Ausdruck (5) an, von $n = [t] + 1$ an den Ausdruck (6). Dadurch ergibt sich

$$\zeta'(s) = -\frac{1}{(s-1)^2} - \sum_{n=1}^{t} \frac{\log(n+1)}{(n+1)^s} - \frac{1}{(s-1)^2}\sum_{n=1}^{t}\left(\frac{1}{(n+1)^{s-1}} - \frac{1}{n^{s-1}}\right)$$

$$-\frac{1}{s-1}\sum_{n=1}^{t}\left(\frac{\log(n+1)}{(n+1)^{s-1}} - \frac{\log n}{n^{s-1}}\right) - \sum_{n=t+1}^{\infty}\int_n^{n+1}\frac{(u-n)\,du}{u^{s+1}} + s\sum_{n=t+1}^{\infty}\int_n^{n+1}\frac{(u-n)\log u\,du}{u^{s+1}}$$

$$= -\frac{1}{(s-1)^2} - \sum_{n=1}^{t}\frac{\log(n+1)}{(n+1)^s} - \frac{1}{(s-1)^2}\left(\frac{1}{([t]+1)^{s-1}} - 1\right) - \frac{1}{s-1}\,\frac{\log([t]+1)}{([t]+1)^{s-1}}$$

$$-\sum_{n=t+1}^{\infty}\int_n^{n+1}\frac{(u-n)\,du}{u^{s+1}} + s\sum_{n=t+1}^{\infty}\int_n^{n+1}\frac{(u-n)\log u\,du}{u^{s+1}}$$

$$= -\sum_{n=1}^{t+1}\frac{\log n}{n^s} - \frac{1}{(s-1)^2}\,\frac{1}{([t]+1)^{s-1}} - \frac{1}{s-1}\,\frac{\log([t]+1)}{([t]+1)^{s-1}} - \sum_{n=t+1}^{\infty}\int_n^{n+1}\frac{(u-n)\,du}{u^{s+1}}$$

$$+ s\sum_{n=t+1}^{\infty}\int_n^{n+1}\frac{(u-n)\log u\,du}{u^{s+1}},$$

also[1])

$$(7)\left\{\begin{aligned} |\zeta'(s)| \leqq & \sum_{n=1}^{t+1}\frac{\log n}{n^\sigma} + \frac{1}{(\sigma-1)^2+t^2}\,\frac{1}{([t]+1)^{\sigma-1}} + \frac{1}{\sqrt{(\sigma-1)^2+t^2}}\,\frac{\log([t]+1)}{([t]+1)^{\sigma-1}} \\ & + \sum_{n=t+1}^{\infty}\int_n^{n+1}\frac{du}{u^{\sigma+1}} + \sqrt{\sigma^2+t^2}\sum_{n=t+1}^{\infty}\int_n^{n+1}\frac{\log u\,du}{u^{\sigma+1}}. \end{aligned}\right.$$

1) In der vorangehenden Relation könnte statt t irgend eine von s unabhängige Zahl $\geqq 0$ stehen.

Wenn nun

$$t \geqq 3, \quad 1 - \frac{1}{\log t} \leqq \sigma \leqq 2$$

ist, so ergibt sich einzeln für die fünf Glieder auf der rechten Seite von (7):

1)
$$\sum_{n=1}^{t+1} \frac{\log n}{n^\sigma} \leqq \sum_{n=1}^{t+1} \frac{\log n}{n^{1-\frac{1}{\log t}}}$$

$$\leqq \log([t]+1) \sum_{n=1}^{t+1} \frac{1}{n^{1-\frac{1}{\log t}}}$$

$$\leqq \log(t+1) \sum_{n=1}^{t+1} \frac{n^{\frac{1}{\log t}}}{n}$$

$$\leqq \log(t+1)([t]+1)^{\frac{1}{\log t}} \sum_{n=1}^{t+1} \frac{1}{n}$$

$$< \log(t+1)(t+1)^{\frac{1}{\log t}}\left(1 + \int_1^{t+1} \frac{du}{u}\right)$$

$$< \log(t+1)\, e^{\frac{\log(t+1)}{\log t}} (1 + \log(t+1))$$

$$\sim \log t \cdot e \cdot \log t,$$

also

$$\sum_{n=1}^{t+1} \frac{\log n}{n^\sigma} < c_4 \log^2 t.$$

2)
$$\frac{1}{(\sigma-1)^2+t^2} \frac{1}{([t]+1)^{\sigma-1}} < \frac{1}{t^2} \frac{1}{([t]+1)^{-\frac{1}{\log t}}}$$

$$\leqq \frac{1}{t^2}(t+1)^{\frac{1}{\log t}}$$

$$< \frac{c_5}{t^2}$$

$$< c_5 \log^2 t.$$

3) $$\frac{1}{\sqrt{(\sigma-1)^2+t^2}}\,\frac{\log([t]+1)}{([t]+1)^{\sigma-1}} < \frac{1}{t}\,\frac{\log(t+1)}{([t]+1)^{-\frac{1}{\log t}}}$$
$$\leqq \frac{1}{t}\log(t+1)\,(t+1)^{\frac{1}{\log t}}$$
$$< \frac{c_6 \log t}{t}$$
$$< c_6 \log^2 t.$$

4) $$\sum_{n=t+1}^{\infty}\int_n^{n+1}\frac{du}{u^{\sigma+1}} \leqq \sum_{n=t+1}^{\infty}\int_n^{n+1}\frac{du}{u^{2-\frac{1}{\log t}}}$$
$$= \int_{[t]+1}^{\infty}\frac{du}{u^{2-\frac{1}{\log t}}}$$
$$< \int_t^{\infty}\frac{du}{u^{2-\frac{1}{\log t}}}$$
$$= \frac{1}{1-\frac{1}{\log t}}\,\frac{1}{t^{1-\frac{1}{\log t}}}$$
$$\leqq \frac{1}{1-\frac{1}{\log 3}}\,\frac{e}{t}$$
$$= \frac{c_7}{t}$$
$$< c_7 \log^2 t.$$

5) $$\sqrt{\sigma^2+t^2}\sum_{n=t+1}^{\infty}\int_n^{n+1}\frac{\log u\,du}{u^{\sigma+1}} < (2+t)\sum_{n=t+1}^{\infty}\int_n^{n+1}\frac{\log u\,du}{u^{2-\frac{1}{\log t}}}$$
$$< 2t\int_t^{\infty}\frac{\log u\,du}{u^{2-\frac{1}{\log t}}}$$
$$= 2t\left(\frac{\log t}{\left(1-\frac{1}{\log t}\right)t^{1-\frac{1}{\log t}}} + \frac{1}{\left(1-\frac{1}{\log t}\right)^2 t^{1-\frac{1}{\log t}}}\right)$$
$$< 2t\left(\frac{c_8\log t}{t}+\frac{c_9}{t}\right)$$
$$< c_{10}\log t$$
$$< c_{10}\log^2 t.$$

Zusammengenommen liefert also (7)

$$|\zeta'(s)| < c_4 \log^2 t + c_5 \log^2 t + c_6 \log^2 t + c_7 \log^2 t + c_{10} \log^2 t,$$

also

(8) $$|\zeta'(s)| < c_3 \log^2 t$$

für $t \geqq 3,\ 1 - \frac{1}{\log t} \leqq \sigma \leqq 2$, womit der Satz bewiesen ist.

Satz: Für $t \geqq 3,\ -\frac{1}{\log t} \leqq \varepsilon \leqq 1$ ist

(9) $$|\zeta(1 + \varepsilon + ti) - \zeta(1 + ti)| \leqq c_3 |\varepsilon| \log^2 t.$$

Beweis: Es ist für jene t, ε bei geradlinigem Integrationsweg

$$\zeta(1 + \varepsilon + ti) - \zeta(1 + ti) = \int_{1+ti}^{1+\varepsilon+ti} \zeta'(s)\,ds$$

$$= \int_{1}^{1+\varepsilon} \zeta'(\sigma + ti)\,d\sigma;$$

weil σ dabei zwischen $1 - \frac{1}{\log t}$ und 2 liegt, ist nach (8) in jedem Punkt des Integrationsweges

$$|\zeta'(\sigma + ti)| < c_3 \log^2 t;$$

also ergibt sich, da die Länge des Weges $|\varepsilon|$ ist,

$$|\zeta(1 + \varepsilon + ti) - \zeta(1 + ti)| \leqq c_3 |\varepsilon| \log^2 t.$$

D. h. es ist, wenn man das Ergebnis (9) für positive und negative ε einzeln ausspricht und im letzteren Falle

$$\varepsilon = -\eta$$

setzt,

(10) $$|\zeta(1 + \varepsilon + ti) - \zeta(1 + ti)| \leqq c_3 \varepsilon \log^2 t \qquad \text{für } t \geqq 3,\ 0 \leqq \varepsilon \leqq 1,$$

(11) $$|\zeta(1 - \eta + ti) - \zeta(1 + ti)| \leqq c_3 \eta \log^2 t \qquad \text{für } t \geqq 3,\ 0 \leqq \eta \leqq \frac{1}{\log t}.$$

Aus (11) folgt noch, da nach dem ersten Satz dieses Paragraphen für $1 \leqq \sigma \leqq 2,\ t \geqq 2$

(12) $$|\zeta(s)| < c_1 \log t,$$

also speziell für $t \geqq 3$

$$|\zeta(1 + ti)| < c_1 \log t$$

ist, für $t \geqq 3,\ 0 \leqq \eta \leqq \frac{1}{\log t}$

$$\begin{aligned}|\zeta(1-\eta+ti)| &= |(\zeta(1-\eta+ti)-\zeta(1+ti))+\zeta(1+ti)|\\ &\leqq |\zeta(1-\eta+ti)-\zeta(1+ti)|+|\zeta(1+ti)|\\ &< c_3\eta\log^2 t + c_1\log t\\ &\leqq c_3\log t + c_1\log t,\end{aligned}$$

also in Verbindung mit (12) für $t \geqq 3$, $1-\frac{1}{\log t} \leqq \sigma \leqq 2$

$$|\zeta(s)| < c_{11}\log t.$$

Natürlich könnte dies auch direkt durch die Beweismethode erhalten werden, welche bei beiden Sätzen dieses Paragraphen angewendet wurde.

Da für $\sigma \geqq 2$, $t \gtreqless 0$

$$|\zeta(s)| \leqq \sum_{n=1}^{\infty}\frac{1}{n^2} = c_{12}$$

und

$$|\zeta'(s)| \leqq \sum_{n=1}^{\infty}\frac{\log n}{n^2} = c_{13}$$

ist, so kann das Hauptergebnis dieses Paragraphen auch so geschrieben werden: Für $t \geqq 3$, $\sigma \geqq 1-\frac{1}{\log t}$ ist

$$|\zeta(s)| < c_{14}\log t,$$

$$(13) \qquad |\zeta'(s)| < c_{15}\log^2 t,$$

also auch für $s_1=\sigma_1+ti$, $s_2=\sigma_2+ti$, $t\geqq 3$, $\sigma_1 \geqq 1-\frac{1}{\log t}$, $\sigma_2 \geqq 1-\frac{1}{\log t}$

$$\begin{aligned}|\zeta(s_1)-\zeta(s_2)| &= \left|\int_{s_2}^{s_1}\zeta'(s)\,ds\right|\\ &\leqq |\sigma_2-\sigma_1|\,c_{15}\log^2 t.\end{aligned}$$

§ 47.

Untere Abschätzungen für $|\zeta(s)|$.

Aus der Relation (4) des vorigen Paragraphen

$$(1) \qquad |\zeta(1+\varepsilon+ti)| > \frac{\varepsilon^{\frac{3}{4}}}{c_2\log^{\frac{1}{4}} t} \qquad (0<\varepsilon\leqq 1,\ t\geqq 2)$$

folgt in Verbindung mit der Relation (10)

$$|\zeta(1+\varepsilon+ti)-\zeta(1+ti)| \leqq c_3\,\varepsilon \log^2 t \qquad (0 \leqq \varepsilon \leqq 1,\ t \geqq 3),$$

daß für $0<\varepsilon\leqq 1,\ t\geqq 3$

$$\begin{aligned} |\zeta(1+ti)| &= |\zeta(1+\varepsilon+ti)-(\zeta(1+\varepsilon+ti)-\zeta(1+ti))| \\ &\geqq |\zeta(1+\varepsilon+ti)| - |\zeta(1+\varepsilon+ti)-\zeta(1+ti)| \\ &> \frac{\varepsilon^{\frac{3}{4}}}{c_2 \log^{\frac{1}{4}} t} - c_3\,\varepsilon \log^2 t \end{aligned}$$

$$(2) \qquad = \frac{\varepsilon^{\frac{3}{4}}}{c_2 \log^{\frac{1}{4}} t}\left(1 - c_2 c_3\,\varepsilon^{\frac{1}{4}} \log^{\frac{9}{4}} t\right)$$

ist. Die nur nach unten beschränkten Konstanten c_2 und c_3, sowie alle späteren c können ohne Beschränkung der Allgemeinheit >1 angenommen werden.[1] Ich wähle nun für jedes $t\geqq 3$ den speziellen Wert

$$\varepsilon = \left(\frac{1}{2\,c_2 c_3 \log^{\frac{9}{4}} t}\right)^4 = \frac{1}{2^4 c_2^4 c_3^4 \log^9 t},$$

der wirklich zwischen 0 und 1 gelegen ist. Dann ergibt sich, da die Klammer in (2)

$$= 1 - c_2 c_3 \frac{1}{2\,c_2 c_3 \log^{\frac{9}{4}} t} \log^{\frac{9}{4}} t = \tfrac{1}{2}$$

wird,

$$|\zeta(1+ti)| > \frac{1}{\left(2\,c_2 c_3 \log^{\frac{9}{4}} t\right)^3} \cdot \frac{1}{c_2 \log^{\frac{1}{4}} t} \cdot \tfrac{1}{2}$$

$$(3) \qquad = \frac{1}{c_{16} \log^7 t} \qquad (t \geqq 3),$$

was[2] viel präziser ist als die früher festgestellte Tatsache des Nichtverschwindens der Funktion $\zeta(s)$ auf der Geraden $\sigma = 1$.

---

1) Natürlich kommen sie noch viel größer heraus, wenn man die vorigen Rechnungen numerisch verfolgt.

2) Wenn man eine für alle $t \gtreqless 0$ gültige Formel haben will, brauchte man nur statt $\log t$ einzuführen: $\log(2+|t|)$.

Aus (3) in Verbindung mit den Relationen (10) und (11) des § 46 folgt nunmehr für $t \geqq 3$, $1 - \frac{1}{2c_3 c_{16} \log^9 t} \leqq \sigma \leqq 1 + \frac{1}{2c_3 c_{16} \log^9 t}$

$$\begin{aligned} |\zeta(\sigma + ti)| &= |\zeta(1 + ti) + (\zeta(\sigma + ti) - \zeta(1 + ti))| \\ &\geqq |\zeta(1 + ti)| - |\zeta(\sigma + ti) - \zeta(1 + ti)| \\ &> \frac{1}{c_{16} \log^7 t} - c_3 |\sigma - 1| \log^2 t \\ &\geqq \frac{1}{c_{16} \log^7 t} - c_3 \frac{1}{2c_3 c_{16} \log^9 t} \log^2 t \end{aligned}$$

$$(4) \qquad = \frac{1}{2c_{16} \log^7 t}.$$

Für $t \geqq 3$, $1 + \frac{1}{2c_3 c_{16} \log^9 t} \leqq \sigma \leqq 2$ ist nach (1)

$$\begin{aligned} |\zeta(\sigma + ti)| &> \frac{(\sigma - 1)^{\frac{3}{4}}}{c_2 \log^{\frac{1}{4}} t} \\ &\geqq \frac{1}{(2c_3 c_{16})^{\frac{3}{4}} c_2 \log^7 t} \end{aligned}$$

$$(5) \qquad = \frac{1}{c_{17} \log^7 t};$$

für $t \geqq 3$, $\sigma \geqq 2$ ist

$$\begin{aligned} |\zeta(\sigma + ti)| &= e^{\Re \sum\limits_{p, m} \frac{1}{m p^{m(\sigma + ti)}}} \\ &\geqq e^{-\sum\limits_{p, m} \frac{1}{m p^{2m}}} \\ &= \frac{1}{c_{18}} \end{aligned}$$

$$(6) \qquad > \frac{1}{c_{18} \log^7 t}.$$

(4), (5) und (6) besagen zusammen, wenn $2c_3 c_{16} = c_{19}$ und $\text{Max.}(2c_{16}, c_{17}, c_{18}) = c_{20}$ gesetzt wird: Für $t \geqq 3$, $\sigma \geqq 1 - \frac{1}{c_{19} \log^9 t}$ ist

$$|\zeta(s)| > \frac{1}{c_{20} \log^7 t},$$

also insbesondere in diesem Gebiet $\zeta(s)$ von Null verschieden.

§ 48.

Folgerungen über $\frac{\zeta'(s)}{\zeta(s)}$.

Für $t \geqq 3$, $\sigma \geqq 1 - \frac{1}{c_{19}\log^9 t}$ ist nach der letzten Formel des vorigen Paragraphen in Verbindung mit § 46, (13)

$$\begin{aligned}\left|\frac{\zeta'(s)}{\zeta(s)}\right| &= |\zeta'(s)|\left|\frac{1}{\zeta(s)}\right| \\ &< c_{15}\log^2 t \cdot c_{20}\log^7 t \\ &= c_{21}\log^9 t.\end{aligned}$$

Da sich $\zeta(s)$ im Rechteck $\frac{1}{2} \leqq \sigma \leqq 1$, $0 \leqq t \leqq 3$ mit Ausnahme des Poles $s = 1$ regulär verhält und auf der rechten Begrenzungslinie keine Nullstelle besitzt, so gibt es eine Größe $c_{22} > 1$ derart, daß im Rechteck $1 - \frac{1}{c_{22}} \leqq \sigma \leqq 1$, $0 \leqq t \leqq 3$ (inkl. des Randes) keine Nullstelle gelegen ist. A fortiori liegt also im Rechteck $1 - \frac{1}{c_{22}\log^9 3} \leqq \sigma \leqq 1$, $0 \leqq t \leqq 3$ keine Nullstelle von $\zeta(s)$, d. h. abgesehen von $s = 1$ keine singuläre Stelle von $\frac{\zeta'(s)}{\zeta(s)}$. Der Punkt $s = 1$ ist ein Pol erster Ordnung von $\zeta(s)$, also ein Pol erster Ordnung mit dem Residuum -1 von $\frac{\zeta'(s)}{\zeta(s)}$.

Es werde die größere der beiden Zahlen c_{19} und c_{22} mit c bezeichnet, c_{21} jetzt kurz mit b. Dann ergibt sich aus allem bisherigen als Hauptresultat der

Satz: Die Funktion $\zeta(s)$ verschwindet nicht in dem Teil der Ebene, welcher rechts von der stetigen Kurve

$$(1)\qquad \begin{cases}\sigma = 1 - \frac{1}{c\log^9 t} & \text{für } t \geqq 3,\\ \sigma = 1 - \frac{1}{c\log^9 3} & \text{für } -3 \leqq t \leqq 3,\\ \sigma = 1 - \frac{1}{c\log^9(-t)} & \text{für } t \leqq -3\end{cases}$$

liegt, inkl. der Kurve selbst, und es ist für $t \geqq 3$, $\sigma \geqq 1 - \frac{1}{c\log^9 t}$

$$(2)\qquad \left|\frac{\zeta'(s)}{\zeta(s)}\right| < b\log^9 t.$$

Mit anderen Worten: Die für $\sigma > 1$ durch die Reihe

$$-\sum_{n=1}^{\infty}\frac{\Lambda(n)}{n^s}$$

12*

dargestellte Funktion

$$\frac{\zeta'(s)}{\zeta(s)}$$

ist auf der Kurve (1) und rechts davon bis auf den Pol erster Ordnung $s = 1$ mit dem Residuum -1 regulär und genügt der Relation (2) für $t \geqq 3$, $\sigma \geqq 1 - \frac{1}{c \log^9 t}$.

Zwölftes Kapitel.

Beweis des Primzahlsatzes und der schärferen Abschätzungen für die Primzahlmenge.

---

§ 49.

Berechnung eines speziellen Integrals.

Mit Hilfe des Cauchyschen Satzes soll nunmehr eine wichtige spezielle Integralformel bewiesen werden, welche alsbald Anwendung finden wird.

Es sei w eine reelle Konstante und es werde das Integral

$$\int \frac{e^{ws}}{s^2}\, ds$$

über ein beliebiges Stück der Geraden $s = 2 + ti$ von $2 + ai$ bis $2 + bi$ erstreckt. Der Integrand hat im Punkt $s = 0$ einen Pol zweiter Ordnung mit dem Residuum w und ist sonst überall regulär. Das Integral

$$\int\limits_{2+ai}^{2+bi} \frac{e^{ws}}{s^2}\, ds$$

hat also gewiß einen Sinn. Ich behaupte, daß es für $a = -\infty$, $b = \infty$ einen Limes hat, d. h., daß

$$J(w) = \int\limits_{2-\infty i}^{2+\infty i} \frac{e^{ws}}{s^2}\, ds$$

konvergiert. Dies folgt unmittelbar aus

$$\left|\frac{e^{ws}}{s^2}\right| = \frac{e^{2w}}{4+t^2},$$

da
$$\int_{-\infty}^{\infty} \frac{dt}{4+t^2}$$
konvergiert.

Der Wert des Integrals $J(w)$ bestimmt sich durch den

Satz: 1. Für $w \leqq 0$ ist
$$J(w) = 0.$$
2. Für $w \geqq 0$ ist
$$J(w) = 2\pi i w.$$

Beweis: Ich setze bei positivem T
$$J(w, T) = \int_{2-Ti}^{2+Ti} \frac{e^{ws}}{s^2}\, ds;$$
dann ist
$$J(w) = \lim_{T=\infty} J(w, T).$$

1. Es sei $w \leqq 0$. Ich wende den Cauchyschen Satz auf das Gebiet an, welches von der Strecke $2 - Ti$ bis $2 + Ti$ und dem über ihr als Durchmesser nach rechts beschriebenen Halbkreise begrenzt ist. Da in diesem Gebiet $\frac{e^{ws}}{s^2}$ regulär ist, ergibt sich
$$J(w, T) = \int_{2-Ti}^{2+Ti} \frac{e^{ws}}{s^2}\, ds,$$
wo rechts der Halbkreis
$$s = 2 + Te^{\varphi i}, \ -\frac{\pi}{2} \leqq \varphi \leqq \frac{\pi}{2}$$
gemeint ist. Die Länge dieses Weges ist πT, der Integrand in jedem Punkte des Weges mit Rücksicht auf $\sigma \geqq 2$, $|s| \geqq T$ absolut genommen
$$\leqq \frac{e^{2w}}{T^2};$$
daher ist
$$|J(w, T)| \leqq \frac{\pi e^{2w}}{T},$$
also
$$J(w) = \lim_{T=\infty} J(w, T)$$
$$= 0.$$

2. Es sei $w \geqq 0$. Ich nehme $T > 2$ an und wende den Cauchyschen Satz auf das Gebiet an, welches von der Strecke $2 - Ti$ bis

$2+Ti$ und dem über diesem Durchmesser nach links geschlagenen Halbkreise begrenzt ist. In diesem Gebiet liegt der Pol $s=0$ mit dem Residuum w; daher ist

$$J(w,T)-2\pi i w=\int\limits_{2-Ti}^{2+Ti}\frac{e^{ws}}{s^2}\,ds,$$

wo die Integration sich auf den Halbkreis

$$s=2+Te^{\varphi i},\ \frac{3\pi}{2}\geqq\varphi\geqq\frac{\pi}{2}$$

bezieht. Die Länge dieses Halbkreises ist πT, der absolute Betrag des Integranden wegen $\sigma\leqq 2$, $|s|\geqq T-2$ gleichmäßig

$$\leqq\frac{e^{2w}}{(T-2)^2};$$

dies gibt

$$|J(w,T)-2\pi i w|\leqq\frac{\pi e^{2w}T}{(T-2)^2},$$

$$J(w)=\lim_{T=\infty}J(w,T)$$

$$=2\pi i w.$$

Aus dem bewiesenen Satz folgt nachträglich für $J(w,T)$ eine noch genauere und für alle $T>0$ gültige Abschätzung, als unterwegs gefunden war. Es ist nämlich für alle $w\gtreqless 0$

$$\left|\int\limits_{2+Ti}^{2+\infty i}\frac{e^{ws}}{s^2}\,ds\right|\leqq\int\limits_T^{\infty}\frac{e^{2w}}{t^2}\,dt$$

$$=\frac{e^{2w}}{T},$$

ebenso

$$\left|\int\limits_{2-\infty i}^{2-Ti}\frac{e^{ws}}{s^2}\,ds\right|\leqq\int\limits_{-\infty}^{-T}\frac{e^{2w}}{t^2}\,dt$$

$$=\frac{e^{2w}}{T},$$

also

$$|J(w)-J(w,T)|\leqq\frac{2e^{2w}}{T},$$

d. h.

(1) $$|J(w,T)|\leqq\frac{2e^{2w}}{T}\quad\text{für } w\leqq 0,$$

(2) $$|J(w,T)-2\pi i w|\leqq\frac{2e^{2w}}{T}\quad\text{für } w\geqq 0.$$

Der bewiesene Satz läßt sich auch in folgender Form schreiben. Wenn für $y > 0$

$$y^s = e^{ws}$$

gesetzt ist, wo w den reellen Wert von $\log y$ bezeichnet, so ergibt sich

$$\frac{1}{2\pi i}\int_{2-\infty i}^{2+\infty i} \frac{y^s}{s^2}\, ds \begin{cases} = 0 & \text{für } 0 < y \leqq 1, \\ = \log y & \text{für } 1 \leqq y, \end{cases}$$

und (1), (2) liefern (wegen $\pi > 1$), falls $T > 0$ ist,

$$\text{(3)} \qquad \left| \frac{1}{2\pi i}\int_{2-Ti}^{2+Ti} \frac{y^s}{s^2}\, ds \right| < \frac{y^2}{T} \quad \text{für } 0 < y \leqq 1,$$

$$\text{(4)} \qquad \left| \frac{1}{2\pi i}\int_{2-Ti}^{2+Ti} \frac{y^s}{s^2}\, ds - \log y \right| < \frac{y^2}{T} \quad \text{für } 1 \leqq y.$$

Eine komplexe, von T und y abhängige Zahl, deren absoluter Betrag $< \frac{y^2}{T}$ ist, kann mit

$$\Theta \frac{y^2}{T} = \Theta(T, y) \frac{y^2}{T}$$

bezeichnet werden, wo

$$|\Theta| = |\Theta(T, y)| < 1$$

ist. Also ist nach (3) und (4), wenn $T > 0$ angenommen wird,

$$\frac{1}{2\pi i}\int_{2-Ti}^{2+Ti} \frac{y^s}{s^2}\, ds \begin{cases} = \Theta(T, y) \frac{y^2}{T} & \text{für } 0 < y \leqq 1, \\ = \log y + \Theta(T, y) \frac{y^2}{T} & \text{für } y \geqq 1, \end{cases}$$

wo

$$|\Theta| < 1$$

ist.

§ 50.

Darstellung von $\sum_{n=1}^{x} \Lambda(n) \log \frac{x}{n}$ durch ein bestimmtes Integral.

x bezeichne eine beliebige positive Zahl, die nicht ganz zu sein braucht. Die für $\sigma > 1$ gültige Gleichung

$$-\frac{\zeta'(s)}{\zeta(s)} = \sum_{n=1}^{\infty} \frac{\Lambda(n)}{n^s}$$

werde mit $\frac{x^s}{s^2}$ multipliziert:

$$(1) \qquad -\frac{x^s}{s^2}\frac{\zeta'(s)}{\zeta(s)} = \sum_{n=1}^{\infty}\frac{x^s}{s^2}\frac{\Lambda(n)}{n^s}.$$

Auf der geradlinigen Strecke $\sigma = 2$, $-T \leqq t \leqq T$, wo $T > 0$ sei, ist die Reihe auf der rechten Seite von (1) gleichmäßig konvergent, da dort

$$\left|\frac{x^s}{s^2}\frac{\Lambda(n)}{n^s}\right| = \frac{x^2\cdot}{4+t^2}\frac{\Lambda(n)}{n^2}$$

ist. Die Reihe darf also auf der geraden Bahn von $2 - Ti$ bis $2 + Ti$ gliedweise integriert werden; dadurch ergibt sich, wenn gleich noch durch $2\pi i$ dividiert wird:

$$-\frac{1}{2\pi i}\int_{2-Ti}^{2+Ti}\frac{x^s}{s^2}\frac{\zeta'(s)}{\zeta(s)}ds = \frac{1}{2\pi i}\int_{2-Ti}^{2+Ti}\sum_{n=1}^{\infty}\frac{x^s}{s^2}\frac{\Lambda(n)}{n^s}ds$$

$$= \frac{1}{2\pi i}\sum_{n=1}^{\infty}\int_{2-Ti}^{2+Ti}\frac{x^s}{s^2}\frac{\Lambda(n)}{n^s}ds$$

$$= \sum_{n=1}^{\infty}\Lambda(n)\frac{1}{2\pi i}\int_{2-Ti}^{2+Ti}\frac{\left(\frac{x}{n}\right)^s}{s^2}ds.$$

Nun ist für $n \leqq x$

$$y = \frac{x}{n} \geqq 1,$$

für $n \geqq x$

$$0 < y = \frac{x}{n} \leqq 1;$$

nach den Relationen (3) und (4) des vorigen Paragraphen ist also in den Gliedern $n = 1, 2, \cdots, [x]$

$$\left|\frac{1}{2\pi i}\int_{2-Ti}^{2+Ti}\frac{\left(\frac{x}{n}\right)^s}{s^2}ds - \log\frac{x}{n}\right| < \frac{x^2}{Tn^2},$$

in den Gliedern $n = [x]+1, [x]+2, \cdots$

$$\left|\frac{1}{2\pi i}\int_{2-Ti}^{2+Ti}\frac{\left(\frac{x}{n}\right)^s}{s^2}ds\right| < \frac{x^2}{Tn^2};$$

daher ergibt sich

$$\left|-\frac{1}{2\pi i}\int_{2-Ti}^{2+Ti}\frac{x^s}{s^2}\frac{\zeta'(s)}{\zeta(s)}ds-\sum_{n=1}^{x}\Lambda(n)\log\frac{x}{n}\right|$$

$$=\left|\sum_{n=1}^{x}\Lambda(n)\left(\frac{1}{2\pi i}\int_{2-Ti}^{2+Ti}\frac{\left(\frac{x}{n}\right)^s}{s^2}ds-\log\frac{x}{n}\right)+\sum_{n=x+1}^{\infty}\Lambda(n)\frac{1}{2\pi i}\int_{2-Ti}^{2+Ti}\frac{\left(\frac{x}{n}\right)^s}{s^2}ds\right|$$

$$<\sum_{n=1}^{\infty}\Lambda(n)\frac{x^2}{Tn^2}$$

$$(2)\qquad=\frac{x^2}{T}\sum_{n=1}^{\infty}\frac{\Lambda(n)}{n^2}.$$

Da die rechte Seite von (2) für $T=\infty$ den Limes 0 hat, ist also

$$-\frac{1}{2\pi i}\lim_{T=\infty}\int_{2-Ti}^{2+Ti}\frac{x^s}{s^2}\frac{\zeta'(s)}{\zeta(s)}ds=\sum_{n=1}^{x}\Lambda(n)\log\frac{x}{n}.$$

Es kann dafür einfach

$$\sum_{n=1}^{x}\Lambda(n)\log\frac{x}{n}=-\frac{1}{2\pi i}\int_{2-\infty i}^{2+\infty i}\frac{x^s}{s^2}\frac{\zeta'(s)}{\zeta(s)}ds$$

geschrieben werden, da das Integral rechts wegen

$$\left|\frac{x^s}{s^2}\frac{\zeta'(s)}{\zeta(s)}\right|\leqq\frac{x^2}{4+t^2}\sum_{n=1}^{\infty}\frac{\Lambda(n)}{n^2}$$

konvergiert.

Damit ist

$$\sum_{n=1}^{x}\Lambda(n)\log\frac{x}{n}$$

genau durch ein Integral mit unendlichem Wege dargestellt. Für das Folgende ist eine Näherungsformel mit Hilfe eines Integrals über einen endlichen Weg praktischer. Es folgt, $T=x^2$ gesetzt, aus (2)

$$\left|-\frac{1}{2\pi i}\int_{2-x^2i}^{2+x^2i}\frac{x^s}{s^2}\frac{\zeta'(s)}{\zeta(s)}ds-\sum_{n=1}^{x}\Lambda(n)\log\frac{x}{n}\right|<\sum_{n=1}^{\infty}\frac{\Lambda(n)}{n^2},$$

also

$$\sum_{n=1}^{x}\Lambda(n)\log\frac{x}{n}=-\frac{1}{2\pi i}\int_{2-x^2i}^{2+x^2i}\frac{x^s}{s^2}\frac{\zeta'(s)}{\zeta(s)}ds+O(1).$$

§ 51.

Anwendung des Cauchyschen Integralsatzes.

Ich wende nun, $x > \sqrt{3}$ angenommen, den Cauchyschen Satz auf den Integranden

$$\frac{x^s}{s^2}\frac{\zeta'(s)}{\zeta(s)}$$

und den geschlossenen Integrationsweg $ABCDEFA$ an, wo

$$A = 2 - x^2 i,$$

$$B = 2 + x^2 i,$$

$$C = 1 - \frac{1}{c\log^9(x^2)} + x^2 i,$$

$$D = 1 - \frac{1}{c\log^9 3} + 3i,$$

$$E = 1 - \frac{1}{c\log^9 3} - 3i,$$

$$F = 1 - \frac{1}{c\log^9(x^2)} - x^2 i$$

ist, c die Konstante des § 48 bedeutet, die Strecken AB, BC, DE, FA geradlinig sind, CD das Kurvenstück

$$\sigma = 1 - \frac{1}{c\log^9 t}, \quad x^2 \geqq t \geqq 3$$

und EF das Kurvenstück

$$\sigma = 1 - \frac{1}{c\log^9(-t)}, \quad -3 \geqq t \geqq -x^2$$

bezeichnet.

$\frac{x^s}{s^2}$ ist in diesem Gebiete und auf dem Rande regulär und hat für $s = 1$ den von Null verschiedenen Wert x. Die Funktion $\frac{\zeta'(s)}{\zeta(s)}$ ist nach dem Satz des § 48 in diesem Gebiete und auf dem Rande regulär mit Ausnahme des innen gelegenen Punktes $s = 1$, welcher Pol erster Ordnung mit dem Residuum -1 ist. Also ist der Integrand

$$\frac{x^s}{s^2}\frac{\zeta'(s)}{\zeta(s)}$$

auf dem Rande und im Innern regulär mit Ausnahme des Punktes $s = 1$, welcher Pol erster Ordnung mit dem Residuum $-x$ ist. Die Anwendung des Cauchyschen Satzes ergibt also

$$\int_A^B \frac{x^s}{s^2}\frac{\zeta'(s)}{\zeta(s)}ds + \int_B^C \frac{x^s}{s^2}\frac{\zeta'(s)}{\zeta(s)}ds + \int_C^D \frac{x^s}{s^2}\frac{\zeta'(s)}{\zeta(s)}ds + \int_D^E \frac{x^s}{s^2}\frac{\zeta'(s)}{\zeta(s)}ds$$

$$+\int_E^F \frac{x^s}{s^2}\frac{\zeta'(s)}{\zeta(s)}ds + \int_F^A \frac{x^s}{s^2}\frac{\zeta'(s)}{\zeta(s)}ds = -2\pi i x,$$

also für das in der Schlußformel des vorigen Paragraphen auftretende Integral

$$\int_{2-x^2 i}^{2+x^2 i} \frac{x^s}{s^2}\frac{\zeta'(s)}{\zeta(s)}ds = \int_A^B \frac{x^s}{s^2}\frac{\zeta'(s)}{\zeta(s)}ds$$

$$(1)\quad \begin{cases} = -2\pi i x + \int_A^F \frac{x^s}{s^2}\frac{\zeta'(s)}{\zeta(s)}ds + \int_F^E \frac{x^s}{s^2}\frac{\zeta'(s)}{\zeta(s)}ds + \int_E^D \frac{x^s}{s^2}\frac{\zeta'(s)}{\zeta(s)}ds \\ \qquad + \int_D^C \frac{x^s}{s^2}\frac{\zeta'(s)}{\zeta(s)}ds + \int_C^B \frac{x^s}{s^2}\frac{\zeta'(s)}{\zeta(s)}ds. \end{cases}$$

1. Hierin ist zunächst, da auf dem Wege ED, dessen Länge 6 ist,

$$\left|\frac{1}{s^2}\frac{\zeta'(s)}{\zeta(s)}\right|$$

unterhalb einer von x unabhängigen Konstanten liegt und dort

$$|x^s| = x^{1-\frac{1}{c\log^9 3}}$$

ist,

$$(2)\qquad \int_E^D \frac{x^s}{s^2}\frac{\zeta'(s)}{\zeta(s)}ds = O\left(x^{1-\frac{1}{c\log^9 3}}\right).$$

2. Ferner ist unter Berücksichtigung der Ungleichung (2) des § 48 und der Symmetrie der oberen und unteren Halbebene

$$\left|\int_C^B \frac{x^s}{s^2}\frac{\zeta'(s)}{\zeta(s)}ds\right| = \left|\int_A^F \frac{x^s}{s^2}\frac{\zeta'(s)}{\zeta(s)}ds\right|$$

$$= \left|\int_{1-\frac{1}{c\log^9(x^2)}}^{2} \frac{x^{\sigma+x^2 i}}{(\sigma+x^2 i)^2}\frac{\zeta'(\sigma+x^2 i)}{\zeta(\sigma+x^2 i)}d\sigma\right|$$

$$< b\log^9(x^2)\int\limits_{1-\frac{1}{c\log^9(x^2)}}^{2}\frac{x^\sigma}{\sigma^2+x^4}\,d\sigma$$

$$< b\log^9(x^2)\int\limits_0^2\frac{x^2}{x^4}\,d\sigma$$

$$= 2b\,\frac{\log^9(x^2)}{x^2}$$

$$(3)\qquad = O\left(\frac{\log^9 x}{x^2}\right).$$

3. Unter Berücksichtigung derselben Ungleichung ergibt sich außerdem

$$\left|\int\limits_D^C\frac{x^s}{s^2}\frac{\zeta'(s)}{\zeta(s)}\,ds\right| = \left|\int\limits_F^E\frac{x^s}{s^2}\frac{\zeta'(s)}{\zeta(s)}\,ds\right|$$

$$= \left|\int\limits_3^{x^2}\frac{x^{1-\frac{1}{c\log^9 t}+ti}}{\left(1-\frac{1}{c\log^9 t}+ti\right)^2}\,\frac{\zeta'\left(1-\frac{1}{c\log^9 t}+ti\right)}{\zeta\left(1-\frac{1}{c\log^9 t}+ti\right)}\left(\frac{9}{ct\log^{10}t}+i\right)dt\right|$$

$$< \int\limits_3^{x^2}\frac{x^{1-\frac{1}{c\log^9 t}}}{t^2}\,b\log^9 t\left(\frac{9}{c\cdot 3\log^{10}3}+1\right)dt$$

$$= O\int\limits_3^{x^2}\frac{x^{1-\frac{1}{c\log^9 t}}}{t^2}\log^9 t\,dt$$

$$(4)\qquad = O\left(x\log^9 x\int\limits_3^{x^2}\frac{x^{-\frac{1}{c\log^9 t}}}{t^2}\,dt\right).$$

Von einer gewissen Stelle an ist

$$3 < e^{\sqrt[10]{\log x}} < x^2;$$

x werde oberhalb dieser Stelle angenommen; das ist erlaubt, da es ja nur auf das Verhalten aller dieser Integrale für ins Unendliche wachsendes x ankommt. Das Integral in (4) werde in zwei durch $e^{\sqrt[10]{\log x}}$ geschiedene Teile zerlegt; dann ergibt sich

$$\int_3^{x^2} \frac{x^{-\frac{1}{c\log^9 t}}}{t^2}\,dt = \int_3^{e^{\sqrt[10]{\log x}}} \frac{x^{-\frac{1}{c\log^9 t}}}{t^2}\,dt + \int_{e^{\sqrt[10]{\log x}}}^{x^2} \frac{x^{-\frac{1}{c\log^9 t}}}{t^2}\,dt$$

$$< x^{-\frac{1}{c\log^9\left(e^{\sqrt[10]{\log x}}\right)}} \int_3^{e^{\sqrt[10]{\log x}}} \frac{dt}{t^2} + \int_{e^{\sqrt[10]{\log x}}}^{x^2} \frac{dt}{t^2}$$

$$< x^{-\frac{1}{c\log^{\frac{9}{10}} x}} \int_3^{\infty} \frac{dt}{t^2} + \int_{e^{\sqrt[10]{\log x}}}^{\infty} \frac{dt}{t^2}$$

$$= O\left(e^{-\frac{\log x}{c\log^{\frac{9}{10}} x}}\right) + O\left(e^{-\sqrt[10]{\log x}}\right)$$

$$= O\left(e^{-\frac{1}{c}\sqrt[10]{\log x}}\right) + O\left(e^{-\sqrt[10]{\log x}}\right)$$

$$= O\left(e^{-\frac{1}{c}\sqrt[10]{\log x}}\right),$$

also, wenn dies in (4) eingesetzt wird,

$$\left|\int_D^C \frac{x^s}{s^2}\frac{\zeta'(s)}{\zeta(s)}\,ds\right| = \left|\int_F^E \frac{x^s}{s^2}\frac{\zeta'(s)}{\zeta(s)}\,ds\right|$$

$$= O\left(x\log^9 x\, e^{-\frac{1}{c}\sqrt[10]{\log x}}\right)$$

$$(5) \qquad = O\left(x e^{-\sqrt[11]{\log x}}\right);$$

in der Tat ist sogar

$$\lim_{x=\infty} \frac{\log^9 x\, e^{-\frac{1}{c}\sqrt[10]{\log x}}}{e^{-\sqrt[11]{\log x}}} = \lim_{y=\infty} \frac{y^9 e^{-\frac{1}{c}\sqrt[10]{y}}}{e^{-\sqrt[11]{y}}}$$

$$= \lim_{z=\infty} \frac{z^{990} e^{-\frac{1}{c}z^{11}}}{e^{-z^{10}}}$$

$$= \lim_{z=\infty} \frac{z^{990} e^{(z^{10})}}{e^{\frac{1}{c}z^{11}}}$$

$$= 0.$$

(2), (3) und (5) ergeben, in (1) eingesetzt,

$$\int\limits_{2-x^2 i}^{2+x^2 i} \frac{x^s}{s^2} \frac{\zeta'(s)}{\zeta(s)} ds = -2\pi i x + O\left(x^{1-\frac{1}{c\log^9 3}}\right) + O\left(\frac{\log^9 x}{x^2}\right) + O\left(x e^{-\sqrt[11]{\log x}}\right)$$

$$= -2\pi i x + O\left(x e^{-\sqrt[11]{\log x}}\right),$$

also in Verbindung mit der Schlußformel des vorigen Paragraphen

$$(6) \qquad \sum_{n=1}^{x} \Lambda(n) \log \frac{x}{n} = x + O\left(x e^{-\sqrt[11]{\log x}}\right).$$

§ 52.

Vorläufiger Abkürzungsweg zum Primzahlsatz ohne genauere Restabschätzung.

In der Schlußformel (6) des vorigen Paragraphen liegt speziell das nicht triviale Resultat

$$\sum_{n=1}^{x} \Lambda(n) \log \frac{x}{n} = O(x)$$

enthalten. Allerdings folgt dies auch leicht aus der elementar beweisbaren Formel des § 18

$$\sum_{n=1}^{x} \Lambda(n) = \psi(x)$$
$$= O(x)$$

durch die für $x \geqq 1$ gültige Transformation

$$\sum_{n=1}^{x} \Lambda(n) \log \frac{x}{n} = \sum_{n=1}^{x} (\psi(n) - \psi(n-1)) \log \frac{x}{n}$$

$$= \sum_{n=1}^{x} \psi(n) \left(\log \frac{x}{n} - \log \frac{x}{n+1}\right) + \psi(x) \log \frac{x}{[x]+1}$$

$$(1) \qquad = \sum_{n=1}^{x} \psi(n) \log\left(1 + \frac{1}{n}\right) + \psi(x) \log \frac{x}{[x]+1}$$

$$= O \sum_{n=1}^{x} n \cdot \frac{1}{n} + O\left(x \cdot \log \frac{x+1}{x}\right)$$

$$= O(x) + O(1)$$

$$= O(x).$$

Aber es ist ganz interessant, umgekehrt darauf aufmerksam zu machen, daß, wenn das Ergebnis des vorigen Paragraphen in der Genauigkeit

$$\sum_{n=1}^{x} \Lambda(n) \log \frac{x}{n} \sim x$$

verwendet wird, wegen

$$\log\left(1 + \frac{1}{n}\right) = \frac{1}{n} + O\left(\frac{1}{n^2}\right)$$

aus der Identität (1) folgt[1]:

$$\begin{aligned} x + o(x) &= \sum_{n=1}^{x} \psi(n) \frac{1}{n} + O \sum_{n=1}^{x} \psi(n) \frac{1}{n^2} + O\left(\psi(x) \cdot \log \frac{x+1}{x}\right) \\ &= \sum_{n=1}^{x} \frac{\psi(n)}{n} + O \sum_{n=1}^{x} n \log n \cdot \frac{1}{n^2} + O\left(x \log x \cdot \frac{1}{x}\right) \\ &= \sum_{n=1}^{x} \frac{\psi(n)}{n} + O(\log^2 x) + O(\log x), \end{aligned}$$

$$(2) \qquad \sum_{n=1}^{x} \frac{\psi(n)}{n} = x + o(x).$$

Das ist für uns hier ein neues Resultat, welches für sich allein gestattet, elementar zum Primzahlsatz weiter zu gelangen: Es sei $\delta > 0$ gegeben. Dann ist nach (2)

$$\begin{aligned} \sum_{n=1}^{x+\delta x} \frac{\psi(n)}{n} &= x + \delta x + o(x + \delta x) \\ &= x + \delta x + o(x), \end{aligned}$$

also, wenn (2) hiervon subtrahiert wird,

$$\sum_{n=x+1}^{x+\delta x} \frac{\psi(n)}{n} = \delta x + o(x).$$

Nun ist

$$\sum_{n=x+1}^{x+\delta x} \frac{\psi(n)}{n} \begin{cases} \leqq \psi(x + \delta x) \sum\limits_{n=x+1}^{x+\delta x} \frac{1}{n}, \\ \geqq \psi(x) \sum\limits_{n=x+1}^{x+\delta x} \frac{1}{n}; \end{cases}$$

---

1) Die triviale Abschätzung

$$\psi(n) = O(n \log n)$$

(statt $O(n)$) im zweiten und dritten Gliede der nächsten rechten Seite genügt.

also ist wegen[1])

$$\sum_{n=x+1}^{x+\delta x} \frac{1}{n} = \log(1+\delta) + o(1)$$

$$\psi(x)(\log(1+\delta) + o(1)) \leqq \delta x + o(x),$$

$$\psi(x+\delta x)(\log(1+\delta) + o(1)) \geqq \delta x + o(x),$$

folglich

(3)
$$\psi(x) \leqq x \cdot \frac{\delta + o(1)}{\log(1+\delta) + o(1)}$$

$$= \frac{\delta}{\log(1+\delta)}\, x + o(x),$$

(4)
$$\psi(x+\delta x) \geqq \frac{\delta}{\log(1+\delta)}\, x + o(x),$$

oder, wenn in (4) x durch $\frac{x}{1+\delta}$ ersetzt wird,

(5)
$$\psi(x) \geqq \frac{\delta}{\log(1+\delta)} \frac{x}{1+\delta} + o(x).$$

(3) besagt

$$\limsup_{x=\infty} \frac{\psi(x)}{x} \leqq \frac{\delta}{\log(1+\delta)}$$

für alle $\delta > 0$, also wegen

$$\lim_{\delta=0} \frac{\delta}{\log(1+\delta)} = 1$$

(6)
$$\limsup_{x=\infty} \frac{\psi(x)}{x} \leqq 1.$$

(5) besagt

$$\liminf_{x=\infty} \frac{\psi(x)}{x} \geqq \frac{\delta}{\log(1+\delta)} \frac{1}{1+\delta},$$

(7)
$$\liminf_{x=\infty} \frac{\psi(x)}{x} \geqq 1.$$

---

1) Dies folgt aus den Relationen (v, w ganz, $w \geqq v-1 \geqq 1$)

$$\sum_{n=v}^{w} \frac{1}{n} \begin{cases} \leqq \displaystyle\int_{v-1}^{w} \frac{du}{u} = \log \frac{w}{v-1}, \\ \geqq \displaystyle\int_{v}^{w+1} \frac{du}{u} = \log \frac{w+1}{v} \end{cases}$$

für $v = [x] + 1$, $w = [x + \delta x]$ mit Rücksicht auf

$$[x+\delta x] \sim (1+\delta)[x],$$

$$[x+\delta x] + 1 \sim (1+\delta)([x]+1).$$

Folglich ist wegen (6) und (7)

$$\lim_{x=\infty} \frac{\psi(x)}{x} = 1,$$

also (vgl. §§ 18 und 19)

$$\lim_{x=\infty} \frac{\vartheta(x)}{x} = 1,$$

$$\lim_{x=\infty} \frac{\pi(x)}{\frac{x}{\log x}} = 1,$$

womit der Primzahlsatz bewiesen ist.

§ 53.

Genauere Restabschätzung beim Übergang zu $\psi(x)$ und $\vartheta(x)$.

Ich kehre zur Schlußformel (6) des § 51

$$(1) \qquad \sum_{n=1}^{x} \Lambda(n) \log \frac{x}{n} = x + O\left(x e^{-\sqrt[11]{\log x}}\right)$$

zurück und setze

$$\delta = \delta(x) = e^{-\sqrt[12]{\log x}};$$

das ist eine für $x > 1$ zwischen 0 und 1 gelegene und monoton zu Null abnehmende Funktion.

Aus (1) folgt, wenn $(1 + \delta)x$ statt x geschrieben wird,

$$\sum_{n=1}^{x+\delta x} \Lambda(n) \log \frac{x + \delta x}{n} = x + \delta x + O\left((x + \delta x) e^{-\sqrt[11]{\log (x+\delta x)}}\right),$$

also wegen

$$(x + \delta x) e^{-\sqrt[11]{\log (x+\delta x)}} < 2 x e^{-\sqrt[11]{\log x}}$$

$$\sum_{n=1}^{x+\delta x} \Lambda(n) \log \frac{x + \delta x}{n} = x + \delta x + O\left(x e^{-\sqrt[11]{\log x}}\right),$$

$$\sum_{n=1}^{x} \Lambda(n) \log \frac{x + \delta x}{n} + \sum_{n=x+1}^{x+\delta x} \Lambda(n) \log \frac{x + \delta x}{n} = x + \delta x + O\left(x e^{-\sqrt[11]{\log x}}\right),$$

folglich, wenn (1) hiervon subtrahiert wird, wegen

$$\log \frac{x + \delta x}{n} - \log \frac{x}{n} = \log (1 + \delta)$$

$$\log (1 + \delta) \sum_{n=1}^{x} \Lambda(n) + \sum_{n=x+1}^{x+\delta x} \Lambda(n) \log \frac{x + \delta x}{n} = \delta x + O\left(x e^{-\sqrt[11]{\log x}}\right).$$

Hierin ist

$$\begin{aligned}
0 &\leqq \sum_{n=x+1}^{x+\delta x} \Lambda(n) \log \frac{x+\delta x}{n} \\
&\leqq \sum_{n=x+1}^{x+\delta x} \Lambda(n) \log \frac{x+\delta x}{x} \\
&= \log(1+\delta) \sum_{n=x+1}^{x+\delta x} \Lambda(n) \\
&\leqq \log(1+\delta) \sum_{n=x+1}^{x+\delta x} \log n \\
&\leqq \log(1+\delta) \sum_{n=x+1}^{x+\delta x} \log(2x) \\
&= \log(1+\delta) \log(2x)([x+\delta x]-[x]) \\
&< \log(1+\delta) \log(2x)(\delta x+1) \\
&= O(\log(1+\delta) \log(2x) \delta x) \\
&= O(\delta^2 x \log x);
\end{aligned}$$

daher ergibt sich

$$\begin{aligned}
\log(1+\delta) \sum_{n=1}^{x} \Lambda(n) &= \delta x + O\left(x e^{-\sqrt[11]{\log x}}\right) + O(\delta^2 x \log x) \\
&= \delta x + O(\delta^2 x \log x),
\end{aligned}$$

da

$$\begin{aligned}
e^{-\sqrt[11]{\log x}} &= o\left(e^{-2\sqrt[12]{\log x}} \log x\right) \\
&= o(\delta^2 \log x)
\end{aligned}$$

ist. Ich schließe hieraus weiter:

$$\begin{aligned}
\psi(x) &= \sum_{n=1}^{x} \Lambda(n) \\
&= \frac{\delta}{\log(1+\delta)} x + O\left(\frac{\delta^2}{\log(1+\delta)} x \log x\right) \\
&= \frac{\delta}{\log(1+\delta)} x + O(\delta x \log x).
\end{aligned}$$

Nun ist

$$\lim_{\varepsilon=0}\left(\frac{\varepsilon}{\log(1+\varepsilon)}-1\right)\frac{1}{\varepsilon}=\lim_{\varepsilon=0}\frac{\varepsilon-\log(1+\varepsilon)}{\log(1+\varepsilon)}\frac{1}{\varepsilon}$$

$$=\lim_{\varepsilon=0}\frac{\varepsilon-\varepsilon+\frac{\varepsilon^2}{2}-\cdots}{\varepsilon-\frac{\varepsilon^2}{2}+\cdots}\cdot\frac{1}{\varepsilon}$$

$$=\lim_{\varepsilon=0}\frac{\frac{1}{2}-\cdots}{1-\cdots}$$

$$=\frac{1}{2},$$

also

$$\frac{\delta}{\log(1+\delta)}=1+O(\delta)$$

$$\{=1+O(\delta(x))\};$$

das ergibt

$$\psi(x)=x+O(\delta x)+O(\delta x\log x)$$

$$=x+O(\delta x\log x)$$

$$=x+O(xe^{-\sqrt[12]{\log x}}\log x)$$

$$=x+O\left(xe^{-\sqrt[13]{\log x}}\right),$$

was viel mehr besagt als das Ergebnis

$$\psi(x)=x+o(x)$$

des vorigen Paragraphen.

Es besagt insbesondere für jedes konstante q

$$\lim_{x=\infty}\frac{\log^q x}{x}(\psi(x)-x)=0.$$

Von $\psi(x)$ schließe ich für $\vartheta(x)$ mit Rücksicht auf

$$\psi(x)=\vartheta(x)+\vartheta(\sqrt{x})+\vartheta(\sqrt[3]{x})+\cdots$$

$$=\vartheta(x)+O(\sqrt{x}\log x)$$

weiter:

$$\vartheta(x)=x+O\left(xe^{-\sqrt[13]{\log x}}\right).$$

§ 54.

Übergang von $\vartheta(x)$ zu $\pi(x)$.

Aus

$$\vartheta(x)-x=O\left(xe^{-\sqrt[13]{\log x}}\right)$$

ergibt sich für $x \geqq 2$

$$\pi(x) = \sum_{n=2}^{x} \frac{\vartheta(n) - \vartheta(n-1)}{\log n}$$

$$= \sum_{n=2}^{x} \frac{1}{\log n} + \sum_{n=2}^{x} \frac{\vartheta(n) - n - (\vartheta(n-1) - (n-1))}{\log n}$$

$$= \sum_{n=2}^{x} \frac{1}{\log n} + \sum_{n=2}^{x} (\vartheta(n) - n)\left(\frac{1}{\log n} - \frac{1}{\log(n+1)}\right) + \frac{1}{\log 2} + \frac{\vartheta(x) - [x]}{\log([x]+1)}$$

$$= \int_2^x \frac{du}{\log u} + O(1) + O\sum_{n=2}^{x} n e^{-\sqrt[13]{\log n}} \frac{1}{n \log^2 n} + O\left(\frac{x e^{-\sqrt[13]{\log x}}}{\log x}\right)$$

$$= \int_2^x \frac{du}{\log u} + O\sum_{n=2}^{x} e^{-\sqrt[13]{\log n}} + O\left(x e^{-\sqrt[13]{\log x}}\right)$$

$$= \int_2^x \frac{du}{\log u} + O\int_1^{\sqrt{x}} e^{-\sqrt[13]{\log u}}\, du + O\int_{\sqrt{x}}^{x} e^{-\sqrt[13]{\log u}}\, du + O\left(x e^{-\sqrt[13]{\log x}}\right)$$

$$= \int_2^x \frac{du}{\log u} + O(\sqrt{x} \cdot 1) + O\left(x e^{-\sqrt[13]{\log(\sqrt{x})}}\right) + O\left(x e^{-\sqrt[13]{\log x}}\right)$$

$$= \int_2^x \frac{du}{\log u} + O\left(x e^{-\frac{1}{\sqrt[13]{2}}\sqrt[13]{\log x}}\right)$$

$$= \int_2^x \frac{du}{\log u} + O\left(x e^{-\sqrt[14]{\log x}}\right).$$

Damit ist für jedes q bewiesen, daß

$$\lim_{x=\infty} \frac{\log^q x}{x}\left(\pi(x) - \int_2^x \frac{du}{\log u}\right) = 0$$

ist, und nun hat der Leser alle in § 10 der Einleitung daraus gezogenen Folgerungen in seinen Besitz gebracht, insbesondere die Kette der Relationen

$$\pi(x) = \frac{x}{\log x} + O\left(\frac{x}{\log^2 x}\right),$$

$$\pi(x) = \frac{x}{\log x} + \frac{x}{\log^2 x} + o\left(\frac{x}{\log^2 x}\right),$$

$$\pi(x)=\frac{x}{\log x}+\frac{x}{\log^2 x}+O\left(\frac{x}{\log^3 x}\right),$$

$$\pi(x)=\frac{x}{\log x}+\frac{x}{\log^2 x}+\frac{2x}{\log^3 x}+o\left(\frac{x}{\log^3 x}\right)$$

usw.

Dreizehntes Kapitel.

Folgerungen aus dem Primzahlsatz und den schärferen Relationen über $\pi(x)$.

---

§ 55.

Über $\sum\limits_{p\leqq x}\frac{\log p}{p}$, $\sum\limits_{p\leqq x}\frac{1}{p}$ und $\sum\limits_{p\leqq x}F(p)$ allgemein.

Ich will nun eine Reihe von weiteren, in der Einleitung noch nicht erwähnten Folgerungen aus dem Primzahlsatz und seiner genaueren Fassung ziehen und beginne mit einer Verschärfung der in § 26 und § 28 elementar hergeleiteten Relationen über

$$\sum_{p\leqq x}\frac{\log p}{p}$$

und

$$\sum_{p\leqq x}\frac{1}{p},$$

die damals lauteten:

$$\sum_{p\leqq x}\frac{\log p}{p}=\log x+O(1)$$

und

$$\sum_{p\leqq x}\frac{1}{p}=\log\log x+B+O\left(\frac{1}{\log x}\right);$$

hierin war nach § 36

$$B=C-\sum_{m=2}^{\infty}\sum_{p}\frac{1}{mp^m}.$$

Es ist nun

$$\sum_{p \leqq x} \frac{\log p}{p} = \sum_{n=2}^{x} \frac{\vartheta(n) - \vartheta(n-1)}{n}$$

$$= \sum_{n=2}^{x} \frac{1}{n} + \sum_{n=2}^{x} \frac{(\vartheta(n) - n) - (\vartheta(n-1) - (n-1))}{n}$$

$$= \log x + C - 1 + O\left(\frac{1}{x}\right) + \sum_{n=2}^{x} O\left(n e^{-\sqrt[13]{\log n}}\right)\left(\frac{1}{n} - \frac{1}{n+1}\right) + \frac{1}{2} + O\left(\frac{x e^{-\sqrt[13]{\log x}}}{x}\right)$$

$$= \log x + C - \frac{1}{2} + O\left(\frac{1}{x}\right) + \sum_{n=2}^{x} O\left(\frac{e^{-\sqrt[13]{\log n}}}{n}\right) + O\left(e^{-\sqrt[13]{\log x}}\right).$$

Hierin ist wegen

$$\frac{e^{-\sqrt[13]{\log n}}}{n} = O\left(\frac{1}{n \log^2 n}\right)$$

die Reihe

$$\sum_{n=2}^{\infty} O\left(\frac{e^{-\sqrt[13]{\log n}}}{n}\right)$$

konvergent; genauer ist, wenn die Summe mit D bezeichnet wird,

$$\sum_{n=2}^{x} O\left(\frac{e^{-\sqrt[13]{\log n}}}{n}\right) = D + O\int_{x}^{\infty} \frac{e^{-\sqrt[13]{\log u}}}{u}\, du$$

$$= D + O\int_{\log x}^{\infty} e^{-\sqrt[13]{v}}\, dv$$

$$= D + O\int_{\log x}^{\infty} e^{-\sqrt[14]{v}}\, e^{-\sqrt[14]{v}}\, dv$$

$$= D + O\left(e^{-\sqrt[14]{\log x}} \int_{\log x}^{\infty} e^{-\sqrt[14]{v}}\, dv\right)$$

$$= D + O\left(e^{-\sqrt[14]{\log x}}\right);$$

daraus ergibt sich

$$\sum_{p \leqq x} \frac{\log p}{p} = \log x + E + O\left(e^{-\sqrt[14]{\log x}}\right),$$

also für alle q

$$(1) \qquad \sum_{p \leqq x} \frac{\log p}{p} = \log x + E + O\left(\frac{1}{\log^q x}\right).$$

Der Wert der Konstanten E ist leicht darzustellen. Es ist für zu 1 abnehmendes s nach § 43

$$\sum_{p,m} \frac{\log p}{p^{ms}} = \sum_{n=1}^{\infty} \frac{\Lambda(n)}{n^s}$$

$$= -\frac{\zeta'(s)}{\zeta(s)}$$

$$= \frac{1}{s-1} - C + \varepsilon_1(s)$$

und

$$\sum_{n=1}^{\infty} \frac{1}{n^s} = \zeta(s)$$

$$= \frac{1}{s-1} + C + \varepsilon_2(s),$$

wo

$$\lim_{s=1} \varepsilon_1(s) = 0$$

und

$$\lim_{s=1} \varepsilon_2(s) = 0$$

ist; daher ist

$$\lim_{s=1} \sum_{n=1}^{\infty} \frac{\Lambda(n) - 1}{n^s} = -2C.$$

Nach (1) und mit Rücksicht auf

$$\sum_{\substack{p,m \\ p^m \leqq x \\ m \geqq 2}} \frac{\log p}{p^m} = \sum_p \frac{\log p}{p(p-1)} + o(1)$$

nebst

$$\sum_{n=1}^{x} \frac{1}{n} = \log x + C + o(1)$$

ist

$$\sum_{n=1}^{x} \frac{\Lambda(n) - 1}{n} = \sum_{p \leqq x} \frac{\log p}{p} + \sum_{\substack{p,m \\ p^m \leqq x \\ m \geqq 2}} \frac{\log p}{p^m} - \sum_{n=1}^{x} \frac{1}{n}$$

$$= \log x + E + o(1) + \sum_p \frac{\log p}{p(p-1)} - \log x - C$$

$$= E - C + \sum_p \frac{\log p}{p(p-1)} + o(1),$$

d. h. es ist die Reihe

$$\sum_{n=1}^{\infty} \frac{\Lambda(n)-1}{n} = E - C + \sum_p \frac{\log p}{p(p-1)}$$

konvergent. Nach dem Stetigkeitssatz Dirichletscher Reihen ist also

$$-2C = E - C + \sum_p \frac{\log p}{p(p-1)},$$

$$E = -C - \sum_p \frac{\log p}{p(p-1)},$$

also für alle q infolge (1)

$$\sum_{p \leqq x} \frac{\log p}{p} = \log x - C - \sum_p \frac{\log p}{p(p-1)} + O\left(\frac{1}{\log^q x}\right),$$

was sich wegen

$$\sum_{p \leqq x} \frac{\log p}{p(p-1)} = \sum_p \frac{\log p}{p(p-1)} + O \sum_{n=x}^{\infty} \frac{\log n}{n^2}$$

auch so schreiben läßt:

$$\sum_{p \leqq x} \frac{\log p}{p-1} = \log x - C + O\left(\frac{1}{\log^q x}\right).$$

Es ist sehr interessant, daß die beiden Grenzwerte

$$\lim_{x=\infty}\left(\sum_{n=1}^{x} \frac{1}{n} - \log x\right)$$

und

$$\lim_{x=\infty}\left(\log x - \sum_{p \leqq x} \frac{\log p}{p-1}\right)$$

denselben Wert haben.

Für

$$\sum_{p \leqq x} \frac{1}{p}$$

ergibt sich

$$\sum_{p \leqq x} \frac{1}{p} = \sum_{n=2}^{x} \frac{\vartheta(n)-\vartheta(n-1)}{n \log n}$$

$$= \sum_{n=2}^{x} \frac{1}{n \log n} + \sum_{n=2}^{x} O\left(n e^{-\sqrt[13]{\log n}}\right)\left(\frac{1}{n \log n} - \frac{1}{(n+1)\log(n+1)}\right) + \frac{1}{2\log 2} + O\left(\frac{x e^{-\sqrt[13]{\log x}}}{x \log x}\right)$$

$$= \log\log x + A_0 + O\left(\frac{1}{x \log x}\right) + \sum_{n=2}^{x} O\left(\frac{e^{-\sqrt[13]{\log n}}}{n}\right) + \frac{1}{2\log 2} + O\left(e^{-\sqrt[13]{\log x}}\right),$$

also nach der obigen Rechnung

$$= \log\log x + B + O\left(e^{-\sqrt[14]{\log x}}\right)$$

$$= \log\log x + B + O\left(\frac{1}{\log^q x}\right)$$

für alle q.

Ebenso behandelt man allgemein eine Summe von der Gestalt

$$\sum_{p \leqq x} F(p),$$

wo die Funktion $F(u)$ für alle $u \geqq 2$ so definiert ist oder definiert werden kann, daß sie z. B. folgende Bedingungen erfüllt:

1. $\frac{F(u)}{\log u}$ ist von einer gewissen Stelle γ an, welche ganz und $\geqq 2$ angenommen werde, positiv, niemals zunehmend und hat für $u = \infty$ den Limes 0.

2.
$$\int_\gamma^\infty \frac{F(u)}{\log u} du$$

divergiert.

3.

(2)
$$\int_\gamma^\infty \frac{F(u)}{\log u} e^{-\sqrt[14]{\log u}} du$$

konvergiert.

Alsdann ergibt sich nämlich, wenn x von Anfang an $> \gamma$ angenommen wird,

$$\sum_{p \leqq x} F(p) = \sum_{p < \gamma} F(p) + \sum_{\gamma \leqq p \leqq x} F(p)$$

$$= \sum_{p<\gamma} F(p) + \sum_{n=\gamma}^{x} (\vartheta(n) - \vartheta(n-1)) \frac{F(n)}{\log n}$$

$$= A + \sum_{n=\gamma}^{x} \frac{F(n)}{\log n} + \sum_{n=\gamma}^{x} O\left(n e^{-\sqrt[13]{\log n}}\right)\left(\frac{F(n)}{\log n} - \frac{F(n+1)}{\log(n+1)}\right) + O\left(\frac{x e^{-\sqrt[13]{\log x}} F(x)}{\log x}\right)$$

Hierin ist

$$\sum_{n=\gamma}^{x} \frac{F(n)}{\log n} = A_1 + \int_\gamma^x \frac{F(u)}{\log u} du + O\left(\frac{F(x)}{\log x}\right).$$

Ferner ist nach der vorausgesetzten Konvergenz des Integrals (2), dessen Integrand positiv ist und niemals zunimmt,

$$(3) \qquad \lim_{u=\infty} u e^{-\sqrt[14]{\log u}} \frac{F(u)}{\log u} = 0.$$[1]

Nach der Identität ($w \geqq v \geqq 2$; w, v ganz)

$$\sum_{n=v}^{w} n e^{-\sqrt[13]{\log n}} \left(\frac{F(n)}{\log n} - \frac{F(n+1)}{\log (n+1)} \right) = \sum_{n=v}^{w} \frac{F(n)}{\log n} \left(n e^{-\sqrt[13]{\log n}} - (n-1) e^{-\sqrt[13]{\log (n-1)}} \right)$$

$$+ \frac{F(v)}{\log v} (v-1) e^{-\sqrt[13]{\log (v-1)}} - \frac{F(w+1)}{\log (w+1)} w e^{-\sqrt[13]{\log w}}$$

und mit Rücksicht auf

$$n e^{-\sqrt[13]{\log n}} - (n-1) e^{-\sqrt[13]{\log (n-1)}} = \int_{n-1}^{n} \frac{d}{du} \left(u e^{-\sqrt[13]{\log u}} \right) du$$

$$= \int_{n-1}^{n} \left(e^{-\sqrt[13]{\log u}} - \frac{1}{13} e^{-\sqrt[13]{\log u}} \frac{1}{\log^{\frac{12}{13}} u} \right) du$$

$$= O\left(e^{-\sqrt[13]{\log n}} \right)$$

sowie (3) ist

$$\sum_{n=\gamma}^{\infty} O\left(n e^{-\sqrt[13]{\log n}} \right) \left(\frac{F(n)}{\log n} - \frac{F(n+1)}{\log (n+1)} \right) = A_2$$

konvergent und

$$\sum_{n=\gamma}^{x} O\left(n e^{-\sqrt[13]{\log n}} \right) \left(\frac{F(n)}{\log n} - \frac{F(n+1)}{\log (n+1)} \right) + O\left(\frac{x e^{-\sqrt[13]{\log x}} F(x)}{\log x} \right)$$

$$= A_2 + O \sum_{n=x+1}^{\infty} n e^{-\sqrt[13]{\log n}} \left(\frac{F(n)}{\log n} - \frac{F(n+1)}{\log (n+1)} \right) + O\left(\frac{x e^{-\sqrt[13]{\log x}} F(x)}{\log x} \right)$$

$$= A_2 + O \sum_{n=x+1}^{\infty} \frac{F(n)}{\log n} e^{-\sqrt[13]{\log n}} + O\left(\frac{F(x)}{\log x} x e^{-\sqrt[13]{\log x}} \right)$$

---

1) In der Tat ist unter jenen Annahmen, wenn $G(u)$ den Integranden bezeichnet, für $u \geqq 2\gamma$

$$\int_{\frac{u}{2}}^{u} G(v)\, dv \geqq \frac{u}{2} G(u),$$

also

$$\lim_{u=\infty} u\, G(u) = 0\,.$$

$$= A_2 + O\int_x^\infty \frac{F(u)}{\log u} e^{-\sqrt[13]{\log u}}\, du + O\left(\frac{F(x)}{\log x} x e^{-\sqrt[14]{\log x}} e^{-\sqrt[14]{\log x}}\right)$$

$$= A_2 + O\int_x^\infty \frac{F(u)}{\log u} e^{-\sqrt[14]{\log u}} e^{-\sqrt[14]{\log u}}\, du + O\left(e^{-\sqrt[14]{\log x}}\right)$$

$$= A_2 + O\left(e^{-\sqrt[14]{\log x}} \int_x^\infty \frac{F(u)}{\log u} e^{-\sqrt[14]{\log u}}\, du\right) + O\left(e^{-\sqrt[14]{\log x}}\right)$$

$$= A_2 + O\left(e^{-\sqrt[14]{\log x}}\right).$$

Daher ergibt sich

$$\sum_{p \leqq x} F(p) = \int_\gamma^x \frac{F(u)}{\log u} du + A_3 + O\left(e^{-\sqrt[14]{\log x}}\right).$$

In unseren obigen zwei Fällen war

$$F(u) = \frac{\log u}{u}$$

und

$$F(u) = \frac{1}{u}.$$

§ 56.

Über Summen der Gestalt $\sum_{p \leqq x} F(p, x)$.

Allein unter Benutzung des Primzahlsatzes, d. h. von

$$\vartheta(x) \sim x$$

(ohne die genauere Restabschätzung) soll nunmehr zum Zwecke einiger Anwendungen (bei denen es mir nur auf die Ermittelung der höchsten Glieder ankommt) der Satz bewiesen werden:

Satz: $F(u, x)$ sei eine Funktion der zwei reellen Argumente u und x, wo $2 \leqq u \leqq x$ ist, mit folgenden Eigenschaften:

1. $F(u, x) \geqq 0$,
2. Bei festem $x > 2$ nimmt

$$\frac{F(u, x)}{\log u}$$

von $u = 2$ an bis $u = x$ mit wachsendem u niemals zu.

3. Es ist
$$F(2, x) = o\int_2^x \frac{F(u, x)}{\log u}\,du.$$
Dann ist
$$\sum_{p \leqq x} F(p, x) \sim \int_2^x \frac{F(u, x)}{\log u}\,du.$$

Beweis: Es werde
$$\vartheta(x) = x + x\,\varepsilon(x)$$
gesetzt, wo also
$$\varepsilon(x) = o(1)$$
ist. Dann ist für $x \geqq 2$
$$\sum_{p \leqq x} F(p, x) = \sum_{n=2}^{x} \frac{\vartheta(n) - \vartheta(n-1)}{\log n} F(n, x)$$
$$= \sum_{n=2}^{x} \frac{1}{\log n} F(n, x) + \sum_{n=2}^{x} \frac{n\,\varepsilon(n) - (n-1)\,\varepsilon(n-1)}{\log n} F(n, x)$$
$$= \sum_{n=2}^{x} \frac{F(n, x)}{\log n} + \sum_{n=2}^{x-1} n\,\varepsilon(n)\left(\frac{F(n, x)}{\log n} - \frac{F(n+1, x)}{\log(n+1)}\right) + \frac{F(2, x)}{\log 2} + [x]\,\varepsilon([x])\frac{F([x], x)}{\log [x]}.$$
Nach den Voraussetzungen ist
$$\sum_{n=2}^{x} \frac{F(n, x)}{\log n} + \frac{F(2, x)}{\log 2} = \int_2^x \frac{F(u, x)}{\log u}\,du + o\int_2^x \frac{F(u, x)}{\log u}\,du.$$
Nach Annahme von $\delta > 0$ ist für alle $u \geqq \omega = \omega(\delta)$
$$|\varepsilon(u)| < \delta,$$
also für $x \geqq 2$, $x \geqq \omega + 1$
$$\left|\sum_{n=2}^{x-1} n\,\varepsilon(n)\left(\frac{F(n, x)}{\log n} - \frac{F(n+1, x)}{\log(n+1)}\right) + [x]\,\varepsilon([x])\frac{F([x], x)}{\log [x]}\right|$$
$$< O(F(2, x)) + \delta \sum_{n=\omega}^{x-1} n\left(\frac{F(n, x)}{\log n} - \frac{F(n+1, x)}{\log(n+1)}\right) + \delta [x]\frac{F([x], x)}{\log [x]}$$
$$= \delta \sum_{n=\omega}^{x} \frac{F(n, x)}{\log n} + O(F(2, x))$$
$$= \delta \int_2^x \frac{F(u, x)}{\log u}\,du + o\int_2^x \frac{F(u, x)}{\log u}\,du;$$

da dies für jedes $\delta > 0$ gilt, ist

$$\sum_{n=2}^{x-1} n\varepsilon(n)\left(\frac{F(n,x)}{\log n} - \frac{F(n+1,x)}{\log(n+1)}\right) + [x]\varepsilon([x])\frac{F([x],x)}{\log[x]} = o\int_2^x \frac{F(u,x)}{\log u}\,du\,.$$

Daher ergibt sich

$$\sum_{p \leqq x} F(p,x) = \int_2^x \frac{F(u,x)}{\log u}\,du + o\int_2^x \frac{F(u,x)}{\log u}\,du$$

$$\sim \int_2^x \frac{F(u,x)}{\log u}\,du\,,$$

wie behauptet.

Hiervon mache ich folgende Anwendungen:

I. Die Anzahl $\pi_2(x)$ der Zahlen bis x, welche aus zwei verschiedenen Primfaktoren zusammengesetzt sind, ist gleich der halben Anzahl der Lösungen von

$$(1) \qquad pq \leqq x\,,$$

wo p, q verschiedene Primzahlen sind. Also ist offenbar

$$2\pi_2(x) = \sum_{p \leqq x} \pi\left(\frac{x}{p}\right) - \pi(\sqrt{x});$$

denn

$$\sum_{p \leqq x} \pi\left(\frac{x}{p}\right)$$

ist die Anzahl der Primzahllösungspaare von (1), wobei nicht $p \neq q$ vorgeschrieben ist, $\pi(\sqrt{x})$ die Anzahl der Lösungspaare, wo $p = q$ ist. Das gibt

$$(2) \qquad 2\pi_2(x) = \sum_{p \leqq x} \pi\left(\frac{x}{p}\right) + O\left(\frac{\sqrt{x}}{\log x}\right).$$

Auf

$$F(p,x) = \pi\left(\frac{x}{p}\right)$$

passen offenbar die Voraussetzungen des vorigen Satzes. Denn

1. Es ist stets für $2 \leqq u \leqq x$

$$\pi\left(\frac{x}{u}\right) \geqq 0.$$

2. Bei festem x nimmt $\pi\left(\frac{x}{u}\right)$, also a fortiori

$$\frac{\pi\left(\frac{x}{u}\right)}{\log u}$$

mit wachsendem $u \geqq 2$ niemals zu.

3. Es ist

$$\pi\left(\frac{x}{2}\right) = o\int_2^x \frac{F(u,x)}{\log u}\,du,$$

d. h.

$$\frac{x}{\log x} = o\int_2^x \frac{\pi\left(\frac{x}{u}\right)}{\log u}\,du,$$

wie sich zugleich mit der weiterhin erforderlichen asymptotischen Abschätzung von

$$\int_2^x \frac{F(u,x)}{\log u}\,du = \int_2^x \frac{\pi\left(\frac{x}{u}\right)}{\log u}\,du$$

ergeben wird.

Es ist

$$\int_2^x \frac{\pi\left(\frac{x}{u}\right)}{\log u}\,du = \int_2^{\frac{x}{2}} \frac{\pi\left(\frac{x}{u}\right)}{\log u}\,du$$

$$= x\int_2^{\frac{x}{2}} \frac{\pi(v)}{\log x - \log v}\,\frac{dv}{v^2}.$$

Nach Annahme von $\delta > 0$ ist für $v \geqq \omega = \omega(\delta)$

$$\left|\pi(v) - \frac{v}{\log v}\right| < \delta\,\frac{v}{\log v},$$

also für $x > 2\omega$

$$\left|\int_\omega^{\frac{x}{2}} \frac{\pi(v)}{\log x - \log v}\,\frac{dv}{v^2} - \int_\omega^{\frac{x}{2}} \frac{\frac{v}{\log v}}{\log x - \log v}\,\frac{dv}{v^2}\right| < \delta\int_\omega^{\frac{x}{2}} \frac{\frac{v}{\log v}}{\log x - \log v}\,\frac{dv}{v^2},$$

$$\left| \int_2^{\frac{x}{2}} \frac{\pi(v)}{\log x - \log v} \frac{dv}{v^2} - \int_2^{\frac{x}{2}} \frac{\frac{v}{\log v}}{\log x - \log v} \frac{dv}{v^2} \right| < \delta \int_2^{\frac{x}{2}} \frac{\frac{v}{\log v}}{\log x - \log v} \frac{dv}{v^2} + O\left(\frac{1}{\log x}\right);$$

wegen

$$\int_2^{\frac{x}{2}} \frac{\frac{v}{\log v}}{\log x - \log v} \frac{dv}{v^2} = \int_{\log 2}^{\log x - \log 2} \frac{dw}{w(\log x - w)}$$

$$= \frac{1}{\log x} \int_{\log 2}^{\log x - \log 2} \left(\frac{1}{w} + \frac{1}{\log x - w}\right) dw$$

$$= \frac{1}{\log x} \{\log(\log x - \log 2) - \log\log 2 - \log\log 2 + \log(\log x - \log 2)\}$$

$$\sim \frac{2 \log\log x}{\log x}$$

ist daher für alle hinreichend großen x

$$\left| \frac{\int_2^{\frac{x}{2}} \frac{\pi(v)}{\log x - \log v} \frac{dv}{v^2}}{\int_2^{\frac{x}{2}} \frac{\frac{v}{\log v}}{\log x - \log v} \frac{dv}{v^2}} - 1 \right| < \delta + \delta$$

$$= 2\delta,$$

d. h.

$$\int_2^{\frac{x}{2}} \frac{\pi(v)}{\log x - \log v} \frac{dv}{v^2} \sim \int_2^{\frac{x}{2}} \frac{\frac{v}{\log v}}{\log x - \log v} \frac{dv}{v^2}$$

$$\sim \frac{2 \log\log x}{\log x},$$

$$\int_2^x \frac{\pi\left(\frac{x}{u}\right)}{\log u} du \sim \frac{2x \log\log x}{\log x}.$$

Nach dem vorher bewiesenen Satz und der Identität (2) ist also

$$\pi_2(x) \sim \frac{x \log\log x}{\log x}.$$

II. Es sei ebenso $\pi_\nu(x)$ als die Anzahl der quadratfreien Zahlen $\leqq x$ definiert, welche aus ν Primfaktoren zusammengesetzt sind. Dann behaupte ich, daß

$$\pi_\nu(x) \sim \frac{1}{(\nu-1)!} \frac{x(\log\log x)^{\nu-1}}{\log x}$$

ist, und werde es durch vollständige Induktion beweisen; für $\nu = 1$ ist es ja der Primzahlsatz und für $\nu = 2$ soeben schon festgestellt. Es sei für $1, 2, \cdots, \nu$ $(\nu \geqq 2)$ wahr und soll für $\nu + 1$ bewiesen werden.

Es ist offenbar, wenn die Anzahl der Lösungen von

$$pQ \leqq x$$

abgezählt wird, wo Q eine beliebige quadratfreie aus ν Primfaktoren zusammengesetzte Zahl bezeichnet, diese Anzahl einerseits

$$\sum_{p \leqq x} \pi_\nu\left(\frac{x}{p}\right),$$

andererseits

$$= (\nu+1)\pi_{\nu+1}(x) + g(x),$$

wo $g(x)$ die Anzahl der Zahlen $\leqq x$ ist, welche $\nu - 1$ Primzahlen je einmal und eine genau zweimal enthalten. Für $g(x)$ ergibt sich

$$g(x) = O\sum_{p \leqq \sqrt{\frac{x}{2}}} \pi_{\nu-1}\left(\frac{x}{p^2}\right)$$

$$= O\sum_{n=1}^{\sqrt{\frac{x}{2}}} \pi_{\nu-1}\left(\frac{x}{n^2}\right)$$

$$= O\sum_{n=1}^{\sqrt{\frac{x}{2}}} \frac{x}{n^2} \frac{(\log\log x)^{\nu-2}}{\log\frac{x}{n^2}}$$

$$= O\left(x(\log\log x)^{\nu-2} \sum_{n=1}^{\sqrt{\frac{x}{2}}} \frac{1}{n^2 \log\frac{x}{n^2}}\right),$$

also wegen

$$\sum_{n=1}^{\sqrt{\frac{x}{2}}} \frac{1}{n^2 \log\frac{x}{n^2}} = O\sum_{n=1}^{\sqrt[4]{x}} \frac{1}{n^2}\frac{1}{\log\frac{x}{\sqrt{x}}} + O\sum_{n=\sqrt[4]{x}+1}^{\sqrt{\frac{x}{2}}} \frac{1}{n^2}\frac{1}{\log 2}$$

$$= O\left(\frac{1}{\log x}\right) + O\left(\frac{1}{\sqrt[4]{x}}\right)$$

$$= O\left(\frac{1}{\log x}\right)$$

$$g(x) = O\left(\frac{x(\log\log x)^{\nu-2}}{\log x}\right)$$

$$= o(\pi_\nu(x));$$

daher ist

$$(\nu+1)\pi_{\nu+1}(x) \sim \sum_{p\leqq x} \pi_\nu\left(\frac{x}{p}\right).$$

Nach dem allgemeinen Satz am Anfang dieses Paragraphen, dessen dritte Voraussetzung durch das im Verlaufe des Folgenden sich ergebende Resultat

$$\frac{x(\log\log x)^{\nu-1}}{\log x} = o\int_2^x \frac{\pi_\nu\left(\frac{x}{u}\right)}{\log u}\,du$$

auch gerechtfertigt wird, ist also

$$(\nu+1)\pi_{\nu+1}(x) \sim \int_2^{\frac{x}{2}} \frac{\pi_\nu\left(\frac{x}{u}\right)}{\log u}\,du$$

(3) $$= x\int_2^{\frac{x}{2}} \frac{\pi_\nu(v)}{\log x - \log v}\frac{dv}{v^2}$$

$$\sim x\int_2^{\frac{x}{2}} \frac{v(\log\log v)^{\nu-1}}{(\nu-1)!\,\log v}\frac{dv}{(\log x-\log v)\,v^2},$$ [1]

1) Diese asymptotische Gleichung ist wie oben beim Problem I. zu rechtfertigen: Wenn $\delta > 0$ gegeben ist, so ist für $v \geqq \omega = \omega(\delta)$

$$\left|\pi_\nu(v) - \frac{v(\log\log v)^{\nu-1}}{(\nu-1)!\,\log v}\right| < \delta\frac{v(\log\log v)^{\nu-1}}{(\nu-1)!\,\log v},$$

also der beim Ersatze von $\pi_\nu(v)$ durch $\frac{v(\log\log v)^{\nu-1}}{(\nu-1)!\,\log v}$ im Integral von (3) gemachte Fehler absolut genommen

$$< O\left(\frac{1}{\log x}\right) + \delta\int_2^{\frac{x}{2}} \frac{v(\log\log v)^{\nu-1}\,dv}{(\nu-1)!\,\log v\,(\log x-\log v)\,v^2}.$$

$$\frac{(\nu-1)!\,(\nu+1)\,\pi_{\nu+1}(x)}{x}\sim\int_2^{\frac{x}{2}}\frac{(\log\log v)^{\nu-1}dv}{v\log v\,(\log x-\log v)}$$

$$=\int_{\log 2}^{\log x-\log 2}\frac{\log^{\nu-1}w\,dw}{w(\log x-w)}$$

$$=\int_1^{\log x-1}\frac{\log^{\nu-1}w\,dw}{w\,(\log x-w)}+O\left(\frac{(\log\log x)^{\nu-1}}{\log x}\right)$$

$$=\frac{1}{\log x}\int_1^{\log x-1}\frac{\log^{\nu-1}w}{w}\,dw+\frac{1}{\log x}\int_1^{\log x-1}\frac{\log^{\nu-1}w}{\log x-w}\,dw+O\left(\frac{(\log\log x)^{\nu-1}}{\log x}\right).$$

Hierin ist das erste Integral

$$\int_1^{\log x-1}\frac{\log^{\nu-1}w}{w}\,dw=\frac{1}{\nu}\,(\log(\log x-1))^{\nu}$$

$$\sim\frac{1}{\nu}\,(\log\log x)^{\nu}$$

und das zweite Integral

$$\int_1^{\log x-1}\frac{\log^{\nu-1}w}{\log x-w}\,dw=\int_1^{\frac{\log x}{2}}\frac{\log^{\nu-1}w}{\log x-w}\,dw+\int_{\frac{\log x}{2}}^{\log x-1}\frac{\log^{\nu-1}w}{\log x-w}\,dw$$

$$=O\left(\log x\,\frac{(\log\log x)^{\nu-1}}{\log x}\right)+\log^{\nu-1}(\log x-\frac{\Theta}{2}\log x)\int_{\frac{\log x}{2}}^{\log x-1}\frac{dw}{\log x-w},$$

wo

$$0<\Theta\leqq 1$$

ist, also wegen

$$\log^{\nu-1}(\log x-\frac{\Theta}{2}\log x)\sim(\log\log x)^{\nu-1}$$

nebst

$$\int_{\frac{\log x}{2}}^{\log x-1}\frac{dw}{\log x-w}=\log\frac{\log x-\frac{\log x}{2}}{\log x-(\log x-1)}$$

$$=\log\frac{\log x}{2}$$

$$\sim\log\log x$$

$$\int_1^{\log x-1}\frac{\log^{\nu-1}w}{\log x-w}\,dw\sim(\log\log x)^{\nu}.$$

Zusammengenommen erhalte ich also

$$\frac{(\nu-1)!\,(\nu+1)\,\pi_{\nu+1}(x)}{x} \sim \left(\frac{1}{\nu}+1\right)\frac{(\log\log x)^{\nu}}{\log x},$$

$$\pi_{\nu+1}(x) \sim \frac{1}{\nu!}\,\frac{x(\log\log x)^{\nu}}{\log x},$$

was zu beweisen war.

III. Es sei $\varrho_{\nu}(x)$ die Anzahl der Zahlen $\leqq x$, welche durch genau ν verschiedene Primzahlen teilbar sind, wobei jede in beliebiger Vielfachheit auftreten darf. Ich behaupte, daß

$$(4) \qquad \varrho_{\nu}(x) \sim \frac{1}{(\nu-1)!}\,\frac{x(\log\log x)^{\nu-1}}{\log x}$$

ist, also denselben asymptotischen Wert hat als $\pi_{\nu}(x)$.

Es sei $\sigma_{\nu}(x)$ die Anzahl der Zahlen $\leqq x$, welche aus ν Primfaktoren bestehen, wobei mehrfache Primfaktoren in ihrer Vielfachheit gezählt werden. Ich behaupte, daß auch

$$(5) \qquad \sigma_{\nu}(x) \sim \frac{1}{(\nu-1)!}\,\frac{x(\log\log x)^{\nu-1}}{\log x}$$

ist.

(4) und (5) beweise ich gleichzeitig durch vollständige Induktion. Für $\nu = 1$ sind die Behauptungen wahr, da

$$\begin{aligned}\sigma_1(x) &= \pi(x)\\ &= \pi_1(x)\end{aligned}$$

und

$$\begin{aligned}\varrho_1(x) &= \pi(x) + \pi(\sqrt{x}) + \pi(\sqrt[3]{x}) + \cdots\\ &\sim \pi(x)\\ &= \pi_1(x)\end{aligned}$$

ist. Es seien (4) und (5) bis zu ν bewiesen. Dann ergeben sich diese beiden Relationen für $\nu+1$ folgendermaßen.

1. Es enthält jede aus $\nu+1$ Primfaktoren bestehende Zahl, wenn diese nicht alle verschieden sind, 1 oder $2 \cdots$ oder ν verschiedene Primfaktoren; daher ist

$$\begin{aligned}0 &\leqq \sigma_{\nu+1}(x) - \pi_{\nu+1}(x)\\ &\leqq \varrho_1(x) + \varrho_2(x) + \cdots + \varrho_{\nu}(x)\\ &= O\left(\frac{x}{\log x}\right) + O\left(\frac{x\log\log x}{\log x}\right) + \cdots + O\left(\frac{x(\log\log x)^{\nu-1}}{\log x}\right)\\ &= o\left(\frac{x(\log\log x)^{\nu}}{\log x}\right)\\ &= o(\pi_{\nu+1}(x)),\end{aligned}$$

also

$$\sigma_{\nu+1}(x) \sim \pi_{\nu+1}(x)$$
$$\sim \frac{1}{\nu!} \frac{x(\log\log x)^\nu}{\log x}.$$

2. Jede der $\varrho_{\nu+1}(x)$ Zahlen, welche durch genau $\nu+1$ verschiedene Primzahlen teilbar sind, enthält entweder jede in der ersten Potenz (ist also bei $\pi_{\nu+1}(x)$ berücksichtigt) oder sie hat die Gestalt $p^\alpha r$, wo $\alpha \geqq 2$ ist und r durch genau ν verschiedene Primzahlen teilbar ist. Die Lösungszahl von

$$p^\alpha \cdot r \leqq x$$

bei festem r, wenn obendrein die Primfaktoren von r auch noch für p zulässig sind, ist

$$= \pi\left(\sqrt{\frac{x}{r}}\right) + \pi\left(\sqrt[3]{\frac{x}{r}}\right) + \cdots$$
$$= O\left(\sqrt{\frac{x}{r}}\right),$$

und es ist natürlich eine absolute Konstante A derart vorhanden, daß für jedes $x \geqq 1$ nebst jedem $r \leqq x$

$$\pi\left(\sqrt{\frac{x}{r}}\right) + \pi\left(\sqrt[3]{\frac{x}{r}}\right) + \cdots < A\sqrt{\frac{x}{r}}$$

ist. Daher ergibt sich

$$0 \leqq \varrho_{\nu+1}(x) - \pi_{\nu+1}(x)$$
$$\leqq O\left(\sqrt{x}\sum_{r \leqq x} \frac{1}{\sqrt{r}}\right),$$

wo r alle seine Werte durchläuft, deren Anzahl

$$\varrho_\nu(x) = O\left(\frac{x(\log\log x)^{\nu-1}}{\log x}\right)$$

ist. Also ist für $x \geqq 1$

$$\sum_{r \leqq x} \frac{1}{\sqrt{r}} = \sum_{n=1}^{x} \frac{\varrho_\nu(n) - \varrho_\nu(n-1)}{\sqrt{n}}$$
$$= \sum_{n=1}^{x} \varrho_\nu(n)\left(\frac{1}{\sqrt{n}} - \frac{1}{\sqrt{n+1}}\right) + \frac{\varrho_\nu(x)}{\sqrt{[x]+1}}$$
$$= O\sum_{n=3}^{x} \frac{n(\log\log n)^{\nu-1}}{\log n} \frac{1}{n^{\frac{3}{2}}} + O\left(\frac{\sqrt{x}(\log\log x)^{\nu-1}}{\log x}\right)$$

$$= O\int_3^x \frac{(\log\log u)^{\nu-1}}{\sqrt{u}\log u}\,du + O\left(\frac{\sqrt{x}\,(\log\log x)^{\nu-1}}{\log x}\right)$$

$$= O\left((\log\log x)^{\nu-1}\int_3^x \frac{du}{\sqrt{u}\log u}\right) + O\left(\frac{\sqrt{x}(\log\log x)^{\nu-1}}{\log x}\right).$$

Hierin ist

$$\int_3^x \frac{du}{\sqrt{u}\log u} = \int_{\sqrt{3}}^{\sqrt{x}} \frac{v\,dv}{v\log v}$$

$$= \int_{\sqrt{3}}^{\sqrt{x}} \frac{dv}{\log v}$$

$$= O\left(\frac{\sqrt{x}}{\log x}\right);$$

dies liefert

$$\sum_{r \leqq x} \frac{1}{\sqrt{r}} = O\left(\frac{\sqrt{x}\,(\log\log x)^{\nu-1}}{\log x}\right),$$

folglich

$$\varrho_{\nu+1}(x) - \pi_{\nu+1}(x) = O\left(\frac{x\,(\log\log x)^{\nu-1}}{\log x}\right)$$

$$= o\left(\pi_{\nu+1}(x)\right),$$

$$\varrho_{\nu+1}(x) \sim \pi_{\nu+1}(x)$$

$$\sim \frac{1}{\nu!}\,\frac{x\,(\log\log x)^{\nu}}{\log x}.$$

§ 57.

Die *n*te Primzahl p_n.

Schon in § 4 war hervorgehoben, daß mit dem Primzahlsatz für alle $\varepsilon > 0$ die Gleichung

$$\lim_{x=\infty}\left(\pi((1+\varepsilon)x) - \pi(x)\right) = \infty,$$

also

$$\lim_{n=\infty} \frac{p_{n+1}}{p_n} = 1$$

bewiesen ist.

Ich behaupte genauer den

Satz:

$$\lim_{n=\infty} \frac{p_n}{n \log n} = 1.$$

Die $n$te Primzahl ist also asymptotisch gleich $n \log n$.

Beweis: Aus

$$\lim_{x=\infty} \frac{\pi(x) \log x}{x} = 1$$

folgt, wenn p_n für x eingesetzt wird, bei ganzzahlig ins Unendliche wachsendem n wegen

$$\pi(p_n) = n$$

(1)
$$\lim_{n=\infty} \frac{n \log p_n}{p_n} = 1,$$

also

$$\lim_{n=\infty} (\log n + \log\log p_n - \log p_n) = 0.$$

A fortiori ergibt sich, wenn die Größe unter dem Limeszeichen durch $\log p_n$ dividiert wird,

$$\lim_{n=\infty} \left(\frac{\log n}{\log p_n} + \frac{\log\log p_n}{\log p_n} - 1\right) = 0$$

und, da

$$\lim_{n=\infty} \frac{\log\log p_n}{\log p_n} = 0$$

ist,

(2)
$$\lim_{n=\infty} \frac{\log n}{\log p_n} = 1,$$

folglich, wenn (1) mit (2) multipliziert wird,

$$\lim_{n=\infty} \frac{n \log n}{p_n} = 1,$$

$$\lim_{n=\infty} \frac{p_n}{n \log n} = 1,$$

wie behauptet.

Aus

$$\pi(x) = \frac{x}{\log x} + O\left(\frac{x}{\log^2 x}\right)$$

folgt ebenso

$$n = \frac{p_n}{\log p_n} + O\left(\frac{p_n}{\log^2 p_n}\right)$$

$$= \frac{p_n}{\log p_n} + O\left(\frac{n \log n}{\log^2 n}\right),$$

$$\frac{p_n}{\log p_n} = n\left(1 + O\left(\frac{1}{\log n}\right)\right),$$

(3) $$p_n = n\left(1 + O\left(\frac{1}{\log n}\right)\right)\log p_n;$$

wegen

$$\lim_{n=\infty} \frac{p_n}{n \log n} = 1$$

ist

$$\log p_n = \log n + \log\log n + o(1)$$

$$= \log n\left(1 + \frac{\log\log n}{\log n} + o\left(\frac{1}{\log n}\right)\right),$$

also, wenn dies in (3) eingesetzt wird,

$$p_n = n\left(1 + O\left(\frac{1}{\log n}\right)\right)\log n\left(1 + \frac{\log\log n}{\log n} + o\left(\frac{1}{\log n}\right)\right)$$

$$= n\log n\left(1 + \frac{\log\log n}{\log n} + O\left(\frac{1}{\log n}\right)\right)$$

$$= n(\log n + \log\log n + O(1)).$$

Diese Rechnung kann man unter Benutzung der weiteren Werte von q in

$$\pi(x) = \frac{x}{\log x} + \frac{1!\,x}{\log^2 x} + \cdots + \frac{(q-1)!\,x}{\log^q x} + O\left(\frac{x}{\log^{q+1} x}\right)$$

fortführen, was keine Schwierigkeiten macht, sondern nur zu komplizierten Reihen von Zahlenkoeffizienten führt, deren Rekursionsformeln man aufstellen kann.

§ 58.

Verteilung der Primzahlen bis $2x$ auf die zwei Hälften des Intervalls.

Eine alte Frage bestand darin, ob es zwischen 1 und x (inkl.) oder zwischen x (exkl.) und $2x$ (inkl.) mehr Primzahlen gibt, mit der Vermutung, daß die erstere Zahl für alle hinreichend großen x überwiegt. Diese Fragestellung verrät schon gründliche Kenntnis der Primzahlverteilung. Denn die beiden in Betracht kommenden Anzahlen $\pi(x)$ und $\pi(2x) - \pi(x)$ sind nach dem Primzahlsatz asymptotisch gleich, da

$$\pi(x) = \frac{x}{\log x} + o\left(\frac{x}{\log x}\right),$$

$$\pi(2x) - \pi(x) = \frac{2x}{\log(2x)} + o\left(\frac{x}{\log x}\right) - \frac{x}{\log x} + o\left(\frac{x}{\log x}\right)$$

$$= \frac{2x}{\log x} + o\left(\frac{x}{\log x}\right) - \frac{x}{\log x}$$

$$= \frac{x}{\log x} + o\left(\frac{x}{\log x}\right)$$

ist. Erst schärfere Sätze als der Primzahlsatz konnten die Lösung des Problems liefern.

Aus

$$\pi(x) = \frac{x}{\log x} + \frac{x}{\log^2 x} + o\left(\frac{x}{\log^2 x}\right)$$

folgt nun in der Tat

$$(\pi(2x) - \pi(x)) - \pi(x) = \pi(2x) - 2\pi(x)$$

$$= \frac{2x}{\log x + \log 2} + \frac{2x}{(\log x + \log 2)^2} + o\left(\frac{x}{\log^2 x}\right) - \frac{2x}{\log x} - \frac{2x}{\log^2 x}$$

$$= \frac{2x}{\log x} - \frac{2\log 2 \cdot x}{\log^2 x} + \frac{2x}{\log^2 x} - \frac{2x}{\log x} - \frac{2x}{\log^2 x} + o\left(\frac{x}{\log^2 x}\right)$$

$$= -\frac{2\log 2 \cdot x}{\log^2 x} + o\left(\frac{x}{\log^2 x}\right),$$

$$\lim_{x=\infty}(\pi(2x) - 2\pi(x)) = -\infty,$$

womit entschieden ist, daß von einer gewissen Stelle x an das Intervall $(1 \cdots x)$ mehr Primzahlen enthält als das Intervall $(x \cdots 2x)$.

§ 59.

Anwendung der Primzahltheorie auf den Verlauf der Funktion $\varphi(x)$.

Für die Eulersche Funktion ganzzahligen positiven Argumentes $\varphi(x)$, welche die Anzahl der bis x gelegenen, zu x teilerfremden positiven ganzen Zahlen bezeichnet, läßt sich, was die obere Abschätzung der Größenordnung anbetrifft, offenbar nichts genaueres als

$$\varphi(x) = O(x)$$

und

$$\limsup_{x=\infty} \frac{\varphi(x)}{x} = 1$$

aussagen; denn es ist immer wieder einmal — nämlich für Primzahlen —

$$\varphi(x) = x - 1.$$

Durch Anwendung der Primzahltheorie, bereits in dem elementar erhaltenen Umfange, läßt sich $\varphi(x)$ auch nach unten mit einer elementaren Funktion positiven Argumentes in Verbindung bringen, durch den

Satz: Es ist

$$\liminf_{x=\infty} \frac{\varphi(x)}{\dfrac{x}{\log\log x}} = e^{-C},$$

wo C die Eulersche Konstante bezeichnet.

Beweis: 1. Ich behaupte, daß es zu jedem $\delta > 0$ und jedem ξ ein $x = x(\delta, \xi) > \xi$ derart gibt, daß

$$\varphi(x) < (1+\delta)e^{-C}\frac{x}{\log\log x}$$

ist.

Ich verstehe nämlich unter x bei noch zu bestimmendem n das Produkt der n ersten Primzahlen

$$\begin{aligned} x &= p_1 p_2 \cdots p_n \\ &= \prod_{\varrho=1}^{n} p_\varrho; \end{aligned}$$

dann ist

$$\varphi(x) = x\prod_{\varrho=1}^{n}\left(1-\frac{1}{p_\varrho}\right),$$

also nach der Schlußformel des § 36 für große n, d. h. für in unserer Zahlenfolge unendlich wachsendes x

$$\varphi(x) \sim x\frac{e^{-C}}{\log p_n}.$$

Wie hängt nun

$$y = y(x) = p_n = p_{n(x)}$$

von x ab? Es ist

$$\begin{aligned} \log x &= \sum_{\varrho=1}^{n} \log p_\varrho \\ &= \vartheta(p_n) \\ &= \vartheta(y), \end{aligned}$$

also für alle in Betracht kommenden x $(= 2, 6, 30, 210, \cdots)$ bei passender Wahl zweier positiver Konstanten α und β nach § 18

$$\alpha \log x < y < \beta \log x,$$

$$\log\alpha + \log\log x < \log y < \log\beta + \log\log x,$$

folglich

$$\log\log x \sim \log y.$$

Also ist für jene speziellen x

$$\varphi(x) \sim \frac{e^{-C}x}{\log\log x},$$

d. h. nach Annahme von $\delta > 0$ und ξ für ein $x = x(\delta, \xi) > \xi$

$$\varphi(x) < (1+\delta)e^{-C}\frac{x}{\log\log x}.$$

2. Ich behaupte, daß es zu jedem $\delta > 0$ ein $\xi = \xi(\delta)$ derart gibt, daß für alle $x \geqq \xi$

$$\varphi(x) > (1-\delta)e^{-C}\frac{x}{\log\log x}$$

ist; δ darf < 1 angenommen werden.

Es sei, in Primfaktoren zerlegt,

$$x = \prod_{p \mid x} p^{\nu_p}.$$

Dann ist

$$\frac{\varphi(x)}{x} = \prod_{p \mid x}\left(1 - \frac{1}{p}\right).$$

Dies Produkt zerlege ich in zwei Teile:

$$\frac{\varphi(x)}{x} = \prod_{\substack{p \leqq \log x \\ p \mid x}}\left(1 - \frac{1}{p}\right)\prod_{\substack{p > \log x \\ p \mid x}}\left(1 - \frac{1}{p}\right)$$

$$= \prod\nolimits_1 \prod\nolimits_2.$$

Unter Π_1 bzw. Π_2 ist natürlich 1 zu verstehen, falls x keinen Primfaktor $\leqq \log x$ bzw. $> \log x$ enthält.

Für Π_1 ergibt sich

$$\prod\nolimits_1 \geqq \prod_{p \leqq \log x}\left(1 - \frac{1}{p}\right)$$

$$\sim \frac{e^{-C}}{\log\log x},$$

also von einer gewissen Stelle an

$$\prod\nolimits_1 > \frac{1-\delta}{1-\frac{\delta}{2}} \cdot \frac{e^{-C}}{\log\log x}.$$

Für Π_2 ergibt sich, wenn $\gamma = \gamma(x)$ seine Faktorenzahl bezeichnet,

$$\Pi_2 \geqq \left(1 - \frac{1}{\log x}\right)^\gamma.$$

Nun ist für $x \geqq 3$

$$\gamma = \gamma(x) \leqq \frac{\log x}{\log\log x},$$

da das Produkt von mehr als $\frac{\log x}{\log\log x}$ oberhalb $\log x$ gelegenen Zahlen

$$> (\log x)^{\frac{\log x}{\log\log x}} = x$$

ist. Für $x \geqq 3$ ist also

$$\Pi_2 \geqq \left(1 - \frac{1}{\log x}\right)^{\frac{\log x}{\log\log x}}$$

$$= e^{\frac{\log x}{\log\log x}\log\left(1 - \frac{1}{\log x}\right)}$$

$$= e^{O\left(\frac{1}{\log\log x}\right)},$$

folglich von einem gewissen x an

$$\Pi_2 > 1 - \frac{\delta}{2}.$$

Für alle $x \geqq \xi = \xi(\delta)$ ist also

$$\frac{\varphi(x)}{x} = \Pi_1 \Pi_2$$

$$> \frac{1-\delta}{1-\frac{\delta}{2}} \frac{e^{-C}}{\log\log x}\left(1 - \frac{\delta}{2}\right)$$

$$= (1-\delta)\frac{e^{-C}}{\log\log x},$$

$$\varphi(x) > (1-\delta)e^{-C}\frac{x}{\log\log x},$$

womit der Satz vollständig bewiesen ist.

§ 60.

Anwendung auf den Verlauf der Teilerzahl $\tau(x)$.

Wenn $\tau(x)$ die Anzahl der ganzen positiven Teiler der ganzen positiven Zahl x ist, so ist — umgekehrt wie bei $\varphi(x)$ — nach unten die Abschätzung trivial, da immer wieder einmal — für Primzahlen —

$$\tau(x) = 2$$

ist. Nach oben gilt nun der

Satz: Es ist

$$\limsup_{x=\infty} \frac{\log \tau(x)}{\frac{\log x}{\log \log x}} = \log 2,$$

d. h. 1. für ein zu $\delta > 0$, $\xi > 0$ passend wählbares $x = x(\delta, \xi) > \xi$

$$\tau(x) > 2^{(1-\delta)\frac{\log x}{\log \log x}},$$

2. für ein zu $\delta > 0$ passend wählbares $\xi = \xi(\delta)$ und alle ganzen $x \geqq \xi$

$$\tau(x) < 2^{(1+\delta)\frac{\log x}{\log \log x}}.$$

Beweis: Für

$$x = \prod_{p \mid x} p^{\nu_p}$$

ist bekanntlich

$$\tau(x) = \prod_{p \mid x} (\nu_p + 1).$$

1. Es sei nun speziell x das Produkt der n ersten Primzahlen:

$$x = p_1 \cdots p_n,$$

also für

$$\begin{aligned} y &= p_n \\ \log x &= \vartheta(y) \\ &\sim y, \\ n &= \pi(p_n) \\ &= \pi(y). \end{aligned}$$

Dann ist

$$\begin{aligned} \tau(x) &= 2^n, \\ \log \tau(x) &= n \log 2 \\ &\sim \log 2 \frac{y}{\log y} \\ &\sim \log 2 \frac{\log x}{\log \log x}, \end{aligned}$$

also nach Annahme von $\delta > 0$ für unendlich viele unserer speziellen x

$$\tau(x) > 2^{(1-\delta)\frac{\log x}{\log \log x}}.$$

2. Es sei $\delta > 0$ gegeben; wir wählen ε und η so, daß

$$0 < \varepsilon < \delta$$

und

$$0 < \eta < \frac{\varepsilon}{1+\varepsilon}$$

ist. Es sei x irgend eine ganze Zahl $\geqq 3$. Es werde zur Abkürzung

$$\omega = \omega(x) = (1+\varepsilon)\frac{\log 2}{\log\log x}$$

und

$$\Omega = \Omega(x) = (\log x)^{1-\eta}$$

gesetzt. Wegen

$$\begin{aligned}(1-\eta)(1+\varepsilon) &= 1+\varepsilon-\eta(1+\varepsilon)\\ &> 1\end{aligned}$$

ist

$$\begin{aligned}\Omega^{\omega} &= e^{(1-\eta)(1+\varepsilon)\log 2}\\ &> 2.\end{aligned}$$

Es ist

$$\tau(x) = \prod_{p \mid x}(\nu_p+1),$$

$$\begin{aligned}\frac{\tau(x)}{x^{\omega}} &= \prod_{p\mid x}\frac{\nu_p+1}{p^{\nu_p\omega}}\\ &= \prod_{\substack{p\leqq\Omega\\ p\mid x}}\frac{\nu_p+1}{p^{\nu_p\omega}}\prod_{\substack{p>\Omega\\ p\mid x}}\frac{\nu_p+1}{p^{\nu_p\omega}}\\ &= \Pi_1\Pi_2.\end{aligned}$$

In Π_2 ist, da für alle $\nu \geqq 1$

$$\frac{\nu+1}{2^{\nu}} \leqq 1$$

ist, jeder Faktor

$$\begin{aligned}\frac{\nu_p+1}{p^{\nu_p\omega}} &< \frac{\nu_p+1}{\Omega^{\nu_p\omega}}\\ &< \frac{\nu_p+1}{2^{\nu_p}}\\ &\leqq 1;\end{aligned}$$

also ist

$$\Pi_2 \leqq 1.$$

Π_1 hat höchstens

$$\pi(\Omega) \sim \frac{(\log x)^{1-\eta}}{(1-\eta)\log\log x}$$

Faktoren; jeder Faktor ist

$$\begin{aligned}&\leqq \frac{\nu_p+1}{2^{\nu_p\omega}}\\ &< \frac{\nu_p}{2^{\nu_p\omega}}+1;\end{aligned}$$

daher ist, weil

$$\frac{u}{2^{u\omega}}$$

bei festem ω das Maximum

$$\frac{1}{e\omega\log 2},$$

(bei

$$u = \frac{1}{\omega\log 2},$$

Wurzel von

$$0 = \frac{d}{du}\frac{u}{2^{u\omega}}$$

$$= \frac{1}{2^{u\omega}} - \frac{u\omega\log 2}{2^{u\omega}}\Big)$$

hat, jeder Faktor

$$< \frac{1}{e\omega\log 2} + 1;$$

folglich ist

$$\log \Pi_1 \leqq \log\left(\frac{1}{e\omega\log 2} + 1\right)\pi(\Omega)$$

$$\sim \log\log\log x \frac{(\log x)^{1-\eta}}{(1-\eta)\log\log x}$$

$$= o\left(\frac{\log x}{\log\log x}\right),$$

also von einem gewissen x an

$$\log \tau(x) = \omega\log x + \log \Pi_1 + \log \Pi_2$$

$$< (1+\varepsilon)\log 2\frac{\log x}{\log\log x} + (\delta - \varepsilon)\log 2\frac{\log x}{\log\log x}$$

$$= (1+\delta)\log 2\frac{\log x}{\log\log x},$$

$$\tau(x) < 2^{(1+\delta)\frac{\log x}{\log\log x}},$$

was zu beweisen war.

§ 61.

Anwendung auf die Maximalordnung der Permutationen gegebenen Grades.

Dieser Paragraph ist nur für solche Leser bestimmt, welche die betreffenden algebraischen Vorkenntnisse haben.

Die Ordnung einer Permutation $n$ten Grades, d. h. der Exponent der niedrigsten Potenz einer Permutation von n Elementen, welche gleich der identischen Permutation ist, ergibt sich bekanntlich auf folgendem Wege aus der Zerlegung in Zyklen ohne gemeinsame Elemente. Da die Ordnung einer zyklischen Permutation gleich der Anzahl der Elemente des Zyklus ist, ist die Ordnung einer beliebigen Permutation gleich dem kleinsten gemeinsamen Vielfachen der Gliederzahlen der Zyklen. Fragt man also nach derjenigen Permutation (oder denjenigen Permutationen) von n Elementen, deren Ordnung möglichst groß ist, anders ausgedrückt, nach der Maximalordnung der zyklischen Untergruppen der symmetrischen Gruppe von n Elementen, so hat man zu untersuchen, welches bei allen Zerlegungen der Zahl n in positive Summanden

$$n = a_1 + \cdots + a_\varrho$$

der größte Wert des kleinsten gemeinsamen Vielfachen der Summanden ist.

Das Maximum des kleinsten gemeinsamen Vielfachen von $a_1, a_2, \cdots, a_\varrho$ bei allen möglichen Zerlegungen von n in $\varrho = 1, 2, \cdots, n$ positive Summanden werde mit $f(n)$ bezeichnet. Für die ersten Werte von n findet man

$$\begin{aligned} f(1) &= 1, \\ f(2) &= 2, \\ f(3) &= 3, \\ f(4) &= 4, \\ f(5) &= 6, \\ f(6) &= 6, \\ f(7) &= 12, \\ &\cdots\cdots\cdots \end{aligned}$$

Die entsprechenden Zerlegungen sind

$$\begin{aligned} 1 &= 1, \\ 2 &= 2, \\ 3 &= 3, \\ 4 &= 4, \\ 5 &= 2 + 3, \\ 6 &= 1 + 2 + 3 \text{ oder } 6 = 6, \\ 7 &= 3 + 4, \\ &\cdots\cdots\cdots. \end{aligned}$$

Hier sieht man schon, daß dem Maximum $f(n)$ nicht notwendig eine einzige Zerlegung entspricht. Unter den möglicherweise vorhandenen verschiedenen Darstellungen von n als Summe von Zahlen, deren kleinstes gemeinsames Vielfaches $f(n)$ ist, läßt sich aber auf folgendem Wege eine kanonische Darstellung hervorheben. Ist für

$$n = a_1 + \cdots + a_\varrho$$

das Maximum $f(n)$ erreicht und ist einer der Summanden a in zwei teilerfremde Faktoren $b > 1$, $c > 1$ zerlegbar:

$$a = bc,$$

so bleibt das kleinste gemeinsame Vielfache aller Summanden ungeändert, indem man an Stelle von a schreibt

$$b + c + 1 + 1 + \cdots + 1,$$

wo die Anzahl $bc - (b + c)$ der Einsen wegen

$$\begin{aligned} bc - (b + c) &= (b - 1)(c - 1) - 1 \\ &> 1 \cdot 1 - 1 \\ &= 0 \end{aligned}$$

stets positiv ist. $f(n)$ ist also auch bei einer passend gewählten Darstellung von n als Summe von Einsen und Primzahlpotenzen erreichbar, wobei Primzahlen zu den Primzahlpotenzen gerechnet werden; von den Potenzen jeder Primzahl braucht nur eine, die größte vorkommende, beibehalten zu werden, während die anderen ohne Verminderung des kleinsten gemeinsamen Vielfachen der Summanden durch lauter Einsen ersetzbar sind.

$f(n)$ ist daher auch bei einer Darstellung

$$n = \sum p^\nu + 1 + 1 + \cdots + 1$$

erreichbar, wie jede Primzahl höchstens als Basis einer Potenz vorkommt und die Anzahl der Einsen $\geqq 0$ ist; es ist alsdann

$$f(n) = \prod p^\nu.$$

Diese Zerlegung von n ist nun (abgesehen von der Reihenfolge der Faktoren) eindeutig, da ja das System der Primzahlpotenzen p^ν eindeutig durch $f(n)$ bestimmt ist.

Das Problem ist also auf folgende Form gebracht. Es soll das Maximum $f(x)$ der Funktion $\prod p^\nu$ berechnet werden, wo die p^ν ein System von zu je zweien teilerfremden Primzahlpotenzen bilden, deren Summe nicht größer als die ganze Zahl x ist:

$$\begin{cases} \sum p^\nu \leqq x \\ \prod p^\nu = \text{Maximum}. \end{cases}$$

Bei der unregelmäßigen Verteilung der Primzahlen kann natürlich nicht verlangt werden, $f(x)$ explizit durch x auszudrücken; es handelt sich nur um den Vergleich für $x = \infty$ mit elementaren Funktionen. Wenn noch

$$\log f(x) = g(x)$$

gesetzt wird, so besteht der

Satz:

$$\lim_{x=\infty} \frac{g(x)}{\sqrt{x \log x}} = 1.$$

Beweis: Es ist offenbar hinreichend, zweierlei zu beweisen:

1. Wenn von Anfang an möglichst viele Primzahlen genommen werden, so daß ihre Summe x nicht übersteigt, d. h., wenn $y = y(x)$ die größte ganze Zahl ist, bei der

$$\sum_{p \leqq y} p \leqq x$$

ist, so ist nach Annahme von $\delta > 0$ für alle hinreichend großen x ($x \geqq \xi = \xi(\delta)$)

$$\sum_{p \leqq y} \log p > (1 - \delta) \sqrt{x \log x}.$$

2. Nach Annahme von $\delta > 0$ gibt es ein $\xi = \xi(\delta)$, so daß für alle $x \geqq \xi$ und jede Zerlegung

$$x = \sum p^\nu + 1 + \cdots + 1$$

$$\sum \log (p^\nu) < (1 + \delta) \sqrt{x \log x}$$

ist.

In der Tat bedeutet 1., daß

$$\liminf_{x=\infty} \frac{g(x)}{\sqrt{x \log x}} \geqq 1$$

ist, 2., daß

$$\limsup_{x=\infty} \frac{g(x)}{\sqrt{x \log x}} \leqq 1$$

ist, also beides zusammen, daß

$$\lim_{x=\infty} \frac{g(x)}{\sqrt{x \log x}} = 1$$

ist.

1. In

$$\sum_{p \leqq y} p \leqq x,$$

(1) $$\sum_{p \leqq y+1} p > x$$

genügt die eindeutig bestimmte ganze Zahl y von einem gewissen x an der Relation

$$y > \left(1 - \frac{\delta}{2}\right) \sqrt{x \log x}.$$

Denn es ist[1)]

$$\sum_{p \leqq z} p = \sum_{n=1}^{z} (\pi(n) - \pi(n-1))\, n$$

$$= \sum_{n=1}^{z} \pi(n)\,(n - (n+1)) + \pi(z)([z]+1)$$

$$= -\sum_{n=1}^{z} \pi(n) + \pi(z)([z]+1),$$

also wegen

$$\sum_{n=1}^{z} \pi(n) \sim \int_2^z \frac{u}{\log u}\, du$$

$$= \frac{z^2}{2 \log z} - \frac{2^2}{2 \log 2} + \frac{1}{2}\int_2^z \frac{u}{\log^2 u}\, du$$

$$= \frac{z^2}{2 \log z} + O\left(z \cdot \frac{z}{\log^2 z}\right)$$

$$= \frac{z^2}{2 \log z} + O\left(\frac{z^2}{\log^2 z}\right)$$

$$\sim \frac{z^2}{2 \log z}$$

$$\sum_{p \leqq z} p \sim -\frac{z^2}{2 \log z} + \frac{z^2}{\log z}$$

$$= \frac{z^2}{2 \log z};$$

für

$$z = \left(1 - \frac{\delta}{2}\right)\sqrt{x \log x} + 1$$

ist also, $0 < \delta < 2$ vorausgesetzt,[2)]

$$\sum_{p \leqq z} p \sim \frac{\left(1 - \frac{\delta}{2}\right)^2 x \log x}{\log x}$$

$$= \left(1 - \frac{\delta}{2}\right)^2 x$$

$$< x,$$

1) $F(u) = u$ gehört nicht zu den in § 55 behandelten Funktionen; natürlich ist es nur ein Typus einer anderen mit denselben Mitteln angreifbaren Summandenklasse.

2) Was erlaubt ist.

so daß nach (1) für alle hinreichend großen x

$$y + 1 > \left(1 - \frac{\delta}{2}\right)\sqrt{x \log x} + 1,$$

$$y > \left(1 - \frac{\delta}{2}\right)\sqrt{x \log x}$$

sein muß.

Daher ist

$$\sum_{p \leqq y} \log p \geqq \vartheta\left(\left(1 - \frac{\delta}{2}\right)\sqrt{x \log x}\right)$$

$$\sim \left(1 - \frac{\delta}{2}\right)\sqrt{x \log x},$$

also, wie behauptet, für alle hinreichend großen x

$$\sum_{p \leqq y} \log p > (1 - \delta)\sqrt{x \log x}.$$

2. Es sei $x > 1$ und

(2) $$\sum p^\nu \leqq x,$$

wo die p^ν teilerfremde Primzahlpotenzen sind. Es werde

$$\Pi p^\nu$$

in zwei durch $[\sqrt{x} \log x]$ geschiedene Teile zerlegt:

$$\Pi p^\nu = \Pi_1 \Pi_2,$$

wo in Π_1

$$p^\nu \leqq \sqrt{x} \log x,$$

in Π_2

$$\sqrt{x} \log x < p^\nu \leqq x$$

ist und natürlich p^ν nur die in (2) vorkommenden Primzahlpotenzen durchläuft.

Zu untersuchen ist der Wert von

$$\log \Pi_1 + \log \Pi_2 = \sum_{\varrho=1}^{\beta} \log k_\varrho + \sum_{\varrho=1}^{\gamma} \log l_\varrho$$

$$= \sum\nolimits_1 + \sum\nolimits_2,$$

wo k_ϱ die p^ν in Π_1, l_ϱ die p^ν in Π_2 durchläuft und β, γ die Anzahlen bezeichnen.

Es ist

$$x \geqq \sum_{\varrho=1}^{\beta} k_\varrho + \sum_{\varrho=1}^{\gamma} l_\varrho$$

$$\geqq \sum_{\varrho=1}^{\gamma} l_\varrho$$

$$\geqq \gamma \sqrt{x} \log x,$$

$$\gamma \leqq \frac{\sqrt{x}}{\log x},$$

also

$$\sum_2 \leqq \sum_{\varrho=1}^{\gamma} \log x$$
$$= \gamma \log x$$
$$\leqq \sqrt{x}.$$

Andererseits ist

$$\sum_1 \leqq \sum_{\varrho=1}^{\beta} \log(\sqrt{x} \log x)$$
$$= \beta \log(\sqrt{x} \log x)$$
$$\leqq (\beta + \gamma) \log(\sqrt{x} \log x).$$

$\beta + \gamma$ ist die Gesamtzahl der Summanden p^ν in der gegebenen Ungleichung (2). Nun ist die Anzahl der Primzahlpotenzen bis z (inkl.)

$$\sim \frac{z}{\log z}.$$

Daher ist die Summe der Primzahlpotenzen bis z (inkl.)

(3) $$\sim \frac{z^2}{2 \log z}$$

und die $n$te Primzahlpotenz

(4) $$\sim n \log n;$$

beides ergibt sich wörtlich ebenso wie oben und im § 57 der Nachweis, daß die Summe der Primzahlen $\leqq z$ asymptotisch gleich $\frac{z^2}{2 \log z}$ und die $n$te Primzahl $\sim n \log n$ ist. Für alle hinreichend großen x ist also bei allen Lösungen von (2), wo die p^ν teilerfremde Primzahlpotenzen sind, die Gliederzahl

$$\beta + \gamma \leqq (2 + \delta)\sqrt{\frac{x}{\log x}};$$

denn die Summe von mehr als

$$(2 + \delta)\sqrt{\frac{x}{\log x}}$$

verschiedenen Primzahlpotenzen ist $\geqq$ der Summe der

$$\left[(2 + \delta)\sqrt{\frac{x}{\log x}}\right]$$

ersten Primzahlpotenzen, und die höchste dieser Primzahlpotenzen ist nach (4)

$$\sim (2+\delta)\sqrt{\frac{x}{\log x}} \cdot \tfrac{1}{2} \log x$$

$$= \left(1+\frac{\delta}{2}\right)\sqrt{x \log x},$$

also ihre Summe nach (3)

$$\sim \frac{\left(1+\frac{\delta}{2}\right)^2 x \log x}{2 \cdot \frac{1}{2} \log x}$$

$$= \left(1+\frac{\delta}{2}\right)^2 x,$$

folglich von einem gewissen x an größer als x.

Aus

$$\beta + \gamma \leqq (2+\delta)\sqrt{\frac{x}{\log x}}$$

folgt weiter für alle hinreichend großen x

$$\log \Pi_1 + \log \Pi_2 \leqq (2+\delta)\sqrt{\frac{x}{\log x}} \log(\sqrt{x} \log x) + \sqrt{x}$$

$$\sim \left(1+\frac{\delta}{2}\right)\sqrt{x \log x},$$

also von einer gewissen Stelle an

$$\log \Pi_1 + \log \Pi_2 < (1+\delta)\sqrt{x \log x}.$$

§ 62.

Eine Eigenschaft der Zahl 30 und ihre Verallgemeinerung.

Die Zahl 30 hat die Eigenschaft, daß in den $\varphi(30)$ unter ihr liegenden zu ihr teilerfremden Zahlen

$$1, 7, 11, 13, 17, 19, 23, 29$$

keine zusammengesetzte Zahl vorkommt, sondern abgesehen von der Einheit nur Primzahlen. Von den Zahlen $x < 30$ haben, wie man sich leicht überzeugt, neun dieselbe Eigenschaft, daß keine unter x liegende zusammengesetzte Zahl zu x teilerfremd ist, nämlich — wenn die $\varphi(x)$ teilerfremden Zahlen $\leqq x$ in Klammern dahintergesetzt werden —

$$
\begin{aligned}
x &= 1 \quad (1),\\
x &= 2 \quad (1),\\
x &= 3 \quad (1,\ 2),\\
x &= 4 \quad (1,\ 3),\\
x &= 6 \quad (1,\ 5),\\
x &= 8 \quad (1,\ 3,\ 5,\ 7),\\
x &= 12 \quad (1,\ 5,\ 7,\ 11),\\
x &= 18 \quad (1,\ 5,\ 7,\ 11,\ 13,\ 17),\\
x &= 24 \quad (1,\ 5,\ 7,\ 11,\ 13,\ 17,\ 19,\ 23).
\end{aligned}
$$

Die anderen $x < 30$ kommen nicht in Betracht, nämlich $x = 5$, $x = 7$ und alle späteren ungeraden $x < 30$ nicht wegen 4, schließlich $x = 10$, $x = 14$, $x = 16$, $x = 20$, $x = 22$, $x = 26$, $x = 28$ nicht wegen 9.

Es besteht nun der

Satz: Es gibt keine Zahl > 30, für welche die $\varphi(x) - 1$ von 1 verschiedenen relativen Primzahlen[1)] $< x$ absolute Primzahlen sind.

Beweise: Offenbar ist es nur nötig, zu beweisen, daß es für $x > 30$ eine nicht in x aufgehende Primzahl gibt, für welche

$$p^2 < x,$$

d. h.

$$p < \sqrt{x}$$

ist.

1. Unter Benutzung des in § 22 bewiesenen Satzes

$$p_{n+1} < 2 p_n$$

ergibt sich dies sehr schnell folgendermaßen: Wäre x durch alle Primzahlen $< \sqrt{x}$ teilbar, so wäre, wenn p_ν die größte derselben ist,

$$p_1 \cdots \cdot p_\nu \leqq x$$

und

$$p_{\nu+1} \geqq \sqrt{x},$$

also

$$
\begin{aligned}
x &\leqq p_{\nu+1} \cdot p_{\nu+1}\\
&< 2 p_\nu \cdot 2 p_\nu\\
&< 2 p_\nu \cdot 4 p_{\nu-1},
\end{aligned}
$$

$$p_1 \cdots p_{\nu-2} p_{\nu-1} p_\nu < 8 p_{\nu-1} p_\nu,$$

$$p_1 \cdots p_{\nu-2} < 8.$$

1) Zu x.

Es muß also, da schon

$$2\cdot 3\cdot 5 > 8$$

ist,

$$\nu \leqq 4$$

sein, also

$$\begin{aligned} x &\leqq p_5^2 \\ &= 121. \end{aligned}$$

Unter den Zahlen zwischen 30 (exkl.) und 121 (inkl.) hat aber keine die Eigenschaft; denn dies x müßte durch 2, 3, 5 teilbar sein, und 60 sowie 90 und 120 haben gewiß wegen der zu ihnen teilerfremden Zahl 49 nicht die Eigenschaft.

2. Ohne Benutzung des obigen Satzes aus der Primzahltheorie geht der Beweis auch zu führen. Es genügt die Feststellung, daß für $\nu \geqq 4$

$$p_{\nu+1}^2 < p_1 \cdots p_\nu \tag{1}$$

ist; denn dann kann ja

$$p_1 \cdots p_\nu \leqq x \leqq p_{\nu+1}^2$$

nur für gewisse

$$\begin{aligned} x &\leqq p_4^2 \\ &= 49 \end{aligned}$$

bestehen.[1]

Es ist

$$p_1 \cdots p_\nu = \left(p_1 \cdots p_{\left[\frac{\nu}{2}\right]}\right)\cdot\left(p_{\left[\frac{\nu}{2}\right]+1} \cdots p_\nu\right),$$

also, da rechts die erste Klammer höchstens so viele Faktoren hat als die zweite,

$$p_1 \cdots p_\nu \geqq \left(p_1 \cdots p_{\left[\frac{\nu}{2}\right]}\right)^2.$$

(1) ist für $\nu = 4$ und $\nu = 5$ wegen

$$\begin{aligned} 11^2 &< 2\cdot 3\cdot 5\cdot 7, \\ 13^2 &< 2\cdot 3\cdot 5\cdot 7\cdot 11 \end{aligned}$$

1) (1) ist nach dem Primzahlsatz von einer gewissen Stelle an reichlich erfüllt, da ja der Logarithmus der rechten Seite

$$\begin{aligned} \vartheta(p_\nu) &\sim p_\nu \\ &\sim \nu \log \nu, \end{aligned}$$

der Logarithmus der linken Seite

$$2 \log p_{\nu+1} \sim 2 \log \nu$$

ist.

richtig. Alles ist also bewiesen, wenn für $\nu \geqq 6$

$$p_1 \cdots p_{\left[\frac{\nu}{2}\right]} > p_{\nu+1},$$

d. h., wenn für $\lambda \geqq 3$

$$p_1 \cdots p_\lambda > p_{2\lambda+2}$$

gezeigt wird, mit anderen Worten, wenn festgestellt wird: Es gibt für $\lambda \geqq 3$ zwischen p_λ (exkl.) und $p_1 \cdots p_\lambda$ mehr als $\lambda + 1$ Primzahlen.

Es mögen die Zahlen

$$l \cdot p_1 \cdots p_{\lambda-1} - 1$$

betrachtet werden, wo l die Werte $1, 2, \cdots, p_\lambda$ durchläuft. Ihre Anzahl ist p_λ und alle sind zu $p_1 \cdots p_{\lambda-1}$ teilerfremd. Durch p_λ kann höchstens eine dieser Zahlen teilbar sein, durch $p_{\lambda+1}, p_{\lambda+2}, \cdots$ desgleichen, da ja

$$(lp_1 \cdots p_{\lambda-1} - 1) - (l'p_1 \cdots p_{\lambda-1} - 1) = (l - l')p_1 \cdots p_{\lambda-1}$$

ist. Wenn also

$$(2) \qquad p_1 \cdots p_\lambda \leqq p_{2\lambda+2},$$

d. h.

$$p_1 \cdots p_\lambda < p_{2\lambda+2}$$

ist, so ist jede jener p_λ Zahlen unterhalb $p_{2\lambda+2}$ gelegen, folglich durch mindestens eine der Primzahlen $p_\lambda, p_{\lambda+1}, \cdots, p_{2\lambda+1}$ teilbar; alsdann ist daher

$$p_\lambda \leqq \lambda + 2.$$

Andererseits ist

$$\begin{aligned} p_4 &= 7 \\ &> 6 \\ &= 4 + 2, \end{aligned}$$

also a fortiori für $\lambda \geqq 4$

$$p_\lambda > \lambda + 2,$$

da der Abstand zweier konsekutiver Primzahlen von 3 an mindestens 2 ist. Aus (2) folgt also

$$\lambda \leqq 3$$

und somit wegen

$$\begin{aligned} p_1 p_2 p_3 &= 30 \\ &> 19 \\ &= p_8 \end{aligned}$$

$$\lambda < 3,$$

was zu beweisen war.

Allgemeiner gilt der

Satz: Bei festem r gibt es nur endlich viele Zahlen x, für welche alle $\varphi(x)$ zu x teilerfremden Zahlen $\leqq x$ höchstens r Primfaktoren enthalten (wobei mehrfache Primfaktoren mehrfach gezählt sind).

Beweise: Es ist nur nötig zu zeigen, daß bei festem r für alle hinreichend großen ν

(3) $$p_{\nu+1}^{r+1} < p_1 \cdots p_\nu$$

ist. Denn jedes x, welches die obige Eigenschaft hat, ist durch alle Primzahlen $p \leqq \sqrt[r+1]{x}$ teilbar, da sonst p^{r+1} zu x teilerfremd und kleiner als x, ferner aus $r+1$ Primfaktoren zusammengesetzt wäre. Für hinreichend große x ist aber, wenn p_ν die größte Primzahl $\leqq \sqrt[r+1]{x}$ ist, dies mit (3) unverträglich, also der Satz bewiesen.

1. Nun folgt aus dem Gegenteil von (3)

$$\begin{aligned} p_1 \cdots p_\nu &\leqq p_{\nu+1}^{r+1} \\ &= p_{\nu+1} \cdot p_{\nu+1} \cdots p_{\nu+1} \end{aligned}$$

für $\nu > r$

$$p_1 \cdots p_\nu < 2p_\nu \cdot 2^2 p_{\nu-1} \cdots 2^{r+1} p_{\nu-r},$$

$$p_1 \cdots p_{\nu-r-1} < 2^{1+2+\cdots+(r+1)},$$

was für alle hinreichend großen ν nicht mehr möglich ist. Für alle $\nu \geqq N = N(r)$ gilt also (3).

2. Ohne Benutzung jenes Satzes aus der Primzahltheorie geht der Schluß so auszuführen. Aus

$$p_1 \cdots p_\nu \leqq p_{\nu+1}^{r+1}$$

folgt

$$\begin{aligned} \left(p_1 \cdots p_{\left[\frac{\nu}{r+1}\right]}\right)^{r+1} &\leqq p_1 \cdots p_\nu \\ &\leqq p_{\nu+1}^{r+1}, \end{aligned}$$

$$p_1 \cdots p_{\left[\frac{\nu}{r+1}\right]} \leqq p_{\nu+1};$$

es ist also nur nötig, zu beweisen, daß bei gegebenem r für alle hinreichend großen λ

$$p_1 \cdots p_\lambda > p_{(r+1)(\lambda+1)}$$

ist, d. h., daß

(4) $$p_1 \cdots p_\lambda < p_{(r+1)(\lambda+1)}$$

für alle hinreichend großen λ zu einem Widerspruch führt.

Die Betrachtung der p_λ Zahlen

$$l\,p_1 \cdots p_{\lambda-1} - 1 \qquad (l = 1, 2, \cdots, p_\lambda)$$

liefert wie oben, daß höchstens je eine dieser Zahlen durch $p_\lambda, p_{\lambda+1}, \cdots$ teilbar ist. Nach (4) ist also

$$\begin{aligned} p_\lambda &\leq (r+1)(\lambda+1) - \lambda \\ &= r\lambda + (r+1). \end{aligned}$$

Dies steht aber für alle hinreichend großen λ im Widerspruch damit, daß

$$\lim_{x=\infty} \frac{\pi(x)}{x} = 0,$$

also

$$\lim_{\lambda=\infty} \frac{\lambda}{p_\lambda} = 0,$$

$$\lim_{\lambda=\infty} \frac{p_\lambda}{\lambda} = \infty$$

ist.

§ 63.

Über die Reihe $\sum_p \frac{1}{p^{1+ti}}$.

In diesem letzten Paragraphen der Anwendungen soll von einer Reihe mit komplexen Gliedern die Rede sein. Unter Benutzung der früheren Sätze (vgl. §§ 18, 26, 45)

$$\psi(x) = O(x),$$

$$\sum_{n=1}^{x} \frac{\Lambda(n)}{n} = \log x + O(1),$$

$$\zeta(1+ti) \neq 0 \text{ für } t \gtrless 0$$

(also ohne den Primzahlsatz) wird sich die Konvergenz der Reihe

$$\sum_p \frac{1}{p^s}$$

für $\sigma = 1$ (exkl. $s = 1$), d. h. für $s = 1 + ti$, $t \gtrless 0$ ergeben. Es müssen einige andere an sich sehr interessante Sätze vorausgeschickt werden:

Satz: Es ist, wenn die Abschätzung sich auf x bezieht, bei festem $s = 1 + ti$ $(t \gtrless 0)$

$$\sum_{n=1}^{x} \frac{1}{n^s} = \zeta(s) - \frac{1}{s-1}\,\frac{1}{x^{s-1}} + O\left(\frac{1}{x}\right).$$

Hierin liegt übrigens enthalten, daß die Reihe

$$\sum_{n=1}^{\infty} \frac{1}{n^s}$$

divergiert, aber in einem endlichen Gebiete oszilliert:

$$\sum_{n=1}^{x} \frac{1}{n^s} = O(1).$$

Beweis: x sei $\geqq 1$. Es ist nach § 46 für $\sigma > 0$ exkl. $s = 1$

$$\zeta(s) = \sum_{n=1}^{x} \frac{1}{n^s} + \frac{1}{s-1} \frac{1}{[x]^{s-1}} - s \sum_{n=x}^{\infty} \int_0^1 \frac{u\,du}{(n+u)^{s+1}},$$

folglich für $s = 1 + ti$ bei festem $t \gtrless 0$ mit Rücksicht auf

$$\frac{1}{[x]^{s-1}} - \frac{1}{x^{s-1}} = \frac{1}{(x-\Theta)^{s-1}} - \frac{1}{x^{s-1}} \qquad (0 \leqq \Theta < 1)$$

$$= (s-1) \int_{x-\Theta}^{x} \frac{du}{u^s}$$

$$= O\left(\frac{1}{x}\right)$$

$$\zeta(s) = \sum_{n=1}^{x} \frac{1}{n^s} + \frac{1}{s-1} \frac{1}{x^{s-1}} + O\left(\frac{1}{x}\right) + O \sum_{n=x}^{\infty} \frac{1}{n^2}$$

$$= \sum_{n=1}^{x} \frac{1}{n^s} + \frac{1}{s-1} \frac{1}{x^{s-1}} + O\left(\frac{1}{x}\right),$$

womit der Satz bewiesen ist.

Satz: Für festes $s = 1 + ti$, $t \gtrless 0$ ist

$$\sum_{n=1}^{x} \frac{\log n}{n^s} = -\zeta'(s) - \frac{1}{(s-1)^2} \frac{1}{x^{s-1}} - \frac{1}{s-1} \frac{\log x}{x^{s-1}} + O\left(\frac{\log x}{x}\right).$$

Beweis: Es sei $x \geqq 1$. Für $\sigma > 0$ (exkl. $s = 1$) ist nach § 46

$$\zeta'(s) = -\sum_{n=1}^{x} \frac{\log n}{n^s} - \frac{1}{(s-1)^2} \frac{1}{[x]^{s-1}} - \frac{1}{s-1} \frac{\log [x]}{[x]^{s-1}} - \sum_{n=x}^{\infty} \int_0^1 \frac{u\,du}{(n+u)^{s+1}}$$

$$+ s \sum_{n=x}^{\infty} \int_0^1 \frac{u \log(n+u)\,du}{(n+u)^{s+1}};$$

hierin ist für $s = 1 + ti,\ t \gtrless 0$

$$\frac{1}{[x]^{s-1}} = \frac{1}{x^{s-1}} + O\left(\frac{1}{x}\right),$$

$$\frac{\log [x]}{[x]^{s-1}} = \left(\log x + O\left(\frac{1}{x}\right)\right)\left(\frac{1}{x^{s-1}} + O\left(\frac{1}{x}\right)\right)$$

$$= \frac{\log x}{x^{s-1}} + O\left(\frac{\log x}{x}\right),$$

$$\sum_{n=x}^{\infty} \int_0^1 \frac{u\,du}{(n+u)^{s+1}} = O\sum_{n=x}^{\infty} \frac{1}{n^2}$$

$$= O\left(\frac{1}{x}\right),$$

$$\sum_{n=x}^{\infty} \int_0^1 \frac{u \log (n+u)\,du}{(n+u)^{s+1}} = O\sum_{n=x}^{\infty} \frac{\log n}{n^2}$$

$$= O\left(\frac{\log x}{x}\right),$$

womit die Behauptung bewiesen ist.

Satz: Es ist bei festem $t \gtrless 0$

$$\sum_{p \leqq x} \frac{\log p}{p^{1+ti}} = O(1).$$

Beweis: Nach der für $\sigma > 1$ gültigen Identität

$$-\zeta'(s) = -\frac{\zeta'(s)}{\zeta(s)}\zeta(s),$$

$$\sum_{n=1}^{\infty} \frac{\log n}{n^s} = \sum_{n=1}^{\infty} \frac{\Lambda(n)}{n^s} \sum_{n=1}^{\infty} \frac{1}{n^s}$$

ist für alle komplexen s und alle $x \geqq 1$

$$\sum_{n=1}^{x} \frac{\log n}{n^s} = \sum_{n=1}^{x} \frac{\Lambda(n)}{n^s} \sum_{k=1}^{\frac{x}{n}} \frac{1}{k^s},$$

also nach dem ersten Satz dieses Paragraphen für $s = 1 + ti,\ t \gtrless 0$

$$\sum_{n=1}^{x} \frac{\log n}{n^s} = \sum_{n=1}^{x} \frac{\Lambda(n)}{n^s}\left(\zeta(s) - \frac{1}{s-1}\,\frac{1}{\left(\frac{x}{n}\right)^{s-1}}\right) + O\sum_{n=1}^{x} \frac{\Lambda(n)}{n}\,\frac{n}{x}$$

$$= \zeta(s)\sum_{n=1}^{x}\frac{\Lambda(n)}{n^s} - \frac{1}{s-1}\frac{1}{x^{s-1}}\sum_{n=1}^{x}\frac{\Lambda(n)}{n} + O\left(\frac{1}{x}\psi(x)\right)$$

$$= \zeta(s)\sum_{n=1}^{x}\frac{\Lambda(n)}{n^s} - \frac{1}{s-1}\frac{1}{x^{s-1}}\log x + O(1) + O(1),$$

folglich nach dem vorigen Satz[1])

$$-\zeta'(s) - \frac{1}{(s-1)^2}\frac{1}{x^{s-1}} - \frac{1}{s-1}\frac{\log x}{x^{s-1}} + O\left(\frac{\log x}{x}\right) = \zeta(s)\sum_{n=1}^{x}\frac{\Lambda(n)}{n^s} - \frac{1}{s-1}\frac{\log x}{x^{s-1}} + O(1),$$

$$\zeta(s)\sum_{n=1}^{x}\frac{\Lambda(n)}{n^s} = -\zeta'(s) - \frac{1}{(s-1)^2}\frac{1}{x^{s-1}} + O(1)$$
$$= O(1),$$

also wegen

$$\zeta(s) \neq 0$$

$$\sum_{n=1}^{x}\frac{\Lambda(n)}{n^s} = O(1),$$

folglich wegen

$$\sum_{\substack{p^m \leqq x \\ m \geqq 2}}\frac{\log p}{p^{ms}} = O(1)$$

(1) $$\sum_{p \leqq x}\frac{\log p}{p^s} = O(1).$$

Satz: Die unendliche Reihe

$$\sum_p \frac{1}{p^{1+ti}}$$

konvergiert für $t \gtrless 0$, und es ist

$$\sum_{p \leqq x}\frac{1}{p^{1+ti}} = \sum_p \frac{1}{p^{1+ti}} + O\left(\frac{1}{\log x}\right).$$

Beweis: Aus (1) folgt die Konvergenz der vorgelegten Reihe nach dem zweiten Satz des § 30; da er des damaligen Zweckes wegen bloß für reelle Reihen ausgesprochen ist, ist er hier einzeln auf den reellen und imaginären Teil anzuwenden. Genauer ergibt sich, wenn

$$\sum_{p \leqq x}\frac{\log p}{p^{1+ti}} = g(x)$$

1) Der nicht einmal in vollem Umfang zur Anwendung kommt.

gesetzt wird, die Restabschätzung

$$\sum_{p>x}\frac{1}{p^{1+ti}}=\sum_{n=x+1}^{\infty}\frac{g(n)-g(n-1)}{\log n}$$

$$=\sum_{n=x+1}^{\infty}g(n)\left(\frac{1}{\log n}-\frac{1}{\log(n+1)}\right)-\frac{g(x)}{\log([x]+1)}$$

$$=O\sum_{n=x+1}^{\infty}\left(\frac{1}{\log n}-\frac{1}{\log(n+1)}\right)+O\left(\frac{1}{\log x}\right)$$

$$=O\left(\frac{1}{\log x}\right).$$

Natürlich ist nach dem Stetigkeitssatz der Dirichletschen Reihen für festes $s=1+ti$, $t\gtrless 0$ und zu 0 abnehmendes positives ε

$$\sum_{p}\frac{1}{p^{s}}=\lim_{\varepsilon=0}\sum_{p}\frac{1}{p^{s+\varepsilon}}$$

$$=\lim_{\varepsilon=0}\left(\log\zeta(s+\varepsilon)-\sum_{m=2}^{\infty}\frac{1}{m}\sum_{p}\frac{1}{p^{m(s+\varepsilon)}}\right)$$

$$=\log\zeta(s)-\sum_{m=2}^{\infty}\frac{1}{m}\sum_{p}\frac{1}{p^{ms}},$$

d. h. die Gleichung

$$\zeta(s)=\prod_{p}\frac{1}{1-\frac{1}{p^{s}}}$$

ist auch für $s=1+ti$, $t\gtrless 0$ gültig.

Vierzehntes Kapitel.

Studien über den obigen Beweis des Primzahlsatzes.

§ 64.

Direkter Beweis des Primzahlsatzes ohne den Umweg über $\vartheta(x)$.

An Stelle des im zwölften Kapitel gegebenen Beweises des Primzahlsatzes läßt sich, von denselben Hilfssätzen des elften Kapitels über $\zeta(s)$ ausgehend, durch Benutzung des Integranden

$$\frac{x^{s}}{s^{2}}\log\zeta(s)$$

an Stelle von
$$\frac{x^s}{s^2}\frac{\zeta'(s)}{\zeta(s)}$$
folgendermaßen der Primzahlsatz (in der verschärften Form) etwas direkter beweisen; allerdings werden dabei die funktionentheoretischen Überlegungen etwas schwieriger.

Es bezeichne $Z(s)$ diejenige analytische Funktion, welche für $\sigma > 1$ durch die Dirichletsche Reihe
$$\sum_{p,m}\frac{1}{mp^{ms}} = \log\zeta(s)$$
definiert ist. Dann ist $Z(s)$ regulär in dem Gebiet des Satzes aus § 48, wenn dasselbe zuvor von $1-\frac{1}{c\log^9 3}$ bis 1 geradlinig aufgeschnitten ist. An beiden Ufern dieses Schnittes (exkl. $s=1$) ist $Z(s)$ auch regulär und unterscheidet sich dort um $2\pi i$ derart, daß der Wert unten gleich dieser Größe plus dem Werte oben ist. Ferner ist für $|t|\geqq 3$, $1-\frac{1}{c\log^9|t|}\leqq\sigma\leqq 2$ nach jenem Satz
$$|Z(s)| = \left|Z(2+ti)+\int_{2+ti}^{s}\frac{\zeta'(u)}{\zeta(u)}du\right|$$
$$\leqq Z(2)+2b\log^9|t|;$$
da für $\sigma\geqq 2$
$$|Z(s)|\leqq Z(2)$$
ist, ist also für $|t|\geqq 3$, $\sigma\geqq 1-\frac{1}{c\log^9|t|}$
$$|Z(s)| < A\log^9|t|.$$

Es ist wegen der Konvergenz von
$$\int_{-\infty}^{\infty}\frac{|x^{2+ti}|}{|2+ti|^2}\sum_{p,m}\frac{1}{m|p^{m(2+ti)}|}dt = \int_{-\infty}^{\infty}\frac{x^2}{4+t^2}\sum_{p,m}\frac{1}{mp^{2m}}dt$$
bei gerader Integrationsbahn
$$\frac{1}{2\pi i}\int_{2-\infty i}^{2+\infty i}\frac{x^s}{s^2}Z(s)\,ds = \frac{1}{2\pi i}\int_{2-\infty i}^{2+\infty i}\frac{x^s}{s^2}\sum_{p,m}\frac{1}{mp^{ms}}ds$$
$$=\frac{1}{2\pi i}\sum_{p,m}\frac{1}{m}\int_{2-\infty i}^{2+\infty i}\frac{\left(\frac{x}{p^m}\right)^s}{s^2}ds$$
$$=\sum_{p^m\leqq x}\frac{1}{m}\log\frac{x}{p^m},$$

also

$$\sum_{p^m \leqq x} \frac{1}{m} \log \frac{x}{p^m} = \frac{1}{2\pi i} \int\limits_{2-x^2 i}^{2+x^2 i} \frac{x^s}{s^2} Z(s)\,ds + O \int\limits_{x^2}^{\infty} \frac{x^2\,dt}{t^2}$$

$$= \frac{1}{2\pi i} \int\limits_{2-x^2 i}^{2+x^2 i} \frac{x^s}{s^2} Z(s)\,ds + O(1),$$

$$\sum_{p \leqq x} \log \frac{x}{p} = \sum_{p^m \leqq x} \frac{1}{m} \log \frac{x}{p^m} - \sum_{\substack{p^m \leqq x \\ m \geqq 2}} \frac{1}{m} \log \frac{x}{p^m}$$

$$= \sum_{p^m \leqq x} \frac{1}{m} \log \frac{x}{p^m} + O\Big(\log x \sum_{\substack{p^m \leqq x \\ m \geqq 2}} 1\Big)$$

$$= \sum_{p^m \leqq x} \frac{1}{m} \log \frac{x}{p^m} + O\left(\log x \cdot \pi\left(\sqrt{x}\right)\right)$$

$$= \sum_{p^m \leqq x} \frac{1}{m} \log \frac{x}{p^m} + O\left(\log x \cdot \sqrt{x}\right)$$

$$(1) \qquad = \frac{1}{2\pi i} \int\limits_{2-x^2 i}^{2+x^2 i} \frac{x^s}{s^2} Z(s)\,ds + O\left(\sqrt{x} \log x\right).$$

Ich wende nun den Cauchyschen Integralsatz auf den Weg $ABCDGHGEFA$ an, der aus dem Wege des § 51 dadurch entsteht, daß an der Stelle

$$G = 1 - \frac{1}{c \log^9 3}$$

erst an einem Ufer des Schnitts bis

$$H = 1$$

und dann am andern Ufer zurück bis G gegangen wird, ehe der senkrechte Weg weiter fortgesetzt wird. Hierbei kann ruhig in den singulären Punkt H hinein integriert werden, da er nur eine logarithmische Unendlichkeitsstelle ist, so daß für das Integral über den Kreis um 1 mit dem Radius δ von $1-\delta$ oben bis $1-\delta$ unten

$$\lim_{\delta=0} \int \frac{x^s}{s^2} Z(s)\,ds = 0$$

ist. Dadurch erhalte ich für das in (1) vorkommende Integral

$$\int\limits_{2-x^2 i}^{2+x^2 i} = \int\limits_{A}^{F} + \int\limits_{F}^{E} + \int\limits_{E}^{G} + \int\limits_{G}^{H} + \int\limits_{H}^{G} + \int\limits_{G}^{D} + \int\limits_{D}^{C} + \int\limits_{C}^{B}.$$

Hierin ist genau so wie im § 51, da $Z(s)$ einer ebensolchen Ungleichung genügt wie dort $\frac{\zeta'(s)}{\zeta(s)}$,

$$\int_A^F + \int_F^E + \int_E^G + \int_G^D + \int_D^C + \int_C^B = O\left(x e^{-\sqrt[11]{\log x}}\right),$$

und es ergibt sich vorläufig

$$\sum_{p \leqq x} \log \frac{x}{p} = O\left(x e^{-\sqrt[11]{\log x}}\right) + \frac{1}{2\pi i}\int_G^H + \frac{1}{2\pi i}\int_H^G,$$

oder, da der Integrand sich um $2\pi i \frac{x^s}{s^2}$ an beiden Ufern unterscheidet,

$$\sum_{p \leqq x} \log \frac{x}{p} = O\left(x e^{-\sqrt[11]{\log x}}\right) + \int_{1-\frac{1}{c \log^9 3}}^{1} \frac{x^s}{s^2}\, ds$$

$$= \int_{\frac{1}{2}}^{1} \frac{x^s}{s^2}\, ds + O\left(x e^{-\sqrt[11]{\log x}}\right).$$

Hieraus folgt weiter, wenn

$$\delta = \delta(x) = e^{-\sqrt[12]{\log x}}$$

gesetzt wird,

$$\sum_{p \leqq (1+\delta)x} \log \frac{(1+\delta)x}{p} = \int_{\frac{1}{2}}^{1} \frac{(x+\delta x)^s}{s^2}\, ds + O\left(x e^{-\sqrt[11]{\log x}}\right),$$

also durch Subtraktion

$$\log(1+\delta)\sum_{p \leqq x} 1 + \sum_{x < p \leqq (1+\delta)x} \log \frac{(1+\delta)x}{p} = \int_{\frac{1}{2}}^{1} \frac{(x+\delta x)^s - x^s}{s^2}\, ds + O\left(x e^{-\sqrt[11]{\log x}}\right),$$

$$\log(1+\delta)\pi(x) = \int_{\frac{1}{2}}^{1} \frac{(1+\delta)^s - 1}{s^2} x^s ds + O\left(x e^{-\sqrt[11]{\log x}}\right) + O \sum_{x < p \leqq (1+\delta)x} \log(1+\delta)$$

$$= \int_{\frac{1}{2}}^{1} \frac{(1+\delta)^s - 1}{s^2} x^s ds + O\left(x e^{-\sqrt[11]{\log x}}\right) + O(\delta \cdot \delta x)$$

$$= \int_{\frac{1}{2}}^{1} \frac{(1+\delta)^s - 1}{s^2} x^s ds + O(\delta^2 x).$$

Nun ist nach dem Taylorschen Satz

$$(1+\delta)^s = 1 + \delta s + \frac{\delta^2}{2} s(s-1)(1+\Theta\delta)^{s-2},$$

wo

$$0 < \Theta = \Theta(\delta, s) < 1$$

ist, also für $\frac{1}{2} \leqq s \leqq 1$

$$|(1+\delta)^s - 1 - \delta s| \leqq \frac{\delta^2}{2} s |s-1|$$

$$< \delta^2,$$

folglich

$$\int\limits_{\frac{1}{2}}^{1} \frac{(1+\delta)^s - 1}{s^2} x^s \, ds = \delta \int\limits_{\frac{1}{2}}^{1} \frac{x^s}{s} ds + O\left(\delta^2 \int\limits_{\frac{1}{2}}^{1} x^s \, ds\right)$$

$$= \delta \int\limits_{\sqrt{x}}^{x} \frac{du}{\log u} + O(\delta^2 x)$$

$$= \delta \int\limits_{2}^{x} \frac{du}{\log u} + O(\delta^2 x),$$

$$\log(1+\delta)\pi(x) = \delta \int\limits_{2}^{x} \frac{du}{\log u} + O(\delta^2 x),$$

$$\pi(x) = \frac{\delta}{\log(1+\delta)} \int\limits_{2}^{x} \frac{du}{\log u} + O\left(\frac{\delta^2 x}{\log(1+\delta)}\right)$$

$$= (1 + O(\delta)) \int\limits_{2}^{x} \frac{du}{\log u} + O(\delta x)$$

$$= \int\limits_{2}^{x} \frac{du}{\log u} + O(\delta x)$$

$$= \int\limits_{2}^{x} \frac{du}{\log u} + O\left(x e^{-\sqrt[12]{\log x}}\right).$$

§ 65.

Über den Grad der Wurzel in der Endformel für $\pi(x)$.

Es ist ganz unwesentlich, daß in der letzten Formel der Grad der Wurzel aus $\log x$ ein besserer (kleinerer), nämlich 12, ist als beim ersten Beweise, wo in § 54 die Zahl 14 herauskam. Denn, wenn es auf ein möglichst kleines γ in

$$\pi(x) = \int_2^x \frac{du}{\log u} + O\left(x e^{-\sqrt[\gamma]{\log x}}\right) \tag{1}$$

ankommt (wo natürlich für nicht ganzes γ unter $\sqrt[\gamma]{u}$ $(u > 0)$ der Wert $u^{\frac{1}{\gamma}}$ zu verstehen ist), so liefert offenbar die eine wie die andere Methode (1) für jedes $\gamma > 10$. Denn die Zahl 14 war damals entstanden, indem zu 10 sukzessive die größeren Zahlen 11, 12, 13, 14 genommen waren; dies leisten auch $10 + \varepsilon$, $10 + 2\varepsilon$, $10 + 3\varepsilon$, $10 + 4\varepsilon$ für jedes noch so kleine positive ε. Ebenso kann bei der Methode des vorigen Paragraphen 12 durch jedes $\gamma > 10$ ersetzt werden.

Weiter als bis 10 kann man bei keiner der beiden Beweisanordnungen in der vorliegenden Form kommen; denn, wenn man bei dem Hauptschluß des § 51, nämlich beim Studium des Weges DC, die Teilung der Strecke $3 \cdots x^2$ durch $e^{\sqrt[\nu]{\log x}}$ bei vorläufig unbestimmt gelassenem ν bewirkt, so ergibt sich

$$\int_3^{x^2} \frac{x^{-\frac{1}{c \log^9 t}}}{t^2}\, dt < x^{-\frac{1}{c \log^9\left(e^{\sqrt[\nu]{\log x}}\right)}} \int_3^{e^{\sqrt[\nu]{\log x}}} \frac{dt}{t^2} + \int_{e^{\sqrt[\nu]{\log x}}}^{x^2} \frac{dt}{t^2}$$

$$= O\left(e^{-\frac{1}{c}\log^{1-\frac{9}{\nu}} x}\right) + O\left(e^{-\log^{\frac{1}{\nu}} x}\right),$$

so daß offenbar $\nu = 10$ die günstigste Wahl ist, da für $\nu > 10$

$$\frac{1}{\nu} < \frac{1}{10},$$

für $\nu < 10$

$$1 - \frac{9}{\nu} < \frac{1}{10}$$

ist. Ein Blick auf den damaligen Beweis lehrt, daß diese Zahl 10 als $9 + 1$ hereingekommen ist, wo 9 der Exponent in

$$\sigma = 1 - \frac{1}{c \log^9 t}$$

ist; daß 9 auch in

$$\left|\frac{\zeta'(s)}{\zeta(s)}\right| < b \log^9 t$$

auftrat, war ganz unwesentlich, da dort

$$\log^9 x e^{-\frac{1}{c}\sqrt[10]{\log x}} = O\left(e^{-\sqrt[11]{\log x}}\right)$$

gesetzt wurde und allgemein für $\varrho > 0$ und jedes $\delta > 0$

$$\log^A x e^{-\frac{1}{c}\sqrt[\varrho]{\log x}} = O\left(e^{-\sqrt[\varrho+\delta]{\log x}}\right)$$

ist, wie groß auch A sei.

Wenn also im Wortlaut des Satzes aus dem § 48 bei der Kurve (1) die Zahl 9 durch die kleinere positive Größe β ersetzt werden kann, in (2) die Zahl 9 durch A, so kommt für alle $\gamma > \beta + 1$

$$\pi(x) = \int_2^x \frac{du}{\log u} + O\left(x e^{-\sqrt[\gamma]{\log x}}\right)$$

heraus; denn der charakteristische Schluß, der zum ungünstigsten (höchsten) Gliede führt, lautet eben:

$$\left|\int_D^C \frac{x^s}{s^2}\frac{\zeta'(s)}{\zeta(s)}ds\right| = O\int_3^{x^2} x^{1-\frac{1}{c\log^\beta t}}\frac{\log^A t}{t^2}dt$$

$$= O\left(x\log^A x\int_3^{x^2}\frac{x^{-\frac{1}{c\log^\beta t}}}{t^2}dt\right)$$

$$= O\left(x\log^A x\int_3^{e^{\sqrt[\beta+1]{\log x}}} x^{-\frac{1}{c(\log x)^{\frac{\beta}{\beta+1}}}}\frac{dt}{t^2}\right) + O\left(x\log^A x\int_{e^{\sqrt[\beta+1]{\log x}}}^{\infty}\frac{dt}{t^2}\right)$$

$$= O\left(x\log^A x e^{-\frac{1}{c}\sqrt[\beta+1]{\log x}}\right) + O\left(x\log^A x e^{-\sqrt[\beta+1]{\log x}}\right)$$

$$= O\left(x e^{-\sqrt[\beta+1+\varepsilon]{\log x}}\right),$$

für jedes $\varepsilon > 0$.

Es ist also für die Primzahltheorie wichtig, das β in

$$\left|\frac{\zeta'(s)}{\zeta(s)}\right| < b\log^A t \quad \text{für} \quad t \geqq 3,\ \sigma \geqq 1 - \frac{1}{c\log^\beta t}$$

zu verkleinern, wobei es ganz gleichgültig ist, wie groß dabei die Konstanten b, A, c werden, wenn es nur Konstanten bleiben.

Durch folgende Methode ist es nun möglich, das β unter 9 zu verkleinern.

Im § 45 war folgende trigonometrische Ungleichung benutzt:

$$3 + 4\cos\varphi + \cos 2\varphi \geqq 0.$$

Es sei nun

$$g(\varphi) = a_0 + a_1 \cos\varphi + a_2 \cos 2\varphi$$

irgend eine Funktion derart, daß

$$0 < a_0 < a_1, \quad a_2 \geqq 0$$

und für alle reellen φ

$$g(\varphi) \geqq 0$$

ist. Dann ist für $\varepsilon > 0$, $t \gtreqless 0$

$$(\zeta(1+\varepsilon))^{a_0} |\zeta(1+\varepsilon+ti)|^{a_1} |\zeta(1+\varepsilon+2ti)|^{a_2} = e^{\sum\limits_{p,m} \frac{a_0 + a_1 \cos(mt\log p) + a_2 \cos(2mt\log p)}{m p^{m(1+\varepsilon)}}}$$
$$\geqq 1,$$

also

$$|\zeta(1+\varepsilon+ti)| \geqq \frac{1}{(\zeta(1+\varepsilon))^{\frac{a_0}{a_1}} |\zeta(1+\varepsilon+2ti)|^{\frac{a_2}{a_1}}},$$

folglich, wenn $b_1, b_2, \cdots$ absolute Konstanten bezeichnen, die alle > 1 gewählt sein können, für $0 < \varepsilon \leqq 1$, $t \gtreqless 0$

$$|\zeta(1+\varepsilon+ti)| > \frac{\varepsilon^{\frac{a_0}{a_1}}}{b_1 |\zeta(1+\varepsilon+2ti)|^{\frac{a_2}{a_1}}},$$

also ebenda nach dem ersten Satz des § 46 für $0 < \varepsilon \leqq 1$, $t \geqq 3$

$$(2) \qquad |\zeta(1+\varepsilon+ti)| > \frac{\varepsilon^{\frac{a_0}{a_1}}}{b_2 \log^{\frac{a_2}{a_1}} t},$$

folglich nach § 46, (9) für $0 < \varepsilon \leqq 1$, $t \geqq 3$

$$|\zeta(1+ti)| \geqq |\zeta(1+\varepsilon+ti)| - |\zeta(1+ti) - \zeta(1+\varepsilon+ti)|$$

$$> \frac{\varepsilon^{\frac{a_0}{a_1}}}{b_2 \log^{\frac{a_2}{a_1}} t} - b_3 \varepsilon \log^2 t$$

$$= \frac{\varepsilon^{\frac{a_0}{a_1}}}{b_2 \log^{\frac{a_2}{a_1}} t} \left(1 - b_2 b_3 \varepsilon^{\frac{a_1 - a_0}{a_1}} \log^{\frac{2a_1 + a_2}{a_1}} t\right).$$

Wird hierin ε durch

$$b_2 b_3 \varepsilon^{\frac{a_1-a_0}{a_1}} \log^{\frac{2a_1+a_2}{a_1}} t = \tfrac{1}{2}$$

bestimmt, d. h. bei konstantem $g < 1$

$$\varepsilon = \frac{g}{\log^{\frac{2a_1+a_2}{a_1-a_0}} t}$$

gesetzt, so ergibt sich für $t \geqq 3$

$$\begin{aligned}|\zeta(1+ti)| &> \frac{1}{b_4} \frac{1}{\log^{\frac{a_0}{a_1}\frac{2a_1+a_2}{a_1-a_0}+\frac{a_2}{a_1}} t} \\ &= \frac{1}{b_4} \frac{1}{\log^{\frac{2a_0+a_2}{a_1-a_0}} t}\end{aligned}$$

und hieraus nach der Relation (9) des § 46 weiter für $t \geqq 3$,

$$1 - \frac{1}{2 b_3 b_4 \log^{2+\frac{2a_0+a_2}{a_1-a_0}} t} \leqq \sigma \leqq 1 + \frac{1}{2 b_3 b_4 \log^{2+\frac{2a_0+a_2}{a_1-a_0}} t}$$

$$\begin{aligned}|\zeta(s)| &> |\zeta(1+ti)| - b_3|\sigma - 1|\log^2 t \\ &> \frac{1}{b_4} \frac{1}{\log^{\frac{2a_0+a_2}{a_1-a_0}} t} - \frac{1}{2}\frac{1}{b_4}\frac{1}{\log^{\frac{2a_0+a_2}{a_1-a_0}} t} \\ &= \frac{1}{b_5}\frac{1}{\log^{\frac{2a_0+a_2}{a_1-a_0}} t};\end{aligned}$$

für $t \geqq 3$, $1 + \dfrac{1}{2 b_3 b_4 \log^{2+\frac{2a_0+a_2}{a_1-a_0}} t} \leqq \sigma \leqq 2$ ist nach (2)

$$\begin{aligned}|\zeta(s)| &> \frac{1}{b_6} \frac{1}{\log^{\frac{a_0}{a_1}\left(2+\frac{2a_0+a_2}{a_1-a_0}\right)+\frac{a_2}{a_1}} t} \\ &= \frac{1}{b_6}\frac{1}{\log^{\frac{2a_0+a_2}{a_1-a_0}} t},\end{aligned}$$

endlich für $t \geqq 3$, $\sigma \geqq 2$

$$\begin{aligned}|\zeta(s)| &> \frac{1}{b_7} \\ &> \frac{1}{b_7}\frac{1}{\log^{\frac{2a_0+a_2}{a_1-a_0}} t};\end{aligned}$$

zusammengenommen ergibt sich also für

$$t \geqq 3,\ \sigma \geqq 1 - \frac{1}{2 b_3 b_4 \log^{2+\frac{2a_0+a_2}{a_1-a_0}} t} = 1 - \frac{1}{2 b_3 b_4 \log^{\frac{2a_1+a_2}{a_1-a_0}} t}$$

die Abschätzung

$$|\zeta(s)| > \frac{1}{b_8} \frac{1}{\log^{\frac{2a_0+a_2}{a_1-a_0}} t},$$

$$\left|\frac{\zeta'(s)}{\zeta(s)}\right| < b_9 \log^{2+\frac{2a_0+a_2}{a_1-a_0}} t$$

$$= b_9 \log^{\frac{2a_1+a_2}{a_1-a_0}} t;$$

d. h., unser β kann

$$= \frac{2a_1+a_2}{a_1-a_0}$$

genommen werden, und es ist

$$(1) \qquad \pi(x) = \int_2^x \frac{du}{\log u} + O\left(x e^{-\sqrt[\gamma]{\log x}}\right)$$

für alle

$$\gamma > \frac{2a_1+a_2}{a_1-a_0} + 1,$$

wenn nur a_0, a_1, a_2 drei reelle Zahlen sind, die den Bedingungen

$$(3) \qquad \begin{cases} 0 < a_0 < a_1, \\ a_2 \geqq 0, \\ a_0 + a_1 \cos\varphi + a_2 \cos 2\varphi \geqq 0 \end{cases}$$

genügen. Es ist also (1) bewiesen für jedes γ oberhalb der unteren Grenze von

$$\frac{2a_1+a_2}{a_1-a_0} + 1$$

für alle Systeme a_0, a_1, a_2, welche (3) erfüllen. Welches ist nun diese untere Grenze? Sie ist jedenfalls $\leqq 10$; dieser Wert entsprach der Ungleichung des § 45, wo

$$a_0 = 3,\ a_1 = 4,\ a_2 = 1$$

ist.

Die quadratische Funktion von $x = \cos\varphi$

$$\begin{aligned} g(\varphi) &= a_0 + a_1 \cos\varphi + a_2 \cos 2\varphi \\ &= a_0 + a_1 x + a_2(2x^2 - 1) \\ &= (a_0 - a_2) + a_1 x + 2a_2 x^2 \\ &= f(x), \end{aligned}$$

wo

$$0 < a_0 < a_1,$$
$$a_2 \geqq 0$$

ist, wird als $\geqq 0$ für $-1 \leqq x \leqq 1$ vorausgesetzt. $a_2 = 0$ kommt nicht in Betracht, da alsdann

$$\begin{aligned} f(-1) &= a_0 - a_1 \\ &\geqq 0, \end{aligned}$$

also

$$a_0 \geqq a_1$$

wäre; es ist also

$$a_2 > 0.$$

1. Die Diskriminante D der quadratischen Funktion $f(x)$ sei $\leqq 0$:

$$a_1^2 - 8a_2(a_0 - a_2) \leqq 0.$$

Dann ist

$$\begin{aligned} 8a_0a_2 &\geqq a_1^2 + 8a_2^2, \\ a_2(8a_0 - 6a_1 + a_2) &\geqq a_1^2 - 6a_1a_2 + 9a_2^2 \\ &= (a_1 - 3a_2)^2 \\ &\geqq 0, \end{aligned}$$

also

$$\begin{aligned} 8a_0 - 6a_1 + a_2 &\geqq 0, \\ 2a_1 + a_2 &\geqq 8(a_1 - a_0), \\ \frac{2a_1 + a_2}{a_1 - a_0} + 1 &\geqq 9. \end{aligned}$$

Dieser Wert 9 ist die untere Grenze im Falle

$$D \leqq 0$$

und wird wirklich bei

$$a_1 = 3a_2,$$
$$a_0 = \tfrac{17}{8}a_2$$

erreicht, also z. B. $(a_2 = 8)$ für

$$\begin{aligned} g(\varphi) &= 17 + 24\cos\varphi + 8\cos 2\varphi \\ &= 9 + 24x + 16x^2 \\ &= (3 + 4x)^2 \\ &\geqq 0. \end{aligned}$$

2) Es sei

$$D > 0;$$

dann muß jede der beiden verschiedenen reellen Wurzeln x_1, x_2 (wo $x_2 > x_1$ sei) von

$$f(x) = 0$$

so beschaffen sein, daß sie $\leqq -1$ ist. Denn $f(x)$ ist zwischen ihnen negativ; sie könnten also nur beide $\leqq -1$ oder beide $\geqq 1$ sein, und letzteres ist ausgeschlossen, da ihre Summe $-\frac{a_1}{2a_2}$ negativ ist. Es ist daher

$$x_1 < x_2 \leqq -1,$$

also, wenn

$$x_1 = -1 - \xi_1,$$

$$x_2 = -1 - \xi_2$$

gesetzt wird,

$$0 \leqq \xi_2 < \xi_1.$$

Nun ist

$$a_0 - a_2 = 2a_2 x_1 x_2,$$

$$a_1 = -2a_2(x_1 + x_2),$$

also

$$\begin{aligned} 9a_0 - 7a_1 + a_2 &= a_2(9 + 18x_1x_2 + 14x_1 + 14x_2 + 1) \\ &= 2a_2(5 + 7x_1 + 7x_2 + 9x_1x_2) \\ &= 2a_2(5 - 7 - 7\xi_1 - 7 - 7\xi_2 + 9 + 9\xi_1 + 9\xi_2 + 9\xi_1\xi_2) \\ &= 2a_2(2\xi_1 + 2\xi_2 + 9\xi_1\xi_2) \\ &> 0, \end{aligned}$$

$$2a_1 + a_2 > 9(a_1 - a_0),$$

$$\begin{aligned} \frac{2a_1 + a_2}{a_1 - a_0} + 1 &> 10 \\ &> 9. \end{aligned}$$

Die gesuchte untere Grenze von

$$\frac{2a_1 + a_2}{a_1 - a_0} + 1$$

mit Nebenbedingungen ist also 9; daß sie erreicht wird, kann übrigens aus Stetigkeitsgründen von vornherein eingesehen werden. Ich habe damit bewiesen, daß für alle $\gamma > 9$

$$\pi(x) = \int_2^x \frac{du}{\log u} + O\left(x e^{-\sqrt[\gamma]{\log x}}\right)$$

ist.

Statt von einer quadratischen Funktion kann man allgemeiner von einer ganzen rationalen Funktion $n$ten Grades

$$f(x) = e_0 + e_1 x + \cdots + e_n x^n$$

ausgehen, welche die Eigenschaften hat: Sie ist $\geqq 0$ für $-1 \leqq x \leqq 1$, und die Koeffizienten der durch die Substitution

$$x = \cos\varphi$$

aus ihr entstehenden Funktion

$$\begin{aligned} g(\varphi) &= f(\cos\varphi) \\ &= a_0 + a_1 \cos\varphi + a_2 \cos 2\varphi + \cdots + a_n \cos n\varphi \end{aligned}$$

sind $\geqq 0$, insbesondere dabei

$$0 < a_0 < a_1 .$$

Dann ergibt sich für $\varepsilon > 0$, $t \gtreqless 0$

$$\begin{aligned} &(\zeta(1+\varepsilon))^{a_0} \,|\zeta(1+\varepsilon+ti)|^{a_1} \cdots |\zeta(1+\varepsilon+nti)|^{a_n} \\ &= e^{\sum\limits_{p,m} \frac{a_0 + a_1 \cos(mt\log p) + \cdots + a_n \cos(nmt\log p)}{m p^{m(1+\varepsilon)}}} \\ &\geqq 1, \end{aligned}$$

$$|\zeta(1+\varepsilon+ti)| \geqq \frac{1}{(\zeta(1+\varepsilon))^{\frac{a_0}{a_1}} \,|\zeta(1+\varepsilon+2ti)|^{\frac{a_2}{a_1}} \cdots |\zeta(1+\varepsilon+nti)|^{\frac{a_n}{a_1}}},$$

also für $0 < \varepsilon \leqq 1$, $t \geqq 3$

$$|\zeta(1+\varepsilon+ti)| > \frac{\varepsilon^{\frac{a_0}{a_1}}}{b_{10} \log^{\frac{a_2 + \cdots + a_n}{a_1}} t};$$

hiernach folgt alles wörtlich weiter wie oben im Falle der quadratischen Funktion, nur daß $a_2 + \cdots + a_n$ an Stelle von a_2 getreten ist. Es ergibt sich also, daß

$$\beta = \frac{2a_1 + a_2 + \cdots + a_n}{a_1 - a_0}$$

gesetzt werden kann, daß also für alle

$$\begin{aligned} \gamma &> \frac{2a_1 + a_2 + \cdots + a_n}{a_1 - a_0} + 1 \\ &= \frac{a_0 + a_1 + a_2 + \cdots + a_n}{a_1 - a_0} + 2 \\ &= \frac{g(0)}{a_1 - a_0} + 2 \\ &= \frac{f(1)}{a_1 - a_0} + 2 \end{aligned}$$

$$\pi(x) = \int_2^x \frac{du}{\log u} + O\left(x e^{-\sqrt[\gamma]{\log x}}\right)$$

ist.

Es entsteht nun die Frage, welches hier für alle n das günstigste β ist, d. h. welches die untere Grenze U von

$$\frac{a_0 + a_1 + a_2 + \cdots + a_n}{a_1 - a_0}$$

mit den Nebenbedingungen

$$a_0 + a_1 \cos\varphi + \cdots + a_n \cos n\varphi \geqq 0,$$
$$0 < a_0 < a_1,\ a_2 \geqq 0,\ \cdots,\ a_n \geqq 0$$

ist, wo n nicht gegeben ist, sondern irgend einen positiv-ganzzahligen Wert bedeuten kann. Die Antwort kenne ich nicht, bin aber imstande, das obige Ergebnis $U \leqq 7$ schon durch Angabe einer kubischen Funktion zu $U \leqq 6$ zu verschärfen: Für

$$n = 3,\ a_0 = 5,\ a_1 = 8,\ a_2 = 4,\ a_3 = 1$$

ist

$$\begin{aligned} g(\varphi) &= 5 + 8\cos\varphi + 4\cos 2\varphi + \cos 3\varphi \\ &= 5 + 8\cos\varphi + 4(2\cos^2\varphi - 1) + (4\cos^3\varphi - 3\cos\varphi) \\ &= 1 + 5\cos\varphi + 8\cos^2\varphi + 4\cos^3\varphi \\ &= 1 + 5x + 8x^2 + 4x^3 \\ &= (1 + x)(1 + 4x + 4x^2) \\ &= (1 + x)(1 + 2x)^2 \\ &\geqq 0 \end{aligned}$$

für $-1 \leqq x \leqq 1$, d. h. für alle reellen φ. Ferner ist

$$\begin{aligned} \frac{a_0 + a_1 + a_2 + a_3}{a_1 - a_0} &= \frac{18}{3} \\ &= 6, \end{aligned}$$

also für alle $\delta > 0$

$$\pi(x) = \int_2^x \frac{du}{\log u} + O\left(x e^{-\sqrt[8+\delta]{\log x}}\right).$$

Übrigens ist sogar

$$\pi(x) = \int_2^x \frac{du}{\log u} + O\left(x e^{-\sqrt[8]{\log x}}\right).$$

Hierzu ist nur

$$U < 6$$

zu beweisen, d. h. ein Beispiel anzugeben, wo

$$\frac{a_0 + a_1 + a_2 + \cdots + a_n}{a_1 - a_0} < 6$$

ist. Dies leistet die Funktion

$$\begin{aligned}
&(1 + \cos\varphi)^2(1 + 2\cos\varphi)^2(8 + (3 - 2\cos\varphi)^2)\\
&= (1 + \cos\varphi)^2(1 + 2\cos\varphi)^2(17 - 12\cos\varphi + 4\cos^2\varphi)\\
&= (1 + 3\cos\varphi + 2\cos^2\varphi)^2(17 - 12\cos\varphi + 4\cos^2\varphi)\\
&= (2 + 3\cos\varphi + \cos 2\varphi)^2(19 - 12\cos\varphi + 2\cos 2\varphi)\\
&= (4 + 9\cos^2\varphi + \cos^2 2\varphi + 12\cos\varphi + 4\cos 2\varphi + 6\cos\varphi\cos 2\varphi)\\
&\qquad\cdot(19 - 12\cos\varphi + 2\cos 2\varphi)\\
&= (4 + \tfrac{9}{2} + \tfrac{9}{2}\cos 2\varphi + \tfrac{1}{2} + \tfrac{1}{2}\cos 4\varphi + 12\cos\varphi + 4\cos 2\varphi + 3\cos\varphi + 3\cos 3\varphi)\\
&\qquad\cdot(19 - 12\cos\varphi + 2\cos 2\varphi)\\
&= (9 + 15\cos\varphi + \tfrac{17}{2}\cos 2\varphi + 3\cos 3\varphi + \tfrac{1}{2}\cos 4\varphi)(19 - 12\cos\varphi + 2\cos 2\varphi)\\
&= 171 + 285\cos\varphi + \tfrac{323}{2}\cos 2\varphi + 57\cos 3\varphi + \tfrac{19}{2}\cos 4\varphi - 108\cos\varphi\\
&- 90 - 90\cos 2\varphi - 51\cos\varphi - 51\cos 3\varphi - 18\cos 2\varphi - 18\cos 4\varphi\\
&- 3\cos 3\varphi - 3\cos 5\varphi + 18\cos 2\varphi + 15\cos\varphi + 15\cos 3\varphi + \tfrac{17}{2}\\
&\qquad + \tfrac{17}{2}\cos 4\varphi + 3\cos\varphi + 3\cos 5\varphi + \tfrac{1}{2}\cos 2\varphi + \tfrac{1}{2}\cos 6\varphi\\
&= \tfrac{179}{2} + 144\cos\varphi + 72\cos 2\varphi + 18\cos 3\varphi + \tfrac{1}{2}\cos 6\varphi,
\end{aligned}$$

$$\frac{a_0 + a_1 + a_2 + a_3 + a_4 + a_5 + a_6}{a_1 - a_0} = \frac{324}{\frac{109}{2}} = \frac{648}{109} = 5{,}94\cdots.$$

Es ist wichtig, festzustellen, daß

$$U \geqq 5$$

ist. Dies geschieht folgendermaßen. Es ist beständig

$$\begin{aligned}
3 - 4\cos\varphi + \cos 2\varphi &= 2 - 4\cos\varphi + 2\cos^2\varphi\\
&= 2(1 - \cos\varphi)^2\\
&\geqq 0,
\end{aligned}$$

also bei jedem $g(\varphi)$, welches die obigen Bedingungen erfüllt,

$$\begin{aligned}
0 &\leqq \int_{-\pi}^{\pi} g(\varphi)(3 - 4\cos\varphi + \cos 2\varphi)\,d\varphi\\
&= \int_{-\pi}^{\pi}(a_0 + a_1\cos\varphi + \cdots + a_n\cos n\varphi)(3 - 4\cos\varphi + \cos 2\varphi)\,d\varphi\\
&= a_0\cdot 6\pi - a_1\cdot 4\pi + a_2\cdot\pi,
\end{aligned}$$

$$a_2 \geqq 4a_1 - 6a_0,$$

$$a_0 + a_1 + a_2 \geqq 5a_1 - 5a_0$$
$$= 5(a_1 - a_0),$$

$$\frac{a_0 + a_1 + a_2}{a_1 - a_0} \geqq 5,$$

also a fortiori

$$\frac{a_0 + a_1 + a_2 + \cdots + a_n}{a_1 - a_0} \geqq 5,$$

d. h.

$$U \geqq 5.$$

Die angewandte Methode ist also z. B. nicht imstande,

$$\pi(x) = \int_2^x \frac{du}{\log u} + O\left(x e^{-\sqrt[7]{\log x}}\right)$$

zu beweisen, was im vierten Teil auf anderem Wege nachgewiesen werden wird.

Es ist nicht uninteressant zu konstatieren, daß 5 bei allen Funktionen beliebigen Grades die genaue untere Grenze von

$$\frac{a_0 + a_1 + a_2}{a_1 - a_0}$$

ist (nicht aber etwa von

$$\left.\frac{a_0 + a_1 + a_2 + \cdots + a_n}{a_1 - a_0}\right);$$

dazu ist nur nötig, bei gegebenem $\delta > 0$ ein $g(\varphi)$ zu konstruieren, für das

$$\frac{a_0 + a_1 + a_2}{a_1 - a_0} < 5 + \delta$$

ist. Unter den quadratischen Funktionen kann man gewiß nach dem Obigen nicht für $\delta \leqq 2$ ein solches $g(\varphi)$ finden; man gelangt aber folgendermaßen zum Ziel. Es ist für

$$0 < r < 1$$

$$\Re\left(\frac{1 + r e^{\varphi i}}{1 - r e^{\varphi i}}\right) = \Re\left(\frac{(1 + r\cos\varphi + ri\sin\varphi)(1 - r\cos\varphi + ri\sin\varphi)}{(1 - r\cos\varphi - ri\sin\varphi)(1 - r\cos\varphi + ri\sin\varphi)}\right)$$
$$= \frac{1 - r^2}{1 - 2r\cos\varphi + r^2}$$
$$> 0,$$

also, da für $|z| < 1$

$$\frac{1+z}{1-z} = 1 + 2z + 2z^2 + \cdots \tag{4}$$

ist,

$$1 + 2r\cos\varphi + 2r^2\cos 2\varphi + \cdots > 0,$$

also wegen der gleichmäßigen Konvergenz der Potenzreihe (4) auf dem Kreise $|x| = r$ bei passender Wahl der nur von r abhängigen Zahl n identisch in φ

$$1 + 2r\cos\varphi + 2r^2\cos 2\varphi + \cdots + 2r^n\cos n\varphi > 0.$$

Hierin ist

$$\frac{a_0 + a_1 + a_2}{a_1 - a_0} = \frac{1 + 2r + 2r^2}{2r - 1}.$$

Dies hat für $r = 1$ den Limes 5; r kann also so nahe an 1 gewählt und alsdann n so fixiert werden, daß

$$\frac{a_0 + a_1 + a_2}{a_1 - a_0} < 5 + \delta$$

ist.

Durch etwas kompliziertere Abschätzungen will ich zum Schluß noch zeigen, daß

$$U > 5,224$$

ist. Es ist

$$a_0 = \frac{1}{2\pi}\int_{-\pi}^{\pi} g(\varphi)\,d\varphi,$$

$$a_1 = \frac{1}{\pi}\int_{-\pi}^{\pi} g(\varphi)\cos\varphi\,d\varphi,$$

$$a_1 - a_0 = \frac{1}{2\pi}\int_{-\pi}^{\pi} g(\varphi)(2\cos\varphi - 1)\,d\varphi$$

$$= \frac{1}{\pi}\int_{0}^{\pi} g(\varphi)(2\cos\varphi - 1)\,d\varphi. \tag{5}$$

Wegen

$$g(\varphi) \geqq 0$$

ist der Integrand von (5) $\geqq 0$ im Intervall $0 \leqq \varphi \leqq \frac{\pi}{3}$, sonst $\leqq 0$. Daher ist

$$\pi(a_1 - a_0) \leqq \int_0^{\frac{\pi}{3}} g(\varphi)(2\cos\varphi - 1)\,d\varphi$$

$$= \int_0^{\frac{\pi}{3}} \sum_{\nu=0}^{n} a_\nu \cos\nu\varphi(2\cos\varphi - 1)\,d\varphi$$

$$= \sum_{\nu=0}^{n} a_\nu \int_0^{\frac{\pi}{3}} \cos\nu\varphi(2\cos\varphi - 1)\,d\varphi$$

$$= \sum_{\nu=0}^{n} a_\nu d_\nu,$$

wo

$$d_\nu = \int_0^{\frac{\pi}{3}} \cos\nu\varphi(2\cos\varphi - 1)\,d\varphi$$

gesetzt ist. Hierin ist

$$d_0 = \int_0^{\frac{\pi}{3}} (2\cos\varphi - 1)\,d\varphi$$

$$= 2\sin\frac{\pi}{3} - \frac{\pi}{3}$$

$$= \sqrt{3} - \frac{\pi}{3}$$

$$= 1{,}7320\cdots - 1{,}0471\cdots$$

$$= 0{,}684\cdots,$$

$$d_1 = \int_0^{\frac{\pi}{3}} \cos\varphi(2\cos\varphi - 1)\,d\varphi$$

$$= \int_0^{\frac{\pi}{3}} (\cos 2\varphi - \cos\varphi + 1)\,d\varphi$$

$$= \frac{\sin\frac{2\pi}{3}}{2} - \frac{\sin\frac{\pi}{3}}{1} + \frac{\pi}{3}$$

$$= \tfrac{1}{4}\sqrt{3} - \tfrac{1}{2}\sqrt{3} + \frac{\pi}{3}$$

$$= \frac{\pi}{3} - \tfrac{1}{4}\sqrt{3}$$
$$= 1{,}0471\cdots - 0{,}4330\cdots$$
$$= 0{,}614\cdots,$$

$$d_2 = \int\limits_0^{\frac{\pi}{3}} \cos 2\varphi (2\cos\varphi - 1)\, d\varphi$$
$$= \int\limits_0^{\frac{\pi}{3}} (\cos 3\varphi - \cos 2\varphi + \cos\varphi)\, d\varphi$$
$$= \frac{\sin\frac{3\pi}{3}}{3} - \frac{\sin\frac{2\pi}{3}}{2} + \frac{\sin\frac{\pi}{3}}{1}$$
$$= 0 - \tfrac{1}{4}\sqrt{3} + \tfrac{1}{2}\sqrt{3}$$
$$= \tfrac{1}{4}\sqrt{3}$$
$$= 0{,}433\cdots.$$

Von allen folgenden $d_\nu\,(\nu \geqq 3)$ behaupte ich

$$d_\nu \leqq d_2.$$

(Übrigens wird sogar

$$d_\nu \leqq \tfrac{1}{2} d_2$$

herauskommen; aber das nützt nichts weiter.) Es ist für $\nu \geqq 3$

$$d_\nu = \int\limits_0^{\frac{\pi}{3}} \cos \nu\varphi\, (2\cos\varphi - 1)\, d\varphi$$
$$= \int\limits_0^{\frac{\pi}{3}} (\cos(\nu+1)\varphi - \cos\nu\varphi + \cos(\nu-1)\varphi)\, d\varphi$$
$$= \frac{\sin\frac{(\nu+1)\pi}{3}}{\nu+1} - \frac{\sin\frac{\nu\pi}{3}}{\nu} + \frac{\sin\frac{(\nu-1)\pi}{3}}{\nu-1},$$

also für $\nu \equiv 0 \pmod{3}$, $\nu \geqq 3$

$$d_\nu = \pm\left(\frac{\frac{1}{2}\sqrt{3}}{\nu+1} + \frac{-\frac{1}{2}\sqrt{3}}{\nu-1}\right),$$
$$|d_\nu| = \tfrac{1}{2}\sqrt{3}\left(\frac{1}{\nu-1} - \frac{1}{\nu+1}\right)$$
$$= \sqrt{3}\,\frac{1}{\nu^2-1}$$
$$\leqq \frac{\sqrt{3}}{8},$$

für $\nu \equiv 1 \pmod{3}$, $\nu \geqq 4$

$$d_\nu = \pm\left(\frac{\frac{1}{2}\sqrt{3}}{\nu+1} - \frac{\frac{1}{2}\sqrt{3}}{\nu}\right),$$

$$|d_\nu| = \tfrac{1}{2}\sqrt{3}\left(\frac{1}{\nu} - \frac{1}{\nu+1}\right)$$

$$= \tfrac{1}{2}\sqrt{3}\,\frac{1}{\nu(\nu+1)}$$

$$\leqq \frac{\sqrt{3}}{40},$$

für $\nu \equiv 2 \pmod{3}$, $\nu \geqq 5$

$$d_\nu = \pm\left(-\frac{\frac{1}{2}\sqrt{3}}{\nu} + \frac{\frac{1}{2}\sqrt{3}}{\nu-1}\right),$$

$$|d_\nu| = \tfrac{1}{2}\sqrt{3}\left(\frac{1}{\nu-1} - \frac{1}{\nu}\right)$$

$$= \tfrac{1}{2}\sqrt{3}\,\frac{1}{(\nu-1)\nu}$$

$$\leqq \frac{\sqrt{3}}{40}.$$

Mit Rücksicht auf

$$d_2 \geqq d_\nu \quad (\nu \geqq 3)$$

folgt aus

$$\pi(a_1 - a_0) \leqq d_0 a_0 + d_1 a_1 + d_2 a_2 + \cdots + d_n a_n$$

weiter

$$\pi(a_1 - a_0) \leqq d_0 a_0 + d_1 a_1 + d_2(a_2 + \cdots + a_n)$$

$$= \frac{d_0 + d_1}{2}(a_0 + a_1 + a_2 + \cdots + a_n) + \frac{d_0 - d_1}{2}(a_0 - a_1)$$

$$- \left(\frac{d_0 + d_1}{2} - d_2\right)(a_2 + \cdots + a_n),$$

$$\left(\pi + \frac{d_0 - d_1}{2}\right)(a_1 - a_0) \leqq \frac{d_0 + d_1}{2}(a_0 + a_1 + a_2 + \cdots + a_n)$$

$$- \left(\frac{d_0 + d_1}{2} - d_2\right)(a_2 + \cdots + a_n).$$

Nun ist einerseits

$$\frac{d_0 + d_1}{2} - d_2 > 0,$$

andererseits wegen

$$0 \leqq g(\pi)$$

$$= a_0 - a_1 + a_2 - a_3 + \cdots$$

$$a_1 - a_0 \leqq a_2 - a_3 + \cdots$$

$$\leqq a_2 + a_3 + \cdots + a_n.$$

Daher ergibt sich weiter

$$\left(\pi+\frac{d_0-d_1}{2}\right)(a_1-a_0)\leqq\frac{d_0+d_1}{2}(a_0+\cdots+a_n)-\left(\frac{d_0+d_1}{2}-d_2\right)(a_1-a_0),$$

$$\left(\pi+\frac{d_0-d_1}{2}+\frac{d_0+d_1}{2}-d_2\right)(a_1-a_0)\leqq\frac{d_0+d_1}{2}(a_0+\cdots+a_n),$$

$$\frac{a_0+\cdots+a_n}{a_1-a_0}\geqq\frac{\pi+d_0-d_2}{\frac{d_0+d_1}{2}}$$

$$=\frac{\pi+\sqrt{3}-\frac{\pi}{3}-\frac{1}{4}\sqrt{3}}{\frac{3}{8}\sqrt{3}}$$

$$=\frac{\frac{2\pi}{3}+\frac{3}{4}\sqrt{3}}{\frac{3}{8}\sqrt{3}}$$

$$=2+\frac{16}{9}\frac{\pi}{\sqrt{3}}$$

$$=5{,}2245\cdots$$

Daher ist

$$U>5{,}224.$$

§ 66.

Beweis des Primzahlsatzes ohne Überschreitung der Geraden $\sigma = 1$.

Für den Beweis des Primzahlsatzes ist es, wie ich jetzt darlegen will, in Wirklichkeit nur wesentlich, daß

$$\frac{\zeta'(s)}{\zeta(s)}$$

auf der Geraden $\sigma=1$ regulär und für große t dort und rechts davon (d. h. für $\sigma\geqq 1$ gleichmäßig)

$$O(t^{\varkappa})$$

ist, wo $\varkappa$ eine Konstante ist, dagegen unerheblich, wie weit links von $\sigma=1$ eine solche Abschätzung gilt, und auch unerheblich, daß dieselbe sogar

$$O(\log^{A} t)$$

lautet. Dies alles besagt folgender allgemeiner

Satz: Es sei die Dirichletsche Reihe mit reellen Koeffizienten

(1) $$\sum_{n=1}^{\infty}\frac{b_n}{n^s}$$

für $\sigma > 1$ konvergent. Es sei

$$\liminf_{n=\infty} b_n$$

endlich, d. h. für alle n

$$b_n \geqq -g.$$

Es sei die für $\sigma > 1$ durch (1) definierte Funktion $f(s)$ für $\sigma = 1$ regulär und erfülle für $\sigma \geqq 1$ die Relation

$$f(s) = O(t^{\varkappa}).$$

Dann ist

$$\lim_{x=\infty} \frac{\sum_{n=1}^{x} b_n}{x} = 0.$$

Das ist eine wichtige Ergänzung des zweiten Satzes aus dem § 31, welcher nur liefert, daß

$$\liminf_{x=\infty} \frac{\sum_{n=1}^{x} b_n}{x} \leqq 0$$

und

$$\limsup_{x=\infty} \frac{\sum_{n=1}^{x} b_n}{x} \geqq 0$$

ist.

Der ausgesprochene Satz enthält den Primzahlsatz als ganz speziellen Fall; denn für

$$b_n = \Lambda(n) - 1$$

ist stets

$$b_n \geqq -1,$$

ferner für $\sigma \geqq 1$

$$f(s) = -\frac{\zeta'(s)}{\zeta(s)} - \zeta(s)$$

regulär und nach dem vorigen Paragraphen

$$f(s) = O(\log^7 t)$$

(eine Genauigkeit, die bei weitem nicht nötig ist). Der Satz liefert also

$$\lim_{x=\infty} \frac{\psi(x) - x}{x} = 0$$

und damit den Primzahlsatz.

Dem Beweise des Satzes mögen, um seinen Kern recht deutlich zu machen, fünf Hilfssätze allgemeinerer Art vorausgeschickt werden.

Hilfssatz 1: Die reelle Funktion $F(x)$ sei für alle $x > 0$ definiert, stetig und $\geqq 0$. Es sei $F(x)$ für alle nicht ganzzahligen $x > 0$ differentiierbar; für alle (auch ganzzahlige) $x > 0$ existiere der vordere Differentialquotient $F'_+(x)$ und sei $\geqq 0$. Es nehme $xF'_+(x)$ mit wachsendem x niemals ab. Es sei schließlich

$$\lim_{x=\infty} \frac{F(x)}{x} = 1 .$$

Dann existiert

$$\lim_{x=\infty} F'_+(x),$$

und es ist

$$\lim_{x=\infty} F'_+(x) = 1 .$$

Beweis: $\delta > 0$ sei gegeben. Dann ist

$$\lim_{x=\infty} \frac{F(x+\delta x)}{x+\delta x} = 1 ,$$

also

$$\lim_{x=\infty} \frac{F(x+\delta x)}{x} = 1 + \delta ,$$

$$\lim_{x=\infty} \frac{F(x+\delta x) - F(x)}{x} = 1 + \delta - 1$$

$$= \delta ,$$

$$\lim_{x=\infty} \frac{F(x+\delta x) - F(x)}{\delta x} = 1 ,$$

also für $x \geqq \xi = \xi(\delta)$

$$\frac{1}{1+\delta} < \frac{F(x+\delta x) - F(x)}{\delta x} < 1 + \delta . \tag{2}$$

Auf der Strecke $x < y < x + \delta x$ mögen, wachsend geordnet, die ganzen Zahlen $y_1, \cdots, y_n$ liegen. Dann ist nach dem Mittelwertsatz

$$F(x+\delta x) - F(y_n) = (x + \delta x - y_n) F'(\eta_n),$$

$$F(y_n) - F(y_{n-1}) = (y_n - y_{n-1}) F'(\eta_{n-1}),$$

$$\cdots\cdots\cdots\cdots\cdots\cdots$$

$$F(y_2) - F(y_1) = (y_2 - y_1) F'(\eta_1),$$

$$F(y_1) - F(x) = (y_1 - x) F'(\eta_0),$$

wo $\eta_0, \eta_1, \cdots, \eta_n$ je einen Punkt innerhalb der betreffenden Teilstrecke bezeichnet. Wegen des vorausgesetzten beständigen Nichtabnehmens von $xF'_+(x)$ ist für jedes auftretende $\eta_\nu (\nu = 0, \cdots, n)$

$$xF'_+(x) \leqq \eta_\nu F'_+(\eta_\nu) \leqq (x + \delta x) F'_+(x + \delta x),$$
$$xF'_+(x) \leqq \eta_\nu F'(\eta_\nu) \leqq (x + \delta x) F'_+(x + \delta x),$$
$$\frac{x}{\eta_\nu} F'_+(x) \leqq F'(\eta_\nu) \leqq \frac{x + \delta x}{\eta_\nu} F'_+(x + \delta x),$$
$$\frac{1}{1+\delta} F'_+(x) \leqq F'(\eta_\nu) \leqq (1 + \delta) F'_+(x + \delta x),$$

also,
$$y_0 = x, \quad y_{n+1} = x + \delta x$$
gesetzt, für $\nu = 0, 1, \cdots, n$
$$(y_{\nu+1} - y_\nu) \frac{1}{1+\delta} F'_+(x) \leqq F(y_{\nu+1}) - F(y_\nu) \leqq (y_{\nu+1} - y_\nu)(1+\delta) F'_+(x + \delta x),$$
folglich, wenn über alle diese ν addiert wird,
$$\delta x \frac{1}{1+\delta} F'_+(x) \leqq F(x + \delta x) - F(x) \leqq \delta x (1 + \delta) F'_+(x + \delta x),$$
$$\frac{1}{1+\delta} F'_+(x) \leqq \frac{F(x + \delta x) - F(x)}{\delta x} \leqq (1 + \delta) F'_+(x + \delta x),$$
also mit Rücksicht auf (2) für $x \geqq \xi = \xi(\delta)$
$$\frac{1}{1+\delta} F'_+(x) < 1 + \delta$$
und
$$\frac{1}{1+\delta} < (1 + \delta) F'_+(x + \delta x),$$
d. h.

(3) $$F'_+(x) < (1 + \delta)^2$$

und

(4) $$\frac{1}{(1+\delta)^2} < F'_+(x + \delta x).$$

(3) bedeutet
$$\limsup_{x=\infty} F'_+(x) \leqq (1 + \delta)^2,$$
$$\limsup_{x=\infty} F'_+(x) \leqq 1;$$
(4) besagt
$$\liminf_{x=\infty} F'_+(x + \delta x) \geqq \frac{1}{(1+\delta)^2},$$
$$\liminf_{x=\infty} F'_+(x) \geqq \frac{1}{(1+\delta)^2},$$
$$\liminf_{x=\infty} F'_+(x) \geqq 1.$$
Daher ist
$$\lim_{x=\infty} F'_+(x) = 1.$$

Hilfssatz 2: Es sei

$$e_n \geqq 0 \qquad (n = 1, 2, 3, \cdots)$$

und λ eine ganze Zahl $\geqq 0$. Es sei

$$\lim_{x=\infty} \frac{1}{x} \frac{1}{(\lambda+1)!} \sum_{n=1}^{x} e_n \log^{\lambda+1}\left(\frac{x}{n}\right) = 1. \tag{5}$$

Dann existiert

$$\lim_{x=\infty} \frac{1}{x} \frac{1}{\lambda!} \sum_{n=1}^{x} e_n \log^{\lambda}\left(\frac{x}{n}\right),$$

und es ist

$$\lim_{x=\infty} \frac{1}{x} \frac{1}{\lambda!} \sum_{n=1}^{x} e_n \log^{\lambda}\left(\frac{x}{n}\right) = 1.$$

Im Falle $\lambda = 0$ ist hierbei unter $\log^{\lambda}\left(\frac{x}{n}\right)$ der Wert 1 zu verstehen, auch für $n = x$.

Durch wiederholte Anwendung dieses Satzes ergibt sich: Wenn (5) für irgendein ganzes $\lambda \geqq 0$ gilt, so ist

$$\lim_{x=\infty} \frac{1}{x} \sum_{n=1}^{x} e_n = 1,$$

d. h.

$$\sum_{n=1}^{x} e_n \sim x.$$

Beweis: Es werde zur Abkürzung für alle $x > 0$

$$\frac{1}{(\lambda+1)!} \sum_{n=1}^{x} e_n \log^{\lambda+1}\left(\frac{x}{n}\right) = F(x)$$

gesetzt. Für nicht ganzes x ist offenbar $F(x)$ differentiierbar und

$$F'(x) = \frac{1}{(\lambda+1)!} \sum_{n=1}^{x} e_n \frac{d}{dx} \log^{\lambda+1}\left(\frac{x}{n}\right)$$

$$= \frac{1}{x} \frac{1}{\lambda!} \sum_{n=1}^{x} e_n \log^{\lambda}\left(\frac{x}{n}\right).$$

Wenn x ganzzahlig ist, ist für $0 < h < 1$

$$F(x+h) - F(x) = \frac{1}{(\lambda+1)!} \sum_{n=1}^{x} e_n \left(\log^{\lambda+1}\left(\frac{x+h}{n}\right) - \log^{\lambda+1}\left(\frac{x}{n}\right)\right);$$

daher ist auch für ganze x

$$F'_+(x) = \frac{1}{(\lambda+1)!}\sum_{n=1}^{x} e_n \frac{d}{dx}\log^{\lambda+1}\left(\frac{x}{n}\right)$$

$$= \frac{1}{x}\frac{1}{\lambda!}\sum_{n=1}^{x} e_n \log^{\lambda}\left(\frac{x}{n}\right).$$

Übrigens ist, wenn x ganzzahlig ist, für $0 > h > -1$

$$F(x+h) - F(x) = \frac{1}{(\lambda+1)!}\sum_{n=1}^{x-1} e_n\left(\log^{\lambda+1}\left(\frac{x+h}{n}\right) - \log^{\lambda+1}\left(\frac{x}{n}\right)\right),$$

also der hintere Differentialquotient

$$F'_-(x) = \frac{1}{(\lambda+1)!}\sum_{n=1}^{x-1} e_n \frac{d}{dx}\log^{\lambda+1}\left(\frac{x}{n}\right)$$

$$= \frac{1}{x}\frac{1}{\lambda!}\sum_{n=1}^{x-1} e_n \log^{\lambda}\left(\frac{x}{n}\right)$$

auch vorhanden. Jedenfalls konstatiere ich, daß $F(x)$ überall stetig ist. $F(x)$ erfüllt offenbar auch alle übrigen Voraussetzungen des Hilfssatzes 1. Denn es ist für alle $x > 0$

$$F(x) \geqq 0$$

und

$$F'_+(x) \geqq 0;$$

ferner nimmt

$$xF'_+(x) = \frac{1}{\lambda!}\sum_{n=1}^{x} e_n \log^{\lambda}\left(\frac{x}{n}\right)$$

mit wachsendem x nie ab, da bei zunehmendem x jedes einem festen n entsprechende Glied nicht abnimmt und kein n abhanden kommt, sondern höchstens welche hinzutreten; endlich ist nach Voraussetzung

$$\lim_{x=\infty} \frac{F(x)}{x} = 1.$$

Der Hilfssatz 1 ergibt also

$$\lim_{x=\infty} F'_+(x) = 1,$$

was gerade unsere Behauptung ist.

Hilfssatz 3: Es sei $b_1, b_2, \cdots$ eine Folge reeller Zahlen mit endlicher unterer Grenze, d. h.

$$b_n \geqq -g \qquad (n = 1, 2, 3, \cdots),$$

wo g eine Konstante ist; es sei λ eine ganze Zahl $\geqq 0$. Es sei ferner

$$\lim_{x=\infty} \frac{1}{x} \sum_{n=1}^{x} b_n \log^{\lambda+1}\left(\frac{x}{n}\right) = 0. \tag{6}$$

Dann existiert

$$\lim_{x=\infty} \frac{1}{x} \sum_{n=1}^{x} b_n,$$

und es ist

$$\lim_{x=\infty} \frac{1}{x} \sum_{n=1}^{x} b_n = 0.$$

Beweis: g darf beim Beweise positiv angenommen werden. Es ist

$$\begin{aligned}\sum_{n=1}^{x} \log^{\lambda+1}\left(\frac{x}{n}\right) &= O(\log^{\lambda+1} x) + \int_1^x \log^{\lambda+1}\left(\frac{x}{u}\right) du \\ &= O(\log^{\lambda+1} x) - x\int_x^1 \log^{\lambda+1} v \frac{dv}{v^2} \\ &= O(\log^{\lambda+1} x) + x\int_1^x \log^{\lambda+1} v \frac{dv}{v^2} \\ &\sim x\int_1^\infty \log^{\lambda+1} v \frac{dv}{v^2} \\ &= x\int_0^\infty e^{-w} w^{\lambda+1} dw \\ &= x\Gamma(\lambda+2) \\ &= x(\lambda+1)!. \end{aligned} \tag{7}$$

Aus (6) und (7) folgt, wenn

$$\frac{b_n}{g} + 1 = e_n$$

gesetzt wird, wo stets

$$e_n \geqq 0$$

ist,

$$\lim_{x=\infty} \frac{1}{x} \sum_{n=1}^{x} e_n \log^{\lambda+1}\left(\frac{x}{n}\right) = \frac{0}{g} + 1 \cdot (\lambda + 1)!$$
$$= (\lambda + 1)!,$$

$$\lim_{x=\infty} \frac{1}{x} \frac{1}{(\lambda+1)!} \sum_{n=1}^{x} e_n \log^{\lambda+1}\left(\frac{x}{n}\right) = 1.$$

Nach dem Hilfssatz 2 ist also

$$\lim_{x=\infty} \frac{1}{x} \sum_{n=1}^{x} e_n = 1,$$

$$\lim_{x=\infty} \frac{1}{x} \left(\frac{1}{g} \sum_{n=1}^{x} b_n + [x]\right) = 1,$$

$$\lim_{x=\infty} \frac{1}{x} \sum_{n=1}^{x} b_n = 0.$$

Hilfssatz 4: Es sei $f(s)$ eine analytische Funktion, welche für alle endlichen s mit dem reellen Teil 1 regulär und so beschaffen ist, daß das geradlinige Integral

$$\int_{1-\infty i}^{1+\infty i} f(s)\,ds$$

absolut konvergiert. Dann ist für positives x

$$\lim_{x=\infty} \frac{1}{x} \int_{1-\infty i}^{1+\infty i} x^s f(s)\,ds = 0.$$

Beweis: Da

$$\int_{1-\infty i}^{1+\infty i} x^{s-1} f(s)\,ds = \int_{-\infty}^{\infty} x^{ti} f(1+ti)\,i\,dt$$

wegen

$$|x^{ti} f(1+ti)\,i| = |f(1+ti)|$$

gleichmäßig für alle $x > 0$ konvergiert, genügt es, bei festem $T > 0$ nachzuweisen, daß

$$\lim_{x=\infty} \int_{1-Ti}^{1+Ti} x^{s-1} f(s)\,ds = 0$$

ist. $\delta > 0$ sei gegeben. Der Cauchysche Integralsatz werde auf das Rechteck mit den Ecken $\Theta \pm Ti$, $1 \pm Ti$ angewendet, wo

$\Theta = \Theta(\delta) < 1$ so nahe an 1 gewählt sei, daß für $\Theta \leqq \sigma \leqq 1$, $-T \leqq t \leqq T$ die Funktion $f(s)$ regulär und

$$\int_{\Theta}^{1} |f(\sigma + Ti)|\, d\sigma < \delta,$$

$$\int_{\Theta}^{1} |f(\sigma - Ti)|\, d\sigma < \delta$$

ist. Dann ergibt sich für alle $x \geqq 1$

$$\int_{1-Ti}^{1+Ti} x^{s-1} f(s)\, ds = \int_{1-Ti}^{\Theta - Ti} x^{s-1} f(s)\, ds + \int_{\Theta - Ti}^{\Theta + Ti} x^{s-1} f(s)\, ds + \int_{\Theta + Ti}^{1+Ti} x^{s-1} f(s)\, ds,$$

$$\left| \int_{1-Ti}^{1+Ti} x^{s-1} f(s)\, ds \right| \leqq \int_{\Theta}^{1} x^{1-1} |f(\sigma - Ti)|\, d\sigma + \int_{-T}^{T} x^{\Theta - 1} |f(\Theta + ti)|\, dt + \int_{\Theta}^{1} x^{1-1} |f(\sigma + Ti)|\, d\sigma$$

$$< 2\delta + x^{\Theta - 1} \int_{-T}^{T} |f(\Theta + ti)|\, dt,$$

also für alle $x \geqq \xi = \xi(\delta)$

$$\left| \int_{1-Ti}^{1+Ti} x^{s-1} f(s)\, ds \right| < 3\delta,$$

womit der Satz bewiesen ist.

Hilfssatz 5: Es sei ν eine ganze Zahl $\geqq 2$, $y > 0$. Dann ist, wenn über die vertikale Gerade $s = 2 + ti$ integriert wird,

$$\int_{2-\infty i}^{2+\infty i} \frac{y^s}{s^\nu}\, ds \begin{cases} = 0 & \text{für } 0 < y \leqq 1, \\ = \dfrac{2\pi i}{(\nu - 1)!} \log^{\nu - 1} y & \text{für } y \geqq 1. \end{cases}$$

Für $\nu = 2$ hatten wir das schon im § 49.

Beweis: Die Konvergenz des Integrals steht wegen

$$\left| \frac{y^s}{s^\nu} \right| = \frac{y^2}{(4 + t^2)^{\frac{\nu}{2}}}$$

von vornherein fest.

1. Wenn $0 < y \leqq 1$ ist, werde der Cauchysche Satz auf das Rechteck mit den Ecken $2 \pm Ti$, $2 + T \pm Ti$ angewendet, wo $T > 0$ sei. Da in ihm

$$\frac{y^s}{s^\nu}$$

regulär ist, ergibt sich bei geraden Wegen

$$\int\limits_{2-Ti}^{2+Ti} \frac{y^s}{s^\nu} ds = \int\limits_{2-Ti}^{2+T-Ti} \frac{y^s}{s^\nu} ds + \int\limits_{2+T-Ti}^{2+T+Ti} \frac{y^s}{s^\nu} ds + \int\limits_{2+T+Ti}^{2+Ti} \frac{y^s}{s^\nu} ds,$$

also

$$\left| \int\limits_{2-Ti}^{2+Ti} \frac{y^s}{s^\nu} ds \right| \leqq T \cdot \frac{1}{T^\nu} + 2T \cdot \frac{1}{T^\nu} + T \cdot \frac{1}{T^\nu}$$

$$= \frac{4}{T^{\nu-1}},$$

$$\int\limits_{2-\infty i}^{2+\infty i} \frac{y^s}{s^\nu} ds = \lim_{T=\infty} \int\limits_{2-Ti}^{2+Ti} \frac{y^s}{s^\nu} ds$$

$$= 0.$$

2. Wenn $y \geqq 1$ ist, werde der **Cauchysche** Satz auf das Rechteck mit den Ecken $2 \pm Ti$, $-T \pm Ti$ angewendet, wo $T > 2$ sei. Da der Integrand in diesem Rechteck den Pol νter Ordnung $s = 0$ mit dem Residuum $\frac{1}{(\nu-1)!} \log^{\nu-1} y$ hat, ergibt sich

$$\int\limits_{2-Ti}^{2+Ti} \frac{y^s}{s^\nu} ds - \frac{2\pi i}{(\nu-1)!} \log^{\nu-1} y = \int\limits_{2-Ti}^{-T-Ti} \frac{y^s}{s^\nu} ds + \int\limits_{-T-Ti}^{-T+Ti} \frac{y^s}{s^\nu} ds + \int\limits_{-T+Ti}^{2+Ti} \frac{y^s}{s^\nu} ds,$$

$$\left| \int\limits_{2-Ti}^{2+Ti} \frac{y^s}{s^\nu} ds - \frac{2\pi i}{(\nu-1)!} \log^{\nu-1} y \right| \leqq (2+T) \frac{y^2}{T^\nu} + 2T \frac{y^2}{T^\nu} + (2+T) \frac{y^2}{T^\nu}$$

$$< 6T \frac{y^2}{T^\nu}$$

$$= \frac{6y^2}{T^{\nu-1}},$$

$$\int\limits_{2-\infty i}^{2+\infty i} \frac{y^s}{s^\nu} ds = \lim_{T=\infty} \int\limits_{2-Ti}^{2+Ti} \frac{y^s}{s^\nu} ds$$

$$= \frac{2\pi i}{(\nu-1)!} \log^{\nu-1} y.$$

Beweis des Satzes am Anfang dieses Paragraphen: Nach Voraussetzung konvergiert

(1) $$\sum_{n=1}^{\infty} \frac{b_n}{n^s}$$

für $\sigma > 1$, und es ist

$$b_n \geqq -g.$$

Also ist

(8) $$\sum_{n=1}^{\infty} \frac{b_n + g}{n^s}$$

für $\sigma > 1$ konvergent; da alle Koeffizienten $\geqq 0$ sind, ist also (8) und daher auch (1) für $\sigma > 1$ absolut konvergent, insbesondere also für $\sigma = 2$. ν sei ganz, $\geqq 2$ und $> \varkappa + 1$ gewählt. Das Integral

$$\int_{-\infty}^{\infty} \left| \frac{x^{2+ti}}{(2+ti)^\nu} \right| \sum_{n=1}^{\infty} \left| \frac{b_n}{n^{2+ti}} \right| dt$$

ist wegen

$$\left| \frac{x^{2+ti}}{(2+ti)^\nu} \right| \sum_{n=1}^{\infty} \left| \frac{b_n}{n^{2+ti}} \right| = \frac{x^2}{(4+t^2)^{\frac{\nu}{2}}} \sum_{n=1}^{\infty} \frac{|b_n|}{n^2}$$

konvergent; daher ist

$$\int_{2-\infty i}^{2+\infty i} \frac{x^s}{s^\nu} f(s)\,ds = \int_{2-\infty i}^{2+\infty i} \frac{x^s}{s^\nu} \sum_{n=1}^{\infty} \frac{b_n}{n^s} ds$$

konvergent und

$$= \sum_{n=1}^{\infty} b_n \int_{2-\infty i}^{2+\infty i} \frac{\left(\frac{x}{n}\right)^s}{s^\nu} ds,$$

ferner nach dem Hilfssatz 5

$$= \sum_{n=1}^{x} b_n \frac{2\pi i}{(\nu-1)!} \log^{\nu-1}\left(\frac{x}{n}\right)$$

(9) $$= \frac{2\pi i}{(\nu-1)!} \sum_{n=1}^{x} b_n \log^{\nu-1}\left(\frac{x}{n}\right).$$

Andererseits ist das Integral

$$\int_{1-\infty i}^{1+\infty i} \frac{x^s}{s^\nu} f(s)\,ds$$

wegen

$$|x^s| = x$$

und

$$\frac{f(s)}{s^\nu} = O\left(\frac{t^\varkappa}{t^\nu}\right)$$
$$= O\left(\frac{1}{t^{\nu-\varkappa}}\right)$$

mit Rücksicht auf $\nu > \varkappa + 1$ absolut konvergent. Es ist auch

$$\int_{1-\infty i}^{1+\infty i} \frac{x^s}{s^\nu} f(s)\,ds = \int_{2-\infty i}^{2+\infty i} \frac{x^s}{s^\nu} f(s)\,ds; \tag{10}$$

denn, wenn zuvor der Cauchysche Satz auf das Rechteck mit den Ecken $1 \pm Ti$, $2 \pm Ti$ angewendet wird, so hat auf den horizontalen Strecken (deren Länge $= 1$ ist) der Integrand gleichmäßig für $T = \infty$ den Limes 0. Also ist wegen (9) und (10)

$$\frac{2\pi i}{(\nu-1)!} \sum_{n=1}^{x} b_n \log^{\nu-1}\left(\frac{x}{n}\right) = \int_{1-\infty i}^{1+\infty i} x^s \frac{f(s)}{s^\nu}\,ds.$$

Der Hilfssatz 4 ist also, wenn in ihm

$$\frac{f(s)}{s^\nu}$$

statt $f(s)$ geschrieben wird, anwendbar und liefert

$$\lim_{x=\infty} \frac{1}{x} \int_{1-\infty i}^{1+\infty i} x^s \frac{f(s)}{s^\nu}\,ds = 0,$$

$$\lim_{x=\infty} \frac{1}{x} \sum_{n=1}^{x} b_n \log^{\nu-1}\left(\frac{x}{n}\right) = 0.$$

Nach dem Hilfssatz 3 folgt hieraus

$$\lim_{x=\infty} \frac{1}{x} \sum_{n=1}^{x} b_n = 0,$$

was zu beweisen war.

Vierter Teil.

Theorie der Zetafunktion mit Anwendungen auf das Primzahlproblem.

Fünfzehntes Kapitel.

Die Fortsetzbarkeit der Zetafunktion in der ganzen Ebene und die Funktionalgleichung.

---

§ 67.

Beweis der Fortsetzbarkeit durch sukzessive partielle Integration.

In § 43 hatten wir mit Hilfe der, zunächst für $\sigma > 1$, dann aber auch auf Grund des Studiums der rechten Seite für $\sigma > 0$ gültigen Identität

$$\zeta(s) - 1 - \frac{1}{s-1} = -s \sum_{n=1}^{\infty} \int_0^1 \frac{u\,du}{(n+u)^{s+1}},$$

d. h.

$$(1) \qquad (s-1)(\zeta(s)-1) - 1 = -(s-1)s \sum_{n=1}^{\infty} \int_0^1 \frac{u\,du}{(n+u)^{s+1}}$$

bewiesen, daß $(s-1)\zeta(s)$ für $\sigma > 0$ regulär ist. Nun ergibt sich weiter

$$\int \frac{u\,du}{(n+u)^{s+1}} = \frac{u^2}{2(n+u)^{s+1}} + \frac{s+1}{2} \int \frac{u^2 du}{(n+u)^{s+2}},$$

$$\int_0^1 \frac{u\,du}{(n+u)^{s+1}} = \frac{1}{2(n+1)^{s+1}} + \frac{s+1}{2} \int_0^1 \frac{u^2 du}{(n+u)^{s+2}},$$

also für $\sigma > 0$, da die Summe links und die Summe des ersten Gliedes rechts über $n = 1, 2, \cdots$ konvergiert,

$$(2) \qquad \sum_{n=1}^{\infty} \int_0^1 \frac{u\,du}{(n+u)^{s+1}} = \frac{1}{2} \sum_{n=1}^{\infty} \frac{1}{(n+1)^{s+1}} + \frac{s+1}{2} \sum_{n=1}^{\infty} \int_0^1 \frac{u^2 du}{(n+u)^{s+2}}.$$

Nun ist die zweite Summe auf der rechten Seite von (2) für $\sigma > -1$ konvergent und zwar für $\sigma > -1 + \delta\,(\delta > 0)$ gleichmäßig, da

$$\left|\int_0^1 \frac{u^2 du}{(n+u)^{s+2}}\right| \leqq \frac{1}{n^{\sigma+2}}$$

ist; das zweite Glied stellt also eine für $\sigma > -1$ reguläre Funktion dar, sein Produkt mit $-(s-1)s$ also ebenfalls. Das erste Glied rechts in (2) ist

$$\tfrac{1}{2}(\zeta(s+1)-1),$$

also für $\sigma > -1$ nach dem Früheren regulär bis auf den Pol erster Ordnung $s = 0$. Sein Produkt mit $-(s-1)s$ ist also für $\sigma > -1$ regulär. Aus (1) und (2) folgt daher

$$(3)\quad (s-1)(\zeta(s)-1)-1 = -\frac{(s-1)s}{2}(\zeta(s+1)-1) - \frac{(s-1)s(s+1)}{2}\sum_{n=1}^{\infty}\int_0^1 \frac{u^2 du}{(n+u)^{s+2}},$$

wo die rechte Seite für $\sigma > -1$ regulär ist. Damit ist $\zeta(s)$ bis $\sigma = -1$ fortgesetzt und bewiesen, daß

$$(s-1)\zeta(s),$$

also auch

$$\zeta(s) - \frac{1}{s-1}$$

für $\sigma > -1$ regulär ist.

Weiter ist

$$\int \frac{u^2 du}{(n+u)^{s+2}} = \frac{u^3}{3(n+u)^{s+2}} + \frac{s+2}{3}\int \frac{u^3 du}{(n+u)^{s+3}},$$

$$\int_0^1 \frac{u^2 du}{(n+u)^{s+2}} = \frac{1}{3(n+1)^{s+2}} + \frac{s+2}{3}\int_0^1 \frac{u^3 du}{(n+u)^{s+3}},$$

also, zunächst für $\sigma > -1$, die in (3) auftretende Summe

$$\sum_{n=1}^{\infty}\int_0^1 \frac{u^2 du}{(n+u)^{s+2}} = \frac{1}{3}(\zeta(s+2)-1) + \frac{s+2}{3}\sum_{n=1}^{\infty}\int_0^1 \frac{u^3 du}{(n+u)^{s+3}}.$$

Die Summe rechts stellt wegen

$$\left|\int_0^1 \frac{u^3 du}{(n+u)^{s+3}}\right| \leqq \frac{1}{n^{\sigma+3}}$$

eine für $\sigma > -2$ reguläre Funktion dar, das Produkt

$$-\frac{(s-1)s(s+1)}{2}\,\frac{1}{3}(\zeta(s+2)-1)$$

ebenfalls (da die kritische Stelle -1 nicht schadet), das erste Glied der rechten Seite von (3)

$$-\frac{(s-1)s}{2}(\zeta(s+1)-1)$$

nach dem schon Bewiesenen ebenfalls; also ergibt sich für $\sigma > -2$ die Existenz von $(s-1)\zeta(s)$ und die Formel

$$(s-1)(\zeta(s)-1)-1=-\frac{(s-1)s}{2!}(\zeta(s+1)-1)-\frac{(s-1)s(s+1)}{3!}(\zeta(s+2)-1)$$
$$-\frac{(s-1)s(s+1)(s+2)}{3!}\sum_{n=1}^{\infty}\int_0^1\frac{u^3\,du}{(n+u)^{s+3}}.$$

Durch Wiederholung dieses Verfahrens erhält man, zunächst in der Halbebene $\sigma > 1$, für jedes $q = 1, 2, \cdots$ die Identität

$$(4)\left\{\begin{aligned}&(s-1)(\zeta(s)-1)-1=-\frac{(s-1)s}{2!}(\zeta(s+1)-1)-\frac{(s-1)s(s+1)}{3!}(\zeta(s+2)-1)\\&-\frac{(s-1)s(s+1)(s+2)}{4!}(\zeta(s+3)-1)-\cdots-\frac{(s-1)s\cdots(s+q)}{(q+2)!}(\zeta(s+q+1)-1)\\&-\frac{(s-1)s\cdots(s+q+1)}{(q+2)!}\sum_{n=1}^{\infty}\int_0^1\frac{u^{q+2}\,du}{(n+u)^{s+q+2}}.\end{aligned}\right.$$

Wenn nun die Regularität von $(s-1)\zeta(s)$ für $\sigma > -q$ schon bewiesen ist, so stellen in (4) für $\sigma > -q-1$ alle Glieder der rechten Seite reguläre Funktionen dar. Denn ζ kommt rechts nur mit solchen Augumenten vor, deren Abszisse für $\sigma > -q-1$ größer als $-q$ ist; jedes ζ hat das um 1 verminderte Argument als Faktor, und außerdem stellt das letzte Glied in (4) wegen

$$\left|\int_0^1\frac{u^{q+2}\,du}{(n+u)^{s+q+2}}\right| \leqq \frac{1}{n^{\sigma+q+2}}$$

eine für $\sigma > -q-1$ reguläre Funktion dar. $(s-1)\zeta(s)$ ist also für $\sigma > -q-1$ regulär.

Damit ist durch vollständige Induktion bewiesen, daß $(s-1)\zeta(s)$ eine ganze transzendente Funktion ist.

Also ist auch

$$\zeta(s)-\frac{1}{s-1}$$

eine ganze transzendente Funktion.

§ 68.

Andere Darstellung des obigen Beweises der Fortsetzbarkeit.

Der im vorigen Paragraphen eingeschlagene Weg ist der natürlichste, der zur Fortsetzung von $\zeta(s)$ in der ganzen Ebene führt; ich habe ihn schrittweise ausgeführt. Der Beweis läßt sich auch so darstellen, daß er nur eine einzige Formel entwickelt und aus ihr sukzessive Schlüsse zieht.

Nach dem binomischen Satz ist für $n \geqq 2$ und alle komplexen s

$$\begin{aligned}\frac{1}{(n-1)^{s-1}} - \frac{1}{n^{s-1}} &= \frac{1}{n^{s-1}}\left\{\left(1-\frac{1}{n}\right)^{-(s-1)} - 1\right\}\\ &= \frac{1}{n^{s-1}}\left(\frac{s-1}{n} + \frac{(s-1)s}{2!}\frac{1}{n^2} + \frac{(s-1)s(s+1)}{3!}\frac{1}{n^3} + \cdots\right)\\ &= \frac{s-1}{1!}\frac{1}{n^s} + \frac{(s-1)s}{2!}\frac{1}{n^{s+1}} + \frac{(s-1)s(s+1)}{3!}\frac{1}{n^{s+2}} + \cdots.\end{aligned}$$

Für $\sigma > 1$ ist die Summe der linken Seite

$$\frac{1}{(n-1)^{s-1}} - \frac{1}{n^{s-1}}$$

über $n = 2, 3, \cdots$ konvergent und $= 1$, also

$$1 = \sum_{n=2}^{\infty}\left(\frac{s-1}{1!}\frac{1}{n^s} + \frac{(s-1)s}{2!}\frac{1}{n^{s+1}} + \frac{(s-1)s(s+1)}{3!}\frac{1}{n^{s+2}} + \cdots\right)$$

$$(1) \qquad = \sum_{n=2}^{\infty}\sum_{q=0}^{\infty}\frac{(s-1)s\cdots(s+q-1)}{(q+1)!}\frac{1}{n^{s+q}}.$$

Ich behaupte, daß, wenn man die rechte Seite von (1) als Doppelreihe

$$\sum_{n,q}$$

auffaßt, sie für $\sigma > 1$ absolut konvergiert, so daß insbesondere aus (1) folgt:

$$1 = \sum_{q=0}^{\infty}\frac{(s-1)s\cdots(s+q-1)}{(q+1)!}\sum_{n=2}^{\infty}\frac{1}{n^{s+q}}$$

$$(2) \qquad = \sum_{q=0}^{\infty}\frac{(s-1)s\cdots(s+q-1)}{(q+1)!}(\zeta(s+q)-1).$$

Hierzu ist es hinreichend, die Konvergenz von

$$\sum_{q=0}^{\infty} \frac{|(s-1)s\cdots(s+q-1)|}{(q+1)!} \sum_{n=2}^{\infty} \frac{1}{n^{\sigma+q}}$$

zu beweisen, und diese ergibt sich aus

$$\begin{aligned}\frac{|(s-1)s\cdots(s+q-1)|}{(q+1)!} &\leqq |s-1| \frac{|s|(|s|+1)\cdots(|s|+q-1)}{q!}\\ &= |s-1| \binom{-|s|}{q} (-1)^q\end{aligned}$$

nebst

$$\begin{aligned}\sum_{n=2}^{\infty} \frac{1}{n^{\sigma+q}} &< \frac{1}{2^{\sigma+q}} + \int_2^{\infty} \frac{du}{u^{\sigma+q}}\\ &= \frac{1}{2^{\sigma+q}} + \frac{1}{\sigma+q-1} \frac{1}{2^{\sigma+q-1}}\\ &< \frac{1}{2^{1+q}} + \frac{1}{\sigma-1} \frac{1}{2^q}\\ &< \frac{1}{2^q} + \frac{1}{\sigma-1} \frac{1}{2^q}\\ &= \frac{\sigma}{\sigma-1} \frac{1}{2^q},\end{aligned}$$

da hiernach

$$\frac{|(s-1)s\cdots(s+q-1)|}{(q+1)!} \sum_{n=2}^{\infty} \frac{1}{n^{\sigma+q}} < \frac{\sigma}{\sigma-1} |s-1| \binom{-|s|}{q} (-\tfrac{1}{2})^q$$

ist, wo die Summe der rechten Seite über alle q konvergiert, weil

$$\sum_{q=0}^{\infty} \binom{-|s|}{q} (-\tfrac{1}{2})^q = (1-\tfrac{1}{2})^{-|s|}$$

eine konvergente Binomialreihe ist.

Aus (2) folgt nun für $\sigma > 1$

$$1 = (s-1)(\zeta(s)-1) + \sum_{q=1}^{\infty} \frac{(s-1)s\cdots(s+q-1)}{(q+1)!} (\zeta(s+q)-1),$$

$$(3) \quad (s-1)(\zeta(s)-1) - 1 = -\sum_{q=1}^{\infty} \frac{(s-1)s\cdots(s+q-1)}{(q+1)!} (\zeta(s+q)-1).$$

Allgemein sei schon bewiesen, daß $(s-1)\zeta(s)$ für $\sigma > -a$, wo $a = -1$ oder $= 0$ oder positiv-ganz ist, regulär ist. Dann wird (3) lehren, daß $(s-1)\zeta(s)$ für $\sigma > -a-1$ regulär ist.

In der Tat ist zunächst klar, daß jedes Glied der rechten Seite für $\sigma > -a-1$ regulär ist, da alle auftretenden Argumente von ζ größer als $-a$ sind und $\zeta(s+q)$ jedesmal den Faktor $s+q-1$ hat. Ferner ist leicht einzusehen, daß die Reihe auf der rechten Seite von (3) in dem endlichen Gebiet

$$\sigma > -a-1, \quad |s| < r,$$

wo $r > 0$ fest ist, gleichmäßig konvergiert. In der Tat ist für $q > a+2$

$$\begin{aligned}
|\zeta(s+q)-1| &= \left|\sum_{n=2}^{\infty}\frac{1}{n^{s+q}}\right| \\
&\leqq \sum_{n=2}^{\infty}\frac{1}{n^{\sigma+q}} \\
&< \sum_{n=2}^{\infty}\frac{1}{n^{q-a-1}} \\
&< \frac{1}{2^{q-a-1}} + \int_2^{\infty}\frac{du}{u^{q-a-1}} \\
&= \frac{1}{2^{q-a-1}} + \frac{1}{q-a-2}\,\frac{1}{2^{q-a-2}} \\
&< \frac{1}{2^{q-a-2}} + \frac{1}{2^{q-a-2}} \\
&= \frac{2^{a+3}}{2^q},
\end{aligned}$$

also

$$\begin{aligned}
\left|\frac{(s-1)s\cdots(s+q-1)}{(q+1)!}(\zeta(s+q)-1)\right| &\leqq (r+1)\frac{r(r+1)\cdots(r+q-1)}{q!}\,\frac{2^{a+3}}{2^q} \\
&= 2^{a+3}(r+1)\binom{-r}{q}\left(-\tfrac{1}{2}\right)^q,
\end{aligned}$$

wo die rechte Seite das allgemeine, von s unabhängige Glied einer konvergenten Binomialreihe darstellt.

(3) lehrt also durch vollständige Induktion, daß $(s-1)\zeta(s)$ eine ganze transzendente Funktion ist.

Aus (3), aber auch schon aus der Formel (4) des vorigen Paragraphen, ersieht man durch vollständige Induktion, daß

$$\zeta(0),\ \zeta(-1),\ \zeta(-2),\ \cdots$$

rationale Zahlen sind. In der Tat ergibt (3) für $s = 0$

$$-(\zeta(0)-1)-1=\tfrac{1}{2},$$
$$\zeta(0)=-\tfrac{1}{2},$$

alsdann für $s=-1$

$$-2(\zeta(-1)-1)-1=-\frac{(-2)(-1)}{2}(-\tfrac{1}{2}-1)-\frac{(-2)(-1)}{6},$$
$$-2\zeta(-1)+1=\tfrac{3}{2}-\tfrac{1}{3},$$
$$\zeta(-1)=-\tfrac{1}{2}(-1+\tfrac{3}{2}-\tfrac{1}{3})$$
$$=-\tfrac{1}{12},$$

alsdann für $s=-2$

$$-3(\zeta(-2)-1)-1$$
$$=-\frac{(-3)(-2)}{2}(-\tfrac{1}{12}-1)-\frac{(-3)(-2)(-1)}{6}(-\tfrac{1}{2}-1)-\frac{(-3)(-2)(-1)}{24},$$
$$-3\zeta(-2)+2=\tfrac{13}{4}-\tfrac{3}{2}+\tfrac{1}{4}$$
$$=2,$$
$$\zeta(-2)=0$$

usw. Hier begnüge ich mich damit, darauf aufmerksam zu machen, daß sich so $\zeta(-a)$ für ganzes $a \geqq 0$ sukzessive als rationale Zahl ergibt. Den independenten Ausdruck werden wir später[1)] auf bequemerem Wege herstellen.

§ 69.

Eine Hilfsformel aus der Theorie der Thetafunktionen.

Auf viel künstlicherem, aber weiter tragendem Wege läßt sich die Fortsetzbarkeit durch eine andere Methode erweisen, welche zugleich eine wichtige Funktionalgleichung zwischen $\zeta(s)$ und $\zeta(1-s)$ liefert. In dieser Funktionalgleichung wird sich der Quotient

$$\frac{\zeta(1-s)}{\zeta(s)}$$

als durch die klassischen analytischen Funktionen ausdrückbar herausstellen.

In diesem Paragraphen schicke ich den Beweis einer Identität voraus, welche eigentlich in die Theorie der linearen Transformation der Thetafunktionen gehört, aus der (wie überhaupt aus der Theorie der elliptischen Funktionen) ich nichts voraussetze.

1) In § 70.

Da es genau dieselbe Mühe macht, beweise ich die Identität hier gleich in einer etwas allgemeineren Fassung, welche erst bei späterer Gelegenheit zur vollen Anwendung kommen wird.

Ich brauche hier für alle $x > 0$ die Identität

$$1 + 2\sum_{n=1}^{\infty} e^{-n^2\pi x} = \frac{1}{\sqrt{x}}\left(1 + 2\sum_{n=1}^{\infty} e^{-\frac{n^2\pi}{x}}\right),$$

d. h.

$$\sum_{n=-\infty}^{\infty} e^{-n^2\pi x} = \frac{1}{\sqrt{x}}\sum_{n=-\infty}^{\infty} e^{-\frac{n^2\pi}{x}} \tag{1}$$

und beweise gleich allgemeiner den

Satz: Für alle $x > 0$ und alle reellen α ist

$$\sum_{n=-\infty}^{\infty} e^{-(n+\alpha)^2\pi x} = \frac{1}{\sqrt{x}}\sum_{n=-\infty}^{\infty} e^{-\frac{n^2\pi}{x}}\cos(2n\pi\alpha). \tag{2}$$

$\sqrt{x}$ bedeutet natürlich hierin den positiven Wert, und (1) ist für $\alpha = 0$ in (2) enthalten. Die (absolute) Konvergenz beider Seiten von (2) ist von vornherein klar.

Beweis: Die Behauptung (2) läßt sich auch so schreiben:

$$\sum_{n=-\infty}^{\infty} e^{-n^2\pi x - 2n\pi\alpha x} = \frac{1}{\sqrt{x}} e^{\pi\alpha^2 x}\sum_{n=-\infty}^{\infty} e^{-n^2\frac{\pi}{x} - 2n\pi i\alpha}; \tag{3}$$

denn die rechts hinzugefügte Summe

$$\sum_{n=-\infty}^{\infty} e^{-n^2\frac{\pi}{x}} i\sin(2n\pi\alpha)$$

verschwindet natürlich, da der Summand eine ungerade Funktion von n ist.

Wenn $s = \sigma + ti$ eine komplexe Variable ist, ist

$$e^{-\pi x s^2 - 2\pi\alpha x s}$$

eine ganze transzendente Funktion von s, also

$$\frac{e^{-\pi x s^2 - 2\pi\alpha x s}}{e^{2\pi i s} - 1}$$

eine meromorphe Funktion von s, welche alle ganzen Zahlen $s = n$ (und nur diese) zu Polen hat, und zwar ist $s = n$ ein Pol erster Ordnung mit dem Residuum

$$\frac{1}{2\pi i} e^{-n^2\pi x - 2n\pi\alpha x};$$

das ist, abgesehen vom Faktor $\frac{1}{2\pi i}$, das allgemeine Glied der zu untersuchenden Reihe auf der linken Seite von (3); den Wert dieser linken Seite nenne ich $\Omega(x)$.

Die Anwendung des Cauchyschen Integralsatzes auf das Rechteck mit den Ecken $N+\frac{1}{2}\pm i$, $-(N+\frac{1}{2})\pm i$, wo N eine positive ganze Zahl ist, ergibt also bei Integration im positiven Sinne

$$\int \frac{e^{-\pi x s^2 - 2\pi\alpha x s}}{e^{2\pi i s}-1}\,ds = \sum_{n=-N}^{N} e^{-n^2\pi x - 2n\pi\alpha x}$$

Die rechte Seite konvergiert für $N=\infty$ gegen $\Omega(x)$. Ich behaupte, daß die Integrale über die senkrechten Rechtecksseiten jedes einzeln den Limes 0 haben und daß über jede horizontale Seite einzeln vom Unendlichen ins Unendliche integriert werden kann. In der Tat hat erstens jede der senkrechten Strecken die Länge 2, und wegen

$$\begin{aligned} e^{2\pi i s} &= e^{\pm 2\pi i (N+\frac{1}{2})}\, e^{-2\pi t} \\ &= -e^{-2\pi t} \end{aligned}$$

ist auf jeder senkrechten Strecke ($s=\pm(N+\frac{1}{2})+ti$, $-1\leq t\leq 1$)

$$\begin{aligned} \left|\frac{e^{-\pi x s^2 - 2\pi\alpha x s}}{e^{2\pi i s}-1}\right| &= \frac{e^{-\pi x \Re\{(\pm(N+\frac{1}{2})+ti)^2\}\mp 2\pi\alpha x(N+\frac{1}{2})}}{1+e^{-2\pi t}} \\ &< e^{-\pi x (N+\frac{1}{2})^2 + \pi x t^2 + 2\pi|\alpha| x (N+\frac{1}{2})} \\ &< e^{-\pi x N^2 + \pi x + 2\pi|\alpha| x (N+\frac{1}{2})}, \end{aligned}$$

was unabhängig von t ist und für $N=\infty$ zu 0 strebt, so daß der Integrand gleichmäßig gegen Null konvergiert, also die senkrechten Integrale gegen Null konvergieren. Zweitens ist das Integral über die Geraden $t=\pm 1$ von $\sigma=-\infty$ bis $\sigma=\infty$ konvergent (sogar absolut), weil dort

$$\left|\frac{e^{-\pi x s^2 - 2\pi\alpha x s}}{e^{2\pi i s}-1}\right| \begin{cases} \leq \dfrac{e^{-\pi x \sigma^2 + \pi x + 2\pi|\alpha| x|\sigma|}}{1-e^{-2\pi}} & \text{für } t=1, \\ \leq \dfrac{e^{-\pi x \sigma^2 + \pi x + 2\pi|\alpha| x|\sigma|}}{e^{2\pi}-1} & \text{für } t=-1 \end{cases}$$

ist. Daher ergibt sich bei geraden Wegen

$$\Omega(x) = \int_{-\infty-i}^{\infty-i} \frac{e^{-\pi x s^2 - 2\pi\alpha x s}}{e^{2\pi i s}-1}\,ds - \int_{-\infty+i}^{\infty+i} \frac{e^{-\pi x s^2 - 2\pi\alpha x s}}{e^{2\pi i s}-1}\,ds. \tag{4}$$

Im ersten Integral ist

$$\left|e^{2\pi i s}\right| = e^{2\pi}$$
$$> 1,$$

also

$$\frac{1}{e^{2\pi i s}-1} = \sum_{n=-1}^{-\infty} e^{2n\pi i s},$$

$$\frac{e^{-\pi x s^2 - 2\pi\alpha x s}}{e^{2\pi i s}-1} = \sum_{n=-1}^{-\infty} e^{-\pi x s^2 - 2\pi\alpha x s + 2n\pi i s}.$$

Die gliedweise Integration dieser geometrischen Reihe über die unendliche Gerade ist gestattet, da die Summe der absoluten Beträge

$$\sum_{n=-1}^{-\infty}\left|e^{-\pi x s^2 - 2\pi\alpha x s}\right| e^{2n\pi} = \frac{\left|e^{-\pi x s^2 - 2\pi\alpha x s}\right|}{e^{2\pi}-1}$$
$$\leqq \frac{e^{-\pi x \sigma^2 + \pi x + 2\pi|\alpha|\, x\, |\sigma|}}{e^{2\pi}-1}$$

ist, also von $\sigma = -\infty$ bis $\sigma = \infty$ integriert werden kann. Also ist

$$\int_{-\infty - i}^{\infty - i} \frac{e^{-\pi x s^2 - 2\pi\alpha x s}}{e^{2\pi i s}-1}\, ds = \sum_{n=-1}^{-\infty} \int_{-\infty - i}^{\infty - i} e^{-\pi x s^2 - 2\pi(\alpha x - n i)s}\, ds.$$

Ebenso ergibt sich für das zweite Integral in (4), da dort

$$\left|e^{2\pi i s}\right| = e^{-2\pi}$$
$$< 1,$$

also

$$\frac{1}{e^{2\pi i s}-1} = -\sum_{n=0}^{\infty} e^{2n\pi i s}$$

ist,

$$\int_{-\infty + i}^{\infty + i} \frac{e^{-\pi x s^2 - 2\pi\alpha x s}}{e^{2\pi i s}-1}\, ds = -\sum_{n=0}^{\infty} \int_{-\infty + i}^{\infty + i} e^{-\pi x s^2 - 2\pi(\alpha x - n i)s}\, ds.$$

Zusammengefaßt ist also

$$\Omega(x) = \sum_{n=-\infty}^{\infty} \int_{-\infty \pm i}^{\infty \pm i} e^{-\pi x s^2 - 2\pi(\alpha x - n i)s}\, ds,$$

wo für $n < 0$ das untere, für $n \geqq 0$ das obere Zeichen gilt, also

$$(5) \qquad \Omega(x) = \sum_{n=-\infty}^{\infty} e^{\pi x\left(\alpha - \frac{ni}{x}\right)^2} \int_{-\infty \pm i}^{\infty \pm i} e^{-\pi x\left(s + \alpha - \frac{ni}{x}\right)^2}\, ds.$$

Ich behaupte, daß alle in (5) auftretenden Integrale denselben Wert haben. In der Tat hat jedes,

$$s + \alpha - \frac{ni}{x} = u$$

gesetzt, die Gestalt

(6) $$\int e^{-\pi x u^2} du,$$

wo u eine horizontale unendliche Gerade der u-Ebene von links nach rechts durchläuft. Das Integral (6) ist von der Ordinate dieser Geraden unabhängig; denn, wenn der Cauchysche Satz auf das Rechteck mit den Ecken $\pm w + t_1 i$, $\pm w + t_2 i$ angewendet wird, wo $w > 0$ ist, so hat bei festen t_1, t_2, wenn w unendlich wird, der Integrand auf jeder der beiden senkrechten Rechtecksseiten mit den Abszissen $\pm w$ von endlicher Länge ($|t_1 - t_2|$) gleichmäßig für $w = \infty$ den Limes 0, wegen

$$|e^{-\pi x(\pm w + ti)^2}| = e^{-\pi x w^2 + \pi x t^2}$$
$$\leq e^{-\pi x w^2 + \pi x (\text{Max.}(|t_1|, |t_2|))^2}.$$

Also ist jedes der unendlich vielen Integrale in (5) gleich dem reellen Integral

$$\int_{-\infty}^{\infty} e^{-\pi x u^2} du = \frac{1}{\sqrt{\pi x}} \int_{-\infty}^{\infty} e^{-v^2} dv$$
$$= \frac{2}{\sqrt{\pi x}} \int_0^{\infty} e^{-v^2} dv$$
$$= \frac{1}{\sqrt{\pi x}} \int_0^{\infty} e^{-z} z^{-\frac{1}{2}} dz$$
$$= \frac{1}{\sqrt{\pi x}} \Gamma(\tfrac{1}{2})$$
$$= \frac{1}{\sqrt{x}}.$$

(5) liefert also

$$\Omega(x) = \frac{1}{\sqrt{x}} \sum_{n=-\infty}^{\infty} e^{\pi x \left(\alpha - \frac{ni}{x}\right)^2}$$
$$= \frac{1}{\sqrt{x}} e^{\pi \alpha^2 x} \sum_{n=-\infty}^{\infty} e^{-n^2 \frac{\pi}{x} - 2n\pi i \alpha},$$

womit (3), also (2) und (1) bewiesen sind.

§ 70.

Beweis der Funktionalgleichung der Zetafunktion.

Satz: Es ist

$$\frac{s(s-1)}{2}\,\Gamma\left(\frac{s}{2}\right)\pi^{-\frac{s}{2}}\,\zeta(s) = \xi(s)$$

eine ganze transzendente Funktion und genügt der Funktionalgleichung

$$\xi(1-s) = \xi(s).$$

Beweis: Für reelle $s > 0$ ist

$$\Gamma(s) = \int_0^\infty e^{-y}\,y^{s-1}\,dy,$$

also, wenn n positiv ist,

$$\Gamma\left(\frac{s}{2}\right) = \int_0^\infty e^{-y}\,y^{\frac{s}{2}-1}\,dy$$

$$= \int_0^\infty e^{-n^2\pi x}\,(n^2\pi x)^{\frac{s}{2}-1}\,n^2\pi\,dx,$$

$$\text{(1)}\qquad \frac{1}{n^s}\,\Gamma\left(\frac{s}{2}\right)\pi^{-\frac{s}{2}} = \int_0^\infty e^{-n^2\pi x}\,x^{\frac{s}{2}-1}\,dx.$$

Wenn $s > 1$ ist, ist die Summe der linken Seite von (1) über $n = 1, 2, \cdots$ konvergent, also auch die Summe der rechten Seite. Da alle Elemente positiv sind, darf rechts die Summation mit der Integration vertauscht werden, und es ergibt sich für $s > 1$

$$\Gamma\left(\frac{s}{2}\right)\pi^{-\frac{s}{2}}\zeta(s) = \int_0^\infty x^{\frac{s}{2}-1}\sum_{n=1}^\infty e^{-n^2\pi x}\,dx,$$

also, wenn

$$\sum_{n=1}^\infty e^{-n^2\pi x} = \omega(x)$$

gesetzt wird,

$$\Gamma\left(\frac{s}{2}\right)\pi^{-\frac{s}{2}}\,\zeta(s) = \int_0^\infty x^{\frac{s}{2}-1}\,\omega(x)\,dx$$

$$= \int_0^1 x^{\frac{s}{2}-1}\,\omega(x)\,dx + \int_1^\infty x^{\frac{s}{2}-1}\,\omega(x)\,dx.$$

Nun ist nach der Formel (1) des vorigen Paragraphen für $x > 0$

$$1 + 2\omega(x) = \frac{1}{\sqrt{x}}\left(1 + 2\omega\left(\frac{1}{x}\right)\right),$$

$$\omega(x) = \frac{1}{\sqrt{x}}\,\omega\left(\frac{1}{x}\right) - \frac{1}{2} + \frac{1}{2\sqrt{x}},$$

also, wenn dies in $\int\limits_0^1$ eingeführt wird,

$$\Gamma\left(\frac{s}{2}\right)\pi^{-\frac{s}{2}}\zeta(s) = \int\limits_0^1 x^{\frac{s}{2}-1}\left(\frac{1}{\sqrt{x}}\,\omega\left(\frac{1}{x}\right) - \frac{1}{2} + \frac{1}{2\sqrt{x}}\right)dx + \int\limits_1^\infty x^{\frac{s}{2}-1}\omega(x)\,dx,$$

folglich, da die Integrale

$$\int\limits_0^1 x^{\frac{s}{2}-1}dx = \frac{1}{\frac{s}{2}} = \frac{2}{s}$$

und

$$\int\limits_0^1 x^{\frac{s}{2}-1}\frac{1}{\sqrt{x}}dx = \frac{1}{\frac{s}{2}-\frac{1}{2}} = \frac{2}{s-1}$$

existieren,

$$\Gamma\left(\frac{s}{2}\right)\pi^{-\frac{s}{2}}\zeta(s) = -\frac{1}{s} + \frac{1}{s-1} + \int\limits_0^1 x^{\frac{s}{2}-\frac{3}{2}}\omega\left(\frac{1}{x}\right)dx + \int\limits_1^\infty x^{\frac{s}{2}-1}\omega(x)dx$$

$$= \frac{1}{s(s-1)} + \int\limits_\infty^1 \left(\frac{1}{x}\right)^{\frac{s}{2}-\frac{3}{2}}\omega(x)\left(-\frac{dx}{x^2}\right) + \int\limits_1^\infty x^{\frac{s}{2}-1}\omega(x)dx,$$

$$(2)\qquad \Gamma\left(\frac{s}{2}\right)\pi^{-\frac{s}{2}}\zeta(s) - \frac{1}{s(s-1)} = \int\limits_1^\infty \left(x^{\frac{1-s}{2}-1} + x^{\frac{s}{2}-1}\right)\omega(x)\,dx.$$

Dies gilt für reelle $s > 1$. Ich behaupte nun, daß die rechte Seite von (2) für alle komplexen s konvergiert und eine ganze transzendente Funktion darstellt; damit ist dann zunächst u. a. die Fortsetzbarkeit von $\zeta(s)$ in der ganzen Ebene von neuem bewiesen.

Zunächst ist klar, daß für jedes feste endliche $\eta > 1$ das Integral

$$(3)\qquad \int\limits_1^\eta \left(x^{\frac{1-s}{2}-1} + x^{\frac{s}{2}-1}\right)\omega(x)\,dx$$

eine ganze transzendente Funktion von s ist; denn es ist der Integrand die ganze Funktion

$$\left(x^{\frac{1-s}{2}-1}+x^{\frac{s}{2}-1}\right)\omega(x)=e^{-\frac{s}{2}\log x}x^{-\frac{1}{2}}\omega(x)+e^{\frac{s}{2}\log x}x^{-1}\omega(x)$$

$$=\sum_{n=0}^{\infty}\frac{s^n}{n!}\left\{(-\tfrac{1}{2}\log x)^n x^{-\frac{1}{2}}\omega(x)+(\tfrac{1}{2}\log x)^n x^{-1}\omega(x)\right\},$$

und die Integration nach x, welche (wegen der gleichmäßigen Konvergenz für $1\leqq x\leqq\eta$) gliedweise gestattet ist, ergibt als Koeffizienten von s^n

$$\frac{1}{n!}\int_1^{\eta}\left\{(-\tfrac{1}{2}\log x)^n x^{-\frac{1}{2}}\omega(x)+(\tfrac{1}{2}\log x)^n x^{-1}\omega(x)\right\}dx,$$

was, wenn A eine obere Schranke für $\omega(x)$ im Intervall $(1\cdots\eta)$ bezeichnet, absolut genommen

$$<\frac{2\eta A(\log\eta)^n}{n!}$$

ist, also absolut kleiner als der Koeffizient einer beständig konvergenten Potenzreihe.

Andererseits ist in jedem endlichen Gebiet der s-Ebene das Integral in (2) die gleichmäßige Grenze des Integrals (3) für $\eta=\infty$, da ja in jenem endlichen Gebiet für alle $x\geqq 1$

$$\left|x^{\frac{1-s}{2}-1}+x^{\frac{s}{2}-1}\right|\leqq x^{-\frac{\sigma}{2}}+x^{\frac{\sigma}{2}}$$
$$<2x^a$$

(a konstant) ist und

$$\int_1^{\infty}2x^a\omega(x)dx$$

wegen

$$\omega(x)<\sum_{n=1}^{\infty}e^{-n\pi x}$$
$$=\frac{1}{e^{\pi x}-1}$$

konvergiert.

Daher ist die rechte Seite von (2) eine ganze Funktion von s, also auch die linke Seite

$$(4)\qquad \Gamma\left(\frac{s}{2}\right)\pi^{-\frac{s}{2}}\zeta(s)-\frac{1}{s(s-1)};$$

da nun die rechte Seite von (2) ersichtlich ungeändert bleibt, wenn s durch $1-s$ ersetzt wird, so gilt dies auch von der Funktion (4), also, da

$$s(s-1) = -s(1-s)$$

die gleiche Eigenschaft hat, von der ganzen Funktion

$$\frac{s(s-1)}{2}\Gamma\left(\frac{s}{2}\right)\pi^{-\frac{s}{2}}\zeta(s) = \xi(s),$$

womit der Satz bewiesen ist.

Was bedeutet er für $\zeta(s)$? Zunächst, daß $\zeta(s)$ meromorph in der ganzen Ebene ist und der Funktionalgleichung

$$\Gamma\left(\frac{s}{2}\right)\pi^{-\frac{s}{2}}\zeta(s) = \Gamma\left(\frac{1-s}{2}\right)\pi^{-\frac{1-s}{2}}\zeta(1-s) \tag{5}$$

genügt. Ferner, da

$$(s-1)\zeta(s) = \frac{1}{\frac{s}{2}\Gamma\left(\frac{s}{2}\right)}\pi^{\frac{s}{2}}\xi(s)$$

$$= \frac{1}{\Gamma\left(\frac{s}{2}+1\right)}\pi^{\frac{s}{2}}\xi(s)$$

ist und

$$\frac{1}{\Gamma\left(\frac{s}{2}+1\right)}\pi^{\frac{s}{2}}$$

eine ganze Funktion ist, daß

$$(s-1)\zeta(s)$$

ganz ist.

Weiter: $\zeta(s)$ verschwindet bekanntlich nicht für $\sigma > 1$, die rechte Seite von (5) also nicht für $\sigma < 0$, da die Gammafunktion nirgends verschwindet; also verschwindet auch die linke Seite nicht für $\sigma < 0$. Dort hat $\Gamma\left(\frac{s}{2}\right)$ die Pole erster Ordnung $s = -2, -4, \cdots$, allgemein $-2q$ (q positiv-ganz). Das sind also Nullstellen erster Ordnung von $\zeta(s)$, und $\zeta(s)$ hat, da die linke Seite von (5) nicht verschwindet, sonst keine Nullstelle in der Halbebene $\sigma < 0$. Außer den Nullstellen $-2q$ gehören daher alle etwa vorhandenen Nullstellen von $\zeta(s)$ dem Streifen

$$0 \leqq \sigma \leqq 1$$

an. Der Punkt $s = 0$ ist keine Nullstelle, da sonst die linke Seite von (5) dort regulär wäre, was für die rechte Seite nicht zutrifft.

Übrigens wissen wir aus § 45, daß für jede Nullstelle

$$\sigma < 1$$

ist; die Funktionalgleichung (5) lehrt also, daß für jede von den Nullstellen $-2q$ verschiedene Nullstelle

$$0 < \sigma < 1$$

ist. Doch ist diese Kenntnis für die nächstfolgenden Betrachtungen ohne Nutzen.

Ich erwähne noch, daß für $0 < s < 1$ wegen

$$\begin{aligned}\zeta(s) &= 1 + \frac{1}{s-1} - s\sum_{n=1}^{\infty}\int_0^1 \frac{u\,du}{(n+u)^{s+1}} \\ &= -\frac{s}{1-s} - s\sum_{n=1}^{\infty}\int_0^1 \frac{u\,du}{(n+u)^{s+1}}\end{aligned}$$

oder auch wegen

$$\begin{aligned}(1-2^{1-s})\zeta(s) &= 1 - \frac{1}{2^s} + \frac{1}{3^s} - \cdots \\ &> 0\end{aligned}$$

die Funktion $\zeta(s)$ negativ, also

$$\zeta(s) \neq 0$$

ist. Die etwaigen Nullstellen des Streifens gehören also dem Inneren der oberen oder unteren Halbebene an.

Die Funktionalgleichung (5) läßt sich auf Grund bekannter Eigenschaften der Gammafunktion in eine bestimmte andere Form überführen:

Satz: Es ist

$$\zeta(1-s) = \frac{2}{(2\pi)^s}\cos\frac{s\pi}{2}\,\Gamma(s)\zeta(s).$$

Beweis: Bekanntlich ist

$$\Gamma(s)\Gamma(1-s) = \frac{\pi}{\sin\pi s}$$

und

$$\Gamma(s)\Gamma(s+\tfrac{1}{2}) = 2\sqrt{\pi}\cdot 2^{-2s}\Gamma(2s);$$

also ergibt sich aus (5)

$$\begin{aligned}\zeta(1-s) &= \frac{\Gamma\left(\frac{s}{2}\right)}{\Gamma\left(\frac{1-s}{2}\right)}\pi^{\frac{1}{2}-s}\zeta(s) \\ &= \Gamma\left(\frac{s}{2}\right)\Gamma\left(\frac{1+s}{2}\right)\frac{\sin\left(\pi\frac{1-s}{2}\right)}{\pi}\pi^{\frac{1}{2}-s}\zeta(s)\end{aligned}$$

$$= 2\sqrt{\pi}\cdot 2^{-s}\Gamma(s)\frac{\cos\frac{s\pi}{2}}{\pi}\pi^{\frac{1}{2}-s}\zeta(s)$$
$$= \frac{2}{(2\pi)^s}\cos\frac{s\pi}{2}\Gamma(s)\zeta(s).$$

Mit Hilfe dieser Funktionalgleichung will ich den Wert von $\zeta(s)$ für negative ganze s bestimmen, von dem wir übrigens schon aus § 68 wissen, daß er rational ist. Für gerades negatives s hatten wir schon oben Null gefunden; für $s = -(2q-1)$, wo q ganz und $q \geqq 1$ ist, ergibt sich

$$\zeta(-(2q-1)) = \zeta(1-2q)$$
$$= \frac{2}{(2\pi)^{2q}}\cos q\pi\,\Gamma(2q)\zeta(2q)$$
$$= \frac{2}{(2\pi)^{2q}}(-1)^q(2q-1)!\sum_{n=1}^{\infty}\frac{1}{n^{2q}}.$$

Nun ist bekanntlich, wie z. B. aus

$$\sin s = s\prod_{n=1}^{\infty}\left(1-\frac{s^2}{\pi^2 n^2}\right),$$

$$\operatorname{ctg} s = \frac{\frac{d}{ds}\sin s}{\sin s}$$
$$= \frac{1}{s}+\sum_{n=1}^{\infty}\frac{\frac{-2s}{\pi^2 n^2}}{1-\frac{s^2}{\pi^2 n^2}}$$
$$= \frac{1}{s}-2s\sum_{n=1}^{\infty}\frac{1}{\pi^2 n^2 - s^2}$$
$$= \frac{1}{s}-2s\sum_{n=1}^{\infty}\frac{1}{\pi^2 n^2}\frac{1}{1-\frac{s^2}{\pi^2 n^2}}$$
$$= \frac{1}{s}-2s\sum_{n=1}^{\infty}\sum_{q=1}^{\infty}\frac{s^{2(q-1)}}{(\pi^2 n^2)^q} \qquad (0 < |s| < \pi)$$
$$= \frac{1}{s}-2s\sum_{q=1}^{\infty}\frac{s^{2(q-1)}}{\pi^{2q}}\sum_{n=1}^{\infty}\frac{1}{n^{2q}}$$

in Verbindung mit

$$\operatorname{ctg} s = \frac{1 - \frac{s^2}{2!} + \cdots}{s - \frac{s^3}{3!} + \cdots}$$

$$= \frac{1}{s} + A_1 s + A_3 s^3 + \cdots \qquad (0 < |s| < \pi)$$

durch Koeffizientenvergleichung folgt,

$$\frac{1}{\pi^{2q}} \sum_{n=1}^{\infty} \frac{1}{n^{2q}}$$

eine rationale Zahl, welche mit

$$\frac{2^{2q-1} B_q}{(2q)!}$$

bezeichnet zu werden pflegt, wo B_q die $q$te Bernoullische Zahl heißt; daher ist

$$\zeta(-(2q-1)) = \frac{2}{2^{2q}} (-1)^q (2q-1)! \frac{2^{2q-1} B_q}{(2q)!}$$

$$= \frac{(-1)^q B_q}{2q},$$

d. h.

$$\zeta(-1) = \frac{-\frac{1}{6}}{2}$$

$$= -\frac{1}{12},$$

$$\zeta(-3) = \frac{\frac{1}{30}}{4}$$

$$= \frac{1}{120},$$

$$\zeta(-5) = \frac{-\frac{1}{42}}{6}$$

$$= -\frac{1}{252},$$

$$\zeta(-7) = \frac{\frac{1}{30}}{8}$$

$$= \frac{1}{240}$$

usw.

§ 71.

Einführung der Funktion $\Xi(z)$.

Wird in der ganzen Funktion $\xi(s)$ statt s eine neue komplexe Variable z durch die Gleichung

$$s = \tfrac{1}{2} + zi$$

eingeführt und

$$\xi(s) = \xi(\tfrac{1}{2} + zi)$$
$$= \Xi(z)$$

gesetzt, so geht wegen

$$\xi(1-s) = \xi(\tfrac{1}{2} - zi)$$
$$= \Xi(-z)$$

die Funktionalgleichung

$$\xi(1-s) = \xi(s)$$

in

$$\Xi(-z) = \Xi(z)$$

über, d. h. $\Xi(z)$ ist eine gerade ganze Funktion

$$\Xi(z) = \sum_{n=0}^{\infty} a_n z^{2n}.$$

Was wissen wir über die Nullstellen von $\xi(s)$, d. h. von $\Xi(z)$? Wegen

$$\frac{s(s-1)}{2} \Gamma\left(\frac{s}{2}\right) \pi^{-\frac{s}{2}} \zeta(s) = \xi(s)$$

ist jede Nullstelle von $\xi(s)$ Nullstelle eines Faktors links. $\Gamma\left(\frac{s}{2}\right)\pi^{-\frac{s}{2}}$ hat keine Nullstelle; weder $s = 0$ noch $s = 1$ ist eine Nullstelle von $\xi(s)$, da $\Gamma\left(\frac{s}{2}\right)$ bzw. $\zeta(s)$ dort einen Pol hat; die negativen Nullstellen (erster Ordnung) $-2q$ von $\zeta(s)$ auch nicht, da $\Gamma\left(\frac{s}{2}\right)$ dort einen Pol hat. Resultat: Die Nullstellen von $\xi(s)$ sind identisch mit den dem Streifen $0 \leqq \sigma \leqq 1$ angehörigen, übrigens nicht reellen und nicht auf dem Rande des Streifens gelegenen Nullstellen von $\zeta(s)$; natürlich tritt jede mehrfache Nullstelle in derselben Vielfachheit bei beiden Funktionen auf. Insbesondere ist

$$\xi(\tfrac{1}{2}) \neq 0,$$

d. h.

$$a_0 = \Xi(0) \neq 0.$$

$\Xi(z)$ hat also nur nicht rein imaginäre Nullstellen z_0, deren imaginärer Teil zwischen $-\frac{1}{2}$ und $\frac{1}{2}$ liegt (sogar exkl. der Grenzen), und die Nullstellen s_0 von $\zeta(s)$ im Streifen $0 \leqq \sigma \leqq 1$ sind eben die Punkte

$$s_0 = \tfrac{1}{2} + z_0 i.$$

Ob es nun wirklich Nullstellen von $\Xi(z)$, d. h. nicht negative Nullstellen von $\zeta(s)$ gibt, werden wir bald entscheiden.

Vorläufig begnügen wir uns damit, festzustellen, daß $\Xi(z)$, d. h. $\xi(s)$, jedenfalls nicht konstant und auch keine ganze rationale Funktion ist. Denn in diesem Falle wäre für ein gewisses m bei positivem s

$$\lim_{s=\infty} \frac{\xi(s)}{s^m} = 0;$$

es ist aber für $s > 1$

$$\begin{aligned}
\xi(s) &= \frac{s(s-1)}{2} \Gamma\left(\frac{s}{2}\right) \pi^{-\frac{s}{2}} \zeta(s) \\
&> \frac{s(s-1)}{2} \int_0^\infty e^{-u} u^{\frac{s}{2}-1} du \cdot \pi^{-\frac{s}{2}} \cdot 1 \\
&> \frac{s(s-1)}{2} \int_s^\infty e^{-u} u^{\frac{s}{2}-1} du \cdot \pi^{-\frac{s}{2}} \\
&> \frac{s(s-1)}{2} s^{\frac{s}{2}-1} \int_s^\infty e^{-u} du \cdot \pi^{-\frac{s}{2}} \\
&= \frac{s-1}{2} s^{\frac{s}{2}} e^{-s} \pi^{-\frac{s}{2}} \\
&= e^{\log(s-1) - \log 2 + \frac{s}{2}\log s - s - \frac{s}{2}\log \pi},
\end{aligned}$$

was s^m von einer gewissen Stelle an übertrifft.

In

$$\Xi(z) = \sum_{n=0}^{\infty} a_n z^{2n}$$

sind also unendlich viele a_n von Null verschieden; wird noch

$$z^2 = x$$

gesetzt, so geht $\Xi(z)$ in eine ganze, nicht rationale Funktion von x über:

$$\begin{aligned}
\Xi(z) &= g(x) \\
&= \sum_{n=0}^{\infty} a_n x^n.
\end{aligned}$$

Ich bemerke noch, daß die a_n sämtlich reell sind. In der Tat ist

$$\xi(s) = \xi(1-s),$$

also speziell für reelles v

$$\xi(\tfrac{1}{2} + vi) = \xi(\tfrac{1}{2} - vi);$$

da andererseits $\xi(\frac{1}{2} + vi)$ zu $\xi(\frac{1}{2} - vi)$ konjugiert ist, ist $\xi(\frac{1}{2} + vi)$ reell, folglich $\Xi(z)$ für reelle z reell.

§ 72.

Anderer Beweis der Fortsetzbarkeit der Zetafunktion über die ganze Ebene und der Funktionalgleichung.

Im allgemeinen gebe ich für alle auftretenden Sätze nur einen Beweis und werde z. B. für den Primzahlsatz sowohl den Hadamardschen als auch den de la Vallée Poussinschen Beweis unerwähnt lassen; aber wegen der Wichtigkeit der beiden Grundeigenschaften der Zetafunktion und wegen der Einfachheit des Folgenden will ich hier noch je einen anderen Beweis derselben angeben; namentlich der für die Funktionalgleichung ist sehr interessant, weil er zwar länger, aber durch Vermeidung der Thetaformel elementarer ist als der im § 70 gegebene.

Anderer Beweis der Fortsetzbarkeit: Für $s > 0$, $n > 0$ ist

$$\Gamma(s) = \int_0^\infty e^{-x} x^{s-1} dx$$

$$= \int_0^\infty e^{-nx} (nx)^{s-1} n\, dx,$$

$$\frac{1}{n^s} = \frac{1}{\Gamma(s)} \int_0^\infty e^{-nx} x^{s-1} dx,$$

also für $s > 1$ bei Summation über n, da alle Elemente positiv sind,

$$\sum_{n=1}^\infty \frac{1}{n^s} = \frac{1}{\Gamma(s)} \int_0^\infty x^{s-1} \sum_{n=1}^\infty e^{-nx} dx,$$

$$(1) \qquad \zeta(s) = \frac{1}{\Gamma(s)} \int_0^\infty \frac{x^{s-1}}{e^x - 1} dx.$$

Das Integral konvergiert offenbar in jedem endlichen Gebiet der Halbebene $\sigma > 1$ gleichmäßig; das Integral stellt also, da

$$\int_0^\eta \frac{x^{s-1}}{e^x - 1} dx \qquad (\eta > 0)$$

offenbar für $\sigma > 1$ regulär ist, eine für $\sigma > 1$ reguläre Funktion dar. $\frac{1}{\Gamma(s)}$ ist eine ganze Funktion; also ist (1) für $\sigma > 1$ gültig[1]. Um $\zeta(s)$ fortzusetzen, ist es nur nötig, die für $\sigma > 1$ durch

1) Was auch direkt festgestellt werden kann, wenn man die Integralgestalt der Gammafunktion auch für komplexe s der Halbebene $\sigma > 1$ verwendet.

$$\int_0^\infty \frac{x^{s-1}}{e^x - 1} dx$$

definierte Funktion fortzusetzen. (Natürlich soll herauskommen, daß diese Funktion in der ganzen Ebene meromorph ist und in jedem von $1, 0, -1, -3, -5, \cdots$ verschiedenen Punkte regulär ist.)

Für $\sigma > 1$ ist

$$\int_0^\infty \frac{x^{s-1}}{e^x - 1} dx = \int_0^1 \frac{x^{s-1}}{e^x - 1} dx + \int_1^\infty \frac{x^{s-1}}{e^x - 1} dx.$$

Hierin konvergiert offenbar

(2) $$\int_1^\infty \frac{x^{s-1}}{e^x - 1} dx$$

für alle s und ist in jedem endlichen Gebiet die gleichmäßige Grenze der ganzen Funktion

$$\int_1^\eta \frac{x^{s-1}}{e^x - 1} dx$$

für $\eta = \infty$. (2) stellt also eine ganze Funktion dar.

Nun ist für $0 < |x| < 2\pi$

$$\frac{1}{e^x - 1}$$

eine reguläre analytische Funktion von x, die für $x = 0$ einen Pol erster Ordnung hat. Daher ist für $0 < |x| < 2\pi$

$$\frac{1}{e^x - 1} = \frac{c}{x} + c_0 + c_1 x + c_2 x^2 + \cdots;$$

dies gilt insbesondere für $0 < x \leqq 1$ und zwar so, daß die Reihe

$$c_0 + c_1 x + c_2 x^2 + \cdots$$

für $0 \leqq x \leqq 1$ gleichmäßig konvergiert. Für $\sigma > 1$ ist also in

$$\int_0^1 \frac{x^{s-1}}{e^x - 1} dx = \int_0^1 (c x^{s-2} + c_0 x^{s-1} + c_1 x^s + c_2 x^{s+1} + \cdots) dx$$

gliedweise Integration gestattet, also

$$\int_0^1 \frac{x^{s-1}}{e^x - 1} dx = \frac{c}{s-1} + \frac{c_0}{s} + \frac{c_1}{s+1} + \frac{c_2}{s+2} + \cdots.$$

Hierin ist noch

$$c_0 = -\tfrac{1}{2}, \quad c_2 = c_4 = c_6 = \cdots = 0,$$

da

$$\frac{1}{e^x - 1} + \tfrac{1}{2}$$

eine ungerade Funktion von x ist:

$$\begin{aligned} \frac{1}{e^{-x} - 1} + \tfrac{1}{2} &= \frac{e^x}{1 - e^x} + \tfrac{1}{2} \\ &= -1 + \frac{1}{1 - e^x} + \tfrac{1}{2} \\ &= -\frac{1}{e^x - 1} - \tfrac{1}{2}. \end{aligned}$$

In der Gleichung

$$(3) \qquad \int_0^1 \frac{x^{s-1}}{e^x - 1} dx = \frac{c}{s-1} + \frac{c_0}{s} + \frac{c_1}{s+1} + \frac{c_3}{s+3} + \frac{c_5}{s+5} + \cdots$$

ist nun die rechte Seite in jedem endlichen Gebiet der Ebene gleichmäßig konvergent, wenn aus ihm die Punkte $1, 0, -1, -3, -5, \cdots$, soweit ihm angehörig, herausgenommen werden. Denn es hat ja die Potenzreihe

$$c_0 + c_1 x + c_2 x^2 + \cdots$$

den Konvergenzradius 2π, so daß

$$\sum_{n=0}^{\infty} |c_n|$$

konvergiert. Also stellt die rechte Seite von (3) eine in der ganzen Ebene meromorphe Funktion dar, die in jedem von $1, 0, -1, -3, -5, \cdots$ verschiedenen Punkte regulär ist und in jedem dieser Ausnahmepunkte höchstens einen Pol erster Ordnung hat. Die durch

$$\frac{1}{\Gamma(s)} \int_0^1 \frac{x^{s-1}}{e^x - 1} dx$$

für $\sigma > 1$ definierte Funktion ist also in der ganzen Ebene mit Ausnahme von $s = 1$ regulär, die durch

$$\frac{1}{\Gamma(s)} \int_0^{\infty} \frac{x^{s-1}}{e^x - 1} dx$$

für $\sigma > 1$ definierte Funktion $\zeta(s)$ also ebenfalls.

Aus der gefundenen, in der ganzen Ebene gültigen Darstellung

$$\zeta(s) = \frac{1}{\Gamma(s)}\left(\frac{c}{s-1} + \frac{c_0}{s} + \frac{c_1}{s+1} + \frac{c_3}{s+3} + \frac{c_5}{s+5} + \cdots\right) + \frac{1}{\Gamma(s)}\int_1^\infty \frac{x^{s-1}}{e^x - 1}\,dx$$

ergeben sich nochmals die uns schon bekannten Werte von $\zeta(-m)$ für ganzes $m \geqq 0$: Bekanntlich ist[1)] in

$$\frac{1}{e^x-1} = \frac{c}{x} + \sum_{n=0}^{\infty} c_n x^n \qquad (0 < |x| < 2\pi)$$

$$c = 1,$$

$$c_0 = -\tfrac{1}{2}$$

und für ganzes $q \geqq 1$

$$c_{2q} = 0,$$

$$c_{2q-1} = (-1)^{q-1}\frac{B_q}{(2q)!}.$$

Ferner hat $\Gamma(s)$ im Pol $-m$ das Residuum $\frac{(-1)^m}{m!}$, da

$$\Gamma(s) = \frac{\pi}{\Gamma(1-s)\sin\pi s},$$

$$\lim_{s=-m}(s+m)\Gamma(s) = \frac{\pi}{\Gamma(1+m)}\lim_{s=-m}\frac{s+m}{\sin\pi s}$$

$$= \frac{(-1)^m}{m!}$$

---

1) Dies stimmt mit der Bezeichnung B_q im § 70 bei den Koeffizienten der Reihe

$$\operatorname{ctg} s = \frac{1}{s} - 2s\sum_{q=1}^{\infty}\frac{2^{2q-1}B_q}{(2q)!}s^{2(q-1)} \qquad (0 < |s| < \pi)$$

überein; denn aus dieser Gleichung folgt, $s = -\frac{xi}{2}$ gesetzt, im Gebiet $0 < |x| < 2\pi$

$$\operatorname{ctg}\left(-\frac{xi}{2}\right) = \frac{2i}{x} - \sum_{q=1}^{\infty}\frac{2^{2q}B_q}{(2q)!}\frac{(-xi)^{2q-1}}{2^{2q-1}},$$

$$i\frac{e^x+1}{e^x-1} = \frac{2i}{x} + \sum_{q=1}^{\infty}(-1)^{q-1}\frac{B_q}{(2q)!}2ix^{2q-1},$$

$$\frac{1}{e^x-1} = -\tfrac{1}{2} + \frac{1}{x} + \sum_{q=1}^{\infty}\frac{(-1)^{q-1}B_q}{(2q)!}x^{2q-1}.$$

ist. Daher ergibt sich

$$\lim_{s=1}(s-1)\zeta(s)=1,$$

$$\zeta(0)=-\tfrac{1}{2}$$

und für ganzes $q \geqq 1$

$$\zeta(-2q)=0,$$

$$\zeta(-(2q-1))=\frac{(2q-1)!}{-1}(-1)^{q-1}\frac{B_q}{(2q)!}$$

$$=\frac{(-1)^q B_q}{2q},$$

wie wir schon in § 70 gefunden hatten.

Beweis der Funktionalgleichung: Es ist für $0<s<2$

$$\int_0^\infty \frac{x^{s-1}}{1+x^2}dx=\frac{\pi}{2\sin\frac{s\pi}{2}},$$

wie sich folgendermaßen ergibt. Nach einer schon in § 70 benutzten Formel ist in der ganzen Ebene

$$\operatorname{ctg} s=\frac{1}{s}-2s\sum_{n=1}^{\infty}\frac{1}{\pi^2n^2-s^2}$$

$$=\frac{1}{s}+\sum_{n=1}^{\infty}\left(-\frac{1}{n\pi-s}+\frac{1}{n\pi+s}\right),$$

also

$$\operatorname{ctg} s=\frac{1}{s}-\frac{1}{\pi-s}+\frac{1}{\pi+s}-\frac{1}{2\pi-s}+\frac{1}{2\pi+s}-\cdots$$

(was natürlich nur noch bedingt konvergiert), folglich

$$\operatorname{tg} s=\operatorname{ctg}\left(\frac{\pi}{2}-s\right)$$

$$=\frac{1}{\frac{\pi}{2}-s}-\frac{1}{\frac{\pi}{2}+s}+\frac{1}{3\frac{\pi}{2}-s}-\frac{1}{3\frac{\pi}{2}+s}+\cdots,$$

$$\frac{\frac{\pi}{2}}{\sin\frac{s\pi}{2}}=\frac{\pi}{2}\,\frac{1+\operatorname{tg}^2\frac{s\pi}{4}}{2\operatorname{tg}\frac{s\pi}{4}}$$

$$=\frac{\pi}{4}\operatorname{tg}\frac{s\pi}{4}+\frac{\pi}{4}\operatorname{ctg}\frac{s\pi}{4}$$

$$=\left(\frac{1}{2-s}-\frac{1}{2+s}+\frac{1}{6-s}-\frac{1}{6+s}+\cdots\right)+\left(\frac{1}{s}-\frac{1}{4-s}+\frac{1}{4+s}-\frac{1}{8-s}+\frac{1}{8+s}-\cdots\right)$$

$$=\frac{1}{s}+\frac{1}{2-s}-\frac{1}{2+s}-\frac{1}{4-s}+\frac{1}{4+s}+\frac{1}{6-s}-\frac{1}{6+s}-\frac{1}{8-s}+\frac{1}{8+s}+\cdots.$$

Andererseits ist für $0 < s < 2$

$$\int_0^\infty \frac{x^{s-1}}{1+x^2}\,dx$$

offenbar konvergent und

$$= \int_0^1 \frac{x^{s-1}}{1+x^2}\,dx + \int_1^\infty \frac{x^{s-1}}{1+x^2}\,dx$$

$$= \int_0^1 \frac{x^{s-1}}{1+x^2}\,dx + \int_1^0 \frac{\left(\frac{1}{y}\right)^{s-1}}{1+\frac{1}{y^2}}\left(-\frac{dy}{y^2}\right)$$

$$= \int_0^1 \frac{x^{s-1}}{1+x^2}\,dx + \int_0^1 \frac{x^{1-s}}{1+x^2}\,dx$$

$$= \int_0^1 (x^{s-1} - x^{s+1} + x^{s+3} - \cdots)\,dx + \int_0^1 (x^{1-s} - x^{3-s} + x^{5-s} - \cdots)\,dx.$$

Die gliedweise Integration beider Reihen bis 1 hinein ist nach dem Abelschen Stetigkeitssatz über Potenzreihen erlaubt, da die unbestimmt integrierten Reihen

$$\frac{x^s}{s} - \frac{x^{s+2}}{s+2} + \frac{x^{s+4}}{s+4} - \cdots$$

und

$$\frac{x^{2-s}}{2-s} - \frac{x^{4-s}}{4-s} + \frac{x^{6-s}}{6-s} - \cdots$$

abgesehen vom Faktor x^s bzw. x^{-s} gewöhnliche Potenzreihen sind, welche für $x = 1$ konvergieren. Es ergibt sich also

$$\int_0^\infty \frac{x^{s-1}}{1+x^2}\,dx = \left(\frac{1}{s} - \frac{1}{s+2} + \frac{1}{s+4} - \cdots\right) + \left(\frac{1}{2-s} - \frac{1}{4-s} + \frac{1}{6-s} - \cdots\right)$$

$$= \frac{1}{s} + \frac{1}{2-s} - \frac{1}{2+s} - \frac{1}{4-s} + \frac{1}{4+s} + \frac{1}{6-s} - \cdots$$

$$= \frac{\pi}{2\sin\frac{s\pi}{2}}.$$

Nun ist

$$\int_0^\infty \frac{x^{s-1}}{1+x^2}\,dx = \int_\infty^0 \frac{\left(\frac{1}{y}\right)^{s-1}}{1+\frac{1}{y^2}}\left(-\frac{dy}{y^2}\right)$$

$$= \int_0^\infty \frac{y^{1-s}}{1+y^2}\,dy,$$

also für jedes ganzzahlige $n \geqq 1$

$$\frac{\pi}{2\sin\frac{s\pi}{2}} = \int_0^\infty \frac{y^{1-s}}{1+y^2}\,dy$$

$$= \int_0^\infty \frac{\left(\frac{x}{n}\right)^{1-s}}{1+\left(\frac{x}{n}\right)^2}\,\frac{dx}{n}$$

$$= n^s \int_0^\infty \frac{x^{1-s}}{n^2+x^2}\,dx,$$

$$\frac{1}{n^s} = \frac{2\sin\frac{s\pi}{2}}{\pi}\int_0^\infty \frac{x^{1-s}}{n^2+x^2}\,dx.$$

Dies galt für $0 < s < 2$ und liefert für $1 < s < 2$ weiter, da die Summe der linken Seite über $n = 1, 2, \cdots$ konvergiert

$$\zeta(s) = \sum_{n=1}^\infty \frac{1}{n^s}$$

$$= \frac{2\sin\frac{s\pi}{2}}{\pi}\sum_{n=1}^\infty \int_0^\infty \frac{x^{1-s}}{n^2+x^2}\,dx.$$

Diese Gleichung gilt auch im komplexen Streifen $1 < \sigma < 2$, wo ja für ein solches $s = \sigma + ti$ die Summe der Integrale der absoluten Beträge rechts mit der obigen Summe für $s = \sigma$ identisch ist, und es darf wegen der Konvergenz von

$$\sum_{n=1}^\infty \int_0^\infty \left|\frac{x^{1-s}}{n^2+x^2}\right| dx$$

auch die Summation mit der Integration vertauscht werden. Für $1 < \sigma < 2$ ist also

$$\zeta(s) = \frac{2 \sin \frac{s\pi}{2}}{\pi} \int_0^\infty x^{1-s} \sum_{n=1}^\infty \frac{1}{n^2 + x^2}\, dx.$$

Nun ist bekanntlich[1)] überall auf dem Integrationsweg

$$\pi \frac{e^{2\pi x} + 1}{e^{2\pi x} - 1} = \frac{1}{x} + 2x \sum_{n=1}^\infty \frac{1}{n^2 + x^2},$$

also

$$\sum_{n=1}^\infty \frac{1}{n^2 + x^2} = \left(\pi \frac{e^{2\pi x} + 1}{e^{2\pi x} - 1} - \frac{1}{x}\right) \frac{1}{2x},$$

folglich für $1 < \sigma < 2$

$$\zeta(s) = \frac{\sin \frac{s\pi}{2}}{\pi} \int_0^\infty \left(\pi \frac{e^{2\pi x} + 1}{e^{2\pi x} - 1} - \frac{1}{x}\right) x^{-s}\, dx$$

$$= \frac{\sin \frac{s\pi}{2}}{\pi} \int_0^\infty \left(\pi \frac{e^{x} + 1}{e^{x} - 1} - \frac{2\pi}{x}\right) \left(\frac{x}{2\pi}\right)^{-s} \frac{dx}{2\pi}$$

$$= (2\pi)^{s-1} \sin \frac{s\pi}{2} \int_0^\infty \left(\frac{e^{x} + 1}{e^{x} - 1} - \frac{2}{x}\right) x^{-s}\, dx$$

$$(4) \qquad = (2\pi)^{s-1} \sin \frac{s\pi}{2} \left(\int_0^1 \left(\frac{e^{x} + 1}{e^{x} - 1} - \frac{2}{x}\right) x^{-s}\, dx + \int_1^\infty \left(\frac{e^{x} + 1}{e^{x} - 1} - \frac{2}{x}\right) x^{-s}\, dx \right).$$

Andererseits ist für $\sigma > 1$, wie oben festgestellt wurde,

$$\zeta(s) = \frac{1}{\Gamma(s)} \int_0^\infty \frac{x^{s-1}}{e^x - 1}\, dx$$

$$(5) \qquad = \frac{1}{2\Gamma(s)} \left(\int_0^1 \frac{2x^{s-1}}{e^x - 1}\, dx + \int_1^\infty \frac{2x^{s-1}}{e^x - 1}\, dx \right)$$

---

1) Dies ist mit der Formel

$$\operatorname{ctg} s = \frac{1}{s} - 2s \sum_{n=1}^\infty \frac{1}{\pi^2 n^2 - s^2}$$

identisch; in dieser braucht nur $s = \pi i x$ gesetzt zu werden.

und für $0 < |x| < 2\pi$

$$\frac{1}{e^x - 1} = \frac{1}{x} - \frac{1}{2} + c_1 x + c_3 x^3 + c_5 x^5 + \cdots,$$

also,

$$2 c_n = b_n$$

gesetzt,

$$\frac{2}{e^x - 1} = \frac{2}{x} - 1 + b_1 x + b_3 x^3 + b_5 x^5 + \cdots, \tag{6}$$

$$\frac{e^x + 1}{e^x - 1} - \frac{2}{x} = b_1 x + b_3 x^3 + b_5 x^5 + \cdots, \tag{7}$$

wo

$$|b_1| + |b_3| + |b_5| + \cdots$$

konvergiert.

Für $\sigma < 2$ ist nach (7) das in (4) zuerst auftretende Integral

$$\int_0^1 \left(\frac{e^x + 1}{e^x - 1} - \frac{2}{x}\right) x^{-s}\, dx = \int_0^1 \sum_{n=1}^{\infty} b_{2n-1}\, x^{2n-1} x^{-s}\, dx$$

$$= \sum_{n=1}^{\infty} \frac{b_{2n-1}}{2n - s}; \tag{8}$$

für $\sigma > 1$ ist das erste in (5) auftretende Integral nach (6)

$$\int_0^1 \frac{2 x^{s-1}}{e^x - 1}\, dx = \int_0^1 \left(\frac{2}{x} - 1 + \sum_{n=1}^{\infty} b_{2n-1}\, x^{2n-1}\right) x^{s-1}\, dx$$

$$= \frac{2}{s-1} - \frac{1}{s} + \sum_{n=1}^{\infty} \frac{b_{2n-1}}{s + 2n - 1}; \tag{9}$$

ferner ist für $\sigma > 1$ das in (4) zuletzt auftretende Integral

$$\int_1^\infty \left(\frac{e^x + 1}{e^x - 1} - \frac{2}{x}\right) x^{-s}\, dx = \int_1^\infty \left(\frac{2}{e^x - 1} - \frac{2}{x} + 1\right) x^{-s}\, dx$$

$$= \int_1^\infty \frac{2 x^{-s}}{e^x - 1}\, dx - \frac{1}{1-s} - \frac{2}{s}. \tag{10}$$

Die rechten Seiten von (8) und (9) stellen in der ganzen Ebene meromorphe Funktionen dar, das zweite Integral in (5) und das Integral in (10) ganze Funktionen; also ergibt sich in der ganzen Ebene (exkl. der Pole) aus (4), (8) und (10)

$$(11) \quad \zeta(s) = (2\pi)^{s-1} \sin\frac{s\pi}{2}\left(\sum_{n=1}^{\infty}\frac{b_{2n-1}}{2n-s} - \frac{1}{1-s} - \frac{2}{s} + 2\int_1^{\infty}\frac{x^{-s}}{e^x-1}\,dx\right),$$

aus (5) und (9)

$$(12) \quad \zeta(s) = \frac{1}{2\Gamma(s)}\left(\sum_{n=1}^{\infty}\frac{b_{2n-1}}{s+2n-1} - \frac{1}{s} - \frac{2}{1-s} + 2\int_1^{\infty}\frac{x^{s-1}}{e^x-1}\,dx\right).$$

Die Klammerausdrücke in (11) und (12) gehen ineinander über, wenn man s durch $1-s$ ersetzt; daher ist

$$\frac{\zeta(s)}{(2\pi)^{s-1}\sin\frac{s\pi}{2}} = \zeta(1-s)\,2\,\Gamma(1-s),$$

$$\zeta(1-s) = \frac{\zeta(s)}{2\,(2\pi)^{s-1}\sin\frac{s\pi}{2}\,\Gamma(1-s)}$$

$$= \frac{\zeta(s)}{2\,(2\pi)^{s-1}\sin\frac{s\pi}{2}}\;\frac{\Gamma(s)\sin s\pi}{\pi}$$

$$= \frac{2}{(2\pi)^s}\cos\frac{s\pi}{2}\,\Gamma(s)\,\zeta(s).$$

Sechzehntes Kapitel.

Über die Existenz der nicht reellen Nullstellen von $\zeta(s)$ und die Produktdarstellung der ganzen Funktion $(s-1)\,\zeta(s)$.

§ 73.

Hilfssatz über den reellen Teil einer analytischen Funktion.

Satz: Es sei die analytische Funktion $F(s)$ für $|s-s_0| \leqq r$ regulär und A das Maximum von $\Re F(s)$ für $|s-s_0| = r$, d. h. für $|s-s_0| \leqq r$. Es werde

$$F(s_0) = \beta + \gamma i$$

gesetzt, d. h.

$$\Re F(s_0) = \beta,$$

$$\Im F(s_0) = \gamma.$$

Es sei

$$0 < \varrho < r.$$

Dann ist für $|s-s_0| \leqq \varrho$

$$|F(s)| \leqq |\gamma| + |\beta| \frac{r+\varrho}{r-\varrho} + 2A\frac{\varrho}{r-\varrho}$$

und

$$|\Re F(s)| \leqq |\beta| \frac{r+\varrho}{r-\varrho} + 2A\frac{\varrho}{r-\varrho}.$$

Beweis: 1. Wenn $F(s)$ konstant ist, ist

$$\beta = A,$$

$$\begin{aligned} |\Re F(s)| &= |\beta| \\ &= |\beta| \frac{r+\varrho}{r-\varrho} - 2|\beta| \frac{\varrho}{r-\varrho} \\ &\leqq |\beta| \frac{r+\varrho}{r-\varrho} + 2A\frac{\varrho}{r-\varrho}, \\ |F(s)| &\leqq |\gamma| + |\Re F(s)| \\ &\leqq |\gamma| + |\beta| \frac{r+\varrho}{r-\varrho} + 2A\frac{\varrho}{r-\varrho}. \end{aligned}$$

2. Wenn $F(s)$ nicht konstant ist, ist bekanntlich

$$\beta < A,$$

also die Funktion

$$\begin{aligned} H(s) &= \frac{F(s)-\beta-\gamma i}{F(s)+\beta-\gamma i-2A} \\ &= \frac{F(s)-A-(\beta+\gamma i-A)}{F(s)-A+(\beta-\gamma i-A)} \end{aligned}$$

für $|s-s_0| \leqq r$ regulär, da ein Verschwinden des Nenners

$$\begin{aligned} 0 &= \Re F(s) - A + \beta - A \\ &\leqq A - A + \beta - A, \\ A &\leqq \beta \end{aligned}$$

bedingen würde. Ferner ist

$$H(s_0) = 0$$

und für $|s-s_0| \leqq r$

$$|H(s)| \leqq 1;$$

letzteres ersieht man daraus, daß, wenn $\bar{z}_0$ die zu z_0 konjugierte Zahl bezeichnet, aus

$$z = u + vi, \qquad u \leqq 0$$

nebst

$$z_0 = u_0 + v_0 i, \qquad u_0 < 0$$

$$\left|\frac{z-z_0}{z+\bar{z}_0}\right|^2 = \frac{(u-u_0)^2+(v-v_0)^2}{(u+u_0)^2+(v-v_0)^2}$$
$$\leqq 1$$

folgt, da der Nenner gleich dem Zähler plus $4uu_0$ ist.

Folglich ist

$$\frac{H(s)}{s-s_0}$$

für $|s-s_0| \leqq r$ regulär, und es ist für $|s-s_0| = r$

$$\left|\frac{H(s)}{s-s_0}\right| \leqq \frac{1}{r};$$

wenn $0 < \varrho < r$ ist, ist also[1] für $|s-s_0| = \varrho$

$$\left|\frac{H(s)}{s-s_0}\right| \leqq \frac{1}{r},$$

$$(1) \qquad |H(s)| \leqq \frac{\varrho}{r}.$$

(1) gilt also auch für $|s-s_0| \leqq \varrho$.

Nun ist nach der Definition von $H(s)$

$$F(s) = \frac{\beta+\gamma i + (\beta-\gamma i - 2A)H(s)}{1-H(s)}$$

$$(2) \qquad = \beta + \gamma i - \frac{2(A-\beta)H(s)}{1-H(s)},$$

also für $|s-s_0| \leqq \varrho$

$$|F(s)| \leqq |\beta| + |\gamma| + \frac{2(A-\beta)\frac{\varrho}{r}}{1-\frac{\varrho}{r}}$$

$$\leqq |\beta| + |\gamma| + \frac{2A\varrho}{r-\varrho} + \frac{2|\beta|\varrho}{r-\varrho}$$

$$= |\gamma| + |\beta|\frac{r+\varrho}{r-\varrho} + 2A\frac{\varrho}{r-\varrho}.$$

Andererseits läßt sich aus (2) so weiter schließen:

$$\Re F(s) = \beta - 2(A-\beta)\,\Re\left(\frac{H(s)}{1-H(s)}\right),$$

$$|\Re F(s)| \leqq |\beta| + 2(A-\beta)\left|\frac{H(s)}{1-H(s)}\right|$$

$$\leqq |\beta| + 2(A+|\beta|)\frac{\frac{\varrho}{r}}{1-\frac{\varrho}{r}}$$

$$= |\beta|\frac{r+\varrho}{r-\varrho} + 2A\frac{\varrho}{r-\varrho}.$$

---

1) Dies ist der Hauptwitz beim Beweise.

Der bewiesene Satz liefert insbesondere für $\varrho = \frac{r}{2}$

$$(3) \qquad |F(s)| \leqq |\gamma| + 3|\beta| + 2A,$$

d. h.: Kennt man eine obere Abschätzung von $\Re F(s)$ auf dem Kreise $|s-s_0| = r$ und den Wert der Funktion im Mittelpunkt, so hat man eine obere Abschätzung des absoluten Betrages (d. h. außer der gegebenen oberen Abschätzung des reellen Teils eine untere Abschätzung des reellen Teils, sowie eine obere und untere Abschätzung des imaginären Teils) auf dem Kreise $|s-s_0| = \frac{r}{2}$.

Von den Folgerungen betone ich besonders den

Satz: Es sei $F(s)$ eine ganze Funktion; es sei die Konstante Θ so beschaffen, daß auf unendlich vielen Kreisen $|s| = r$, unter denen beliebig große vorkommen, durchweg (d. h. für alle zugehörigen Amplituden)

$$\Re F(s) < ar^{\Theta}$$

ist, wo a eine weitere Konstante ist. Dann ist $F(s)$ eine ganze rationale Funktion, deren Grad Θ nicht übersteigt.

Der Satz besagt insbesondere im Falle $\Theta < 1$, daß $F(s)$ eine Konstante ist.

Beweis: Nach (3) ist für jene unendlich vielen r, worunter beliebig große vorkommen, da

$$A = A(r)$$
$$< ar^{\Theta}$$

vorausgesetzt wird, auf dem Kreise $|s| = \frac{r}{2}$

$$|F(s)| < |\gamma| + 3|\beta| + 2ar^{\Theta},$$

also in

$$F(s) = \sum_{n=0}^{\infty} e_n s^n$$

$$(4) \qquad |e_n| < \frac{|\gamma| + 3|\beta| + 2ar^{\Theta}}{\left(\frac{r}{2}\right)^n}.$$

Für jedes $n > \Theta$ muß also, da die rechte Seite von (4) für alle hinreichend großen r beliebig klein ist und die linke Seite von r unabhängig ist,

$$e_n = 0$$

sein; d. h. $F(s)$ ist eine ganze rationale Funktion, deren Grad $\leqq \Theta$ ist.

§ 74.

Hilfssätze aus der Theorie der ganzen transzendenten Funktionen.

Satz: Es sei $\xi_1, \xi_2, \cdots$ eine Folge von unendlich vielen komplexen Zahlen[1]), unter denen keine 0 ist, und für welche,

$$|\xi_\nu| = r_\nu$$

gesetzt,

$$\sum_{\nu=1}^{\infty} \frac{1}{r_\nu^\eta}$$

für alle $\eta > \vartheta$ konvergiert, wo $\vartheta < 1$ ist, so daß

$$h(x) = \prod_{\nu=1}^{\infty} \left(1 - \frac{x}{\xi_\nu}\right)$$

eine ganze Funktion ist. Dann gibt es zu jedem $\Theta > \vartheta$ unendlich viele Kreise $|x| = r$, darunter solche mit beliebig großem Radius, auf welchen durchweg

$$|h(x)| > e^{-r^\Theta}$$

ist.

Anders ausgedrückt: Zu jedem $\Theta > \vartheta$ und jedem ω gibt es ein $r = r(\Theta, \omega) > \omega$ mit der behaupteten Eigenschaft.

Beweis: Es darf angenommen werden, daß die ξ_ν nach wachsenden r_ν angeordnet sind:

$$0 < r_1 \leqq r_2 \leqq r_3 \leqq \cdots$$

Nach Voraussetzung konvergiert,

$$\eta = 1$$

gesetzt,

$$(1) \qquad \sum_{n=1}^{\infty} \frac{1}{r_n};$$

daher ist für unendlich viele n

$$r_{n+1} > r_n + 2,$$

d. h. es gibt zum Mittelpunkt 0 immer wieder einen von Wurzeln freien Kreisring der Dicke 2. Denn, wäre für alle $n \geqq N$

$$r_{n+1} \leqq r_n + 2,$$

1) Mehrfache sind mehrfach zu berücksichtigen.

so wäre für alle $l \geqq 0$

$$r_{N+l} \leqq r_N + 2l,$$

also (1) divergent.

Es sei ferner $q = q(r)$ für alle $r \geqq \frac{r_1}{2}$ als die kleinste positive ganze Zahl definiert, für welche

$$r_q \leqq 2r \leqq r_{q+1}$$

ist. q nimmt mit wachsendem r niemals ab und wird mit r unendlich. Da

$$\sum_{n=1}^{\infty} \frac{1}{r_n^\eta}$$

für alle $\eta > \vartheta$ konvergiert, ist[1]) für jedes $\eta > \vartheta$

$$\lim_{n=\infty} \frac{n}{r_n^\eta} = 0,$$

also bei gegebenem $\eta > \vartheta$ von einem gewissen n an

$$n < r_n^\eta;$$

von einem gewissen r an ist also

$$\begin{aligned} q &< r_q^\eta \\ &\leqq (2r)^\eta. \end{aligned}$$

Es ist nun ein

$$\Theta > \vartheta$$

gegeben; ich verstehe unter η irgend eine Zahl, für welche

$$\eta < 1$$

und

$$\vartheta < \eta < \Theta$$

ist. Dann gibt es unendlich viele r, darunter beliebig große, für welche folgende vier Bedingungen erfüllt sind:

---

1) Daß aus der Konvergenz von $\sum_{n=1}^{\infty} a_n$ bei $a_n \geqq a_{n+1}$, $a_n > 0$

$$\lim_{n=\infty} n\, a_n = 0$$

folgt, ergibt sich unmittelbar aus

$$\sum_{\nu=\frac{n}{2}}^{n} a_\nu \geqq \sum_{\nu=\frac{n}{2}}^{n} a_n = \left(n - \left[\frac{n}{2}\right] + 1\right) a_n > \tfrac{1}{2} n a_n.$$

$$r > \tfrac{1}{2},$$

$$q < (2r)^\eta,$$

$$(2)\qquad (2r)^\eta \log(2r) + (2r)^\eta \sum_{\nu=1}^{\infty} \frac{1}{r_\nu^\eta} < r^\Theta,$$

$$|x - \xi_\nu| > 1 \text{ für } |x| = r \text{ und alle } \nu \geqq 1.$$

Denn die drei ersten dieser Bedingungen sind für alle hinreichend großen r erfüllt, die vierte für jedes

$$r = \frac{r_n + r_{n+1}}{2},$$

wenn

$$r_{n+1} > r_n + 2$$

ist, was nach dem Obigen unendlich oft vorkommt.

Es werde nun für jedes solche r das Produkt

$$h(x) = \prod_{\nu=1}^{\infty} \left(1 - \frac{x}{\xi_\nu}\right),$$

wo $|x| = r$ ist, in zwei durch $\nu = q$ geschiedene Teile zerlegt:

$$h(x) = \prod_{\nu=1}^{q} \left(1 - \frac{x}{\xi_\nu}\right) \prod_{\nu=q+1}^{\infty} \left(1 - \frac{x}{\xi_\nu}\right)$$

$$= \Pi_1 \Pi_2.$$

In Π_1 ist jeder Faktor

$$\left|1 - \frac{x}{\xi_\nu}\right| = \frac{|x - \xi_\nu|}{|\xi_\nu|}$$

$$> \frac{1}{|\xi_\nu|}$$

$$= \frac{1}{r_\nu};$$

also ist

$$|\Pi_1| > \frac{1}{r_1 \cdots r_q}$$

$$\geqq \frac{1}{r_q^q}$$

$$\geqq \frac{1}{(2r)^q}$$

$$> \frac{1}{(2r)^{(2r)^\eta}}$$

$$= e^{-(2r)^\eta \log(2r)}.$$

In Π_2 ist infolge der Definition von q

$$\left|\frac{x}{\xi_\nu}\right| = \frac{r}{r_\nu} \leqq \frac{r}{r_{q+1}} \leqq \tfrac{1}{2},$$

also, da für $0 < u \leqq \frac{1}{2}$

$$1-u = e^{-u-\frac{u^2}{2}-\frac{u^3}{3}-\cdots} > e^{-u-u^2-u^3-\cdots} = e^{-\frac{u}{1-u}} \geqq e^{-2u}$$

ist,

$$\left|1-\frac{x}{\xi_\nu}\right| \geqq 1-\frac{r}{r_\nu} > e^{-2\frac{r}{r_\nu}};$$

daher ist

$$|\Pi_2| > e^{-2r\sum\limits_{\nu=q+1}^{\infty}\frac{1}{r_\nu}} = e^{-2r\sum\limits_{\nu=q+1}^{\infty}\frac{1}{r_\nu^\eta}\frac{1}{r_\nu^{1-\eta}}} > e^{-\frac{2r}{r_{q+1}^{1-\eta}}\sum\limits_{\nu=q+1}^{\infty}\frac{1}{r_\nu^\eta}} > e^{-\frac{2r}{(2r)^{1-\eta}}\sum\limits_{\nu=1}^{\infty}\frac{1}{r_\nu^\eta}} = e^{-(2r)^\eta\sum\limits_{\nu=1}^{\infty}\frac{1}{r_\nu^\eta}},$$

$$|h(x)| = |\Pi_1|\,|\Pi_2| > e^{-(2r)^\eta\log(2r)-(2r)^\eta\sum\limits_{\nu=1}^{\infty}\frac{1}{r_\nu^\eta}},$$

also nach (2)

$$|h(x)| > e^{-r^\Theta},$$

was zu beweisen war.

Satz: Es sei $g(x)$ eine ganze, nicht rationale Funktion und
$$g(0) \neq 0.$$
Es existiere ein $\vartheta < 1$, so daß für alle $r \geqq 0$ und alle reellen φ

(3) $$|g(re^{\varphi i})| < Be^{r^\vartheta}$$

ist, wo B eine Konstante bezeichnet. Dann hat $g(x)$ unendlich viele Nullstellen $\xi_1, \xi_2, \cdots$, für welche
$$\sum_{\nu=1}^{\infty} \frac{1}{|\xi_\nu|}$$
konvergiert, und es ist überdies
$$g(x) = g(0) \prod_{\nu=1}^{\infty} \left(1 - \frac{x}{\xi_\nu}\right).$$

Die Voraussetzung (3) lautet kurz: Es ist auf dem Kreise $|x| = r$ gleichmäßig
$$g(x) = O(e^{r^\vartheta});$$
natürlich muß deswegen ϑ positiv sein, da sonst $g(x)$ konstant wäre.

Beweis: 1. $g(x)$ habe keine oder endlich viele Nullstellen. Dann ist
$$g(x) = e^{k(x)}$$
bzw.
$$g(x) = e^{k(x)} \prod_{\nu=1}^{n} \left(1 - \frac{x}{\xi_\nu}\right),$$
wo $k(x)$ eine ganze Funktion ist. Jedenfalls ist für alle hinreichend großen r
$$|g(x)| \geqq |e^{k(x)}| \cdot 1,$$
also
$$e^{\Re k(x)} \leqq |g(x)|$$
$$< Be^{r^\vartheta},$$
$$\Re k(x) < \log B + r^\vartheta,$$
also für alle hinreichend großen r
$$\Re k(x) < 2r^\vartheta.$$
Nach dem Satz am Schlusse des vorigen Paragraphen, dessen Voraussetzungen hier sogar in unnötigem Umfange (für alle hinreichend großen r statt bloß für passend gewählte beliebig große r) erfüllt sind, ist also wegen
$$\vartheta < 1$$

$k(x)$ eine Konstante; d. h. $g(x)$ wäre eine ganze rationale Funktion, gegen die Voraussetzung.

2. $g(x)$ hat also unendlich viele Nullstellen. Ich zeige zunächst, daß

$$\sum_{\nu=1}^{\infty} \frac{1}{|\xi_\nu|}$$

und sogar

$$\sum_{\nu=1}^{\infty} \frac{1}{|\xi_\nu|^\eta}$$

für alle $\eta > \vartheta$ konvergiert. Die Nullstellen seien nach wachsenden absoluten Beträgen geordnet; d. h. es sei,

$$|\xi_\nu| = r_\nu$$

gesetzt,

$$0 < r_1 \leqq r_2 \leqq \cdots$$

n sei irgend eine ganze Zahl $\geqq 1$. Wird

$$\left(1 - \frac{x}{\xi_1}\right) \cdots \left(1 - \frac{x}{\xi_n}\right) = G(x)$$

gesetzt, so ist

$$\frac{g(x)}{G(x)}$$

eine ganze Funktion. Auf dem Kreise

$$|x| = 3r_n$$

ist nach Voraussetzung

$$|g(x)| < Be^{(3r_n)^\vartheta},$$

ferner

$$\begin{aligned} |G(x)| &= \prod_{\nu=1}^{n} \left|1 - \frac{x}{\xi_\nu}\right| \\ &\geqq \prod_{\nu=1}^{n} \left(\frac{3r_n}{r_\nu} - 1\right) \\ &\geqq \prod_{\nu=1}^{n} (3-1) \\ &= 2^n, \end{aligned}$$

also

$$\left|\frac{g(x)}{G(x)}\right| < \frac{Be^{(3r_n)^\vartheta}}{2^n};$$

es ist nun

$$|g(0)| = \left|\frac{g(0)}{G(0)}\right|$$

nicht größer als das Maximum von

$$\left|\frac{g(x)}{G(x)}\right|$$

für

$$|x| = 3r_n,$$

also

$$|g(0)| < B\frac{e^{(3r_n)^\vartheta}}{2^n},$$

$$n\log 2 + \log|g(0)| - \log B < (3r_n)^\vartheta.$$

Für alle n von einer gewissen Stelle an ist also

$$(3r_n)^\vartheta > \frac{n}{2},$$

$$r_n^\vartheta > \frac{n}{3^\vartheta \cdot 2}$$

$$> \frac{n}{6},$$

$$\frac{1}{r_n} < \left(\frac{6}{n}\right)^{\frac{1}{\vartheta}}.$$

Für $\eta > \vartheta$ ist von jener Stelle an

$$\frac{1}{r_n^\eta} < \frac{6^{\frac{\eta}{\vartheta}}}{n^{\frac{\eta}{\vartheta}}},$$

also

$$\sum_{n=1}^{\infty}\frac{1}{r_n^\eta}$$

konvergent.

Insbesondere ist

$$\sum_{n=1}^{\infty}\frac{1}{r_n}$$

konvergent, also

$$g(x) = e^{k(x)}\prod_{\nu=1}^{\infty}\left(1-\frac{x}{\xi_\nu}\right),$$

wo $k(x)$ eine ganze Funktion ist. Es bleibt zu beweisen, daß $k(x)$ konstant, also

$$e^{k(x)} = g(0)$$

ist.

Es werde Θ so gewählt, daß

$$\vartheta < \Theta < 1$$

ist; alsdann kann nach dem ersten Satz dieses Paragraphen eine Schar ins Unendliche wachsender Kreise $|x| = r$ gefunden werden, auf denen

$$\left|\prod_{\nu=1}^{\infty}\left(1-\frac{x}{\xi_\nu}\right)\right| > e^{-r^\Theta}$$

ist; auf ihnen ist

$$\begin{aligned} Be^{r^\vartheta} &> |g(x)| \\ &= e^{\Re k(x)}\left|\prod_{\nu=1}^{\infty}\left(1-\frac{x}{\xi_\nu}\right)\right| \\ &> e^{\Re k(x)}e^{-r^\Theta}, \end{aligned}$$

$$\Re k(x) < \log B + r^\vartheta + r^\Theta;$$

für unendlich viele r, unter denen es beliebig große gibt, ist also auf dem Kreise $|x| = r$

$$\Re k(x) < 2r^\Theta.$$

Nach dem letzten Satz des § 73 ist also $k(x)$ konstant, womit die Behauptung

$$g(x) = g(0)\prod_{\nu=1}^{\infty}\left(1-\frac{x}{\xi_\nu}\right)$$

bewiesen ist.

§ 75.

Die Produktdarstellung der speziellen ganzen Funktion $\Xi(\sqrt{x})$.

Ich behaupte, daß die Voraussetzungen des zuletzt bewiesenen Satzes für diejenige ganze Funktion $g(x)$ erfüllt sind, welche mit $\zeta(s)$ im § 71 durch die Gleichungen

$$s = \tfrac{1}{2} + zi,$$

$$\frac{s(s-1)}{2}\zeta(s)\Gamma\left(\frac{s}{2}\right)\pi^{-\frac{s}{2}} = \Xi(z),$$

$$z^2 = x,$$

$$\Xi(z) = g(x),$$

d. h.

$$s = \tfrac{1}{2} + \sqrt{x}\, i,$$

(1) $$\frac{s(s-1)}{2}\zeta(s)\,\Gamma\left(\frac{s}{2}\right)\pi^{-\frac{s}{2}} = g(x)$$

verbunden war. Jedem $x \neq 0$ entsprechen zwei verschiedene s, deren Summe 1 ist; aber die linke Seite von (1) hat eben für zwei solche s denselben Wert.

Schon in § 71 war festgestellt, daß $g(x)$ eine ganze transzendente, nicht rationale Funktion ist und daß

$$g(0) \neq 0$$

ist. Ich habe also zu verifizieren, daß es ein $\vartheta < 1$ und ein B derart gibt, daß identisch

(2) $$|g(x)| < Be^{r^\vartheta}$$

ist, wo

$$r = |x|$$

gesetzt ist. Es wird sich für jedes $\vartheta > \frac{1}{2}$ (bei passender Wahl des zugehörigen B) die Richtigkeit von (2), d. h. die Relation

$$g(x) = O(e^{r^\vartheta})$$

ergeben.

Es werde gleich $|x| = r > 10$ angenommen. Da die linke Seite von (1) für beide zu x gehörigen

$$s = \tfrac{1}{2} + \sqrt{x}\, i$$

denselben Wert hat, wähle ich das s so, daß

$$\sigma \geqq \tfrac{1}{2}$$

ist, was ich stets kann. Überdies ist

$$\begin{aligned} |s| &\geqq \sqrt{|x|} - \tfrac{1}{2} \\ &> 2 \end{aligned}$$

und

$$\begin{aligned} |s| &\leqq \tfrac{1}{2} + \sqrt{|x|} \\ &= \tfrac{1}{2} + \sqrt{r} \\ &< 2\sqrt{r}, \end{aligned}$$

also, da $\sigma \geqq \frac{1}{2} > 0$ ist,

$$|\zeta(s)| = \left|1 + \frac{1}{s-1} - s\sum_{n=1}^{\infty}\int_0^1 \frac{u\,du}{(n+u)^{s+1}}\right|$$

$$< 1 + \frac{1}{2-1} + 2\sqrt{r}\sum_{n=1}^{\infty}\frac{1}{n^{\frac{3}{2}}}$$
$$< a_1\sqrt{r}.$$

Ferner ist für $\sigma \geqq \frac{1}{2}$

$$\left|\Gamma\left(\frac{s}{2}\right)\right| = \left|\int_0^\infty e^{-u} u^{\frac{s}{2}-1} du\right|$$
$$\leqq \int_0^\infty e^{-u} u^{\frac{\sigma}{2}-1} du$$
$$= \int_0^1 e^{-u} u^{\frac{\sigma}{2}-1} du + \int_1^\infty e^{-u} u^{\frac{\sigma}{2}-1} du$$
$$< \int_0^1 e^{-u} u^{-\frac{3}{4}} du + \int_1^\infty e^{-u} u^{\sigma-1} du$$
$$< a_2 + \int_1^\infty e^{-u} u^{[\sigma]} du$$
$$< a_2 + \Gamma([\sigma]+1)$$
$$= a_2 + [\sigma]!,$$

also für $\frac{1}{2} \leqq \sigma < 1$

$$\left|\Gamma\left(\frac{s}{2}\right)\right| < a_2 + 1,$$

für $\sigma \geqq 1$

$$\left|\Gamma\left(\frac{s}{2}\right)\right| < a_2 + [\sigma]^{[\sigma]}$$
$$\leqq a_2 + \sigma^\sigma,$$

zusammengefaßt für $\sigma \geqq \frac{1}{2}$

$$\left|\Gamma\left(\frac{s}{2}\right)\right| < a_3 + \sigma^\sigma.$$

Für unser Gebiet $|x| = r > 10$, $\sigma \geqq \frac{1}{2}$ ist daher

$$\left|\Gamma\left(\frac{s}{2}\right)\right| < a_3 + |s|^\sigma$$
$$< a_3 + (2\sqrt{r})^\sigma$$
$$\leqq a_3 + (2\sqrt{r})^{|s|}$$
$$< a_3 + (2\sqrt{r})^{2\sqrt{r}}$$
$$= a_3 + e^{2\sqrt{r}\,(\log 2 + \frac{1}{2}\log r)},$$

also für jedes $\delta > 0$

$$\left|\Gamma\left(\frac{s}{2}\right)\right| < a_4 e^{r^{\frac{1}{2}+\delta}};$$

für $r > 10$ ist daher

$$\begin{aligned} |g(x)| &= \left|\frac{s(s-1)}{2}\zeta(s)\Gamma\left(\frac{s}{2}\right)\pi^{-\frac{s}{2}}\right| \\ &< \frac{2\sqrt{r}(2\sqrt{r}+1)}{2} a_1\sqrt{r}\, a_4 e^{r^{\frac{1}{2}+\delta}} \pi^{-\frac{1}{4}} \\ &< a_5 e^{r^{\frac{1}{2}+2\delta}}; \end{aligned}$$

d. h. für $\vartheta > \frac{1}{2}$ ist

$$g(x) = O\left(e^{r^{\vartheta}}\right).$$

Daher hat nach dem letzten Satz des § 74 die Funktion $g(x)$ unendlich viele Nullstellen, und es ist

$$g(x) = g(0)\prod_{\nu=1}^{\infty}\left(1 - \frac{x}{\xi_\nu}\right),$$

wo

$$\sum_{\nu=1}^{\infty}\frac{1}{|\xi_\nu|}$$

und sogar

$$\sum_{\nu=1}^{\infty}\frac{1}{|\xi_\nu|^{\eta}}$$

für alle $\eta > \frac{1}{2}$ konvergiert.

§ 76.

Die Produktdarstellung von $(s-1)\zeta(s)$.

Da die komplexen Nullstellen

$$\varrho = \beta + \gamma i$$

von $\zeta(s)$ mit den Nullstellen $\xi = \xi_\nu$ von $g(x)$ durch die Gleichung

$$\varrho = \frac{1}{2} + \sqrt{\xi}\, i$$

verbunden sind, wo jedem ξ zwei ϱ entsprechen, und da

$$|\varrho| \geqq \sqrt{|\xi|} - \frac{1}{2}$$

ist, so ist bewiesen, daß $\zeta(s)$ unendlich viele komplexe Nullstellen ϱ im Streifen

$$0 \leqq \sigma \leqq 1$$

hat, für welche

$$\sum_{\varrho} \frac{1}{|\varrho|^2}$$

und sogar

$$\sum_{\varrho} \frac{1}{|\varrho|^{\varkappa}}$$

für alle $\varkappa > 1$ konvergiert[1].

Ferner ist

$$\begin{aligned}
\zeta(s) &= \frac{2}{s(s-1)} \frac{1}{\Gamma\left(\frac{s}{2}\right)} \pi^{\frac{s}{2}} g(x) \\
&= \frac{1}{s-1} \frac{1}{\Gamma\left(\frac{s}{2}+1\right)} \pi^{\frac{s}{2}} g(-(s-\tfrac{1}{2})^2) \\
&= \frac{1}{s-1} \frac{1}{\Gamma\left(\frac{s}{2}+1\right)} \pi^{\frac{s}{2}} g(0) \prod_{\nu=1}^{\infty} \left(1 + \frac{(s-\frac{1}{2})^2}{\xi_\nu}\right) \\
&= \frac{1}{s-1} \frac{1}{\Gamma\left(\frac{s}{2}+1\right)} \pi^{\frac{s}{2}} g(0) \prod_{\nu=1}^{\infty} \left(1 + \frac{s-\frac{1}{2}}{-\sqrt{\xi_\nu}\, i}\right)\left(1 + \frac{s-\frac{1}{2}}{\sqrt{\xi_\nu}\, i}\right),
\end{aligned}$$

wo $-\sqrt{\xi_\nu}$ und $\sqrt{\xi_\nu}$ die beiden Werte in irgend einer Reihenfolge bezeichnen. Wenn die von $-2, -4, \cdots$ verschiedenen Wurzeln von $\zeta(s)$ in der Anordnung mit $\varrho_1, \varrho_2, \cdots$ bezeichnet werden, daß $\frac{1}{2} \pm \sqrt{\xi_\nu}\, i$ den $(2\nu-1)$ten und 2νten Platz einnehmen, ist

$$\begin{aligned}
\prod_{\nu=1}^{\infty} \left(1 + \frac{s-\frac{1}{2}}{-\sqrt{\xi_\nu}\, i}\right)\left(1 + \frac{s-\frac{1}{2}}{\sqrt{\xi_\nu}\, i}\right) &= \prod_{\nu=1}^{\infty} \left(1 - \frac{s-\frac{1}{2}}{\varrho_{2\nu-1}-\frac{1}{2}}\right)\left(1 - \frac{s-\frac{1}{2}}{\varrho_{2\nu}-\frac{1}{2}}\right) \\
&= \prod_{\nu=1}^{\infty} \frac{\varrho_{2\nu-1}-s}{\varrho_{2\nu-1}-\frac{1}{2}} \cdot \frac{\varrho_{2\nu}-s}{\varrho_{2\nu}-\frac{1}{2}} \\
&= \prod_{n=1}^{\infty} \frac{\varrho_n - s}{\varrho_n - \frac{1}{2}} \\
&= \prod_{n=1}^{\infty} \frac{\varrho_n}{\varrho_n - \frac{1}{2}} \left(1 - \frac{s}{\varrho_n}\right).
\end{aligned}$$

---

1) Übrigens wird sich später ergeben, daß

$$\sum_{\varrho} \frac{1}{|\varrho|}$$

divergiert.

Da

$$\sum_{\nu=1}^{\infty} \frac{1}{|\xi_\nu|}$$

konvergiert und

$$\frac{1}{\varrho_{2\nu-1}} + \frac{1}{\varrho_{2\nu}} = \frac{1}{\frac{1}{2}+\sqrt{\xi_\nu}\, i} + \frac{1}{\frac{1}{2}-\sqrt{\xi_\nu}\, i}$$

$$= \frac{1}{\frac{1}{4}+\xi_\nu}$$

ist, ist

$$\sum_{n=1}^{\infty} \frac{1}{\varrho_n}$$

konvergent; da ferner

$$\sum_{n=1}^{\infty} \frac{1}{|\varrho_n|^2}$$

konvergiert, so konvergiert

$$\prod_{n=1}^{\infty} \frac{1}{1-\frac{1}{2\varrho_n}} = \prod_{n=1}^{\infty} \frac{\varrho_n}{\varrho_n - \frac{1}{2}},$$

und es ist

$$\zeta(s) = \frac{c}{s-1} \frac{1}{\Gamma\left(\frac{s}{2}+1\right)} \pi^{\frac{s}{2}} \prod_{n=1}^{\infty} \left(1 - \frac{s}{\varrho_n}\right),$$

wo sich aus

$$\zeta(0) = -\tfrac{1}{2}$$

$$c = \tfrac{1}{2}$$

ergibt.

Es ist bequemer, das Produkt so zu schreiben, daß es sicher unabhängig von der Reihenfolge der Faktoren konvergiert. Die Hinzufügung der dies bewirkenden Faktoren

$$e^{\frac{s}{\varrho_n}}$$

erfordert vor dem Produkt die Hinzufügung des Faktors

$$e^{-s\sum\limits_{n=1}^{\infty}\frac{1}{\varrho_n}}$$

und liefert also

(1) $$(s-1)\zeta(s) = \frac{1}{2} e^{bs} \frac{1}{\Gamma\left(\frac{s}{2}+1\right)} \prod_{\varrho} \left(1-\frac{s}{\varrho}\right) e^{\frac{s}{\varrho}},$$

wo b eine Konstante $\left(\frac{1}{2}\log\pi - \sum_{n=1}^{\infty}\frac{1}{\varrho_n}\right)$ bezeichnet und ϱ in irgend einer Reihenfolge alle nicht reellen Wurzeln $\beta+\gamma i$ von $\zeta(s)$ durchläuft. Wegen

$$\frac{1}{\Gamma(s)} = e^{Cs}\, s \prod_{n=1}^{\infty}\left(1+\frac{s}{n}\right)e^{-\frac{s}{n}},$$

$$\frac{1}{\Gamma\left(\frac{s}{2}+1\right)} = \frac{1}{\frac{s}{2}\Gamma\left(\frac{s}{2}\right)}$$

$$= e^{\frac{C}{2}s}\prod_{n=1}^{\infty}\left(1+\frac{s}{2n}\right)e^{-\frac{s}{2n}}$$

lautet also die Weierstraßsche Produktzerlegung der ganzen Funktion $(s-1)\zeta(s)$

$$(s-1)\zeta(s) = \frac{1}{2}e^{Bs}\prod_{n=1}^{\infty}\left(1+\frac{s}{2n}\right)e^{-\frac{s}{2n}}\prod_{\varrho}\left(1-\frac{s}{\varrho}\right)e^{\frac{s}{\varrho}},$$

wo

$$B = b + \frac{C}{2}$$

gesetzt ist.

Am bequemsten für die Anwendungen ist (1). Diese Relation liefert weiter:

$$\text{(2)} \qquad \frac{\zeta'(s)}{\zeta(s)} = b - \frac{1}{s-1} - \frac{1}{2}\frac{\Gamma'\left(\frac{s}{2}+1\right)}{\Gamma\left(\frac{s}{2}+1\right)} + \sum_{\varrho}\left(\frac{1}{s-\varrho}+\frac{1}{\varrho}\right),$$

wo rechts die Summe absolut konvergiert. An den Nullstellen und am Pol von $\zeta(s)$ haben eben beide Seiten von (2) einen Pol erster Ordnung.

Auf den Wert der Konstanten b kommt es im folgenden gar nicht an. Er läßt sich aber leicht bestimmen. Denn für $s=0$ liefert (2)

$$\frac{\zeta'(0)}{\zeta(0)} = b + 1 - \frac{1}{2}\frac{\Gamma'(1)}{\Gamma(1)},$$

$$-2\zeta'(0) = b + 1 + \frac{1}{2}C,$$

und der Wert von $\zeta'(0)$ ergibt sich leicht aus der Funktionalgleichung

$$\zeta(1-s) = \frac{2}{(2\pi)^s}\cos\frac{s\pi}{2}\,\Gamma(s)\,\zeta(s);$$

denn diese liefert

$$-\frac{\zeta'(1-s)}{\zeta(1-s)} = -\log 2\pi - \frac{\pi}{2}\operatorname{tg}\frac{s\pi}{2} + \frac{\Gamma'(s)}{\Gamma(s)} + \frac{\zeta'(s)}{\zeta(s)},$$

also, da in der Umgebung von $s = 1$

$$\operatorname{tg}\frac{s\pi}{2} = -\frac{2}{\pi}\frac{1}{s-1} + A_1(s-1) + A_3(s-1)^3 + \cdots,$$

$$\frac{\zeta'(s)}{\zeta(s)} = -\frac{1}{s-1} + C + \cdots$$

ist,

$$-\frac{\zeta'(0)}{\zeta(0)} = -\log 2\pi - C + C,$$

$$2\zeta'(0) = -\log 2\pi,$$

$$b = \log 2\pi - 1 - \tfrac{1}{2}C.$$

Siebzehntes Kapitel.

Beweis des Nichtverschwindens von $\zeta(s)$ in einem größtmöglichen Teile des Streifens $0 \leqq \sigma \leqq 1$.

---

§ 77.

Hilfssatz über die Gammafunktion.

Satz: Für $0 \leqq \sigma \leqq 2$, $t \geqq 2$ ist

$$\left|\frac{\Gamma'(s)}{\Gamma(s)}\right| < c_1 + \log t,$$

also a fortiori

$$\left|\frac{\Gamma'(s)}{\Gamma(s)}\right| < c_2 \log t.$$

Die zweite Abschätzung genügt für die allernächsten Anwendungen.

Beweis: Aus

$$\frac{1}{\Gamma(s)} = e^{Cs} s \prod_{n=1}^{\infty}\left(1 + \frac{s}{n}\right)e^{-\frac{s}{n}}$$

folgt

$$-\frac{\Gamma'(s)}{\Gamma(s)} = C + \frac{1}{s} + \sum_{n=1}^{\infty}\left(\frac{1}{s+n} - \frac{1}{n}\right)$$

$$= C + \frac{1}{s} - s\sum_{n=1}^{\infty}\frac{1}{n(s+n)}.$$

Für $0 \leqq \sigma \leqq 2$, $t \geqq 2$ ist daher

$$\begin{aligned}\left|\frac{\Gamma'(s)}{\Gamma(s)}\right| &< C + \tfrac{1}{2} + (\sigma + t)\sum_{n=1}^{\infty}\frac{1}{n\sqrt{(\sigma+n)^2+t^2}}\\ &< 1 + 1 + (2+t)\sum_{n=1}^{\infty}\frac{1}{n\sqrt{n^2+t^2}}\\ &< 2 + (2+t)\sum_{n=1}^{t}\frac{1}{n\sqrt{t^2}} + (2+t)\sum_{n=t+1}^{\infty}\frac{1}{n\sqrt{n^2}}\\ &= 2 + \frac{2+t}{t}\sum_{n=1}^{t}\frac{1}{n} + (2+t)\sum_{n=t+1}^{\infty}\frac{1}{n^2}\\ &= 2 + \left(1 + O\left(\frac{1}{t}\right)\right)(\log t + O(1)) + O\left(t\cdot\frac{1}{t}\right)\\ &= \log t + O(1),\end{aligned}$$

was zu beweisen war.

§ 78.

Beweis des Nichtverschwindens von $\zeta(s)$ in einem Gebiet, dessen Dicke von der Ordnung $\frac{1}{\log t}$ ist.

Aus der Gleichung (2) des § 76 folgt für $\sigma > 1$

$$\sum_{p,m}\frac{\log p}{p^{ms}} = -b + \frac{1}{s-1} + \frac{1}{2}\frac{\Gamma'\left(\frac{s}{2}+1\right)}{\Gamma\left(\frac{s}{2}+1\right)} - \sum_{\varrho}\left(\frac{1}{s-\varrho}+\frac{1}{\varrho}\right),$$

also, wenn der reelle Teil genommen wird,

$$(1)\quad\left\{\begin{aligned}&\sum_{p,m}\frac{\log p\cos(mt\log p)}{p^{m\sigma}} = -b + \frac{\sigma-1}{(\sigma-1)^2+t^2}\\ &\qquad + \tfrac{1}{2}\Re\left(\frac{\Gamma'\left(\frac{\sigma}{2}+1+\frac{t}{2}i\right)}{\Gamma\left(\frac{\sigma}{2}+1+\frac{t}{2}i\right)}\right) - \sum_{\varrho}\left(\frac{\sigma-\beta}{(\sigma-\beta)^2+(t-\gamma)^2}+\frac{\beta}{\beta^2+\gamma^2}\right).\end{aligned}\right.$$

Für $1 < \sigma \leqq 2$, $t \geqq 4$ ist, da

$$0 < \frac{3}{2} < \frac{\sigma}{2} + 1 \leqq 2,$$

$$\frac{t}{2} \geqq 2$$

ist, nach dem Satz des § 77

$$\frac{1}{2}\Re\left(\frac{\Gamma'\left(\frac{\sigma}{2}+1+\frac{t}{2}i\right)}{\Gamma\left(\frac{\sigma}{2}+1+\frac{t}{2}i\right)}\right) \leqq \frac{1}{2}\left|\frac{\Gamma'\left(\frac{\sigma}{2}+1+\frac{t}{2}i\right)}{\Gamma\left(\frac{\sigma}{2}+1+\frac{t}{2}i\right)}\right|$$

$$< \frac{1}{2} c_2 \log\frac{t}{2}$$

$$< c_2 \log t;$$

also ist für $1 < \sigma \leqq 2,\ t \geqq 2$

$$\frac{1}{2}\Re\left(\frac{\Gamma'\left(\frac{\sigma}{2}+1+\frac{t}{2}i\right)}{\Gamma\left(\frac{\sigma}{2}+1+\frac{t}{2}i\right)}\right) < c_3 \log t$$

und daher nach (1) für $1 < \sigma \leqq 2,\ t \geqq 2$

$$(2)\qquad \sum_{p,m}\frac{\log p \cos(mt\log p)}{p^{m\sigma}} < c_4 \log t - \sum_{\varrho}\left(\frac{\sigma-\beta}{(\sigma-\beta)^2+(t-\gamma)^2}+\frac{\beta}{\beta^2+\gamma^2}\right).$$

Nun ist in $\sum\limits_{\varrho}$ jedes Glied $\geqq 0$, da

$$0 \leqq \beta \leqq 1$$

ist; also ist die ganze Summe $\geqq 0$ und folglich für $1 < \sigma \leqq 2,\ t \geqq 2$

$$\sum_{p,m}\frac{\log p \cos(mt\log p)}{p^{m\sigma}} < c_4 \log t,$$

$$(3)\qquad -\Re\left(\frac{\zeta'(\sigma+ti)}{\zeta(\sigma+ti)}\right) < c_4 \log t.$$

Es bezeichne nun $\beta+\gamma i$ eine bestimmte Nullstelle von $\zeta(s)$, für welche $\gamma \geqq 2$ ist, und es werde in (2) $t=\gamma$ gesetzt. Dann hat $\sum\limits_{\varrho}$ ein Glied

$$\frac{\sigma-\beta}{(\sigma-\beta)^2}+\frac{\beta}{\beta^2+\gamma^2} \geqq \frac{1}{\sigma-\beta};$$

da alle anderen Glieder $\geqq 0$ sind, ist also für $1 < \sigma \leqq 2$

$$\sum_{p,m}\frac{\log p \cos(m\gamma\log p)}{p^{m\sigma}} < c_4 \log\gamma - \frac{1}{\sigma-\beta},$$

$$\frac{1}{\sigma-\beta} < c_4\log\gamma - \sum_{p,m}\frac{\log p\cos(m\gamma\log p)}{p^{m\sigma}},$$

wo also c_4 unabhängig von der speziellen Nullstellenordinate $\gamma\ (\geqq 2)$ ist.

Nun ist identisch

$$-\cos\varphi \leqq \frac{3}{4}+\frac{1}{4}\cos 2\varphi;$$

also ist für $1 < \sigma \leqq 2$ und alle Nullstellen $\beta + \gamma i$ mit $\gamma \geqq 2$

$$\frac{1}{\sigma - \beta} < c_4 \log \gamma + \tfrac{3}{4} \sum_{p, m} \frac{\log p}{p^{m\sigma}} + \tfrac{1}{4} \sum_{p, m} \frac{\log p \cos(2 m \gamma \log p)}{p^{m\sigma}}$$

$$= c_4 \log \gamma - \tfrac{3}{4} \frac{\zeta'(\sigma)}{\zeta(\sigma)} - \tfrac{1}{4} \Re \left(\frac{\zeta'(\sigma + 2\gamma i)}{\zeta(\sigma + 2\gamma i)} \right).$$

Nach (3) ist

$$-\tfrac{1}{4} \Re \left(\frac{\zeta'(\sigma + 2\gamma i)}{\zeta(\sigma + 2\gamma i)} \right) < \tfrac{1}{4} c_4 \log(2\gamma)$$

$$< c_5 \log \gamma.$$

Ferner ist für $1 < \sigma \leqq 2$

$$-\frac{\zeta'(\sigma)}{\zeta(\sigma)} < \frac{1}{\sigma - 1} + c_6;$$

also ist für $1 < \sigma \leqq 2$

$$\frac{1}{\sigma - \beta} < \tfrac{3}{4} \frac{1}{\sigma - 1} + c_7 \log \gamma. \tag{4}$$

(4) lehrt zunächst nochmals (was wir in § 45 viel einfacher schon gelernt hatten), daß

$$\beta < 1$$

ist; in der Tat könnte im Falle

$$\beta = 1$$

(4) für kleine $\sigma - 1$ nicht mehr gültig bleiben.

Ferner ergibt sich aus (4), wenn

$$\sigma = 1 + \frac{g}{\log \gamma}$$

gesetzt wird, wo

$$0 < \frac{g}{\log 2} \leqq 1$$

ist (damit

$$1 < \sigma \leqq 2$$

ist) und über die Konstante g noch genauer verfügt werden wird,

$$\frac{1}{1 - \beta + \frac{g}{\log \gamma}} < \left(\frac{3}{4g} + c_7 \right) \log \gamma,$$

$$1 - \beta + \frac{g}{\log \gamma} > \frac{1}{\frac{3}{4g} + c_7} \frac{1}{\log \gamma},$$

$$1 - \beta > \left(\frac{1}{\frac{3}{4g} + c_7} - g \right) \frac{1}{\log \gamma}$$

$$= \frac{\frac{1}{4} - c_7 g}{\frac{3}{4g} + c_7} \frac{1}{\log \gamma}.$$

Für alle hinreichend kleinen g ist der Faktor von $\frac{1}{\log \gamma}$ rechts positiv; also ist der **Satz** bewiesen:

Es gibt eine positive Konstante a derart, daß im Gebiete

$$t \geqq 2, \quad \sigma \geqq 1 - \frac{1}{a}\frac{1}{\log t}$$

$$\zeta(s) \neq 0$$

ist.

§ 79.

Genauere Abschätzung der Konstanten a.

Schon der Beweis des Primzahlsatzes aus dem zwölften Kapitel läßt vermuten[1], daß die Abschätzung der Primzahlfunktion $\pi(x)$ um so genauer sein wird, je kleiner die Konstante a des vorigen Satzes ist, wobei die untere Schranke 2 für t ruhig durch irgend eine größere Zahl t_0 ersetzt werden kann. Wir suchen also ein möglichst kleines a derart, daß es zu ihm ein solches t_0 gibt, daß für

$$t \geqq t_0, \quad \sigma \geqq 1 - \frac{1}{a}\frac{1}{\log t}$$

$$\zeta(s) \neq 0$$

ist. Mit anderen Worten: Wir suchen ein möglichst kleines a derart, daß das Gebiet

$$t \geqq 2, \quad \sigma \geqq 1 - \frac{1}{a}\frac{1}{\log t}$$

nicht unendlich viele Nullstellen von $\zeta(s)$ enthält.

Ich bin weit entfernt davon, die untere Grenze der a mit dieser Eigenschaft angeben zu können oder auch nur sagen zu können, ob sie > 0 oder $= 0$ ist. Ich will aber die Untersuchung wenigstens bis zur Angabe eines bestimmten a durchführen, welches kleiner ist als die bisher in der Literatur vorgekommenen, und werde dabei gleich von dem allgemeinen Ansatz ausgehen, zu welchem eine beliebige Cosinusungleichung im Sinne des § 65 Anlaß gibt:

$$a_0 + a_1 \cos \varphi + \cdots + a_n \cos n\varphi \geqq 0,$$

wo

$$0 < a_0 < a_1, \quad a_2 \geqq 0, \ \cdots, \ a_n \geqq 0$$

ist.

1) Selbstverständlich ist dies nicht, da damals in dem Gebiet außer

$$\zeta(s) \neq 0$$

noch eine bestimmte obere Abschätzung von $\left|\frac{\zeta'(s)}{\zeta(s)}\right|$ verlangt wurde.

Aus der Relation (1) des vorigen Paragraphen folgt, wenn ich jetzt die schärfere Fassung des Satzes aus § 77 anwende, für $1 < \sigma \leqq 2$, $t \geqq 2$

$$(1)\quad \sum_{p,\,m} \frac{\log p \cos(m\,t \log p)}{p^{m\sigma}} < \tfrac{1}{2}\log t + b_1 - \sum_{\varrho}\left(\frac{\sigma-\beta}{(\sigma-\beta)^2+(t-\gamma)^2}+\frac{\beta}{\beta^2+\gamma^2}\right),$$

also zunächst

$$(2)\qquad -\,\Re\left(\frac{\zeta'(\sigma+ti)}{\zeta(\sigma+ti)}\right) < \tfrac{1}{2}\log t + b_1\,.$$

(1) liefert weiter für $t = \gamma \geqq 2$, wo γ die Ordinate eines ϱ ist, im Intervall $1 < \sigma \leqq 2$

$$\sum_{p,\,m} \frac{\log p \cos(m\gamma \log p)}{p^{m\sigma}} < \tfrac{1}{2}\log\gamma + b_1 - \frac{1}{\sigma-\beta},$$

$$\frac{1}{\sigma-\beta} < \tfrac{1}{2}\log\gamma + b_1 - \sum_{p,\,m} \frac{\log p \cos(m\gamma\log p)}{p^{m\sigma}}$$

$$\leqq \tfrac{1}{2}\log\gamma + b_1 + \sum_{p,\,m} \frac{\log p\left(\frac{a_0}{a_1} + \frac{a_2}{a_1}\cos(2m\gamma\log p) + \cdots + \frac{a_n}{a_1}\cos(nm\gamma\log p)\right)}{p^{m\sigma}}$$

$$= \tfrac{1}{2}\log\gamma + b_1 - \frac{a_0}{a_1}\frac{\zeta'(\sigma)}{\zeta(\sigma)} - \frac{a_2}{a_1}\Re\left(\frac{\zeta'(\sigma+2\gamma i)}{\zeta(\sigma+2\gamma i)}\right) - \cdots - \frac{a_n}{a_1}\Re\left(\frac{\zeta'(\sigma+n\gamma i)}{\zeta(\sigma+n\gamma i)}\right),$$

also, da n fest ist, nach (2) für $1 < \sigma \leqq 2$

$$\frac{1}{\sigma-\beta} < b_2 + \left(\tfrac{1}{2} + \tfrac{1}{2}\frac{a_2}{a_1} + \cdots + \tfrac{1}{2}\frac{a_n}{a_1}\right)\log\gamma + \frac{a_0}{a_1}\frac{1}{\sigma-1}$$

$$= b_2 + \frac{a_0}{a_1}\frac{1}{\sigma-1} + \frac{a_1+a_2+\cdots+a_n}{2a_1}\log\gamma\,.$$

Wird

$$\varkappa = \frac{a_0}{a_1}$$

gesetzt und unter λ eine beliebige Zahl $> \frac{a_1+a_2+\cdots+a_n}{2a_1}$ verstanden, so ist für alle hinreichend großen Nullstellenordinaten γ und $1 < \sigma \leqq 2$

$$(3)\qquad \frac{1}{\sigma-\beta} < \varkappa\frac{1}{\sigma-1} + \lambda\log\gamma\,.$$

Hierin werde

$$\sigma = 1 + \frac{g}{\log\gamma}$$

gesetzt, wo über die positive Konstante g noch verfügt werden wird. Jedes g hat die Eigenschaft, daß $1 < \sigma \leqq 2$ für alle hinreichend großen γ ist, also alsdann (3) angewendet werden kann:

$$\frac{1}{1-\beta+\frac{g}{\log\gamma}} < \left(\frac{\varkappa}{g}+\lambda\right)\log\gamma,$$

$$1-\beta+\frac{g}{\log\gamma} > \frac{1}{\frac{\varkappa}{g}+\lambda}\,\frac{1}{\log\gamma},$$

$$1-\beta > \left(\frac{1}{\frac{\varkappa}{g}+\lambda}-g\right)\frac{1}{\log\gamma}$$

$$= \frac{1-\varkappa-\lambda g}{\frac{\varkappa}{g}+\lambda}\,\frac{1}{\log\gamma}.$$

Ich wähle nun die Konstante g so, daß

$$\frac{1-\varkappa-\lambda g}{\frac{\varkappa}{g}+\lambda} = \frac{1}{\frac{\varkappa}{g}+\lambda}-g$$

möglichst groß ist. Aus

$$0 = \frac{d}{dg}\left(\frac{1}{\frac{\varkappa}{g}+\lambda}-g\right)$$

$$= \frac{1}{\left(\frac{\varkappa}{g}+\lambda\right)^2}\,\frac{\varkappa}{g^2}-1$$

folgt

$$\frac{\varkappa}{(\varkappa+\lambda g)^2} = 1,$$

$$g = \frac{\sqrt{\varkappa}-\varkappa}{\lambda},$$

eine wegen

$$0 < a_0 < a_1$$

positive Größe. Das Maximum ist

$$\frac{1-\sqrt{\varkappa}}{\lambda}-\frac{\sqrt{\varkappa}-\varkappa}{\lambda} = \frac{(1-\sqrt{\varkappa})^2}{\lambda};$$

für alle hinreichend großen $\gamma\,(\gamma \geqq t_0)$ ist also

$$1-\beta > \frac{(1-\sqrt{\varkappa})^2}{\lambda}\,\frac{1}{\log\gamma};$$

mit anderen Worten: Das a unseres Problems kann jede Zahl

$$> \frac{\frac{a_1+a_2+\cdots+a_n}{2a_1}}{\left(1-\sqrt{\frac{a_0}{a_1}}\right)^2}$$

$$= \frac{a_1+a_2+\cdots+a_n}{2(\sqrt{a_1}-\sqrt{a_0})^2}$$

bedeuten. Im vorigen Paragraphen war

$$n = 2,\ a_0 = 3,\ a_1 = 4,\ a_2 = 1,$$

$$\frac{a_1 + a_2}{2(\sqrt{a_1} - \sqrt{a_0})^2} = \frac{5}{2(2-\sqrt{3})^2}$$
$$= \frac{5(2+\sqrt{3})^2}{2}$$
$$= \tfrac{5}{2}(7 + 4\sqrt{3})$$
$$= \tfrac{35}{2} + 10\sqrt{3}$$
$$= 34,82\cdots.$$

Unter Benutzung der kubischen Ungleichung aus § 65

$$5 + 8\cos\varphi + 4\cos 2\varphi + \cos 3\varphi \geqq 0$$

ergibt sich, daß a jede Zahl

$$> \frac{13}{2(\sqrt{8}-\sqrt{5})^2}$$
$$= \frac{13}{2(13 - 4\sqrt{10})}$$
$$= \frac{13(13 + 4\sqrt{10})}{18}$$
$$= 18,52\cdots$$

bedeuten kann.

Achtzehntes Kapitel.

Anwendung auf das Primzahlproblem.

§ 80.

Abschätzungen von $\zeta(s)$ und $\frac{\zeta'(s)}{\zeta(s)}$.

Es sei die Zahl $a > 0$ so beschaffen, daß für

$$t \geqq t_0, \quad \sigma \geqq 1 - \frac{1}{a}\frac{1}{\log t}$$
$$\zeta(s) \neq 0$$

ist. Das Ziel dieses Kapitels ist, zu beweisen, daß alsdann für alle

$$\alpha < \frac{1}{\sqrt{a}}$$

(1) $$\pi(x) = Li(x) + O\left(x e^{-\alpha\sqrt{\log x}}\right)$$

ist.

Da überhaupt ein a nach dem Vorangehenden vorhanden ist, so wird (1) für ein gewisses $\alpha > 0$ bewiesen sein, also für jedes $\delta > 0$ die Richtigkeit der Relation

$$\pi(x) = Li(x) + O\left(xe^{-\sqrt[2+\delta]{\log x}}\right),$$

was die Ergebnisse des § 65 verschärft.

In diesem Paragraphen müssen einige Hilfssätze über $\zeta(s)$ und $\frac{\zeta'(s)}{\zeta(s)}$ vorangeschickt werden.

Satz: Wenn c irgend eine positive Konstante bezeichnet, ist für

$$t \geqq 3,\ \sigma \geqq 1 - \frac{c}{\log t}$$

$$|\zeta(s)| < c_1 \log t.$$

Beweis: $t_0 \geqq 3$ sei so gewählt, daß

$$\frac{c}{\log t_0} < 1$$

ist; dann gilt für $t \geqq t_0$, $\sigma \geqq 1 - \frac{c}{\log t}$ wegen $\sigma > 0$ nach § 46 die Gleichung

$$\zeta(s) = \sum_{n=1}^{t+1} \frac{1}{n^s} + \frac{1}{s-1} \frac{1}{([t]+1)^{s-1}} - s \sum_{n=t+1}^{\infty} \int_0^1 \frac{u\,du}{(n+u)^{s+1}};$$

für $t \geqq t_0$, $1 - \frac{c}{\log t} \leqq \sigma \leqq 2$ ist also

$$|\zeta(s)| < \sum_{n=1}^{t+1} \frac{1}{n^{1-\frac{c}{\log t}}} + \frac{1}{t} \frac{1}{([t]+1)^{-\frac{c}{\log t}}} + (2+t) \sum_{n=t+1}^{\infty} \int_0^1 \frac{du}{(n+u)^{2-\frac{c}{\log t}}}$$

$$= O((t+1)^{\frac{c}{\log t}} \log t) + O\left(\frac{1}{t}(t+1)^{\frac{c}{\log t}}\right) + O\left(t \int_t^{\infty} \frac{du}{u^{2-\frac{c}{\log t}}}\right)$$

$$= O(\log t) + O\left(t \frac{1}{1 - \frac{c}{\log t}} \frac{1}{t^{1-\frac{c}{\log t}}}\right)$$

$$= O(\log t) + O(1)$$

$$= O(\log t).$$

Für $\sigma \geqq 2$ ist $|\zeta(s)|$ sogar unterhalb einer endlichen Schranke gelegen und im endlichen Gebiet

$$3 \leqq t \leqq t_0,\ 1 - \frac{c}{\log t} \leqq \sigma \leqq 2$$

desgleichen.

Satz: Wenn für $t \geqq t_0$ (wo $t_0 \geqq 3$ ist), $\sigma \geqq 1 - \frac{1}{a}\frac{1}{\log t}$

$$\zeta(s) \neq 0$$

ist, so ist nach Annahme irgend eines positiven

$$b < \frac{1}{a}$$

für $t \geqq t_0$, $\sigma \geqq 1 - \frac{b}{\log t}$

$$\left| \frac{\zeta'(s)}{\zeta(s)} \right| < c_2 \log^3 t.$$

Auf die 3 im Exponenten der Behauptung kommt es in der Folge nicht an; es wäre nutzlos, sie zu verkleinern. Wesentlich ist, daß es überhaupt für jedes positive

$$b < \frac{1}{a}$$

eine endliche Potenz von $\log t$ gibt, welche eine obere Schranke für

$$\left| \frac{\zeta'(s)}{\zeta(s)} \right|$$

im Gebiete der Behauptung darstellt.

Beweis: Zwischen b und $\frac{1}{a}$ mögen zwei Zahlen b_1 und b_2 eingeschoben werden:

$$b < b_1 < b_2 < \frac{1}{a}.$$

Die für $\sigma > 1$ durch die Dirichletsche Reihe

$$\sum_{p,m} \frac{1}{m p^{ms}}$$

definierte Funktion

$$Z(s) = \log \zeta(s)$$

ist auch für $t \geqq t_0$, $1 \geqq \sigma \geqq 1 - \frac{1}{a}\frac{1}{\log t}$ regulär. Die Ungleichung des ersten Satzes aus § 73

$$(2) \qquad |F(s)| \leqq |\gamma| + |\beta| \frac{r+\varrho}{r-\varrho} + 2A\frac{\varrho}{r-\varrho}$$

wende ich auf

$$F(s) = Z(s),$$

$$s_0 = 2 + ti,$$

$$r = 1 + \frac{b_2}{\log t},$$

$$\varrho = 1 + \frac{b_1}{\log t}$$

an. Das kann ich für alle hinreichend großen t. Denn alle Punkte $u+vi$ des Kreises $|s-s_0|\leqq r$ gehören für hinreichend große t (für $t \geqq t_1$) dem Gebiet

$$v \geqq t_0,\ u \geqq 1-\frac{1}{a}\frac{1}{\log v}$$

an, weil

$$t-1-\frac{b_2}{\log t} \leqq v \leqq t+1+\frac{b_2}{\log t}$$

und

(3) $$u \geqq 1-\frac{b_2}{\log t}$$

ist, wo die rechte Seite von (3) gewiß für alle hinreichend großen t den Wert

$$1-\frac{1}{a}\frac{1}{\log\left(t+1+\frac{b_2}{\log t}\right)}$$

übertrifft.

Für $t \geqq t_1$ liefert also (2), da mit Rücksicht auf

$$\Re\, Z(s) = \log|\zeta(s)|$$

nach dem vorigen Satz

$$\begin{aligned} A &< c_3+\log\log\left(t+1+\frac{b_2}{\log t}\right) \\ &< c_4\log\log t \end{aligned}$$

ist und

$$\begin{aligned} |\beta| &\leqq \log\zeta(2) \\ &= c_5, \\ |\gamma| &\leqq \log\zeta(2) \\ &= c_5 \end{aligned}$$

ist, im Kreise $|s-s_0|\leqq \varrho$, d. h. im Kreise $|s-(2+ti)|\leqq 1+\frac{b_1}{\log t}$, d. h. insbesondere für $s=\sigma+ti$, $1-\frac{b_1}{\log t}\leqq\sigma\leqq 2$

$$\begin{aligned} |Z(s)| &< c_5+c_5\frac{r+\varrho}{r-\varrho}+2c_4\log\log t\frac{\varrho}{r-\varrho} \\ &= c_5+c_5\frac{2+\frac{b_1+b_2}{\log t}}{\frac{b_2-b_1}{\log t}}+2\,c_4\log\log t\,\frac{1+\frac{b_1}{\log t}}{\frac{b_2-b_1}{\log t}} \\ &< c_6\log t\log\log t \\ &< c_6\log^2 t. \end{aligned}$$

Also ist für $s=\sigma+ti$, $t\geqq t_0$, $\sigma\geqq 1-\frac{b_1}{\log t}$

$$|Z(s)| < c_7\log^2 t.$$

Für $\sigma \geqq 1 - \frac{b}{\log t}$ gehört nun der Kreis um s mit dem Radius $\frac{b_1 - b}{2 \log t}$ dem Gebiet

$$v \geqq t_0, \; u \geqq 1 - \frac{b_1}{\log v}$$

an, wenn nur t hinreichend groß ist $(t \geqq t_2)$, da

$$t - \frac{b_1 - b}{2 \log t} \leqq v \leqq t + \frac{b_1 - b}{2 \log t},$$

$$u \geqq 1 - \frac{b}{\log t} - \frac{b_1 - b}{2 \log t}$$

$$= 1 - \frac{b + b_1}{2} \frac{1}{\log t}$$

ist, was von einem gewissen t an

$$> 1 - b_1 \frac{1}{\log\left(t + \frac{b_1 - b}{2 \log t}\right)}$$

ist. Für $t \geqq t_2$, $\sigma \geqq 1 - \frac{b}{\log t}$ ist also

$$|Z'(s)| = \left|\frac{\zeta'(s)}{\zeta(s)}\right|$$

höchstens gleich dem Maximum von $|Z(s)|$ auf dem Kreise um s mit dem Radius $\frac{b_1 - b}{2 \log t}$, dividiert durch den Radius, d. h.

$$\left|\frac{\zeta'(s)}{\zeta(s)}\right| < \frac{c_7 \log^2\left(t + \frac{b_1 - b}{2} \frac{1}{\log t}\right)}{\frac{b_1 - b}{2} \frac{1}{\log t}}$$

$$< c_8 \log^3 t.$$

Also ist für $t \geqq t_0$, $\sigma \geqq 1 - \frac{b}{\log t}$

$$\left|\frac{\zeta'(s)}{\zeta(s)}\right| < c_2 \log^3 t,$$

was zu beweisen war.

§ 81.

Anwendung auf die Primzahlfunktion $\pi(x)$.

Aus den in § 65 angestellten Überlegungen in Verbindung mit dem Satz des § 78 und dem zweiten Satz des § 80 folgt schon, daß für alle $\delta > 0$

$$\pi(x) = Li(x) + O\left(x e^{-\sqrt[2+\delta]{\log x}}\right)$$

ist. Es besteht nun aber genauer und beim gegenwärtigen Stande der Wissenschaft am genauesten der

Satz: Die Konstante a sei so beschaffen, daß für $t \geqq t_0$, $\sigma \geqq 1 - \frac{1}{a}\frac{1}{\log t}$

$$\zeta(s) \neq 0$$

ist; es sei z. B.[1] $a = 20$. Dann ist für alle

$$\alpha < \frac{1}{\sqrt{a}}$$

$$\pi(x) = Li(x) + O\left(xe^{-\alpha\sqrt{\log x}}\right);$$

es ist also z. B.

$$\pi(x) = Li(x) + O\left(xe^{-\frac{1}{5}\sqrt{\log x}}\right).$$

Beweis: t_0 darf $\geqq 3$ angenommen werden. Es sei

$$\alpha < \frac{1}{\sqrt{a}}$$

fest gegeben. Es mögen zwischen α^2 und $\frac{1}{a}$ zwei Zahlen b_0 und b eingeschoben werden:

$$\alpha^2 < b_0 < b < \frac{1}{a}.$$

Nach dem zweiten Satz des vorigen Paragraphen ist für $t \geqq t_0$, $\sigma \geqq 1 - \frac{b}{\log t}$

$$\left|\frac{\zeta'(s)}{\zeta(s)}\right| < c_2 \log^3 t,$$

also für $|t| \geqq t_0$, $\sigma \geqq 1 - \frac{b}{\log|t|}$

$$\left|\frac{\zeta'(s)}{\zeta(s)}\right| < c_2 \log^3 |t|.$$

Θ werde so gewählt, daß

$$0 < \Theta < 1,$$

$$\Theta > 1 - \frac{b}{\log t_0}$$

ist und daß für $-t_0 \leqq t \leqq t_0$, $\sigma \geqq \Theta$

$$\zeta(s) \neq 0,$$

also, exkl. $s = 1$, $\frac{\zeta'(s)}{\zeta(s)}$ dort regulär ist.

1) Oder $a = 18{,}53$. Vgl. den Schluß des § 79.

Es ist (vgl. § 50)

$$2\pi i \sum_{n=1}^{x} \Lambda(n) \log \frac{x}{n} = -\int_{2-x^2 i}^{2+x^2 i} \frac{x^s}{s^2} \frac{\zeta'(s)}{\zeta(s)}\, ds + O(1).$$

Es werde, $x > \sqrt{t_0}$ vorausgesetzt, der Cauchysche Satz auf den Integranden

$$\frac{x^s}{s^2} \frac{\zeta'(s)}{\zeta(s)}$$

und folgenden Integrationsweg $ABCDEFGHA$ angewendet, auf und in welchem nach dem Bewiesenen der Integrand bis auf den Pol $s=1$ mit dem Residuum $-x$ regulär ist:

$$\begin{aligned}
A &= 2 - x^2 i, \\
B &= 2 + x^2 i = \bar{A}, \\
C &= 1 - \frac{b}{\log(x^2)} + x^2 i, \\
D &= 1 - \frac{b}{\log t_0} + t_0 i, \\
E &= \Theta + t_0 i, \\
F &= \Theta - t_0 i = \bar{E}, \\
G &= 1 - \frac{b}{\log t_0} - t_0 i = \bar{D}, \\
H &= 1 - \frac{b}{\log(x^2)} - x^2 i = \bar{C},
\end{aligned}$$

wo AB, BC, DE, EF, FG, HA geradlinig sind und CD, GH auf der Kurve

$$\sigma = 1 - \frac{b}{\log |t|}$$

verlaufen. Dann ist

$$(1)\quad 2\pi i \sum_{n=1}^{x} \Lambda(n) \log \frac{x}{n} = 2\pi i x + \int_B^C + \int_C^D + \int_D^E + \int_E^F + \int_F^G + \int_G^H + \int_H^A + O(1).$$

Hierin ist

$$\int_D^E + \int_E^F + \int_F^G = O(x^\Theta),$$

$$\left| \int_B^C \right| = \left| \int_H^A \right|$$

$$= O\int_{1-\frac{b}{\log t_0}}^{2} \frac{x^2}{x^4}\log^3 x\, d\sigma$$

$$= O\left(\frac{\log^3 x}{x^2}\right),$$

$$\left|\int_C^D\right| = \left|\int_G^H\right|$$

$$= O\int_{t_0}^{x^2} \frac{x^{1-\frac{b}{\log t}}}{t^2}\log^3 t\, dt$$

$$= O\left(x\log^3 x\int_2^{x^2}\frac{x^{-\frac{b}{\log t}}}{t^2}\,dt\right).$$

Nun ist

$$\int_2^{x^2}\frac{x^{-\frac{b}{\log t}}}{t^2}\,dt = \int_2^{x^2}\frac{x^{-\frac{b}{\log t}}}{t^{1-\frac{1}{\log x}}}\,\frac{dt}{t^{1+\frac{1}{\log x}}};$$

bei festem $x > e$ hat die Funktion von t

$$\frac{x^{-\frac{b}{\log t}}}{t^{1-\frac{1}{\log x}}} = e^{-\frac{b\log x}{\log t}-\left(1-\frac{1}{\log x}\right)\log t},$$

welche für $t > 1$ positiv ist und für $\lim\limits_{t=1}$ sowie $\lim\limits_{t=\infty}$ verschwindet, ihr Maximum bei der Wurzel von

$$0 = \frac{d}{dt}\left(\frac{b\log x}{\log t} + \left(1-\frac{1}{\log x}\right)\log t\right)$$

$$= -\frac{b\log x}{t\log^2 t} + \frac{1-\frac{1}{\log x}}{t},$$

$$\log^2 t = \frac{b\log x}{1-\frac{1}{\log x}},$$

$$\log t = \sqrt{\frac{b\log x}{1-\frac{1}{\log x}}};$$

das Maximum ist

$$e^{-b\log x\sqrt{\frac{1-\frac{1}{\log x}}{b\log x}}-\left(1-\frac{1}{\log x}\right)\sqrt{\frac{b\log x}{1-\frac{1}{\log x}}}}=e^{-2\sqrt{b}\sqrt{\log x}\sqrt{1-\frac{1}{\log x}}}$$

$$=O\left(e^{-2\sqrt{b}\sqrt{\log x}}\right),$$

da

$$\sqrt{\log x}\sqrt{1-\frac{1}{\log x}}=\sqrt{\log x}\left(1+O\left(\frac{1}{\log x}\right)\right)$$

$$=\sqrt{\log x}+O\left(\frac{1}{\sqrt{\log x}}\right)$$

$$=\sqrt{\log x}+O(1)$$

ist; daher ist

$$\int_2^{x^2}\frac{x^{-\frac{b}{\log t}}}{t^2}\,dt=O\left(e^{-2\sqrt{b}\sqrt{\log x}}\int_2^{x^2}\frac{dt}{t^{1+\frac{1}{\log x}}}\right)$$

$$=O\left(e^{-2\sqrt{b}\sqrt{\log x}}\int_1^{\infty}\frac{dt}{t^{1+\frac{1}{\log x}}}\right)$$

$$=O\left(\log x\,e^{-2\sqrt{b}\sqrt{\log x}}\right),$$

also, wenn alle Integralabschätzungen in (1) eingesetzt werden,

$$\sum_{n=1}^{x}\Lambda(n)\log\frac{x}{n}=x+O\left(x\log^4 x\,e^{-2\sqrt{b}\sqrt{\log x}}\right),$$

$$=x+O\left(x\,e^{-2\sqrt{b_0}\sqrt{\log x}}\right).$$

Hieraus folgt, wenn

$$\delta=\delta(x)=e^{-\sqrt{b_0}\sqrt{\log x}}$$

gesetzt wird,

$$\sum_{n=1}^{x}\Lambda(n)\log\frac{x}{n}=x+O(\delta^2 x),$$

$$\sum_{n=1}^{x+\delta x}\Lambda(n)\log\frac{x+\delta x}{n}=x+\delta x+O(\delta^2 x),$$

$$\log(1+\delta)\sum_{n=1}^{x}\Lambda(n)+\sum_{n=x+1}^{x+\delta x}\Lambda(n)\log\frac{x+\delta x}{n}=\delta x+O(\delta^2 x),$$

$$\begin{aligned}\log(1+\delta)\psi(x) &= \delta x + O(\delta^2 x) + O\sum_{n=x+1}^{x+\delta x}\log n \log(1+\delta)\\ &= \delta x + O(\delta^2 x) + O(\delta x \log(x+\delta x)\cdot\delta)\\ &= \delta x + O(\delta^2 x) + O(\delta^2 x\log x)\\ &= \delta x + O(\delta^2 x \log x),\\ \psi(x) &= \frac{\delta}{\log(1+\delta)}x + O(\delta x\log x)\\ &= x + O(\delta x) + O(\delta x \log x)\\ &= x + O\left(x e^{-\sqrt{b_0}\sqrt{\log x}}\log x\right),\end{aligned}$$

also wegen

$$\alpha < \sqrt{b_0}$$

$$\psi(x) = x + O\left(x e^{-\alpha\sqrt{\log x}}\right),$$

$$\vartheta(x) = x + O\left(x e^{-\alpha\sqrt{\log x}}\right);$$

daraus folgt schließlich

$$\begin{aligned}\pi(x) &= \sum_{n=2}^{x}\frac{1}{\log n} + O\sum_{n=2}^{x} n e^{-\alpha\sqrt{\log n}}\left(\frac{1}{\log n} - \frac{1}{\log(n+1)}\right) + O\left(\frac{x e^{-\alpha\sqrt{\log x}}}{\log x}\right)\\ &= Li(x) + O\left(x e^{-\alpha\sqrt{\log x}}\right) + O\int_1^x e^{-\alpha\sqrt{\log u}}\,du\\ &= Li(x) + O\left(x e^{-\alpha\sqrt{\log x}}\right) + O\int_1^{x e^{-\alpha\sqrt{\log x}}} e^{-\alpha\sqrt{\log u}}\,du + O\int_{x e^{-\alpha\sqrt{\log x}}}^{x} e^{-\alpha\sqrt{\log u}}\,du\\ &= Li(x) + O\left(x e^{-\alpha\sqrt{\log x}}\right) + O\left(x e^{-\alpha\sqrt{\log x}}\right) + O\left(x e^{-\alpha\sqrt{\log x - \alpha\sqrt{\log x}}}\right)\\ &= Li(x) + O\left(x e^{-\alpha\sqrt{\log x}}\right).\end{aligned}$$

Neunzehntes Kapitel.

Beweis genauer Formeln für gewisse endliche über Primzahlen erstreckte Summen.

§ 82.

Hilfssätze über die Gammafunktion.

In diesem Kapitel wird u. a. die genaue Formel für $f(x)$ aus § 5 der Einleitung bewiesen werden und auch zugleich eine allgemeinere für

$$f(x, r) = \sum_{p^m \leqq x}' \frac{1}{m} \frac{1}{p^{mr}},$$

wo r ein komplexer Parameter ist (der bei $f(x)$ den Wert 0 hat) und wo der Strich in Σ' anzeigt, daß im Falle $x = p_0^{m_0}$ das letzte Glied nur $\frac{1}{2}$mal zu zählen ist. Ebenso werde ich unterwegs eine Formel für

$$-\frac{\partial}{\partial r} f(x, r) = F(x, r) = \sum_{p^m \leqq x}' \frac{\log p}{p^{mr}}$$

entwickeln, wo auch bei $x = p_0^{m_0}$ das letzte Glied den Faktor $\frac{1}{2}$ enthält, also insbesondere ($r = 0$)

$$F(x, 0) \begin{cases} = \psi(x) & \text{für } x \neq p^m \text{ bei allen } p, m, \\ = \psi(x) - \frac{1}{2}\log p_0 & \text{für } x = p_0^{m_0} \end{cases}$$

ist.

Diese genauen Formeln sind übrigens nicht die wichtigsten Gesetze der Primzahltheorie; denn sie sind entsprechend kompliziert und enthalten unendliche Reihen, in welchen die Nullstellen von $\zeta(s)$ auftreten, über welche man noch recht wenig orientiert ist. Das Problem, diese Formeln zu beweisen, ist mehr durch die Schwierigkeit berühmt, bei diesen geringen Kenntnissen über die komplexen Nullstellen ϱ doch die Richtigkeit der Resultate festzustellen, als durch die aus den Formeln zur Zeit fließenden Aufklärungen über das Primzahlgesetz, welches in der asymptotischen, aber dafür so kurzen Gleichung

$$\pi(x) \sim \frac{x}{\log x}$$

einen viel prägnanteren Ausdruck hat.

In diesem Paragraphen will ich nur einen Hilfssatz über die Gammafunktion beweisen, der zum Teil schon früher (im § 77) vorkam.

Satz: Für $-1 \leqq \sigma \leqq 2$, $t \geqq 2$ und für $\sigma \geqq 2$, $t \geqq 0$ ist

$$\left| \frac{\Gamma'(s)}{\Gamma(s)} \right| < c_1 \log |s|.$$

Beweis: Aus

$$\frac{\Gamma'(s)}{\Gamma(s)} = -C - \frac{1}{s} + s \sum_{n=1}^{\infty} \frac{1}{n(s+n)}$$

folgt für obige s, die ja alle einen absoluten Betrag $\geqq 2$ haben,

$$\left| \frac{\Gamma'(s)}{\Gamma(s)} \right| < 1 + \frac{1}{2} + |s| \sum_{n=1}^{\infty} \frac{1}{n|s+n|},$$

also, da durchweg

$$|s+n| \geqq |s+1|,$$
$$|s+n| \geqq n-1$$

ist,

$$\left|\frac{\Gamma'(s)}{\Gamma(s)}\right| < 2 + |s| \sum_{n=1}^{|s|} \frac{1}{n|s+1|} + |s| \sum_{n=|s|+1}^{\infty} \frac{1}{n(n-1)}$$
$$< 2 + \frac{|s|}{|s+1|} c_2 \log |s| + |s| \frac{c_3}{|s|}$$
$$< c_1 \log |s|.$$

Ich füge noch einen Hilfssatz über die Funktion ctg hinzu:

Satz: 1. Für $t \leqq -1$ und 2. für $t \leqq 0$, $\sigma = -z$, wo z eine ungerade ganze Zahl $\geqq 3$ ist, ist

$$\left|\operatorname{ctg}\frac{s\pi}{2}\right| < c_4.$$

Hierbei soll c_4 auch von z unabhängig sein.

Beweis: Es ist

$$\operatorname{ctg}\frac{s\pi}{2} = \frac{\cos\frac{s\pi}{2}}{\sin\frac{s\pi}{2}}$$
$$= i\,\frac{e^{\frac{s\pi}{2}i} + e^{-\frac{s\pi}{2}i}}{e^{\frac{s\pi}{2}i} - e^{-\frac{s\pi}{2}i}}$$
$$= i\,\frac{e^{s\pi i}+1}{e^{s\pi i}-1},$$
$$\left|\operatorname{ctg}\frac{s\pi}{2}\right| = \left|\frac{e^{\pi i(\sigma+ti)}+1}{e^{\pi i(\sigma+ti)}-1}\right|.$$

1. Für $t \leqq -1$ ist also

$$\left|\operatorname{ctg}\frac{s\pi}{2}\right| \leqq \frac{e^{-\pi t}+1}{e^{-\pi t}-1}$$
$$\leqq \frac{e^{\pi}+1}{e^{\pi}-1}.$$

2. Für $\sigma = -z \; (z = 3, 5, \cdots)$, $t \leqq 0$ ist

$$e^{\pi i(\sigma+ti)} = -e^{-\pi t},$$

also

$$\left|\operatorname{ctg}\frac{s\pi}{2}\right| = \frac{e^{-\pi t}-1}{e^{-\pi t}+1}$$
$$< 1.$$

§ 83.

Abschätzung von $\left|\frac{\zeta'(s)}{\zeta(s)}\right|$.

Satz: 1. Für $\sigma \leqq -1$, $|t| \geqq 1$ und 2. für $\sigma = -z$ $(z = 3, 5, \cdots)$, $t \gtreqless 0$ ist

$$\left|\frac{\zeta'(s)}{\zeta(s)}\right| < c_5 \log|s|.$$

Beweis: Nach der Funktionalgleichung

$$\zeta(1-s) = \frac{2}{(2\pi)^s} \cos\frac{s\pi}{2}\, \Gamma(s)\zeta(s)$$

ist

$$\zeta(s) = \frac{2}{(2\pi)^{1-s}} \sin\frac{s\pi}{2}\, \Gamma(1-s)\zeta(1-s),$$

$$\frac{\zeta'(s)}{\zeta(s)} = \log(2\pi) + \frac{\pi}{2} \operatorname{ctg}\frac{s\pi}{2} - \frac{\Gamma'(1-s)}{\Gamma(1-s)} - \frac{\zeta'(1-s)}{\zeta(1-s)}.$$

Aus Symmetriegründen genügt es, 1. die Viertelebene $\sigma \leqq -1$, $t \leqq -1$ und 2. die Halbgeraden $\sigma = -z$, $t \leqq 0$ zu betrachten. Alsdann gehört s dem Gebiet an, für welches der zweite Satz des § 82 bewiesen ist, $1-s$ dem Bereich, für welchen der erste Satz des § 82 gilt. Ferner ist für $\sigma \leqq -1$ (also gewiß für alle in Betracht kommenden s)

$$\left|\frac{\zeta'(1-s)}{\zeta(1-s)}\right| \leqq \sum_{p,m} \frac{\log p}{p^{2m}};$$

daher ist für alle s der Behauptung

$$\left|\frac{\zeta'(s)}{\zeta(s)}\right| < \log(2\pi) + \frac{\pi}{2} c_4 + c_1 \log|1-s| + c_6$$

$$< c_7 \log|1-s|,$$

und dies ist

$$< c_5 \log|s|,$$

da in jenem Gebiet die Größe

$$\left|\frac{1-s}{s}\right|$$

unter einer endlichen Schranke c_8 liegt, also

$$\log|1-s| < \log(c_8|s|)$$
$$= \log c_8 + \log|s|$$
$$< c_9 \log|s|$$

ist.

§ 84.

Hilfssätze über die Verteilung der komplexen Nullstellen von $\zeta(s)$.

Satz: Es sei $T > 0$, $N(T)$ die Anzahl der Nullstellen

$$\varrho = \beta + \gamma i$$

von $\zeta(s)$, deren Ordinate γ dem Intervall

$$0 < \gamma \leqq T$$

angehört. Dann ist

$$N(T+1) - N(T) = O(\log T).$$

Beweis: In § 76 war die Identität bewiesen:

$$\frac{\zeta'(s)}{\zeta(s)} = b - \frac{1}{s-1} - \frac{1}{2}\frac{\Gamma'\left(\frac{s}{2}+1\right)}{\Gamma\left(\frac{s}{2}+1\right)} + \sum_{\varrho}\left(\frac{1}{s-\varrho} + \frac{1}{\varrho}\right),$$

d. h.

$$(1) \quad \sum_{\varrho}\left(\frac{1}{s-\varrho} + \frac{1}{\varrho}\right) = \frac{\zeta'(s)}{\zeta(s)} - b + \frac{1}{s-1} + \frac{1}{2}\frac{\Gamma'\left(\frac{s}{2}+1\right)}{\Gamma\left(\frac{s}{2}+1\right)}.$$

Für $s = 2 + Ti$ ist

$$\left|\frac{\zeta'(s)}{\zeta(s)}\right| \leqq -\frac{\zeta'(2)}{\zeta(2)}$$

und nach dem ersten Satz des § 82, der wegen

$$\frac{s}{2} + 1 = 2 + \frac{T}{2}i$$

für $T \geqq 4$ anwendbar ist,

$$\frac{\Gamma'\left(\frac{s}{2}+1\right)}{\Gamma\left(\frac{s}{2}+1\right)} = O(\log T);$$

also ist für $s = 2 + Ti$

$$\sum_{\varrho}\left(\frac{1}{s-\varrho} + \frac{1}{\varrho}\right) = O(\log T),$$

somit a fortiori

$$\sum_{\varrho}\Re\left(\frac{1}{s-\varrho} + \frac{1}{\varrho}\right) = O(\log T)$$

und daher wegen

$$\Re\left(\frac{1}{s-\varrho}+\frac{1}{\varrho}\right)=\frac{2-\beta}{(2-\beta)^2+(T-\gamma)^2}+\frac{\beta}{\beta^2+\gamma^2}$$
$$\geqq\frac{2-\beta}{(2-\beta)^2+(T-\gamma)^2}$$
$$>\frac{1}{4+(T-\gamma)^2}$$
$$\geqq\frac{1}{4}\,\frac{1}{1+(T-\gamma)^2}$$

(2) $$\sum_{\varrho}\frac{1}{1+(T-\gamma)^2}=O(\log T).$$

In der Summe links gibt es

$$N(T+1)-N(T)$$

Glieder, für welche

$$T<\gamma\leqq T+1$$

ist; jedes derselben ist

$$\geqq\frac{1}{1+1}$$
$$=\tfrac{1}{2}.$$

Daher ist diese Teilsumme

$$\geqq\frac{N(T+1)-N(T)}{2},$$

also

$$N(T+1)-N(T)=O(\log T).$$

Aus dem bewiesenen Satz folgt für konstantes $A\gtreqless 0$ und konstantes $B>A$

$$N(T+B)-N(T+A)=\sum_{n=0}^{B-A-1}\{N(T+A+n+1)-N(T+A+n)\}$$
$$+\{N(T+B)-N(T+A+[B-A])\}$$

(3) $$=O(\log T),$$

ferner

$$N(T)=N(1)+\sum_{n=2}^{T}\{N(n)-N(n-1)\}+\{N(T)-N([T])\}$$
$$=O\sum_{n=2}^{T}\log n+O(\log T)$$
$$=O(T\log T).$$

Satz: Wenn ϱ in $\sum\limits_{\varrho}'$ nur alle diejenigen Wurzeln durchläuft, für welche

$$|T-\gamma|\geqq 1$$

ist, ist

$$\sum_{\varrho}' \frac{1}{(T-\gamma)^2} = O(\log T).$$

Beweis: Es ist

$$\sum_{\varrho} \frac{1}{1+(T-\gamma)^2} \geqq \sum_{\varrho}' \frac{1}{1+(T-\gamma)^2}$$

$$\geqq \sum_{\varrho}' \frac{1}{(T-\gamma)^2+(T-\gamma)^2}$$

$$= \tfrac{1}{2} \sum_{\varrho}' \frac{1}{(T-\gamma)^2},$$

womit nach (2) die Behauptung bewiesen ist.

Satz: Es ist für $s = \sigma + Ti$, $-1 \leqq \sigma \leqq 2$

$$\sum_{\varrho}' \left(\frac{1}{s-\varrho} + \frac{1}{\varrho}\right) = O(\log T).$$

Beweis: Nach der aus (1) folgenden Gleichung

$$\sum_{\varrho} \left(\frac{1}{s+3-\varrho} + \frac{1}{\varrho}\right) = \frac{\zeta'(s+3)}{\zeta(s+3)} - b + \frac{1}{s+2} + \frac{1}{2} \frac{\Gamma'\left(\frac{s}{2}+\frac{5}{2}\right)}{\Gamma\left(\frac{s}{2}+\frac{5}{2}\right)}$$

ist für obige s, da

$$\Re(s+3) \geqq 2,$$

$$\Re\left(\frac{s}{2}+\frac{5}{2}\right) \geqq 2$$

ist,

$$\left|\sum_{\varrho} \left(\frac{1}{s+3-\varrho} + \frac{1}{\varrho}\right)\right| < c_{10} + \tfrac{1}{2} c_1 \log\left|\frac{s}{2}+\frac{5}{2}\right|$$

$$< c_{11} \log |s|.$$

Die Glieder dieser $\sum_{\varrho}$, welche nicht zu $\sum_{\varrho}'$ gehören, haben nach (3) eine Anzahl

$$\leqq N(T+1) - N(T-1)$$

$$= O(\log T);$$

jedes jener Glieder ist absolut

$$\leqq 1 + \frac{1}{|\varrho|}$$

$$\leqq 1 + c_{12},$$

da es für $\frac{1}{|\varrho|}$ eine feste obere Schranke c_{12} gibt. Daher ist

$$\left|\sum_\varrho\left(\frac{1}{s+3-\varrho}+\frac{1}{\varrho}\right)-\sum_\varrho{}'\left(\frac{1}{s+3-\varrho}+\frac{1}{\varrho}\right)\right|<c_{13}\log|s|,$$

$$\left|\sum_\varrho{}'\left(\frac{1}{s+3-\varrho}+\frac{1}{\varrho}\right)\right|<c_{11}\log|s|+c_{13}\log|s|$$
$$=c_{14}\log|s|,$$

also

$$\left|\sum_\varrho{}'\left(\frac{1}{s-\varrho}+\frac{1}{\varrho}\right)\right|=\left|\sum_\varrho{}'\left(\frac{1}{s+3-\varrho}+\frac{1}{\varrho}\right)+\left(\sum_\varrho{}'\left(\frac{1}{s-\varrho}+\frac{1}{\varrho}\right)-\sum_\varrho{}'\left(\frac{1}{s+3-\varrho}+\frac{1}{\varrho}\right)\right)\right|$$
$$\leqq\left|\sum_\varrho{}'\left(\frac{1}{s+3-\varrho}+\frac{1}{\varrho}\right)\right|+\left|\sum_\varrho{}'\left(\frac{1}{s-\varrho}-\frac{1}{s+3-\varrho}\right)\right|$$
$$<c_{14}\log|s|+\sum_\varrho{}'\frac{3}{|s-\varrho|\,|s+3-\varrho|}$$
$$\leqq c_{14}\log|s|+\sum_\varrho{}'\frac{3}{|\mathfrak{J}(s-\varrho)|\,|\mathfrak{J}(s+3-\varrho)|}$$
$$=c_{14}\log|s|+\sum_\varrho{}'\frac{3}{|T-\gamma|\,|T-\gamma|}$$
$$=c_{14}\log|s|+3\sum_\varrho{}'\frac{1}{(T-\gamma)^2},$$

also nach dem vorigen Satz

$$\left|\sum_\varrho{}'\left(\frac{1}{s-\varrho}+\frac{1}{\varrho}\right)\right|<c_{14}\log|s|+O(\log T)$$
$$<c_{14}\log(2+T)+c_{15}\log T$$
$$<c_{16}\log T,$$
$$\sum_\varrho{}'\left(\frac{1}{s-\varrho}+\frac{1}{\varrho}\right)=O(\log T).$$

§ 85.
Weitere Hilfssätze über $\frac{\zeta'(s)}{\zeta(s)}$.

Nach dem ersten Satz des § 84 gibt es speziell eine Konstante c_{17}, so daß für jedes ganze $g \geqq 2$ das Ordinatenintervall

$$g<t<g+1$$

höchstens $c_{17}\log g-1$ Nullstellen enthält. Teilt man das Intervall $(g\cdots g+1)$ in $[c_{17}\log g]$ gleiche Teile, so muß also mindestens eines dieser Teilintervalle in seinem Innern kein γ haben. Wird der Mittelpunkt je eines solchen Intervalls mit T_g bezeichnet — womit je eine Zahl $T_2, T_3, \cdots$ eingeführt ist — so ist also für jedes $g \geqq 2$ und jede Nullstellenordinate γ

$$\begin{aligned} |T_g - \gamma| &\geqq \frac{1}{2\,[c_{17} \log g]} \\ &\geqq \frac{1}{2\,c_{17} \log g} \\ &> \frac{1}{2\,c_{17} \log T_g} \\ &= \frac{1}{c_{18} \log T_g}. \end{aligned}$$

c_{18} ist von g und γ unabhängig.

Die Zahlen T_g seien nun ein für alle Male fest gewählt. Dann gilt der

Satz: Für $t = T_g$ ist

$$\left|\frac{\zeta'(s)}{\zeta(s)}\right| < c_{19} \log^2 |s|.$$

Beweis: 1. Für $\sigma \leqq -1$, $t = T_g$ ist schon nach dem Satz des § 83

$$\begin{aligned} \left|\frac{\zeta'(s)}{\zeta(s)}\right| &< c_5 \log |s| \\ &< c_{20} \log^2 |s|. \end{aligned}$$

2. Für $-1 \leqq \sigma \leqq 2$, $t = T_g$ ist

$$\frac{\zeta'(s)}{\zeta(s)} = b - \frac{1}{s-1} - \frac{1}{2} \frac{\Gamma'\left(\frac{s}{2}+1\right)}{\Gamma\left(\frac{s}{2}+1\right)} + \sum_\varrho{}' \left(\frac{1}{s-\varrho} + \frac{1}{\varrho}\right) + \sum_\varrho{}'' \left(\frac{1}{s-\varrho} + \frac{1}{\varrho}\right),$$

wo $\sum\limits_\varrho$ so in $\sum\limits_\varrho{}' + \sum\limits_\varrho{}''$ eingeteilt ist, daß

$$\begin{aligned} |T_g - \gamma| &\geqq 1 \text{ in } \textstyle\sum', \\ |T_g - \gamma| &< 1 \text{ in } \textstyle\sum'' \end{aligned}$$

ist. $\sum\limits_\varrho{}''$ umfaßt nach § 84, (3) nur $O(\log T_g)$ Glieder[1)], deren jedes wegen

$$|s - \varrho| \geqq |T_g - \gamma|$$

nach Definition der T_g-Zahlen

$$\begin{aligned} &< c_{18} \log T_g + \frac{1}{|\varrho|} \\ &\leqq c_{18} \log T_g + c_{12} \end{aligned}$$

1) Das Zeichen O bezieht sich auf eine Funktion der ganzzahligen Variablen g.

ist; daher ist gleichmäßig für $-1 \leqq \sigma \leqq 2$

$$\sum_{\varrho}{}''\left(\frac{1}{s-\varrho}+\frac{1}{\varrho}\right)=O(\log^2 T_g);$$

ferner ist nach dem ersten Satz des § 82

$$\frac{\Gamma'\left(\frac{s}{2}+1\right)}{\Gamma\left(\frac{s}{2}+1\right)}=O(\log T_g),$$

nach dem letzten Satz des § 84

$$\sum_{\varrho}{}'\left(\frac{1}{s-\varrho}+\frac{1}{\varrho}\right)=O(\log T_g);$$

daraus folgt

$$\begin{aligned}\frac{\zeta'(s)}{\zeta(s)} &= O(1)+O\left(\frac{1}{T_g}\right)+O(\log T_g)+O(\log T_g)+O(\log^2 T_g)\\ &= O(\log^2 T_g),\end{aligned}$$

$$\left|\frac{\zeta'(s)}{\zeta(s)}\right| < c_{21}\log^2|s|.$$

3. Für $\sigma \geqq 2$, $t = T_g$ ist

$$\begin{aligned}\left|\frac{\zeta'(s)}{\zeta(s)}\right| &\leqq -\frac{\zeta'(2)}{\zeta(2)}\\ &= c_{22}\\ &< c_{22}\log^2|s|.\end{aligned}$$

§ 86.

Über die Darstellung der endlichen Koeffizientensumme einer absolut konvergenten Dirichletschen Reihe durch ein bestimmtes Integral.

Satz: Es ist für $a > 0$, $T > 0$, $U > 0$, wenn $V = \text{Min.}(T, U)$ die kleinere der beiden Zahlen T, U ist (eventuell ihr gemeinsamer Wert, wenn sie gleich sind),

1. falls $y > 1$ ist,

$$\left|\int_{a-Ui}^{a+Ti}\frac{y^s}{s}\,ds-2\pi i\right| \leqq \frac{2}{V}\,\frac{y^a}{\log y},$$

2. falls $0 < y < 1$ ist,

$$\left|\int\limits_{a-Ui}^{a+Ti} \frac{y^s}{s}\,ds\right| \leqq \frac{2}{V}\,\frac{y^a}{-\log y}$$
$$= \frac{2}{V}\,\frac{y^a}{\log\frac{1}{y}}.$$

Beweis: 1. Es sei

$$y > 1.$$

Ich wende den Cauchyschen Satz auf

$$\int \frac{y^s}{s}\,ds$$

und das Rechteck mit den Ecken $a - Ui$, $a + Ti$, $b + Ti$, $b - Ui$ an, wo $b < 0$ ist. Dann ist, da der Pol $s = 0$ mit dem Residuum 1 darin liegt,

$$\int\limits_{a-Ui}^{a+Ti} \frac{y^s}{s}\,ds - 2\pi i = \int\limits_{a-Ui}^{b-Ui} \frac{y^s}{s}\,ds + \int\limits_{b-Ui}^{b+Ti} \frac{y^s}{s}\,ds + \int\limits_{b+Ti}^{a+Ti} \frac{y^s}{s}\,ds,$$

$$\left|\int\limits_{a-Ui}^{a+Ti} \frac{y^s}{s}\,ds - 2\pi i\right| \leqq \int\limits_{b}^{a} \frac{y^\sigma}{U}\,d\sigma + (T+U)\frac{y^b}{-b} + \int\limits_{b}^{a} \frac{y^\sigma}{T}\,d\sigma$$

$$\leqq \frac{2}{V}\int\limits_{b}^{a} y^\sigma\,d\sigma + (T+U)\frac{y^b}{-b}$$

$$\leqq \frac{2}{V}\int\limits_{-\infty}^{a} y^\sigma\,d\sigma + (T+U)\frac{y^b}{-b}$$

$$= \frac{2}{V}\,\frac{y^a}{\log y} + (T+U)\frac{y^b}{-b},$$

also, da dies für alle $b < 0$ gilt, wenn zur Grenze $b = -\infty$ übergegangen wird,

$$\left|\int\limits_{a-Ui}^{a+Ti} \frac{y^s}{s}\,ds - 2\pi i\right| \leqq \frac{2}{V}\,\frac{y^a}{\log y}.$$

2. Es sei

$$0 < y < 1.$$

Ich wende den Cauchyschen Satz auf das obige Rechteck an, wo aber b eine Zahl $> a$ bedeutet. Dann ist, da der Pol des Integranden außerhalb dieses Rechtecks liegt,

$$\int_{a-Ui}^{a+Ti} \frac{y^s}{s} ds = \int_{a-Ui}^{b-Ui} \frac{y^s}{s} ds + \int_{b-Ui}^{b+Ti} \frac{y^s}{s} ds + \int_{b+Ti}^{a+Ti} \frac{y^s}{s} ds,$$

$$\left| \int_{a-Ui}^{a+Ti} \frac{y^s}{s} ds \right| \leqq \int_a^b \frac{y^\sigma}{U} d\sigma + (T+U)\frac{y^b}{b} + \int_a^b \frac{y^\sigma}{T} d\sigma$$

$$\leqq \frac{2}{V}\int_a^b y^\sigma d\sigma + (T+U)\frac{y^b}{b}$$

$$\leqq \frac{2}{V}\int_a^\infty y^\sigma d\sigma + (T+U)\frac{y^b}{b}$$

$$= \frac{2}{V}\frac{y^a}{-\log y} + (T+U)\frac{y^b}{b},$$

also, wenn zur Grenze $b = \infty$ übergegangen wird,

$$\left| \int_{a-Ui}^{a+Ti} \frac{y^s}{s} ds \right| \leqq \frac{2}{V}\frac{y^a}{-\log y}.$$

Aus diesem Satze folgt, daß das unendliche Integral

$$\int_{a-\infty i}^{a+\infty i} \frac{y^s}{s} ds = \lim_{\substack{T=\infty \\ U=\infty}} \int_{a-Ui}^{a+Ti} \frac{y^s}{s} ds,$$

wo $a > 0$ ist, für $y > 1$ und $0 < y < 1$ konvergiert und den Wert hat:

$$\int_{a-\infty i}^{a+\infty i} \frac{y^s}{s} ds \begin{cases} = 2\pi i & \text{für } y > 1, \\ = 0 & \text{für } 0 < y < 1. \end{cases}$$

Für $y = 1$ ist das Integral gewiß nicht konvergent, da

$$\int_{a-Ui}^{a+Ti} \frac{ds}{s} = \int_{-U}^{T} \frac{i\,dt}{a+ti}$$

$$= \int_{-U}^{T} \frac{t\,dt}{a^2+t^2} + ia\int_{-U}^{T} \frac{dt}{a^2+t^2}$$

ist, wo der reelle Teil für $T = \infty$, $U = \infty$ keinen Limes hat, wenn T und U unabhängig ins Unendliche rücken; wenn jedoch von vornherein $U = T$ gesetzt wird, so hat

$$\int_{a-Ti}^{a+Ti} \frac{ds}{s} = \int_{-T}^{T} \frac{t\,dt}{a^2+t^2} + ia\int_{-T}^{T} \frac{dt}{a^2+t^2}$$

$$= ia\int_{-T}^{T} \frac{dt}{a^2+t^2}$$

für $T = \infty$ den Limes

$$ia\int_{-\infty}^{\infty} \frac{dt}{a^2+t^2} = ia\int_{-\infty}^{\infty} \frac{a\,du}{a^2+(au)^2}$$

$$= i\int_{-\infty}^{\infty} \frac{du}{1+u^2}$$

$$= 2i\int_{0}^{\infty} \frac{du}{1+u^2}$$

$$= \pi i,$$

und zwar gilt die Restabschätzung

$$\left|\int_{a-Ti}^{a+Ti} \frac{ds}{s} - \pi i\right| = \left|ia\int_{T}^{\infty} \frac{dt}{a^2+t^2} + ia\int_{-\infty}^{-T} \frac{dt}{a^2+t^2}\right|$$

$$\leqq 2a\int_{T}^{\infty} \frac{dt}{a^2+t^2}$$

$$< 2a\int_{T}^{\infty} \frac{dt}{t^2}$$

$$= \frac{2a}{T}.$$

Für alle $y > 0$ haben wir also gefunden:

$$\lim_{T=\infty} \int_{a-Ti}^{a+Ti} \frac{y^s}{s}\,ds$$

existiert und ist

(1) $\qquad = 2\pi i$ für $y > 1$,

(2) $\qquad = \pi i$ für $y = 1$,

$\qquad = 0$ für $0 < y < 1$,

und zwar ist für $y > 1$

$$\left| \int\limits_{a-Ti}^{a+Ti} \frac{y^s}{s}\, ds - 2\pi i \right| \leqq \frac{2}{T} \frac{y^a}{\log y},$$

für $y = 1$

$$\left| \int\limits_{a-Ti}^{a+Ti} \frac{y^s}{s}\, ds - \pi i \right| \leqq \frac{2}{T} a,$$

für $y < 1$

(3) $$\left| \int\limits_{a-Ti}^{a+Ti} \frac{y^s}{s}\, ds \right| \leqq \frac{2}{T} \frac{y^a}{-\log y}.$$

Satz: Es sei $a > 0$,

$$\sum_{n=1}^{\infty} \frac{|b_n|}{n^a}$$

konvergent, also

$$D(s) = \sum_{n=1}^{\infty} \frac{b_n}{n^s}$$

eine für $\sigma = a$ absolut konvergente Dirichletsche Reihe und $x > 0$. Es werde

$$f(x) \begin{cases} = \sum\limits_{n=1}^{x} b_n & \text{für nicht ganze } x, \\ = \sum\limits_{n=1}^{x} b_n - \frac{b_x}{2} & \text{für ganze } x \end{cases}$$

gesetzt. Dann ist

$$\lim_{T=\infty} \int\limits_{a-Ti}^{a+Ti} \frac{x^s}{s} D(s)\, ds = 2\pi i f(x).$$

Übrigens braucht $D(s)$ auf der in Betracht kommenden Geraden $\sigma = a$ nicht regulär zu sein; nur für $\sigma > a$ folgt dies aus den Voraussetzungen.

Die Betrachtungen des § 50 zeigen nur die wegen der absoluten Konvergenz des Integrals viel leichter beweisbare Relation

$$\int\limits_{a-\infty i}^{a+\infty i} \frac{x^s}{s^2} D(s)\, ds = 2\pi i \sum_{n=1}^{x} b_n \log \frac{x}{n}.$$

Beweis: Da von $a - Ti$ bis $a + Ti$ wegen der gleichmäßigen Konvergenz gliedweise integriert werden darf, ist

$$\int_{a-Ti}^{a+Ti} \frac{x^s}{s} D(s)\, ds = \int_{a-Ti}^{a+Ti} \frac{x^s}{s} \sum_{n=1}^{\infty} \frac{b_n}{n^s}\, ds$$

$$= \sum_{n=1}^{\infty} b_n \int_{a-Ti}^{a+Ti} \frac{\left(\frac{x}{n}\right)^s}{s}\, ds$$

$$= \sum_{n=1}^{x} b_n \int_{a-Ti}^{a+Ti} \frac{\left(\frac{x}{n}\right)^s}{s}\, ds + \sum_{n=x+1}^{\infty} b_n \int_{a-Ti}^{a+Ti} \frac{\left(\frac{x}{n}\right)^s}{s}\, ds.$$

Nun ist nach (1) in den Gliedern der ersten Summe, für welche $n < x$ ist (d. h. in allen mit eventueller Ausnahme des letzten, falls nämlich x ganz ist),

$$\lim_{T=\infty} \int_{a-Ti}^{a+Ti} \frac{\left(\frac{x}{n}\right)^s}{s}\, ds = 2\pi i,$$

nach (2) in dem etwaigen Gliede $n = x$ (das für ganzes x auftritt)

$$\lim_{T=\infty} \int_{a-Ti}^{a+Ti} \frac{\left(\frac{x}{n}\right)^s}{s}\, ds = \pi i.$$

Jedenfalls ist daher

$$\lim_{T=\infty} \sum_{n=1}^{x} b_n \int_{a-Ti}^{a+Ti} \frac{\left(\frac{x}{n}\right)^s}{s}\, ds = \sum_{n=1}^{x} b_n \lim_{T=\infty} \int_{a-Ti}^{a+Ti} \frac{\left(\frac{x}{n}\right)^s}{s}\, ds$$

$$= 2\pi i f(x),$$

und die Behauptung des Satzes reduziert sich auf

$$\lim_{T=\infty} \sum_{n=x+1}^{\infty} b_n \int_{a-Ti}^{a+Ti} \frac{\left(\frac{x}{n}\right)^s}{s}\, ds = 0.$$

Nun ist nach (3), da hier

$$0 < \frac{x}{n} < 1$$

ist, für $n \geqq [x]+1$

$$\left|\int_{a-Ti}^{a+Ti} \frac{\left(\frac{x}{n}\right)^s}{s}\, ds\right| \leqq \frac{2}{T} \frac{\left(\frac{x}{n}\right)^a}{-\log\frac{x}{n}}$$

$$\leqq \frac{2}{T} \frac{x^a}{\log\left(\frac{[x]+1}{x}\right)} \frac{1}{n^a},$$

also

$$\left|\sum_{n=x+1}^{\infty} b_n \int_{a-Ti}^{a+Ti} \frac{\left(\frac{x}{n}\right)^s}{s}\, ds\right| < \frac{2}{T} \frac{x^a}{\log\left(\frac{[x]+1}{x}\right)} \sum_{n=x+1}^{\infty} \frac{|b_n|}{n^a},$$

wo die rechte Seite für $T=\infty$ den Limes 0 hat.

§ 87.

Anwendung auf die Darstellung und Berechnung von $F(x, r)$.

Für die in § 82 eingeführte Funktion $F(x, r)$, in der ich vorläufig r reell annehme, ergibt sich also, da die zugehörige Dirichletsche Reihe

$$\sum_{p,m} \frac{\frac{\log p}{p^{mr}}}{p^{ms}} = \sum_{n=1}^{\infty} \frac{\frac{\Lambda(n)}{n^r}}{n^s}$$

$$= \sum_{n=1}^{\infty} \frac{\Lambda(n)}{n^{r+s}}$$

$$= -\frac{\zeta'(r+s)}{\zeta(r+s)}$$

für $\sigma > 1-r$ sicherlich absolut konvergiert, folgendes: Wenn

$$a = \text{Max.}\,(1, 2-r),$$

d. h.

$$a = 1 \quad \text{für} \quad r \geqq 1,$$

$$a = 2-r \quad \text{für} \quad r \leqq 1$$

gesetzt wird (so daß $a > 0$ und $a > 1-r$ ist), dann ist für $x > 0$

$$- 2\pi i F(x, r) = - 2\pi i \sum_{p^m \leqq x}{}' \frac{\log p}{p^{mr}}$$

$$= \lim_{T=\infty} \int_{a-Ti}^{a+Ti} \frac{x^s}{s} \frac{\zeta'(r+s)}{\zeta(r+s)} ds$$

$$= \lim_{T=\infty} \int_{a+r-Ti}^{a+r+Ti} \frac{x^{s-r}}{s-r} \frac{\zeta'(s)}{\zeta(s)} ds$$

$$= \lim_{T=\infty} \int_{b-Ti}^{b+Ti} \frac{x^{s-r}}{s-r} \frac{\zeta'(s)}{\zeta(s)} ds,$$

wo

$$b = \text{Max.}\,(2, 1 + r)$$

ist, d. h.

$$b = 1 + r \quad \text{für} \quad r \geqq 1,$$

$$b = 2 \qquad \text{für} \quad r \leqq 1.$$

Daraus folgt ganz speziell, wenn T nur die diskrete Wertfolge $T_g (g = 2, 3, \cdots)$ durchläuft,

(1) $$- 2\pi i F(x, r) = \lim_{g=\infty} \int_{b-T_g i}^{b+T_g i} \frac{x^{s-r}}{s-r} \frac{\zeta'(s)}{\zeta(s)} ds.$$

Ich nehme nun vorläufig das reelle r verschieden von $1, -2, -4, -6, \cdots$ an; die Fälle $r = 1, -2, -4, -6, \cdots$ werden sich, da die linke Seite von (1) stetig ist, durch Grenzübergang nachträglich aus der Endformel ergeben.

Es sei $x > 1$. Ich wende den Cauchyschen Integralsatz auf den Integranden in (1) und das Rechteck mit den Ecken $b \pm T_g i$, $-z \pm T_g i$ an, wo z eine ungerade ganze Zahl ist, welche $\geqq 3$ und $\geqq -r+1$ gewählt sei. Dies Rechteck enthält gewiß auf dem Rande keine singuläre Stelle des in der ganzen Ebene meromorphen Integranden. Denn der Pol erster Ordnung $s = r$ mit dem Residuum

$$\frac{\zeta'(r)}{\zeta(r)}$$

(r war von den Polen von $\frac{\zeta'(s)}{\zeta(s)}$ verschieden vorausgesetzt) liegt wegen

$$-z \leqq r - 1 < r < b$$

im Rechteck, und, da $-z$ keine Nullstelle von $\zeta(s)$ ist und auch die Ordinaten $\pm T_g$ frei von solchen sind, liegt auf dem Rande keine singuläre Stelle des Integranden. Im Innern liegen folgende singuläre Stellen, sämtlich Pole erster Ordnung:

1) $s = r$ mit dem Residuum $\frac{\zeta'(r)}{\zeta(r)}$,

2) $s = 1$ mit dem Residuum $-\frac{x^{1-r}}{1-r}$,

3) $s = -2, -4, \cdots, -z+1$, d. h. $s = -2q$ für $q = 1, 2, \cdots, \left[\frac{z}{2}\right]$ mit dem Residuum

$$\frac{x^{-2q-r}}{-2q-r},$$

4) die nicht reellen ϱ, für welche

$$-T_g < \gamma < T_g$$

ist, mit dem Residuum

$$\frac{x^{\varrho-r}}{\varrho-r}.$$

Daher ergibt sich

$$(2)\begin{cases} \frac{1}{2\pi i}\int\limits_{b-T_g i}^{b+T_g i}\frac{x^{s-r}}{s-r}\frac{\zeta'(s)}{\zeta(s)}ds = -\frac{x^{1-r}}{1-r} + \sum\limits_{q=1}^{\frac{z}{2}}\frac{x^{-2q-r}}{-2q-r} + \sum\limits_{-T_g<\gamma<T_g}\frac{x^{\varrho-r}}{\varrho-r} + \frac{\zeta'(r)}{\zeta(r)} \\ + \frac{1}{2\pi i}\int\limits_{b-T_g i}^{-z-T_g i}\frac{x^{s-r}}{s-r}\frac{\zeta'(s)}{\zeta(s)}ds + \frac{1}{2\pi i}\int\limits_{-z-T_g i}^{-z+T_g i}\frac{x^{s-r}}{s-r}\frac{\zeta'(s)}{\zeta(s)}ds + \frac{1}{2\pi i}\int\limits_{-z+T_g i}^{b+T_g i}\frac{x^{s-r}}{s-r}\frac{\zeta'(s)}{\zeta(s)}ds. \end{cases}$$

In (2) lasse ich nun z — durch ungerade Werte — unendlich werden und behaupte, daß jedes der vier in Betracht kommenden (von z abhängigen) Glieder rechts einen Limes hat.

Was nämlich zunächst das vorletzte Integral rechts anbetrifft, so hat der Weg die feste Länge $2T_g$, und auf ihm ist nach dem Satz des § 83

$$\left|\frac{\zeta'(s)}{\zeta(s)}\right| < c_5 \log|s|,$$

$$\left|\frac{x^{s-r}}{s-r}\frac{\zeta'(s)}{\zeta(s)}\right| < \frac{x^{-z-r}}{z+r} c_5 \log|s|$$

$$< \frac{x^{-z-r}}{1} c_5 \log(z+T_g),$$

was von den Punkten s des Integrationsweges unabhängig ist und für $z = \infty$ den Limes 0 hat. Daher ist

$$\lim_{z=\infty}\int\limits_{-z-T_g i}^{-z+T_g i}\frac{x^{s-r}}{s-r}\frac{\zeta'(s)}{\zeta(s)}ds = 0.$$

Bei den zwei anderen Integralen rechts in (2) ist, soweit $\sigma \leqq -1$ ist, auch nach dem Satz des § 83

$$\left|\frac{\zeta'(s)}{\zeta(s)}\right| < c_5 \log|s|,$$

$$\left|\frac{x^{s-r}}{s-r}\frac{\zeta'(s)}{\zeta(s)}\right| < \frac{x^{\sigma-r}}{|s-r|} c_5 \log|s|;$$

da für $s = \sigma \pm T_g i$

$$\lim_{\sigma=-\infty}\frac{\log|s|}{|s-r|} = 0$$

ist, liegt a fortiori auf der Strecke $\sigma \leqq -1$ der Geraden $t = T_g$ oder $t = -T_g$

$$\frac{\log|s|}{|s-r|}$$

unter einer endlichen Schranke; da

$$\int\limits_{-\infty}^{-1} x^{\sigma}\,d\sigma$$

konvergiert, dürfen jene zwei Integrale bis $\sigma = -\infty$ erstreckt werden, haben also gewiß für durch ungerade Werte wachsendes z einen Limes.

Endlich ist wegen $x > 1$

$$\lim_{z=\infty}\sum_{q=1}^{\frac{z}{2}}\frac{x^{-2q-r}}{-2q-r} = -\sum_{q=1}^{\infty}\frac{x^{-2q-r}}{2q+r}$$

vorhanden.

Der Grenzübergang $z = \infty$ liefert also

$$(3)\begin{cases}\dfrac{1}{2\pi i}\displaystyle\int\limits_{b-T_g i}^{b+T_g i}\frac{x^{s-r}}{s-r}\frac{\zeta'(s)}{\zeta(s)}\,ds = -\frac{x^{1-r}}{1-r} - \sum_{q=1}^{\infty}\frac{x^{-2q-r}}{2q+r} + \sum_{-T_g<\gamma<T_g}\frac{x^{\varrho-r}}{\varrho-r} + \frac{\zeta'(r)}{\zeta(r)}\\[2ex] \qquad\qquad - \dfrac{1}{2\pi i}\displaystyle\int\limits_{-\infty-T_g i}^{b-T_g i}\frac{x^{s-r}}{s-r}\frac{\zeta'(s)}{\zeta(s)}\,ds + \frac{1}{2\pi i}\int\limits_{-\infty+T_g i}^{b+T_g i}\frac{x^{s-r}}{s-r}\frac{\zeta'(s)}{\zeta(s)}\,ds.\end{cases}$$

Jetzt lasse ich g (durch ganze Zahlen) unendlich werden. Für die von g abhängige Summe rechts in (3) kann ich zwar nicht direkt zeigen, daß sie einen Limes hat, wohl aber für die linke Seite und die zwei von g abhängigen Integrale rechts. Daraus folgt dann eben, daß auch jene Summe

$$\sum_{-T_g<\gamma<T_g}\frac{x^{\varrho-r}}{\varrho-r}$$

einen Limes hat.

Zunächst nähert sich nach (1) die linke Seite von (3) dem Limes $-F(x, r)$. Ferner ist in beiden Integralen rechts nach dem Satz des § 85

$$\left|\frac{\zeta'(s)}{\zeta(s)}\right| < c_{19} \log^2 |s|,$$

$$\left|\frac{x^{s-r}}{s-r}\frac{\zeta'(s)}{\zeta(s)}\right| < c_{19}\, x^{\sigma-r}\frac{\log^2|s|}{|s-r|},$$

also, wenn nur

$$g > 2|r|$$

ist, wegen

$$|s| > 2|r|,$$

$$|s-r| \geqq |s| - |r|$$

$$> \frac{|s|}{2}$$

$$\left|\frac{x^{s-r}}{s-r}\frac{\zeta'(s)}{\zeta(s)}\right| < 2c_{19}\, x^{\sigma-r}\frac{\log^2|s|}{|s|},$$

also, da $\frac{\log^2 y}{y}$ für $y > e^2$ mit wachsendem y abnimmt und

$$|s| \geqq T_g$$

ist, für $g > \text{Max.}(2|r|, 8)$

$$\left|\frac{x^{s-r}}{s-r}\frac{\zeta'(s)}{\zeta(s)}\right| < 2c_{19}\, x^{\sigma-r}\frac{\log^2 T_g}{T_g},$$

$$(4)\qquad \left|\int_{-\infty+T_g i}^{b+T_g i}\frac{x^{s-r}}{s-r}\frac{\zeta'(s)}{\zeta(s)}\,ds\right| < 2c_{19}\frac{\log^2 T_g}{T_g}\,x^{-r}\int_{-\infty}^{b} x^{\sigma}\,d\sigma$$

und ebenso

$$(5)\qquad \left|\int_{-\infty-T_g i}^{b-T_g i}\frac{x^{s-r}}{s-r}\frac{\zeta'(s)}{\zeta(s)}\,ds\right| < 2c_{19}\frac{\log^2 T_g}{T_g}\,x^{-r}\int_{-\infty}^{b} x^{\sigma}\,d\sigma.$$

Die (gemeinsame) rechte Seite von (4) und (5) hat für $g = \infty$ den Limes 0. Daher haben die beiden Integrale rechts in (3) den Limes 0.

Der Grenzübergang $g = \infty$ liefert also aus (3):

$$(6)\qquad F(x, r) = \frac{x^{1-r}}{1-r} + \sum_{q=1}^{\infty}\frac{x^{-2q-r}}{2q+r} - \lim_{g=\infty}\sum_{-T_g<\gamma<T_g}\frac{x^{\varrho-r}}{\varrho-r} - \frac{\zeta'(r)}{\zeta(r)}.$$

Jetzt ist es leicht, zu beweisen, daß die unendliche, nach absolut wachsenden Ordinaten[1]) geordnete Reihe

1) Wobei die Reihenfolge der ϱ mit absolut gleicher Ordinate unerheblich ist.

$$(7) \qquad \sum_{\varrho} \frac{x^{\varrho - r}}{\varrho - r}$$

konvergiert. Da die Existenz von

$$\lim_{g=\infty} \sum_{-T_g < \gamma < T_g} \frac{x^{\varrho - r}}{\varrho - r}$$

feststeht, ist es hinreichend, außerdem nachzuweisen, daß

$$(8) \qquad \lim_{g=\infty} \sum_{g \leqq |\gamma| \leqq g+1} \left| \frac{x^{\varrho - r}}{\varrho - r} \right| = 0$$

ist. Denn jede Folge konsekutiver Glieder (von Anfang an)

$$\sum_{n=1}^{\nu} \frac{x^{\varrho_n - r}}{\varrho_n - r},$$

wo die Ordinate von ϱ_ν absolut größer als 2 ist, unterscheidet sich ja von einem

$$\sum_{-T_g < \gamma < T_g} \frac{x^{\varrho - r}}{\varrho - r}$$

um einen Gliederkomplex, der ganz einem Streckenpaar $-(g+1) \leqq \gamma \leqq -g$, $g \leqq \gamma \leqq g+1$ angehört. Nun hat

$$\sum_{g \leqq |\gamma| \leqq g+1} \left| \frac{x^{\varrho - r}}{\varrho - r} \right|$$

nur $O(\log g)$ Glieder; jedes ist $\leqq \frac{x^{1-r}}{g}$, woraus die Behauptung (8) folgt und damit die Konvergenz[1)] von (7) und aus (6) die Endformel

$$(9) \qquad F(x, r) = \frac{x^{1-r}}{1-r} + \sum_{q=1}^{\infty} \frac{x^{-2q-r}}{2q+r} - \sum_{\varrho} \frac{x^{\varrho - r}}{\varrho - r} - \frac{\zeta'(r)}{\zeta(r)},$$

1) Natürlich ergibt sich aus (8) auch, daß die Reihe (7) nach wachsenden absoluten Beträgen der ϱ geordnet werden darf, wobei die Reihenfolge der ϱ mit gleichem absoluten Betrage unerheblich ist. Denn dem Kreise $|s| \leqq r$ gehören für $r > 1$, da er die Gerade $\sigma = 0$ in den Punkten $\pm ri$, die Gerade $\sigma = 1$ in den Punkten $1 \pm \sqrt{r^2 - 1} \cdot i$ schneidet, alle ϱ an, für die $|\gamma| \leqq \sqrt{r^2 - 1}$ ist, und alle dem Kreise angehörigen ϱ haben ihr $|\gamma| \leqq r$. Da nach (8) gewiß

$$\lim_{r=\infty} \sum_{\sqrt{r^2-1} \leqq |\gamma| \leqq r} \left| \frac{x^{\varrho - r}}{\varrho - r} \right| = 0$$

ist, ist die Behauptung bewiesen.

für alle reellen r, bei welchen

$$\frac{\zeta'(r)}{\zeta(r)}$$

einen Sinn hat, d. h. mit Ausschluß von $r = 1, -2, -4, -6, \cdots$.

Nun ist die linke Seite von (9) für alle reellen r definiert und stetig. Der Wert für $r = 1$ und $r = -2q_0$ ist also gleich dem Limes der rechten Seite für Annäherung von r an diesen Wert r_0. Die Summe

$$\sum_\varrho \frac{x^{\varrho - r}}{\varrho - r}$$

ist in jedem endlichen Intervall von r

$$r_1 \leqq r \leqq r_2$$

gleichmäßig konvergent, da

$$\frac{x^{\varrho - r}}{\varrho - r} = x^{-r}\frac{x^\varrho}{\varrho} + \frac{x^{\varrho - r}\, r}{\varrho(\varrho - r)}$$

und

$$\left|\frac{x^{\varrho - r} r}{\varrho(\varrho - r)}\right| \leqq \frac{x^{1 - r_1}\,\mathrm{Max.}(|r_1|, |r_2|)}{|\gamma| \cdot |\gamma|}$$

ist, wo die rechte Seite das allgemeine, von r unabhängige, positive Glied einer konvergenten Reihe darstellt. Es ist also

$$\lim_{r = r_0} \sum_\varrho \frac{x^{\varrho - r}}{\varrho - r} = \sum_\varrho \frac{x^{\varrho - r_0}}{\varrho - r_0}.$$

Auch ist auf jeder endlichen Strecke

$$r_1 \leqq r \leqq r_2$$

die Reihe

$$\sum_{q=1}^{\infty}{}' \frac{x^{-2q - r}}{2q + r}$$

gleichmäßig konvergent, wobei der Strich andeuten soll, daß von der Summierung alle diejenigen Glieder auszuschließen sind, für welche $2q + r$ dem Intervall $(r_1 \cdots r_2)$ angehört; es ist nämlich für $q > \mathrm{Max.}(|r_1|, |r_2|)$

$$\frac{x^{-2q - r}}{2q + r} < \frac{x^{-2q - r_1}}{q}.$$

Daher ist

$$F(x, 1) = \lim_{r = 1} F(x, r)$$

$$(10) \qquad = \sum_{q=1}^{\infty} \frac{x^{-2q - 1}}{2q + 1} - \sum_\varrho \frac{x^{\varrho - 1}}{\varrho - 1} + \lim_{r = 1}\left(\frac{x^{1 - r}}{1 - r} - \frac{\zeta'(r)}{\zeta(r)}\right)$$

und für $q_0 = 1, 2, 3, \cdots$

$$F(x, -2q_0) = \lim_{r=-2q_0} F(x,r)$$

$$(11)\qquad = \frac{x^{1+2q_0}}{1+2q_0} + \sum_{\substack{q=1\\ q\neq q_0}}^{\infty} \frac{x^{-2q+2q_0}}{2q-2q_0} - \sum_{\varrho} \frac{x^{\varrho+2q_0}}{\varrho+2q_0} + \lim_{r=-2q_0}\left(\frac{x^{-2q_0-r}}{2q_0+r} - \frac{\zeta'(r)}{\zeta(r)}\right).$$

Mit anderen Worten: Es ist (9) für alle reellen r gültig, wenn man im Falle $r=1$ und $r=-2q_0$ unter der Summe der zwei sinnlosen Glieder den Limes bei Annäherung von r an den betreffenden Wert versteht.

Übrigens ist in (10)

$$\lim_{r=1}\left(\frac{x^{1-r}}{1-r} - \frac{\zeta'(r)}{\zeta(r)}\right)$$

$$= \lim_{r=1}\left(\left(-\frac{1}{r-1} + \log x - \frac{\log^2 x}{2}(r-1) + \cdots\right) + \left(\frac{1}{r-1} - C + e_1(r-1) + \cdots\right)\right)$$

$$= \log x - C$$

und in (11), wenn

$$\lim_{r=-2q_0}\left(-\frac{\zeta'(r)}{\zeta(r)} + \frac{1}{2q_0+r}\right) = B_{-2q_0}$$

gesetzt wird,

$$\lim_{r=-2q_0}\left(\frac{x^{-2q_0-r}}{2q_0+r} - \frac{\zeta'(r)}{\zeta(r)}\right) = \lim_{r=-2q_0}\left(\left(\frac{1}{2q_0+r} - \log x + \cdots\right) - \left(\frac{1}{2q_0+r} - B_{-2q_0} + \cdots\right)\right)$$

$$= -\log x + B_{-2q_0}.$$

Es ist leicht einzusehen, daß die Formel (9) für $F(x, r)$ mit demselben granum salis auch gültig ist, wenn r irgend eine komplexe Zahl bedeutet. Die linke Seite $F(x, r)$ von (9) ist nämlich bei festem x eine ganze transzendente Funktion von r. Ferner sind offenbar in jedem endlichen Kreis

$$|r| < c$$

der r-Ebene beide Reihen auf der rechten Seite von (9), falls in ihnen die Glieder weggelassen werden, für welche $2q + r$ bzw. $\varrho - r$ jenem Kreise angehört, gleichmäßig konvergent. Denn bei

$$\frac{x^{\varrho-r}}{\varrho-r} = x^{-r}\frac{x^{\varrho}}{\varrho} + \frac{x^{\varrho-r}r}{\varrho(\varrho-r)}$$

ist, wenn nur $|\gamma|$ hinreichend groß ist, im Kreise $|r| < c$ der absolute Betrag des zweiten Gliedes

$$\left|\frac{x^{\varrho-r}r}{\varrho(\varrho-r)}\right| < \frac{x^{1+c}c}{|\gamma|\left|\frac{\gamma}{2}\right|},$$

woraus die gleichmäßige Konvergenz von

$$\sum_{\varrho}{}' \frac{x^{\varrho - r} r}{\varrho(\varrho - r)},$$

also von

$$\sum_{\varrho}{}' \frac{x^{\varrho - r}}{\varrho - r} = x^{-r} \sum_{\varrho}{}' \frac{x^{\varrho}}{\varrho} + \sum_{\varrho}{}' \frac{x^{\varrho - r} r}{\varrho(\varrho - r)}$$

folgt, und bei der Reihe

$$\sum_{q=1}^{\infty}{}' \frac{x^{-2q-r}}{2q+r}$$

ist von einem gewissen q an

$$\left|\frac{x^{-2q-r}}{2q+r}\right| < \frac{x^{-2q+c}}{q}.$$

Die rechte Seite von (9) stellt also in der ganzen Ebene, aus der die Pole von $\frac{\zeta'(r)}{\zeta(r)}$ herausgenommen sind, eine reguläre Funktion dar; folglich gilt (9) auch in dieser punktierten Ebene. Und zum Schluß sehen wir, daß (9) auch richtig bleibt, wenn r mit ν Nullstellen ϱ_0 (einer Nullstelle νter Ordnung, $\nu \geqq 1$) der Zetafunktion zusammenfällt, falls nur dem für $r = \varrho_0$ sinnlosen Bestandteil

$$-\nu \frac{x^{\varrho_0 - r}}{\varrho_0 - r} - \frac{\zeta'(r)}{\zeta(r)}$$

der Sinn

$$\lim_{r = \varrho_0} \left(-\nu \frac{x^{\varrho_0 - r}}{\varrho_0 - r} - \frac{\zeta'(r)}{\zeta(r)}\right)$$

beigelegt wird, d. h. der Wert

$$-\nu \log x + B_{\varrho_0},$$

wo

$$B_{\varrho_0} = \lim_{r = \varrho_0} \left(-\frac{\zeta'(r)}{\zeta(r)} + \frac{\nu}{-\varrho_0 + r}\right)$$

gesetzt ist.

Also gilt (9) für alle komplexen r, wenn im Falle

$$r = 1,\ -2q_0,\ \varrho$$

der auftretende Komplex endlich vieler sinnloser Glieder seinen Limes bedeutet.

§ 88.

Übergang zu $f(x, r)$.

Es war nach Definition

$$f(x, r) = \sum_{p^m \leqq x}' \frac{1}{m p^{mr}},$$

$$F(x, r) = \sum_{p^m \leqq x}' \frac{\log p}{p^{mr}},$$

wo beidemal das etwaige Glied mit $p_0^{m_0} = x$ den Faktor $\frac{1}{2}$ erhält. Es ist

$$F(x, r) = -\frac{\partial}{\partial r} f(x, r),$$

also für reelle R

$$f(x, R) = -\int_0^R F(x, r)\, dr + c(x),$$

wo sich die Integrationskonstante (in bezug auf r) $c(x)$ leicht aus

$$\begin{aligned}\lim_{R=\infty} f(x, R) &= 0\\ &= -\int_0^\infty F(x, r) dr + c(x)\end{aligned}$$

als

$$c(x) = \int_0^\infty F(x, r)\, dr$$

bestimmt, so daß

$$f(x, R) = \int_R^\infty F(x, r) dr$$

ist. Insbesondere ist also

$$\begin{aligned} f(x) &= f(x, 0)\\ &= \int_0^\infty F(x, r) dr.\end{aligned}$$

x sei > 1.

I. Ich will $f(x, R)$ zunächst für $-2 < R < 1$ explizit darstellen. Es gilt die Identität (9) des vorigen Paragraphen auf dem Wege von $r = R$ bis $r = \infty$ mit Ausnahme des oberhalb R gelegenen Punktes $r = 1$. Nun ist für positives, zu Null abnehmendes h

$$f(x, R) = \lim_{h=0} \left(\int_R^{1-h} F(x, r) dr + \int_{1+h}^\infty F(x, r) dr \right),$$

also, da in jener Identität (9)

$$F(x, r) = \frac{x^{1-r}}{1-r} + \sum_{q=1}^\infty \frac{x^{-2q-r}}{2q+r} - \sum_\varrho \frac{x^{\varrho - r}}{\varrho - r} - \frac{\zeta'(r)}{\zeta(r)}$$

jede der zwei Summen auch im Punkte $r = 1$ einen Sinn hat, also hier die vorläufige Einführung des h unnötig ist,

$$(1)\quad \begin{cases} f(x, R) = \lim\limits_{h=0}\left(\int\limits_R^{1-h}\left(\frac{x^{1-r}}{1-r} - \frac{\zeta'(r)}{\zeta(r)}\right)dr + \int\limits_{1+h}^{\infty}\left(\frac{x^{1-r}}{1-r} - \frac{\zeta'(r)}{\zeta(r)}\right)dr\right) \\ \quad + \int\limits_R^{\infty}\left(\sum\limits_{q=1}^{\infty}\frac{x^{-2q-r}}{2q+r} - \sum\limits_{\varrho}\frac{x^{\varrho-r}}{\varrho - r}\right)dr; \end{cases}$$

denn die Integration bis ∞ ist sowohl bei $\frac{x^{1-r}}{1-r}$ als auch bei $\frac{\zeta'(r)}{\zeta(r)}$, also auch bei der Differenz beider, erlaubt. Es ist

$$\begin{aligned} \int\limits_{1+h}^{\infty}\frac{\zeta'(r)}{\zeta(r)}dr &= -\int\limits_{1+h}^{\infty}\sum_{p,m}\frac{\log p}{p^{mr}}dr \\ &= -\sum_{p,m}\frac{1}{mp^{m(1+h)}} \\ &= -\log\zeta(1+h) \\ &= -Z(1+h). \end{aligned}$$

Es ist ferner, wenn $Z(R)$ den Wert bezeichnet, welchen die für $\sigma > 1$ eindeutige Funktion

$$\begin{aligned} Z(s) &= \log\zeta(s) \\ &= \sum_{p,m}\frac{1}{mp^{ms}} \end{aligned}$$

bei Fortsetzung längs der reellen Achse mit Ausbuchtung nach oben zur Vermeidung des singulären Punktes $s = 1$ im Punkte R annimmt,

$$(2)\qquad -Z(R) = \lim_{h=0}\left(\int\limits_R^{1-h}\frac{\zeta'(r)}{\zeta(r)}dr + \int\limits_{1-h}^{1+h}\frac{\zeta'(r)}{\zeta(r)}dr + \int\limits_{1+h}^{\infty}\frac{\zeta'(r)}{\zeta(r)}dr\right),$$

wo das erste und dritte Integral geradlinig erstreckt sind, das zweite über den Halbkreis nach oben mit dem Radius h. Da nun

$$\begin{aligned} \lim_{h=0}\int\limits_{1-h}^{1+h}\frac{\zeta'(r)}{\zeta(r)}dr &= -\lim_{h=0}\int\limits_{1-h}^{1+h}\frac{dr}{r-1} \\ &= -\lim_{h=0}\int\limits_{\pi}^{0}\frac{he^{\varphi i}id\varphi}{he^{\varphi i}} \\ &= -\lim_{h=0}(-\pi i) \\ &= \pi i \end{aligned}$$

ist, ist nach (2) der Bestandteil der rechten Seite von (1)

$$\lim_{h=0}\left(-\int_R^{1-h}\frac{\zeta'(r)}{\zeta(r)}\,dr-\int_{1+h}^{\infty}\frac{\zeta'(r)}{\zeta(r)}\,dr\right)=\mathrm{Z}(R)+\pi i$$
$$=\log\zeta(R)+\pi i;$$

diese reelle Zahl ist gleich dem reellen Werte von

$$\log(-\zeta(R)).$$

Ferner ist

$$\lim_{h=0}\left(\int_R^{1-h}\frac{x^{1-r}}{1-r}\,dr+\int_{1+h}^{\infty}\frac{x^{1-r}}{1-r}\,dr\right)=\lim_{h=0}\left(\int_{-\infty}^{-h}\frac{x^y}{y}\,dy+\int_h^{1-R}\frac{x^y}{y}\,dy\right)$$
$$=\lim_{h=0}\left(\int_0^{x^{-h}}\frac{du}{\log u}+\int_{x^h}^{x^{1-R}}\frac{du}{\log u}\right),$$

also, da

$$\lim_{h=0}\int_{2-x^{-h}}^{x^h}\frac{du}{\log u}=\lim_{h=0}\int_{1+h\log x+\cdots}^{1+h\log x+\cdots}\frac{du}{\log u}$$
$$=0$$

ist,

$$\lim_{h=0}\left(\int_R^{1-h}\frac{x^{1-r}}{1-r}\,dr+\int_{1+h}^{\infty}\frac{x^{1-r}}{1-r}\,dr\right)=\lim_{h=0}\left(\int_0^{x^{-h}}\frac{du}{\log u}+\int_{2-x^{-h}}^{x^{1-R}}\frac{du}{\log u}\right)$$
$$=\lim_{\delta=0}\left(\int_0^{1-\delta}\frac{du}{\log u}+\int_{1+\delta}^{x^{1-R}}\frac{du}{\log u}\right),$$

d. h. nach der Definition in § 4

$$=Li(x^{1-R}).$$

Ich behaupte ferner, daß jede der beiden unendlichen Reihen $\sum_{q=1}^{\infty}\frac{x^{-2q-r}}{2q+r}$ und $\sum_{\varrho}\frac{x^{\varrho-r}}{\varrho-r}$ einzeln und zwar gliedweise von $r=R$ bis $r=\infty$ integriert werden kann. Für

$$\sum_{\varrho}\frac{x^{\varrho-r}}{\varrho-r}$$

folgt dies aus

$$\frac{x^{\varrho-r}}{\varrho-r}=x^{-r}\frac{x^{\varrho}}{\varrho}+\frac{x^{\varrho-r}r}{\varrho(\varrho-r)};$$

denn der erste Summand rechts liefert, da x^{-r} heraustritt,

$$\int_R^\infty x^{-r}\sum_\varrho \frac{x^\varrho}{\varrho}dr = \sum_\varrho \frac{x^\varrho}{\varrho}\int_R^\infty x^{-r}dr,$$

und der zweite darf wegen

$$\left|\frac{x^{\varrho-r}r}{\varrho(\varrho-r)}\right| \leq \frac{x^{1-r}|r|}{\gamma^2}$$

bis $r=\infty$, und zwar gliedweise, integriert werden, da

$$\int_R^\infty x^{-r}|r|\,dr$$

konvergiert. Für

$$\sum_{q=1}^\infty \frac{x^{-2q-r}}{2q+r}$$

folgt dies noch einfacher aus

$$\left|\frac{x^{-2q-r}}{2q+r}\right| \leq \frac{x^{-2q}}{2q+R}x^{-r}.$$

Also erhalte ich aus (1)

$$f(x, R) = Li(x^{1-R}) + \log(-\zeta(R)) + \sum_{q=1}^\infty \int_R^\infty \frac{x^{-2q-r}}{2q+r}dr - \sum_\varrho \int_R^\infty \frac{x^{\varrho-r}}{\varrho-r}dr.$$

Hierin vereinfacht sich noch manches. Es ist, wenn die Erklärung von $Li(e^w)$ aus § 5 berücksichtigt wird,

$$\int_R^\infty \frac{x^{\varrho-r}}{\varrho-r}dr = \int_{-\infty+\gamma i}^{\varrho-R} \frac{x^y}{y}dy$$

$$= \int_{-\infty+\gamma i\log x}^{(\varrho-R)\log x} \frac{e^s}{s}ds$$

$$= Li\left(x^{\varrho-R}\right) \mp \pi i,$$

wo das Zeichen $-$ für $\gamma > 0$, das Zeichen $+$ für $\gamma < 0$ gilt.

Endlich ist

$$\sum_{q=1}^\infty \int_R^\infty \frac{x^{-2q-r}}{2q+r}dr = \sum_{q=1}^\infty \int_{2q+R}^\infty \frac{x^{-s}}{s}ds$$

$$= \sum_{q=1}^\infty \int_1^\infty \frac{x^{-(2q+R)u}}{u}du,$$

also, da alle Elemente positiv sind und folglich die Vertauschung der Summation mit der Integration erlaubt ist,

$$\sum_{q=1}^{\infty}\int_{R}^{\infty}\frac{x^{-2q-r}}{2q+r}dr=\int_{1}^{\infty}\sum_{q=1}^{\infty}\frac{x^{-(2q+R)u}}{u}du$$

$$=\int_{1}^{\infty}\frac{x^{-Ru}}{u}\,\frac{x^{-2u}}{1-x^{-2u}}du$$

$$=\int_{1}^{\infty}\frac{x^{-Ru}}{u}\,\frac{1}{x^{2u}-1}du$$

$$=\int_{x}^{\infty}\frac{y^{-R}}{y\log y(y^2-1)}dy.$$

Also kommt für $-2 < R < 1$ heraus:

$$(3)\quad\begin{cases} f(x, R)=Li(x^{1-R})+\log(-\zeta(R)) \\ -\sum_{\varrho}\left(Li(x^{\varrho-R})\mp\pi i\right)+\int_{x}^{\infty}\frac{y^{-R}}{y\log y(y^2-1)}dy. \end{cases}$$

Insbesondere für $R = 0$ ergibt sich wegen

$$-\zeta(0)=\tfrac{1}{2}$$

$$f(x)=f(x, 0)$$

$$=Li(x)-\sum_{\varrho}\left(Li(x^{\varrho})\mp\pi i\right)+\int_{x}^{\infty}\frac{dy}{(y^2-1)y\log y}-\log 2,$$

also, wenn die Wurzeln ϱ in Paare ϱ', ϱ'', wo $\varrho''=1-\varrho'$ ist, zusammengefaßt werden,

$$f(x)=Li(x)-\sum_{\varrho',\varrho''}\left(Li(x^{\varrho'})+Li(x^{\varrho''})\right)+\int_{x}^{\infty}\frac{1}{(y^2-1)y\log y}dy-\log 2,$$

wie schon in § 5 der Einleitung angekündigt stand.

Ebenso will ich jetzt $f(x, R)$ für alle komplexen R darstellen und zwar direkt[1] auf demselben Wege aus $F(x, r)$. Es genügt, ein R zu betrachten, das von 1 und von allen $-2q$ und ϱ verschieden

[1] Natürlich ließe es sich auch aus $f(x, R)$, $-2 < R < 1$, ableiten, da $f(x, R)$ eine ganze Funktion von R ist und nur alle Glieder rechts in (3) als analytische Funktionen von R studiert und auf simultanen Wegen fortgesetzt zu werden brauchen.

ist; für ein solches ausgenommenes R ist $f(x, R)$ eben der Limes des sonst gültigen Ausdrucks[1].

II. Es sei zunächst R reell, < -2 und von $-4, -6, \cdots, -2q, \cdots$ verschieden. q_0 sei die ganze Zahl, für welche

$$-2(q_0+1) < R < -2q_0$$

ist.

Dann ist

$$f(x, R) = \int_R^\infty F(x, r)\,dr$$

$$= \int_R^\infty \left(\frac{x^{1-r}}{1-r} + \sum_{q=1}^{\infty} \frac{x^{-2q-r}}{2q+r} - \sum_\varrho \frac{x^{\varrho - r}}{\varrho - r} - \frac{\zeta'(r)}{\zeta(r)} \right) dr$$

$$\int_R^\infty \left(\frac{x^{1-r}}{1-r} + \sum_{q=1}^{q_0} \frac{x^{-2q-r}}{2q+r} - \frac{\zeta'(r)}{\zeta(r)} \right) dr + \sum_{q=q_0+1}^{\infty} \int_R^\infty \frac{x^{-2q-r}}{2q+r}\,dr - \sum_\varrho \int_R^\infty \frac{x^{\varrho-r}}{\varrho-r}\,dr.$$

Hierin ist

$$\int_R^\infty \left(\frac{x^{1-r}}{1-r} + \sum_{q=1}^{q_0} \frac{x^{-2q-r}}{2q+r} - \frac{\zeta'(r)}{\zeta(r)} \right) dr$$

$$= \lim_{h=0} \left(\int_R^{1-h} \frac{x^{1-r}}{1-r}\,dr + \int_{1+h}^{\infty} \frac{x^{1-r}}{1-r}\,dr \right) + \sum_{q=1}^{q_0} \left(\int_R^{-2q-h} \frac{x^{-2q-r}}{2q+r}\,dr + \int_{-2q+h}^{\infty} \frac{x^{-2q-r}}{2q+r}\,dr \right)$$

$$- \lim_{h=0} \left(\int_R^{-2q_0-h} \frac{\zeta'(r)}{\zeta(r)}\,dr + \int_{-2q_0+h}^{-2(q_0-1)-h} \frac{\zeta'(r)}{\zeta(r)}\,dr + \cdots + \int_{-4+h}^{-2-h} \frac{\zeta'(r)}{\zeta(r)}\,dr + \int_{-2+h}^{1-h} \frac{\zeta'(r)}{\zeta(r)}\,dr + \int_{1+h}^{\infty} \frac{\zeta'(r)}{\zeta(r)}\,dr \right)$$

$$= Li(x^{1-R}) - \sum_{q=1}^{q_0} Li(x^{-2q-R}) + \log \zeta(R) - (q_0 - 1)\pi i,$$

wo $\log \zeta(R)$ den Wert bei Fortsetzung längs der reellen Achse mit Ausbuchtungen nach oben um die singulären Punkte bezeichnet.

Ferner ist

$$\int_R^\infty \frac{x^{\varrho - r}}{\varrho - r}\,dr = Li(x^{\varrho - R}) \mp \pi i,$$

---

1) Natürlich ist leicht festzustellen, daß diese Vorsichtsmaßregel nur bei endlich vielen Gliedern nötig ist, während in den anderen R glatt eingesetzt werden kann.

wo das Zeichen $-$ für $\gamma > 0$, das Zeichen $+$ für $\gamma < 0$ gilt. Endlich ist

$$\sum_{q=q_0+1}^{\infty} \int_R^{\infty} \frac{x^{-2q-r}}{2q+r} dr = \int_1^{\infty} \sum_{q=q_0+1}^{\infty} \frac{x^{-(2q+R)u}}{u} du$$

$$= \int_1^{\infty} \frac{x^{-(2q_0+R)u}}{u} \frac{x^{-2u}}{1-x^{-2u}} du$$

$$= \int_x^{\infty} \frac{y^{-2q_0-R}}{y \log y (y^2-1)} dy.$$

Also kommt heraus:

$$f(x, R) = Li(x^{1-R}) - \sum_{q=1}^{q_0} Li(x^{-2q-R}) + \log \xi(R)$$

$$- (q_0 - 1)\pi i - \sum_{\varrho} \left(Li(x^{\varrho - R}) \mp \pi i \right) + \int_x^{\infty} \frac{y^{-2q_0-R}}{y \log y (y^2-1)} dy.$$

Eo ipso ist aus Realitätsgründen (und direkt) ersichtlich, daß hierin

$$\log \xi(R) - (q_0 - 1)\pi i = \log |\xi(R)|$$

ist, wo rechts log den reellen Wert bezeichnet.

III. Für $R > 1$ ergibt das Verfahren

$$f(x,R) = \int_R^{\infty} \frac{x^{1-r}}{1-r} dr + \log \xi(R) - \sum_{\varrho} (Li(x^{\varrho - R}) \mp \pi i) + \int_x^{\infty} \frac{y^{-R}}{y \log y (y^2-1)} dy,$$

wo sich noch die beiden Integrale zusammenziehen lassen:

$$\int_R^{\infty} \frac{x^{1-r}}{1-r} dr = \int_{-\infty}^{1-R} \frac{x^s}{s} ds$$

$$= -\int_1^{\infty} \frac{x^{-(R-1)u}}{u} du$$

$$= -\int_x^{\infty} \frac{y^{-(R-1)}}{y \log y} dy,$$

$$\int_R^{\infty} \frac{x^{1-r}}{1-r} dr + \int_x^{\infty} \frac{y^{-R}}{y \log y (y^2-1)} dy = \int_x^{\infty} \frac{y^{-R}}{y \log y} \left(\frac{1}{y^2-1} - y \right) dy.$$

IV. Für nicht reelles, von allen ϱ verschiedenes $R = R_1 + R_2 i$ ergibt sich, wenn zur Ordinate R_2 kein ϱ gehört, bei horizontaler Integration

$$f(x,R) = \int_R^{\infty + R_2 i} F(x,r)\,dr$$

$$= \int_R^{\infty + R_2 i} \frac{x^{1-r}}{1-r}\,dr + \sum_{q=1}^{\infty} \int_R^{\infty + R_2 i} \frac{x^{-2q-r}}{2q+r}\,dr - \sum_{\varrho} \int_R^{\infty + R_2 i} \frac{x^{\varrho - r}}{\varrho - r}\,dr - \int_R^{\infty + R_2 i} \frac{\zeta'(r)}{\zeta(r)}\,dr$$

$$= \left(Li(x^{1-R}) \mp \pi i\right) - \sum_{q=1}^{\infty} \left(Li(x^{-2q-R}) \mp \pi i\right) - \sum_{\varrho} \left(Li(x^{\varrho - R}) \mp \pi i\right) + \log \zeta(R),$$

wo $-$ oder $+$ gilt, je nachdem der Exponent von x im vorangehenden Li positive oder negative Ordinate hat, und wo $\log \zeta(R)$ den Wert bei direkter Fortsetzung längs der Ordinate R_2 bedeutet.

V. Endlich ergibt sich für $R = R_1 + R_2 i$, wenn zur Ordinate R_2 die von R verschieden vorausgesetzten Wurzeln

$$\varrho = \varrho_1', \cdots, \varrho_\alpha'$$

mit Abszisse $< R_1$ und

$$\varrho = \varrho_1'', \cdots, \varrho_\beta''$$

mit Abszisse $> R_1$ gehören (wo α oder $\beta = 0$ sein kann, so daß die betreffenden Glieder dann nicht auftreten), falls $\sum_{\varrho}'$ auf die übrigen ϱ bezüglich ist,

$$f(x,R) = \left(Li(x^{1-R}) \mp \pi i\right) - \sum_{q=1}^{\infty} \left(Li(x^{-2q-R}) \mp \pi i\right)$$

$$- \sum_{\varrho}{}' \left(Li(x^{\varrho - R}) \mp \pi i\right) - \sum_{\nu=1}^{\alpha} \int_{-\infty}^{\varrho_\nu' - R} \frac{x^s}{s}\,ds - \sum_{\nu=1}^{\beta} Li(x^{\varrho_\nu'' - R}) + \log \zeta(R) - \beta \pi i,$$

wo $\log \zeta(R)$ den Wert bei Fortsetzung längs der Ordinate R_2 mit Ausbuchtungen nach oben bezeichnet.

§ 89.

Über die Art der Konvergenz von $\sum_{\varrho} \frac{x^\varrho}{\varrho}$.

Da bei $F(x, r)$ nicht erst die Integrale auftreten, lege ich diese Formel als die übersichtlichere den folgenden Erwägungen zu Grunde. Es genügt, $r = 0$ zu nehmen, da die Reihe

$$\sum_\varrho \frac{x^{\varrho - r}}{\varrho - r},$$

die im allgemeinen Fall auftritt, sich von

$$x^{-r} \sum_\varrho \frac{x^\varrho}{\varrho}$$

doch nur um einen für $x_0 \leqq x \leqq x_1$, wo $x_1 > x_0 > 1$ ist, bei festem r gleichmäßig konvergenten Ausdruck

$$\sum_\varrho \frac{x^{\varrho - r} r}{\varrho(\varrho - r)}$$

unterscheidet; in der Tat ist ja

$$\left| \frac{x^{\varrho - r} r}{\varrho(\varrho - r)} \right| \leqq \frac{x^{1 - \Re(r)} |r|}{|\varrho| |\varrho - r|}$$
$$\leqq \frac{|r| \operatorname{Max.}(x_0^{1-\Re(r)}, x_1^{1-\Re(r)})}{|\varrho| |\varrho - r|}.$$

Ich betrachte also die Formel

$$F(x, 0) = x + \sum_{q=1}^{\infty} \frac{x^{-2q}}{2q} - \sum_\varrho \frac{x^\varrho}{\varrho} - \frac{\zeta'(0)}{\zeta(0)}$$
$$= x - \tfrac{1}{2} \log\left(1 - \frac{1}{x^2}\right) - \log 2\pi - \sum_\varrho \frac{x^\varrho}{\varrho}.$$

Die linke Seite ist für Nichtprimzahlpotenzen die Funktion $\psi(x)$, für $x = p_0^{m_0}$ gleich $\psi(x) - \frac{1}{2} \log p_0$. Sie ist also für nicht ganze $x > 1$ stetig, für ganze Nichtprimzahlpotenzen auch stetig, für Primzahlpotenzen nach beiden Seiten unstetig. Dies gilt also auch von der nach absolut wachsenden Ordinaten geordneten Reihe[1)]

$$\sum_\varrho \frac{x^\varrho}{\varrho}.$$

1) Übrigens konvergiert diese Reihe nach § 76 auch für $x = 1$, ist aber dort nach rechts unstetig, da bei zu 1 abnehmendem x

$$\lim_{x=1} \log\left(1 - \frac{1}{x^2}\right) = -\infty$$

ist. Sie konvergiert auch für $0 < x < 1$, da

$$\frac{x^\varrho}{\varrho} = \frac{\left(\frac{1}{x}\right)^{-\varrho}}{\varrho} = x \frac{\left(\frac{1}{x}\right)^{1-\varrho}}{\varrho} = -x \frac{\left(\frac{1}{x}\right)^{1-\varrho}}{1-\varrho} + x \frac{\left(\frac{1}{x}\right)^{1-\varrho}}{\varrho(1-\varrho)}$$

ist und $1 - \varrho$ mit ϱ alle komplexen Wurzeln durchläuft.

Da diese Reihe eine für alle Primzahlpotenzen beiderseitig unstetige Funktion darstellt, ist sie in jedem Intervall $x_0 \leqq x \leqq x_1$, das mindestens eine Primzahlpotenz im Innern oder am Ende enthält, nicht gleichmäßig konvergent. Ob in einem von Primzahlpotenzen freien Intervall die Reihe gleichmäßig konvergiert oder nicht, läßt sich auf Grund der oben konstatierten Tatsache, daß die Reihensumme stetig ist, nicht entscheiden, soll aber jetzt allgemein im bejahenden Sinne beantwortet werden.

Es sei also

$$1 < x_0 < x_1$$

und das Intervall

$$x_0 \leqq x \leqq x_1$$

von Primzahlpotenzen frei. Dann ist nach dem ersten Satz des § 86 für $T > 0$

$$\left| \int_{2-Ti}^{2+Ti} \frac{x^s}{s} \sum_{n=1}^{\infty} \frac{\Lambda(n)}{n^s}\, ds - 2\pi i F(x,0) \right|$$

$$< \left| \sum_{n=1}^{x} \Lambda(n) \left(\int_{2-Ti}^{2+Ti} \frac{\left(\frac{x}{n}\right)^s}{s}\, ds - 2\pi i \right) \right| + \left| \sum_{n=x+1}^{\infty} \Lambda(n) \int_{2-Ti}^{2+Ti} \frac{\left(\frac{x}{n}\right)^s}{s}\, ds \right|$$

$$\leqq \sum_{n<x_0} \Lambda(n) \frac{2}{T} \frac{\left(\frac{x}{n}\right)^2}{\log \frac{x}{n}} + \sum_{n>x_1} \Lambda(n) \frac{2}{T} \frac{\left(\frac{x}{n}\right)^2}{\log \frac{n}{x}};$$

wenn η positiv und kleiner gewählt ist als der Abstand des Intervalls $(x_0 \cdots x_1)$ von 1 und der nächstgelegenen Primzahlpotenz, ist in den nicht verschwindenden Gliedern der ersten Summe rechts

$$\frac{1}{\log \frac{x}{n}} < \frac{1}{\log \frac{x_0}{x_0 - \eta}},$$

der zweiten

$$\frac{1}{\log \frac{n}{x}} < \frac{1}{\log \frac{x_1 + \eta}{x_1}};$$

daher ist

$$\left| \int_{2-Ti}^{2+Ti} \frac{x^s}{s} \sum_{n=1}^{\infty} \frac{\Lambda(n)}{n^s}\, ds - 2\pi i F(x,0) \right| < \frac{2x_1^2}{T} \frac{1}{\log \frac{x_0}{x_0 - \eta}} \sum_{n<x_0} \frac{\Lambda(n)}{n^2} + \frac{2x_1^2}{T} \frac{1}{\log \frac{x_1 + \eta}{x_1}} \sum_{n>x_1} \frac{\Lambda(n)}{n^2},$$

so daß die linke Seite gleichmäßig im Intervall $x_0 \leqq x \leqq x_1$ gegen 0 konvergiert, wenn T ins Unendliche rückt.

In der Formel (3) des § 87, wo

$$r = 0,\ b = 2$$

zu setzen ist, konvergiert also im Intervall $(x_0 \cdots x_1)$ die linke Seite für $g = \infty$ gleichmäßig gegen $-F(x, 0)$. Alles ist also bewiesen, wenn ich zeige, daß die beiden Integrale in jener Formel (3)

$$\int_{-\infty \pm T_g i}^{2 \pm T_g i} \frac{x^s}{s} \frac{\zeta'(s)}{\zeta(s)}\, ds$$

gleichmäßig gegen Null konvergieren, wenn g ganzzahlig ins Unendliche rückt. In der Tat ist nach § 87, (4) und (5)

$$\left| \int_{-\infty \pm T_g i}^{2 \pm T_g i} \frac{x^s}{s} \frac{\zeta'(s)}{\zeta(s)}\, ds \right| < 2 c_{19} \frac{\log^2 T_g}{T_g} \int_{-\infty}^{2} x^\sigma d\sigma$$

$$= 2 c_{19} \frac{\log^2 T_g}{T_g} \frac{x^2}{\log x}$$

$$< 2 c_{19} \frac{\log^2 T_g}{T_g} \frac{x_1^2}{\log x_0},$$

woraus die Behauptung folgt; es ist wohl kaum nötig zu betonen, daß aus der hiermit zunächst bewiesenen gleichmäßigen Existenz von

$$\lim_{g=\infty} \sum_{-T_g < \gamma < T_g} \frac{x^\varrho}{\varrho}$$

die gleichmäßige Konvergenz von

$$\sum_\varrho \frac{x^\varrho}{\varrho}$$

wegen der gleichmäßigen Existenz[1]) von

$$\lim_{g=\infty} \sum_{g \leqq |\gamma| \leqq g+1} \left| \frac{x^\varrho}{\varrho} \right| = 0$$

wirklich folgt.

Diese Tatsache, daß

$$\sum_\varrho \frac{x^\varrho}{\varrho}$$

---

1) Diese folgt aus

$$\left| \frac{x^\varrho}{\varrho} \right| \leqq \frac{x_1}{g}.$$

gerade in der Nähe der Primzahlen und der höheren Primzahlpotenzen und sonst in der Nähe keiner Stelle > 1 ungleichmäßig konvergiert, deutet auf einen arithmetischen Zusammenhang zwischen den komplexen Wurzeln ϱ der Zetafunktion und den Primzahlen p hin. Ich habe keine Ahnung, worin derselbe besteht.

Zwanzigstes Kapitel.

Genauere Abschätzung der Anzahl $N(T)$ der Nullstellen von $\zeta(s)$ im Rechteck $0 < \sigma < 1$, $0 < t \leqq T$.

§ 90.

Hilfssätze über die Gammafunktion.

Nach § 84 ist

$$N(T) = O(T \log T).$$

Ich werde nun in diesem Kapitel beweisen, daß genauer

$$N(T) = \frac{1}{2\pi} T \log T - \frac{1 + \log(2\pi)}{2\pi} T + O(\log T)$$

ist.

Dazu muß ich zunächst die Gammafunktion viel genauer abschätzen, als bisher erforderlich war.

Satz 1: Für positives ω ist

$$\Re\left(\frac{\Gamma'(\omega i)}{\Gamma(\omega i)}\right) = \log \omega + O\left(\frac{1}{\omega}\right).$$

Beweis: Aus

$$\frac{\Gamma'(s)}{\Gamma(s)} = -C - \frac{1}{s} + \sum_{n=1}^{\infty}\left(\frac{1}{n} - \frac{1}{s+n}\right)$$

folgt

$$\Re\left(\frac{\Gamma'(\omega i)}{\Gamma(\omega i)}\right) = -C + \sum_{n=1}^{\infty}\left(\frac{1}{n} - \frac{n}{n^2+\omega^2}\right)$$

$$= -C + \sum_{n=1}^{\omega^2}\left(\frac{1}{n} - \frac{n}{n^2+\omega^2}\right) + \omega^2 \sum_{n=\omega^2+1}^{\infty} \frac{1}{n(n^2+\omega^2)}$$

$$= -C + \sum_{n=1}^{\omega^2}\frac{1}{n} - \sum_{n=1}^{\omega^2}\frac{n}{n^2+\omega^2} + O\left(\omega^2 \sum_{n=\omega^2+1}^{\infty}\frac{1}{n^3}\right)$$

$$= -C + 2\log\omega + C + O\left(\frac{1}{\omega^2}\right) - \int_0^{\omega^2}\frac{u\,du}{u^2+\omega^2} + O\left(\frac{1}{\omega}\right) + O\left(\frac{\omega^2}{\omega^4}\right)$$

$\left(\text{da } \frac{u}{u^2+\omega^2} \text{ für } u = \omega \text{ das Maximum } \frac{1}{2\omega} \text{ hat}\right)$

$$= 2\log\omega + O\left(\frac{1}{\omega}\right) - \tfrac{1}{2}\log(\omega^4+\omega^2) + \tfrac{1}{2}\log(\omega^2)$$

$$= 2\log\omega + O\left(\frac{1}{\omega}\right) - 2\log\omega + O\left(\frac{1}{\omega^2}\right) + \log\omega$$

$$= \log\omega + O\left(\frac{1}{\omega}\right).$$

Satz 2: Für $-1 \leqq \sigma \leqq 2$ ist gleichmäßig

$$\frac{\Gamma'(\sigma+\omega i)}{\Gamma(\sigma+\omega i)} = O(\log\omega).$$

Dies war schon in § 82 bewiesen.

Satz 3: Für festes σ_0 auf der Strecke $-1 \leqq \sigma \leqq 2$ ist

$$\int_1^\omega \Re\left(\frac{\Gamma'(\sigma_0+ti)}{\Gamma(\sigma_0+ti)}\right) dt = \omega\log\omega - \omega + O(\log\omega).$$

Beweis: 1. Für $\sigma_0 = 0$ ergibt sich nach Satz 1

$$\int_1^\omega \Re\left(\frac{\Gamma'(ti)}{\Gamma(ti)}\right) dt = \int_1^\omega \left(\log t + O\left(\frac{1}{t}\right)\right) dt$$

$$= \int_1^\omega \log t\, dt + O\int_1^\omega \frac{dt}{t}$$

$$= \omega\log\omega - \omega + O(\log\omega).$$

2. Für ein anderes σ im Intervall $(-1 \cdots 2)$ werde der Cauchysche Satz auf das Rechteck mit den Ecken $\sigma_0 + i$, $\sigma_0 + \omega i$, ωi, i angewendet:

$$\int_{\sigma_0+i}^{\sigma_0+\omega i} \frac{\Gamma'(s)}{\Gamma(s)} ds = \int_{\sigma_0+i}^{i} \frac{\Gamma'(s)}{\Gamma(s)} ds + \int_{i}^{\omega i} \frac{\Gamma'(s)}{\Gamma(s)} ds + \int_{\omega i}^{\sigma_0+\omega i} \frac{\Gamma'(s)}{\Gamma(s)} ds.$$

Im dritten Integral rechts, dessen Weglänge $\leqq 2$ ist, ist der Integrand nach Satz 2 gleichmäßig $O(\log\omega)$; daher ist dies Integral $= O(\log\omega)$; das erste Integral ist von ω unabhängig. Also ergibt sich

$$\int_{\sigma_0+i}^{\sigma_0+\omega i} \frac{\Gamma'(s)}{\Gamma(s)} ds = \int_{i}^{\omega i} \frac{\Gamma'(s)}{\Gamma(s)} ds + O(\log\omega),$$

$$\Im\int_{\sigma_0+i}^{\sigma_0+\omega i} \frac{\Gamma'(s)}{\Gamma(s)} ds = \Im\int_{i}^{\omega i} \frac{\Gamma'(s)}{\Gamma(s)} ds + O(\log\omega),$$

$$\int_1^{\omega} \Re\left(\frac{\Gamma'(\sigma_0+ti)}{\Gamma(\sigma_0+ti)}\right) dt = \int_1^{\omega} \Re\left(\frac{\Gamma'(ti)}{\Gamma(ti)}\right) dt + O(\log \omega),$$

also nach dem Ergebnis des ersten Falles

$$\int_1^{\omega} \Re\left(\frac{\Gamma'(\sigma_0+ti)}{\Gamma(\sigma_0+ti)}\right) dt = \omega \log \omega - \omega + O(\log \omega).$$

Ich erinnere ferner an den im § 84 bewiesenen Satz

(1) $$N(T+1) - N(T) = O(\log T),$$

ferner an den ebenda bewiesenen Satz: Wenn $s = \sigma + Ti$, $-1 \leqq \sigma \leqq 2$ ist und Σ' bedeutet, daß $|T - \gamma| \geqq 1$ ist, so ist gleichmäßig

(2) $$\sum_{\varrho}{}' \left(\frac{1}{s-\varrho} + \frac{1}{\varrho}\right) = O(\log T).$$

§ 91.

Beweis der Relation für $N(T)$.

Zum Beweise der Relation für $N(T)$ darf angenommen werden, daß zur Ordinate T keine Nullstelle gehört. (Überhaupt folgt aus der Formel (1) des vorigen Paragraphen, daß es genügen würde, die Abschätzung für je ein T des Intervalls $g \leqq T \leqq g+1$ bei jedem ganzzahligen $g \geqq 2$ zu beweisen.)

Dann ist

$$2\pi i N(T) = \int \frac{\zeta'(s)}{\zeta(s)} ds,$$

erstreckt im positiven Sinne über das Rechteck mit den Ecken 2, $2+Ti$, $-1+Ti$, -1, wo bei der unteren Seite 1 durch einen kleinen Halbkreis nach oben vermieden wird. Das untere Stück $(-1 \cdots 2)$ ist von T unabhängig; beim rechten Stück $(2 \cdots 2+Ti)$ ist

$$\int_2^{2+Ti} \frac{\zeta'(s)}{\zeta(s)} ds = \sum_{p,m} \frac{1}{mp^{m(2+Ti)}} - \sum_{p,m} \frac{1}{mp^{2m}}$$
$$= O(1);$$

also ist

$$2\pi i N(T) = \int_{2+Ti}^{-1+Ti} \frac{\zeta'(s)}{\zeta(s)} ds + \int_{-1+Ti}^{-1} \frac{\zeta'(s)}{\zeta(s)} ds + O(1),$$

folglich, da $N(T)$ reell ist,

$$(1)\qquad 2\pi N(T) = \Im\int\limits_{2+Ti}^{-1+Ti}\frac{\zeta'(s)}{\zeta(s)}\,ds + \Im\int\limits_{-1+Ti}^{-1}\frac{\zeta'(s)}{\zeta(s)}\,ds + O(1).$$

Auf das vertikale Stück $(-1+Ti\cdots -1)$ werde die Funktionalgleichung

$$\zeta(s) = \frac{\Gamma\left(\frac{1-s}{2}\right)}{\Gamma\left(\frac{s}{2}\right)}\pi^{-\frac{1}{2}+s}\zeta(1-s)$$

angewendet; nach ihr ist

$$\frac{\zeta'(s)}{\zeta(s)} = -\frac{1}{2}\frac{\Gamma'\left(\frac{1-s}{2}\right)}{\Gamma\left(\frac{1-s}{2}\right)} - \frac{1}{2}\frac{\Gamma'\left(\frac{s}{2}\right)}{\Gamma\left(\frac{s}{2}\right)} + \log\pi - \frac{\zeta'(1-s)}{\zeta(1-s)},$$

$$\frac{\zeta'(-1+ti)}{\zeta(-1+ti)} = -\frac{1}{2}\frac{\Gamma'\left(1-\frac{t}{2}i\right)}{\Gamma\left(1-\frac{t}{2}i\right)} - \frac{1}{2}\frac{\Gamma'\left(-\frac{1}{2}+\frac{t}{2}i\right)}{\Gamma\left(-\frac{1}{2}+\frac{t}{2}i\right)} + \log\pi - \frac{\zeta'(2-ti)}{\zeta(2-ti)},$$

$$\Im\int\limits_{-1+Ti}^{-1}\frac{\zeta'(s)}{\zeta(s)}\,ds = \int\limits_{T}^{0}\Re\left(\frac{\zeta'(-1+ti)}{\zeta(-1+ti)}\right)dt$$

$$= -\frac{1}{2}\int\limits_{T}^{0}\Re\left(\frac{\Gamma'\left(1-\frac{t}{2}i\right)}{\Gamma\left(1-\frac{t}{2}i\right)}\right)dt - \frac{1}{2}\int\limits_{T}^{0}\Re\left(\frac{\Gamma'\left(-\frac{1}{2}+\frac{t}{2}i\right)}{\Gamma\left(-\frac{1}{2}+\frac{t}{2}i\right)}\right)dt - T\log\pi + \Im\int\limits_{2-Ti}^{2}\frac{\zeta'(s)}{\zeta(s)}\,ds$$

$$= \int\limits_{0}^{\frac{T}{2}}\Re\left(\frac{\Gamma'(1-ui)}{\Gamma(1-ui)}\right)du + \int\limits_{0}^{\frac{T}{2}}\Re\left(\frac{\Gamma'(-\frac{1}{2}+ui)}{\Gamma(-\frac{1}{2}+ui)}\right)du - T\log\pi + O(1).$$

Nach dem Satz 3 des vorigen Paragraphen ist

$$\int\limits_{0}^{\frac{T}{2}}\Re\left(\frac{\Gamma'(1-ui)}{\Gamma(1-ui)}\right)du = \int\limits_{0}^{\frac{T}{2}}\Re\left(\frac{\Gamma'(1+ui)}{\Gamma(1+ui)}\right)du$$

$$= \frac{T}{2}\log\frac{T}{2} - \frac{T}{2} + O(\log T)$$

und

$$\int\limits_{0}^{\frac{T}{2}}\Re\left(\frac{\Gamma'(-\frac{1}{2}+ui)}{\Gamma(-\frac{1}{2}+ui)}\right)du = \frac{T}{2}\log\frac{T}{2} - \frac{T}{2} + O(\log T);$$

für das zweite in (1) auftretende Integral erhalte ich also

$$\Im\int_{-1+Ti}^{-1}\frac{\zeta'(s)}{\zeta(s)}ds = T\log\frac{T}{2} - T - T\log\pi + O(\log T).$$

Daher ist

$$N(T) = \frac{1}{2\pi}T\log T - \frac{1+\log(2\pi)}{2\pi}T + O(\log T) + \frac{1}{2\pi}\Im\int_{2+Ti}^{-1+Ti}\frac{\zeta'(s)}{\zeta(s)}ds,$$

und die in § 5 der Einleitung sowie zu Anfang des § 90 angekündigte Formel für $N(T)$ ist bewiesen, wenn ich noch den Nachweis führe, daß

$$\Im\int_{2+Ti}^{-1+Ti}\frac{\zeta'(s)}{\zeta(s)}ds = O(\log T)$$

ist.

Nun ist nach § 76

$$\frac{\zeta'(s)}{\zeta(s)} = b - \frac{1}{s-1} - \frac{1}{2}\frac{\Gamma'\left(\frac{s}{2}+1\right)}{\Gamma\left(\frac{s}{2}+1\right)} + \sum_{\varrho}{}'\left(\frac{1}{s-\varrho}+\frac{1}{\varrho}\right) + \sum_{\varrho}{}''\left(\frac{1}{s-\varrho}+\frac{1}{\varrho}\right),$$

wo $|T-\gamma| \geqq 1$ in $\sum_{\varrho}'$ und $|T-\gamma| < 1$ in $\sum_{\varrho}''$ ist. Hierin ist auf dem Wege gleichmäßig das erste Glied $O(1)$, das zweite $O\left(\frac{1}{T}\right)$, das dritte $O(\log T)$ nach § 90, Satz 2, das vierte nach § 90, (2) auch $O(\log T)$, also a fortiori der imaginäre Teil des Integrals über diese vier Glieder $O(\log T)$. Das fünfte Glied liefert, da die Gliederzahl $O(\log T)$ ist und

$$\left|\Im\int_{2+Ti}^{-1+Ti}\frac{1}{s-\varrho}ds\right| < \pi$$

ist, den Beitrag

$$\Im\int_{2+Ti}^{-1+Ti}\sum_{\varrho}{}''\left(\frac{1}{s-\varrho}+\frac{1}{\varrho}\right)ds = O(\log T),$$

womit alles bewiesen ist.

§ 92.

Studien über den vorangehenden Beweis.

Der tiefste Schluß bei dem vorangehenden Beweis liegt in dem Nachweise, daß

$$(1) \qquad \Im\int_{2+Ti}^{-1+Ti}\frac{\zeta'(s)}{\zeta(s)}ds = O(\log T)$$

ist, d. h., wenn $\log \zeta(s)$ den für $\sigma > 1$ durch die Dirichletsche Reihe

$$\sum_m \frac{1}{mp^{ms}}$$

definierten Zweig bezeichnet, daß bei Fortsetzung längs der Ordinate T

$$\Im \log \zeta(-1 + Ti) = O(\log T)$$

ist.

Hierzu war, auch nachdem

(2) $$N(T+1) - N(T) = O(\log T)$$

festgestellt war, nochmals die Partialbruchzerlegung von $\frac{\zeta'(s)}{\zeta(s)}$, d. h. insbesondere die Existenz von $\zeta(s)$ in der ganzen Ebene herangezogen. Ich mache nun darauf aufmerksam, daß man aus (2) allein zum Ziele (1) gelangen kann, auch ohne die Existenz von $\zeta(s)$ in der ganzen Ebene zu kennen, wenn man nur irgendwoher weiß[1], daß $\zeta(s)$ für $\sigma \geqq -\frac{3}{2}$ regulär[2] und

$$= O(t^a)$$

ist[3], auch, daß alle Nullstellen in dieser Halbebene dem Streifen $0 \leqq \sigma \leqq 1$ angehören und eben so beschaffen sind, daß die Anzahl derselben mit Ordinate zwischen T (exkl.) und $T+1$ (inkl.)

$$N(T+1) - N(T) = O(\log T)$$

---

1) D. h. der Satz gilt auch für jede andere Funktion an Stelle von $\zeta(s)$, wenn sie nur die Voraussetzungen erfüllt, mag sie in der ganzen Ebene existieren oder nicht.

2) Natürlich ist die Zahl $-\frac{3}{2}$ nicht wesentlich; sie könnte durch jede andere Zahl < -1 ersetzt werden.

3) Dies ist wegen der für $\sigma > -2$ gültigen Relation aus § 67

$$\zeta(s) - 1 - \frac{1}{s-1} = -\frac{s}{2!}(\zeta(s+1)-1) - \frac{s(s+1)}{3!}(\zeta(s+2)-1) - \frac{s(s+1)(s+2)}{3!}\sum_{n=1}^{\infty}\int_0^1 \frac{u^3\,du}{(n+u)^{s+3}}$$

gewiß erfüllt, da für $\sigma \geqq -\frac{3}{2}$ die letzte Summe $= O(1)$ ist. Denn es ergibt sich aus jener Relation zunächst für $\sigma \geqq \frac{1}{2}$

$$\begin{aligned}\zeta(s) &= O(t) + O(t^2) + O(t^3)\\ &= O(t^3),\end{aligned}$$

alsdann für $\sigma \geqq -\frac{1}{2}$

$$\begin{aligned}\zeta(s) &= O(t \cdot t^3) + O(t^2) + O(t^3)\\ &= O(t^4)\end{aligned}$$

und schließlich für $\sigma \geqq -\frac{3}{2}$

$$\begin{aligned}\zeta(s) &= O(t \cdot t^4) + O(t^2 \cdot t^3) + O(t^3)\\ &= O(t^5).\end{aligned}$$

Genauere Abschätzungen sind hier ohne Belang.

ist, ferner, daß für einen in der Halbebene $\sigma > 1$ eindeutig definierten Zweig von $\log \zeta(s)$

$$\log \zeta(2 + Ti) = O(\log T)$$

ist.[1]

Dem Beweise schicke ich einen Hilfssatz voraus:

Satz: Die ganze rationale Funktion

$$F(x) = x^n + a_1 x^{n-1} + \cdots + a_n$$

mit reellen Koeffizienten kann für $-2 \leqq x \leqq 2$ nicht beständig die Relationen

$$-2 < F(x) < 2$$

erfüllen.

Beweis: Es ist bekanntlich $\cos ny$ eine ganze rationale Funktion von $\cos y$ und zwar

$$\cos ny = 2^{n-1} \cos^n y + b_1 \cos^{n-1} y + \cdots + b_n,$$

also

$$G(x) = 2 \cos\left(n \arccos \frac{x}{2}\right)$$
$$= x^n + c_1 x^{n-1} + \cdots + c_n.$$

Für

$$x = 2, \quad 2\cos\frac{\pi}{n}, \quad 2\cos\frac{2\pi}{n}, \cdots, \quad 2\cos\frac{\lambda\pi}{n}, \cdots, \quad 2\cos\frac{n\pi}{n} = -2$$

ist

$$G(x) = 2, \qquad -2, \qquad 2, \cdots, \quad 2(-1)^\lambda, \cdots, \quad 2(-1)^n.$$

Wäre nun bei der gegebenen Funktion $F(x)$ für $-2 \leqq x \leqq 2$ beständig

$$|F(x)| < 2,$$

so wäre für obige $n + 1$ spezielle x abwechselnd

$$F(x) < G(x), \quad F(x) > G(x), \quad F(x) < G(x), \cdots.$$

Die Funktion $(n-1)$ten oder geringeren Grades $F(x) - G(x)$ hätte also in jedem der n Intervalle mindestens eine Wurzel, was nicht möglich ist.

Folgerung: In jedem gegebenen Intervall $x_0 \leqq x \leqq x_0 + 4$ gibt es ein x, für das

$$|F(x)| \geqq 2$$

ist.

---

1) Übrigens ist sogar

$$\log \zeta(2 + Ti) = O(1).$$

Für andere Funktionen wird aber eben nur $O(\log T)$ verlangt.

In der Tat transformiert sich durch die Substitution

$$x = x_0 + 2 + z$$

$F(x)$ in eine ganze rationale Funktion $n$ten Grades von z mit höchstem Koeffizienten 1.

Ich gehe nun zur Ausführung der Andeutungen am Anfang dieses Paragraphen über, die ich allgemein so formuliere:

Satz: Die analytische Funktion $f(s)$ sei für $\sigma \geqq -\frac{3}{2}$, $t > 1$ regulär[1]. Dort sei gleichmäßig

$$f(s) = O(t^a).$$

Alle jenem Gebiet etwa angehörigen Wurzeln mögen ihre Abszisse zwischen 0 (inkl.) und 1 (inkl.) haben. $N(T)$ sei die Anzahl jener Wurzeln, deren Ordinate zwischen 1 (inkl.) und T (inkl.) liegt. Es sei

$$N(T+1) - N(T) = O(\log T).$$

Es sei ferner, wenn $\log f(s)$ irgend einen für $\sigma > 1$, $t \geqq 1$ eindeutigen Zweig bezeichnet,

$$\log f(2 + Ti) = O(\log T),$$

d. h. es sei bei irgend einem Wege in jenem Gebiete

$$\int_{2+i}^{2+Ti} \frac{f'(s)}{f(s)}\, ds = O(\log T).$$

Alsdann ist bei gerader, wurzelfrei vorausgesetzter Bahn

$$\Im \int_{2+Ti}^{-1+Ti} \frac{f'(s)}{f(s)}\, ds = O(\log T),$$

mit anderen Worten: Wenn längs der Ordinate T fortgesetzt wird, ist

$$\Im \log f(-1 + Ti) = O(\log T),$$

d. h.

$$\text{Amplitude von } f(-1 + Ti) = O(\log T).$$

Beweis: Es sei $T \geqq 9$; es seien $s_1, \cdots, s_n$ die etwa vorhandenen Wurzeln von $f(s)$ (mehrfache mehrfach gezählt), die der Halbebene $\sigma \geqq -\frac{3}{2}$, d. h. dem Streifen $0 \leqq \sigma \leqq 1$ angehören und deren Ordinaten außerdem zwischen $T - 8$ (inkl.) und $T + 8$ (inkl.) liegen; $n = n(T)$

1) Auch die Zahl 1 hier ist natürlich nicht wesentlich.

hängt von T ab und ist $\geqq 0$. Es seien $t_1, \cdots, t_n$ die Ordinaten dieser Nullstellen. Nach der Voraussetzung

$$N(T+1) - N(T) = O(\log T)$$

ist

$$n = n(T) = O(\log T).$$

Nach der Folgerung aus dem vorigen Satze kann ich für jedes $T \geqq 9$, wenn das zugehörige $n \geqq 1$ ist, ein $T_1 = T_1(T)$ zwischen $T-8$ (inkl.) und $T-4$ (inkl.) so wählen, daß

$$|(T_1 - t_1) \cdots (T_1 - t_n)| \geqq 2 \\ > 1$$

ist, da ja

$$(x - t_1) \cdots (x - t_n)$$

eine ganze rationale Funktion von x mit höchstem Koeffizienten 1 ist. A fortiori ist für $s = \sigma + T_1 i$, $-\frac{3}{2} \leqq \sigma \leqq \frac{11}{2}$

(3) $$|(s - s_1) \cdots (s - s_n)| \geqq 1.$$

Im Falle $n = 0$ möge T_1 irgend eine Zahl zwischen $T-8$ und $T-4$ bedeuten. Ebenso wähle ich $T_2 = T_2(T)$ im Falle $n \geqq 1$ so, daß

(4) $$T + 4 \leqq T_2 \leqq T + 8$$

und

$$|(T_2 - t_1) \cdots (T_2 - t_n)| \geqq 2 \\ > 1$$

ist; für $s = \sigma + T_2 i$, $-\frac{3}{2} \leqq \sigma \leqq \frac{11}{2}$ ist dann a fortiori (3) erfüllt. Im Falle $n = 0$ sei T_2 beliebig im Intervall (4) gewählt.

Ich betrachte nun die Funktion

$$g(s) = \frac{f(s)}{(s - s_1) \cdots (s - s_n)};$$

für $n = 0$ bedeute $g(s)$ einfach $f(s)$, d. h. der Nenner 1, so daß (3) auf den obigen Strecken richtig bleibt. $g(s)$ ist regulär und von Null verschieden für $\sigma > 1$, $t \geqq 1$, sowie in dem anstoßenden Rechteck mit den Ecken $-\frac{3}{2} + (T \pm 8)i$, $1 + (T \pm 8)i$ einschließlich des Randes. Es bezeichne

$$h(s) = \log g(s) \\ = \log f(s) - \sum_{\nu=1}^{n} \log(s - s_\nu)$$

einen dort eindeutigen regulären Zweig. Auf den Geraden $\sigma = -\frac{3}{2}$, $\sigma = \frac{11}{2}$ ist, da die Abszisse jeder Nullstelle $s_1, \cdots, s_n$ zwischen 0 (inkl.) und 1 (inkl.) liegt,

$$|s - s_1| > 1, \cdots, |s - s_n| > 1,$$

also (3) auch gültig. Es ist daher auf dem ganzen Rande des Rechtecks mit den Ecken $-\frac{3}{2}+T_1 i$, $-\frac{3}{2}+T_2 i$, $\frac{11}{2}+T_1 i$, $\frac{11}{2}+T_2 i$

$$|g(s)| \leq |f(s)|,$$

also, da nach Voraussetzung u. a. dort

$$f(s) = O(T^a)$$

ist,

$$g(s) = O(T^a),$$

also für alle $T \geqq 9$ auf dem Rande des genannten Rechtecks

$$\begin{aligned}\Re h(s) &= \log|g(s)| \\ &< c_1 \log T,\end{aligned}$$

wo c_1 von T unabhängig ist. Daher ist auch im Innern dieses Rechtecks

$$\Re h(s) < c_1 \log T;$$

diese Ungleichung gilt also speziell auf dem Kreise

$$|s-2-Ti| = \frac{7}{2},$$

welcher nirgends aus jenem Rechteck herausreicht. Im Mittelpunkt dieses Kreises ist nach Voraussetzung

$$\log f(2+Ti) = O(\log T),$$

also

$$\begin{aligned}|h(2+Ti)| &= \left|\log f(2+Ti) - \sum_{\nu=1}^{n} \log(2+Ti-s_\nu)\right| \\ &\leqq O(\log T) + \sum_{\nu=1}^{n} |\log(2+Ti-s_\nu)| \\ &= O(\log T),\end{aligned}$$

da

$$n = O(\log T)$$

ist und für jedes ν wegen

$$\sqrt{8^2+2^2} \geqq |2+Ti-s_\nu| \geqq 1$$

gleichmäßig

$$|\log(2+Ti-s_\nu)| < c_2$$

ist.

Nach dem Satze des § 73

$$|F(s)| \leqq |\gamma| + |\beta| \frac{r+\varrho}{r-\varrho} + 2A\frac{\varrho}{r-\varrho}$$

ist also, wenn

$$F(s) = h(s),$$
$$s_0 = 2 + Ti,$$
$$r = \tfrac{7}{2},$$
$$\varrho = 3$$

gesetzt wird, für

$$|s - s_0| \leqq \varrho$$
$$|h(s)| < c_3 \log T + c_4 \log T + c_5 \log T$$
$$= c_6 \log T,$$

also insbesondere im Punkte $-1 + Ti$

$$|\mathfrak{J} h(-1 + Ti)| \leqq |h(-1 + Ti)|$$
$$< c_6 \log T,$$

$$|\mathfrak{J} \log f(-1+Ti) - \mathfrak{J} \log(-1+Ti-s_1) - \cdots - \mathfrak{J} \log(-1+Ti-s_n)| < c_6 \log T,$$

also wegen der gleichmäßig gültigen Ungleichung

$$|\mathfrak{J} \log(-1 + Ti - s_\nu)| < c_7$$

nebst

$$n = O(\log T)$$
$$\mathfrak{J} \log f(-1 + Ti) = O(\log T),$$
$$\mathfrak{J} \int_{2+Ti}^{-1+Ti} \frac{f'(s)}{f(s)}\, ds = O(\log T),$$

was zu beweisen war.[1])

Einundzwanzigstes Kapitel.

Über die Beziehungen zwischen der oberen Grenze der reellen Teile der Nullstellen der Zetafunktion und der Abschätzung der Primzahlmenge.

§ 93.

Beweis eines allgemeinen Satzes über Dirichletsche Reihen.

Über die Lage der nicht reellen Nullstellen von $\zeta(s)$ wissen wir, daß sie alle dem Streifen $0 < \sigma < 1$ angehören und sogar dem Gebiet

$$\frac{1}{b \log(2 + |t|)} \leqq \sigma \leqq 1 - \frac{1}{b \log(2 + |t|)},$$

---

1) Übrigens ergibt sich gleichzeitig sogar

$$\log f(-1 + Ti) = O(\log T);$$

doch ist für den vorliegenden Zweck nur der Wortlaut des Textes erforderlich.

wo b eine gewisse positive Konstante ist. Ob es nun Nullstellen gibt, deren Abszisse beliebig nahe an 1 liegt oder nicht, weiß man nicht. Über die obere Grenze Θ ihrer reellen Teile weiß man nur, daß

$$\tfrac{1}{2} \leqq \Theta \leqq 1$$

ist; falls

$$\Theta = \tfrac{1}{2}$$

ist, haben alle ϱ den reellen Teil $\frac{1}{2}$.

Es sei nun andererseits Θ' die untere Grenze der Zahlen η, für welche

$$\pi(x) = Li(x) + O(x^{\eta})$$

ist; dann werde ich in diesem Paragraphen den Satz

$$\Theta' = \Theta$$

beweisen.

Die eine Hälfte

$$\Theta \leqq \Theta'$$

dieses Satzes ist fast trivial. Denn aus

$$\pi(x) = Li(x) + O(x^{\eta})$$

folgt zunächst, daß $\eta \geqq 0$ ist und die Dirichletsche Reihe

$$\sum_{n=1}^{\infty} \frac{a_n}{n^s} = \log \zeta(s) - \sum_{m=2}^{\infty} \sum_{p} \frac{1}{mp^{ms}} - \int_s^{\infty} (\zeta(u) - 1)\, du$$

$$= \sum_{p} \frac{1}{p^s} - \sum_{n=2}^{\infty} \frac{1}{n^s \log n},$$

wo

$$a_1 = 0,$$

$$a_n = 1 - \frac{1}{\log n} \quad \text{für } n = p,$$

$$a_n = \quad - \frac{1}{\log n} \quad \text{sonst}$$

ist, für $\sigma > \eta$ konvergiert; daher ist

$$\log \zeta(s) - \sum_{m=2}^{\infty} \sum_{p} \frac{1}{mp^{ms}}$$

für $\sigma > \eta$ (exkl. $s = 1$) regulär; also ist

$$\eta \geqq \tfrac{1}{2},$$

da

$$\sum_{m=2}^{\infty} \sum_{p} \frac{1}{mp^{ms}} = \tfrac{1}{2} \sum_{p} \frac{1}{p^{2s}} + \sum_{m=3}^{\infty} \sum_{p} \frac{1}{mp^{ms}}$$

für $s = \frac{1}{2}$ singulär ist. Für $\sigma > \eta$ (exkl. $s = 1$) ist daher

$$\log \zeta(s)$$

regulär; folglich ist für $\sigma > \eta$

$$\zeta(s) \neq 0;$$

das bedeutet

$$\Theta \leqq \eta,$$

d. h., da dies für alle $\eta > \Theta'$ galt,

$$\Theta \leqq \Theta'.$$

Die (nur im Falle $\Theta = 1$ triviale) andere Hälfte

$$\Theta' \leqq \Theta$$

ist viel schwerer zu beweisen. Es liegt ihr folgender allgemeiner Satz über Dirichletsche Reihen zugrunde, bei dem die Existenz der betreffenden Funktion in der ganzen Ebene nicht einmal gebraucht wird:

Satz: Es durchlaufe p eine Klasse von ganzen Zahlen[1], bei der jede > 1 ist und in endlicher Vielfachheit auftreten darf, jedoch so, daß

$$\sum_p \frac{1}{p^s}$$

für $s > 1$ konvergiert. Es ist daher für $\sigma > 1$

$$\prod_p \frac{1}{1 - \frac{1}{p^s}} = \prod_p \left(1 + \frac{1}{p^s} + \frac{1}{p^{2s}} + \cdots\right)$$

$$(1) \qquad = \sum_{n=1}^{\infty} \frac{b_n}{n^s}$$

eine absolut konvergente Dirichletsche Reihe. Die durch (1) definierte, für $\sigma > 1$ reguläre und nicht verschwindende Funktion $f(s)$ möge im Punkte $s = 1$ einen Pol erster Ordnung haben, sonst für $\sigma > \eta$, wo

$$\tfrac{1}{2} \leqq \eta < 1$$

ist, regulär und von Null verschieden sein und für $\sigma > \eta$ die Relation

$$f(s) = O(t^c)$$

erfüllen, wo c eine Konstante ist. Dann ist für alle $\delta > 0$ die Anzahl der $p \leqq x$

$$\pi(x) = \int_2^x \frac{du}{\log u} + O(x^{\eta + \delta})$$

1) Es brauchen nicht die Primzahlen zu sein.

und sogar

$$\pi(x) = \int_2^x \frac{du}{\log u} + O(x^\eta \log^3 x).$$

Beweis: Nach Voraussetzung ist für $\sigma > \eta$, $t \geqq 2$

$$Z(s) = \log f(s)$$

regulär und

$$\begin{aligned} \Re Z(s) &= \log |f(s)| \\ &< c_1 \log t. \end{aligned}$$

Es sei

$$x \geqq 3,$$

so daß stets

$$\log x > 1$$

ist. Dann ist für

$$t \geqq 4,\ s_0 = 2 + ti,\ r = 2 - \eta - \frac{1}{4 \log x},\ \varrho = 2 - \eta - \frac{1}{2 \log x}$$

im Kreise $|s - s_0| \leqq \varrho$ (da alle Punkte des Kreises $|s - s_0| \leqq r$ Abszissen $> \eta$ und Ordinaten $\geqq 2$ haben)

$$\begin{aligned} |Z(s)| &< |Z(2 + ti)| + |Z(2 + ti)| \frac{r + \varrho}{r - \varrho} + 2c_1 \log(t + 2) \frac{\varrho}{r - \varrho} \\ &< c_2 + c_2 \frac{r + \varrho}{r - \varrho} + c_3 \log t \frac{\varrho}{r - \varrho} \\ &< c_2 + c_2 \frac{4}{\frac{1}{4 \log x}} + c_3 \log t \frac{2}{\frac{1}{4 \log x}} \end{aligned}$$

(2) $$< c_4 \log x \log t,$$

wo alle auftretenden Konstanten von $t (\geqq 4)$ und $x (\geqq 3)$ unabhängig sind. (2) gilt insbesondere für

$$t \geqq 4,\ \eta + \frac{1}{2 \log x} \leqq \sigma \leqq 2,$$

und es ist daher für

$$t \geqq 4,\ \sigma \geqq \eta + \frac{1}{2 \log x}$$

(3) $$|Z(s)| < c_5 \log x \log t.$$

Für $t \geqq 5$, $\sigma \geqq \eta + \frac{1}{\log x}$ wende ich (3) auf den Kreis um s mit dem Radius $\frac{1}{2 \log x}$ an, was ich darf, da alle seine Punkte Abszissen $\geqq \eta + \frac{1}{2 \log x}$ und Ordinaten > 4 haben; das gibt

$$|\mathrm{Z}'(s)| = \left|\frac{f'(s)}{f(s)}\right|$$

$$< \frac{c_5 \log x \log(t+1)}{\frac{1}{2\log x}}$$

$$(4) \qquad < c_6 \log^2 x \log t.$$

Nun ist nach § 86, wenn

$$-\frac{\mathrm{Z}'(s)}{\mathrm{Z}(s)} = \sum_{p,m} \frac{\log p}{p^{ms}}$$

$$= \sum_{n=1}^{\infty} \frac{\Lambda(n)}{n^s}$$

gesetzt wird[1)] und unser $x \geqq 3$ ganz ist,

$$\left|\frac{1}{\cdot}\int_{4-x^4 i}^{4+x^4 i} \frac{x^s}{s} \frac{\mathrm{Z}'(s)}{\mathrm{Z}(s)} ds - 2\pi i \sum_{n=1}^{x-1} \Lambda(n) - \pi i \Lambda(x)\right| \leqq \left|\sum_{n=1}^{x-1} \Lambda(n)\left(\int_{4-x^4 i}^{4+x^4 i} \frac{x^s}{s} \frac{1}{n^s} ds - 2\pi i\right)\right|$$

$$+ \left|\Lambda(x)\left(\int_{4-x^4 i}^{4+x^4 i} \frac{x^s}{s} \frac{1}{x^s} ds - \pi i\right)\right| + \left|\sum_{n=x+1}^{\infty} \Lambda(n) \int_{4-x^4 i}^{4+x^4 i} \frac{x^s}{s} \frac{1}{n^s} ds\right|$$

$$\leqq \sum_{n=1}^{x-1} \Lambda(n) \frac{2\left(\frac{x}{n}\right)^4}{x^4 \log \frac{x}{n}} + \Lambda(x) \frac{8}{x^4} + \sum_{n=x+1}^{\infty} \Lambda(n) \frac{2\left(\frac{x}{n}\right)^4}{x^4 \log \frac{n}{x}}$$

$$= 2 \sum_{n=1}^{x-1} \frac{\Lambda(n)}{n^4} \frac{1}{\log \frac{x}{n}} + \frac{8\Lambda(x)}{x^4} + 2 \sum_{n=x+1}^{\infty} \frac{\Lambda(n)}{n^4} \frac{1}{\log \frac{n}{x}};$$

wegen der Konvergenz von

$$\sum_{n=1}^{\infty} \frac{\Lambda(n)}{n^2}$$

ist

$$\Lambda(n) = O(n^2),$$

also für ganzzahlig wachsendes x

---

1) Dies $\Lambda(n)$ ist also eine Verallgemeinerung des gewöhnlichen $\Lambda(n)$, nämlich $\sum_{p^m = n} \log p$.

$$-\int\limits_{4-x^4 i}^{4+x^4 i} \frac{x^s}{s} \frac{\mathrm{Z}'(s)}{\mathrm{Z}(s)} ds - 2\pi i \sum_{n=1}^{x-1} \Lambda(n) - \pi i \Lambda(x)$$

$$= O\sum_{n=1}^{x-1} \frac{1}{n^2} \frac{1}{\log\frac{x}{n}} + O\left(\frac{1}{x^2}\right) + O\sum_{n=x+1}^{\infty} \frac{1}{n^2} \frac{1}{\log\frac{n}{x}}$$

$$= O\sum_{n=1}^{\frac{x}{2}} \frac{1}{n^2} \frac{1}{\log\frac{x}{n}} + O\sum_{n=\frac{x}{2}+1}^{x-1} \frac{1}{n^2} \frac{1}{\log\frac{x}{n}} + O\sum_{n=x+1}^{\frac{3}{2}x} \frac{1}{n^2} \frac{1}{\log\frac{n}{x}} + O\sum_{n=\frac{3}{2}x+1}^{\infty} \frac{1}{n^2} \frac{1}{\log\frac{n}{x}} + O\left(\frac{1}{x^2}\right)$$

$$= O\sum_{n=1}^{\frac{x}{2}} \frac{1}{n^2} \frac{1}{\log 2} + O\left(\frac{1}{x^2} \sum_{n=\frac{x}{2}+1}^{x-1} \frac{1}{\log\frac{x}{n}}\right) + O\left(\frac{1}{x^2} \sum_{n=x+1}^{\frac{3}{2}x} \frac{1}{\log\frac{n}{x}}\right)$$

$$+ O\sum_{n=\frac{3}{2}x+1}^{\infty} \frac{1}{n^2} \frac{1}{\log\frac{3}{2}} + O\left(\frac{1}{x^2}\right)$$

$$= O(1) + O\left(\frac{1}{x^2} \sum_{k=1}^{\frac{x}{2}} \frac{1}{\log\frac{x}{x-k}}\right) + O\left(\frac{1}{x^2} \sum_{k=1}^{\frac{x}{2}} \frac{1}{\log\frac{x+k}{x}}\right) + O\left(\frac{1}{x}\right) + O\left(\frac{1}{x^2}\right)$$

$$= O(1) + O\left(\frac{1}{x^2} \sum_{k=1}^{\frac{x}{2}} \frac{1}{-\log\left(1-\frac{k}{x}\right)}\right) + O\left(\frac{1}{x^2} \sum_{k=1}^{\frac{x}{2}} \frac{1}{\log\left(1+\frac{k}{x}\right)}\right)$$

$$= O(1) + O\left(\frac{1}{x^2} \sum_{k=1}^{\frac{x}{2}} \frac{1}{\frac{k}{x}}\right) + O\left(\frac{1}{x^2} \sum_{k=1}^{\frac{x}{2}} \frac{1}{\frac{k}{x}}\right)$$

$$= O(1) + O\left(\frac{1}{x^2} x \log x\right) + O\left(\frac{1}{x^2} x \log x\right)$$

$$= O(1).$$

Wenn also für ganze x

$$\sum_{n=1}^{x}{}' \Lambda(n) = \sum_{n=1}^{x-1} \Lambda(n) + \tfrac{1}{2} \Lambda(x)$$

gesetzt wird, ist

$$\sum_{n=1}^{x}{}' \Lambda(n) = -\frac{1}{2\pi i} \int\limits_{4-x^4 i}^{4+x^4 i} \frac{x^s}{s} \frac{\mathrm{Z}'(s)}{\mathrm{Z}(s)} ds + O(1).$$

Es werde nun für ganze $x \geqq 3$ der **Cauchy**sche Satz auf das Rechteck mit den Ecken $4 \pm x^4 i$, $\eta + \frac{1}{\log x} \pm x^4 i$ angewendet, auf und in welchem für alle hinreichend großen[1)] x bis auf den darin liegenden Pol $s = 1$ mit dem Residuum $-x$ der Integrand

$$\frac{x^s}{s} \frac{Z'(s)}{Z(s)}$$

regulär ist. Das gibt

$$\sum_{n=1}^{x}{}' \Lambda(n) = x + O(1) - \frac{1}{2\pi i}\int\limits_{4-x^4 i}^{\eta+\frac{1}{\log x}-x^4 i} \frac{x^s}{s} \frac{Z'(s)}{Z(s)} ds - \frac{1}{2\pi i}\int\limits_{\eta+\frac{1}{\log x}-x^4 i}^{\eta+\frac{1}{\log x}+x^4 i} \frac{x^s}{s} \frac{Z'(s)}{Z(s)} ds$$

$$- \frac{1}{2\pi i}\int\limits_{\eta+\frac{1}{\log x}+x^4 i}^{4+x^4 i} \frac{x^s}{s} \frac{Z'(s)}{Z(s)} ds.$$

Rechts hat das erste und dritte Integral eine Weglänge < 4, und der Integrand ist dort nach (4) absolut genommen

$$< \frac{x^4}{x^4} c_6 \log^2 x \log(x^4)$$

$$= O(\log^3 x);$$

die Integrale sind also

$$= O(\log^3 x).$$

Das zweite Integral ist nach (4)

$$= O\int\limits_1^{x^4} \frac{x^{\eta+\frac{1}{\log x}}}{t} \log^2 x \log t \, dt$$

$$= O\left(x^\eta \log^2 x \int\limits_1^{x^4} \frac{\log t}{t} dt\right)$$

$$= O(x^\eta \log^2 x \log^2(x^4))$$

$$= O(x^\eta \log^4 x);$$

1) Es braucht ja nur

$$\eta + \frac{1}{\log x} < 1$$

zu sein.

daher ergibt sich für ganze x

$$\sum_{n=1}^{x}{}' \Lambda(n) = x + O(x^{\eta}\log^4 x).$$

Für stetig wachsendes x ist daher wegen

$$\sum_{n=1}^{[x]}{}' \Lambda(n) \leqq \sum_{n=1}^{x} \Lambda(n) \leqq \sum_{n=1}^{[x]+1}{}' \Lambda(n)$$

$$\sum_{n=1}^{x} \Lambda(n) = x + O(x^{\eta}\log^4 x),$$

$$\sum_{p^m \leqq x} \log p = x + O(x^{\eta}\log^4 x),$$

folglich zunächst

$$\sum_{p \leqq x} \log p = O(x)$$

und schärfer

$$\begin{aligned}\sum_{p \leqq x} \log p &= \sum_{p^m \leqq x} \log p - \Big(\sum_{p \leqq \sqrt{x}} \log p + \sum_{p \leqq \sqrt[3]{x}} \log p + \cdots\Big)\\ &= \sum_{p^m \leqq x} \log p + O\Big(\log x \sum_{p \leqq \sqrt{x}} \log p\Big)\\ &= \sum_{p^m \leqq x} \log p + O\big(\log x \cdot \sqrt{x}\big)\\ &= x + O(x^{\eta}\log^4 x) + O(\sqrt{x}\log x)\\ &= x + O(x^{\eta}\log^4 x).\end{aligned}$$

Hieraus folgt schließlich

$$\begin{aligned}\pi(x) &= \sum_{n=2}^{x} \frac{1}{\log n} + O\sum_{n=2}^{x} n^{\eta}\log^4 n\left(\frac{1}{\log n} - \frac{1}{\log(n+1)}\right) + O\left(\frac{x^{\eta}\log^4 x}{\log x}\right)\\ &= \int_2^x \frac{du}{\log u} + O\Big(\log^2 x \sum_{n=2}^{x} n^{\eta-1}\Big) + O(x^{\eta}\log^3 x)\\ &= \int_2^x \frac{du}{\log u} + O(x^{\eta}\log^3 x).\end{aligned}$$

§ 94.

Schärfere Abschätzung für die Zetafunktion im Besonderen.

Im speziellen Fall der Primzahlen und der Zetafunktion kann man, falls

$$\tfrac{1}{2} \leqq \Theta < 1$$

ist, d. h. ein $\eta < 1$ existiert, die Endformel des vorigen Paragraphen zu

$$\pi(x) = \int_2^x \frac{du}{\log u} + O(x^\eta \log x)$$

folgendermaßen verschärfen.

Nach den Formeln des § 86 ist, wenn $x > 1$ ganz und $T > 0$ ist,

$$\left| \int_{2-Ti}^{2+Ti} \frac{x^s}{s} \frac{\zeta'(s)}{\zeta(s)} ds - 2\pi i F(x,0) \right| \leq \sum_{n=1}^{x-1} \Lambda(n) \frac{2}{T} \frac{\left(\frac{x}{n}\right)^2}{\log \frac{x}{n}} + \frac{4\Lambda(x)}{T} + \sum_{n=x+1}^{\infty} \Lambda(n) \frac{2}{T} \frac{\left(\frac{x}{n}\right)^2}{\log \frac{n}{x}}$$

$$= \frac{2x^2}{T} \sum_{n=1}^{x-1} \frac{\Lambda(n)}{n^2} \frac{1}{\log \frac{x}{n}} + \frac{4\Lambda(x)}{T} + \frac{2x^2}{T} \sum_{n=x+1}^{\infty} \frac{\Lambda(n)}{n^2} \frac{1}{\log \frac{n}{x}}.$$

Dies ist

$$< c_7 \frac{x^2}{T},$$

wo c_7 von x und T unabhängig ist; denn es ergibt sich einzeln unter Benutzung einer Hilfsbetrachtung des vorigen Paragraphen

$$\sum_{n=1}^{x-1} \frac{\Lambda(n)}{n^2} \frac{1}{\log \frac{x}{n}} \leq \sum_{n=1}^{x-1} \frac{\log n}{n^2} \frac{1}{\log \frac{x}{n}}$$

$$\leq \sum_{n=1}^{\frac{x}{2}} \frac{\log n}{n^2} \frac{1}{\log 2} + \sum_{n=\frac{x}{2}+1}^{x-1} \frac{\log n}{n^2} \frac{1}{\log \frac{x}{n}}$$

$$= O(1) + O\left(\frac{\log x}{x^2} \sum_{n=\frac{x}{2}+1}^{x-1} \frac{1}{\log \frac{x}{n}} \right)$$

$$= O(1) + O\left(\frac{\log x}{x^2} \cdot x \log x \right)$$

$$= O(1),$$

$$\Lambda(x) \leq \log x$$

$$= O(x^2),$$

$$\sum_{n=x+1}^{\infty} \frac{\Lambda(n)}{n^2} \frac{1}{\log \frac{n}{x}} \leqq \sum_{n=x+1}^{\infty} \frac{\log n}{n^2} \frac{1}{\log \frac{n}{x}}$$

$$\leqq \sum_{n=x+1}^{\frac{3}{2}x} \frac{\log n}{n^2} \frac{1}{\log \frac{n}{x}} + \sum_{n=\frac{3}{2}x+1}^{\infty} \frac{\log n}{n^2} \frac{1}{\log \frac{3}{2}}$$

$$= O\left(\frac{\log x}{x^2} \sum_{n=x+1}^{\frac{3}{2}x} \frac{1}{\log \frac{n}{x}}\right) + O\int_{\frac{3}{2}x}^{\infty} \frac{\log u\, du}{u^2}$$

$$= O\left(\frac{\log x}{x^2} \cdot x \log x\right) + O\left(\frac{\log x}{x}\right)$$

$$= O\left(\frac{\log^2 x}{x}\right)$$

$$= O(1).$$

Wir finden also für ganzes $x > 1$ nebst $T > 0$

$$\left| \int_{2-Ti}^{2+Ti} \frac{x^s}{s} \frac{\zeta'(s)}{\zeta(s)} ds - 2\pi i F(x, 0) \right| < c_7 \frac{x^2}{T}.$$

Nun werde unter T die T_g-Zahl (im Sinne von § 85) des Intervalls $x^2 < T < x^2 + 1$ verstanden. Dann ergibt sich

$$F(x, 0) = -\frac{1}{2\pi i} \int_{2-T_{x^2}i}^{2+T_{x^2}i} \frac{x^s}{s} \frac{\zeta'(s)}{\zeta(s)} ds + O(1),$$

also nach § 87, (3)

$$(1) \begin{cases} |F(x, 0) - x| \leqq O(1) + \sum_{q=1}^{\infty} \frac{x^{-2q}}{2q} + \left| \sum_{-T_{x^2} < \gamma < T_{x^2}} \frac{x^\varrho}{\varrho} \right| + \left| \frac{\zeta'(0)}{\zeta(0)} \right| \\ \qquad + \left| \int_{-\infty - T_{x^2}i}^{2 - T_{x^2}i} \frac{x^s}{s} \frac{\zeta'(s)}{\zeta(s)} ds \right| + \left| \int_{-\infty + T_{x^2}i}^{2 + T_{x^2}i} \frac{x^s}{s} \frac{\zeta'(s)}{\zeta(s)} ds \right|. \end{cases}$$

Hierin ist nach § 87, (4) und (5) jedes der beiden Integrale absolut genommen

$$< c_8 \frac{\log^2(x^2)}{x^2} \int_{-\infty}^{2} x^\sigma d\sigma$$

$$= 4 c_8 \log x.$$

Aus (1) folgt also

$$F(x,0) = x + O(1) + O\left(\frac{1}{x^2}\right) + O\sum_{0<\gamma\leqq x^2+1}\frac{x^\eta}{\gamma} + O(1) + O(\log x)$$

$$= x + O(\log x) + O\left(x^\eta \sum_{0<\gamma\leqq x^2+1}\frac{1}{\gamma}\right);$$

da die Anzahl der γ im Intervall $n \leqq \gamma \leqq n+1$

$$O(\log n)$$

ist, ist

$$\sum_{0<\gamma\leqq x^2+1}\frac{1}{\gamma} = O\sum_{n=1}^{x^2}\frac{\log n}{n}$$

$$= O(\log^2 x);$$

es kommt also heraus:

$$F(x,0) = x + O(x^\eta \log^2 x),$$

zunächst für ganze x, also auch für stetig wachsendes x. Daher ist

$$\psi(x) = x + O(x^\eta \log^2 x),$$

$$\vartheta(x) = x + O(x^\eta \log^2 x),$$

und daraus folgt schließlich

$$\pi(x) = \sum_{n=2}^{x}\frac{1}{\log n} + O\sum_{n=2}^{x} n^\eta \log^2 n\left(\frac{1}{\log n} - \frac{1}{\log(n+1)}\right) + O\left(\frac{x^\eta \log^2 x}{\log x}\right)$$

$$= Li(x) + O\sum_{n=2}^{x} n^{\eta-1} + O(x^\eta \log x)$$

$$= Li(x) + O(x^\eta \log x).$$

Insbesondere hat sich also ergeben: Wenn es wahr ist, daß alle nicht reellen Nullstellen von $\zeta(s)$ den reellen Teil $\frac{1}{2}$ haben, so ist die Anzahl der Primzahlen bis x

$$\pi(x) = Li(x) + O(\sqrt{x}\log x)$$

$$= \int_2^x \frac{du}{\log u} + O(\sqrt{x}\log x)$$

$$= \sum_{n=2}^{x}\frac{1}{\log n} + O(\sqrt{x}\log x).$$

ZWEITES BUCH.

ÜBER DIE PRIMZAHLEN EINER ARITHMETISCHEN PROGRESSION.

Fünfter Teil.

Anwendung der Dirichletschen Reihen mit reellen Veränderlichen.

Zweiundzwanzigstes Kapitel.

Hilfssätze aus der Zahlentheorie.

§ 95.

Die primitiven Wurzeln modulo einer Primzahl.

Aus den Elementen der Zahlentheorie setze ich als bekannt voraus: Wenn p eine Primzahl ist, so gibt es (mindestens) eine nicht durch p teilbare ganze Zahl g derart, daß die Potenzen

$$g^0, g^1, g^2, \cdots, g^{p-2}$$

modulo p zu je zweien inkongruent sind, also abgesehen von der Reihenfolge kongruent zu

$$1, 2, 3, \cdots, p-1$$

sind, d. h. die

$$\varphi(p) = p - 1$$

zu p teilerfremden Restklassen modulo p repräsentieren.

Jede zu p teilerfremde (d. h. nicht durch p teilbare) ganze Zahl liefert also ein bestimmtes ν, so daß

(1) $$n \equiv g^\nu \pmod{p},$$

(2) $$0 \leqq \nu \leqq p - 2$$

ist. Wenn ν nur der Kongruenz (1) ohne die Nebenbedingungen (2) unterworfen ist, ist ν modulo $\varphi(p) = p - 1$ eindeutig bestimmt; denn aus

$$g^{\nu'} \equiv g^\nu \pmod{p}$$

folgt, wenn

$$\nu' > \nu$$

ist,

$$g^{\nu} g^{\nu'-\nu} \equiv g^{\nu} \pmod{p},$$
$$g^{\nu'-\nu} \equiv 1 \pmod{p},$$
$$\nu' - \nu \equiv 0 \pmod{p-1},$$

und umgekehrt ist für

$$\nu' > \nu,$$
$$\nu' - \nu \equiv 0 \pmod{p-1}$$

die Kongruenz

$$g^{\nu'} \equiv g^{\nu} \pmod{p}$$

erfüllt.

Ein solches zu p teilerfremdes g, für welches

$$g^0, g^1, \cdots, g^{p-2}$$

inkongruent sind, oder, was ganz dasselbe bedeutet, für welches unter allen Potenzen von g mit positivem Exponenten zuerst

$$g^{p-1} \equiv 1 \pmod{p}$$

ist, heißt eine primitive Wurzel modulo p.

Ich will nicht aus der Zahlentheorie als bekannt voraussetzen, für welche zusammengesetzte Moduln k es eine ähnliche Darstellung der $\varphi(k)$ Klassen teilerfremder Zahlen gibt; sondern ich will diese Betrachtungen, soweit sie hier nötig sind, mit Beweisen entwickeln.

§ 96.

Die primitiven Wurzeln modulo der Potenz einer ungeraden Primzahl.

Es sei p eine ungerade Primzahl und $\lambda \geqq 2$, also

$$k = p^{\lambda}$$

eine Potenz, deren Exponent mindestens 2 ist, von einer ungeraden Primzahl. Dann gilt der

Satz: Es gibt eine zu p^{λ} teilerfremde Zahl G, so daß die

$$\varphi(k) = \varphi(p^{\lambda})$$
$$= p^{\lambda-1}(p-1)$$

Zahlen

(1) $$1, G, G^2, \cdots, G^{p^{\lambda-1}(p-1)-1}$$

zu je zweien inkongruent modulo p^{λ} sind, also alle Klassen teilerfremder Zahlen modulo p^{λ} repräsentieren.

Ein solches G heißt primitive Wurzel modulo p^{λ}.

Beweis: Es genügt, zu zeigen, daß ein G existiert, so daß $\varphi(p^\lambda) = p^{\lambda-1}(\lambda - 1)$ der kleinste positive Exponent ν ist, für den

$$G^\nu \equiv 1 \pmod{p^\lambda} \tag{2}$$

ist. Denn (2) ist für $\nu = \varphi(p^\lambda)$ nach dem Fermatschen Satz jedenfalls erfüllt, und, wenn es für kein kleineres positives ν gilt, so können gewiß keine zwei Zahlen der Reihe (1) kongruent sein, da aus

$$G^{\nu_1} \equiv G^{\nu_2} \pmod{p^\lambda},$$
$$0 \leqq \nu_1 < \nu_2 \leqq \varphi(p^\lambda) - 1$$

folgen würde:

$$G^{\nu_2 - \nu_1} \equiv 1 \pmod{p^\lambda},$$

wo

$$1 \leqq \nu_2 - \nu_1 \leqq \varphi(p^\lambda) - 1$$

ist; dies würde der Annahme widersprechen, daß kein $\nu < \varphi(p^\lambda)$ die Kongruenz (2) erfüllt.

g sei eine primitive Wurzel modulo p. Es ist leicht zu beweisen, daß ein ganzzahliges m vorhanden ist, für welches

$$(g + mp)^{p-1} - 1$$

zwar durch p teilbar ist (was für alle m aus

$$g^{p-1} - 1 \equiv 0 \pmod{p}$$

folgt), aber nicht durch p^2. Denn es ist für jedes m

$$(g + mp)^{p-1} - 1 = g^{p-1} + (p-1)g^{p-2}mp + \binom{p-1}{2} g^{p-3}m^2p^2 + \cdots - 1$$
$$\equiv g^{p-1} - 1 + (p-1)g^{p-2}mp \pmod{p^2},$$

also

$$\frac{(g + mp)^{p-1} - 1}{p} \equiv \frac{g^{p-1} - 1}{p} + (p-1)g^{p-2}m \pmod{p}.$$

Da $(p-1)g^{p-2}$ zu p teilerfremd ist, ist die Kongruenz

$$\frac{g^{p-1} - 1}{p} + (p-1)\,g^{p-2}m \equiv 1 \pmod{p}$$

auflösbar nach m; für ein solches m ist also

$$\frac{(g + mp)^{p-1} - 1}{p} \equiv 1 \pmod{p},$$

d. h. gewiß

$$\frac{(g + mp)^{p-1} - 1}{p} \not\equiv 0 \pmod{p},$$
$$(g + mp)^{p-1} - 1 \not\equiv 0 \pmod{p^2},$$
$$(g + mp)^{p-1} \not\equiv 1 \pmod{p^2}.$$

Wird

$$g + mp = G$$

gesetzt, so haben wir damit eine Zahl, welche zwei Bedingungen genügt:

1. Es ist $\nu = p - 1$ die kleinste positive Zahl, für welche

$$G^\nu \equiv 1 \pmod{p}$$

ist, d. h. G gehört modulo p zum Exponenten $p - 1$.

2. Es ist

$$G^{p-1} \not\equiv 1 \pmod{p^2}.$$

Ich behaupte: Dies G erfüllt für $\lambda = 2$ und auch für jedes größere λ die Bedingungen des zu beweisenden Satzes, dessen Richtigkeit damit festgestellt ist. Zu beweisen ist: Für jedes positive

$$\nu < \varphi(p^\lambda) = p^{\lambda-1}(p-1)$$

ist

$$G^\nu \not\equiv 1 \pmod{p^\lambda}.$$

Es sei nun $\nu = \eta$ der kleinste positive Exponent, für den

$$G^\nu \equiv 1 \pmod{p^\lambda}$$

ist; dann ist

$$\varphi(p^\lambda) \equiv 0 \pmod{\eta},$$

da sonst

$$\varphi(p^\lambda) = q\eta + q_1, \quad 1 \leqq q_1 \leqq \eta - 1,$$

also wegen

$$G^{q\eta} G^{q_1} = G^{\varphi(p^\lambda)} \equiv 1 \pmod{p^\lambda}$$

schon

$$G^{q_1} \equiv 1 \pmod{p^\lambda}$$

wäre. Die Behauptung lautet nun: Es ist

$$\eta = \varphi(p^\lambda).$$

Andernfalls wäre η ein echter Teiler von $p^{\lambda-1}(p-1)$; andererseits müßte η ein Multiplum von $p - 1$ sein, da G modulo p zum Exponenten $p - 1$ gehört. Also hätte η die Form

$$(3) \qquad \eta = p^\varkappa(p-1), \quad 0 \leqq \varkappa \leqq \lambda - 2.$$

Da

$$G^{p-1} \not\equiv 1 \pmod{p^2},$$

also gewiß

$$G^{p-1} \not\equiv 1 \pmod{p^\lambda}$$

ist, wäre in (3) sogar

$$1 \leqq \varkappa \leqq \lambda - 2.$$

Jedenfalls wäre

$$p^{\lambda-2}(p-1) \equiv 0 \pmod{\eta},$$

also

(4) $$G^{p^{\lambda-2}(p-1)} \equiv 1 \pmod{p^{\lambda}}.$$

Nun ist

$$G^{p-1} = 1 + h_0 p \qquad (h_0 \not\equiv 0 \pmod{p}).$$

Daraus folgt durch Erheben in die $p$te Potenz

$$\begin{aligned} G^{p(p-1)} &= (1 + h_0 p)^p \\ &= 1 + p h_0 p + \frac{p(p-1)}{2} h_0^2 p^2 + \cdots \\ &= 1 + h_0 p^2 + k p^3, \end{aligned}$$

wo alle Glieder der $p$ten Potenz des Binoms vom dritten an zu $k p^3$ zusammengefaßt sind; jedes ist ja ein Multiplum von p^3. Da

$$h_0 + kp = h_1$$

nicht durch p teilbar ist, ist also

$$G^{p(p-1)} = 1 + h_1 p^2 \qquad (h_1 \not\equiv 0 \pmod{p}).$$

Ich behaupte, daß für alle $\varrho \geqq 0$

(5) $$G^{p^{\varrho}(p-1)} = 1 + h_{\varrho} p^{\varrho+1} \qquad (h_{\varrho} \not\equiv 0 \pmod{p})$$

ist. Gesetzt, dies sei schon für ein bestimmtes $\varrho \geqq 1$ bewiesen, so folgt durch Erheben von (5) in die $p$te Potenz

$$\begin{aligned} G^{p^{\varrho+1}(p-1)} &= (1 + h_{\varrho} p^{\varrho+1})^p \\ &= 1 + h_{\varrho} p^{\varrho+2} + k_{\varrho+1} p^{2(\varrho+1)}, \end{aligned}$$

also, wenn

$$h_{\varrho} + k_{\varrho+1} p^{\varrho} = h_{\varrho+1}$$

gesetzt wird,

$$G^{p^{\varrho+1}(p-1)} = 1 + h_{\varrho+1} p^{\varrho+2} \qquad (h_{\varrho+1} \equiv 0 \pmod{p})),$$

womit (5) allgemein bewiesen ist. Für

$$\varrho = \lambda - 2,$$

was $\geqq 0$ ist, folgt aus (5)

$$G^{p^{\lambda-2}(p-1)} \not\equiv 1 \pmod{p^{\lambda}},$$

während aus der Annahme

$$\eta < \varphi(p^{\lambda})$$

durch (4) sich das Gegenteil ergeben hatte. Diese Annahme war also unzulässig, und damit ist der Satz bewiesen.

Jeder zu p^λ teilerfremden Restklasse modulo p^λ entspricht also eine modulo $\varphi(p^\lambda)$ eindeutig bestimmte Zahl ν, für welche jede Zahl der Restklasse

$$\equiv G^\nu \pmod{p^\lambda}$$

ist.

§ 97.

Die Restklassen modulo 2^λ.

Für die Primzahlpotenzen

$$k = 2^\lambda$$

verhält es sich, falls $\lambda \geqq 3$ ist, anders.

Für $\lambda = 2$, d. h. $k = 4$ lassen sich noch die Restklassen $4M + 1$, $4M + 3$ durch

$$3^0,\ 3^1$$

repräsentieren.

Für $\lambda = 3$, d. h. $k = 8$ gibt es bereits keine zu 8 teilerfremde Zahl mehr, für welche erst die 4te ($\varphi(k)$te) Potenz $\equiv 1 \pmod{8}$ ist; denn es ist

$$1^2 \equiv 1,\ 3^2 \equiv 1,\ 5^2 \equiv 1,\ 7^2 \equiv 1 \qquad \pmod{8}.$$

Allgemein ist für $\lambda \geqq 3$ jede ungerade Zahl n so beschaffen, daß

$$n^{2^{\lambda-2}} = n^{\frac{1}{2}\varphi(2^\lambda)}$$

$$\equiv 1 \pmod{2^\lambda} \tag{1}$$

ist, so daß es unmöglich ist, alle $\varphi(2^\lambda)$ teilerfremden Restklassen durch die Potenzen einer von ihnen zu repräsentieren. In der Tat ist (1) oben für $\lambda = 3$ festgestellt; es sei für λ richtig; dann ergibt sich die allgemeine Gültigkeit folgendermaßen durch den Schluß von λ auf $\lambda + 1$. Es ist

$$n^{2^{\lambda-2}} = 1 + M2^\lambda,$$

also

$$\begin{aligned} n^{2^{\lambda-1}} &= (1 + M2^\lambda)^2 \\ &= 1 + M2^{\lambda+1} + M^2 2^{2\lambda} \\ &\equiv 1 \pmod{2^{\lambda+1}}. \end{aligned}$$

Aber es besteht für $\lambda \geqq 3$ der folgende Satz, welcher wenigstens gestattet, die Hälfte $2^{\lambda-2}$ aller $2^{\lambda-1} = \varphi(2^\lambda)$ zu 2^λ teilerfremden Restklassen durch die Potenzen einer einzigen Zahl darzustellen.

Satz: Je zwei der Zahlen

$$5^0,\ 5^1,\ \cdots,\ 5^{2^{\lambda-2}-1}$$

sind inkongruent modulo 2^λ.

Beweis: Hierzu ist es hinreichend zu zeigen, daß die kleinste positive Zahl $\nu = \eta$, für welche

$$5^\nu \equiv 1 \pmod{2^\lambda}$$

ist, $2^{\lambda-2}$ ist.

In der Tat erhält man sukzessive durch Quadrieren

$$\begin{aligned} 5 &= 1 + 1 \cdot 2^2 \\ &= 1 + h_0 2^2 \qquad (h_0 \equiv 1 \pmod{2}), \\ 5^2 &= 1 + 2h_0 2^2 + h_0^2 2^4 \\ &= 1 + h_1 2^3 \qquad (h_1 \equiv 1 \pmod{2}), \\ 5^4 &= 1 + 2h_1 2^3 + h_1^2 2^6 \\ &= 1 + h_2 2^4 \qquad (h_2 \equiv 1 \pmod{2}), \\ &\ldots\ldots\ldots\ldots\ldots\ldots\ldots \end{aligned}$$

Es sei schon bewiesen, daß

$$(2) \qquad 5^{2^\varrho} = 1 + h_\varrho 2^{\varrho+2} \qquad (h_\varrho \equiv 1 \pmod{2})$$

ist. Dann ergibt sich daraus durch Quadrieren

$$\begin{aligned} 5^{2^{\varrho+1}} &= 1 + 2h_\varrho 2^{\varrho+2} + h_\varrho^2 2^{2\varrho+4} \\ &= 1 + h_{\varrho+1} 2^{\varrho+3} \qquad (h_{\varrho+1} \equiv 1 \pmod{2}), \end{aligned}$$

so daß (2) allgemein gilt. Für $\varrho = \lambda - 2$ folgt aus (2)

$$5^{2^{\lambda-2}} \equiv 1 \pmod{2^\lambda},$$

was uns schon von vorhin bekannt ist; für $\varrho = \lambda - 3$ folgt aus (2)

$$5^{2^{\lambda-3}} = 1 + h_{\lambda-3} 2^{\lambda-1} \qquad (h_{\lambda-3} \equiv 1 \pmod{2}),$$

also

$$(3) \qquad 5^{2^{\lambda-3}} \not\equiv 1 \pmod{2^\lambda}.$$

Daher ist $\eta = 2^{\lambda-2}$; denn ein Teiler von $2^{\lambda-2}$ ist η jedenfalls, also von der Form $2^\varkappa$, wo $\varkappa \leqq \lambda - 2$ ist, und aus

$$5^{2^\varkappa} \equiv 1 \pmod{2^\lambda}$$

würde für $\varkappa \leqq \lambda - 3$ folgen:

$$5^{2^{\lambda-3}} \equiv 1 \pmod{2^\lambda},$$

im Gegensatz zu (3).

Damit ist der Satz bewiesen.

Alle $2^{\lambda-1}$ teilerfremden Zahlklassen modulo 2^λ lassen sich mit Hilfe des folgenden Satzes darstellen:

Satz: Die $2^{\lambda-1}$ ungeraden Zahlen

$$(4)\qquad \begin{cases} 5^0, & 5^1, & 5^2, & \cdots, & 5^{2^{\lambda-2}-1}, \\ -5^0, & -5^1, & -5^2, & \cdots, & -5^{2^{\lambda-2}-1} \end{cases}$$

sind zu je zweien inkongruent modulo 2^λ.

Beweis: Für zwei Zahlen der ersten Zeile von (4) ist dies durch den vorigen Satz bewiesen; für zwei Zahlen der zweiten Zeile von (4) folgt es auch aus ihm, da

$$-5^{\nu_1} \equiv -5^{\nu_2} \pmod{2^\lambda}$$

die Kongruenz

$$5^{\nu_1} \equiv 5^{\nu_2} \pmod{2^\lambda}$$

ergibt. Wäre endlich eine Zahl der ersten Zeile einer der zweiten Zeile kongruent:

$$5^{\nu_1} \equiv -5^{\nu_2} \pmod{2^\lambda},$$

so ergäbe dies wegen $\lambda \geqq 3 > 2$, modulo 4 betrachtet, den Widerspruch

$$1 \equiv -1 \pmod{4}.$$

Jede zu 2^λ teilerfremde, d. h. ungerade Zahl n ist also für $\lambda \geqq 3$ in der Form darstellbar

$$(5)\qquad n \equiv (-1)^\alpha 5^\beta \pmod{2^\lambda}.$$

Dabei sind α und β eindeutig bestimmt, wenn

$$(6)\qquad 0 \leqq \alpha \leqq 1,$$

$$(7)\qquad 0 \leqq \beta \leqq 2^{\lambda-2} - 1$$

sein soll.

Jedem ungeraden n ist so eindeutig ein Zahlenpaar α, β zugeordnet, zwei modulo 2^λ kongruenten ungeraden Zahlen n_1 und n_2 natürlich dasselbe Zahlenpaar. Also ist jeder teilerfremden Restklasse mod. 2^λ ein Zahlenpaar α, β aus der Reihe (6) bzw. (7) zugeordnet und umgekehrt jedem Zahlenpaar aus den Reihen (6), (7) eine teilerfremde Restklasse.

Vergleicht man das Resultat des einfacheren Falles $\lambda = 2$, d. h. $2^\lambda = 4$, hiermit, so ist es hierin enthalten, da

$$n \equiv (-1)^\alpha \pmod{2^2}, \quad \alpha = 0 \text{ oder } 1$$

ist und nach (7) β eben nur den Wert 0 annehmen kann.

Wenn man alle Lösungen α, β von (5) ohne die Nebenbedingungen (6), (7) haben will, so ist offenbar α modulo 2 und β modulo $2^{\lambda-2} = \frac{1}{2}\varphi(2^\lambda)$ eindeutig bestimmt. Denn aus

$$(-1)^{\alpha'} 5^{\beta'} \equiv (-1)^{\alpha''} 5^{\beta''} \pmod{2^\lambda}$$

folgt, wenn α_1 bzw. β_1 und α_2 bzw. β_2 die kleinsten Reste von α' bzw. β' und α'' bzw. β'' modulo 2 bzw. $2^{\lambda-2}$ sind,

$$(-1)^{\alpha_1}5^{\beta_1} \equiv (-1)^{\alpha_2}5^{\beta_2} \pmod{2^\lambda},$$

$$\alpha_1 = \alpha_2,$$

$$\beta_1 = \beta_2.$$

§ 98.

Die Restklassen modulo k.

Es sei nun k eine beliebige positive ganze Zahl, also das Produkt beliebig vieler Primzahlpotenzen[1], unter denen auch eine Potenz von 2 vorkommen kann. k hat also die Form

$$k = 2^\lambda p_1^{\lambda_1} \cdots p_r^{\lambda_r},$$

wo $p_1, \cdots, p_r$ die ungeraden verschiedenen Primfaktoren bezeichnen und λ auch Null sein kann.

In den vorigen Paragraphen sind die Fälle erledigt:

$$\lambda = 0,\ r = 1 \text{ (ungerade Primzahl oder Potenz einer solchen)}$$

und

$$\lambda \geqq 1,\ r = 0 \text{ (Primzahl 2 oder Potenz davon).}$$

Überdies ist der Fall

$$\lambda = 0, \quad r = 0 \qquad (k = 1)$$

trivial. Immerhin will ich diese Spezialfälle nochmals in den allgemeinen Fall einbeziehen. k soll also eine beliebige ganze Zahl $\geqq 1$ sein.

n sei eine beliebige zu k teilerfremde Zahl. Dann ist n zu jeder in k aufgehenden Primzahl teilerfremd.

Es werde nach §§ 95—96 für jede der Potenzen (mit Exponent $\geqq 1$) ungerader Primzahlen $p_1^{\lambda_1}, \cdots, p_r^{\lambda_r}$ eine primitive Wurzel G_1, bzw. $G_2, \cdots, G_r$ ausgewählt, in beliebiger Weise, die aber nunmehr festgehalten wird. (Es sei etwa jedesmal $G_1, G_2, \cdots$ die kleinste positive primitive Wurzel.) Falls natürlich $k = 2^\lambda$ ist, also $r = 0$, so sind diese Zahlen nicht einzuführen.

Wenn nun n eine beliebige zu k teilerfremde Zahl ist, ist ein System ganzer Zahlen $\alpha_1, \cdots, \alpha_r$ nach §§ 95—96 eindeutig dadurch bestimmt, daß

1) Wo Primzahlen mit zu den Primzahlpotenzen gerechnet werden.

$$(1)\qquad \begin{cases} n \equiv G_1^{\alpha_1} (\text{mod. } p_1^{\lambda_1}), & 0 \leqq \alpha_1 \leqq \varphi(p_1^{\lambda_1}) - 1, \\ \cdots\cdots\cdots\cdots\cdots\cdots \\ n \equiv G_r^{\alpha_r} (\text{mod. } p_r^{\lambda_r}), & 0 \leqq \alpha_r \leqq \varphi(p_r^{\lambda_r}) - 1 \end{cases}$$

ist.

Ebenso sind, falls $\lambda \geqq 3$ ist, α und β eindeutig durch die Kongruenz mit Nebenbedingungen

$$(2)\qquad n \equiv (-1)^{\alpha} 5^{\beta} (\text{mod. } 2^{\lambda}),\ 0 \leqq \alpha \leqq 1,\quad 0 \leqq \beta \leqq \tfrac{1}{2}\varphi(2^{\lambda}) - 1$$

bestimmt. Falls $\lambda = 2$ ist, ist α eindeutig durch

$$(3)\qquad n \equiv (-1)^{\alpha} (\text{mod. } 2^{\lambda}),\quad 0 \leqq \alpha \leqq 1$$

bestimmt. Falls $\lambda = 1$ oder $\lambda = 0$ ist, ist hier nichts zu bemerken, da alsdann die teilerfremden Reste modulo 2 bzw. 1 nur eine Klasse bilden.

Auf diese Weise entspricht jeder Zahl n, die zu k teilerfremd ist, ein System von r, $r + 1$ oder $r + 2$ Zahlen

$$(4)\qquad \alpha_1,\ \alpha_2,\ \cdots,\ \alpha_r,\ \alpha,\ \beta.$$

Hierbei tritt eben für $\lambda = 2$ die Zahl β nicht auf; für $\lambda = 1$ und $\lambda = 0$ treten die Zahlen α und β beide nicht auf. Für $r = 0$, $\lambda \geqq 3$ stehen nur α und β da; für $r = 0$, $\lambda = 2$ steht nur α da, für $r = 0$, $\lambda = 1$ (d. h. $k = 2$) und $r = 0$, $\lambda = 0$ (d. h. $k = 1$) gar nichts. Übrigens sind die letzten Fälle $k = 2$ und $k = 1$, wo die Reihe (4) nichts enthält, trivial; denn die Primzahlen $\equiv 1$ (mod. 2) sind alle Primzahlen bis auf 2, die Primzahlen $\equiv 1$ (mod. 1) sind alle Primzahlen, so daß in diesen beiden Fällen nicht mehr zu beweisen ist, als schon durch die allgemeine Primzahltheorie bekannt ist.

Die Zahlenreihe (4) möge das Indexsystem von n modulo k genannt werden. Zwei modulo k kongruenten, zu k teilerfremden Zahlen entspricht dasselbe Indexsystem, da sie a fortiori modulo $p_1^{\lambda_1}$, modulo $p_2^{\lambda_2}, \cdots$, modulo $p_r^{\lambda_r}$, modulo 2^{λ} kongruent sind. Die Zahlklassen teilerfremder Zahlen modulo k und die Indexsysteme entsprechen sich gegenseitig eindeutig; denn umgekehrt entspricht jedem Indexsystem eine Zahlklasse modulo k, da die r bzw. $r + 1$ Kongruenzen (1) und (2) bei gegebenem Indexsystem, d. h. gegebenen rechten Seiten stets nach der Unbekannten n auflösbar sind.

Die Anzahl der Zahlklassen teilerfremder Zahlen modulo k beträgt $\varphi(k)$, was natürlich mit der Anzahl

$$\varphi(p_1^{\lambda_1}) \cdots \varphi(p_r^{\lambda_r})\,\varphi(2^{\lambda})$$

der Indexsysteme übereinstimmt.

Wenn die Zahlen (4) nur den Kongruenzen in (1), (2), (3) ohne die Ungleichungen daneben unterworfen sind, so ist eindeutig bestimmt: α_1 modulo $\varphi(p_1^{\lambda_1}), \cdots, \alpha_r$ modulo $\varphi(p_r^{\lambda_r})$, α modulo 2, β modulo $\frac{1}{2}\varphi(2^\lambda)$; umgekehrt liefert jedes System (4) ohne die Ungleichungen eine Restklasse modulo k.

Ich setze jetzt stets zur Abkürzung

$$\varphi(k) = h.$$

§ 99.

Einführung der Charaktere.

Nunmehr definiere ich (bei fest gegebenem k) h zahlentheoretische Funktionen von n, d. h. Funktionen, welche für jedes ganzzahlige positive n eindeutig bestimmt sind. Verschieden nenne ich natürlich zwei Funktionen, welche nicht für sämtliche ganzzahligen positiven n übereinstimmen. Vorläufig werden übrigens diese h Funktionen außer von k noch von der Wahl der Zahlen $G_1, \cdots, G_r$ abhängig erscheinen; später wird sich zeigen, daß sie durch k allein eindeutig bestimmt sind.

Ich will also so viele Funktionen definieren, als es Indexsysteme gibt, und drücke dies vorläufig so aus, daß ich an das Funktionszeichen $\chi(n)$ das beliebige Indexsystem[1)]

$$a_1, a_2, \cdots, a_r, a, b,$$

wo also

$$0 \leqq a_1 \leqq \varphi(p_1^{\lambda_1}) - 1,$$
$$\cdots\cdots\cdots$$
$$0 \leqq a_r \leqq \varphi(p_r^{\lambda_r}) - 1,$$
$$0 \leqq a \leqq 1,$$
$$0 \leqq b \leqq \tfrac{1}{2}\varphi(2^\lambda) - 1$$

ist, heransetze, also irgend eine beliebige der h Funktionen mit

$$\chi_{(a_1, a_2, \cdots, a_r, a, b)}(n)$$

bezeichne. Diese beliebige Funktion sei nun folgendermaßen definiert.

Es werde zur Abkürzung

$$\varrho_1 = e^{\frac{2\pi i}{\varphi\left(p_1^{\lambda_1}\right)}},$$
$$\cdots\cdots\cdots$$
$$\varrho_r = e^{\frac{2\pi i}{\varphi\left(p_r^{\lambda_r}\right)}}$$

1) Mit Absicht schreibe ich hier andere Buchstaben als im vorigen Paragraphen.

und außerdem, falls $\lambda \geqq 2$ ist,

$$\varrho_{r+1} = -1$$

und, falls $\lambda \geqq 3$ ist,

$$\varrho_{r+2} = e^{\frac{2\pi i}{\frac{1}{2}\varphi(2^\lambda)}} = e^{\frac{2\pi i}{2^{\lambda-2}}}$$

gesetzt[1]. ϱ_1 ist also eine $\varphi(p_1^{\lambda_1})$te Einheitswurzel, und zwar eine solche, deren Potenzen

$$\varrho_1^0,\ \varrho_1^1, \cdots, \varrho_1^{\varphi(p_1^{\lambda_1})-1}$$

alle $\varphi(p_1^{\lambda_1})$ten Einheitswurzeln darstellen, eine sogenannte primitive $\varphi(p_1^{\lambda_1})$te Einheitswurzel, und zwar die, deren Amplitude positiv und möglichst klein ist, $\cdots$, ϱ_{r+1} die primitive 2te Einheitswurzel, ϱ_{r+2} eine spezielle primitive $\frac{1}{2}\varphi(2^\lambda)$te Einheitswurzel (die mit kleinster positiver Amplitude).

Dann lautet die Definition von $\chi_{(a_1, a_2, \cdots, a_r, a, b)}(n)$:

1) Für alle n, die mit k einen gemeinsamen Teiler besitzen, ist

$$\chi_{(a_1 a_2, \cdots, a_r, a, b)}(n) = 0.$$

2) Wenn n zu k teilerfremd ist und das Indexsystem

$$\alpha_1,\ \alpha_2,\ \cdots,\ \alpha_r,\ \alpha,\ \beta$$

besitzt, so ist

$$\chi_{(a_1, a_2, \cdots, a_r, a, b)}(n) = \varrho_1^{a_1 \alpha_1} \varrho_2^{a_2 \alpha_2} \cdots \varrho_r^{a_r \alpha_r} \varrho_{r+1}^{a\alpha} \varrho_{r+2}^{b\beta}.$$

Damit sind die h Funktionen eindeutig definiert; ich habe nur zu beweisen, daß sie verschieden sind. D. h. ich behaupte: Wenn ich zwei unter ihnen

$$\chi_{(a_1, a_2, \cdots, a_r, a, b)}(n)$$

und

$$\chi_{(a_1', a_2', \cdots, a_r', a', b')}(n)$$

habe, wo nicht zugleich

$$a_1 = a_1',\ \cdots,\ a_r = a_r',\ a = a',\ b = b'$$

ist, so gibt es eine ganze Zahl n derart, daß

$$\chi_{(a_1, a_2, \cdots, a_r, a, b)}(n) \neq \chi_{(a_1', a_2', \cdots, a_r', a', b')}(n)$$

ist.

1) Ich erwähne von jetzt ab nicht mehr immer besonders, daß in den einfacheren Fällen $r = 0$ und $\lambda < 3$ gewisse Glieder gar nicht auftreten.

In der Tat:

I. Es seien unter den ersten r Indizes zwei entsprechende verschieden:

$$a_\nu \gtrless a'_\nu, \quad 0 \leqq a_\nu \leqq \varphi(p_\nu^{\lambda_\nu}) - 1, \quad 0 \leqq a'_\nu \leqq \varphi(p_\nu^{\lambda_\nu}) - 1.$$

Dann wähle ich eine Zahl n, welche der Kongruenz

$$n \equiv G_\nu (\text{mod. } p_\nu^{\lambda_\nu})$$

und den Kongruenzen

$$n \equiv 1 (\text{mod. } p_\mu^{\lambda_\mu}) \quad (1 \leqq \mu \leqq r, \ \mu \gtrless \nu),$$
$$n \equiv 1 (\text{mod. } 2^\lambda)$$

genügt. Dies n hat das Indexsystem

$$\alpha_\nu = 1; \ \alpha_\mu = 0 \text{ für } 1 \leqq \mu \leqq r, \ \mu \gtrless \nu; \ \alpha = 0; \ \beta = 0.$$

Also ist für diese Zahl n

$$\chi_{(a_1, a_2, \cdots, a_r, a, b)}(n) = \varrho_\nu^{a_\nu},$$
$$\chi_{(a'_1, a'_2, \cdots, a'_r, a', b')}(n) = \varrho_\nu^{a'_\nu},$$

und diese beiden Ausdrücke sind eben verschieden, da unter den Potenzen

$$\varrho_\nu^0, \ \varrho_\nu^1, \ \cdots, \ \varrho_\nu^{\varphi(p_\nu^{\lambda_\nu}) - 1}$$

keine zwei gleiche vorkommen.

II. Es sei $\lambda \geqq 2$ und

$$a \gtrless a', \ 0 \leqq a \leqq 1, \ 0 \leqq a' \leqq 1.$$

Dann wähle ich n so, daß

$$n \equiv 1 (\text{mod. } p_\nu^{\lambda_\nu}) \qquad (\nu = 1, 2, \cdots, r),$$
$$n \equiv -1 (\text{mod. } 2^\lambda)$$

ist. Dann ist

$$\alpha_1 = 0, \ \cdots, \ \alpha_r = 0, \ \alpha = 1, \ \beta = 0,$$

also

$$\chi_{(a_1, a_2, \cdots, a_r, a, b)}(n) = \varrho_{r+1}^a,$$
$$\chi_{(a'_1, a'_2, \cdots, a'_r, a', b')}(n) = \varrho_{r+1}^{a'},$$

was nicht übereinstimmt.

III. Es sei $\lambda \geqq 3$ und

$$b \gtrless b', \ 0 \leqq b \leqq \tfrac{1}{2}\varphi(2^\lambda) - 1, \ 0 \leqq b' \leqq \tfrac{1}{2}\varphi(2^\lambda) - 1.$$

Ich wähle n so, daß

$$n \equiv 1 (\text{mod. } p_\nu^{\lambda_\nu}) \quad (\nu = 1, 2, \cdots, r),$$
$$n \equiv 5 (\text{mod. } 2^\lambda)$$

ist, also das Indexsystem

$$\alpha_1 = 0, \cdots, \alpha_r = 0, \alpha = 0, \beta = 1$$

hat. Dann ist

$$\chi_{(a_1, a_2, \cdots, a_r, a, b)}(n) = \varrho_{r+2}^{b}$$

verschieden von

$$\chi_{(a_1', a_2', \cdots, a_r', a', b')}(n) = \varrho_{r+2}^{b'}.$$

Da nach Voraussetzung mindestens einer der drei Fälle I., II., III. eintritt, ist die Behauptung bewiesen, daß die h eingeführten Funktionen verschieden sind.

Diese h zahlentheoretischen Funktionen will ich nunmehr kurz mit

(1) $$\chi_1(n), \chi_2(n), \cdots, \chi_h(n)$$

bezeichnen, die allgemeine mit

$$\chi_\varkappa(n) \qquad (\varkappa = 1, \cdots, h)$$

und, wo kein Mißverständnis entstehen kann, sogar noch kürzer mit

$$\chi(n);$$

ich werde über sie vier Sätze mit sehr kurzem und elegantem Wortlaut beweisen. Alsdann darf der Leser bald die recht komplizierte Definition dieser Funktionen vollkommen vergessen und braucht sich nur zu merken, daß die Existenz eines Systems von h verschiedenen Funktionen bewiesen worden ist, welche die vier Eigenschaften besitzen. Die Numerierung (1) sei fast ganz beliebig und nur so gewählt, daß die Funktion

$$\chi_{(0, 0, \cdots, 0)}(n)$$

an erster Stelle steht. Dies $\chi_1(n)$ ist also 0, wenn

$$(n, k) > 1$$

ist, dagegen 1, wenn

$$(n, k) = 1$$

ist.

Die h Funktionen $\chi_\varkappa(n)$ werden Charaktere genannt, $\chi_1(n)$ der Hauptcharakter.

In den beiden (trivialen) Fällen $k = 1$ und $k = 2$, wo es nur eine teilerfremde Restklasse gibt, d. h. $h = 1$ ist, ist eine einzige Funktion $\chi_1(n)$ (Hauptcharakter) einzuführen, welche bei $k = 1$ für alle n den Wert 1 hat und bei $k = 2$ für alle zu 2 teilerfremden, d. h. ungeraden n den Wert 1, sonst den Wert 0 hat.

§ 100.

Eigenschaften der Charaktere.

Satz 1: Es ist für zwei ganze positive[1]) Zahlen n, n'

$$\chi(nn') = \chi(n)\chi(n'). \tag{1}$$

Von jeder der h Funktionen wird also dies „Multiplikationsgesetz“ behauptet.

Beweis: 1. Wenn mindestens eine der Zahlen n und n' mit k einen gemeinsamen Teiler besitzt, hat auch nn' mit k einen gemeinsamen Teiler; also ist (1) erfüllt, weil beide Seiten Null sind.

2. Wenn die Zahlen n und n' beide zu k teilerfremd sind, ist auch nn' zu k teilerfremd. Es habe n das Indexsystem

$$\alpha_1, \cdots, \alpha_r, \alpha, \beta,$$

n' das Indexsystem

$$\alpha_1', \cdots, \alpha_r', \alpha', \beta'.$$

Dann ist also

$$\begin{aligned} n &\equiv G_1^{\alpha_1} (\text{mod.}\, p_1^{\lambda_1}), & n' &\equiv G_1^{\alpha_1'} (\text{mod.}\, p_1^{\lambda_1}), \\ &\cdots\cdots & &\cdots\cdots \\ n &\equiv G_r^{\alpha_r} (\text{mod.}\, p_r^{\lambda_r}), & n' &\equiv G_r^{\alpha_r'} (\text{mod.}\, p_r^{\lambda_r}), \\ n &\equiv (-1)^{\alpha} 5^{\beta} (\text{mod.}\, 2^{\lambda}), & n' &\equiv (-1)^{\alpha'} 5^{\beta'} (\text{mod.}\, 2^{\lambda}). \end{aligned}$$

Daraus folgt

$$\begin{aligned} nn' &\equiv G_1^{\alpha_1+\alpha_1'} (\text{mod.}\, p_1^{\lambda_1}), \\ &\cdots\cdots \\ nn' &\equiv G_r^{\alpha_r+\alpha_r'} (\text{mod.}\, p_r^{\lambda_r}), \\ nn' &\equiv (-1)^{\alpha+\alpha'} 5^{\beta+\beta'} (\text{mod.}\, 2^{\lambda}). \end{aligned}$$

nn' hat also das Indexsystem

$$\alpha_1'', \alpha_2'', \cdots, \alpha_r'', \alpha'', \beta'',$$

wo

$$\left\{ \begin{aligned} \alpha_1'' &\equiv \alpha_1 + \alpha_1' (\text{mod.}\, \varphi(p_1^{\lambda_1})), & 0 &\leqq \alpha_1'' \leqq \varphi(p_1^{\lambda_1}) - 1, \\ &\cdots\cdots & &\cdots\cdots \\ \alpha_r'' &\equiv \alpha_r + \alpha_r' (\text{mod.}\, \varphi(p_r^{\lambda_r})), & 0 &\leqq \alpha_r'' \leqq \varphi(p_r^{\lambda_r}) - 1, \\ \alpha'' &\equiv \alpha + \alpha' (\text{mod.}\, 2), & 0 &\leqq \alpha'' \leqq 1, \\ \beta'' &\equiv \beta + \beta' (\text{mod.}\, \tfrac{1}{2}\varphi(2^{\lambda})), & 0 &\leqq \beta'' \leqq \tfrac{1}{2}\varphi(2^{\lambda}) - 1 \end{aligned} \right. \tag{2}$$

---

1) Die Funktionen sind von selbst auch für alle $n \leqq 0$ durch die Restklasse definiert; doch wird dies in der Folge nur gelegentlich einmal verwendet werden, in § 127. Natürlich bleiben alle Eigenschaften erhalten.

ist. Aus den Kongruenzen (2) folgt, da $\varrho_1, \cdots, \varrho_{r+1}, \varrho_{r+2}$ bzw. $\varphi(p_1^{\lambda_1})$te, $\cdots$, 2te, $\frac{1}{2}\varphi(2^\lambda)$te Einheitswurzeln sind,

$$(3)\quad \left\{\begin{aligned} \varrho_1^{\alpha''_1} &= \varrho_1^{\alpha_1+\alpha'_1} \\ &= \varrho_1^{\alpha_1}\varrho_1^{\alpha'_1}, \\ &\cdots\cdots \\ \varrho_r^{\alpha''_r} &= \varrho_r^{\alpha_r+\alpha'_r} \\ &= \varrho_r^{\alpha_r}\varrho_r^{\alpha'_r}, \\ \varrho_{r+1}^{\alpha''} &= \varrho_{r+1}^{\alpha+\alpha'} \\ &= \varrho_{r+1}^{\alpha}\varrho_{r+1}^{\alpha'}, \\ \varrho_{r+2}^{\beta''} &= \varrho_{r+2}^{\beta+\beta'} \\ &= \varrho_{r+2}^{\beta}\varrho_{r+2}^{\beta'}. \end{aligned}\right.$$

Da nun nach Definition

$$\chi_{(a_1,\cdots,a_r,a,b)}(n) = \varrho_1^{a_1\alpha_1}\cdots\varrho_r^{a_r\alpha_r}\varrho_{r+1}^{a\alpha}\varrho_{r+2}^{b\beta},$$

$$\chi_{(a_1,\cdots,a_r,a,b)}(n') = \varrho_1^{a_1\alpha'_1}\cdots\varrho_r^{a_r\alpha'_r}\varrho_{r+1}^{a\alpha'}\varrho_{r+2}^{b\beta'},$$

$$\chi_{(a_1,\cdots,a_r,a,b)}(nn') = \varrho_1^{a_1\alpha''_1}\cdots\varrho_r^{a_r\alpha''_r}\varrho_{r+1}^{a\alpha''}\varrho_{r+2}^{b\beta''}$$

ist, so sieht man mit Hilfe der Gleichungen (3) die Richtigkeit der Behauptung

$$\chi(nn') = \chi(n)\chi(n')$$

ein.

Satz 2: Es ist für $n \equiv n' \pmod{k}$

$$\chi(n) = \chi(n').$$

Beweis: 1. Wenn eine der beiden Zahlen n und n' mit k einen gemeinsamen Teiler besitzt, hat auch die andere mit k einen gemeinsamen Teiler, und es ist

$$\begin{aligned}\chi(n) &= 0 \\ &= \chi(n').\end{aligned}$$

2. Wenn n und n' zu k teilerfremd sind, so ist, weil n und n' dasselbe Indexsystem haben, nach Definition

$$\chi(n) = \chi(n').$$

Satz 3: Wenn n ein vollständiges Restsystem modulo k durchläuft, ist für $\varkappa = 1$, d. h. für den Hauptcharakter

$$\sum_n \chi_\varkappa(n) = h,$$

dagegen für $\varkappa = 2, \cdots, h$, d. h. für alle übrigen Charaktere

$$\sum_n \chi_\varkappa(n) = 0.$$

Beweis: 1. Im Falle $\varkappa = 1$ ist nach Definition

$$\chi_\varkappa(n) = 0$$

für solche n, die mit k einen Teiler gemeinsam haben, dagegen

$$\chi_\varkappa(n) = 1$$

für die zu k teilerfremden n. Solcher teilerfremden n gibt es in einem vollständigen Restsystem h; also ist

$$\sum_n \chi_1(n) = h.$$

2. Es sei $\varkappa > 1$, das heißt, mindestens eine der Zahlen

$$a_1, \cdots, a_r, a, b$$

in

$$\chi_\varkappa(n) = \chi_{(a_1, \cdots, a_r, a, b)}(n)$$

sei > 0. Es ist

$$\chi_\varkappa(n) = 0$$

für die zu k nicht teilerfremden n; sonst ist es ein Produkt von Einheitswurzeln der Grade $\varphi(p_1^{\lambda_1}), \cdots, \varphi(p_r^{\lambda_r}), 2, \frac{1}{2}\varphi(2^\lambda)$, also jedenfalls selbst eine $h$te Einheitswurzel. In

$$\sum_n \chi_\varkappa(n)$$

bleiben also genau h von Null verschiedene Summanden stehen, und zwar ergibt sich

$$\sum_n \chi_\varkappa(n) = \sum_{\alpha_1=0}^{\varphi(p_1^{\lambda_1})-1} \cdots \sum_{\alpha_r=0}^{\varphi(p_r^{\lambda_r})-1} \sum_{\alpha=0}^{1} \sum_{\beta=0}^{\frac{1}{2}\varphi(2^\lambda)-1} \varrho_1^{a_1 \alpha_1} \cdots \varrho_r^{a_r \alpha_r} \varrho_{r+1}^{a\alpha} \varrho_{r+2}^{b\beta}.$$

Da die Summationen von einander unabhängig sind, läßt sich diese Summe als Produkt von Einzelsummen schreiben:

$$(4) \qquad \sum_n \chi_\varkappa(n) = \sum_{\alpha_1=0}^{\varphi(p_1^{\lambda_1})-1} (\varrho_1^{a_1})^{\alpha_1} \cdots \sum_{\alpha_r=0}^{\varphi(p_r^{\lambda_r})-1} (\varrho_r^{a_r})^{\alpha_r} \cdot \sum_{\alpha=0}^{1} (\varrho_{r+1}^{a})^{\alpha} \cdot \sum_{\beta=0}^{\frac{1}{2}\varphi(2^\lambda)-1} (\varrho_{r+2}^{b})^{\beta}.$$

Wenn nun ϱ eine $m$te Einheitswurzel ist, so ist

$$(5) \qquad \sum_{\mu=0}^{m-1} \varrho^\mu \begin{cases} = 1 + 1 + \cdots + 1 = m & \text{für } \varrho = 1, \\ = \dfrac{1-\varrho^m}{1-\varrho} = 0 & \text{für } \varrho \neq 1. \end{cases}$$

In (4) hat jede Summe rechts die Form (5); da $a_1, \cdots, b$ nicht alle 0 sind, ist mindestens eine der Einheitswurzeln $\varrho_1^{a_1}, \cdots, \varrho_{r+2}^{b} \neq 1$, also die entsprechende Summe rechts $= 0$. Daraus folgt, wie behauptet,

$$\sum_n \chi_\varkappa(n) = 0.$$

Dieser Beweis im Falle $\varkappa > 1$ läßt sich auch so führen: Da $\chi_\varkappa(n)$ nicht der Hauptcharakter ist, gibt es ein zu k teilerfremdes n' derart, daß

$$\chi_\varkappa(n') \neq 1$$

ist. Da nn' mit n ein vollständiges Restsystem durchläuft, ist

$$\chi_\varkappa(n') \sum_n \chi_\varkappa(n) = \sum_n \chi_\varkappa(nn')$$
$$= \sum_n \chi_\varkappa(n),$$
$$(\chi_\varkappa(n') - 1) \sum_n \chi_\varkappa(n) = 0,$$
$$\sum_n \chi_\varkappa(n) = 0.$$

Satz 4: Wenn n festgehalten und die Summe

$$\sum_{\varkappa=1}^{h} \chi_\varkappa(n) \tag{6}$$

über alle h Funktionen erstreckt wird, so ist

$$\sum_{\varkappa=1}^{h} \chi_\varkappa(n) = h \text{ für } n \equiv 1 \pmod{k},$$

dagegen

$$\sum_{\varkappa=1}^{h} \chi_\varkappa(n) = 0 \text{ für } n \not\equiv 1 \pmod{k},$$

also für alle $k - 1$ übrigen Restklassen modulo k.

Beweis: Der Nachweis ist ganz analog dem Nachweise des Satzes 3, wegen der Symmetrie der Definition der Funktionen $\chi(n)$ (für zu k teilerfremde n) in den beiden Zahlenreihen $a_1, \cdots, a_r, a, b$ und $\alpha_1, \cdots, \alpha_r, \alpha, \beta$.

1. Es sei

$$(n, k) > 1;$$

dann verschwindet jedes Glied der Summe (6); also ist deren Wert $= 0$.

2. Es sei

$$n \equiv 1 \pmod{k}.$$

Dann hat n das Indexsystem

$$\alpha_1 = 0, \; \alpha_2 = 0, \; \cdots, \; \alpha_r = 0, \; \alpha = 0, \; \beta = 0.$$

Folglich ist für jede der h Funktionen

$$\chi_{(a_1, a_2, \cdots, a_r, a, b)}(n) = \varrho_1^{a_1 \alpha_1} \cdots \varrho_{r+2}^{b\beta} = 1,$$

also

$$\sum_{\varkappa=1}^{h} \chi_\varkappa(n) = h.$$

3. Es sei zwar

$$(n, k) = 1,$$

aber

$$n \not\equiv 1 \pmod{k}.$$

Dann sind die Indizes von n nicht sämtlich 0, und es ergibt sich

$$\sum_{\varkappa=1}^{h} \chi_\varkappa(n) = \sum_{a_1=0}^{\varphi(p_1^{\lambda_1})-1} \cdots \sum_{a_r=0}^{\varphi(p_r^{\lambda_r})-1} \sum_{a=0}^{1} \sum_{b=0}^{\frac{1}{2}\varphi(2^\lambda)-1} \varrho_1^{a_1\alpha_1} \cdots \varrho_r^{a_r\alpha_r} \varrho_{r+1}^{a\alpha} \varrho_{r+2}^{b\beta}$$

$$= \sum_{a_1=0}^{\varphi(p_1^{\lambda_1})-1} (\varrho_1^{\alpha_1})^{a_1} \cdots \sum_{a_r=0}^{\varphi(p_r^{\lambda_r})-1} (\varrho_r^{\alpha_r})^{a_r} \cdot \sum_{a=0}^{1} (\varrho_{r+1}^{\alpha})^{a} \cdot \sum_{b=0}^{\frac{1}{2}\varphi(2^\lambda)-1} (\varrho_{r+2}^{\beta})^{b}.$$

Da mindestens eine der Zahlen

$$\varrho_1^{\alpha_1}, \cdots, \varrho_{r+2}^{\beta}$$

von 1 verschieden ist, verschwindet mindestens eine der Summen rechts; also ist

$$\sum_{\varkappa=1}^{h} \chi_\varkappa(n) = 0,$$

was zu beweisen war.

Ich behaupte nun[1)], daß die Gesamtheit unserer h Funktionen von der Wahl von $G_1, \cdots, G_r$ unabhängig ist, und habe dazu (a fortiori) offenbar nur nötig, den Satz zu beweisen:

Satz: Wenn irgend eine zahlentheoretische Funktion $\chi(n)$ den Sätzen 1 und 2 genügt und für jedes zu k nicht teilerfremde n Null, für $n = 1$ von Null verschieden ist, so ist $\chi(n)$ eine unserer h obigen, aus einem beliebig gewählten System $G_1, \cdots, G_r$ entspringenden Funktionen

$$\chi_1(n), \cdots, \chi_h(n).$$

Beweis: Es wird also vorausgesetzt, daß allen Zahlen einer Restklasse modulo k derselbe Wert von $\chi(n)$ entspricht, und zwar jeder

1) Übrigens brauche ich dies im folgenden gar nicht; es wirft aber ein deutlicheres Licht auf die Charaktere.

nicht teilerfremden Restklasse Null, der Klasse $n = 1 + Mk$ nicht Null, ferner, daß

$$\chi(nn') = \chi(n)\,\chi(n')$$

ist.

Es seien $r + 2$ (bzw. $r, r+1$) Zahlen[1)]

$$n_1, \cdots, n_r, n_{r+1}, n_{r+2}$$

durch die Bedingungen definiert:

$$n_1 \equiv G_1 \ (\text{mod.}\ p_1^{\lambda_1}), \quad n_1 \equiv 1 \ (\text{mod.}\ p_2^{\lambda_2} \cdots p_r^{\lambda_r}\, 2^{\lambda}),$$

$$\cdots\cdots\cdots\cdots\cdots\cdots\cdots\cdots$$

$$n_r \equiv G_r \ (\text{mod.}\ p_r^{\lambda_r}), \quad n_r \equiv 1 \ (\text{mod.}\ p_1^{\lambda_1} \cdots p_{r-1}^{\lambda_{r-1}}\, 2^{\lambda}),$$

wo $G_1, \cdots, G_r$ unser altes System primitiver Wurzeln mod. $p_1^{\lambda_1}, \cdots, p_r^{\lambda_r}$ ist;

$$n_{r+1} \equiv -1 \ (\text{mod.}\ 2^{\lambda}), \quad n_{r+1} \equiv 1 \ (\text{mod.}\ p_1^{\lambda_1} \cdots p_r^{\lambda_r}),$$

$$n_{r+2} \equiv 5 \ (\text{mod.}\ 2^{\lambda}), \quad n_{r+2} \equiv 1 \ (\text{mod.}\ p_1^{\lambda_1} \cdots p_r^{\lambda_r}).$$

Dann ist

$$n_1^{\varphi(p_1^{\lambda_1})} \equiv 1 \ (\text{mod.}\ p_1^{\lambda_1})$$

und

$$n_1^{\varphi(p_1^{\lambda_1})} \equiv 1 \ (\text{mod.}\ p_2^{\lambda_2} \cdots p_r^{\lambda_r}\, 2^{\lambda}),$$

also

$$n_1^{\varphi(p_1^{\lambda_1})} \equiv 1 \ (\text{mod.}\ k),$$

ebenso

$$n_2^{\varphi(p_2^{\lambda_2})} \equiv 1 \ (\text{mod.}\ k),$$

$$\cdots\cdots\cdots\cdots$$

$$n_r^{\varphi(p_r^{\lambda_r})} \equiv 1 \ (\text{mod.}\ k),$$

$$n_{r+1}^2 \equiv 1 \ (\text{mod.}\ k),$$

$$n_{r+2}^{\frac{1}{2}\varphi(2^{\lambda})} \equiv 1 \ (\text{mod.}\ k).$$

Wegen

$$\begin{aligned}\chi(1) &= \chi(1 \cdot 1)\\ &= \chi(1)\,\chi(1)\end{aligned}$$

und

$$\chi(1) \neq 0$$

ist

$$\chi(1) = 1;$$

daher ist

$$\begin{aligned}(\chi(n_1))^{\varphi(p_1^{\lambda_1})} &= \chi\left(n_1^{\varphi(p_1^{\lambda_1})}\right)\\ &= \chi(1)\\ &= 1,\end{aligned}$$

1) Diese Zahlen kamen schon in § 99 vor.

also $\chi(n_1)$ eine $\varphi(p_1^{\lambda_1})$te Einheitswurzel, folglich

$$\chi(n_1) = \varrho_1^{a_1},$$

wo

$$0 \leqq a_1 \leqq \varphi(p_1^{\lambda_1}) - 1$$

ist. Ebenso ergibt sich

$$\chi(n_2) = \varrho_2^{a_2}, \quad 0 \leqq a_2 \leqq \varphi(p_2^{\lambda_2}) - 1,$$

$$\cdots\cdots\cdots\cdots\cdots$$

$$\chi(n_r) = \varrho_r^{a_r}, \quad 0 \leqq a_r \leqq \varphi(p_r^{\lambda_r}) - 1,$$

$$\chi(n_{r+1}) = \varrho_{r+1}^{a}, \quad 0 \leqq a \leqq 1,$$

$$\chi(n_{r+2}) = \varrho_{r+2}^{b}, \quad 0 \leqq b \leqq \tfrac{1}{2}\varphi(2^{\lambda}) - 1.$$

Wenn nun n eine beliebige zu k teilerfremde Zahl ist, die das Indexsystem

$$\alpha_1, \cdots, \alpha_r, \alpha, \beta$$

hat, so ist wegen

$$n \equiv G_1^{\alpha_1} \pmod{p_1^{\lambda_1}},$$

$$\cdots\cdots\cdots$$

$$n \equiv G_r^{\alpha_r} \pmod{p_r^{\lambda_r}},$$

$$n \equiv (-1)^{\alpha} 5^{\beta} \pmod{2^{\lambda}}$$

offenbar

$$n \equiv n_1^{\alpha_1} \cdots n_r^{\alpha_r} n_{r+1}^{\alpha} n_{r+2}^{\beta} \pmod{k},$$

also

$$\chi(n) = \chi(n_1^{\alpha_1}) \cdots \chi(n_r^{\alpha_r}) \chi(n_{r+1}^{\alpha}) \chi(n_{r+2}^{\beta})$$

$$= \varrho_1^{a_1 \alpha_1} \cdots \varrho_r^{a_r \alpha_r} \varrho_{r+1}^{a \alpha} \varrho_{r+2}^{b \beta};$$

daher ist $\chi(n)$ wirklich eine unserer alten h Funktionen.

Übrigens leisten die soeben mit

$$n_1, \cdots, n_r, n_{r+1}, n_{r+2}$$

bezeichneten Zahlen auch noch folgendes. Der Ausdruck

$$n_1^{\alpha_1} \cdots n_{r+2}^{\beta}$$

stellt alle zu k teilerfremden Zahlklassen und jede nur einmal dar, wenn $\alpha_1, \cdots, \beta$ unabhängig ihren Spielraum durchlaufen. Daß man überhaupt alle diese Klassen durch Potenzprodukte gewisser darstellen kann, wäre trivial, nämlich, wenn diese gewissen Klassen alle h Klassen sind. Aber die obige Darstellung ist bei Beschränkung der Exponenten auf je ein bestimmtes Intervall eindeutig.

§ 101.

Einteilung der Charaktere in drei Klassen.

Es gibt also zu k ein ganz bestimmtes System von h Charakteren. Man teilt nun diese h zahlentheoretischen Funktionen in drei Klassen ein, von denen für alle k mit Ausnahme von 1, 2, 3, 4, 6, 8, 12, 24 jedenfalls alle drei vorhanden sind, während für $k = 3$, $k = 4$, $k = 6$, $k = 8$, $k = 12$ und $k = 24$ die dritte fehlt und in den trivialen Fällen $k = 1$, $k = 2$ nur die erste vorhanden ist.

1. Die erste Klasse wird vom „Hauptcharakter" $\chi_1(n)$ allein gebildet, der stets 0 oder 1 ist.

2. Die zweite Klasse wird von denjenigen Charakteren gebildet, welche für jedes n reell (also $= 0, \pm 1$) sind, aber nicht stets $= 0$ oder $+1$. Mit anderen Worten: es sind die vom Hauptcharakter verschiedenen reellen (d. h. durchweg reellen) Charaktere. Für sie ist eben die Auswahl der Einheitswurzeln

$$\varrho_1^{a_1}, \cdots, \varrho_r^{a_r}, \varrho_{r+1}^{a}, \varrho_{r+2}^{b}$$

so zu treffen, daß dieselben reell, d. h. $= \pm 1$ und nicht alle $+1$ sind. Mit anderen Worten, es muß

$$\begin{aligned} a_1 &= 0 \text{ oder } \tfrac{1}{2}\varphi(p_1^{\lambda_1}), \\ &\cdots\cdots\cdots\cdots \\ a_r &= 0 \text{ oder } \tfrac{1}{2}\varphi(p_r^{\lambda_r}), \\ a &= 0 \text{ oder } 1, \\ b &= 0 \text{ oder } \tfrac{1}{4}\varphi(2^{\lambda}) \end{aligned}$$

sein, wobei nicht stets der Wert 0 gewählt ist.

3. Die dritte Klasse wird von den „komplexen" Charakteren gebildet; darunter werden diejenigen verstanden, welche nicht durchweg reell sind, d. h. für mindestens ein n (also für mindestens eine Restklasse) nicht reell sind. Diese komplexen Charaktere lassen sich paarweise einander durch folgende Bemerkung zuordnen. Wird für einen komplexen Charakter

$$\chi_\varkappa(n) = u_\varkappa(n) + i v_\varkappa(n)$$

gesetzt, wo $u_\varkappa(n)$ der reelle Bestandteil ist, so ist offenbar für ein gewisses anderes $\varkappa'$

$$\chi_{\varkappa'}(n) = u_\varkappa(n) - i v_\varkappa(n),$$

d. h. der Charakter $\chi_{\varkappa'}(n)$ durchweg konjugiert zu $\chi_\varkappa(n)$. Es sei nämlich für das n mit dem Indexsystem $\alpha_1, \cdots, \beta$

$$\begin{aligned} \chi_\varkappa(n) &= \chi_{(a_1, a_2, \cdots, a_r, a, b)}(n) \\ &= \varrho_1^{a_1 \alpha_1} \cdots \varrho_{r+2}^{b\beta}; \end{aligned}$$

$\varkappa$ entspreche also dem System $a_1, \cdots, b$. Alsdann werde

$$a_1' = \begin{cases} \varphi(p_1^{\lambda_1}) - a_1 & \text{für } 1 \leqq a_1 \leqq \varphi(p_1^{\lambda_1}) - 1, \\ 0 & \text{für } a_1 = 0, \end{cases}$$

$$\cdots\cdots\cdots\cdots\cdots\cdots$$

$$a' = \begin{cases} 2 - a & \text{für } a = 1, \\ 0 & \text{für } a = 0, \end{cases}$$

$$b' = \begin{cases} \tfrac{1}{2}\varphi(2^\lambda) - b & \text{für } 1 \leqq b \leqq \tfrac{1}{2}\varphi(2^\lambda) - 1, \\ 0 & \text{für } b = 0 \end{cases}$$

gesetzt. Da zu einer Einheitswurzel ϱ die Zahl ϱ^{-1} konjugiert und hier

$$\varrho_1^{a_1'} = \varrho_1^{-a_1} \quad \text{für } 0 \leqq a_1 \leqq \varphi(p_1^{\lambda_1}) - 1,$$

$$\cdots\cdots\cdots\cdots\cdots\cdots$$

$$\varrho_{r+2}^{b'} = \varrho_{r+2}^{-b} \quad \text{für } 0 \leqq b \leqq \tfrac{1}{2}\varphi(2^\lambda) - 1$$

ist, so ist

$$\chi_{(a_1', \cdots, b')}(n) = \varrho_1^{a_1'\alpha_1} \cdots \varrho_{r+2}^{b'\beta}$$

wirklich für alle zu k teilerfremden n der Zahl

$$\chi_{(a_1, \cdots, b)}(n) = \varrho_1^{a_1\alpha_1} \cdots \varrho_{r+2}^{b\beta}$$

konjugiert, und für die anderen n sind ja beide Funktionen 0, also gewiß konjugiert komplex.

Diese zwei Funktionen $\chi_\varkappa(n)$ und $\chi_{\varkappa'}(n)$ eines solchen Paares sind verschieden, weil nach Voraussetzung $\chi_\varkappa(n)$ (als Charakter dritter Art) für mindestens ein n nicht reell, also verschieden von seinem konjugiert komplexen Wert ist.

Daß die Funktion

$$u_\varkappa(n) - iv_\varkappa(n)$$

zugleich mit

$$u_\varkappa(n) + iv_\varkappa(n)$$

ein Charakter ist, ergibt sich übrigens auch daraus, daß sie den Sätzen 1 und 2 des § 100 genügt, für $(n, k) > 1$ Null und für $n = 1$ nicht Null ist.

Wenn $\chi(n)$ ein Charakter ist, so verstehe ich allgemein unter $\bar{\chi}(n)$ den konjugierten Charakter. Für Charaktere erster und zweiter Art ist eben

$$\bar{\chi}(n) = \chi(n).$$

Daß in den von 1, 2, 3, 4, 6, 8, 12, 24 verschiedenen Fällen alle drei Klassen vorhanden sind (wie am Anfang dieses Paragraphen angekündigt wurde), ergibt sich so: Die dritte Klasse ist vorhanden, sobald bei einer in k aufgehenden Primzahlpotenz p^λ

$$\varphi(p^\lambda) = p^{\lambda-1}(p-1) > 2$$

oder für das in k aufgehende 2^λ

$$\tfrac{1}{2}\varphi(2^\lambda) = 2^{\lambda-2} > 2$$

ist. Wenn die dritte Klasse fehlt, darf also von Primzahlen nur vorkommen: 3 und zwar höchstens einmal, ferner 2 und zwar höchstens dreimal. Die Zahlen $2^\lambda\, 3^{\lambda'}$, wo $0 \leqq \lambda \leqq 3$, $0 \leqq \lambda' \leqq 1$ ist, ergeben die obigen Ausnahmefälle.

Dreiundzwanzigstes Kapitel.

Die Dirichletschen Reihen $L_\varkappa(s)$.

§ 102.

Definition und Konvergenzbereich.

Ich betrachte nun für reelle $s > 1$, den h Charakteren entsprechend, die h unendlichen Reihen

$$(1) \qquad L_\varkappa(s) = \sum_{n=1}^{\infty} \frac{\chi_\varkappa(n)}{n^s}.$$

Wegen

$$\left|\frac{\chi_\varkappa(n)}{n^s}\right| \leqq \frac{1}{n^s}$$

ist jede dieser Reihen für $s > 1$ konvergent.

Die Reihen (1) unterscheide ich je nach den zu ihrer Bildung benutzten Charakteren in Reihen erster, zweiter und dritter Art.

Die Reihe erster Art ist

$$L_1(s) = \sum_{n=1}^{\infty}{}' \frac{1}{n^s},$$

wo das Zeichen Σ' bezeichnet, daß nur die zu k teilerfremden n aufzunehmen sind. Sie ist für $s = 1$ offenbar divergent, da bereits die Partialreihe (die den $n \equiv 1 \pmod{k}$ entspricht)

$$\frac{1}{1} + \frac{1}{k+1} + \frac{1}{2k+1} + \cdots$$

beziehlich nicht kleinere Glieder hat als die divergente Reihe

$$\frac{1}{k}+\frac{1}{2k}+\frac{1}{3k}+\cdots,$$

welche durch Multiplikation aller Glieder der divergenten harmonischen Reihe mit $\frac{1}{k}$ entsteht.

Aus der Divergenz von

$$\sum_{n=1}^{\infty}{}'\frac{1}{n}$$

folgt leicht, daß, wenn s von rechts an 1 heranrückt, die Funktion (reellen Argumentes) $L_1(s)$ über alle Grenzen wächst. Denn wenn ein $g>0$ gegeben ist, gibt es ein x, so daß

$$\sum_{n=1}^{x}{}'\frac{1}{n}>2g$$

ist. Da nun

$$\lim_{s=1}\sum_{n=1}^{x}{}'\frac{1}{n^s}=\sum_{n=1}^{x}{}'\frac{1}{n}$$

ist, so gibt es ein $\varepsilon=\varepsilon(g)$, so daß für alle s zwischen 1 (exkl.) und $1+\varepsilon$ (exkl.)

$$\sum_{n=1}^{x}{}'\frac{1}{n^s}>\sum_{n=1}^{x}{}'\frac{1}{n}-g,$$

folglich

$$\sum_{n=1}^{x}{}'\frac{1}{n^s}>g$$

ist. Für jene s folgt a fortiori

$$\begin{aligned}L_1(s)&=\sum_{n=1}^{\infty}{}'\frac{1}{n^s}\\&>\sum_{n=1}^{x}{}'\frac{1}{n^s}\\&>g,\end{aligned}$$

d. h. $L_1(s)$ wächst mit zu 1 abnehmendem s über alle Grenzen.

Für die Reihen zweiter und dritter Art gilt nun der

Satz: Falls $\varkappa = 2, \cdots, h$ ist, ist die Reihe

$$L_\varkappa(s) = \sum_{n=1}^{\infty} \frac{\chi_\varkappa(n)}{n^s}$$

für alle $s > 0$ konvergent, ist dort stetig und differentiierbar und darf dort gliedweise differentiiert werden; ferner ist $L'_\varkappa(s)$ für $s > 0$ stetig.

Hierbei handelt es sich im Falle einer Reihe dritter Art um eine komplexe Funktion der reellen Variablen s; d. h., wenn

$$\chi_\varkappa(n) = u_\varkappa(n) + i v_\varkappa(n),$$

$$\sum_{n=1}^{\infty} \frac{u_\varkappa(n)}{n^s} = U_\varkappa(s),$$

$$\sum_{n=1}^{\infty} \frac{v_\varkappa(n)}{n^s} = V_\varkappa(s)$$

gesetzt wird, so zerfällt die Behauptung

$$(2) \qquad L'_\varkappa(s) = -\sum_{n=1}^{\infty} \frac{\chi_\varkappa(n) \log n}{n^s}$$

in die beiden

$$(3) \qquad U'_\varkappa(s) = -\sum_{n=1}^{\infty} \frac{u_\varkappa(n) \log n}{n^s}$$

und

$$(4) \qquad V'_\varkappa(s) = -\sum_{n=1}^{\infty} \frac{v_\varkappa(n) \log n}{n^s},$$

und es wird ferner — alles für $s > 0$ — die Stetigkeit der beiden reellen Funktionen $U'_\varkappa(s)$ und $V'_\varkappa(s)$ behauptet. Es handelt sich eben hier um Dirichletsche Reihen mit komplexen Koeffizienten und vorläufig noch reeller Variabeln.

Beweis: Für $s = 0$ ist die Reihe $L_\varkappa(s)$ gewiß divergent, da das allgemeine Glied $\chi_\varkappa(n)$ nicht den Limes 0 hat. Es ist jedoch

$$\sum_{n=1}^{x} \chi_\varkappa(n) = O(1),$$

da nach dem Satz 3 des § 100 die Summe von je k konsekutiven Gliedern $\chi_\varkappa(n)$ verschwindet. Folglich ist

$$\sum_{n=1}^{x} u_\varkappa(n) = O(1)$$

und[1])

$$\sum_{n=1}^{x} v_\varkappa(n) = O(1).$$

Nach §§ 29—30 sind also die Reihen $U_\varkappa(s)$ und $V_\varkappa(s)$ für $s > 0$ konvergent und stetige Funktionen; die Reihe $L_\varkappa(s)$ ist also ebenda konvergent und stetig.

Nach den allgemeinen Eigenschaften Dirichletscher Reihen in § 30 sind ferner $U'_\varkappa(s)$ und $V'_\varkappa(s)$ für $s > 0$ vorhanden, durch die Gleichungen (3) und (4) darstellbar und stetig. Folglich gilt (2) für $s > 0$, und $L'_\varkappa(s)$ ist dort stetig.

Damit ist der Satz bewiesen; er liefert insbesondere bei zu 1 abnehmendem s

(5) $$\lim_{s=1} L_\varkappa(s) = \sum_{n=1}^{\infty} \frac{\chi_\varkappa(n)}{n}$$

und

(6) $$\lim_{s=1} L'_\varkappa(s) = -\sum_{n=1}^{\infty} \frac{\chi_\varkappa(n)\log n}{n}.$$

§ 103.

Die grundlegende Identität.

Analog zu $\zeta(s)$ lassen sich die $L_\varkappa(s)$ $(\varkappa = 1, \cdots, h)$ durch unendliche Produkte darstellen. Ich behaupte den

Satz: Für $s > 1$ ist

$$L_\varkappa(s) = \prod_p \frac{1}{1 - \frac{\chi_\varkappa(p)}{p^s}}.$$

Beweis: Es ist für komplexe u, wenn $|u| < 1$ ist,

$$\frac{1}{1-u} = 1 + u + u^2 + u^3 + \cdots,$$

also für $s > 1$, da

$$\left|\frac{\chi_\varkappa(p)}{p^s}\right| < \frac{1}{2}$$

ist,

1) Für Reihen zweiter Art ist einfach

$$v_\varkappa(n) = 0,$$
$$V_\varkappa(s) = 0.$$

$$\frac{1}{1-\frac{\chi_\varkappa(p)}{p^s}}=\sum_{m=1}^{\infty}\frac{(\chi_\varkappa(p))^m}{p^{ms}}$$

$$=\sum_{m=1}^{\infty}\frac{\chi_\varkappa(p^m)}{p^{ms}},$$

$$\prod_{p\leqq x}\frac{1}{1-\frac{\chi_\varkappa(p)}{p^s}}=\prod_{p\leqq x}\sum_{m=1}^{\infty}\frac{\chi_\varkappa(p^m)}{p^{ms}}.$$

Das Produkt endlich vieler absolut konvergenter Reihen darf beliebig geordnet werden; wegen

$$\chi_\varkappa(n)\chi_\varkappa(n')=\chi_\varkappa(nn')$$

ist also

$$\prod_{p\leqq x}\sum_{m=1}^{\infty}\frac{\chi_\varkappa(p^m)}{p^{ms}}=\sum_{n=1}^{\infty}{}'\frac{\chi_\varkappa(n)}{n^s},$$

wo n alle Zahlen durchläuft, deren Primfaktoren sämtlich $\leqq x$ sind. Nun ist

$$\sum_{n=1}^{\infty}{}'\frac{\chi_\varkappa(n)}{n^s}=\sum_{n=1}^{x}\frac{\chi_\varkappa(n)}{n^s}+\sum_{n=x+1}^{\infty}{}'\frac{\chi_\varkappa(n)}{n^s},$$

folglich

$$\prod_{p\leqq x}\frac{1}{1-\frac{\chi_\varkappa(p)}{p^s}}-\sum_{n=1}^{x}\frac{\chi_\varkappa(n)}{n^s}=\sum_{n=x+1}^{\infty}{}'\frac{\chi_\varkappa(n)}{n^s},$$

$$\left|\prod_{p\leqq x}\frac{1}{1-\frac{\chi_\varkappa(p)}{p^s}}-\sum_{n=1}^{x}\frac{\chi_\varkappa(n)}{n^s}\right|<\sum_{n=x+1}^{\infty}\frac{1}{n^s},$$

$$\lim_{x=\infty}\left(\prod_{p\leqq x}\frac{1}{1-\frac{\chi_\varkappa(p)}{p^s}}-\sum_{n=1}^{x}\frac{\chi_\varkappa(n)}{n^s}\right)=0,$$

$$\prod_{p}\frac{1}{1-\frac{\chi_\varkappa(p)}{p^s}}=L_\varkappa(s).$$

Dieser Satz lehrt u. a., daß für $s>1$

$$L_\varkappa(s)\neq 0$$

ist. Das ist nur für $\varkappa=1$ trivial.

Ich bemerke ausdrücklich, daß auch für Reihen zweiter und dritter Art die Konvergenz des Produktes

$$\prod_p \frac{1}{1-\frac{\chi_\varkappa(p)}{p^s}}$$

hier nur für $s > 1$ behauptet und bewiesen ist. Für $s = 1$ läßt sie sich noch beweisen[1]; ob sie für irgend ein $s < 1$ vorhanden ist, läßt sich beim heutigen Stande der Wissenschaft nicht in Bezug auf einen einzigen Wert von k sagen.

Satz: Für $s > 1$ ist

$$L_\varkappa(s) = e^{\sum\limits_{p,m} \frac{1}{m} \frac{\chi_\varkappa(p^m)}{p^{ms}}}.$$

Beweis: Die Doppelreihe im Exponenten ist jedenfalls wegen

$$\left| \frac{1}{m} \frac{\chi_\varkappa(p^m)}{p^{ms}} \right| \leqq \frac{1}{m} \frac{1}{p^{ms}}$$

für $s > 1$ absolut konvergent. Mit Rücksicht auf die für $|u| < 1$ (wo u komplex ist) gültige Identität

$$\frac{1}{1-u} = e^{\sum\limits_{m=1}^{\infty} \frac{u^m}{m}}$$

ist also

$$e^{\sum\limits_{p,m} \frac{1}{m} \frac{\chi_\varkappa(p^m)}{p^{ms}}} = e^{\sum\limits_p \sum\limits_{m=1}^{\infty} \frac{1}{m} \frac{\chi_\varkappa(p^m)}{p^{ms}}}$$

$$= \prod_p e^{\sum\limits_{m=1}^{\infty} \frac{1}{m} \left(\frac{\chi_\varkappa(p)}{p^s}\right)^m}$$

$$= \prod_p \frac{1}{1-\frac{\chi_\varkappa(p)}{p^s}}$$

$$= L_\varkappa(s).$$

Wenn man die Doppelreihe im Exponenten als Dirichletsche Reihe anordnet, ist

$$\sum_{p,m} \frac{\chi_\varkappa(p^m)}{mp^{ms}} = \sum_{n=1}^{\infty} \frac{H(n)}{n^s},$$

1) Vgl. § 109.

wo

$$H(1) = 0,$$

$$H(n) = \frac{\chi_\varkappa(n)}{m} \quad \text{für } n = p^m,\ m \geqq 1,$$

$$H(n) = 0 \qquad \text{sonst}$$

ist. Aus

$$L_\varkappa(s) = e^{\sum\limits_{n=1}^{\infty} \frac{H(n)}{n^s}}$$

folgt für $s > 1$

$$L'_\varkappa(s) = -e^{\sum\limits_{n=1}^{\infty} \frac{H(n)}{n^s}} \sum_{n=1}^{\infty} \frac{H(n)\log n}{n^s},$$

$$\frac{L'_\varkappa(s)}{L_\varkappa(s)} = -\sum_{n=1}^{\infty} \frac{H(n)\log n}{n^s}$$

$$(1) \qquad = -\sum_{p,m} \frac{\chi_\varkappa(p^m)\log p}{p^{ms}},$$

bei willkürlicher Anordnung der Glieder.

l sei nun eine beliebige zu k teilerfremde positive Zahl; das Ziel dieses ganzen und des nächsten Kapitels ist, nachzuweisen, daß in der Reihe $ky + l$ ($y = 0, 1, \cdots$) unendlich viele Primzahlen enthalten sind. Dabei ist es keine Einschränkung der Allgemeinheit,

$$1 \leqq l \leqq k$$

anzunehmen.

b werde so bestimmt, daß

$$bl \equiv 1 \pmod{k}$$

ist, und es werde die Gleichung (1), wo $s > 1$ angenommen wird, für jedes $\varkappa$ mit $\chi_\varkappa(b)$ multipliziert; alsdann addiere man diese h Gleichungen. Das gibt

$$\sum_{\varkappa=1}^{h} \chi_\varkappa(b) \frac{L'_\varkappa(s)}{L_\varkappa(s)} = -\sum_{\varkappa=1}^{h} \chi_\varkappa(b) \sum_{p,m} \frac{\chi_\varkappa(p^m)\log p}{p^{ms}}$$

$$(2) \qquad = -\sum_{p,m} \frac{\log p}{p^{ms}} \sum_{\varkappa=1}^{h} \chi_\varkappa(bp^m).$$

Nun ist nach Satz 4 des § 100

$$\sum_{\varkappa=1}^{h} \chi_\varkappa(n)$$

dann und nur dann von Null verschieden, und alsdann $= h$, wenn

$$n \equiv 1 \pmod{k}$$

ist. Also ist nach (2) für $s > 1$

$$(3) \qquad -\sum_{\varkappa=1}^{h} \chi_\varkappa(b) \frac{L'_\varkappa(s)}{L_\varkappa(s)} = h \sum_{p,m}{}' \frac{\log p}{p^{ms}}$$

$$= h \sum_{p}{}' \frac{\log p}{p^s} + h \sum_{p}{}' \frac{\log p}{p^{2s}} + \cdots + h \sum_{p}{}' \frac{\log p}{p^{ms}} + \cdots,$$

wo p in der ersten Summe alle etwa vorhandenen Primzahlen durchläuft, für welche $pb \equiv 1 \pmod{k}$ ist, d. h. welche $\equiv l \pmod{k}$ sind, $\cdots$, in der $m$ten Summe alle etwa vorhandenen Primzahlen, für welche $p^m b \equiv 1 \pmod{k}$, d. h. $p^m \equiv l \pmod{k}$ ist. Ob es solche Primzahlen gibt, bleibt vorläufig dahingestellt. Daß die erste Summe unendlich viele Glieder enthält, ist gerade die Behauptung, zu deren Nachweis die Grundformel (3) den Schlüssel liefert. Ich schreibe (3) mit Rücksicht auf

$$\chi_\varkappa(b)\,\chi_\varkappa(l) = \chi_\varkappa(1)$$
$$= 1$$

kurz so:

$$(4) \qquad -\sum_{\varkappa=1}^{h} \frac{1}{\chi_\varkappa(l)} \frac{L'_\varkappa(s)}{L_\varkappa(s)} = h \sum_{p^m \equiv l} \frac{\log p}{p^{ms}};$$

das bedeutet eben, daß p, m alle positiven ganzen Wertepaare durchlaufen, für welche p Primzahl und

$$p^m \equiv l \pmod{k}$$

ist.

Ehe ich diese Formel (4) mit Erfolg verwerten kann, muß ich weit ausholen. Es handelt sich darum, das Material zu liefern, um das Verhalten der linken Seite von (4) für zu 1 abnehmendes s zu übersehen.

Im § 104 werde ich beweisen, daß das erste Glied der linken Seite von (4), nämlich

$$-\frac{1}{\chi_1(l)} \frac{L'_1(s)}{L_1(s)} = -\frac{L'_1(s)}{L_1(s)},$$

dabei ins Unendliche wächst. Im § 105 werde ich zeigen, daß die den Charakteren dritter Art entsprechenden Glieder für $s = 1$ einen endlichen Grenzwert haben. Nach den Formeln (5) und (6) des § 102 ist es hierfür hinreichend,

$$(5) \qquad \sum_{n=1}^{\infty} \frac{\chi_\varkappa(n)}{n} \neq 0$$

zu zeigen. Im § 106 werde ich dasselbe für die Reihen beweisen, die den Charakteren zweiter Art entsprechen. Dieser Nachweis von (5) für reelle Charaktere ist die Hauptschwierigkeit des ganzen Beweises des Satzes von der arithmetischen Progression. Mit den Resultaten der §§ 104—106 ist festgestellt, daß

$$\lim_{s=1}\left(-\sum_{\varkappa=1}^{h}\frac{1}{\chi_{\varkappa}(l)}\frac{L'_{\varkappa}(s)}{L_{\varkappa}(s)}\right)=+\infty$$

ist, also nach (4)

$$\lim_{s=1}\sum_{p^m\equiv l}\frac{\log p}{p^{ms}}=+\infty.$$

Da nun

$$\sum_{\substack{p^m\equiv l\\ m\geqq 2}}\frac{\log p}{p^{ms}}$$

eine für $s>\frac{1}{2}$ konvergente Dirichletsche Reihe ist, also für $s=1$ einen endlichen Grenzwert besitzt, steht nunmehr fest:

$$\lim_{s=1}\sum_{p\equiv l}\frac{\log p}{p^s}=+\infty;$$

das beweist aber, daß die Reihe

$$\sum_{p\equiv l}\frac{\log p}{p^s}$$

unendlich viele Glieder enthält, das heißt:

Es gibt unendlich viele Primzahlen in der arithmetischen Progression $ky+l$.

Vierundzwanzigstes Kapitel.

Beweis des Satzes vom Vorhandensein unendlich vieler Primzahlen in der arithmetischen Progression.

§ 104.

Diskussion von $\frac{L_1'(s)}{L_1(s)}$.

Nach der Identität (1) in § 103 ist für $s>1$

$$-\frac{L_1'(s)}{L_1(s)}=\sum_{p,m}{}'\frac{\log p}{p^{ms}},$$

wo p alle nicht in k aufgehenden Primzahlen durchläuft. Es ist also

$$-\frac{L_1'(s)}{L_1(s)} = -\frac{\zeta'(s)}{\zeta(s)} - \sum_{\substack{p,m\\ p\mid k}} \frac{\log p}{p^{ms}}$$

$$= -\frac{\zeta'(s)}{\zeta(s)} - \sum_{p\mid k} \frac{\log p}{p^s - 1},$$

was natürlich auch aus

$$L_1(s) = \prod_p \frac{1}{1 - \frac{\chi_1(p)}{p^s}}$$

$$= \prod_p{}' \frac{1}{1 - \frac{1}{p^s}}$$

$$= \prod_p \frac{1}{1 - \frac{1}{p^s}} \prod_{p\mid k}\left(1 - \frac{1}{p^s}\right)$$

$$= \zeta(s) \prod_{p\mid k}\left(1 - \frac{1}{p^s}\right)$$

folgt. Die endliche Summe

$$\sum_{p\mid k} \frac{\log p}{p^s - 1}$$

nähert sich für $s = 1$ dem Grenzwert

$$\sum_{p\mid k} \frac{\log p}{p - 1};$$

$-\frac{\zeta'(s)}{\zeta(s)}$ wird unendlich, wie wir schon aus § 34 wissen; daher ist

$$\lim_{s=1}\left(-\frac{L_1'(s)}{L_1(s)}\right) = +\infty,$$

$$\lim_{s=1}\left(-\frac{1}{\chi_1(l)}\frac{L_1'(s)}{L_1(s)}\right) = +\infty.$$

Es ist für das Folgende erforderlich, die Tatsache des Unendlichwerdens von $L_1(s)$ für $s = 1$ noch zu verschärfen.

Satz: Es ist für zu 1 abnehmendes s

$$\lim_{s=1}(s-1)L_1(s) = \frac{h}{k}.$$

Übrigens würde es für den Beweis des Satzes von der arithmetischen Progression genügen, zu konstatieren, daß

$$\limsup_{s=1}\,(s-1)L_1(s)$$

endlich ist.

Beweis: Es ist

$$(s-1)\,L_1(s) = (s-1)\,\zeta(s)\cdot\prod_{p\,|\,k}\left(1-\frac{1}{p^s}\right),$$

also

$$\begin{aligned}\lim_{s=1}(s-1)\,L_1(s) &= \lim_{s=1}(s-1)\,\zeta(s)\cdot\lim_{s=1}\prod_{p\,|\,k}\left(1-\frac{1}{p^s}\right)\\ &= 1\cdot\prod_{p\,|\,k}\left(1-\frac{1}{p}\right)\\ &= \frac{\varphi(k)}{k}\\ &= \frac{h}{k}.\end{aligned}$$

§ 105.

Das Nichtverschwinden der komplexen Reihen für $s=1$.

Satz: Für jede Reihe dritter Art ist

$$L_\varkappa(1) = \sum_{n=1}^{\infty}\frac{\chi_\varkappa(n)}{n}$$

$$\neq 0.$$

Beweis: Es werde die dem konjugierten Charakter entsprechende Reihe mit $L_\lambda(s)$ bezeichnet. Wird

$$\chi_\varkappa(n) = u(n) + iv(n),$$

$$\sum_{n=1}^{\infty}\frac{u(n)}{n^s} = U(s),$$

$$\sum_{n=1}^{\infty}\frac{v(n)}{n^s} = V(s)$$

gesetzt, so ist

$$\begin{aligned}\chi_\lambda(n) &= u(n) - iv(n),\\ L_\varkappa(s) &= U(s) + i\,V(s),\\ L_\lambda(s) &= U(s) - i\,V(s).\end{aligned}$$

Da $U(s)$ und $V(s)$ im Punkte 1 differentiierbar sind, so ist, wie sich durch Zusammensetzung der beiden Gleichungen

$$\lim_{s=1}\frac{\sum_{n=1}^{\infty}\frac{u(n)}{n^s} - \sum_{n=1}^{\infty}\frac{u(n)}{n}}{s-1} = U'(1)$$

und

$$\lim_{s=1} \frac{\sum_{n=1}^{\infty} \frac{v(n)}{n^s} - \sum_{n=1}^{\infty} \frac{v(n)}{n}}{s-1} = V'(1)$$

ergibt,

$$\lim_{s=1} \frac{L_\varkappa(s) - L_\varkappa(1)}{s-1} = L'_\varkappa(1)$$

vorhanden, ebenso

$$\lim_{s=1} \frac{L_\lambda(s) - L_\lambda(1)}{s-1} = L'_\lambda(1).$$

Gesetzt nun, es sei

$$L_\varkappa(1) = 0;$$

dann wäre

$$U(1) = 0,$$

$$V(1) = 0,$$

$$L_\lambda(1) = 0;$$

die beiden Grenzwerte

$$\lim_{s=1} \frac{L_\varkappa(s)}{s-1} = L'_\varkappa(1)$$

und

$$\lim_{s=1} \frac{L_\lambda(s)}{s-1} = L'_\lambda(1)$$

wären also vorhanden.

Das Produkt

$$L_2(s) L_3(s) \cdots L_h(s),$$

in welchem jeder Faktor für $s = 1$ einen Limes hat, enthielte also mindestens zwei Faktoren, deren Quotient durch $s - 1$ einen Limes hat. Also existierte

$$\lim_{s=1} \frac{L_2(s) \cdots L_h(s)}{(s-1)^2}.$$

Da ferner nach § 104

$$\lim_{s=1} (s-1) L_1(s)$$

existiert, so wäre wegen

$$L_1(s) L_2(s) \cdots L_h(s) = (s-1) \cdot (s-1) L_1(s) \cdot \frac{L_2(s) \cdots L_h(s)}{(s-1)^2}$$

$$\lim_{s=1} L_1(s) L_2(s) \cdots L_h(s) = 0 \cdot \lim_{s=1} (s-1) L_1(s) \cdot \lim_{s=1} \frac{L_2(s) \cdots L_h(s)}{(s-1)^2}$$

$$= 0.$$

Nun ist aber nach dem zweiten Satz des § 103 für $s > 1$ und $\varkappa = 1, \cdots, h$

$$L_\varkappa(s) = e^{\sum\limits_{p,m} \frac{\chi_\varkappa(p^m)}{m p^{ms}}},$$

also für $s > 1$

$$L_1(s) \cdots L_h(s) = \prod_{\varkappa=1}^{h} L_\varkappa(s)$$

$$= e^{\sum\limits_{p,m} \frac{1}{m p^{ms}} \sum\limits_{\varkappa=1}^{h} \chi_\varkappa(p^m)};$$

folglich ist, da die innere Summe dann und nur dann von Null verschieden, und zwar $= h$ ist, wenn

$$p^m \equiv 1 (\text{mod.}\, k)$$

ist, das Produkt

$$(1) \qquad L_1(s) \cdots L_h(s) = e^{h \sum\limits_{p^m \equiv 1} \frac{1}{m p^{ms}}}$$
$$> e^0$$
$$= 1,$$

kann also nicht für $s = 1$ den Limes Null haben.

Damit ist der Satz bewiesen.

Die bei dieser Gelegenheit bewiesene Identität (1), die übrigens mit dem Spezialfall $l = 1$ der Identität (4) aus § 103 völlig gleichwertig ist, zeigt, da im Exponenten rechts jedes Glied mit abnehmendem s zunimmt, daß in Wahrheit entweder

$$\lim_{s=1} L_1(s) \cdots L_h(s) = +\infty$$

ist, oder daß ein endlicher, positiver Grenzwert

$$\lim_{s=1} L_1(s) \cdots L_h(s)$$

vorhanden ist.

§ 106.

Das Nichtverschwinden der reellen Reihen für $s = 1$.

Für Reihen zweiter Art folgt aus der zuletzt hervorgehobenen Tatsache gar nichts; denn im Falle

$$L_\varkappa(1) = 0$$

bei einer Reihe zweiter Art hat man keine andere Reihe, deren Verschwinden daraus folgen würde, und aus der Existenz von

$$\lim_{s=1} L_1(s) L_2(s) \cdots L_h(s) = \lim_{s=1} (s-1) L_1(s) \frac{L_2(s) \cdots L_h(s)}{s-1}$$

folgt kein Widerspruch; es ergibt sich bloß, daß von der Alternative am Schluß des § 105 der zweite Fall eintreten würde.

Ich werde nunmehr zwei bis zu einer gewissen Stelle gemeinsam verlaufende Beweisanordnungen für den Satz angeben:

Satz: Wenn $\chi(n)$ ein reeller, vom Hauptcharakter verschiedener Charakter ist, ist

$$L = \sum_{n=1}^{\infty} \frac{\chi(n)}{n}$$

$$\neq 0.$$

Beweise: Es wird nur benutzt, daß $\chi(n)$ eine zahlentheoretische Funktion ist, welche folgende 4 Bedingungen erfüllt:

1. Wenn n zu k teilerfremd ist, ist
$$\chi(n) = \pm 1.$$
2. Wenn n mit k einen gemeinsamen Teiler hat, ist
$$\chi(n) = 0.$$
3. Es ist
$$\chi(nn') = \chi(n)\chi(n').$$
4. Es ist
$$\sum_n \chi(n) = 0,$$

wenn n ein vollständiges Restsystem modulo k durchläuft.

Aus 1. und 3. folgt

$$\chi(1) = \chi(1)\chi(1),$$
$$\chi(1) = 1.$$

Es werde nun zur Abkürzung die von $\chi(n)$ abhängige zahlentheoretische Funktion

$$\sum_{d \mid n} \chi(d)$$

mit $f(n)$ bezeichnet. Wenn n und n' teilerfremd sind, ist offenbar

$$f(nn') = f(n) f(n').$$

Denn alle Teiler von nn' entstehen, indem unabhängig je ein Teiler d und d' von n und n' miteinander multipliziert werden, so daß also

$$\begin{aligned} f(nn') &= \sum_{\substack{d \mid n \\ d' \mid n'}} \chi(dd') \\ &= \sum_{\substack{d \mid n \\ d' \mid n'}} \chi(d)\chi(d') \\ &= \sum_{d \mid n} \chi(d) \sum_{d' \mid n'} \chi(d') \\ &= f(n)f(n') \end{aligned}$$

ist.

Also ist für

$$n = p_1^{\lambda_1} \cdots p_\varrho^{\lambda_\varrho},$$

wo $p_1, \cdots, p_\varrho$ die verschiedenen in n aufgehenden Primzahlen sind (die Primzahl 2 bei geradem n mit dazu gerechnet),

(1) $$f(n) = f(p_1^{\lambda_1}) \cdots f(p_\varrho^{\lambda_\varrho}).$$

Ein solcher Faktor $f(p^\lambda)$ läßt sich leicht nach der Definition von $f(n)$ explizit darstellen. Es ist nach Definition zunächst

$$f(p^\lambda) = \chi(1) + \chi(p) + \cdots + \chi(p^\lambda).$$

1) Wenn nun $\chi(p) = 1$ ist, ist

$$\begin{aligned} f(p^\lambda) &= 1 + 1 + \cdots + 1 \\ &= \lambda + 1. \end{aligned}$$

2) Wenn $\chi(p) = -1$ ist, ist

$$f(p^\lambda) = 1 - 1 + 1 - 1 + \cdots + (-1)^\lambda,$$

also

$$f(p^\lambda) = 1 \text{ für gerades } \lambda,$$
$$f(p^\lambda) = 0 \text{ für ungerades } \lambda.$$

3) Wenn $\chi(p) = 0$ ist, ist

$$\begin{aligned} f(p^\lambda) &= 1 + 0 + \cdots + 0 \\ &= 1. \end{aligned}$$

Daraus folgt, daß in allen Fällen

$$f(p^\lambda) \geqq 0,$$

also nach (1) in allen Fällen

(2) $$f(n) \geqq 0$$

ist. Zugleich ergibt sich, daß für alle quadratischen n

(3) $$f(n) \geqq 1$$

ist; denn dann ist ja jedes λ gerade, so daß für kein p^λ der zweite Unterfall von 2) eintreten kann, in welchem allein $f(p^\lambda)$ verschwindet.

Andererseits folgt aus der Eigenschaft 4. von $\chi(n)$, daß

$$\sum_{n=1}^{x} \chi(n) = S(x)$$

für jedes x der Ungleichung

$$|S(x)| \leqq k \tag{4}$$

genügt[1]. Daher ist für ganze $x \geqq 1$

$$\begin{aligned}\sum_{n=x}^{\infty} \frac{\chi(n)}{n} &= \sum_{n=x}^{\infty} \frac{S(n) - S(n-1)}{n}\\ &= \sum_{n=x}^{\infty} S(n)\left(\frac{1}{n} - \frac{1}{n+1}\right) - \frac{S(x-1)}{x},\end{aligned}$$

$$\begin{aligned}\left|\sum_{n=x}^{\infty} \frac{\chi(n)}{n}\right| &\leqq k \sum_{n=x}^{\infty}\left(\frac{1}{n} - \frac{1}{n+1}\right) + \frac{k}{x}\\ &= \frac{2k}{x}.\end{aligned} \tag{5}$$

Von hier an schlage ich zwei verschiedene Wege ein, die beide zum Ziel führen.

I. Aus (4) folgt für ganze $x \geqq 1$

$$\begin{aligned}\sum_{n=1}^{x} n\chi(n) &= \sum_{n=1}^{x} n(S(n) - S(n-1))\\ &= \sum_{n=1}^{x-1} S(n)(n - (n+1)) + xS(x)\\ &= -\sum_{n=1}^{x-1} S(n) + xS(x),\end{aligned}$$

$$\begin{aligned}\left|\sum_{n=1}^{x} n\chi(n)\right| &\leqq \sum_{n=1}^{x-1} k + kx\\ &< 2kx.\end{aligned} \tag{6}$$

Es werde aus $f(n)$ eine neue zahlentheoretische[2] Funktion $g(n)$ durch die Gleichung definiert:

$$\begin{aligned}g(n) &= \sum_{\nu=1}^{n} 2(n-\nu)f(\nu)\\ &= 2(n-1)f(1) + 2(n-2)f(2) + \cdots + 2(n-n)f(n).\end{aligned}$$

---

1) Natürlich ist sogar

$$|S(x)| \leqq \frac{h}{2} < \frac{k}{2}.$$

2) Es ist unnötig, $g(n)$ für nicht ganze n zu betrachten.

Es ist nach (2) und (3)

$$g(n) \geqq \sum_{q=1}^{\sqrt{n}} 2(n-q^2)\cdot 1$$
$$\geqq \sum_{q=1}^{\sqrt{\frac{n}{2}}} 2\left(n-\frac{n}{2}\right)$$
$$= n\left[\sqrt{\frac{n}{2}}\right],$$

also von einer gewissen Stelle an

$$(7) \qquad g(n) > \tfrac{1}{2} n\sqrt{n}.$$

Andererseits ist für alle $n \geqq 1$

$$g(n) = \sum_{\nu=1}^{n} 2(n-\nu)\sum_{d\mid\nu}\chi(d)$$
$$= \sum_{cd\leqq n} 2(n-cd)\,\chi(d),$$

wo c, d alle Paare positiver ganzer Zahlen durchlaufen, deren Produkt $\leqq n$ ist. Diese Paare zähle ich folgendermaßen ab. Erstens durchlaufe c die Werte $1, 2, \cdots, [n^{\frac{1}{3}}]$ und d für jedes c die Werte $1, 2, \cdots, \left[\frac{n}{c}\right]$; zweitens sei $d = 1, 2, \cdots, [n^{\frac{2}{3}}]$ und entsprechend $c = 1, 2, \cdots, \left[\frac{n}{d}\right]$; drittens sind die — bisher doppelt berücksichtigten — Paare in Abrechnung zu bringen, für welche zugleich $c \leqq [n^{\frac{1}{3}}]$ und $d \leqq [n^{\frac{2}{3}}]$ ist. Hierdurch ergibt sich

$$g(n) = \sum\nolimits_1 + \sum\nolimits_2 - \sum\nolimits_3,$$

wo

$$\sum\nolimits_1 = \sum_{c=1}^{n^{\frac{1}{3}}} \sum_{d=1}^{\frac{n}{c}} 2(n-cd)\,\chi(d),$$
$$\sum\nolimits_2 = \sum_{d=1}^{n^{\frac{2}{3}}} \sum_{c=1}^{\frac{n}{d}} 2(n-cd)\,\chi(d),$$
$$\sum\nolimits_3 = \sum_{c=1}^{n^{\frac{1}{3}}} \sum_{d=1}^{n^{\frac{2}{3}}} 2(n-cd)\,\chi(d)$$

ist.

Unter Benutzung von (4) und (6) erhält man

$$\sum\nolimits_1 = \sum_{c=1}^{n^{\frac{1}{3}}} \left(2n \sum_{d=1}^{\frac{n}{c}} \chi(d) - 2c \sum_{d=1}^{\frac{n}{c}} d\chi(d) \right)$$

$$< \sum_{c=1}^{n^{\frac{1}{3}}} \left(2nk + 2c \cdot 2k \left[\frac{n}{c}\right] \right)$$

$$\leqq \sum_{c=1}^{n^{\frac{1}{3}}} 6nk$$

$$\leqq 6kn^{\frac{4}{3}}.$$

Ferner ist

$$\sum\nolimits_2 = \sum_{d=1}^{n^{\frac{2}{3}}} \chi(d) \sum_{c=1}^{\frac{n}{d}} (2n - 2cd)$$

$$= \sum_{d=1}^{n^{\frac{2}{3}}} \chi(d) \left(2n \left[\frac{n}{d}\right] - d \left[\frac{n}{d}\right]^2 - d \left[\frac{n}{d}\right] \right),$$

also, wenn

$$\left[\frac{n}{d}\right] = \frac{n}{d} - \vartheta$$

gesetzt wird, wo

$$0 \leqq \vartheta = \vartheta(n, d) < 1$$

ist,

$$\sum\nolimits_2 = \sum_{d=1}^{n^{\frac{2}{3}}} \chi(d) \left\{ 2n \left(\frac{n}{d} - \vartheta \right) - d \left(\frac{n^2}{d^2} - \frac{2n\vartheta}{d} + \vartheta^2 \right) - d \left(\frac{n}{d} - \vartheta \right) \right\}$$

$$= \sum_{d=1}^{n^{\frac{2}{3}}} \chi(d) \left(\frac{n^2}{d} - n + d(\vartheta - \vartheta^2) \right)$$

$$= n^2 \sum_{d=1}^{n^{\frac{2}{3}}} \frac{\chi(d)}{d} - n \sum_{d=1}^{n^{\frac{2}{3}}} \chi(d) + \sum_{d=1}^{n^{\frac{2}{3}}} \chi(d) d (\vartheta - \vartheta^2)$$

$$< Ln^2 - n^2 \sum_{d=n^{\frac{2}{3}}+1}^{\infty} \frac{\chi(d)}{d} + kn + \sum_{d=1}^{n^{\frac{2}{3}}} d,$$

also nach (5)

$$\sum_2 < Ln^2 + n^2 \frac{2k}{[n^{\frac{2}{3}}]+1} + kn + \tfrac{1}{2}([n^{\frac{2}{3}}]^2 + [n^{\frac{2}{3}}])$$

$$< Ln^2 + n^2 \frac{2k}{n^{\frac{2}{3}}} + kn^{\frac{4}{3}} + \frac{k}{2}(n^{\frac{4}{3}} + n^{\frac{4}{3}})$$

$$= Ln^2 + 4kn^{\frac{4}{3}}.$$

Endlich ist nach (4) und (6)

$$\sum_3 = 2n\sum_{c=1}^{n^{\frac{1}{3}}} 1 \sum_{d=1}^{n^{\frac{2}{3}}} \chi(d) - 2\sum_{c=1}^{n^{\frac{1}{3}}} c \sum_{d=1}^{n^{\frac{2}{3}}} d\chi(d)$$

$$> 2n[n^{\frac{1}{3}}](-k) - 2\cdot\tfrac{1}{2}([n^{\frac{1}{3}}]^2 + [n^{\frac{1}{3}}])\, 2k\,[n^{\frac{2}{3}}]$$

$$\geqq -2kn\cdot n^{\frac{1}{3}} - (n^{\frac{2}{3}} + n^{\frac{2}{3}})\, 2kn^{\frac{2}{3}}$$

$$= -6kn^{\frac{4}{3}}.$$

Also ergibt sich für alle $n \geqq 1$

$$g(n) = \sum_1 + \sum_2 - \sum_3$$

$$< 6kn^{\frac{4}{3}} + Ln^2 + 4kn^{\frac{4}{3}} + 6kn^{\frac{4}{3}}$$

$$= Ln^2 + 16kn^{\frac{4}{3}};$$

dies liefert in Verbindung mit (7), daß für alle hinreichend großen n

$$\tfrac{1}{2} n\sqrt{n} < Ln^2 + 16kn^{\frac{4}{3}},$$

$$\tfrac{1}{2} n^{\frac{1}{6}} < Ln^{\frac{2}{3}} + 16k$$

ist. Das ist aber im Falle

$$L = 0$$

unmöglich, da für alle $n \geqq 32^6 k^6$

$$\tfrac{1}{2} n^{\frac{1}{6}} \geqq 16k$$

ist. Also ist

$$L \neq 0,$$

was zu beweisen war.

Übrigens ergibt sich gleichzeitig sogar

$$L > 0;$$

aber das ist nunmehr nichts Neues; denn für $s > 1$ ist

$$L(s) = \prod_p \frac{1}{1 - \frac{\chi(p)}{p^s}}$$

$$> 0,$$

so daß von vornherein aus Stetigkeitsgründen nur die Fälle

$$L = 0$$

und

$$L > 0$$

denkbar gewesen wären.

II. Die zweite Beweisanordnung geht von (5) ab so weiter. Es sei x stetig veränderlich. Nach (4) ist

$$\sum_{n=1}^{x} \chi(n) = O(1),$$

nach (5)

$$\sum_{n=x}^{\infty} \frac{\chi(n)}{n} = O\left(\frac{1}{x}\right);$$

außerdem ist, da

$$\sum_{n=1}^{\infty} \frac{\chi(n)}{n^s}$$

für $s > 0$ konvergiert,

$$\sum_{n=1}^{x} \frac{\chi(n)}{\sqrt{n}} = O(1)$$

und

$$\sum_{n=x}^{\infty} \frac{\chi(n)}{\sqrt{n}} = \sum_{n=x}^{\infty} \frac{S(n) - S(n-1)}{\sqrt{n}}$$

$$= \sum_{n=x}^{\infty} S(n)\left(\frac{1}{\sqrt{n}} - \frac{1}{\sqrt{n+1}}\right) - \frac{S(x-1)}{\sqrt{[x]}}$$

$$= O\sum_{n=x}^{\infty}\left(\frac{1}{\sqrt{n}} - \frac{1}{\sqrt{n+1}}\right) + O\left(\frac{1}{\sqrt{x}}\right)$$

$$= O\left(\frac{1}{\sqrt{x}}\right).$$

Ferner ist nach der allgemeinen Betrachtung von § 27

$$\sum_{n=1}^{x} \frac{1}{\sqrt{n}} = 2\sqrt{x} + B + O\left(\frac{1}{\sqrt{x}}\right),$$

wo B eine Konstante ist[1)].

1) Dies folgt auch unmittelbar aus

$$\sqrt{n} - \sqrt{n-1} = \sqrt{n}\left(1 - \left(1 - \frac{1}{n}\right)^{\frac{1}{2}}\right)$$

$$= \frac{1}{2\sqrt{n}} + O\left(\frac{1}{n^{\frac{3}{2}}}\right).$$

Ich betrachte nun (an Stelle des $g(n)$ des vorigen Beweises) die Funktion

$$G(x) = \sum_{n=1}^{x} \frac{f(n)}{\sqrt{n}}.$$

Einerseits ist wegen (2) und (3)

$$G(x) \geqq \sum_{q=1}^{\sqrt{x}} \frac{1}{\sqrt{q^2}}$$

$$= \sum_{q=1}^{\sqrt{x}} \frac{1}{q},$$

also

$$\lim_{x=\infty} G(x) = +\infty.$$

Andererseits ist

$$G(x) = \sum_{n=1}^{x} \frac{1}{\sqrt{n}} \sum_{d \mid n} \chi(d)$$

$$= \sum_{cd \leqq x} \frac{\chi(d)}{\sqrt{cd}}$$

$$= \sum_{c=1}^{\sqrt{x}} \frac{1}{\sqrt{c}} \sum_{d=1}^{\frac{x}{c}} \frac{\chi(d)}{\sqrt{d}} + \sum_{d=1}^{\sqrt{x}} \frac{\chi(d)}{\sqrt{d}} \sum_{c=1}^{\frac{x}{d}} \frac{1}{\sqrt{c}} - \sum_{c=1}^{\sqrt{x}} \frac{1}{\sqrt{c}} \sum_{d=1}^{\sqrt{x}} \frac{\chi(d)}{\sqrt{d}}$$

$$= \sum_{c=1}^{\sqrt{x}} \frac{1}{\sqrt{c}} \sum_{d=\sqrt{x}+1}^{\frac{x}{c}} \frac{\chi(d)}{\sqrt{d}} + \sum_{d=1}^{\sqrt{x}} \frac{\chi(d)}{\sqrt{d}} \sum_{c=1}^{\frac{x}{d}} \frac{1}{\sqrt{c}}$$

$$= O\sum_{c=1}^{\sqrt{x}} \frac{1}{\sqrt{c}} \frac{1}{\sqrt[4]{x}} + \sum_{d=1}^{\sqrt{x}} \frac{\chi(d)}{\sqrt{d}} \left(2\sqrt{\frac{x}{d}} + B\right) + O\sum_{d=1}^{\sqrt{x}} \frac{1}{\sqrt{d}} \sqrt{\frac{d}{x}}$$

$$= O\left(\frac{1}{\sqrt[4]{x}} \sqrt[4]{x}\right) + 2\sqrt{x} \sum_{d=1}^{\sqrt{x}} \frac{\chi(d)}{d} + B \cdot O(1) + O\left(\frac{1}{\sqrt{x}} \sqrt{x}\right)$$

$$= 2\sqrt{x}\left(L + O\left(\frac{1}{\sqrt{x}}\right)\right) + O(1)$$

$$= 2L\sqrt{x} + O(1).$$

Daher ist

$$\lim_{x=\infty} (2L\sqrt{x} + O(1)) = \infty$$

was mit
$$L = 0$$
unverträglich wäre.

Damit ist, wie schon am Schlusse des § 103 ausgeführt worden ist, der Satz von der arithmetischen Progression bewiesen, und sogar etwas mehr, nämlich
$$\lim_{s=1} \sum_{p \equiv l} \frac{\log p}{p^s} = +\infty,$$
also die Divergenz von
$$\sum_{p \equiv l} \frac{\log p}{p}.$$
Dies ist etwas mehr; denn mit dem Vorhandensein unendlich vieler Primzahlen in der Progression wäre es verträglich, daß
$$\sum_{p \equiv l} \frac{\log p}{p}$$
konvergiert.

Fünfundzwanzigstes Kapitel.

Zusätze und Folgerungen.

§ 107.

Darstellung von $L_\chi(1)$ in geschlossener Form.

Es ist nicht uninteressant festzustellen, daß für jeden Charakter zweiter oder dritter Art die Zahl
$$L_\chi(1) = \sum_{n=1}^{\infty} \frac{\chi(n)}{n}$$
sich in geschlossener Form darstellen läßt, d. h. aus klassischen Konstanten und elementaren Funktionen in endlicher Kombination; allerdings läßt sich diesem Ausdruck nicht einmal das Nichtverschwinden ansehen.

Es ist nach dem Abelschen Stetigkeitssatze über Potenzreihen[1]) für zu 1 wachsendes x

---

1) „Wenn $\sum_{n=0}^{\infty} a_n$ konvergiert, so ist für zu 1 wachsendes x
$$\lim_{x=1} \sum_{n=0}^{\infty} a_n x^n = \sum_{n=0}^{\infty} a_n.\text{“}$$

28*

$$\sum_{n=1}^{\infty}\frac{\chi(n)}{n}=\lim_{x=1}\sum_{n=1}^{\infty}\frac{\chi(n)x^n}{n}$$

$$=\lim_{x=1}\int_0^x\sum_{n=1}^{\infty}\chi(n)u^{n-1}du$$

$$=\int_0^1\sum_{n=1}^{\infty}\chi(n)u^{n-1}du$$

$$=\int_0^1\sum_{l=1}^{k}\chi(l)\sum_{m=0}^{\infty}u^{l+mk-1}du$$

$$=\int_0^1\sum_{l=1}^{k}\chi(l)\frac{u^{l-1}}{1-u^k}du$$

$$=\int_0^1\frac{\sum\limits_{l=1}^{k}\chi(l)u^{l-1}}{1-u^k}du;$$

dies Integral einer rationalen Funktion mit Einheitswurzeln als Koeffizienten liefert natürlich einen Ausdruck der behaupteten Art; es hat für uns kein Interesse, denselben aufzuschreiben.

§ 108.

Elementarer Beweis des Satzes von der arithmetischen Progression für $l=1$ und $l=k-1$.

Für $l=1$ und $l=k-1$, d. h. bei jedem k für die Progressionen

$$ky+1$$

und

$$ky'+(k-1)=ky-1$$

läßt sich das Vorhandensein unendlich vieler Primzahlen ohne die Dirichletsche Methode der unendlichen Reihen nachweisen.

Es müssen zunächst der Erledigung des Falles $l=1$ einige ganz einfache Hilfsbetrachtungen über die Wurzeln der Gleichung

$$x^k=1$$

vorangeschickt werden. In diesem analytischen Werk mag ruhig mit den Wurzeln

$$x=e^{\frac{2\lambda\pi i}{k}}\qquad(\lambda=0,1,\cdots,k-1)$$

operiert werden; anderwärts wäre es von Interesse, das Transzendente vom Algebraischen zu trennen. Jede dieser Wurzeln ist so beschaffen, daß unter ihren Potenzen

$$x, x^2, x^3, \cdots$$

zuerst die $n$te den Wert 1 hat, wo $1 \leq n \leq k$ ist; dies n ist die kleinste positive Zahl, für welche

$$k \mid n\lambda,$$

d. h.

$$\frac{k}{(k, \lambda)} \,\Big|\, n \frac{\lambda}{(k, \lambda)},$$

also

$$\frac{k}{(k, \lambda)} \,\Big|\, n$$

ist; daher ist

$$n = \frac{k}{(k, \lambda)}$$

und jedenfalls

$$n \mid k.$$

Natürlich ist umgekehrt für $n \mid k$ jede $n$te Einheitswurzel auch eine $k$te Einheitswurzel. Im Falle $\lambda = 1$ (und überhaupt für $(k, \lambda) = 1$) ist $n = k$; d. h. mindestens eine Wurzel von

$$x^k = 1$$

gehört zum Exponenten k. Wenn zum Exponenten n die Wurzeln $\xi_1, \cdots, \xi_\nu$ gehören und

$$(x - \xi_1) \cdots (x - \xi_\nu) = F_n(x)$$

gesetzt wird, ist offenbar

$$x^k - 1 = \prod_{n \mid k} F_n(x),$$

also

$$x^k - 1 = F_k(x)\, G_k(x),$$

wo

$$G_k(x) = \prod_{\substack{n \mid k \\ n < k}} F_n(x)$$

gesetzt ist. Die ganze Funktion ersten oder höheren Grades[1] $F_k(x)$ hat ganze rationale Koeffizienten, z. B. weil $G_k(x)$ das kleinste gemeinsame Vielfache mit höchstem Koeffizienten 1 aller Funktionen

$$x^n - 1$$

für $n \mid k$, $n < k$ ist.

1) Natürlich hat sie den Grad $\varphi(k)$.

Wenn x eine ganze Zahl und weder $+1$ noch -1 ist, so sind wegen

$$F_k(x)\,G_k(x) \neq 0$$

$F_k(x)$ und $G_k(x)$ ganze, von Null verschiedene Zahlen.

Hilfssatz 1: Wenn $n \mid k$, $n < k$ (d. h. n ein echter Teiler von k) ist und x eine von ± 1 verschiedene ganze Zahl ist, geht jeder gemeinsame Teiler der beiden Zahlen $\frac{x^k-1}{x^n-1}$ und $x^n - 1$ in k auf.

Beweis: Wird

$$\frac{k}{n} = d,$$

$$x^n - 1 = y$$

gesetzt, so ist

$$\frac{x^k-1}{x^n-1} = \frac{(y+1)^d - 1}{y}$$

$$= y^{d-1} + \binom{d}{1} y^{d-2} + \cdots + \binom{d}{2} y + d$$

$$\equiv d \qquad (\text{mod. } y = x^n - 1),$$

also

$$\left(\frac{x^k-1}{x^n-1},\ x^n - 1\right) \Big| \, d,$$

$$\left(\frac{x^k-1}{x^n-1},\ x^n - 1\right) \Big| \, k.$$

Hilfssatz 2: Wenn x eine ganze, von $+1$ und -1 verschiedene Zahl ist, so geht jeder gemeinsame Primfaktor von $F_k(x)$ und $G_k(x)$ in k auf.

Beweis: Aus

$$p \mid G_k(x) = \prod_{\substack{n \mid k \\ n < k}} F_n(x)$$

folgt für mindestens einen echten Teiler n von k

$$p \mid F_n(x),$$

also

$$p \mid x^n - 1.$$

Andererseits folgt aus

$$p \mid F_k(x)$$

wegen

$$F_k(x) \,\Big|\, \frac{x^k-1}{x^n-1},$$

daß

$$p \,\Big|\, \frac{x^k-1}{x^n-1}$$

ist; nach dem Hilfssatz 1 ist also

$$p \mid k,$$

womit der Hilfssatz 2 bewiesen ist.

Nunmehr ergibt sich folgender

Beweis des Satzes von der arithmetischen Progression für $l = 1$: Es sei

$$k > 1$$

gegeben. Aus dem Hilfssatz 2 folgt, daß für jedes durch k teilbare positive x

$$(F_k(x),\ G_k(x)) = 1$$

ist; denn wegen

$$\begin{aligned} F_k(x)\, G_k(x) &= x^k - 1 \\ &\equiv -1 \pmod{k} \end{aligned}$$

enthält gewiß weder $F_k(x)$ noch $G_k(x)$ einen in k aufgehenden Primfaktor. x werde nun als ein solches Multiplum von k gewählt, daß zugleich

$$F_k(x) \neq 1$$

und

$$F_k(x) \neq -1$$

ist; das ist möglich, da jede der beiden Gleichungen

$$F_k(x) = 1$$

und

$$F_k(x) = -1$$

überhaupt nur endlich viele Wurzeln hat. Alsdann enthält $F_k(x)$ mindestens einen Primfaktor p; dieser teilt $G_k(x)$ nicht. D. h. für jeden echten Teiler n von k ist

$$x^n - 1 \not\equiv 0 \pmod{p}.$$

x gehört also modulo p zum Exponenten k. Nach dem Fermatschen Satz ist daher

$$k \mid p - 1,$$

$$p \equiv 1 \pmod{k}.$$

Die Progression $ky + 1$ enthält also bei jedem gegebenen k mindestens eine Primzahl p. Wendet man dies auf die Progression

$$k'y' + 1 = pky' + 1 \qquad (k' = pk)$$

an, so enthält diese eine Primzahl p', welche eo ipso von p verschieden und auch $\equiv 1 \pmod{k}$ ist. Nunmehr liefert

$$k''y'' + 1 = pp'ky'' + 1 \qquad (k'' = p'k')$$

eine neue Primzahl $\equiv 1 \pmod{k}$ und so fort. Daher gibt es unendlich viele Primzahlen

$$ky + 1.$$

Dem elementaren Beweise des Satzes von der arithmetischen Progression für $l = k - 1$ mögen auch mehrere Hilfssätze vorangeschickt werden.

Hilfssatz 3: Es sei

$$\Phi(x) = c_0 x^n + \cdots + c_n$$

eine ganze ganzzahlige Funktion. Es möge die Gleichung

$$\Phi(x) = 0$$

mindestens eine reelle Wurzel von ungerader Vielfachheit haben. Dann hat die Form Φ unendlich viele Primteiler

$$4y - 1,$$

d. h. für unendlich viele Primzahlen

$$p \equiv -1 \pmod{4}$$

hat die Kongruenz

$$\Phi(x) \equiv 0 \pmod{p}$$

eine ganzzahlige Lösung.

Beweis: Ohne Beschränkung der Allgemeinheit darf

$$c_0 > 0$$

angenommen werden. Nach Voraussetzung ist $\Phi(x)$ für reelle x negativer Werte fähig, also auch für rationale x. Es gibt daher ein Paar ganzer Zahlen r, R, wo

$$R > 0$$

ist, derart, daß

$$\Phi\left(\frac{r}{R}\right) < 0$$

ist, also

$$R^n \Phi\left(\frac{r}{R}\right) = c_0 r^n + c_1 R r^{n-1} + \cdots + c_n R^n$$
$$< 0.$$

Die ganze ganzzahlige Funktion von x

$$\Psi(x) = c_0 x^n + c_1 R x^{n-1} + \cdots + c_n R^n$$

ist also für $x = r$ negativ:

$$\Psi(r) < 0.$$

Wir führen noch die Funktion von x

$$H(x) = \frac{\Psi(-\Psi(r)x + r)}{-\Psi(r)}$$
$$= H_0 x^n + H_1 x^{n-1} + \cdots + H_n$$

ein, deren Koeffizienten ganze rationale Zahlen sind und den Bedingungen

$$H_0 = c_0(-\Psi(r))^{n-1}$$
$$> 0,$$
$$H_n = -1$$

genügen.

Jeder Primteiler der Form H ist auch ein Primteiler der Form Ψ (natürlich nicht notwendig für dasselbe x). Denn

$$p \mid H(x)$$

liefert

$$p \mid -H(x)\Psi(r) = \Psi(-\Psi(r)x + r).$$

Andererseits folgt aus

$$\Psi(xR) = c_0(xR)^n + c_1 R(xR)^{n-1} + \cdots + c_n R^n$$
$$= R^n(c_0 x^n + c_1 x^{n-1} + \cdots + c_n)$$
$$= R^n \Phi(x),$$

daß jeder in R nicht aufgehende Primteiler der Form Ψ auch Primteiler der Form Φ ist. Denn aus

$$\Psi(x_1) \equiv 0 \pmod{p},$$
$$(p, R) = 1$$

folgt, da x_2 gemäß

$$x_2 R \equiv x_1 \pmod{p}$$

bestimmbar ist,

$$\Psi(x_2 R) \equiv 0 \pmod{p},$$
$$R^n \Phi(x_2) \equiv 0 \pmod{p},$$
$$\Phi(x_2) \equiv 0 \pmod{p}.$$

Daher sind alle Primteiler der Form H, welche nicht in R aufgehen, Primteiler der Form Φ.

Nun ist für jedes ganzzahlige $T > 0$

$$H(4T) \equiv H_n \pmod{4T}$$
$$\equiv -1 \pmod{4T},$$

also $H(4T)$ durch eine Primzahl $4y - 1$ teilbar, da jede Zahl $4m - 1$ mindestens eine solche Primzahl enthält. Die Form H enthält also unendlich viele Primteiler $4y - 1$; denn, wenn die Existenz von

$$p_1, \cdots, p_\varrho$$

schon feststeht, nehme man T durch diese ϱ Primzahlen teilbar an; dann enthält $H(4T)$ gewiß einen neuen Primfaktor $4y-1$.

Da nun nach dem Obigen alle Primteiler der Form H bis auf endlich viele auch Primteiler der Form Φ sind, gibt es unendlich viele Primteiler $4y-1$ der Form Φ, und der Hilfssatz 3 ist bewiesen.

Es mögen nun für jedes positive ganzzahlige m zwei ganze ganzzahlige Funktionen $U_m(x)$ und $V_m(x)$ durch die Gleichung

$$(x+i)^m = U_m(x) + i\,V_m(x)$$

erklärt werden, so daß

$$U_m(x) = \frac{(x+i)^m + (x-i)^m}{2},$$

$$V_m(x) = \frac{(x+i)^m - (x-i)^m}{2i}$$

ist. Dann gelten folgende Sätze.

Hilfssatz 4: Wenn $m \mid q$ ist, ist jeder Primteiler der Form V_m ein Primteiler der Form V_q, und zwar für dasselbe x.

Beweis: Es ist, wenn

$$\frac{q}{m} = d$$

gesetzt wird,

$$\begin{aligned} U_q(x) + i\,V_q(x) &= (x+i)^q \\ &= ((x+i)^m)^d \\ &= (U_m(x) + i\,V_m(x))^d, \end{aligned}$$

also

$$V_q(x) = V_m(x)\left(\binom{d}{1}(U_m(x))^{d-1} - \binom{d}{3}(U_m(x))^{d-3}(V_m(x))^2 + \cdots\right),$$

folglich die Funktion $V_q(x)$ durch die Funktion $V_m(x)$ teilbar und für jedes x die Zahl $V_q(x)$ ein Multiplum der Zahl $V_m(x)$.

Hilfssatz 5: Wenn eine Primzahl

$$p \equiv -1 \pmod{4}$$

ist, so kann sie nicht für dasselbe x in $U_m(x)$ und $V_m(x)$ aufgehen.

Beweis: Aus

$$p \mid U_m(x),$$
$$p \mid V_m(x)$$

würde folgen:

$$p \mid (U_m(x))^2 + (V_m(x))^2,$$
$$p \mid (x^2+1)^m,$$
$$p \mid x^2+1,$$

was mit

$$p \equiv -1 \pmod{4}$$

unverträglich ist.

Hilfssatz 6: Wenn eine Primzahl

$$p \equiv -1 \pmod{4}$$

so beschaffen ist, daß sie für dasselbe x in $V_n(x)$ und in $\frac{V_k(x)}{V_n(x)}$ aufgeht, wo n ein echter Teiler von k ist, so ist

$$p \mid k.$$

Beweis: Wenn

$$\frac{k}{n} = d$$

gesetzt wird, ist nach dem Obigen

$$\frac{V_k(x)}{V_n(x)} = d(U_n(x))^{d-1} - \binom{d}{3}(U_n(x))^{d-3}(V_n(x))^2 + \cdots$$

Aus den Voraussetzungen

$$p \mid V_n(x)$$

und

$$p \left| \frac{V_k(x)}{V_n(x)} \right.$$

folgt also

$$p \mid d(U_n(x))^{d-1}.$$

Nach dem Hilfssatz 5 ist wegen der Annahme

$$p \equiv -1 \pmod{4}$$

$$U_n(x) \not\equiv 0 \pmod{p},$$

also

$$p \mid d,$$

$$p \mid k.$$

Hilfssatz 7: Es sei die Primzahl

$$p \equiv -1 \pmod{4}.$$

Dann ist für jedes x

$$V_{p+1}(x) \equiv 0 \pmod{p}.$$

Beweis: Es ist

$$V_{p+1}(x) = \frac{(x+i)^{p+1} - (x-i)^{p+1}}{2i}$$

$$= \binom{p+1}{1} x^p - \binom{p+1}{3} x^{p-2} + \cdots - \binom{p+1}{p} x,$$

also, da alle dazwischenliegenden Binomialkoeffizienten durch p teilbar sind,

$$\begin{aligned} V_{p+1}(x) &\equiv \binom{p+1}{1} x^p - \binom{p+1}{p} x \pmod{p} \\ &\equiv (p+1)x^p - (p+1)x \pmod{p} \\ &\equiv x^p - x \pmod{p} \\ &\equiv 0 \pmod{p}. \end{aligned}$$

Hilfssatz 8: Es sei die Primzahl

$$p \equiv -1 \pmod{4}$$

so beschaffen, daß sie für ein bestimmtes x zwar in $V_k(x)$ aufgeht, aber in jedem $V_n(x)$, wo n irgend ein echter Teiler von k ist, nicht aufgeht. Dann ist

$$p \equiv -1 \pmod{k}.$$

Beweis: Es werde

$$(p+1, k) = n$$

gesetzt. Dann ist

$$n \mid k.$$

Zwei positive ganze Zahlen u und v sind so bestimmbar, daß

$$u(p+1) - vk = n,$$

d. h.

$$n + vk = u(p+1)$$

ist. Nun ist

$$\begin{aligned} (U_n(x) + iV_n(x))(U_{vk}(x) + iV_{vk}(x)) &= (x+i)^n (x+i)^{vk} \\ &= (x+i)^{n+vk} \\ &= (x+i)^{u(p+1)} \\ &= U_{u(p+1)}(x) + iV_{u(p+1)}(x), \end{aligned}$$

also

$$U_n(x) V_{vk}(x) + V_n(x) U_{vk}(x) = V_{u(p+1)}(x). \tag{1}$$

Nach dem Hilfssatz 7 ist

$$p \mid V_{p+1}(x),$$

nach dem Hilfssatz 4 infolgedessen

$$p \mid V_{u(p+1)}(x).$$

Wegen der Voraussetzung

$$p \mid V_k(x)$$

ist nach Hilfssatz 4

$$p \mid V_{vk}(x),$$

nach Hilfssatz 5

$$U_{vk}(x) \not\equiv 0 \pmod{p}.$$

Aus (1) folgt daher

$$p \mid V_n(x)\, U_{vk}(x),$$
$$p \mid V_n(x).$$

Da dies nach Voraussetzung für keinen echten Teiler n von k zutreffen soll, ist

$$n = k,$$
$$(p+1, k) = k,$$
$$k \mid p+1,$$
$$p \equiv -1 \pmod{k},$$

wie behauptet.

Daraus ergibt sich folgender

Beweis des Satzes von der arithmetischen Progression für $l = k - 1$: Es bezeichne $W_k(x)$ das kleinste gemeinsame Vielfache der Funktionen $V_n(x)$ für alle echten Teiler n von k, der Eindeutigkeit wegen dasjenige mit ganzzahligen teilerfremden Koeffizienten, von denen der höchste positiv ist. Es werde die ganze Funktion

$$\Phi(x) = c\,\frac{V_k(x)}{W_k(x)}$$

betrachtet, wo die von 0 verschiedene Konstante c so bestimmt ist, daß $\Phi(x)$ ganzzahlige Koeffizienten hat. Die Gleichung

$$V_m(x) = 0$$

besagt

$$(x+i)^m - (x-i)^m = 0,$$
$$\left(\frac{x+i}{x-i}\right)^m = 1.$$

Daher hat die Gleichung

$$\Phi(x) = 0$$

zu Wurzeln diejenigen x, welche durch

$$\frac{x+i}{x-i} = \varrho,$$
$$x = i\,\frac{\varrho+1}{\varrho-1}$$

bei primitiver $k$ter Einheitswurzel ϱ bestimmt sind; sie hat daher mindestens eine reelle einfache Wurzel (sogar nur solche)[1]. Nach dem Hilfssatz 3 hat also die Form Φ unendlich viele Primteiler

$$p \equiv -1 \pmod{4}.$$

---

1) Die genaue Anzahl ist $\varphi(k)$.

Diese sind, wenn n irgend einen echten Teiler von k bezeichnet, wegen

$$\Phi(x)\frac{W_k(x)}{V_n(x)} = c\frac{V_k(x)}{V_n(x)}$$

bis auf endlich viele auch Teiler der Form $\frac{V_k}{V_n}$ für dasselbe x. Nach dem Hilfssatz 6 können nur endlich viele dieser Primzahlen für dasselbe x in $V_n(x)$ aufgehen. Die Form V_k besitzt also unendlich viele Primteiler $p \equiv -1 \pmod{4}$, die für dasselbe x in keinem $V_n(x)$ aufgehen. Diese Primzahlen p genügen nach Hilfssatz 8 sämtlich der Kongruenz

$$p \equiv -1 \pmod{k}.$$

Daher gibt es unendlich viele Primzahlen

$$ky - 1.$$

Offenbar liefern diese elementaren Methoden zwar das Vorhandensein von unendlich vielen Primzahlen $ky+1$ und $ky-1$, aber nicht die im vorigen Kapitel bewiesene Divergenz von

$$\sum_{p \equiv 1 \pmod{k}} \frac{\log p}{p}$$

und

$$\sum_{p \equiv -1 \pmod{k}} \frac{\log p}{p}.$$

§ 109.

Über die Reihe $\sum_p \frac{\chi(p)}{p}$.

Satz: Für jeden vom Hauptcharakter verschiedenen Charakter modulo k konvergiert die Reihe

$$\sum_p \frac{\chi(p)}{p}.$$

Man muß sich vor folgender Begründung hüten, auf welche mancher Autor hereingefallen ist und die im Falle ihrer Berechtigung die ganze Primzahltheorie in wenige Schlüsse zusammenziehen würde. Für $s > 1$ ist das zugehörige

$$L(s) = e^{\sum\limits_{p,m} \frac{\chi(p^m)}{m p^{ms}}}$$

$$= e^{\sum\limits_p \frac{\chi(p)}{p^s} + \sum\limits_{m=2}^{\infty} \sum\limits_p \frac{\chi(p^m)}{m p^{ms}}};$$

also sei wegen der Existenz von

$$\lim_{s=1} \sum_{m=2}^{\infty} \sum_p \frac{\chi(p^m)}{m\, p^{ms}} = \sum_{m=2}^{\infty} \sum_p \frac{\chi(p^m)}{m p^m}$$

und wegen

$$L(1) \neq 0$$

$$\sum_p \frac{\chi(p)}{p}$$

konvergent. In Wahrheit darf man natürlich nur schließen: Es ist

$$\lim_{s=1} \sum_{p,m} \frac{\chi(p^m)}{m p^{ms}} = \lim_{s=1} \int_{\infty}^{s} \frac{L'(u)}{L(u)}\, du$$

$$= \int_{\infty}^{1} \frac{L'(u)}{L(u)}\, du$$

vorhanden, also der Grenzwert

$$\lim_{s=1} \sum_p \frac{\chi(p)}{p^s}$$

vorhanden und, **falls**

$$\sum_p \frac{\chi(p)}{p}$$

konvergiert, diese Summe gleich jenem Grenzwert.

Beweis: Es ist für $s > 1$

$$-L'(s) = -\frac{L'(s)}{L(s)} L(s),$$

$$\sum_{n=1}^{\infty} \frac{\chi(n) \log n}{n^s} = \sum_{p,m} \frac{\chi(p^m) \log p}{p^{ms}} \sum_{n=1}^{\infty} \frac{\chi(n)}{n^s},$$

d. h. nach dem Eindeutigkeitssatz[1] (wie auch ohne Einführung der Dirichletschen Reihen direkt verifiziert werden kann)

$$\sum_{n=1}^{x} \frac{\chi(n) \log n}{n} = \sum_{p^m n \leq x} \frac{\chi(p^m) \log p\ \chi(n)}{p^m n}$$

$$= \sum_{p^m \leq x} \frac{\chi(p^m) \log p}{p^m} \sum_{n=1}^{\frac{x}{p^m}} \frac{\chi(n)}{n},$$

---

1) Er war für Reihen mit reellen Koeffizienten in § 35 bewiesen und gilt infolgedessen auch für Reihen mit komplexen Koeffizienten.

also wegen

$$\sum_{n=1}^{x}\frac{\chi(n)}{n}=L+O\left(\frac{1}{x}\right)$$

$$\sum_{n=1}^{x}\frac{\chi(n)\log n}{n}=L\sum_{p^m\leqq x}\frac{\chi(p^m)\log p}{p^m}+O\sum_{p^m\leqq x}\frac{\log p}{p^m}\,\frac{p^m}{x}$$

$$=L\sum_{p^m\leqq x}\frac{\chi(p^m)\log p}{p^m}+O\left(\frac{1}{x}\sum_{p^m\leqq x}\log p\right),$$

folglich wegen

$$\psi(x)=O(x)$$

$$\sum_{n=1}^{x}\frac{\chi(n)\log n}{n}=L\sum_{p^m\leqq x}\frac{\chi(p^m)\log p}{p^m}+O\left(\frac{1}{x}\psi(x)\right)$$

$$=L\sum_{p\leqq x}\frac{\chi(p)\log p}{p}+L\sum_{\substack{p^m\leqq x\\ m\geqq 2}}\frac{\chi(p^m)\log p}{p^m}+O(1)$$

$$=L\sum_{p\leqq x}\frac{\chi(p)\log p}{p}+O(1).$$

Nun ist

$$\sum_{n=1}^{x}\frac{\chi(n)\log n}{n}=O(1);$$

also folgt

$$L\sum_{p\leqq x}\frac{\chi(p)\log p}{p}=O(1).$$

Wegen

$$L\neq 0$$

ist daher

$$\sum_{p\leqq x}\frac{\chi(p)\log p}{p}=O(1);$$

folglich ist nach dem allgemeinen Reihensatz im § 30

$$\sum_{p}\frac{\chi(p)}{p}$$

konvergent und natürlich genauer

$$\sum_{p\leqq x}\frac{\chi(p)}{p}=\sum_{p}\frac{\chi(p)}{p}+O\left(\frac{1}{\log x}\right).$$

Insbesondere konvergiert also die Reihe ($k=4$)

$$-\tfrac{1}{3}+\tfrac{1}{5}-\tfrac{1}{7}-\tfrac{1}{11}+\tfrac{1}{13}+\tfrac{1}{17}-\cdots.$$

Jetzt darf man weiterschließen:

$$\sum_p \frac{\chi(p)}{p} = \lim_{s=1} \sum_p \frac{\chi(p)}{p^s},$$

also wegen

$$\sum_p \sum_{m=2}^{\infty} \frac{\chi(p^m)}{mp^m} = \lim_{s=1} \sum_{m=2}^{\infty} \sum_p \frac{\chi(p^m)}{mp^{ms}}$$

$$\sum_p \sum_{m=1}^{\infty} \frac{\chi(p^m)}{mp^m} = \lim_{s=1} \sum_{p,m} \frac{\chi(p^m)}{mp^{ms}},$$

$$\begin{aligned} e^{\sum\limits_p \sum\limits_{m=1}^{\infty} \frac{\chi(p^m)}{mp^m}} &= \lim_{s=1} e^{\sum\limits_{p,m} \frac{\chi(p^m)}{mp^{ms}}} \\ &= \lim_{s=1} L(s) \\ &= L(1), \end{aligned}$$

$$\begin{aligned} L(1) &= \prod_p e^{\sum\limits_{m=1}^{\infty} \frac{\chi(p^m)}{mp^m}} \\ &= \prod_p \frac{1}{1-\frac{\chi(p)}{p}}, \end{aligned}$$

wie schon in § 103 angekündigt war.

Insbesondere ($k = 4$) ist also

$$\begin{aligned} \frac{1}{1+\frac{1}{3}} \frac{1}{1-\frac{1}{5}} \frac{1}{1+\frac{1}{7}} \frac{1}{1+\frac{1}{11}} \cdots &= 1 - \tfrac{1}{3} + \tfrac{1}{5} - \tfrac{1}{7} + \tfrac{1}{9} - \cdots \\ &= \frac{\pi}{4} \end{aligned}$$

§ 110.

Über die Summen $\sum\limits_{\substack{p\equiv l\\ p\leqq x}}\frac{\log p}{p}$ und $\sum\limits_{\substack{p\equiv l\\ p\leqq x}}\frac{1}{p}$.

Wir fanden im vorigen Paragraphen für jeden Nicht-Hauptcharakter

$$\sum_{p\leqq x} \frac{\chi_\varkappa(p)\log p}{p} = O(1).$$

Nach § 26 ist für den Hauptcharakter

$$\sum_{p \leqq x} \frac{\chi_1(p) \log p}{p} = \sum_{p \leqq x} \frac{\log p}{p} - \sum_{p \mid k} \frac{\log p}{p} + o(1)$$

$$= \log x + O(1).$$

Durch Multiplikation mit $\frac{1}{\chi_\varkappa(l)}$ und Addition über alle Charaktere ($\varkappa = 1, \cdots, h$) ergibt sich also, da für

$$bl \equiv 1 \pmod{k}$$

$$\frac{1}{\chi_\varkappa(l)} = \chi_\varkappa(b)$$

ist,

$$\sum_{\varkappa=1}^{h} \frac{1}{\chi_\varkappa(l)} \sum_{p \leqq x} \frac{\chi_\varkappa(p) \log p}{p} = \log x + O(1),$$

$$\sum_{p \leqq x} \frac{\log p}{p} \sum_{\varkappa=1}^{h} \frac{\chi_\varkappa(p)}{\chi_\varkappa(l)} = \log x + O(1),$$

$$h \sum_{\substack{p \equiv l \\ p \leqq x}} \frac{\log p}{p} = \log x + O(1),$$

$$\sum_{\substack{p \equiv l \\ p \leqq x}} \frac{\log p}{p} = \frac{1}{h} \log x + O(1).$$

Ebenso folgt aus der im vorigen Paragraphen bewiesenen Relation

$$\sum_{p \leqq x} \frac{\chi_\varkappa(p)}{p} = A_\varkappa + O\left(\frac{1}{\log x}\right) \qquad (\varkappa = 2, \cdots, h)$$

nebst der in § 28 bewiesenen Formel

$$\sum_{p \leqq x} \frac{1}{p} = \log \log x + B + O\left(\frac{1}{\log x}\right),$$

da letztere

$$\sum_{p \leqq x} \frac{\chi_1(p)}{p} = \log \log x + A_1 + O\left(\frac{1}{\log x}\right)$$

lehrt,

$$\sum_{\varkappa=1}^{h} \frac{1}{\chi_\varkappa(l)} \sum_{p \leqq x} \frac{\chi_\varkappa(p)}{p} = \log \log x + \sum_{\varkappa=1}^{h} \frac{A_\varkappa}{\chi_\varkappa(l)} + O\left(\frac{1}{\log x}\right),$$

$$\sum_{\substack{p \equiv l \\ p \leqq x}} \frac{1}{p} = \frac{1}{h} \log \log x + A + O\left(\frac{1}{\log x}\right).$$

Sechsundzwanzigstes Kapitel.

Über die Anzahl der Primzahlen bis x in der Progression.

§ 111.

Über die Unbestimmtheitsgrenzen von $\frac{\Theta(x)}{x}$ und $\frac{\Pi(x)\log x}{x}$.

Es werde

$$\Theta(x) = \sum_{\substack{p \equiv l \\ p \leqq x}} \log p$$

und

$$\Pi(x) = \sum_{\substack{p \equiv l \\ p \leqq x}} 1$$

gesetzt; $\Pi(x)$ ist also die Anzahl der Primzahlen bis x in der Progression, $\Theta(x)$ die Summe ihrer Logarithmen.

Aus der Identität (4) des § 103

$$-\sum_{\varkappa=1}^{h} \frac{1}{\chi_{\varkappa}(l)} \frac{L_{\varkappa}'(s)}{L_{\varkappa}(s)} = h \sum_{p^m \equiv l} \frac{\log p}{p^{ms}}$$

folgt, da wegen

$$-\frac{L_1'(s)}{L_1(s)} = -\frac{\zeta'(s)}{\zeta(s)} - \sum_{p \mid k} \frac{\log p}{p^s - 1}$$

$$\lim_{s=1} (s-1) \frac{L_1'(s)}{L_1(s)} = -1$$

und wegen

$$L_{\varkappa}(1) \neq 0 \qquad (\varkappa = 2, \cdots, h)$$

für $\varkappa = 2, \cdots, h$

$$\lim_{s=1} (s-1) \frac{L_{\varkappa}'(s)}{L_{\varkappa}(s)} = 0 \cdot \frac{L_{\varkappa}'(1)}{L_{\varkappa}(1)} = 0$$

ist,

$$\lim_{s=1} (s-1) \sum_{p^m \equiv l} \frac{\log p}{p^{ms}} = \frac{1}{h},$$

$$\lim_{s=1} (s-1) \sum_{p \equiv l} \frac{\log p}{p^s} = \frac{1}{h}.$$

Daher ist nach dem zweiten Satz des § 31

$$\liminf_{x=\infty} \frac{\Theta(x)}{x} \leqq \frac{1}{h},$$

$$\limsup_{x=\infty} \frac{\Theta(x)}{x} \geqq \frac{1}{h},$$

also
$$\lim_{x=\infty} \frac{\Theta(x)}{x}$$
entweder nicht vorhanden oder $= \frac{1}{h}$.

Außerdem ist natürlich wegen
$$\Theta(x) \leqq \vartheta(x)$$
$$\limsup_{x=\infty} \frac{\Theta(x)}{x} < \infty.$$

Ferner sieht man wörtlich wie in § 19 durch die damalige partielle Summation, bei der ja die Definition der Zahlen p nicht benutzt wurde, daß
$$\frac{\Pi(x)\log x}{x} - \frac{\Theta(x)}{x} = O\left(\frac{1}{\log x}\right)$$
ist; daher ist
$$\liminf_{x=\infty} \frac{\Pi(x)}{\frac{x}{\log x}} = \liminf_{x=\infty} \frac{\Theta(x)}{x},$$
$$\limsup_{x=\infty} \frac{\Pi(x)}{\frac{x}{\log x}} = \limsup_{x=\infty} \frac{\Theta(x)}{x},$$
$$\liminf_{x=\infty} \frac{\Pi(x)}{\frac{x}{\log x}} \leqq \frac{1}{h} \leqq \limsup_{x=\infty} \frac{\Pi(x)}{\frac{x}{\log x}} < \infty.$$

§ 112.

Benutzung einer anderen Identität.

Dies Ergebnis, daß die Unbestimmtheitsgrenzen von
$$\frac{\Pi(x)\log x}{x}$$
den Wert $\frac{1}{h}$ einschließen, folgt auch direkt aus der für $s > 1$ gültigen Identität
$$\sum_{\varkappa=1}^{h} \frac{1}{\chi_\varkappa(l)} \log L_\varkappa(s) = \sum_{\varkappa=1}^{h} \frac{1}{\chi_\varkappa(l)} \sum_{p,m} \frac{\chi_\varkappa(p^m)}{m p^{ms}}$$
$$= h \sum_{p^m \equiv l} \frac{1}{m p^{ms}},$$
wo $\log L_\varkappa(s)$ die eindeutig definierte Reihe
$$\sum_{p,m} \frac{\chi_\varkappa(p^m)}{m p^{ms}}$$

bezeichnet. Denn für $\varkappa = 2, \cdots, h$ existiert bei zu 1 abnehmendem s

$$\lim_{s=1} \log L_\varkappa(s) = \int_\infty^1 \frac{L'_\varkappa(s)}{L_\varkappa(s)}\, ds;$$

für $\varkappa = 1$ ist nach § 36

$$\lim_{s=1} \frac{\log L_\varkappa(s)}{\log \frac{1}{s-1}} = \lim_{s=1} \frac{\sum\limits_p \frac{1}{p^s}}{\log \frac{1}{s-1}}$$

$$= 1,$$

so daß

$$\lim_{s=1} \frac{\sum\limits_{p^m \equiv l} \frac{1}{m p^{ms}}}{\log \frac{1}{s-1}} = \frac{1}{h},$$

$$\lim_{s=1} \frac{\sum\limits_{p \equiv l} \frac{1}{p^s}}{\log \frac{1}{s-1}} = \frac{1}{h}$$

ist, woraus die Behauptung nach dem dritten Satz des § 31 folgt.

§ 113.

Beweis, daß für $k = 4$ die untere Unbestimmtheitsgrenze positiv ist.

Aus § 18 ist erinnerlich, daß der Nachweis von

$$\liminf_{x=\infty} \frac{\vartheta(x)}{x} > 0$$

ganz besondere Kunstgriffe erforderte. Analog zu damals soll wenigstens für $k = 4$ (in den beiden Fällen $l = 1$ und $l = 3$) hier der entsprechende Nachweis von

$$\liminf_{x=\infty} \frac{\Theta(x)}{x} > 0,$$

d. h. von

$$\liminf_{x=\infty} \frac{\Pi(x)}{\frac{x}{\log x}} > 0$$

geführt werden.

Um die Fälle $4y+1$ und $4y+3$ zu unterscheiden (welche gleichzeitig behandelt werden müssen), werde gesetzt:

$$\sum_{\substack{p \equiv 1 \\ p \leqq x}} \log p = \Theta_1(x),$$

$$\sum_{\substack{p \equiv 3 \\ p \leqq x}} \log p = \Theta_2(x),$$

ferner

$$\begin{aligned}\sum_{3 \leqq p \leqq x} \log p &= \Theta_1(x) + \Theta_2(x) \\ &= \Omega(x),\end{aligned}$$

$$\sum_{q=1}^{\infty} \Omega(\sqrt[q]{x}) = \Phi(x)$$

und

$$\begin{aligned}\Phi(\sqrt{x}) + \sum_{q=1}^{\infty} \Theta_1(\sqrt[2q-1]{x}) &= \Theta_1(x) + \left(\Theta_1(\sqrt{x}) + \Theta_2(\sqrt{x})\right) + \Theta_1(\sqrt[3]{x}) \\ &\quad + \left(\Theta_1(\sqrt[4]{x}) + \Theta_2(\sqrt[4]{x})\right) + \cdots \\ &= \Psi_1(x),\end{aligned}$$

$$\begin{aligned}\sum_{q=1}^{\infty} \Theta_2(\sqrt[2q-1]{x}) &= \Theta_2(x) + \Theta_2(\sqrt[3]{x}) + \cdots \\ &= \Psi_2(x);\end{aligned}$$

dann sind die beiden Behauptungen wegen

$$\Psi_1(x) = \Theta_1(x) + o(x),$$

$$\Psi_2(x) = \Theta_2(x) + o(x)$$

mit

$$\liminf_{x=\infty} \frac{\Psi_1(x)}{x} > 0,$$

$$\liminf_{x=\infty} \frac{\Psi_2(x)}{x} > 0$$

identisch.

Die Definitionsgleichungen ergeben, wenn $\chi(n)$ den Nicht-Hauptcharakter modulo 4 bezeichnet,

$$\begin{aligned}\sum_{p^m \leqq x} \chi(p^m) \log p &= \sum_{p \leqq x} \chi(p) \log p + \sum_{p \leqq \sqrt{x}} \chi(p^2) \log p + \cdots \\ &= \left(\Theta_1(x) - \Theta_2(x)\right) + \left(\Theta_1(\sqrt{x}) + \Theta_2(\sqrt{x})\right) + \left(\Theta_1(\sqrt[3]{x}) - \Theta_2(\sqrt[3]{x})\right) + \cdots \\ &= \left(\Theta_1(x) - \Theta_2(x)\right) + \Omega(\sqrt{x}) + \left(\Theta_1(\sqrt[3]{x}) - \Theta_2(\sqrt[3]{x})\right) + \Omega(\sqrt[4]{x}) + \cdots \\ &= \left(\Theta_1(x) + \Theta_1(\sqrt[3]{x}) + \cdots\right) - \left(\Theta_2(x) + \Theta_2(\sqrt[3]{x}) + \cdots\right) + \Phi(\sqrt{x}) \\ &= \Psi_1(x) - \Psi_2(x).\end{aligned}$$

Aus der Relation (vgl. § 109)

$$\sum_{n=1}^{\infty} \frac{\chi(n) \log n}{n^s} = \sum_{p, m} \frac{\chi(p^m) \log p}{p^{ms}} \cdot \sum_{n=1}^{\infty} \frac{\chi(n)}{n^s}$$

folgt

$$\sum_{n=1}^{x} \chi(n) \log n = \sum_{n=1}^{x} \chi(n) \sum_{p^m \leqq \frac{x}{n}} \chi(p^m) \log p$$

$$= \sum_{n=1}^{x} \chi(n) \left(\Psi_1\left(\frac{x}{n}\right) - \Psi_2\left(\frac{x}{n}\right)\right).$$

Offenbar ist für $x \geqq 1$, wenn y die größte ungerade Zahl $\leqq x$ ist,

$$\left| \sum_{n=1}^{x} \chi(n) \log n \right| = |\log 1 - \log 3 + \log 5 - \cdots \pm \log y|$$

$$\leqq \log y$$

$$\leqq \log x,$$

also

$$-\log x \leqq \sum_{n=1}^{x} \chi(n) \left(\Psi_1\left(\frac{x}{n}\right) - \Psi_2\left(\frac{x}{n}\right)\right) \leqq \log x.$$

Da $\Psi_1(x)$ und $\Psi_2(x)$ mit wachsendem x niemals abnehmen, ist

$$\Psi_1(x) \geqq \Psi_1(x) - \Psi_1\left(\frac{x}{3}\right) + \Psi_1\left(\frac{x}{5}\right) - \cdots$$

$$= \sum_{n=1}^{x} \chi(n)\, \Psi_1\left(\frac{x}{n}\right)$$

$$= \sum_{n=1}^{x} \chi(n)\, \Psi_2\left(\frac{x}{n}\right) + \sum_{n=1}^{x} \chi(n) \left(\Psi_1\left(\frac{x}{n}\right) - \Psi_2\left(\frac{x}{n}\right)\right)$$

(1) $$\geqq \Psi_2(x) - \Psi_2\left(\frac{x}{3}\right) - \log x$$

und ebenso

(2) $$\Psi_2(x) \geqq \Psi_1(x) - \Psi_1\left(\frac{x}{3}\right) - \log x.$$

Da offenbar, wenn $\psi(x)$ die alte Bedeutung hat,

$$\Psi_1(x) + \Psi_2(x) = \sum_{q=1}^{\infty} \Theta_1(\sqrt[q]{x}) + \sum_{q=1}^{\infty} \Theta_2(\sqrt[q]{x})$$

$$= \sum_{q=1}^{\infty} \Omega(\sqrt[q]{x})$$

$$= \psi(x) - \log 2 \left[\frac{\log x}{\log 2}\right]$$

$$= \psi(x) + o(x)$$

und nach § 22

$$\psi(x) > ax + o(x),$$
$$\psi(x) < \tfrac{6}{5}\,ax + o(x)$$

ist, ergibt sich

$$\Psi_1(x) + \Psi_2(x) > ax + o(x), \tag{3}$$
$$\Psi_1(x) + \Psi_2(x) < \tfrac{6}{5}\,ax + o(x). \tag{4}$$

Nach (1) und (4) ist

$$\tfrac{6}{5}ax + o(x) > 2\,\Psi_2(x) - \Psi_2\left(\frac{x}{3}\right),$$
$$\Psi_2(x) - \tfrac{1}{2}\,\Psi_2\left(\frac{x}{3}\right) < \tfrac{3}{5}\,ax + o(x), \tag{5}$$

nach (2) und (4) ebenso

$$\Psi_1(x) - \tfrac{1}{2}\,\Psi_1\left(\frac{x}{3}\right) < \tfrac{3}{5}\,ax + o(x); \tag{6}$$

nach (1) und (3) ist

$$2\,\Psi_1(x) > ax - \Psi_2\left(\frac{x}{3}\right) + o(x),$$
$$\Psi_1(x) > \frac{a}{2}\,x - \tfrac{1}{2}\,\Psi_2\left(\frac{x}{3}\right) + o(x), \tag{7}$$

nach (2) und (3)

$$\Psi_2(x) > \frac{a}{2}\,x - \tfrac{1}{2}\,\Psi_1\left(\frac{x}{3}\right) + o(x). \tag{8}$$

$\delta > 0$ sei gegeben. Von einer gewissen Stelle an $(x \geqq \xi = \xi(\delta))$ ist nach (6)

$$\Psi_1(x) - \tfrac{1}{2}\,\Psi_1\left(\frac{x}{3}\right) < (\tfrac{3}{5}\,a + \delta)\,x;$$

also ist, wenn n die größte ganze Zahl bezeichnet, für welche

$$\frac{x}{3^n} \geqq \xi$$

ist,

$$\tfrac{1}{2}\,\Psi_1\left(\frac{x}{3}\right) - \tfrac{1}{4}\,\Psi_1\left(\frac{x}{3^2}\right) < (\tfrac{3}{5}\,a + \delta)\,\frac{1}{2}\,\frac{x}{3},$$

. . . .

$$\frac{1}{2^n}\,\Psi_1\left(\frac{x}{3^n}\right) - \frac{1}{2^{n+1}}\,\Psi_1\left(\frac{x}{3^{n+1}}\right) < (\tfrac{3}{5}\,a + \delta)\,\frac{1}{2^n}\,\frac{x}{3^n},$$

also durch Addition

$$\Psi_1(x) - \frac{1}{2^{n+1}}\,\Psi_1\left(\frac{x}{3^{n+1}}\right) < (\tfrac{3}{5}\,a + \delta)\,x\sum_{\nu=0}^{n}\frac{1}{6^\nu}$$
$$= (\tfrac{3}{5}\,a + \delta)\,x\sum_{\nu=0}^{\infty}\frac{1}{6^\nu} + o(x),$$

$$\begin{aligned}\Psi_1(x) &< (\tfrac{3}{5} a + \delta) x \cdot \tfrac{6}{5} + o(x) + \frac{1}{2^{n+1}} \Psi_1(\xi) \\ &= (\tfrac{18}{25} a + \tfrac{6}{5} \delta) x + o(x);\end{aligned}$$

daher ist

$$\Psi_1(x) < \tfrac{18}{25} a x + o(x);$$

aus (5) folgt ebenso

$$\Psi_2(x) < \tfrac{18}{25} a x + o(x).$$

Nach (7) ist also

$$\begin{aligned}\Psi_1(x) &> (\tfrac{1}{2} - \tfrac{3}{25}) a x + o(x) \\ &= \tfrac{19}{50} a x + o(x),\end{aligned}$$

$$\begin{aligned}\liminf_{x=\infty} \frac{\Psi_1(x)}{x} &\geqq \tfrac{19}{50} a \\ &> 0,\end{aligned}$$

nach (8) ebenso

$$\begin{aligned}\liminf_{x=\infty} \frac{\Psi_2(x)}{x} &\geqq \tfrac{19}{50} a \\ &> 0,\end{aligned}$$

womit alles bewiesen ist.

Sechster Teil.

Anwendung der Elemente der Theorie der Funktionen komplexer Variabeln.

Siebenundzwanzigstes Kapitel.

Eigenschaften der Funktionen $L_\varkappa(s)$ und $K(s)$.

§ 114.

Definition der Funktionen $L_\varkappa(s)$.

Es sei $s = \sigma + ti$ eine komplexe Variable. Dann ist die Reihe

$$L_\varkappa(s) = \sum_{n=1}^{\infty} \frac{\chi_\varkappa(n)}{n^s}$$

als Dirichletsche Reihe im Fall $\varkappa = 1$ für $\sigma > 1$, in den Fällen $\varkappa = 2, \cdots, h$ für $\sigma > 0$ konvergent, definiert dort eine analytische Funktion und darf dort gliedweise differentiiert werden. Dies folgt nach § 42 daraus, daß, wie wir in § 102 festgestellt haben, $L_1(s)$ für reelle $s > 1$ konvergiert und $L_2(s), \cdots, L_h(s)$ für reelle $s > 0$ konvergieren.

Für $\sigma > 1$ ist bei allen $\varkappa = 1, \cdots, h$

$$L_\varkappa(s) = \prod_p \frac{1}{1 - \frac{\chi_\varkappa(p)}{p^s}};$$

denn wegen

$$\left|\frac{\chi_\varkappa(p)}{p^s}\right| \leqq \frac{1}{p^\sigma}$$

ist das Produkt dort konvergent, und aus

$$\prod_{p \leqq x} \frac{1}{1 - \frac{\chi_\varkappa(p)}{p^s}} = \prod_{p \leqq x} \left(1 + \frac{\chi_\varkappa(p)}{p^s} + \frac{\chi_\varkappa(p^2)}{p^{2s}} + \cdots\right)$$

$$= \sum_{n=1}^{\infty}{}' \frac{\chi_\varkappa(n)}{n^s}$$

folgt, wie in § 103 für $s > 1$, hier für $\sigma > 1$

$$\lim_{x=\infty} \prod_{p \leqq x} \frac{1}{1 - \frac{\chi_\varkappa(p)}{p^s}} = \sum_{n=1}^{\infty} \frac{\chi_\varkappa(n)}{n^s}$$
$$= L_\varkappa(s).$$

Es ist also für $\sigma > 1$

$$L_\varkappa(s) \neq 0.$$

Bei der ersten Funktion ist insbesondere für $\sigma > 1$

$$L_1(s) = \prod_{p \mid k} \left(1 - \frac{1}{p^s}\right) \prod_p \frac{1}{1 - \frac{1}{p^s}}$$
$$= \prod_{p \mid k} \left(1 - \frac{1}{p^s}\right) \zeta(s);$$

also ist nach den in § 43 entwickelten Eigenschaften der Zetafunktion die für $\sigma > 1$ durch die Reihe

$$\sum_{n=1}^{\infty} \frac{\chi_1(n)}{n^s}$$

definierte analytische Funktion $L_1(s)$ für $\sigma > 0$ bis auf den Pol erster Ordnung $s = 1$ mit dem Residuum $\frac{h}{k}$ regulär.

Für alle $\varkappa$ $(= 1, \cdots, h)$ ist ferner in der Halbebene $\sigma > 1$

$$L_\varkappa(s) = \prod_p \frac{1}{1 - \frac{\chi_\varkappa(p)}{p^s}}$$
$$= \prod_p e^{\sum\limits_{m=1}^{\infty} \frac{\chi_\varkappa(p^m)}{m p^{ms}}}$$
$$= e^{\sum\limits_{p,m} \frac{\chi_\varkappa(p^m)}{m p^{ms}}},$$

wo die Reihe im Exponenten absolut konvergiert.

§ 115.

Das Nichtverschwinden der Funktionen $L_\varkappa(s)$ für $\sigma = 1$.

Satz: Für $\sigma = 1$ ist

$$L_\varkappa(s) \neq 0.$$

Beweis: 1. Beim Hauptcharakter $\varkappa = 1$ folgt dies wegen

$$L_1(s) = \prod_{p \mid k} \left(1 - \frac{1}{p^s}\right) \zeta(s)$$

aus dem Nichtverschwinden[1] von

$$1-\frac{1}{p^s}$$

auf der Geraden $\sigma=1$ und dem in § 45 festgestellten Nichtverschwinden von $\zeta(s)$ auf jener Geraden.

2. Es sei $\varkappa=2,\cdots,h$. Für $s=1$ ist das Nichtverschwinden in §§ 105—106 bewiesen; es sei also $s=1+ti$, $t\gtrless 0$. Es ist für $\sigma>1$, $t\gtrless 0$

$$L_\varkappa(s)=e^{\sum\limits_{p,m}\frac{\chi_\varkappa(p^m)}{m p^{ms}}},$$

$$|L_\varkappa(s)|=e^{\Re\sum\limits_{p,m}\frac{\chi_\varkappa(p^m)}{m p^{ms}}}$$

$$=e^{\sum\limits_{p,m}\frac{\Re(\chi_\varkappa(p^m)p^{-mti})}{m p^{m\sigma}}}.$$

Es hat für alle zu k teilerfremden p^m der Charakter $\chi_\varkappa(p^m)$ die Gestalt

$$\chi_\varkappa(p^m)=e^{\omega(p^m)i},$$

wo $\omega(p^m)$ reell ist[2]. Das gibt

$$\chi_\varkappa(p^m)p^{-mti}=e^{(\omega(p^m)-mt\log p)i}.$$

Daher ist, wenn Σ' bezeichnet, daß nur die nicht in k aufgehenden p in Betracht kommen,

$$|L_\varkappa(s)|=e^{\sum\limits_{p,m}'\frac{\cos(\omega(p^m)-mt\log p)}{m p^{m\sigma}}}.$$

Nun ist, wie schon in § 45 zu ähnlichem Zweck benutzt wurde, für alle reellen φ

$$\cos\varphi\geqq-\tfrac{3}{4}-\tfrac{1}{4}\cos 2\varphi;$$

dies gibt für $\sigma>1$, $t\gtrless 0$

$$|L_\varkappa(s)|\geqq e^{-\frac{3}{4}\sum\limits_{p,m}'\frac{1}{m p^{m\sigma}}-\frac{1}{4}\sum\limits_{p,m}'\frac{\cos(2\omega(p^m)-2mt\log p)}{m p^{m\sigma}}};$$

hierin ist

$$e^{-\sum\limits_{p,m}'\frac{1}{m p^{m\sigma}}}\geqq e^{-\sum\limits_{p,m}\frac{1}{m p^{m\sigma}}}$$

$$=\frac{1}{\zeta(\sigma)},$$

1) Die Nullstellen von $1-\frac{1}{p^s}$ sind $s=\frac{2n\pi}{\log p}i$, wo $n\gtreqless 0$ ganz ist.

2) Übrigens ist $\frac{\omega(p^m)}{\pi}$ rational.

$$e^{-\sum\limits_{p,m}' \frac{\cos(2\omega(p^m) - 2mt\log p)}{m p^{m\sigma}}} = e^{-\sum\limits_{p,m}' \Re\left(\frac{e^{2i\omega(p^m)}}{m p^{m(\sigma+2ti)}}\right)}$$
$$= e^{-\sum\limits_{p,m} \Re\left(\frac{\chi_\varkappa^2(p^m)}{m p^{m(\sigma+2ti)}}\right)}$$
$$= e^{-\Re \sum\limits_{p,m} \frac{\chi_\varkappa^2(pm)}{m p^{m(\sigma+2ti)}}}$$
$$= \frac{1}{\left| e^{\sum\limits_{p,m} \frac{\chi_\varkappa^2(p^m)}{m p^{m(\sigma+2ti)}}} \right|}.$$

Nun ist

$$\chi_\varkappa^2(n)$$

offenbar auch einer der h Charaktere, z. B. (ohne an die genauere Definition zu denken), weil diese Funktion die Voraussetzungen des letzten Satzes aus § 100 erfüllt. Es sei

$$\chi_\varkappa^2(n) = \chi_\lambda(n),$$

wo also λ eine der Zahlen $1, \cdots, h$ ist, die übrigens von $\varkappa$ verschieden ist, da sonst $\chi_\varkappa(n)$ der Hauptcharakter wäre. Dann ist

$$e^{-\sum\limits_{p,m}' \frac{\cos(2\omega(p^m) - 2mt\log p)}{m p^{m\sigma}}} = \frac{1}{|L_\lambda(\sigma + 2ti)|},$$

also für $\sigma > 1$, $t \gtreqless 0$

$$|L_\varkappa(s)| \geqq \frac{1}{(\zeta(\sigma))^{\frac{3}{4}} |L_\lambda(\sigma + 2ti)|^{\frac{1}{4}}},$$

folglich für $1 < \sigma \leqq 2$, $t \gtreqless 0$

(1) $$|L_\varkappa(s)| > \frac{(\sigma - 1)^{\frac{3}{4}}}{2^{\frac{3}{4}} |L_\lambda(\sigma + 2ti)|^{\frac{1}{4}}},$$

$$\frac{|L_\varkappa(s)|}{\sigma - 1} > \frac{1}{2(\sigma - 1)^{\frac{1}{4}} |L_\lambda(\sigma + 2ti)|^{\frac{1}{4}}}.$$

Wenn hierin $t \gtrless 0$ fest ist und σ zu 1 abnimmt, wächst[1] die rechte Seite über alle Grenzen, da der Nenner den Limes

$$2 \cdot 0 \cdot |L_\lambda(1 + 2ti)|^{\frac{1}{4}} = 0$$

1) Natürlich ist nicht monotones Wachsen gemeint, sondern nur $\lim\limits_{\sigma=1} = \infty$.

hat; andererseits wäre im Falle

$$L_\varkappa(1+ti) = 0$$

$$\lim_{\sigma=1} \frac{|L_\varkappa(\sigma+ti)|}{\sigma-1} = |L'_\varkappa(1+ti)|$$

endlich, so daß nur

$$L_\varkappa(1+ti) \neq 0$$

möglich ist.

§ 116.

Abschätzung von $|L_\varkappa(s)|$ und $|L'_\varkappa(s)|$ nach oben.

Satz: Für $\sigma \geqq 1 - \frac{1}{\log t}$ ist

$$L_\varkappa(s) = O(\log t),$$

$$L'_\varkappa(s) = O(\log^2 t).$$

Beweis: Falls $t > e$ ist, ist gewiß $L_\varkappa(s)$ im Gebiet $\sigma > 1 - \frac{1}{\log t}$ definiert.

1. Bei $\varkappa = 1$ ist wegen

$$L_\varkappa(s) = \zeta(s) \prod_{p \mid k} \left(1 - \frac{1}{p^s}\right)$$

die Behauptung auf Grund der früheren entsprechenden Eigenschaften von $\zeta(s)$ (vgl. § 46) bewiesen; denn der hinzutretende Faktor

$$\prod_{p \mid k} \left(1 - \frac{1}{p^s}\right)$$

ist eine Dirichletsche Reihe mit endlich vielen Gliedern, also nebst Ableitung für $\sigma > 0$ von der Gestalt

$$O(1).$$

2. Bei $\varkappa = 2, \cdots, h$ ist

$$|S(x)| = \left| \sum_{n=1}^{x} \chi_\varkappa(n) \right|$$
$$\leqq k,$$

also für $t > e$, $2 \geqq \sigma \geqq 1 - \frac{1}{\log t}$

$$L_\varkappa(s) = \sum_{n=1}^{\infty} \frac{\chi_\varkappa(n)}{n^s}$$

$$= \sum_{n=1}^{t} \frac{\chi_\varkappa(n)}{n^s} + \sum_{n=t+1}^{\infty} S(n) \left(\frac{1}{n^s} - \frac{1}{(n+1)^s}\right) - \frac{S(t)}{([t]+1)^s}$$

$$= O\sum_{n=1}^{t}\frac{1}{n^{1-\frac{1}{\log t}}} + O\left(t\sum_{n=t+1}^{\infty}\frac{1}{n^{2-\frac{1}{\log t}}}\right) + O\left(\frac{1}{t^{1-\frac{1}{\log t}}}\right)$$
$$= O(\log t) + O(1) + O\left(\frac{1}{t}\right)$$
$$= O(\log t),$$

folglich, da für $\sigma \geqq 2$

$$|L_\varkappa(s)| \leqq \sum_{n=1}^{\infty}\frac{1}{n^2}$$
$$= O(1)$$

ist, für $\sigma \geqq 1 - \frac{1}{\log t}$

$$L_\varkappa(s) = O(\log t).$$

Was

$$L'_\varkappa(s) = -\sum_{n=1}^{\infty}\frac{\chi_\varkappa(n)\log n}{n^s}$$

betrifft, so ist für $x \geqq 1$

$$R(x) = \sum_{n=1}^{x}\chi(n)\log n$$
$$= \sum_{n=1}^{x}(S(n) - S(n-1))\log n$$
$$= \sum_{n=1}^{x}S(n)(\log n - \log(n+1)) + S(x)\log([x]+1)$$
$$= O\sum_{n=1}^{x}(\log(n+1) - \log n) + O(\log x)$$
$$= O(\log x),$$

folglich für $t > e$, $2 \geqq \sigma \geqq 1 - \frac{1}{\log t}$

$$-L'_\varkappa(s) = \sum_{n=1}^{t}\frac{\chi_\varkappa(n)\log n}{n^s} + \sum_{n=t+1}^{\infty}R(n)\left(\frac{1}{n^s} - \frac{1}{(n+1)^s}\right) - \frac{R(t)}{([t]+1)^s}$$
$$= O\sum_{n=1}^{t}\frac{\log n}{n^{1-\frac{1}{\log t}}} + O\left(t\sum_{n=t+1}^{\infty}\frac{\log n}{n^{2-\frac{1}{\log t}}}\right) + O\left(\frac{\log t}{t^{1-\frac{1}{\log t}}}\right)$$
$$= O(\log^2 t) + O\left(t\cdot\frac{\log t}{t}\right) + O\left(\frac{\log t}{t}\right)$$
$$= O(\log^2 t),$$

also für $\sigma \geqq 1 - \frac{1}{\log t}$

$$L'_\varkappa(s) = O(\log^2 t).$$

Der zweite Teil des bewiesenen Satzes läßt sich auch so schreiben: Es gibt eine (bei fest gegebenem k) absolute Konstante c_1, so daß für $\varkappa = 1, 2, \cdots, h$ im Gebiete $t \geqq 3$, $\sigma \geqq 1 - \frac{1}{\log t}$

$$|L'_\varkappa(s)| < c_1 \log^2 t$$

ist. Daraus folgt für $t \geqq 3$, $\sigma_1 \geqq 1 - \frac{1}{\log t}$, $\sigma_2 \geqq 1 - \frac{1}{\log t}$

$$|L_\varkappa(\sigma_2 + ti) - L_\varkappa(\sigma_1 + ti)| = \left| \int_{\sigma_1+ti}^{\sigma_2+ti} L'_\varkappa(s)\, ds \right|$$
$$\leqq c_1 |\sigma_2 - \sigma_1| \log^2 t.$$

§ 117.

Abschätzung von $|L_\varkappa(s)|$ nach unten.

Ich könnte von der Formel (1) des § 115 ausgehen; ich will jedoch, um etwas schärfere Abschätzungen zu erhalten, im Sinne der Entwicklungen des § 65 eine andere Hilfsformel zugrunde legen.

Es sei $\varkappa = 1, \cdots, h$. Stets sind

$$\chi_\varkappa^2(n)$$

und

$$\chi_\varkappa^3(n)$$

auch Charaktere modulo k; es sei etwa

$$\chi_\varkappa^2(n) = \chi_\lambda(n),$$
$$\chi_\varkappa^3(n) = \chi_\nu(n).$$

Für zu k teilerfremde p^m werde

$$\chi_\varkappa(p^m) = e^{\omega(p^m)i}$$

gesetzt; dann ist $\omega(p^m)$ reell und

$$e^{2\omega(p^m)i} = \chi_\lambda(p^m),$$
$$e^{3\omega(p^m)i} = \chi_\nu(p^m).$$

Im Gebiet $\sigma > 1$, $t \gtreqless 0$ ist

$$|L_\varkappa(s)| = e^{\Re \sum\limits_{p,m} \frac{\chi_\varkappa(p^m)}{m p^{ms}}}$$
$$= e^{\sum\limits_{p,m}' \frac{\cos(\omega(p^m) - mt\log p)}{m p^{m\sigma}}}.$$

Für alle reellen φ ist (vgl. § 65)

$$\cos\varphi \geqq -\tfrac{5}{8} - \tfrac{1}{2}\cos 2\varphi - \tfrac{1}{8}\cos 3\varphi;$$

im obigen Gebiet ist also

$$|L_\varkappa(s)| \geqq e^{-\frac{5}{8}\sum\limits_{p,m}{}' \frac{1}{m p^{m\sigma}} - \frac{1}{2}\sum\limits_{p,m}{}' \frac{\cos(2\omega(p^m) - 2mt\log p)}{m p^{m\sigma}} - \frac{1}{8}\sum\limits_{p,m}{}' \frac{\cos(3\omega(p^m) - 3mt\log p)}{m p^{m\sigma}}}$$

$$\geqq \frac{1}{(\zeta(\sigma))^{\frac{5}{8}} |L_\lambda(\sigma + 2ti)|^{\frac{1}{2}} |L_\nu(\sigma + 3ti)|^{\frac{1}{8}}};$$

für $t \geqq 3$, $1 < \sigma \leqq 2$ ist also, wenn der erste Teil des Satzes aus § 116 zu Hilfe genommen wird,

$$|L_\varkappa(s)| > \frac{(\sigma - 1)^{\frac{5}{8}}}{c_2 \log^{\frac{1}{2}}(2t) \log^{\frac{1}{8}}(3t)}$$

(1) $$> \frac{(\sigma - 1)^{\frac{5}{8}}}{c_3 \log^{\frac{5}{8}} t},$$

also, wenn die Schlußformel des vorigen Paragraphen benutzt wird,

$$|L_\varkappa(1 + ti)| \geqq |L_\varkappa(\sigma + ti)| - |L_\varkappa(\sigma + ti) - L_\varkappa(1 + ti)|$$

$$> \frac{(\sigma - 1)^{\frac{5}{8}}}{c_3 \log^{\frac{5}{8}} t} - c_1(\sigma - 1)\log^2 t$$

$$= \frac{(\sigma - 1)^{\frac{5}{8}}}{c_3 \log^{\frac{5}{8}} t}\left(1 - c_1 c_3 (\sigma - 1)^{\frac{3}{8}} \log^{\frac{21}{8}} t\right).$$

Hierin bestimme ich σ durch

$$c_1 c_3 (\sigma - 1)^{\frac{3}{8}} \log^{\frac{21}{8}} t = \tfrac{1}{2},$$

d. h. setze

$$\sigma = 1 + \frac{1}{(2 c_1 c_3)^{\frac{8}{3}}} \frac{1}{\log^7 t},$$

was wirklich, wenn c_1 und c_3 größer als 1 gewählt sind, für alle $t \geqq 3$ kleiner als 2 ist. Das gibt bei passender Wahl eines $c_4 > 1$

$$|L_\varkappa(1 + ti)| > \frac{1}{c_4} \frac{1}{\log^{\frac{35}{8}} t} \frac{1}{\log^{\frac{5}{8}} t}$$

(2) $$= \frac{1}{c_4} \frac{1}{\log^5 t},$$

also

$$\frac{1}{L_\varkappa(1 + ti)} = O(\log^5 t).$$

Aus (2) folgt weiter für $t \geqq 3$, $1 - \frac{1}{2c_1c_4}\frac{1}{\log^7 t} \leqq \sigma \leqq 1 + \frac{1}{2c_1c_4}\frac{1}{\log^7 t}$

$$\begin{aligned} |L_\varkappa(s)| &\geqq |L_\varkappa(1+ti)| - |L_\varkappa(s) - L_\varkappa(1+ti)| \\ &> \frac{1}{c_4}\frac{1}{\log^5 t} - |\sigma - 1|\, c_1 \log^2 t \\ &\geqq \frac{1}{c_4}\frac{1}{\log^5 t} - \frac{1}{2c_4}\frac{1}{\log^5 t} \\ &= \frac{1}{2c_4}\frac{1}{\log^5 t}. \end{aligned}$$

Für $t \geqq 3$, $1 + \frac{1}{2c_1c_4}\frac{1}{\log^7 t} \leqq \sigma \leqq 2$ ist nach (1)

$$\begin{aligned} |L_\varkappa(s)| &> \frac{1}{(2c_1c_4)^{\frac{5}{8}}}\frac{1}{\log^{\frac{35}{8}} t}\frac{1}{c_3}\frac{1}{\log^{\frac{5}{8}} t} \\ &= \frac{1}{c_5}\frac{1}{\log^5 t}, \end{aligned}$$

für $t \geqq 3$, $\sigma \geqq 2$

$$\left|\frac{1}{L_\varkappa(s)}\right| \leqq \sum_{n=1}^{\infty}\frac{1}{n^2},$$

$$\begin{aligned} |L_\varkappa(s)| &> \frac{1}{c_6} \\ &> \frac{1}{c_6}\frac{1}{\log^5 t}. \end{aligned}$$

Also hat sich ergeben: Für $t \geqq 3$, $\sigma \geqq 1 - \frac{1}{c_7}\frac{1}{\log^7 t}$ ist

$$|L_\varkappa(s)| > \frac{1}{c_8 \log^5 t};$$

darin liegt insbesondere, daß $L_\varkappa(s)$ in jenem Teil der Ebene nicht verschwindet, und es ergibt sich, $c_7 > 1$ angenommen, dort weiter

$$\begin{aligned} \left|\frac{L'_\varkappa(s)}{L_\varkappa(s)}\right| &< c_1 c_8 \log^7 t \\ &= c_9 \log^7 t. \end{aligned}$$

Natürlich können alle auftretenden Konstanten gleichmäßig für alle $\varkappa = 1, \cdots, h$ gewählt werden. Alsdann ist für $t \leqq -3$, $\sigma \geqq 1 - \frac{1}{c_7}\frac{1}{\log^7(-t)}$

$$\left|\frac{L'_\varkappa(s)}{L_\varkappa(s)}\right| < c_9 \log^7(-t),$$

da

$$\frac{L'_\varkappa(\sigma + ti)}{L_\varkappa(\sigma + ti)}$$

konjugiert zu einem gewissen

$$\frac{L_\varrho'(\sigma - ti)}{L_\varrho(\sigma - ti)}$$

ist.

§ 118.

Eigenschaften der Funktion $K(s)$.

Es bezeichne $K(s)$ die für $\sigma > 1$ durch die Dirichletsche Reihe

$$\sum_{p \equiv l} \frac{\log p}{p^s}$$

definierte analytische Funktion. Es ist für $\sigma > 1$

$$\sum_{p^m \equiv l} \frac{\log p}{p^{ms}} = -\frac{1}{h} \sum_{\varkappa=1}^{h} \frac{1}{\chi_\varkappa(l)} \frac{L_\varkappa'(s)}{L_\varkappa(s)};$$

die linke Seite unterscheidet sich von $K(s)$ um eine Funktion, welche für $\sigma > \frac{3}{4}$ (als für $\sigma > \frac{1}{2}$ absolut konvergente Dirichletsche Reihe)

$$= O(1)$$

ist. Daher besagt die am Schluß des vorigen Paragraphen gefundene Abschätzung von $\left|\frac{L_\varkappa'(s)}{L_\varkappa(s)}\right|$ in Verbindung mit dem Nichtverschwinden von $L_\varkappa(1+ti)$ und dem bekannten Verhalten für $s = 1$:

1. $K(s)$ hat für $s = 1$ einen Pol erster Ordnung mit dem Residuum $\frac{1}{h}$.

2. $K(s)$ ist für $\sigma = 1$ sonst regulär.

3. Es gibt zwei positive Konstanten c und b derart, daß für $|t| \geqq 3$, $\sigma \geqq 1 - \frac{1}{c} \frac{1}{\log^7 |t|}$

$$|K(s)| < b \log^7 |t|$$

ist.

Achtundzwanzigstes Kapitel.

Primzahlgesetze.

§ 119.

Anwendung des Cauchyschen Integralsatzes und Endformeln für $\Theta(x)$ und $\Pi(x)$.

Die Funktion $K(s)$ erfüllt also bis auf das veränderte Residuum $\frac{1}{h}$ (gegenüber damals) genau die Bedingungen, denen die Funktion

30*

$\frac{\zeta'(s)}{\zeta(s)}$ durch den Satz am Schluß des § 48 genügte, wo noch 9 hier durch das schärfere 7 ersetzt ist (was bei $\frac{\zeta'(s)}{\zeta(s)}$ in § 65 nachgeholt war); es bleibt also bei der damaligen Anwendung des Cauchyschen Integralsatzes und dem folgenden Übergang zu $\Theta(x)$ und $\Pi(x)$ bis auf den beim Hauptglied hinzutretenden Zahlenfaktor $\frac{1}{h}$ alles unverändert. Es ergibt sich daher für alle $\gamma > 8$

$$\Theta(x) = \frac{1}{h}x + O\left(x e^{-\sqrt[\gamma]{\log x}}\right)$$

und für alle $\gamma > 8$

$$\begin{aligned}\Pi(x) &= \frac{1}{h}\int\limits_2^x \frac{du}{\log u} + O\left(x e^{-\sqrt[\gamma]{\log x}}\right)\\ &= \frac{1}{h}Li(x) + O\left(x e^{-\sqrt[\gamma]{\log x}}\right)\\ &= \frac{1}{h}\sum_{n=2}^{x}\frac{1}{\log n} + O\left(x e^{-\sqrt[\gamma]{\log x}}\right).\end{aligned}$$

Unterwegs führt eben die Anwendung des Cauchyschen Integralsatzes wörtlich wie damals zunächst für alle $\gamma > 8$ zu

$$\sum_{\substack{p \equiv l\\ p \leqq x}} \log p \log\frac{x}{p} = \frac{1}{h}x + O\left(x e^{-\sqrt[\gamma]{\log x}}\right),$$

woraus alles weitere wörtlich wie damals folgt, bis auf den überall auftretenden Faktor $\frac{1}{h}$.

Natürlich kann hierin die Zahl 8 durch die Konstante $U + 2$ ersetzt werden, wo U die Bedeutung des § 65 hat; denn man kann ja jede Cosinus-Ungleichung im damaligen Sinne zugrunde legen.

§ 120.

Interpretation des Resultats.

Es ist nunmehr bewiesen, daß für jedes q

$$\lim_{x=\infty}\frac{\log^q x}{x}\left(\Pi(x) - \frac{1}{h}Li(x)\right) = 0$$

ist, in erster Annäherung, daß

$$\Pi(x) \sim \frac{1}{h} Li(x)$$

$$\sim \frac{1}{h} \frac{x}{\log x}$$

ist. Es ist daher die am Schluß des § 10 der Einleitung angegebene Folgerung

$$\lim_{x=\infty} \frac{\pi_\nu(x)}{\pi_{\nu'}(x)} = 1$$

in den Besitz des Lesers übergegangen.

Es gibt also z. B. asymptotisch gleich viele Primzahlen $4y + 1$ und $4y + 3$. Überhaupt ist das Beispiel $k = 4$ zur Illustration aller Betrachtungen des zweiten Buches besonders geeignet. Es gibt dann zwei Charaktere mit den zugehörigen Reihen

$$L_1(s) = 1 + \frac{1}{3^s} + \frac{1}{5^s} + \frac{1}{7^s} + \cdots,$$

$$L_2(s) = 1 - \frac{1}{3^s} + \frac{1}{5^s} - \frac{1}{7^s} + \cdots.$$

Übrigens ist auch nicht eines der asymptotischen Gesetze im Fall $k = 4$ einfacher zu beweisen als im allgemeinen Fall, abgesehen natürlich von dem hier trivialen Nichtverschwinden der Reihe

$$L_2(1) = 1 - \tfrac{1}{3} + \tfrac{1}{5} - \tfrac{1}{7} + \cdots.$$

§ 121.

Folgerungen.

Aus

$$\Pi(x) \sim \frac{1}{h} \frac{x}{\log x}$$

folgt insbesondere, daß für $\varepsilon > 0$

$$\Pi(x + \varepsilon x) - \Pi(x) \sim \frac{1}{h} \frac{\varepsilon x}{\log x}$$

ist, so daß die Anzahl der Primzahlen $ky + l$ zwischen x (exkl.) und $(1 + \varepsilon)x$ (inkl.) mit x ins Unendliche wächst.

Ferner beweise ich den

Satz: Für jeden vom Hauptcharakter verschiedenen Charakter, jedes reelle q und jedes reelle t ist

$$\sum_p \frac{\chi(p) \log^q p}{p^{1+ti}}$$

konvergent.

In § 109 war für $q = 1$, $t = 0$ die Endlichkeit, also für $q < 1$, $t = 0$ die Konvergenz bewiesen. Für $q < 0$ ist die Behauptung wegen der nach § 4 (Reihen (31) und (32)) absoluten Konvergenz trivial.

Beweis: Es darf beim Beweise $q > 0$ angenommen werden; mit jedem q ist ja die Behauptung für jedes kleinere q bewiesen. Wenn

$$X(x) = \sum_{p \leqq x} \chi(p)$$

gesetzt wird, ergibt sich

$$X(x) = \sum_{l=1}^{k} \chi(l)\, \Pi_l(x),$$

wo $\Pi_l(x)$ die Anzahl der Primzahlen $ky + l \leqq x$ ist, also mit konstantem γ (z. B. $\gamma = 8$)

$$X(x) = \sum_{l=1}^{h} \chi(l) \left(\frac{1}{h} Li(x) + O\left(x e^{-\sqrt[\gamma]{\log x}}\right)\right);$$

in der Tat ist für $(k, l) = 1$

$$\Pi_l(x) = \frac{1}{h} Li(x) + O\left(x e^{-\sqrt[\gamma]{\log x}}\right),$$

für $(k, l) > 1$

$$\chi(l) = 0.$$

Es folgt weiter

$$X(x) = \frac{1}{h} Li(x) \sum_{l=1}^{h} \chi(l) + O\left(x e^{-\sqrt[\gamma]{\log x}}\right)$$

$$= O\left(x e^{-\sqrt[\gamma]{\log x}}\right).$$

Bei gegebenem q ist also, wenn

$$\Psi(x) = \sum_{p \leqq x} \chi(p) \log^q p$$

gesetzt wird, für $x \geqq 2$

$$\Psi(x) = \sum_{n=2}^{x} (X(n) - X(n-1)) \log^q n$$

$$= \sum_{n=2}^{x} X(n) (\log^q n - \log^q (n+1)) + X(x) \log^q ([x] + 1)$$

$$= O\left(x e^{-\sqrt[\gamma]{\log x}} \sum_{n=2}^{x} (\log^q (n+1) - \log^q n)\right) + O\left(x e^{-\sqrt[\gamma]{\log x}} \log^q x\right)$$

$$= O\left(x e^{-\sqrt[\gamma]{\log x}} \log^q x\right),$$

wovon ich nur

$$\Psi(x) = O\left(\frac{x}{\log^2 x}\right)$$

gebrauche.

Zu beweisen ist die Konvergenz von

$$\sum_{n=1}^{\infty} \frac{\Psi(n) - \Psi(n-1)}{n^s}$$

für $\sigma = 1$. In der Tat ist dort für ganzzahlige v, w $(w \geqq v \geqq 2)$

$$\sum_{n=v}^{w} \frac{\Psi(n) - \Psi(n-1)}{n^s} = \sum_{n=v}^{w} \Psi(n)\left(\frac{1}{n^s} - \frac{1}{(n+1)^s}\right) - \frac{\Psi(v-1)}{v^s} + \frac{\Psi(w)}{(w+1)^s}$$

$$= \sum_{n=v}^{w} O\left(\frac{n}{\log^2 n}\right) O\left(\frac{1}{n^2}\right) + \frac{O\left(\frac{v}{\log^2 v}\right)}{v} + \frac{O\left(\frac{w}{\log^2 w}\right)}{w},$$

was wegen der Konvergenz von

$$\sum_{n=2}^{\infty} \frac{1}{n \log^2 n}$$

für $v = \infty$, $w = \infty$ den Limes 0 hat.

Natürlich ist nach § 30 nunmehr

$$\sum_p \frac{\chi(p) \log^q p}{p^{1+ti}} = \lim_{\varepsilon = 0} \sum_p \frac{\chi(p) \log^q p}{p^{1+\varepsilon+ti}};$$

also ist insbesondere für $t \gtrless 0$ und ganzzahliges $q \geqq 0$, wenn $\sum\limits_{p,m}$ links nach wachsendem p^m geordnet ist, bei Annäherung von rechts

$$\sum_{p,m} \frac{\chi(p^m) \log^q p \cdot m^{q-1}}{p^{m(1+ti)}} = \sum_p \frac{\chi(p) \log^q p}{p^{1+ti}} + \sum_{m=2}^{\infty} \sum_p \frac{\chi(p^m) \log^q p \cdot m^{q-1}}{p^{m(1+ti)}}$$

$$= \lim_{s=1+ti} \sum_p \frac{\chi(p) \log^q p}{p^s} + \lim_{s=1+ti} \sum_{m=2}^{\infty} \sum_p \frac{\chi(p^m) \log^q p \cdot m^{q-1}}{p^{ms}}$$

$$= \lim_{s=1+ti} \sum_{p,m} \frac{\chi(p^m) \log^q p \cdot m^{q-1}}{p^{ms}}$$

$$= (-1)^q \lim_{s=1+ti} \frac{d^q}{ds^q} \log L(s),$$

also, wenn

$$\log L(s) = Z(s)$$

gesetzt wird,

$$\sum_{p,m} \frac{\chi(p^m) \log^q p \cdot m^{q-1}}{p^{m(1+ti)}} = (-1)^q Z^{(q)}(1+ti),$$

z. B. ($q = 1$, $t \gtreqless 0$)

$$\sum_{p,m} \frac{\chi(p^m) \log p}{p^{m(1+ti)}} = -\frac{L'(1+ti)}{L(1+ti)},$$

noch spezieller ($q = 1$, $t = 0$)

$$\sum_{p,m} \frac{\chi(p^m) \log p}{p^m} = -\frac{L'(1)}{L(1)};$$

in § 109 war für die Reihe links nur die Endlichkeit, nicht die Konvergenz bewiesen.

Neunundzwanzigstes Kapitel.

Funktionentheoretischer Beweis des Nichtverschwindens der reellen Reihe *L.*

§ 122.

Untersuchung der Dirichletschen Reihe mit dem Koeffizienten $f(n) - L$.

Unter Benutzung funktionentheoretischer Mittel läßt sich das Nichtverschwinden der einem reellen Nicht-Hauptcharakter entsprechenden Reihe

$$L = \sum_{n=1}^{\infty} \frac{\chi(n)}{n}$$

noch einfacher (nicht kürzer, aber weniger künstlich) beweisen als oben in § 106.

Es werde wie dort

$$f(n) = \sum_{d \mid n} \chi(d)$$

gesetzt. Dann ist für $\sigma > 1$

$$\sum_{n=1}^{\infty} \frac{\chi(n)}{n^s} \sum_{n=1}^{\infty} \frac{1}{n^s} = \sum_{n=1}^{\infty} \frac{f(n)}{n^s},$$

also für $\sigma > 1$

$$\sum_{n=1}^{\infty} \frac{f(n)}{n^s} = L(s)\zeta(s)$$

$$= \prod_p \frac{1}{1 - \frac{\chi(p)}{p^s}} \prod_p \frac{1}{1 - \frac{1}{p^s}}.$$

Werden die Primzahlen p mit p', p'', p''' bezeichnet, je nachdem

$$\chi(p') = 1,$$
$$\chi(p'') = -1,$$
$$\chi(p''') = 0$$

ist, so ist für $\sigma > 1$

$$\sum_{n=1}^{\infty} \frac{f(n)}{n^s} = \prod_{p'} \frac{1}{1 - \frac{1}{p'^s}} \prod_{p''} \frac{1}{1 + \frac{1}{p''^s}} \prod_{p'} \frac{1}{1 - \frac{1}{p'^s}} \prod_{p''} \frac{1}{1 - \frac{1}{p''^s}} \prod_{p'''} \frac{1}{1 - \frac{1}{p'''^s}}$$

$$= \prod_{p'} \frac{1}{\left(1 - \frac{1}{p'^s}\right)^2} \prod_{p''} \frac{1}{1 - \frac{1}{p''^{2s}}} \prod_{p'''} \frac{1}{1 - \frac{1}{p'''^s}}$$

$$= \prod_{p'} \left(1 + \frac{1}{p'^s} + \frac{1}{p'^{2s}} + \cdots\right)^2 \prod_{p''} \left(1 + \frac{1}{p''^{2s}} + \frac{1}{p''^{4s}} + \cdots\right) \prod_{p'''} \left(1 + \frac{1}{p'''^s} + \frac{1}{p'''^{2s}} + \cdots\right),$$

was das in § 106 ausgerechnete Ergebnis

$$f(n) \geqq 0,$$
$$f(q^2) \geqq 1 \qquad (q = 1, 2, 3, \cdots)$$

in Evidenz setzt.

Wenn

$$\sum_{n=1}^{x} \chi(n) = S(x)$$

gesetzt wird, so ist wegen

$$S(x) = O(1)$$

$$\sum_{n=1}^{x} \frac{\chi(n)}{n} = L + O\left(\frac{1}{x}\right)$$

und

$$\sum_{n=1}^{x} f(n) = \sum_{cd \leqq x} \chi(c) \cdot 1$$

$$= \sum_{c=1}^{\sqrt{x}} \chi(c) \left[\frac{x}{c}\right] + \sum_{d=1}^{\sqrt{x}} \sum_{c=1}^{\frac{x}{d}} \chi(c) - \sum_{c=1}^{\sqrt{x}} \chi(c) \sum_{d=1}^{\sqrt{x}} 1$$

$$= \sum_{c=1}^{\sqrt{x}} \chi(c)\frac{x}{c} + O\sum_{c=1}^{\sqrt{x}} 1 + O\sum_{d=1}^{\sqrt{x}} 1 + O(1\cdot\sqrt{x})$$

$$= x\left(L + O\left(\frac{1}{\sqrt{x}}\right)\right) + O(\sqrt{x})$$

$$= Lx + O(\sqrt{x}),$$

$$\sum_{n=1}^{x} (f(n) - L) = O(\sqrt{x}).$$

Die für $\sigma > 1$ absolut konvergente Dirichletsche Reihe

$$\sum_{n=1}^{\infty} \frac{f(n) - L}{n^s}$$

konvergiert daher nach § 32 für $s > \frac{1}{2}$, also für $\sigma > \frac{1}{2}$. Sie stimmt für $\sigma > 1$, also für $\sigma > \frac{1}{2}$ mit

$$L(s)\zeta(s) - L\zeta(s) = (L(s) - L(1))\zeta(s)$$

überein.

§ 123.

Beweis von $L \neq 0$.

Wäre nun

$$L = 0,$$

so wäre für $\sigma > \frac{1}{2}$

$$L(s)\zeta(s) = \sum_{n=1}^{\infty} \frac{f(n)}{n^s},$$

also für reelle $s > \frac{1}{2}$

$$L(s)\zeta(s) \geqq \sum_{q=1}^{\infty} \frac{1}{q^{2s}}$$

$$= \zeta(2s).$$

Wenn aber s zu $\frac{1}{2}$ abnimmt, existiert links

$$\lim_{s=\frac{1}{2}} L(s)\zeta(s) = L(\tfrac{1}{2})\zeta(\tfrac{1}{2}),$$

während rechts

$$\lim_{s=\frac{1}{2}} \zeta(2s) = +\infty$$

ist. Daher kann nur

$$L \neq 0$$

sein.

Siebenter Teil.

Theorie der verallgemeinerten Zetafunktionen mit Anwendungen auf das Primzahlproblem.

Dreißigstes Kapitel.

Die Fortsetzbarkeit der Funktionen $L_\varkappa(s)$ in der ganzen Ebene und die Funktionalgleichung.

---

§ 124.

Beweis der Fortsetzbarkeit durch sukzessive partielle Integration.

k ist stets fest gegeben. Über die Fortsetzbarkeit der dem Hauptcharakter entsprechenden Funktion

$$L_1(s) = \prod_{p \mid k} \left(1 - \frac{1}{p^s}\right) \zeta(s)$$

sind wir durch die frühere Theorie der Zetafunktion völlig unterrichtet; $L_1(s)$ hat im Punkte $s = 1$ einen Pol erster Ordnung mit dem Residuum $\frac{h}{k}$ und ist sonst überall regulär; d. h.

$$(s-1) L_1(s)$$

und

$$L_1(s) - \frac{\frac{h}{k}}{s-1}$$

sind ganze Funktionen.

Bei allen übrigen, für $\sigma > 0$ durch

$$\sum_{n=1}^{\infty} \frac{\chi_\varkappa(n)}{n^s}$$

definierten Funktionen $L_\varkappa(s)\,(\varkappa = 2, \cdots, h)$ behaupte ich den

Satz: $L_\varkappa(s)\,(\varkappa = 2, \cdots, h)$ ist eine ganze transzendente Funktion.

Beweis: Da für $\sigma > 1$

$$L_\varkappa(s) = \sum_{l=1}^{k-1} \chi_\varkappa(l) \sum_{n=0}^{\infty} \frac{1}{(l+nk)^s}$$

$$= \frac{1}{k^s} \sum_{l=1}^{k-1} \chi_\varkappa(l) \sum_{n=0}^{\infty} \frac{1}{\left(n+\frac{l}{k}\right)^s}$$

ist, ist es offenbar hinreichend, zu beweisen: Die für jedes konstante ϑ, wo $0 \leqq \vartheta < 1$ ist, in der Halbebene $\sigma > 1$ absolut konvergente, in der Halbebene $\sigma > 1 + \delta$ $(\delta > 0)$ gleichmäßig konvergente Reihe

$$\sum_{n=1}^{\infty} \frac{1}{(n+\vartheta)^s}$$

definiert eine Funktion $\mathfrak{z}(s)$, welche für $s = 1$ einen Pol erster Ordnung mit dem Residuum 1 hat und sonst in der ganzen Ebene regulär ist. Denn dann hat

$$\sum_{n=1}^{\infty} \frac{1}{\left(n+\frac{l}{k}\right)^s}$$

für jedes in Betracht kommende l diese Eigenschaft; $L_\varkappa(s)$ ist also überall mit etwaiger Ausnahme von $s = 1$ regulär; dieser Punkt ist aber wegen

$$\sum_{l=1}^{k-1} \chi_\varkappa(l) = 0$$

(oder nach dem Früheren) auch ein regulärer Punkt.

$\mathfrak{z}(s)$ ist also zunächst für $\sigma > 1$ regulär und durch die Reihe

$$\mathfrak{z}(s) = \sum_{n=1}^{\infty} \frac{1}{(n+\vartheta)^s}$$

definiert.

Nun ist für $s \neq 1$, $n = 1, 2, 3, \cdots$

$$-s\int \frac{u\,du}{(n+\vartheta+u)^{s+1}} = \frac{u}{(n+\vartheta+u)^s} - \int \frac{du}{(n+\vartheta+u)^s}$$

$$= \frac{u}{(n+\vartheta+u)^s} + \frac{1}{s-1}\,\frac{1}{(n+\vartheta+u)^{s-1}},$$

$$-s\int_0^1 \frac{u\,du}{(n+\vartheta+u)^{s+1}} = \frac{1}{(n+\vartheta+1)^s} - \frac{1}{s-1}\left(\frac{1}{(n+\vartheta)^{s-1}} - \frac{1}{(n+\vartheta+1)^{s-1}}\right),$$

also für $\sigma > 1$

$$(1)\qquad -s\sum_{n=1}^{\infty}\int_0^1 \frac{u\,du}{(n+\vartheta+u)^{s+1}} = \zeta(s) - \frac{1}{(\vartheta+1)^s} - \frac{1}{s-1}\frac{1}{(\vartheta+1)^{s-1}}.$$

Die linke Seite von (1) stellt eine für $\sigma > 0$ reguläre Funktion dar, da für $\sigma > \delta\,(\delta > 0)$ wegen

$$\left|\int_0^1 \frac{u\,du}{(n+\vartheta+u)^{s+1}}\right| \leqq \frac{1}{n^{\sigma+1}}$$

die Reihe gleichmäßig konvergiert; daher ist die rechte Seite für $\sigma > 0$ regulär, also auch

$$\zeta(s) - \frac{1}{s-1}\frac{1}{(\vartheta+1)^{s-1}},$$

folglich

$$\zeta(s) - \frac{1}{s-1}$$

ebenfalls.

Nun ergibt sich weiter

$$\int \frac{u\,du}{(n+\vartheta+u)^{s+1}} = \frac{u^2}{2\,(n+\vartheta+u)^{s+1}} + \frac{s+1}{2}\int \frac{u^2\,du}{(n+\vartheta+u)^{s+2}},$$

$$\int_0^1 \frac{u\,du}{(n+\vartheta+u)^{s+1}} = \frac{1}{2\,(n+\vartheta+1)^{s+1}} + \frac{s+1}{2}\int_0^1 \frac{u^2\,du}{(n+\vartheta+u)^{s+2}},$$

also, zunächst für $\sigma > 0$,

$$(s) - \frac{1}{(\vartheta+1)^s} - \frac{1}{s-1}\frac{1}{(\vartheta+1)^{s-1}} = -\frac{s}{2}\left(\zeta(s+1) - \frac{1}{(\vartheta+1)^{s+1}}\right) - \frac{s(s+1)}{2}\sum_{n=1}^{\infty}\int_0^1 \frac{u^2\,du}{(n+\vartheta+u)^{s+2}}.$$

Rechts ist das erste Glied nach dem Ergebnis des vorigen Schrittes für $\sigma > -1$ regulär; das zweite Glied ist es ebenfalls wegen

$$\left|\int_0^1 \frac{u^2\,du}{(n+\vartheta+u)^{s+2}}\right| \leqq \frac{1}{n^{\sigma+2}}.$$

Folglich ist

$$\zeta(s) - \frac{1}{s-1}$$

für $\sigma > -1$ regulär.

Allgemein gelangt man so für jedes ganze $q \geqq 0$ zu der zunächst im Gebiet $\sigma > 1$ gültigen Identität

$$\mathfrak{z}(s) - \frac{1}{(\vartheta+1)^s} - \frac{1}{s-1}\frac{1}{(\vartheta+1)^{s-1}} = -\frac{s}{2!}\left(\mathfrak{z}(s+1) - \frac{1}{(\vartheta+1)^{s+1}}\right)$$

$$-\frac{s(s+1)}{3!}\left(\mathfrak{z}(s+2) - \frac{1}{(\vartheta+1)^{s+2}}\right) - \cdots - \frac{s(s+1)\cdots(s+q)}{(q+2)!}\left(\mathfrak{z}(s+q+1) - \frac{1}{(\vartheta+1)^{s+q+1}}\right)$$

$$-\frac{s(s+1)\cdots(s+q+1)}{(q+2)!}\sum_{n=1}^{\infty}\int_0^1 \frac{u^{q+2}\,du}{(n+\vartheta+u)^{s+q+2}}.$$

Es sei schon bewiesen, daß $(s-1)\mathfrak{z}(s)$ für $\sigma > -q$ regulär ist. Dann lehrt diese Identität wegen

$$\left|\int_0^1 \frac{u^{q+2}\,du}{(n+\vartheta+u)^{s+q+2}}\right| \leq \frac{1}{n^{\sigma+q+2}},$$

daß $(s-1)\mathfrak{z}(s)$ für $\sigma > -q-1$ regulär ist. Daher ist $(s-1)\mathfrak{z}(s)$, also auch

$$\mathfrak{z}(s) - \frac{1}{s-1},$$

eine ganze Funktion, folglich

$$L_\varkappa(s)$$

für $\varkappa = 2, \cdots, h$ ebenfalls, und der zu Anfang dieses Paragraphen ausgesprochene Satz ist bewiesen.

§ 125.

Einteilung aller Charaktere in zwei Klassen.

Jetzt soll nach einem ganz anderen Gesichtspunkt als früher eine Einteilung aller h Charaktere

$$\chi_1(n), \cdots, \chi_h(n)$$

in zwei Klassen vorgenommen werden, welche eigentliche und uneigentliche Charaktere heißen.

Es sei $\chi(n)$ ein Charakter modulo k und K ein echter Teiler von k:

$$K \mid k, \quad K < k;$$

dann entsprechen jeder Restklasse modulo K mehrere, nämlich $\frac{k}{K}$, Restklassen modulo k. Eine zu k teilerfremde Restklasse modulo k ist Bestandteil einer zu K teilerfremden Restklasse modulo K; jede mit K gemeinteilige Restklasse modulo K zerfällt in lauter mit k gemeinteilige Restklassen modulo k. Aber umgekehrt brauchen die Zahlen einer zu K teilerfremden Restklasse modulo K nicht alle zu k

teilerfremd zu sein. Beispiel: $k = 15$, $K = 5$, Restklasse $z \equiv 2 \pmod{5}$; hier sind 2 und 7 zu 15 teilerfremd, 12 nicht. Jedenfalls kommen in jeder zu K teilerfremden Restklasse modulo K

$$z \equiv K_0 \pmod{K}$$

zu k teilerfremde Zahlen vor; denn, wenn $p, p', \cdots$ diejenigen etwa vorhandenen Primfaktoren von k bezeichnen, welche nicht in K aufgehen, so sind die Kongruenzen

$$z \equiv K_0 \pmod{K},$$
$$z \equiv 1 \pmod{pp' \cdots}$$

verträglich, und jede so bestimmte Zahl z ist zu k teilerfremd.

Jede Restklasse modulo K liefert, wie bemerkt, mehrere Restklassen modulo k; die Zahlen der gegebenen Restklasse modulo K zerfallen in volle Restklassen modulo k, die zu k teilerfremd sind oder nicht. Ferner ist, wie bewiesen wurde, die erste Kategorie dann und nur dann vorhanden, wenn die gegebene Restklasse modulo K zu K teilerfremd ist; in diesem Falle ist also für die Zahlen n der Restklasse modulo K teils

$$(n, k) > 1,$$

d. h.

$$\chi(n) = 0,$$

teils

$$(n, k) = 1,$$

d. h.

$$|\chi(n)| = 1,$$

aber nicht stets[1]

$$\chi(n) = 0.$$

Wenn nun für alle jene Zahlen, soweit sie zu k teilerfremd sind, $\chi(n)$ einen und denselben Wert hat, sagt man: $\chi(n)$ ist ein uneigentlicher Charakter modulo k. Die präzise — etwas schwierig aufzufassende — Definition lautet also:

Definition: $\chi(n)$ heißt ein uneigentlicher Charakter modulo k, wenn es einen echten Teiler K von k derart gibt, daß für

$$n \equiv n' \pmod{K},\ (n, k) = 1,\ (n', k) = 1$$

stets

$$\chi(n) = \chi(n')$$

ist. Sonst — wenn es kein derartiges K gibt — heißt $\chi(n)$ ein eigentlicher Charakter modulo k.

1) Natürlich kann durchweg $|\chi(n)| = 1$ sein, wenn nämlich K jeden Primfaktor von k enthält.

Beispiele: 1. Es sei $k=1$. 1 hat keinen echten Teiler; also ist der — einzige — Charakter (welcher zugleich der Hauptcharakter ist) ein eigentlicher Charakter.

2. Es sei $k>1$. Dann ist der Hauptcharakter uneigentlich; denn $K=1$ hat die Eigenschaft, daß für

$$n \equiv n' \pmod{1},\ (n,k)=1,\ (n',k)=1$$

$$\chi(n)=\chi(n')$$

ist; in der Tat ist für $(n,k)=1$, $(n',k)=1$

$$\chi(n)=1,$$

$$\chi(n')=1.$$

3. Es sei k irgend eine Primzahl. Dann ist jeder vom Hauptcharakter verschiedene Charakter eigentlich. Denn sonst wäre $K=1$, also für $(n,k)=1$, $(n',k)=1$

$$\chi(n)=\chi(n'),$$

d. h. für $(n,k)=1$

$$\chi(n)=\chi(1)$$

$$=1.$$

4. Es sei $k=8$. Dann ist der Charakter

$$\chi(n)=0,1,0,-1,0,1,0,-1 \text{ für } n\equiv 0,1,2,3,4,5,6,7 \pmod{8}$$

uneigentlich. Denn $K=4$ hat die Eigenschaft: Für

$$n\equiv n' \pmod{4},\ (n,8)=1,\ (n',8)=1$$

ist

$$\chi(n)=\chi(n');$$

in der Tat ist

$$\chi(1)=\chi(5),$$

$$\chi(3)=\chi(7).$$

Jeder uneigentliche Charakter $\chi(n)$ modulo k führt, wenn der echte Teiler K von k die betreffende Eigenschaft hat, daß für

$$n\equiv n' \pmod{K},\ (n,k)=1,\ (n',k)=1$$

$$\chi(n)=\chi(n')$$

ist, durch folgende ergänzende Erklärung zu einem bestimmten Charakter $X(n)$ modulo K. Es werde definiert:

1. Für jede Zahl n jeder zu K gemeinteiligen Restklasse modulo K

$$X(n)=0.$$

2. Für jede Zahl n einer zu K teilerfremden Restklasse modulo K
$X(n)$ = dem gemeinsamen Werte von $\chi(n)$ für alle zu k teilerfremden Zahlen, welche jener Restklasse angehören.[1]

Dann ist $X(n)$ ein Charakter modulo K. Denn es ist erstens offenbar

$$X(n) = X(n') \text{ für } n \equiv n' \pmod{K},$$

zweitens offenbar

$$\begin{aligned} X(1) &= 1 \\ &\neq 0. \end{aligned}$$

Drittens ist für zwei beliebige n_1, n_2

$$X(n_1 n_2) = X(n_1) X(n_2).$$

Denn, wenn $n_1 n_2$ mit K gemeinteilig ist, sind beide Seiten 0. Wenn dagegen

$$(n_1, K) = 1$$

und

$$(n_2, K) = 1$$

ist, werde n_3 so gewählt, daß

$$n_3 \equiv n_1 \pmod{K}, \ (n_3, k) = 1$$

ist, und n_4 so, daß

$$n_4 \equiv n_2 \pmod{K}, \ (n_4, k) = 1$$

ist; dann ist

$$n_3 n_4 \equiv n_1 n_2 \pmod{K}, \ (n_3 n_4, k) = 1,$$

also

$$\begin{aligned} X(n_1 n_2) &= \chi(n_3 n_4) \\ &= \chi(n_3) \chi(n_4) \\ &= X(n_1) X(n_2). \end{aligned}$$

Wenn $\chi(n)$ uneigentlicher Charakter modulo k ist, so kann es mehrere echte Teiler $K_\nu (\nu = 1, 2, \cdots)$ mit der Eigenschaft geben: Für

$$n \equiv n' \pmod{K_\nu}, \ (n, k) = 1, \ (n', k) = 1$$

ist

$$\chi(n) = \chi(n').$$

Unter allen solchen K_ν gibt es ein kleinstes; von diesem kleinsten $K_\nu = K$ gilt nun der

Satz: Der oben mit $X(n)$ bezeichnete Charakter modulo K ist eigentlicher Charakter modulo K.[2]

1) Es gibt nach dem Obigen solche Zahlen.

2) Übrigens läßt sich auch beweisen, daß nur für diesen einen Teiler von k das zugehörige $X(n)$ eigentlich ist. Doch brauchen wir das nicht.

Beweis: Sonst gäbe es einen echten Teiler K' von K, so daß für

$$n \equiv n' \pmod{K'},\ (n, K) = 1,\ (n', K) = 1$$

$$X(n) = X(n')$$

ist. Daraus würde für

$$n \equiv n' \pmod{K'},\ (n, k) = 1,\ (n', k) = 1$$

folgen:

$$X(n) = X(n'),$$

$$\chi(n) = \chi(n');$$

K wäre also nicht der kleinste Teiler von k mit der betreffenden Eigenschaft.

Jeder uneigentliche Charakter modulo k gehört also, wenn K jenen Minimalteiler bezeichnet, zu einem bestimmten eigentlichen Charakter modulo K.

Der Hauptcharakter modulo k gehört zum Charakter modulo $K = 1$. Jeder andere uneigentliche Charakter modulo k führt auf ein $K > 1$ und liefert modulo dieses K, von dem $X(n)$ eigentlicher Charakter ist, gewiß nicht den Hauptcharakter.

Es sei nun

$$L_\varkappa(s) = \sum_{n=1}^{\infty} \frac{\chi_\varkappa(n)}{n^s}$$

die dem Charakter $\chi(n) = \chi_\varkappa(n)$ entsprechende Funktion; es ist jetzt bequemer, um die Charaktere in die Bezeichnung aufzunehmen,

$$L(s, \chi)$$

zu schreiben, und nur, wenn kein Mißverständnis zu befürchten ist, wie früher kurz

$$L(s).$$

Wenn $\bar{\chi}$ den zu χ konjugierten Charakter bezeichnet, ist offenbar aus Symmetriegründen, wenn χ eigentlich ist, $\bar{\chi}$ eigentlich, wenn χ uneigentlich ist und zu K gehört, $\bar{\chi}$ uneigentlich und auch zu K gehörig, derart, daß der zu X konjugierte Charakter $\bar{X}$ dem $\bar{\chi}$ entspricht.

Wenn $\chi(n)$ ein uneigentlicher Charakter modulo k ist und zu K gehört, ist offenbar für $\sigma > 1$

$$L(s, \chi) = \prod_p \frac{1}{1 - \frac{\chi(p)}{p^s}}$$

$$= \prod_p \frac{1}{1 - \frac{X(p)}{p^s}} \prod_{p \mid k} \left(1 - \frac{X(p)}{p^s}\right)$$

$$= \prod_{p \mid k} \left(1 - \frac{X(p)}{p^s}\right) \sum_{n=1}^{\infty} \frac{X(n)}{n^s},$$

also

$$=\prod_{\nu=1}^{\mathfrak{c}}\left(1-\frac{\varepsilon_\nu}{p_\nu^s}\right)L_0(s, X),$$

wo $L_0(s, X)$ eine unserer L-Funktionen modulo K bezeichnet, die zum eigentlichen Charakter $X(n)$ modulo K gehört, und wo das Produkt vorn genau so viele Faktoren enthält, als es Primzahlen gibt, die in k, aber nicht in K aufgehen. (Denn für die Primfaktoren von K ist $X(p) = 0$, also die Hinzufügung des betreffenden Faktors unnötig.) Die p_ν sind hierin Primzahlen, die ε_ν Einheitswurzeln. $\mathfrak{c}$ kann auch $= 0$ sein, nämlich dann, wenn K alle Primfaktoren von k enthält; dann bedeutet das Produkt 1.

Damit ist die Theorie der Funktionen $L(s, \chi)$ auf die Theorie dieser Funktionen mit eigentlichem Charakter zurückgeführt. Für $k = 1$ ist dies durch $\zeta(s)$ erledigt. Wir sind also berechtigt, jetzt anzunehmen, daß in

$$L(s) = L(s, \chi)$$

$$=\sum_{n=1}^{\infty}\frac{\chi(n)}{n^s}$$

$k > 1$ und $\chi(n)$ ein eigentlicher, also gewiß vom Hauptcharakter verschiedener Charakter ist. Eo ipso ist hierbei $k \geqq 3$.

§ 126.

Hilfssatz über eigentliche Charaktere.

Satz: Es sei $\chi(n)$ ein eigentlicher Charakter modulo k und

$$(k, m) > 1.$$

Dann ist

$$\sum_{n=1}^{k}\chi(n)e^{\frac{2\pi m n i}{k}} = 0,$$

d. h.,

$$e^{\frac{2\pi m i}{k}} = \eta$$

gesetzt,

$$\sum_{n=1}^{k}\chi(n)\eta^n = 0.$$

Die Voraussetzungen verlangen u. a., daß

$$k > 2$$

und $\chi(n)$ nicht der Hauptcharakter ist. Für

$$k \mid m$$

ist die Behauptung nicht neu, sondern mit der bekannten Formel

$$\sum_{n=1}^{k} \chi(n) = 0$$

gleichbedeutend.

Beweis: Nach Voraussetzung gibt es ein K, so daß zugleich

$$K \mid k, \quad K < k$$

und

$$\eta^K = 1$$

ist.

Es sei

(1) $$(r, k) = 1.$$

Dann ist, da mit n auch nr ein vollständiges Restsystem modulo k durchläuft,

$$\sum_{n=1}^{k} \chi(n)\eta^n = \sum_{n=1}^{k} \chi(nr)\eta^{nr}$$

$$= \chi(r) \sum_{n=1}^{k} \chi(n)\eta^{nr}.$$

Es sei außer (1) noch

$$r \equiv 1 \pmod{K}.$$

Dann ist

$$\eta^r = \eta,$$

$$\sum_{n=1}^{k} \chi(n)\eta^n = \chi(r) \sum_{n=1}^{k} \chi(n)\eta^n,$$

(2) $$(1 - \chi(r)) \sum_{n=1}^{k} \chi(n)\eta^n = 0.$$

Es sei nun

(3) $$\sum_{n=1}^{k} \chi(n)\eta^n \neq 0;$$

dann werde ich zeigen: $\chi(n)$ wäre ein uneigentlicher Charakter modulo k, womit der Satz bewiesen ist. Aus (3) folgt nach (2)

$$\chi(r) = 1$$

für

$$(r, k) = 1, \quad r \equiv 1 \pmod{K}.$$

Ich behaupte: Für

$$n \equiv n' \pmod{K}, \quad (n, k) = 1, \quad (n', k) = 1$$

wäre

$$\chi(n) = \chi(n').$$

In der Tat sei n_1 so gewählt, daß

$$nn_1 \equiv 1 \pmod{k}$$

ist. Dann ist

$$(n_1, k) = 1,$$
$$(nn_1, k) = 1,$$
$$nn_1 \equiv 1 \pmod{K}.$$

nn_1 ist also ein r im obigen Sinne; daher ist

$$\chi(nn_1) = 1,$$
$$\chi(n)\chi(n_1) = 1.$$

Ebenso ist

$$(n'n_1, k) = 1$$

und

$$n'n_1 \equiv nn_1 \pmod{K}$$
$$\equiv 1 \pmod{K},$$

also $n'n_1$ ein r:

$$\chi(n'n_1) = 1,$$
$$\chi(n')\chi(n_1) = 1$$
$$= \chi(n)\chi(n_1),$$
$$\chi(n) = \chi(n').$$

$\chi(n)$ wäre also ein uneigentlicher Charakter, und der Satz ist bewiesen.

Was die Summe

$$\sum_{n=1}^{k} \chi(n) e^{\frac{2\pi m n i}{k}}$$

für eigentliches $\chi(n)$ und solche m betrifft, bei denen

$$(k, m) = 1$$

ist, so ergibt sich

$$\sum_{n=1}^{k} \chi(n) e^{\frac{2\pi m n i}{k}} = \frac{1}{\chi(m)} \sum_{n=1}^{k} \chi(mn) e^{\frac{2\pi m n i}{k}}$$
$$= \bar{\chi}(m) \sum_{n=1}^{k} \chi(n) e^{\frac{2\pi n i}{k}},$$

wo

$$\sum_{n=1}^{k} \chi(n) e^{\frac{2\pi n i}{k}}$$

eine allein durch k und χ bestimmte Konstante $\tau(k, \chi)$ ist.

Daher ist in allen Fällen, mag k zu m teilerfremd sein oder nicht,

$$\sum_{n=1}^{k} \chi(n) e^{\frac{2\pi m n i}{k}} = \bar{\chi}(m)\tau(k, \chi),$$

da im Falle

$$(k, m) > 1$$

der Faktor

$$\bar{\chi}(m) = 0$$

ist.

§ 127.

Die Funktionen $\Psi(x, \chi)$.

Ich erinnere zunächst an die für den vorliegenden Zweck im § 69 bewiesene, für $x > 0$, $\alpha \gtreqless 0$ gültige Identität

$$\text{(1)} \qquad \sum_{m=-\infty}^{\infty} e^{-(m+\alpha)^2 \pi x} = \frac{1}{\sqrt{x}} \sum_{m=-\infty}^{\infty} e^{-\frac{m^2 \pi}{x}} \cos(2 m \pi \alpha).$$

Die linke Seite nenne ich $\psi_1(\alpha, x)$:

$$\psi_1(\alpha, x) = \sum_{m=-\infty}^{\infty} e^{-(m+\alpha)^2 \pi x}.$$

Ich definiere ferner, gleichfalls für $x > 0$, $\alpha \gtreqless 0$, die Funktion $\psi_2(\alpha, x)$ durch die dort offenbar konvergente Reihe

$$\psi_2(\alpha, x) = \sum_{m=-\infty}^{\infty} (m + \alpha) e^{-(m+\alpha)^2 \pi x}.$$

Diese Reihe konvergiert bei festem x auf jeder endlichen α-Strecke gleichmäßig, da bei gegebener endlicher α-Strecke für alle absolut genommen hinreichend großen m

$$|(m + \alpha) e^{-(m+\alpha)^2 \pi x}| < 2 |m| e^{-\left(\frac{m}{2}\right)^2 \pi x}$$

ist. Daher ist

$$\psi_2(\alpha, x) = -\frac{1}{2\pi x} \frac{\partial}{\partial \alpha} \psi_1(\alpha, x).$$

Auch die rechte Seite von (1) darf gliedweise nach α differentiiert werden, da die entstehende Reihe

$$\sum_{m=-\infty}^{\infty} e^{-\frac{m^2 \pi}{x}} (-2 m \pi \sin(2 m \pi \alpha))$$

wegen

$$|\sin(2 m \pi \alpha)| \leq 1$$

auf jeder α-Strecke gleichmäßig konvergiert. Daher ist

$$\psi_2(\alpha, x) = -\frac{1}{2\pi x}(-2\pi)\frac{1}{\sqrt{x}}\sum_{m=-\infty}^{\infty} m e^{-\frac{m^2\pi}{x}} \sin(2m\pi\alpha)$$

$$= \frac{1}{x\sqrt{x}}\sum_{m=-\infty}^{\infty} m e^{-\frac{m^2\pi}{x}} \sin(2m\pi\alpha),$$

also, da der Summand eine gerade Funktion von m ist und für $m = 0$ verschwindet,

$$\psi_2(\alpha, x) = \frac{2}{x\sqrt{x}}\sum_{m=1}^{\infty} m e^{-\frac{m^2\pi}{x}} \sin(2m\pi\alpha).$$

Es sei nun $k > 1$ und $\chi(n)$ ein eigentlicher Charakter modulo k. Die ganze folgende Untersuchung verläuft verschieden, je nachdem

$$\chi(k-1) = 1$$

oder

$$\chi(k-1) = -1$$

ist; einer dieser beiden Fälle muß vorliegen, da

$$\begin{aligned}(\chi(k-1))^2 &= \chi((k-1)^2)\\ &= \chi(k^2 - 2k + 1)\\ &= \chi(1)\\ &= 1\end{aligned}$$

ist.

Es möge für $x > 0$ und jedes solche $\chi(n)$ eine Funktion von x durch die offenbar konvergenten Reihen definiert werden:

$$\Psi(x) = \Psi(x, \chi) = 2\sum_{m=1}^{\infty}\chi(m) e^{-\frac{m^2\pi x}{k}} \quad \text{für } \chi(k-1) = 1,$$

$$\Psi(x) = \Psi(x, \chi) = 2\sum_{m=1}^{\infty}\chi(m) m e^{-\frac{m^2\pi x}{k}} \quad \text{für } \chi(k-1) = -1.$$

Diese Funktion ist gewiß nicht identisch 0, da für große x das erste Glied überwiegt.

$\Psi(x, \chi)$ genügt nun einer Funktionalgleichung, bei deren Entwicklung die beiden Fälle getrennt zu behandeln sind.

Ich mache zunächst darauf aufmerksam, daß mit $\chi(n)$ auch $\bar{\chi}(n)$ eigentlich ist und daß aus Realitätsgründen

$$\bar{\chi}(k-1) = \chi(k-1)$$

ist.

Wenn für $m \leqq 0$ dem Zeichen $\chi(m)$ der durch die Restklasse modulo k fixierte Sinn beigelegt wird, läßt sich die obige Alternative auch

$$\chi(-1) = \pm 1$$

schreiben. Mit Rücksicht auf

$$\begin{aligned} \chi(0) &= \chi(k) \\ &= 0, \\ \chi(-m) &= \chi(-1)\chi(m) \end{aligned}$$

lauten alsdann die Definitionsgleichungen von $\Psi(x)$ auch folgendermaßen:

$$\Psi(x) = \Psi(x,\chi) = \sum_{m=-\infty}^{\infty} \chi(m) e^{-\frac{m^2 \pi x}{k}} \quad \text{für } \chi(-1) = 1,$$

$$\Psi(x) = \Psi(x,\chi) = \sum_{m=-\infty}^{\infty} \chi(m) m e^{-\frac{m^2 \pi x}{k}} \quad \text{für } \chi(-1) = -1;$$

in der Tat ist im ersten Fall $\chi(m)$, im zweiten $m\chi(m)$ eine gerade, für $m = 0$ verschwindende Funktion von m.

1. Es sei

$$\chi(-1) = 1.$$

Dann ist

$$\begin{aligned} \Psi(x,\chi) &= \sum_{n=1}^{k} \chi(n) \sum_{\lambda=-\infty}^{\infty} e^{-\frac{(n+\lambda k)^2 \pi x}{k}} \\ &= \sum_{n=1}^{k} \chi(n) \sum_{\lambda=-\infty}^{\infty} e^{-\left(\lambda + \frac{n}{k}\right)^2 \pi k x} \\ &= \sum_{n=1}^{k} \chi(n)\, \psi_1\!\left(\frac{n}{k}, kx\right), \end{aligned}$$

also nach der Funktionalgleichung von ψ_1

$$\begin{aligned} \Psi(x,\chi) &= \sum_{n=1}^{k} \chi(n) \frac{1}{\sqrt{kx}} \sum_{m=-\infty}^{\infty} e^{-\frac{m^2 \pi}{kx}} \cos\left(\frac{2nm\pi}{k}\right) \\ &= \frac{1}{\sqrt{kx}} \sum_{n=1}^{k} \chi(n) \left(1 + 2 \sum_{m=1}^{\infty} e^{-\frac{m^2 \pi}{kx}} \cos\left(\frac{2nm\pi}{k}\right)\right), \end{aligned}$$

folglich mit Rücksicht auf

$$\sum_{n=1}^{k} \chi(n) = 0$$

$$\Psi(x, \chi) = \frac{2}{\sqrt{kx}} \sum_{n=1}^{k} \chi(n) \sum_{m=1}^{\infty} e^{-\frac{m^2\pi}{kx}} \cos\left(\frac{2nm\pi}{k}\right)$$

$$= \frac{2}{\sqrt{kx}} \sum_{m=1}^{\infty} e^{-\frac{m^2\pi}{kx}} \sum_{n=1}^{k} \chi(n) \cos\left(\frac{2nm\pi}{k}\right).$$

Nun ist

$$\sum_{n=1}^{k} \chi(n) \sin\left(\frac{2nm\pi}{k}\right) = 0,$$

da wegen

$$\chi(k-n) = \chi(-n)$$
$$= \chi(-1)\chi(n)$$
$$= \chi(n)$$

die Glieder n und $k-n$ sich aufheben und da das bei geradem k vorhandene Glied $n = \frac{k}{2}$ jedenfalls verschwindet. Also ist

$$\Psi(x, \chi) = \frac{2}{\sqrt{kx}} \sum_{m=1}^{\infty} e^{-\frac{m^2\pi}{kx}} \sum_{n=1}^{k} \chi(n) e^{\frac{2nm\pi i}{k}},$$

folglich nach dem Ergebnis des vorigen Paragraphen, wenn kurz $\tau(\chi)$ statt $\tau(k, \chi)$ geschrieben wird,

$$\Psi(x, \chi) = \frac{2\tau(\chi)}{\sqrt{kx}} \sum_{m=1}^{\infty} \bar{\chi}(m) e^{-\frac{m^2\pi}{kx}}$$

$$= \frac{\tau(\chi)}{\sqrt{kx}} \Psi\left(\frac{1}{x}, \bar{\chi}\right)$$

$$= \frac{\varepsilon(\chi)}{\sqrt{x}} \Psi\left(\frac{1}{x}, \bar{\chi}\right),$$

wo

$$\varepsilon(\chi) = \frac{\tau(\chi)}{\sqrt{k}}$$

eine von x unabhängige Konstante ist. Ich behaupte, daß dieselbe den absoluten Betrag 1 hat. Nach der gefundenen Funktionalgleichung ist, wenn man sie auf

$$\Psi(x, \bar{\chi})$$

anwendet,

$$\Psi(x,\bar\chi) = \frac{\varepsilon(\bar\chi)}{\sqrt{x}}\,\Psi\left(\frac{1}{x},\chi\right),$$

also, falls man hierin x durch $\frac{1}{x}$ ersetzt,

$$\Psi\left(\frac{1}{x},\bar\chi\right) = \varepsilon(\bar\chi)\sqrt{x}\,\Psi(x,\chi)$$

und daher

$$\begin{aligned}\Psi(x,\chi) &= \frac{\varepsilon(\chi)}{\sqrt{x}}\varepsilon(\bar\chi)\sqrt{x}\,\Psi(x,\chi)\\ &= \varepsilon(\chi)\varepsilon(\bar\chi)\,\Psi(x,\chi),\end{aligned}$$

also, da $\Psi(x,\chi)$ nicht identisch 0 ist,

$$\varepsilon(\chi)\,\varepsilon(\bar\chi) = 1.$$

Nun ist $\varepsilon(\bar\chi)$ zu $\varepsilon(\chi)$ konjugiert; es ist nämlich

$$\begin{aligned}\tau(\chi) &= \sum_{n=1}^{k}\chi(n)\,e^{\frac{2\pi n i}{k}}\\ &= \sum_{n=1}^{k}\chi(n)\cos\frac{2n\pi}{k}\end{aligned}$$

konjugiert zu

$$\begin{aligned}\sum_{n=1}^{k}\bar\chi(n)\cos\frac{2n\pi}{k} &= \sum_{n=1}^{k}\bar\chi(n)\,e^{\frac{2\pi n i}{k}}\\ &= \tau(\bar\chi)\end{aligned}$$

und

$$\varepsilon(\chi) = \frac{\tau(\chi)}{\sqrt{k}},$$

$$\varepsilon(\bar\chi) = \frac{\tau(\bar\chi)}{\sqrt{k}}.$$

Daher ist

$$\begin{aligned}1 &= \varepsilon(\chi)\varepsilon(\bar\chi)\\ &= |\,\varepsilon(\chi)\,|,\end{aligned}$$

wie behauptet.

2. Es sei

$$\chi(-1) = -1.$$

Dann ist

$$\begin{aligned}\Psi(x,\chi) &= \sum_{n=1}^{k}\chi(n)\sum_{\lambda=-\infty}^{\infty}(n+\lambda k)\,e^{-\frac{(n+\lambda k)^2\pi x}{k}}\\ &= k\sum_{n=1}^{k}\chi(n)\sum_{\lambda=-\infty}^{\infty}\left(\lambda+\frac{n}{k}\right)e^{-\left(\lambda+\frac{n}{k}\right)^2\pi k x}\end{aligned}$$

$$= k \sum_{n=1}^{k} \chi(n)\, \psi_2\left(\frac{n}{k}, kx\right)$$

$$= k \sum_{n=1}^{k} \chi(n) \frac{2}{kx\sqrt{kx}} \sum_{m=1}^{\infty} m e^{-\frac{m^2\pi}{kx}} \sin\left(\frac{2nm\pi}{k}\right)$$

$$= \frac{2}{x\sqrt{kx}} \sum_{m=1}^{\infty} m e^{-\frac{m^2\pi}{kx}} \sum_{n=1}^{k} \chi(n) \sin\left(\frac{2nm\pi}{k}\right).$$

Nun ist

$$\sum_{n=1}^{k} \chi(n) \cos\left(\frac{2nm\pi}{k}\right) = 0;$$

denn die Glieder n und $k-n$ heben sich auf, und das bei geradem k vorhandene Glied $n = \frac{k}{2}$ hat wegen

$$\left(\frac{k}{2}, k\right) = \frac{k}{2} > 1$$

den verschwindenden Faktor $\chi\left(\frac{k}{2}\right)$. Daher ist

$$\Psi(x, \chi) = \frac{2}{ix\sqrt{kx}} \sum_{m=1}^{\infty} m e^{-\frac{m^2\pi}{kx}} \sum_{n=1}^{k} \chi(n) e^{\frac{2nm\pi i}{k}}$$

$$= -\frac{2i\tau(\chi)}{x\sqrt{kx}} \sum_{m=1}^{\infty} \bar{\chi}(m) m e^{-\frac{m^2\pi}{kx}}$$

$$= \frac{-i\tau(\chi)}{x\sqrt{kx}}\, \Psi\left(\frac{1}{x}, \bar{\chi}\right)$$

$$= \frac{\varepsilon(\chi)}{x\sqrt{x}}\, \Psi\left(\frac{1}{x}, \bar{\chi}\right),$$

wo

$$\varepsilon(\chi) = \frac{-i\tau(\chi)}{\sqrt{k}}$$

gesetzt ist. In dieser Funktionalgleichung ist auch

$$|\varepsilon(\chi)| = 1;$$

denn aus ihr folgt

$$\Psi\left(\frac{1}{x}, \bar{\chi}\right) = \varepsilon(\bar{\chi})\, x\sqrt{x}\, \Psi(x, \chi),$$

$$\Psi(x, \chi) = \frac{\varepsilon(\chi)}{x\sqrt{x}}\, \varepsilon(\bar{\chi}) x\sqrt{x}\, \Psi(x, \chi)$$

$$= \varepsilon(\chi)\, \varepsilon(\bar{\chi})\, \Psi(x, \chi),$$

also, weil $\Psi(x, \chi)$ nicht identisch verschwindet,

$$\varepsilon(\chi)\,\varepsilon(\bar\chi) = 1,$$

und $\varepsilon(\bar\chi)$ ist auch hier zu $\varepsilon(\chi)$ konjugiert, wie folgende Überlegung ergibt. Es ist

$$\tau(\chi) = \sum_{n=1}^{k} \chi(n) e^{\frac{2\pi n i}{k}}$$

$$= i \sum_{n=1}^{k} \chi(n) \sin \frac{2 n \pi}{k}$$

konjugiert zu

$$-i \sum_{n=1}^{k} \bar\chi(n) \sin \frac{2 n \pi}{k} = -\sum_{n=1}^{k} \bar\chi(n)\, e^{\frac{2\pi n i}{k}}$$

$$= -\tau(\bar\chi),$$

also

$$\varepsilon(\chi) = \frac{-i\tau(\chi)}{\sqrt{k}}$$

konjugiert zu

$$\frac{i(-\tau(\bar\chi))}{\sqrt{k}} = \frac{-i\tau(\bar\chi)}{\sqrt{k}}$$

$$= \varepsilon(\bar\chi).$$

In beiden Fällen läßt sich übrigens die Gleichung

$$|\varepsilon(\chi)| = 1,$$

d. h.

$$\frac{|\tau(\chi)|}{\sqrt{k}} = 1,$$

$$\left|\sum_{n=1}^{k} \chi(n) e^{\frac{2\pi n i}{k}}\right| = \sqrt{k}$$

folgendermaßen direkt beweisen. Es werde für jede $k$te Einheitswurzel

$$\eta_m = e^{\frac{2 m \pi i}{k}} \quad (m = 0, 1, \cdots, k-1)$$

die Summe

$$\sum_{n=1}^{k} \chi(n) \eta_m^n = f(\eta_m)$$

gesetzt. Zu beweisen ist

$$|f(\eta_1)|^2 = k,$$

d. h.

$$\sum_{n=1}^{k} \chi(n) \eta_1^n \cdot \sum_{n=1}^{k} \bar\chi(n)\, \eta_1^{-n} = k.$$

Wir betrachten nun für jedes $m = 0, 1, \cdots, k-1$ den entsprechenden Ausdruck

$$\begin{aligned} g(\eta_m) &= |f(\eta_m)|^2 \\ &= \sum_{n=1}^{k} \chi(n)\,\eta_m^n \cdot \sum_{n=1}^{k} \bar{\chi}(n)\,\eta_m^{-n} \\ &= \sum_{n=1}^{k} \chi(n)\,\eta_m^n \cdot \sum_{q=1}^{k} \bar{\chi}(q)\,\eta_m^{-q}. \end{aligned}$$

Wenn für

$$(q, k) = 1$$

jedesmal q' durch die Kongruenz

$$q q' \equiv 1 \pmod{k}$$

bestimmt wird, so ist

$$\chi(q)\,\chi(q') = 1,$$

$$\bar{\chi}(q) = \chi(q');$$

daher ist

$$g(\eta_m) = \sum_n \chi(n)\,\eta_m^n \cdot \sum_q \chi(q')\,\eta_m^{-q},$$

wo n und q je ein Restsystem zu k teilerfremder Zahlen modulo k durchlaufen, also

(2)
$$g(\eta_m) = \sum_{n,q} \chi(n q')\,\eta_m^{n-q}.$$

Nun ist, wie in § 126 festgestellt wurde, für jedes $m = 0, 1, \cdots, k-1$

$$f(\eta_m) = \bar{\chi}(m)\,f(\eta_1),$$

also

$$g(\eta_m) = |f(\eta_m)|^2 \begin{cases} = 0 & \text{für } (m, k) > 1, \\ = g(\eta_1) & \text{für } (m, k) = 1. \end{cases}$$

Daher ist

(3)
$$\sum_{m=0}^{k-1} g(\eta_m) = \varphi(k)\,g(\eta_1).$$

Andererseits ist nach (2)

$$\sum_{m=0}^{k-1} g(\eta_m) = \sum_{n,q} \chi(n q') \sum_{m=0}^{k-1} \eta_m^{n-q}.$$

Bekanntlich ist

$$\sum_{m=0}^{k-1} \eta_m^r \begin{cases} = k & \text{für } r \equiv 0 \pmod{k}, \\ = 0 & \text{für } r \not\equiv 0 \pmod{k}. \end{cases}$$

Daher ergibt sich

$$\begin{aligned}\sum_{m=0}^{k-1} g(\eta_m) &= k\sum_n \chi(nn') \\ &= k\sum_n \chi(1) \\ &= k\varphi(k),\end{aligned}$$

also in Verbindung mit (3)

$$\begin{aligned}\varphi(k)\,g(\eta_1) &= k\varphi(k), \\ g(\eta_1) &= k,\end{aligned}$$

was zu beweisen war.

§ 128.

Die Funktionen $\xi(s, \chi)$ und die Funktionalgleichung für $L(s, \chi)$.

Es sei immer noch χ ein eigentlicher Charakter modulo $k > 2$.

1. Es sei

$$\chi(-1) = 1.$$

Für $\sigma > 1$ folgt aus

$$\begin{aligned}\Gamma\left(\frac{s}{2}\right) &= \int_0^\infty e^{-x} x^{\frac{s}{2}-1}\,dx \\ &= \int_0^\infty e^{-\frac{n^2\pi x}{k}} \left(\frac{n^2\pi x}{k}\right)^{\frac{s}{2}-1} \frac{n^2\pi}{k}\,dx\end{aligned}$$

die Gleichung

$$(1) \qquad \left(\frac{\pi}{k}\right)^{-\frac{s}{2}} \Gamma\left(\frac{s}{2}\right) \frac{1}{n^s} = \int_0^\infty e^{-\frac{n^2\pi x}{k}} x^{\frac{s}{2}-1}\,dx,$$

also durch Multiplikation mit $\chi(n)$ und Summation, da alles absolut konvergiert,

$$\left(\frac{\pi}{k}\right)^{-\frac{s}{2}} \Gamma\left(\frac{s}{2}\right) L(s, \chi) = \int_0^\infty x^{\frac{s}{2}-1} \sum_{n=1}^\infty \chi(n) e^{-\frac{n^2\pi x}{k}}\,dx.$$

Es werde — vorläufig für $\sigma > 1$ — die analytische Funktion $\xi(s, \chi)$ von s (im vorliegenden Falle 1.) durch

$$\xi(s, \chi) = \left(\frac{\pi}{k}\right)^{-\frac{s}{2}} \Gamma\left(\frac{s}{2}\right) L(s, \chi)$$

definiert; dann ist also dort

$$\xi(s, \chi) = \tfrac{1}{2}\int_0^\infty \Psi(x, \chi) x^{\frac{s}{2}-1}\, dx.$$

2. Es sei

$$\chi(-1) = -1.$$

Dann ist für $\sigma > 1$, wenn in (1) $s+1$ statt s geschrieben wird,

$$\left(\frac{\pi}{k}\right)^{-\frac{s+1}{2}} \Gamma\left(\frac{s+1}{2}\right) \frac{1}{n^s} = \int_0^\infty n e^{-\frac{n^2 \pi x}{k}} x^{\frac{s-1}{2}}\, dx,$$

also, wenn mit $\chi(n)$ multipliziert und summiert wird, wegen der Konvergenz des Integrals der Summe der absoluten Beträge

$$\left(\frac{\pi}{k}\right)^{-\frac{s+1}{2}} \Gamma\left(\frac{s+1}{2}\right) L(s, \chi) = \int_0^\infty x^{\frac{s-1}{2}} \sum_{n=1}^\infty \chi(n) n e^{-\frac{n^2 \pi x}{k}}\, dx.$$

Es werde — vorläufig für $\sigma > 1$ — die analytische Funktion $\xi(s, \chi)$ (im vorliegenden Falle 2.) durch

$$\xi(s, \chi) = \left(\frac{\pi}{k}\right)^{-\frac{s+1}{2}} \Gamma\left(\frac{s+1}{2}\right) L(s, \chi)$$

definiert; dann ist für $\sigma > 1$

$$\xi(s, \chi) = \tfrac{1}{2}\int_0^\infty \Psi(x, \chi) x^{\frac{s-1}{2}}\, dx.$$

Von nun an kann ich beide Fälle in einen zusammenfassen. Ich definiere

$$\mathfrak{a} = 0 \text{ im Falle } \chi(-1) = 1,$$
$$\mathfrak{a} = 1 \text{ im Falle } \chi(-1) = -1,$$

setze also in beiden Fällen für $\sigma > 1$

$$\left(\frac{\pi}{k}\right)^{-\frac{s+\mathfrak{a}}{2}} \Gamma\left(\frac{s+\mathfrak{a}}{2}\right) L(s, \chi) = \xi(s, \chi)$$

und habe in beiden Fällen für $\sigma > 1$ gefunden:

$$\xi(s, \chi) = \tfrac{1}{2}\int_0^\infty \Psi(x, \chi) x^{\frac{s+\mathfrak{a}}{2}-1}\, dx. \tag{2}$$

Die Funktionalgleichung für Ψ in beiden Fällen läßt sich jetzt so als eine Formel schreiben:

$$\Psi(x, \chi) = \frac{\varepsilon(\chi)}{x^{\frac{1}{2}+\mathfrak{a}}} \Psi\left(\frac{1}{x}, \bar{\chi}\right), \tag{3}$$

wo

$$|\varepsilon(\chi)| = 1$$

ist.

Die rechte Seite von (2) werde nun in

$$\xi(s, \chi) = \tfrac{1}{2}\int_0^1 \Psi(x, \chi)\, x^{\frac{s+\mathfrak{a}}{2}-1}\, dx + \tfrac{1}{2}\int_1^\infty \Psi(x, \chi)\, x^{\frac{s+\mathfrak{a}}{2}-1}\, dx$$

zerlegt. Nach (3) ist hierin

$$\begin{aligned}\int_0^1 \Psi(x, \chi)\, x^{\frac{s+\mathfrak{a}}{2}-1}\, dx &= \varepsilon(\chi)\int_0^1 \Psi\left(\frac{1}{x}, \bar{\chi}\right) x^{\frac{s+\mathfrak{a}}{2}-1-\frac{1}{2}-\mathfrak{a}}\, dx \\ &= \varepsilon(\chi)\int_\infty^1 \Psi(y, \bar{\chi})\, y^{-\frac{s+\mathfrak{a}}{2}+1+\frac{1}{2}+\mathfrak{a}}\left(-\frac{dy}{y^2}\right) \\ &= \varepsilon(\chi)\int_1^\infty \Psi(x, \bar{\chi})\, x^{\frac{1-s+\mathfrak{a}}{2}-1}\, dx,\end{aligned}$$

also

$$\xi(s, \chi) = \tfrac{1}{2}\int_1^\infty \Psi(x, \chi)\, x^{\frac{s+\mathfrak{a}}{2}-1} dx + \tfrac{1}{2}\varepsilon(\chi)\int_1^\infty \Psi(x, \bar{\chi})\, x^{\frac{1-s+\mathfrak{a}}{2}-1}\, dx. \tag{4}$$

Nun ist die rechte Seite von (4) in jedem endlichen Gebiet der s-Ebene die gleichmäßige Grenze einer ganzen Funktion (nämlich der mit den oberen Integralgrenzen η statt ∞ entstehenden Funktion für $\eta = \infty$); $\xi(s, \chi)$ ist also eine ganze Funktion, folglich

$$L(s, \chi) = \left(\frac{\pi}{k}\right)^{\frac{s+\mathfrak{a}}{2}} \frac{1}{\Gamma\left(\frac{s+\mathfrak{a}}{2}\right)}\, \xi(s, \chi)$$

ebenfalls, was wir im § 124 auf anderem Wege schon bewiesen hatten.

Zugleich ersieht man, daß im Falle $\mathfrak{a} = 0$ die Funktion $L(s, \chi)$ für

$$s = 0, -2, -4, \cdots$$

verschwindet, im Falle $\mathfrak{a} = 1$ für

$$s = -1, -3, -5, \cdots,$$

und zwar von der ersten Ordnung plus der etwaigen Ordnung der Nullstelle von $\xi(s,\chi)$ in dem betreffenden Punkt. Ferner: Die übrigen etwaigen Nullstellen von $L(s,\chi)$ sind mit denen von $\xi(s,\chi)$ identisch.

Nun die Hauptsache! $\xi(s,\chi)$, also $L(s,\chi)$ genügt einer Funktionalgleichung. Wenn man nämlich in (4) $1-s$ statt s und zugleich $\bar{\chi}$ statt χ schreibt, so bekommt man

$$\begin{aligned}\xi(1-s,\bar{\chi}) &= \tfrac{1}{2}\int_1^\infty \Psi(x,\bar{\chi})x^{\frac{1-s+a}{2}-1}dx + \tfrac{1}{2}\varepsilon(\bar{\chi})\int_1^\infty \Psi(x,\chi)x^{\frac{s+a}{2}-1}dx \\ &= \frac{1}{\varepsilon(\chi)}\xi(s,\chi),\end{aligned}$$

da ja

$$\frac{1}{\varepsilon(\chi)} = \varepsilon(\bar{\chi})$$

ist. Also ist

$$\xi(s,\chi) = \varepsilon(\chi)\xi(1-s,\bar{\chi}), \tag{5}$$

d. h.:

Die Funktion ξ bleibt bis auf einen konstanten Faktor vom absoluten Betrage 1 ungeändert, wenn zugleich s durch $1-s$ und χ durch $\bar{\chi}$ ersetzt wird.

Da $L(s,\chi)$ sich nur um triviale (d. h. zu den klassischen analytischen Funktionen gehörende) Faktoren von $\xi(s,\chi)$ unterscheidet, so ist dies also eine Funktionalgleichung zwischen $L(s,\chi)$ und $L(1-s,\bar{\chi})$.

Aus (5) folgt, da für $\sigma > 1$

$$L(s,\chi) \neq 0,$$

also

$$\xi(s,\chi) \neq 0,$$

$$\xi(s,\bar{\chi}) \neq 0$$

ist, daß für $\sigma < 0$

$$\xi(s,\chi) \neq 0$$

ist. Alle Nullstellen von $\xi(s,\chi)$ gehören also dem Streifen

$$0 \leqq \sigma \leqq 1$$

an. Übrigens ist

$$L(1,\chi) \neq 0,$$

also

$$\xi(1,\chi) \neq 0,$$

$$\xi(1,\bar{\chi}) \neq 0,$$

$$\xi(0,\chi) \neq 0.$$

$L(s, \chi)$ hat also in der Halbebene $\sigma < 0$ nur die trivialen Wurzeln erster Ordnung

$$-2q \qquad (q \geqq 1 \text{ und ganz}) \qquad \text{für } \mathfrak{a} = 0,$$
$$-(2q-1) \qquad (q \geqq 1 \text{ und ganz}) \qquad \text{für } \mathfrak{a} = 1,$$

zusammengefaßt

$$\mathfrak{a} - 2q \qquad (q \geqq 1 \text{ und ganz});$$

außerdem hat $L(s)$ für $\mathfrak{a} = 0$ die Nullstelle erster Ordnung 0. Alle anderen etwaigen Nullstellen von $L(s)$ gehören dem Streifen

$$0 \leqq \sigma \leqq 1$$

an und sind von 0 und 1 verschieden.

Übrigens ist — was aber für das nächstfolgende unerheblich ist — nach § 115 für $\sigma = 1$

$$L(s, \chi) \neq 0,$$

also für $\sigma = 1$

$$\xi(s, \chi) \neq 0,$$
$$\xi(s, \bar{\chi}) \neq 0,$$

folglich für $\sigma = 0$

$$\xi(s, \chi) \neq 0,$$

also für $\sigma = 0,\ t \gtrless 0$

$$L(s, \chi) \neq 0.$$

Alle nicht trivialen (d. h. von $\mathfrak{a} - 2q$ nebst 0 für $\mathfrak{a} = 0$ verschiedenen) Nullstellen von $L(s, \chi)$ gehören also dem Streifen

$$0 < \sigma < 1$$

an.

Einunddreißigstes Kapitel.

Die Produktzerlegung der ganzen Funktionen $L(s, \chi)$ bzw. $(s-1)\,L(s, \chi)$ für eigentliche und uneigentliche Charaktere.

§ 129.

Hilfssätze über ganze Funktionen.

Satz: Es sei

$$1 \leqq \vartheta < 2,$$

$\xi_1, \xi_2, \cdots$ eine Folge von unendlich vielen von Null verschiedenen komplexen Zahlen derart, daß bei allen $\delta > 0$

$$\sum_{n=1}^{\infty} \frac{1}{|\xi_n|^{\vartheta+\delta}} = \sum_{n=1}^{\infty} \frac{1}{r_n^{\vartheta+\delta}}$$

konvergiert. Dann genügt die ganze Funktion

$$f(x) = \prod_{n=1}^{\infty} \left(1 - \frac{x}{\xi_n}\right) e^{\frac{x}{\xi_n}}$$

bei jedem $\delta > 0$ für alle hinreichend großen $r = |x|$ und alle zugehörigen Amplituden der Ungleichung

$$|f(x)| < e^{r^{\vartheta+\delta}}.$$

Beweis: Ohne Beschränkung der Allgemeinheit sei

$$0 < r_1 \leqq r_2 \leqq r_3 \leqq \cdots.$$

Es werde $q = q(r)$ für $r \geqq \frac{r_1}{2}$ als die kleinste ganze Zahl definiert, welche den Ungleichungen

$$r_q \leqq 2r \leqq r_{q+1}$$

genügt, und das Produkt $f(x)$, welches bekanntlich eine ganze Funktion definiert, werde in

$$\begin{aligned} f(x) &= \prod_{n=1}^{q} \left(1 - \frac{x}{\xi_n}\right) e^{\frac{x}{\xi_n}} \prod_{n=q+1}^{\infty} \left(1 - \frac{x}{\xi_n}\right) e^{\frac{x}{\xi_n}} \\ &= \Pi_1 \Pi_2 \end{aligned}$$

zerlegt. Dann ist

$$\begin{aligned} |\Pi_1| &\leqq \prod_{n=1}^{q} \left(1 + \frac{r}{r_n}\right) e^{\frac{r}{r_n}} \\ &< \prod_{n=1}^{q} e^{\frac{r}{r_n}} e^{\frac{r}{r_n}} \\ &= e^{2r \sum\limits_{n=1}^{q} \frac{1}{r_n}} \\ &= e^{2r \sum\limits_{n=1}^{q} \frac{1}{r_n^{\vartheta+\frac{\delta}{4}}} r_n^{\vartheta-1+\frac{\delta}{4}}} \\ &\leqq e^{2r\, r_q^{\vartheta-1+\frac{\delta}{4}} \sum\limits_{n=1}^{q} \frac{1}{r_n^{\vartheta+\frac{\delta}{4}}}} \end{aligned}$$

$$\leqq e^{2r(2r)^{\vartheta-1+\frac{\delta}{4}}\sum\limits_{n=1}^{q}\frac{1}{r_n^{\vartheta+\frac{\delta}{4}}}}$$

$$< e^{(2r)^{\vartheta+\frac{\delta}{4}}\sum\limits_{n=1}^{\infty}\frac{1}{r_n^{\vartheta+\frac{\delta}{4}}}},$$

also von einem gewissen r an

$$|\Pi_1| < e^{r^{\vartheta+\frac{\delta}{2}}}.$$

Ferner ist für $|u| \leqq \frac{1}{2}$

$$\begin{aligned}|(1-u)e^u| &= \left|e^{-\frac{u^2}{2}-\frac{u^3}{3}-\cdots}\right| \\ &\leqq e^{|u|^2+|u|^3+\cdots} \\ &= e^{\frac{|u|^2}{1-|u|}} \\ &\leqq e^{2|u|^2}.\end{aligned}$$

In Π_2 ist stets

$$\begin{aligned}\left|\frac{x}{\xi_n}\right| &= \frac{r}{r_n} \\ &\leqq \frac{1}{2};\end{aligned}$$

daher ist

(1) $$|\Pi_2| \leqq e^{2\sum\limits_{n=q+1}^{\infty}\left(\frac{r}{r_n}\right)^2}.$$

Im Falle[1)]

$$\vartheta + \frac{\delta}{4} < 2$$

ist daher

$$\begin{aligned}|\Pi_2| &< e^{2\sum\limits_{n=q+1}^{\infty}\left(\frac{r}{r_n}\right)^{\vartheta+\frac{\delta}{4}}} \\ &= e^{2r^{\vartheta+\frac{\delta}{4}}\sum\limits_{n=q+1}^{\infty}\frac{1}{r_n^{\vartheta+\frac{\delta}{4}}}} \\ &< e^{2r^{\vartheta+\frac{\delta}{4}}\sum\limits_{n=1}^{\infty}\frac{1}{r_n^{\vartheta+\frac{\delta}{4}}}},\end{aligned}$$

1) Übrigens würde es genügen, diesen Fall zu betrachten, da die Behauptung des Satzes mit jedem δ für jedes größere gilt.

also von einem gewissen r an

$$|\Pi_2| < e^{r^{\vartheta + \frac{\delta}{2}}}.$$

Im Falle

$$\vartheta + \frac{\delta}{4} \geqq 2$$

ergibt sich aus (1) für $r \geqq 1$ weiter

$$|\Pi_2| < e^{2r^2 \sum_{n=1}^{\infty} \frac{1}{r_n^2}}$$

$$\leqq e^{2r^{\vartheta + \frac{\delta}{4}} \sum_{n=1}^{\infty} \frac{1}{r_n^2}},$$

also auch von einem gewissen r an

$$|\Pi_2| < e^{r^{\vartheta + \frac{\delta}{2}}}.$$

Für alle hinreichend großen r ist daher in jedem Falle

$$|f(x)| = |\Pi_1| \, |\Pi_2|$$

$$< e^{2r^{\vartheta + \frac{\delta}{2}}},$$

was von einem gewissen r an

$$< e^{r^{\vartheta + \delta}}$$

ist.

Satz: Es sei $g(x)$ eine ganze Funktion,

$$g(0) \neq 0$$

und

$$g(x) = O(e^{r^\vartheta}),$$

wo

$$1 \leqq \vartheta < 2$$

ist. Dann ist entweder

$$g(x) = Ae^{Bx}$$

oder

$$g(x) = Ae^{Bx} \prod_{n=1}^{\nu} \left(1 - \frac{x}{\xi_n}\right) e^{\frac{x}{\xi_n}}$$

$$= Ae^{B'x} \prod_{n=1}^{\nu} \left(1 - \frac{x}{\xi_n}\right),$$

oder $g(x)$ hat unendlich viele Wurzeln ξ_n, für welche

$$(2) \qquad \sum_{n=1}^{\infty} \frac{1}{r_n^{\vartheta+\delta}}$$

bei jedem $\delta > 0$ konvergiert, und es ist

$$g(x) = Ae^{Bx} \prod_{n=1}^{\infty} \left(1 - \frac{x}{\xi_n}\right) e^{\frac{x}{\xi_n}},$$

d. h. in der Produktzerlegung genügen nicht nur im Produkt konvergenzerzeugende Faktoren ersten Grades (was aus der Konvergenz von (2) für $\delta = 2 - \vartheta$ folgt), sondern vor dem Produkt steht alsdann auch nur eine lineare Funktion im Exponenten.

Beweis: Ich zeige zunächst, daß im Falle unendlich vieler Wurzeln die Reihe (2) konvergiert. Die Wurzeln seien nach wachsenden absoluten Beträgen geordnet. Für irgend ein festes n werde

$$G(x) = \left(1 - \frac{x}{\xi_1}\right) \cdots \left(1 - \frac{x}{\xi_n}\right)$$

gesetzt. Dann ist für $|x| = 3r_n$ nach Voraussetzung

$$|g(x)| < ae^{(3r_n)^{\vartheta}},$$

$$\left|\frac{g(x)}{G(x)}\right| < \frac{ae^{(3r_n)^{\vartheta}}}{2^n},$$

also

$$|g(0)| < \frac{ae^{(3r_n)^{\vartheta}}}{2^n},$$

$$\begin{aligned} n\log 2 + \log|g(0)| &< \log a + (3r_n)^{\vartheta} \\ &< \log a + 9r_n^{\vartheta}, \end{aligned}$$

also von einem gewissen n an

$$9r_n^{\vartheta} > \frac{n}{2},$$

$$r_n^{\vartheta} > \frac{n}{18},$$

$$\frac{1}{r_n} < \frac{18^{\frac{1}{\vartheta}}}{n^{\frac{1}{\vartheta}}},$$

folglich für $\delta > 0$

$$\frac{1}{r_n^{\vartheta+\delta}} < \frac{18^{\frac{\vartheta+\delta}{\vartheta}}}{n^{\frac{\vartheta+\delta}{\vartheta}}},$$

womit die Konvergenz von (2) für alle $\delta > 0$ bewiesen ist.

Da hiernach speziell

$$\sum_{n=1}^{\infty} \frac{1}{r_n^2}$$

konvergiert, ist also im Falle unendlich vieler Wurzeln

(3) $$g(x) = e^{k(x)} \prod_{n=1}^{\infty} \left(1 - \frac{x}{\xi_n}\right) e^{\frac{x}{\xi_n}},$$

wo $k(x)$ eine ganze Funktion ist; im Falle endlich vieler Wurzeln ist jedenfalls

(4) $$g(x) = e^{k(x)} \prod_{n=1}^{\nu} \left(1 - \frac{x}{\xi_n}\right),$$

im Falle keiner Wurzel

(5) $$g(x) = e^{k(x)},$$

wo $k(x)$ jedesmal ganz ist. Es bleibt zu beweisen, daß in (3), (4) und (5) $k(x)$ eine lineare Funktion ist.

Es werde in jedem der drei Fälle

$$g(x) = e^{k(x)} f(x)$$

gesetzt.

Im Falle unendlich vieler Wurzeln ist also

$$f(x) = \prod_{n=1}^{\infty} \left(1 - \frac{x}{\xi_n}\right) e^{\frac{x}{\xi_n}}$$

und infolgedessen

$$f(x) f(-x) = \prod_{n=1}^{\infty} \left(\left(1 - \frac{x}{\xi_n}\right) e^{\frac{x}{\xi_n}} \left(1 + \frac{x}{\xi_n}\right) e^{-\frac{x}{\xi_n}} \right)$$

$$= \prod_{n=1}^{\infty} \left(1 - \frac{x^2}{\xi_n^2}\right)$$

eine ganze Funktion von $y = x^2$, nämlich

$$\prod_{n=1}^{\infty} \left(1 - \frac{y}{\xi_n^2}\right);$$

dieselbe hat die Wurzeln $y = \xi_n^2$, für welche die Summe der reziproken $\left(\frac{\vartheta}{2}+\delta\right)$ten Potenzen bei jedem $\delta > 0$ absolut konvergiert. $\frac{\vartheta}{2}$ ist kleiner als 1. Deshalb gibt es bei gegebenem $\delta > 0$ nach dem ersten Satz des § 74 unendlich viele Kreise um $y = 0$, d. h. unendlich viele Kreise um $x = 0$, unter denen beliebig große vorkommen, so daß

$$\left|\prod_{n=1}^{\infty}\left(1-\frac{y}{\xi_n^2}\right)\right| > e^{-|y|^{\frac{\vartheta}{2}+\frac{\delta}{2}}},$$

d. h.

$$|f(x)|\,|f(-x)| > e^{-r^{\vartheta+\delta}}$$

ist. Ferner ist nach dem vorigen Satz für alle hinreichend großen r

$$|f(x)| < e^{r^{\vartheta+\delta}},$$

also auch

$$|f(-x)| < e^{r^{\vartheta+\delta}};$$

folglich ist für passend gewählte beliebig große r

$$\begin{aligned}|f(x)| &> \frac{e^{-r^{\vartheta+\delta}}}{|f(-x)|}\\ &> e^{-2r^{\vartheta+\delta}}.\end{aligned}$$

Im Falle endlich vieler Wurzeln ist gewiß für alle hinreichend großen r

$$\begin{aligned}|f(x)| &= \left|\prod_{n=1}^{\nu}\left(1-\frac{x}{\xi_n}\right)\right|\\ &> 1\\ &> e^{-2r^{\vartheta+\delta}},\end{aligned}$$

im Falle keiner Wurzel für alle $r > 0$

$$\begin{aligned}|f(x)| &= 1\\ &> e^{-2r^{\vartheta+\delta}}.\end{aligned}$$

In jedem Falle ist also für passend gewählte beliebig große r

$$|f(x)| > e^{-2r^{\vartheta+\delta}}.$$

Auf diesen Kreisen ist

$$\begin{aligned}a e^{r^{\vartheta+\delta}} &> |g(x)|\\ &= e^{\Re k(x)}\,|f(x)|\\ &> e^{\Re k(x)}\,e^{-2r^{\vartheta+\delta}},\end{aligned}$$

$$\Re k(x) < 3r^{\vartheta+\delta} + \log a.$$

Nach dem Schlußsatz des § 73 ist also in

$$k(x) = \sum_{n=0}^{\infty} k_n x^n$$

für alle $n \geqq 2$

$$k_n = 0,$$

was zu beweisen war.

§ 130.

Anwendung auf $\xi(s, \chi)$.

Ich behaupte, daß die einem eigentlichen Charakter modulo $k > 1$ entsprechende Funktion

$$\xi(s, \chi),$$

welche nach § 128 ganz ist und für $s = 0$ nicht verschwindet, die Voraussetzung des letzten Satzes erfüllt, sogar für alle $\vartheta > 1$. Ich behaupte also, daß für jedes $\vartheta > 1$, $|s| = r$ gesetzt,

$$\xi(s, \chi) = O(e^{r^\vartheta}) \tag{1}$$

ist.

Wegen

$$\xi(s, \chi) = \varepsilon(\chi)\, \xi(1 - s, \bar{\chi})$$

brauche ich (1) nur für $\sigma \geqq \frac{1}{2}$ zu konstatieren. Nun ist

$$\xi(s, \chi) = \left(\frac{\pi}{k}\right)^{-\frac{s+\mathfrak{a}}{2}} \Gamma\left(\frac{s+\mathfrak{a}}{2}\right) L(s, \chi),$$

also für $\sigma \geqq \frac{1}{2}$

$$\xi(s, \chi) = \left(\frac{\pi}{k}\right)^{-\frac{s+\mathfrak{a}}{2}} \Gamma\left(\frac{s+\mathfrak{a}}{2}\right) \sum_{n=1}^{\infty} \frac{\chi(n)}{n^s}.$$

Hierin ist für $\sigma \geqq \frac{1}{2}$

$$\left(\frac{\pi}{k}\right)^{-\frac{s+\mathfrak{a}}{2}} \leqq e^{\frac{r+1}{2}\left|\log\frac{\pi}{k}\right|},$$

ferner nach § 75, falls nur bei gegebenem $\delta > 0$ die Zahl r hinreichend groß ist,

$$\left|\Gamma\left(\frac{s+\mathfrak{a}}{2}\right)\right| \leqq \Gamma\left(\frac{\sigma+\mathfrak{a}}{2}\right)$$
$$< e^{r^{1+\delta}}.$$

Endlich ist für $\sigma \geqq \frac{1}{2}$

$$\left|\sum_{n=1}^{\infty}\frac{\chi(n)}{n^s}\right| = \left|\sum_{n=1}^{\infty} S(n)\left(\frac{1}{n^s}-\frac{1}{(n+1)^s}\right)\right|$$

$$\leqq |s| \sum_{n=1}^{\infty} k\frac{1}{n^{\frac{3}{2}}}$$

$$= k\zeta(\tfrac{3}{2})r.$$

Dies besagt

$$\xi(s,\chi) = O\left(e^{r^{1+2\delta}}\right),$$

also für alle $\vartheta > 1$

$$\xi(s,\chi) = O\left(e^{r^{\vartheta}}\right).$$

Nach dem zweiten Satz des vorigen Paragraphen ist also

$$\xi(s,\chi) = Ae^{Bs}\prod_{\varrho}\left(1-\frac{s}{\varrho}\right)e^{\frac{s}{\varrho}}, \tag{2}$$

wo im Falle unendlich vieler ϱ

$$\sum_{\varrho}\frac{1}{|\varrho|^{1+\delta}}$$

für alle $\delta > 0$ konvergiert.

Es ist leicht einzusehen, daß unendlich viele ϱ vorhanden sind. Denn sonst wäre nach (2) für ein konstantes c_1

$$\xi(s,\chi) = O(e^{c_1 r});$$

wegen

$$\left|\frac{1}{L(s,\chi)}\right| < c_2 \text{ für } s \geqq 2$$

wäre also für reelles, ins Unendliche wachsendes s

$$\Gamma\left(\frac{s+\mathfrak{a}}{2}\right) = \xi(s,\chi)\left(\frac{\pi}{k}\right)^{\frac{s+\mathfrak{a}}{2}}\frac{1}{L(s,\chi)}$$

$$= O(e^{c_3 s}),$$

d. h.

$$\Gamma(s) = O(e^{c_4 s}),$$

während doch z. B. für ganze $s > 0$

$$\Gamma(s) = (s-1)!$$

$$= e^{\log((s-1)!)}$$

$$= e^{s\log s + O(s)}$$

ist.

Damit ist auch die Existenz unendlich vieler nicht trivialer Nullstellen von $L(s, \chi)$ bewiesen.

Ob nicht vielleicht schon

$$(3)\qquad \sum_{\varrho} \frac{1}{|\varrho|}$$

konvergiert, d. h. im Produkt die konvergenzerzeugenden Faktoren ersten Grades unnötig sind, bleibe vorläufig dahingestellt. Es wird bald als Nebenresultat herausfallen, daß (3) divergiert.

Aus (2) folgt für das zugehörige $L(s, \chi)$

$$L(s, \chi) = \left(\frac{\pi}{k}\right)^{\frac{s+\mathfrak{a}}{2}} \frac{1}{\Gamma\left(\frac{s+\mathfrak{a}}{2}\right)} A e^{Bs} \prod_{\varrho} \left(1 - \frac{s}{\varrho}\right) e^{\frac{s}{\varrho}}$$

$$(4)\qquad = a e^{bs} \frac{1}{\Gamma\left(\frac{s+\mathfrak{a}}{2}\right)} \prod_{\varrho} \left(1 - \frac{s}{\varrho}\right) e^{\frac{s}{\varrho}}.$$

Wenn man die kanonische Produktzerlegung der ganzen Funktion $L(s, \chi)$ haben will, so hat man für $\mathfrak{a} = 0$ zu setzen:

$$\frac{1}{\Gamma\left(\frac{s+\mathfrak{a}}{2}\right)} = \frac{1}{\Gamma\left(\frac{s}{2}\right)}$$

$$= e^{\frac{Cs}{2}} \frac{s}{2} \prod_{n=1}^{\infty} \left(1 + \frac{s}{2n}\right) e^{-\frac{s}{2n}};$$

für $\mathfrak{a} = 1$ ist

$$\frac{1}{\Gamma\left(\frac{s+\mathfrak{a}}{2}\right)} = \frac{1}{\Gamma\left(\frac{s+1}{2}\right)}$$

$$= e^{\frac{C(s+1)}{2}} \frac{s+1}{2} \prod_{n=1}^{\infty} \left(1 + \frac{s+1}{2n}\right) e^{-\frac{s+1}{2n}}$$

$$= e^{\frac{C(s+1)}{2}} \frac{s+1}{2} \prod_{n=1}^{\infty} \left(1 + \frac{s}{2n+1}\right) e^{-\frac{s}{2n} + \log \frac{2n+1}{2n} - \frac{1}{2n}}$$

$$= e^{\frac{C(s+1)}{2}} \frac{s+1}{2} e^{s \sum_{n=1}^{\infty} \left(\frac{1}{2n+1} - \frac{1}{2n}\right) + \sum_{n=1}^{\infty} \left(\log\left(1 + \frac{1}{2n}\right) - \frac{1}{2n}\right)} \prod_{n=1}^{\infty} \left(1 + \frac{s}{2n+1}\right) e^{-\frac{s}{2n+1}}$$

$$= a_0 e^{b_0 s} \prod_{n=0}^{\infty} \left(1 + \frac{s}{2n+1}\right) e^{-\frac{s}{2n+1}};$$

daher ist jedenfalls

$$(5)\qquad L(s,\chi)=\mathfrak{A}e^{\mathfrak{B}s}s^{1-\mathfrak{a}}\prod_{n=1}^{\infty}\left(1-\frac{s}{s_n}\right)e^{\frac{s}{s_n}},$$

wo s_n alle von 0 verschiedenen Wurzeln von $L(s,\chi)$ in beliebiger Reihenfolge durchläuft.

(5) ist die kanonische Produktdarstellung von $L(s,\chi)$; aber (4) ist für das Folgende viel praktischer, da die trivialen Wurzeln $\leqq 0$ von den mysteriösen Wurzeln im Streifen

$$0<\sigma<1$$

(deren Existenz bewiesen wurde, deren genauere Lage aber ins tiefste Dunkel gehüllt ist) getrennt sind.

Für einen beliebigen Nicht-Hauptcharakter, auch, wenn er uneigentlich ist, haben wir in § 125 konstatiert, daß

$$L(s,\chi)=\prod_{\nu=1}^{c}\left(1-\frac{\varepsilon_\nu}{p_\nu^s}\right)L_0(s,X)$$

ist, wo L_0 ein L im obigen Sinne ist, für das also (4) und (5) gelten. Jeder der endlich vielen Faktoren

$$1-\frac{\varepsilon_\nu}{p_\nu^s}$$

ist offenbar

$$=O(e^{cr}),$$

hat also — wie man natürlich bei der übersichtlichen Lage der Wurzeln auch direkter beweisen kann — nach dem zweiten Satz des § 129 im Falle $\varepsilon_\nu\neq 1$ die Produktgestalt

$$A_0e^{B_0s}\prod_{n=1}^{\infty}\left(1-\frac{s}{z_n}\right)e^{\frac{s}{z_n}},$$

im Falle $\varepsilon_\nu=1$ die Produktgestalt

$$A_0e^{B_0s}s\prod_{n=1}^{\infty}\left(1-\frac{s}{z_n}\right)e^{\frac{s}{z_n}}.$$

Daher ist hier[1] nach (4) und in Verallgemeinerung von (4)

$$(6)\qquad L(s,\chi)=ae^{bs}\frac{1}{\Gamma\left(\frac{s+\mathfrak{a}}{2}\right)}s^{\mathfrak{b}}\prod_{\varrho}\left(1-\frac{s}{\varrho}\right)e^{\frac{s}{\varrho}},$$

1) Ich schreibe wieder a, b, $\mathfrak{A}$ und $\mathfrak{B}$ an der betreffenden Stelle.

wo $\mathfrak{d}$ die Anzahl der $\varepsilon_\nu = 1$ bezeichnet und ϱ in beliebiger Reihenfolge alle diejenigen Nullstellen von $L(s, \chi)$ durchläuft, welche von 0 und allen Nullstellen von $\frac{1}{\Gamma\left(\frac{s+\mathfrak{a}}{2}\right)}$ verschieden sind; ferner ist nach (5) und diese Relation (5) enthaltend

$$(7) \qquad L(s, \chi) = \mathfrak{A} e^{\mathfrak{B} s} s^{1-\mathfrak{a}+\mathfrak{b}} \prod_{n=1}^{\infty} \left(1 - \frac{s}{s_n}\right) e^{\frac{s}{s_n}},$$

wo s_n in beliebiger Reihenfolge alle von Null verschiedenen Nullstellen von $L(s, \chi)$ durchläuft.

(6) und (7) gelten also für jeden Nicht-Hauptcharakter modulo k.

Nun genügt zufolge der Funktionalgleichung des § 128 für $L_0(s, X)$ unser allgemeines $L(s, \chi)$ folgender Funktionalgleichung. Es möge der Nicht-Hauptcharakter χ den eigentlichen Charakter X modulo $K \mid k$ liefern, der eo ipso gleichfalls Nicht-Hauptcharakter ist[1]; jedenfalls ist

$$X(-1) = \chi(-1).$$

Es bedeute $\mathfrak{a}$ den Wert 0 oder 1, je nachdem $\chi(-1) = 1$ oder $= -1$ ist. Wird dann

$$(8) \qquad L(s, \chi) = \prod_{\nu=1}^{\mathfrak{c}} \left(1 - \frac{\varepsilon_\nu}{p_\nu^s}\right) \left(\frac{\pi}{K}\right)^{\frac{s+\mathfrak{a}}{2}} \frac{1}{\Gamma\left(\frac{s+\mathfrak{a}}{2}\right)} \xi(s, \chi)$$

gesetzt, so ist

$$\xi(s, \chi) = \varepsilon(\chi)\, \xi(1 - s, \bar{\chi}),$$

wo

$$|\varepsilon(\chi)| = 1$$

ist. Das ist eben eine Funktionalgleichung zwischen $L(s, \chi)$ und $L(1 - s, \bar{\chi})$.

Um nun auch den Hauptcharakter in die Formeln einzubeziehen, so ist für ihn

$$L(s, \chi) = \prod_{p \mid k} \left(1 - \frac{1}{p^s}\right) \zeta(s).$$

Hierin ist das Produkt vorn auch von der Gestalt

$$\prod_{\nu=1}^{\mathfrak{c}} \left(1 - \frac{\varepsilon_\nu}{p_\nu^s}\right).$$

---

1) Wenn χ selbst schon eigentlich ist, ist eben $K = k$.

Über $\xi(s)$ hatten wir in § 70 bewiesen, daß die Funktion

$$\frac{s(s-1)}{2}\zeta(s)\,\Gamma\left(\frac{s}{2}\right)\pi^{-\frac{s}{2}} = \xi(s)$$
$$= \xi(s,\chi)$$

eine ganze Funktion ist, die bei der Vertauschung von s mit $1-s$ ungeändert bleibt, also gewiß die Relation

$$\xi(s,\chi) = \varepsilon(\chi)\,\xi(1-s,\bar{\chi})$$

mit

$$|\varepsilon(\chi)| = 1$$

erfüllt. Also gilt für den Hauptcharakter das Analogon zu (8), wenn rechts noch der Faktor $\frac{2}{s(s-1)}$ hinzutritt. Für den Hauptcharakter ist eben mit $K=1$, $\mathfrak{a}=0$

$$L(s,\chi) = \prod_{\nu=1}^{\mathfrak{c}}\left(1-\frac{\varepsilon_\nu}{p_\nu^s}\right)\left(\frac{\pi}{K}\right)^{\frac{s+\mathfrak{a}}{2}}\frac{1}{\Gamma\left(\frac{s+\mathfrak{a}}{2}\right)}\,\xi(s,\chi)\,\frac{2}{s(s-1)};$$

es sind nach den Sätzen des § 76 auch die Analoga zu (6) und (7) gültig, wenn rechts der Faktor $\frac{1}{s(s-1)}$ hinzutritt.

Um nun zum Schluß für alle h Charaktere eine einzige Formel aufzustellen, definiere ich

$\mathfrak{b} = 1$ für den Hauptcharakter,
$\mathfrak{b} = 0$ für alle anderen Charaktere,

schreibe wieder $L_\chi(s)$ oder noch kürzer $L(s)$ statt $L(s,\chi)$, auch $\xi(s)$ statt $\xi(s,\chi)$ und habe somit als Gesamtergebnis dieses Kapitels gefunden:

Es ist

$$(9)\qquad L(s) = \frac{2^{\mathfrak{b}}}{s^{\mathfrak{b}}(s-1)^{\mathfrak{b}}}\prod_{\nu=1}^{\mathfrak{c}}\left(1-\frac{\varepsilon_\nu}{p_\nu^s}\right)\left(\frac{\pi}{K}\right)^{\frac{s+\mathfrak{a}}{2}}\frac{1}{\Gamma\left(\frac{s+\mathfrak{a}}{2}\right)}\,\xi(s),$$

worin die Buchstaben folgende Bedeutung haben:

$\mathfrak{a} = 0$ oder 1,
$\mathfrak{b} = 0$ oder 1,
$\mathfrak{c} \geqq 0$ und ganz,
$K \mid k$,
die p_ν Primzahlen,
die ε_ν Einheitswurzeln,

$\xi(s)$ eine ganze Funktion mit der Funktionalgleichung

$$\xi(s) = \varepsilon \bar{\xi}(1-s),$$

wo $\bar{\xi}(s)$ die dem $L(s)$ mit zu χ konjugiertem Charakter entsprechende Funktion und ε eine Konstante vom absoluten Betrage 1 ist.

Es ist

$$(10) \qquad L(s) = \frac{1}{s^{\mathfrak{b}}(s-1)^{\mathfrak{b}}} a e^{bs} \frac{1}{\Gamma\left(\frac{s+\mathfrak{a}}{2}\right)} s^{\mathfrak{b}} \prod_{\varrho} \left(1 - \frac{s}{\varrho}\right) e^{\frac{s}{\varrho}},$$

wo $\mathfrak{b}$ die Anzahl[1] der $\varepsilon_\nu = 1$ ist und ϱ alle Nullstellen von $L(s)$ durchläuft, welche nicht $\leqq 0$ sind.

Es ist

$$L(s) = \frac{1}{s^{\mathfrak{b}}(s-1)^{\mathfrak{b}}} \mathfrak{A} e^{\mathfrak{B}s} s^{1-\mathfrak{a}+\mathfrak{b}} \prod_{n=1}^{\infty} \left(1 - \frac{s}{s_n}\right) e^{\frac{s}{s_n}},$$

wo s_n alle von Null verschiedenen Nullstellen von $L(s)$ durchläuft.

Der Nenner s für den Hauptcharakter tritt natürlich nur scheinbar auf, da er sich gegen die Nullstelle von $\frac{1}{\Gamma\left(\frac{s+\mathfrak{a}}{2}\right)}$ forthebt.

Aus der Funktionalgleichung folgt noch

$$\xi'(s) = -\varepsilon \bar{\xi}'(1-s),$$

$$\frac{\xi'(s)}{\xi(s)} = -\frac{\bar{\xi}'(1-s)}{\bar{\xi}(1-s)}.$$

Zweiunddreißigstes Kapitel.

Beweis des Nichtverschwindens von $L_\varkappa(s)$ in einem gewissen Teile des kritischen Streifens mit Anwendung auf das Primzahlproblem.

§ 131.

Abgrenzung des Gebietes.

Aus der zuletzt mit (10) bezeichneten Formel folgt für jede einzelne der h Funktionen $L_\varkappa(s)$ $(\varkappa = 1, \cdots, h)$

1) Wenn man an die Entstehung der ε_ν denkt, so sieht man: $\mathfrak{b}$ ist die Anzahl der Primfaktoren p von k, für welche

$$X(p) = 1$$

ist.

$$\frac{L'(s)}{L(s)} = \frac{\mathfrak{b} - \mathfrak{b}}{s} - \frac{\mathfrak{b}}{s-1} + b - \frac{1}{2}\frac{\Gamma'\left(\frac{s+\mathfrak{a}}{2}\right)}{\Gamma\left(\frac{s+\mathfrak{a}}{2}\right)} + \sum_\varrho \left(\frac{1}{s-\varrho} + \frac{1}{\varrho}\right),$$

wo ϱ alle Nullstellen von $L(s)$ im Streifen $0 \leqq \sigma \leqq 1$ exkl. der (eventuell vorhandenen) Nullstelle $s = 0$ durchläuft. Also ist für $1 < \sigma \leqq 2$, $t \geqq 2$ nach dem Satz des § 77

$$\begin{aligned}\Re \sum_{p,m} \frac{\chi(p^m)\log p}{p^{ms}} &= \Re\left(-\frac{L'(s)}{L(s)}\right) \\ &= \sum_{p,m} \frac{\log p\, \Re\left(\chi(p^m)\, p^{-mti}\right)}{p^{m\sigma}} \\ &< -\sum_\varrho \Re\left(\frac{1}{s-\varrho} + \frac{1}{\varrho}\right) + \frac{1}{2}\log t + c_1 \\ &= -\sum_\varrho \left(\frac{\sigma-\beta}{(\sigma-\beta)^2 + (t-\gamma)^2} + \frac{\beta}{\beta^2+\gamma^2}\right) + \frac{1}{2}\log t + c_1. \qquad (1)\end{aligned}$$

Hieraus folgt zunächst wegen

$$\frac{\sigma-\beta}{(\sigma-\beta)^2 + (t-\gamma)^2} + \frac{\beta}{\beta^2+\gamma^2} > 0$$

für $1 < \sigma \leqq 2$, $t \geqq 2$

$$\Re\left(-\frac{L'(s)}{L(s)}\right) < \frac{1}{2}\log t + c_1. \qquad (2)$$

c_1, c_2 usw. seien gleich so gewählt, daß dieselben Konstanten für alle h Funktionen $L(s)$ gelten.

Ferner sei $\beta + \gamma i$ eine bestimmte Wurzel mit $\gamma \geqq 2$. Dann ist für $1 < \sigma \leqq 2$ nach (1)

$$\Re\left(-\frac{L'(\sigma+\gamma i)}{L(\sigma+\gamma i)}\right) < -\frac{1}{\sigma-\beta} + \frac{1}{2}\log\gamma + c_1,$$

also

$$\frac{1}{\sigma-\beta} < \frac{1}{2}\log\gamma + c_1 - \sum_{p,m} \frac{\log p\, \Re\left(\chi(p^m)\, p^{-m\gamma i}\right)}{p^{m\sigma}}.$$

Nun sei

$$a_0 + a_1\cos\varphi + \cdots + a_n\cos n\varphi \geqq 0$$

eine beliebige Cosinus-Ungleichung im Sinne der §§ 65 und 79, also identisch erfüllt und den Nebenbedingungen

$$0 < a_0 < a_1,\ a_2 \geqq 0,\ \cdots,\ a_n \geqq 0$$

genügend. Es werde für $(N, k) = 1$

$$\chi(N) = e^{\omega(N)i}$$

gesetzt, wo $\omega(N)$ bis auf ein willkürliches additives Vielfaches von 2π bestimmt ist. Es möge nun für $(N, k) = 1$

$$\chi_{(2)}(N) = \chi^2(N) = e^{2\omega(N)i},$$
$$\cdots\cdots\cdots$$
$$\chi_{(n)}(N) = \chi^n(N) = e^{n\omega(N)i}$$

definiert werden und für $(N, k) > 1$

$$\chi_{(2)}(N) = \chi^2(N) = 0,$$
$$\cdots\cdots\cdots$$
$$\chi_{(n)}(N) = \chi^n(N) = 0$$

gesetzt werden. Dann sind offenbar

$$\chi_{(2)}(N), \cdots, \chi_{(n)}(N)$$

auch Charaktere modulo k. Nunmehr ergibt sich, wenn die zugehörigen Funktionen[1] mit

$$L_{(2)}(s), \cdots, L_{(n)}(s)$$

bezeichnet werden, für $1 < \sigma \leqq 2$, wenn in Σ' nur die nicht in k aufgehenden Primzahlen aufgenommen werden,

$$\frac{1}{\sigma-\beta} < \tfrac{1}{2}\log\gamma + c_1 - \sum_{p,m}{}' \frac{\log p \cos(\omega(p^m) - m\gamma\log p)}{p^{m\sigma}}$$

$$\leqq \tfrac{1}{2}\log\gamma + c_1 + \sum_{p,m}{}' \frac{\log p\left(\frac{a_0}{a_1} + \frac{a_2}{a_1}\cos(2\omega(p^m) - 2m\gamma\log p) + \cdots + \frac{a_n}{a_1}\cos(n\omega(p^m) - nm\gamma\log p)\right)}{p^{m\sigma}}$$

$$= \tfrac{1}{2}\log\gamma + c_1 + \frac{a_0}{a_1}\sum_{p,m}{}' \frac{\log p}{p^{m\sigma}} + \frac{a_2}{a_1}\,\Re\sum_{p,m}{}' \frac{\log p\,\chi_{(2)}(p^m)}{p^{m(\sigma+2\gamma i)}} + \cdots + \frac{a_n}{a_1}\,\Re\sum_{p,m}{}' \frac{\log p\,\chi_{(n)}(p^m)}{p^{m(\sigma+n\gamma i)}}$$

$$\leqq \tfrac{1}{2}\log\gamma + c_1 - \frac{a_0}{a_1}\frac{\zeta'(\sigma)}{\zeta(\sigma)} - \frac{a_2}{a_1}\,\Re\left(\frac{L'_{(2)}(\sigma+2\gamma i)}{L_{(2)}(\sigma+2\gamma i)}\right) - \cdots - \frac{a_n}{a_1}\,\Re\left(\frac{L'_{(n)}(\sigma+n\gamma i)}{L_{(n)}(\sigma+n\gamma i)}\right).$$

Auf jede der Funktionen $L_{(2)}(s), \cdots, L_{(n)}(s)$ ist (2) anwendbar. Für alle Wurzeln des gegebenen $L(s)$ mit $\gamma \geqq 2$ und für $1 < \sigma \leqq 2$ ist also

$$\frac{1}{\sigma-\beta} < c_2 + \frac{a_0}{a_1}\frac{1}{\sigma-1} + \frac{a_1 + a_2 + \cdots + a_n}{2a_1}\log\gamma.$$

Daraus folgt wörtlich wie in § 79: Für jedes

$$a > \frac{a_1 + a_2 + \cdots + a_n}{2(\sqrt{a_1} - \sqrt{a_0})^2}$$

1) Unter diesen können selbstverständlich gleiche vorkommen.

gibt es ein t_0, so daß für $\varkappa = 1, \cdots, h$, $t \geqq t_0$, $\sigma \geqq 1 - \frac{1}{a} \frac{1}{\log t}$

$$L(s) \neq 0$$

ist. Aus Symmetriegründen ist auch für $t \leqq -t_0$, $\sigma \geqq 1 - \frac{1}{a} \frac{1}{\log(-t)}$

$$L(s) \neq 0.$$

Es hat also nach § 79 z. B.

$$a = 20$$

diese Eigenschaft.

§ 132.

Anwendung auf das Primzahlproblem.

Satz: Wenn $b > 0$ ist, ist für $\varkappa = 1, \cdots, h$, $t \geqq 2$, $\sigma \geqq 1 - \frac{b}{\log t}$

$$|L(s)| < c_3 \log t.$$

Beweis: Für $\varkappa = 1$ folgt dies aus dem ersten Satz des § 80 wegen

$$L(s) = \prod_{p \mid k} \left(1 - \frac{1}{p^s}\right) \zeta(s).$$

Für $\varkappa = 2, \cdots, h$ ist von einem gewissen t an (und zwar für $t > e^b$) im obigen Gebiete $\sigma > 0$, also

$$\begin{aligned}
L(s) &= \sum_{n=1}^{\infty} \frac{\chi(n)}{n^s} \\
&= \sum_{n=1}^{t} \frac{\chi(n)}{n^s} + \sum_{n=t+1}^{\infty} \frac{S(n) - S(n-1)}{n^s} \\
&= \sum_{n=1}^{t} \frac{\chi(n)}{n^s} + \sum_{n=t+1}^{\infty} S(n) \left(\frac{1}{n^s} - \frac{1}{(n+1)^s}\right) - \frac{S(t)}{([t]+1)^s} \\
&= O \sum_{n=1}^{t} \frac{1}{n^{1-\frac{b}{\log t}}} + O\left(t \sum_{n=t+1}^{\infty} \frac{1}{n^{2-\frac{b}{\log t}}}\right) + O\left(\frac{1}{t^{1-\frac{b}{\log t}}}\right) \\
&= O(\log t) + O(1) + O\left(\frac{1}{t}\right) \\
&= O(\log t),
\end{aligned}$$

wie behauptet.

Nunmehr folgt wörtlich wie in § 80, daß, wenn ein positives a die Eigenschaft am Ende des § 131 hat (was z. B. $a = 20$ leistet) und $t_0 \geqq 3$ ist, für jedes $b < \frac{1}{a}$ im Gebiete $t \geqq t_0$, $\sigma \geqq 1 - \frac{b}{\log t}$

$$\left|\frac{L'(s)}{L(s)}\right| < c_4 \log^3 t$$

ist; t_0 werde $> e^{2b}$ gewählt, damit dies Gebiet der Halbebene $\sigma > \frac{1}{2}$ angehört.

Es sei nun $(k, l) = 1$ und die Progression $ky + l$ gegeben. Aus der für $\sigma > 1$ gültigen Relation (vgl. § 118)

$$K(s) = \sum_{p \equiv l} \frac{\log p}{p^s}$$

$$= -\frac{1}{h} \sum_{\varkappa=1}^{h} \frac{1}{\chi_\varkappa(l)} \frac{L'_\varkappa(s)}{L_\varkappa(s)} - \sum_{\substack{p^m \equiv l \\ m \geqq 2}} \frac{\log p}{p^{ms}}$$

folgt, daß bei jedem $b < \frac{1}{a}$ für $|t| \geqq t_0$, $\sigma \geqq 1 - \frac{b}{\log |t|}$ die Funktion $K(s)$ regulär und

$$|K(s)| < c_5 \log^3 |t|$$

ist; ferner hat $K(s)$ nach § 118 für $s = 1$ einen Pol erster Ordnung mit dem Residuum $\frac{1}{h}$ und ist sonst für $\sigma = 1$ regulär.

Wörtlich wie in § 81 ergibt sich also hier, daß für jedes $\alpha < \frac{1}{\sqrt{a}}$

$$\Theta(x) = \frac{1}{h} x \qquad + O\left(x e^{-\alpha\sqrt{\log x}}\right),$$

$$\Pi(x) = \frac{1}{h} Li(x) + O\left(x e^{-\alpha\sqrt{\log x}}\right)$$

ist.

Es ist also z. B.

$$\Pi(x) = \frac{1}{h} Li(x) + O\left(x e^{-\sqrt[3]{\log x}}\right)$$

und sogar

$$\Pi(x) = \frac{1}{h} Li(x) + O\left(x e^{-0{,}2\sqrt{\log x}}\right).$$

Dreiunddreißigstes Kapitel.

Die genaue Primzahlformel für die arithmetische Progression.

§ 133.

Hilfssatz über $\frac{L'(s)}{L(s)}$.

Ich will nun analog zum Kapitel 19 eine genaue Formel für die mit $\Pi(x)$ eng verwandte Funktion entwickeln:

$$(1) \qquad \sum_{\substack{p \equiv l \\ p^m \leqq x}}' \frac{1}{m},$$

wo für $x = p_0^{m_0}$ das letzte Glied nur $\frac{1}{2}$ mal zu zählen ist. Zur Abwechselung schlage ich dabei einen etwas anderen Weg ein. Ich mache nicht den Umweg über die zu $F(x, r)$ analogen Summen, muß aber dafür bei der Anwendung des Cauchyschen Satzes vorsichtiger sein, da der Integrand in dem betreffenden Rechteck nicht eindeutig ist.

Statt (1) braucht nur für jeden Charakter

$$f(x) = f(x, \chi) = \sum_{p^m \leqq x}' \frac{\chi(p^m)}{m}$$

betrachtet zu werden, da ja der Ausdruck (1)

$$= \frac{1}{h} \sum_{\varkappa=1}^{h} \frac{1}{\chi_\varkappa(l)} f(x, \chi_\varkappa)$$

ist.

Es ist für $\sigma > 1$

$$\log L(s) = \sum_{p, m} \frac{\chi(p^m)}{m p^{ms}}$$

eine eindeutige reguläre Funktion und nach § 86 für $x > 0$

$$2\pi i f(x) = \lim_{T=\infty} \int_{2-Ti}^{2+Ti} \frac{x^s}{s} \log L(s) ds.$$

Satz: Für $\sigma \leqq -1$, $|t| \geqq 1$ und für $\sigma = -z + \alpha$ $(z = 3, 5, 7, \cdots)$ ist

$$\left|\frac{L'(s)}{L(s)}\right| < c_1 \log |s|.$$

Beweis: Nach der Formel (9) des § 130 ist

$$\frac{L'(s)}{L(s)} = \frac{1}{2}\log\frac{\pi}{K} - \frac{\mathfrak{b}}{s} - \frac{\mathfrak{b}}{s-1} + \sum_{\nu=1}^{\mathfrak{c}} \frac{\varepsilon_\nu \log p_\nu}{p_\nu^s - \varepsilon_\nu} - \frac{1}{2}\frac{\Gamma'\left(\frac{s+\mathfrak{a}}{2}\right)}{\Gamma\left(\frac{s+\mathfrak{a}}{2}\right)} + \frac{\xi'(s)}{\xi(s)},$$

$$\frac{L'(1-s)}{L(1-s)} = \frac{1}{2}\log\frac{\pi}{K} + \frac{\mathfrak{b}}{s-1} + \frac{\mathfrak{b}}{s} + \sum_{\nu=1}^{\mathfrak{c}} \frac{\varepsilon_\nu \log p_\nu}{p_\nu^{1-s} - \varepsilon_\nu} - \frac{1}{2}\frac{\Gamma'\left(\frac{1-s+\mathfrak{a}}{2}\right)}{\Gamma\left(\frac{1-s+\mathfrak{a}}{2}\right)} + \frac{\xi'(1-s)}{\xi(1-s)},$$

also unter Benutzung der Funktionalgleichung

$$\frac{\xi'(1-s)}{\xi(1-s)} = -\frac{\overline{\xi}'(s)}{\overline{\xi}(s)},$$

wenn $\overline{L}(s)$ die dem konjugierten Charakter entsprechende Funktion bezeichnet,

$$\frac{L'(1-s)}{L(1-s)} = \frac{1}{2}\log\frac{\pi}{K} + \frac{\mathfrak{b}}{s-1} + \frac{\mathfrak{b}}{s} + \sum_{\nu=1}^{\mathfrak{c}} \frac{\varepsilon_\nu \log p_\nu}{p_\nu^{1-s} - \varepsilon_\nu} - \frac{1}{2}\frac{\Gamma'\left(\frac{1-s+\mathfrak{a}}{2}\right)}{\Gamma\left(\frac{1-s+\mathfrak{a}}{2}\right)}$$

$$+ \frac{1}{2}\log\frac{\pi}{K} - \frac{\mathfrak{b}}{s} - \frac{\mathfrak{b}}{s-1} + \sum_{\nu=1}^{\mathfrak{c}} \frac{\overline{\varepsilon}_\nu \log p_\nu}{p_\nu^{s} - \overline{\varepsilon}_\nu} - \frac{1}{2}\frac{\Gamma'\left(\frac{s+\mathfrak{a}}{2}\right)}{\Gamma\left(\frac{s+\mathfrak{a}}{2}\right)} - \frac{\overline{L}'(s)}{\overline{L}(s)}$$

$$= \log\frac{\pi}{K} + \sum_{\nu=1}^{\mathfrak{c}} \frac{\varepsilon_\nu \log p_\nu}{p_\nu^{1-s} - \varepsilon_\nu} + \sum_{\nu=1}^{\mathfrak{c}} \frac{\overline{\varepsilon}_\nu \log p_\nu}{p_\nu^{s} - \overline{\varepsilon}_\nu} - \frac{1}{2}\frac{\Gamma'\left(\frac{1-s+\mathfrak{a}}{2}\right)}{\Gamma\left(\frac{1-s+\mathfrak{a}}{2}\right)} - \frac{1}{2}\frac{\Gamma'\left(\frac{s+\mathfrak{a}}{2}\right)}{\Gamma\left(\frac{s+\mathfrak{a}}{2}\right)} - \frac{\overline{L}'(s)}{\overline{L}(s)}. \tag*{2)}$$

Nun ist

$$\frac{\Gamma\left(\frac{s+\mathfrak{a}}{2}\right)}{\Gamma\left(\frac{1-s+\mathfrak{a}}{2}\right)} = \frac{1}{\pi}\,\Gamma\left(\frac{s+\mathfrak{a}}{2}\right)\Gamma\left(\frac{1+s-\mathfrak{a}}{2}\right)\sin\left(\pi\left(\frac{1-s+\mathfrak{a}}{2}\right)\right)$$

$$= \frac{1}{\pi}\,\Gamma\left(\frac{s+\mathfrak{a}}{2}\right)\Gamma\left(\frac{1+s-\mathfrak{a}}{2}\right)\cos\frac{(s-\mathfrak{a})\pi}{2}$$

$$= \frac{1}{\pi}\,\Gamma\left(\frac{s}{2}\right)\Gamma\left(\frac{1+s}{2}\right)\cos\frac{(s-\mathfrak{a})\pi}{2}$$

$$= \frac{1}{\pi}\,\frac{2\sqrt{\pi}}{2^s}\,\Gamma(s)\cos\frac{(s-\mathfrak{a})\pi}{2}$$

$$= \frac{\Gamma(s)\cos\frac{(s-\mathfrak{a})\pi}{2}}{2^{s-1}\sqrt{\pi}},$$

also der in (2) auftretende Ausdruck

$$-\frac{1}{2}\frac{\Gamma'\left(\frac{1-s+\mathfrak{a}}{2}\right)}{\Gamma\left(\frac{1-s+\mathfrak{a}}{2}\right)}-\frac{1}{2}\frac{\Gamma'\left(\frac{s+\mathfrak{a}}{2}\right)}{\Gamma\left(\frac{s+\mathfrak{a}}{2}\right)}=-\frac{\Gamma'(s)}{\Gamma(s)}+\frac{\pi}{2}\operatorname{tg}\frac{(s-\mathfrak{a})\pi}{2}+\log 2.$$

Hierin ist, wenn die Abschätzung sich auf wachsendes $|s|$ bezieht, für $\sigma \geqq 2$ nach § 82

$$-\frac{\Gamma'(s)}{\Gamma(s)}=O(\log|s|);$$

ferner ist für $t \leqq -1$

$$\begin{aligned}\left|\operatorname{tg}\frac{(s-\mathfrak{a})\pi}{2}\right| &= \left|\frac{e^{\pi i(\sigma-\mathfrak{a}+ti)}-1}{e^{\pi i(\sigma-\mathfrak{a}+ti)}+1}\right| \\ &\leqq \frac{e^{-\pi t}+1}{e^{-\pi t}-1} \\ &\leqq \frac{e^{\pi}+1}{e^{\pi}-1},\end{aligned}$$

für $t \geqq 1$ also ebenfalls

$$\left|\operatorname{tg}\frac{(s-\mathfrak{a})\pi}{2}\right| \leqq \frac{e^{\pi}+1}{e^{\pi}-1},$$

und für $\sigma = 4-\mathfrak{a},\ 6-\mathfrak{a},\ \cdots,\ 1+z-\mathfrak{a},\ \cdots$ nebst $t \leqq 0$ ist

$$\begin{aligned}\left|\operatorname{tg}\frac{(s-\mathfrak{a})\pi}{2}\right| &= \frac{e^{-\pi t}-1}{e^{-\pi t}+1} \\ &< 1,\end{aligned}$$

für $\sigma = 1+z-\mathfrak{a}\ (z=3, 5, \cdots)$, $t \geqq 0$ also ebenfalls

$$\left|\operatorname{tg}\frac{(s-\mathfrak{a})\pi}{2}\right| < 1.$$

Ferner ist für $\sigma \geqq 2$

$$\left|\sum_{\nu=1}^{\mathfrak{c}}\frac{\varepsilon_\nu \log p_\nu}{p_\nu^{1-s}-\varepsilon_\nu}\right| \leqq \sum_{\nu=1}^{\mathfrak{c}}\frac{\log p_\nu}{1-\frac{1}{p_\nu}},$$

$$\left|\sum_{\nu=1}^{\mathfrak{c}}\frac{\bar{\varepsilon}_\nu \log p_\nu}{p_\nu^{s}-\bar{\varepsilon}_\nu}\right| \leqq \sum_{\nu=1}^{\mathfrak{c}}\frac{\log p_\nu}{p_\nu^2-1}$$

und

$$\left| -\frac{\overline{L}'(s)}{\overline{L}(s)} \right| \leqq \sum_{p,m} \frac{\log p}{p^{2m}}.$$

(2) liefert also für $\sigma \geqq 2$, $|t| \geqq 1$ und für $\sigma = 1 + z - \mathfrak{a}$, $t \gtreqless 0$

$$\frac{L'(1-s)}{L(1-s)} = O(\log |s|),$$

folglich für $\sigma \leqq -1$, $|t| \geqq 1$ und für $\sigma = -z + \mathfrak{a}$, $t \gtreqless 0$

$$\frac{L'(s)}{L(s)} = O(\log |1-s|) = O(\log |s|),$$

was zu beweisen war.

§ 134.

Hilfssätze über $N(T)$.

Es sei jetzt $N(T)$ die Anzahl der Nullstellen ϱ von $L(s)$, deren Ordinate zwischen 0 (exkl.) und T (inkl.) liegt. Zwar liegen jetzt die Nullstellen nicht symmetrisch zur reellen Achse; aber es genügt doch, die Nullstellen in der oberen Halbebene zu betrachten, da ja auf der reellen Achse zwischen 0 und 1 keine oder nur endlich viele liegen und die Nullstellen in der unteren Halbebene konjugiert zu denen von $\overline{L}(s)$ in der oberen Halbebene sind.

Satz 1: Es ist

$$N(T+1) - N(T) = O(\log T).$$

Daraus folgt, daß auch im Ordinatenintervall $-T$ (exkl.) bis $-(T+1)$ (inkl.) nur $O(\log T)$ Nullstellen liegen.

Beweis: Nach der schon in § 131 für einen anderen Zweck benutzten Identität

$$(1)\quad \frac{L'(s)}{L(s)} = \frac{\mathfrak{d}-\mathfrak{b}}{s} - \frac{\mathfrak{b}}{s-1} + b - \frac{1}{2}\frac{\Gamma'\left(\frac{s+\mathfrak{a}}{2}\right)}{\Gamma\left(\frac{s+\mathfrak{a}}{2}\right)} + \sum_{\varrho}\left(\frac{1}{s-\varrho} + \frac{1}{\varrho}\right)$$

ist

$$\sum_{\varrho}\left(\frac{1}{s-\varrho} + \frac{1}{\varrho}\right) = \frac{L'(s)}{L(s)} + \frac{\mathfrak{b}-\mathfrak{d}}{s} + \frac{\mathfrak{b}}{s-1} - b + \frac{1}{2}\frac{\Gamma'\left(\frac{s+\mathfrak{a}}{2}\right)}{\Gamma\left(\frac{s+\mathfrak{a}}{2}\right)}.$$

Für $s = 2 + Ti$ ist also

$$\sum_{\varrho}\left(\frac{1}{s-\varrho}+\frac{1}{\varrho}\right) = O(\log T).$$

Daraus folgt wörtlich wie in § 84 der Satz 1 und auch die beiden folgenden Sätze:

Satz 2:

$$\sum_{|T-\gamma|\geqq 1}\frac{1}{(T-\gamma)^2} = O(\log T).$$

Satz 3: Für $s = \sigma + Ti$, $-1 \leqq \sigma \leqq 2$ ist

$$\sum_{|T-\gamma|\geqq 1}\left(\frac{1}{s-\varrho}+\frac{1}{\varrho}\right) = O(\log T).$$

Aus Symmetriegründen ist auch für $s = \sigma - Ti$, $-1 \leqq \sigma \leqq 2$

$$\sum_{|-T-\gamma|\geqq 1}\left(\frac{1}{s-\varrho}+\frac{1}{\varrho}\right) = O(\log T).$$

§ 135.

Die Zahlen T_g und Hilfssatz über $\log L(s)$.

Nun mögen wie in § 85 Zahlen T_g $(g = 2, 3, \cdots)$ eingeführt werden, wo $g < T_g < g + 1$ ist; hier ist darauf zu achten, daß T_g und $-T_g$ von jeder Nullstellenordinate mindestens den Abstand $\frac{1}{c_2 \log T_g}$ haben, was eben nach dem Satz 1 des § 134 erreichbar ist.

Nachdem ich diese Zahlen fixiert gedacht habe, beweise ich den

Satz: 1. Wenn man die für $\sigma > 1$ reguläre Funktion

$$\log L(s) = \sum_{p,m}\frac{\chi(p^m)}{m\,p^{ms}}$$

längs der Ordinate T_g $(g = 2, 3, \cdots)$ oder der Ordinate $-T_g$ nach links fortsetzt, ist für $\sigma \leqq 2$, $t = T_g$ bzw. $\sigma \leqq 2$, $t = -T_g$

$$|\log L(s)| < c_3(3-\sigma)\log^2|s|.$$

2. Wenn man für ungerades $z \geqq 3$ den gefundenen Wert von

$$\log L(-z + \mathfrak{a} + T_g i)$$

längs der Vertikalen $\sigma = -(z - \mathfrak{a})$ nach unten fortsetzt, ist für $\sigma = -z + \mathfrak{a}$, $T_g \geqq t \geqq -T_g$

$$|\log L(s)| < c_4(z + T_g)\log^2(z + T_g).$$

Beweis: 1. Für $-1 \leqq \sigma \leqq 2$, $t = \pm T_g$ ist nach der Formel (1) des § 134

$$\frac{L'(s)}{L(s)} = \frac{\mathfrak{b} - \mathfrak{b}}{s} - \frac{\mathfrak{b}}{s-1} + b - \frac{1}{2}\frac{\Gamma'\left(\frac{s+\mathfrak{a}}{2}\right)}{\Gamma\left(\frac{s+\mathfrak{a}}{2}\right)} + \sum_{\varrho}{}'\left(\frac{1}{s-\varrho} + \frac{1}{\varrho}\right) + \sum_{\varrho}{}''\left(\frac{1}{s-\varrho} + \frac{1}{\varrho}\right),$$

wo $|\pm T_g - \gamma| \geqq 1$ in Σ', < 1 in Σ'' ist. Rechts sind die drei ersten Glieder $O(1)$, das vierte $O(\log|s|)$, das fünfte nach dem Satz 3 des vorigen Paragraphen auch $O(\log|s|)$; das sechste hat nach Satz 1 des vorigen Paragraphen $O(\log T_g)$ Glieder, die nach Definition der T_g-Zahlen gleichmäßig $O(\log T_g)$ sind. Daher ist für $-1 \leqq \sigma \leqq 2$, $t = \pm T_g$

$$\left|\frac{L'(s)}{L(s)}\right| < c_5 \log^2 |s|.$$

Für $\sigma \leqq -1$, $t = \pm T_g$ ist nach dem Satz des § 133

$$\left|\frac{L'(s)}{L(s)}\right| < c_1 \log|s|$$

$$< c_6 \log^2 |s|.$$

Für $\sigma \leqq 2$, $t = \pm T_g$ ist also

$$\left|\frac{L'(s)}{L(s)}\right| < c_7 \log^2 |s|.$$

Nun ist

$$|\log L(s)| = \left|\log L(2 \pm T_g i) + \int_{2 \pm T_g i}^{s} \frac{L'(u)}{L(u)}\, du\right|;$$

auf dem Wege von s nach $2 \pm T_g i$ ist der absolute Betrag des Integranden

$$< c_7 \log^2(\text{Max.}(|s|, |2 \pm T_g i|))$$

$$< c_8 \log^2 |s|,$$

also

$$|\log L(s)| < c_9 + (2 - \sigma)\, c_8 \log^2 |s|$$

$$< c_3 (3 - \sigma) \log^2 |s|.$$

2. Für $\sigma = -z + \mathfrak{a}$, $T_g \geqq t \geqq -T_g$ ist daher, wenn der Satz des § 133 nochmals angewendet wird,

$$|\log L(s)| = \left|\log L(-z + \mathfrak{a} + T_g i) + \int_{-z+\mathfrak{a}+T_g i}^{s} \frac{L'(u)}{L(u)}\, du\right|$$

$$< c_3 (3 + z - \mathfrak{a}) \log^2 |-z + \mathfrak{a} + T_g i| + 2 T_g c_1 \log|-z + \mathfrak{a} + T_g i|$$

$$< c_4 (z + T_g) \log^2 (z + T_g),$$

wo, wie erforderlich, c_4 von z und g unabhängig ist.

§ 136.

Anwendung des Cauchyschen Integralsatzes.

Es sei nun $x > 1$, g eine ganze Zahl $\geqq 2$, z eine ungerade Zahl $\geqq 3$. Der Cauchysche Satz werde auf den Integranden $\frac{x^s}{s} \log L(s)$ und bei positivem Umlauf auf das Rechteck mit den Ecken $2 \pm T_g i$, $-z + \mathfrak{a} \pm T_g i$ angewendet, welches längs jeder Horizontalen $t = \gamma$ $(\gamma \gtrless 0)$ im Ordinateninterval $(-T_g \cdots T_g)$, welche mindestens eine Nullstelle von $L(s)$ enthält, von $-z + \mathfrak{a} + \gamma i$ bis zu der am weitesten rechts gelegenen Nullstelle aufgeschnitten ist, längs der reellen Achse von $-z + \mathfrak{a}$ im Falle des Hauptcharakters bis 1, im Falle eines Nicht-Hauptcharakters bis 0 oder bis zu der größten positiven Nullstelle, falls es welche gibt. Dann ist der Integrand im Innern dieses einfach zusammenhängenden Bereiches regulär. Auf dem Rande hat er den Pol (für $1 - \mathfrak{a} + \mathfrak{d} - \mathfrak{b} = 0$) bzw. (für $1 - \mathfrak{a} + \mathfrak{d} - \mathfrak{b} > 0$) die algebraisch-logarithmische Unendlichkeitsstelle $s = 0$ und als logarithmische Unendlichkeitsstellen:

1. Für den Hauptcharakter $s = 1$ (sonst nicht),

2. die etwa vorhandenen reellen Nullstellen von $L(s)$ zwischen 0 (exkl.) und 1 (exkl.),

3. $s = -2 + \mathfrak{a}, \; -4 + \mathfrak{a}, \cdots, \; -2\left[\frac{z}{2}\right] + \mathfrak{a} = -z + 1 + \mathfrak{a}$,

4. die ϱ, für welche $-T_g < \gamma < 0$ oder $0 < \gamma < T_g$ ist.

Bei der Anwendung des Cauchyschen Satzes darf, wenn beide Ufer jedes Schnittes durchlaufen werden, in jede logarithmische Verzweigungsstelle (also in die Punkte obiger vier Kategorien) hinein integriert werden; nur beim Punkt 0 ist nach oben und unten ein Umweg zu machen; d. h. er werde nach oben und unten durch je einen Halbkreis (um ihn) mit dem Radius δ vermieden, wo δ so klein gewählt sei, daß jede andere singuläre Stelle außerhalb bleibt.

Der Cauchysche Satz gibt für den Gesamtumlauf

$$\int \frac{x^s}{s} \log L(s)\, ds = 0.$$

Es mögen auf dem Schnitt mit positiver oder negativer Ordinate γ gleich allgemein, von links nach rechts betrachtet, die verschiedenen Nullstellen $\varrho_1, \cdots, \varrho_\nu$ mit den Ordnungen $\lambda_1, \cdots, \lambda_\nu$ liegen. Da

$$\log L(s) - \lambda_n \log (s - \varrho_n) \qquad (n = 1, \cdots, \nu)$$

in ϱ_n regulär ist, so lautet, wenn ϱ_0 den Endpunkt $-z+\mathfrak{a}+\gamma i$ des Schnittes bezeichnet, der auf beide Ufer der Teilstrecke von ϱ_{n-1} bis ϱ_n bezügliche Beitrag zum Integral

$$2\pi i(\lambda_n+\lambda_{n+1}+\cdots+\lambda_\nu)\int\limits_{\varrho_{n-1}}^{\varrho_n}\frac{x^s}{s}\,ds;$$

das Integral über beide Ufer des ganzen Schnittes ist also

$$2\pi i\Biggl(\lambda_1\int\limits_{-z+\mathfrak{a}+\gamma i}^{\varrho_1}\frac{x^s}{s}\,ds+\cdots+\lambda_\nu\int\limits_{-z+\mathfrak{a}+\gamma i}^{\varrho_\nu}\frac{x^s}{s}\,ds\Biggr)=2\pi i\sum_{\varrho}\int\limits_{-z+\mathfrak{a}+\gamma i}^{\varrho}\frac{x^s}{s}\,ds,$$

über alle ϱ mit der Ordinate γ erstreckt, wobei mehrfache ϱ entsprechend oft zu zählen sind.

Beim Schnitt längs der reellen Achse bewirkt jede negative Nullstelle $-2q+\mathfrak{a}\left(q=1,\cdots,\left[\frac{z}{2}\right]\right)$ auch den entsprechenden Beitrag

$$2\pi i\int\limits_{-z+\mathfrak{a}}^{-2q+\mathfrak{a}}\frac{x^s}{s}\,ds;$$

für jede rechts von 0 gelegene Nullstelle $\mathfrak{r}$ (wo mehrfache $\mathfrak{r}$ mehrfach zu zählen sind) liefert die Strecke $-z+\mathfrak{a}$ bis $\mathfrak{r}$ (exkl. $-\delta$ bis δ) ebenso den Beitrag

$$(1)\qquad 2\pi i\Biggl(\int\limits_{-z+\mathfrak{a}}^{-\delta}\frac{x^s}{s}\,ds+\int\limits_{\delta}^{\mathfrak{r}}\frac{x^s}{s}\,ds\Biggr);$$

für 1 tritt, da

$$\log L(s)+\mathfrak{b}\log(s-1)$$

dort regulär ist, der Beitrag

$$(2)\qquad -2\pi i\mathfrak{b}\Biggl(\int\limits_{-z+\mathfrak{a}}^{-\delta}\frac{x^s}{s}\,ds+\int\limits_{\delta}^{1}\frac{x^s}{s}\,ds\Biggr)$$

auf. Außerdem ist für den Punkt 0, welcher Nullstelle $(1-\mathfrak{a}+\mathfrak{d}-\mathfrak{b})$ter Ordnung von $L(s)$ ist[1], der Beitrag

$$(3)\qquad 2\pi i(1-\mathfrak{a}+\mathfrak{d}-\mathfrak{b})\int\limits_{-z+\mathfrak{a}}^{-\delta}\frac{x^s}{s}\,ds$$

---

1) Natürlich kann $1-\mathfrak{a}+\mathfrak{d}-\mathfrak{b}=0$ sein, nämlich für $\mathfrak{a}=0$, $\mathfrak{b}=1$, $\mathfrak{d}=0$ und für $\mathfrak{a}=1$, $\mathfrak{b}=0$, $\mathfrak{d}=0$.

zum horizontalen Schnitt in Anrechnung zu bringen. Endlich ist für die beiden Halbkreise um 0 hinzuzufügen:

$$(4)\qquad \int_{-\delta}^{\delta} \frac{x^s}{s} \log L(s)\,ds + \int_{\delta}^{-\delta} \frac{x^s}{s} \log L(s)\,ds,$$

wo im ersten Integral der obere, im zweiten der untere Halbkreis gemeint ist (während die obigen Integrale

$$\int \frac{x^s}{s}\,ds$$

alle geradlinig zu verstehen sind).

Der horizontale Schnitt (inkl. der beiden Halbkreise) liefert also, da das Resultat von δ unabhängig ist und da für zu 0 abnehmendes δ der Ausdruck (1) und der Ausdruck (2), also auch die Summe der Ausdrücke (3), (4) einen Limes hat, den Beitrag

$$(5)\quad \left\{\begin{aligned} & 2\pi i \sum_{q=1}^{\frac{z}{2}} \int_{-z+\mathfrak{a}}^{-2q+\mathfrak{a}} \frac{x^s}{s}\,ds \\ & + 2\pi i \sum_{\mathfrak{r}} \lim_{\delta=0} \left(\int_{-z+\mathfrak{a}}^{-\delta} \frac{x^s}{s}\,ds + \int_{\delta}^{\mathfrak{r}} \frac{x^s}{s}\,ds\right) - 2\pi i \mathfrak{b} \lim_{\delta=0} \left(\int_{-z+\mathfrak{a}}^{-\delta} \frac{x^s}{s}\,ds + \int_{\delta}^{1} \frac{x^s}{s}\,ds\right) \\ & + \lim_{\delta=0} \left(\int_{-\delta}^{\delta} \frac{x^s}{s} \log L(s)\,ds + \int_{\delta}^{-\delta} \frac{x^s}{s} \log L(s)\,ds + 2\pi i (1-\mathfrak{a}+\mathfrak{d}-\mathfrak{b}) \int_{-z+\mathfrak{a}}^{-\delta} \frac{x^s}{s}\,ds\right). \end{aligned}\right.$$

Was den letzten $\lim\limits_{\delta=0}$ in (5) betrifft, so läßt er sich zunächst im Falle $1 - \mathfrak{a} + \mathfrak{d} - \mathfrak{b} = 0$ folgendermaßen berechnen. Er lautet dann

$$\lim_{\delta=0} \left(\int_{-\delta}^{\delta} \frac{x^s}{s} \log L(s)\,ds + \int_{\delta}^{-\delta} \frac{x^s}{s} \log L(s)\,ds\right);$$

$L(0)$ ist nicht 0, jeder Zweig $\log L(s)$ also in der Nähe von $s = 0$ regulär; $\log L(0)$ bezeichne den Wert, welchen die Funktion bei Fortsetzung längs der reellen Achse aus der Halbebene $\sigma > 1$ heraus und bei Vermeidung der etwa vorhandenen singulären Punkte 1 und $\mathfrak{r}$ durch Umwege nach oben annimmt. Dann ist in der Nähe von $s = 0$ beim ersten Integral

$$\log L(s) = \log L(0) + \alpha_1 s + \alpha_2 s^2 + \cdots,$$

beim zweiten, wenn $\mathfrak{e}$ die Anzahl der positiven Nullstellen von $L(s)$ bezeichnet,

$$\log L(s) = \log L(0) - 2(\mathfrak{e} - \mathfrak{b})\pi i + \alpha_1 s + \alpha_2 s^2 + \cdots,$$

also beim ersten Integral

$$\frac{x^s}{s}\log L(s) = \frac{\log L(0)}{s} + \beta_0 + \beta_1 s + \cdots,$$

beim zweiten

$$\frac{x^s}{s}\log L(s) = \frac{\log L(0) - 2(\mathfrak{e} - \mathfrak{b})\pi i}{s} + \gamma_0 + \gamma_1 s + \cdots;$$

daher hat das erste Integral den Grenzwert

$$\begin{aligned}\lim_{\delta=0}\int_{-\delta}^{\delta}\frac{x^s}{s}\log L(s)\,ds &= \lim_{\delta=0}\log L(0)\int_{-\delta}^{\delta}\frac{ds}{s}\\ &= -\log L(0)\pi i,\end{aligned}$$

das zweite den Grenzwert

$$\begin{aligned}\lim_{\delta=0}\int_{\delta}^{-\delta}\frac{x^s}{s}\log L(s)\,ds &= \lim_{\delta=0}(\log L(0) - 2(\mathfrak{e} - \mathfrak{b})\pi i)\int_{\delta}^{-\delta}\frac{ds}{s}\\ &= -(\log L(0) - 2(\mathfrak{e} - \mathfrak{b})\pi i)\pi i.\end{aligned}$$

Der letzte Limes in (5) ist also im Falle $L(0) \neq 0$

$$2\pi i(-\log L(0) + (\mathfrak{e} - \mathfrak{b})\pi i).$$

Im Falle

$$L(0) = 0,$$

d. h.

$$1 - \mathfrak{a} + \mathfrak{d} - \mathfrak{b} > 0$$

ist in der Umgebung von $s = 0$ oben

$$\log L(s) = (1 - \mathfrak{a} + \mathfrak{d} - \mathfrak{b})\log s + \lambda + \alpha_1 s + \alpha_2 s^2 + \cdots,$$

wo $\log s$ den Wert oben bezeichnet und

$$\begin{aligned}\lambda &= \lim_{s=0}\log\frac{L(s)}{s^{1-\mathfrak{a}+\mathfrak{d}-\mathfrak{b}}}\\ &= \lim_{s=0}(\log L(s) - (1 - \mathfrak{a} + \mathfrak{d} - \mathfrak{b})\log s)\end{aligned}$$

bei Fortsetzung längs der reellen Achse nach 0 hin mit Ausbuchtungen nach oben um die vorangehenden etwaigen singulären Punkte ist. In der Umgebung von $s = 0$ ist unten

$$\log L(s) = (1 - \mathfrak{a} + \mathfrak{d} - \mathfrak{b})\log s + (\lambda - 2(\mathfrak{e} - \mathfrak{b})\pi i) + \alpha_1 s + \alpha_2 s^2 + \cdots,$$

wo $\log s$ den Wert unten bezeichnet. Daher ist oben

$$\frac{x^s}{s}\log L(s) = (1-\mathfrak{a}+\mathfrak{d}-\mathfrak{b})\frac{x^s}{s}\log s + \frac{\lambda}{s} + \beta_0 + \beta_1 s + \cdots,$$

unten

$$\frac{x^s}{s}\log L(s) = (1-\mathfrak{a}+\mathfrak{d}-\mathfrak{b})\frac{x^s}{s}\log s + \frac{\lambda - 2(\mathfrak{e}-\mathfrak{b})\pi i}{s} + \gamma_0 + \gamma_1 s + \cdots.$$

Also ist der letzte Limes in (5)

$$2\pi i(-\lambda + (\mathfrak{e}-\mathfrak{b})\pi i) + (1-\mathfrak{a}+\mathfrak{d}-\mathfrak{b})\lim_{\delta=0}\left(\int_{-\delta}^{-\delta}\frac{x^s}{s}\log s\,ds + 2\pi i\int_{-\mathfrak{z}+\mathfrak{a}}^{-\delta}\frac{x^s}{s}\,ds\right).$$

Hierin ist

$$\lim_{\delta=0}\left(\int_{-\delta}^{-\delta}\frac{x^s}{s}\log s\,ds + 2\pi i\int_{-\mathfrak{z}+\mathfrak{a}}^{-\delta}\frac{x^s}{s}ds\right) = \lim_{\delta=0}\left(\int_{-\delta}^{-\delta}\frac{\log s}{s}ds + 2\pi i\int_{-\mathfrak{z}+\mathfrak{a}}^{-\delta}\frac{x^s}{s}ds\right)$$

$$= \lim_{\delta=0}\left(\int_{\pi}^{-\pi}\frac{\log\delta + \varphi i}{\delta e^{\varphi i}}\delta e^{\varphi i} i\,d\varphi + 2\pi i\int_{-\mathfrak{z}+\mathfrak{a}}^{-\delta}\frac{x^s}{s}ds\right)$$

$$= \lim_{\delta=0}\left(i\int_{\pi}^{-\pi}(\log\delta + \varphi i)\,d\varphi + 2\pi i\int_{-\mathfrak{z}+\mathfrak{a}}^{-\delta}\frac{x^s}{s}ds\right)$$

$$= 2\pi i\lim_{\delta=0}\left(-\log\delta + \int_{-\mathfrak{z}+\mathfrak{a}}^{-\delta}\frac{x^s}{s}ds\right).$$

Der Gesamtbeitrag des horizontalen Schnittes mit Halbkreisen ist also in jedem Fall, wenn $\mathfrak{r}$ die reellen Wurzeln $\geqq 0$ von $L(s)$ durchläuft, unter denen $\mathfrak{e}$ positiv seien,

$$2\pi i\sum_{q=1}^{\frac{\mathfrak{z}}{2}}\int_{-\mathfrak{z}+\mathfrak{a}}^{-2q+\mathfrak{a}}\frac{x^s}{s}ds + 2\pi i\sum_{\mathfrak{r}}{}'\lim_{\delta=0}\left(\int_{-\mathfrak{z}+\mathfrak{a}}^{-\delta}\frac{x^s}{s}ds + \int_{\delta}^{\mathfrak{r}}\frac{x^s}{s}ds\right)$$

$$-2\pi i\mathfrak{b}\lim_{\delta=0}\left(\int_{-\mathfrak{z}+\mathfrak{a}}^{-\delta}\frac{x^s}{s}ds + \int_{\delta}^{1}\frac{x^s}{s}ds\right) + 2\pi i(-\log L(0) + (\mathfrak{e}-\mathfrak{b})\pi i),$$

wo im Falle

$$L(0) = 0$$

unter dem sinnlosen, dem Gliede oder den Gliedern $\mathfrak{r} = 0$ entsprechenden Komplex

$$\sum_{\mathfrak{r}=0} \lim_{\delta=0} \left(\int_{-z+\mathfrak{a}}^{-\delta} \frac{x^s}{s} ds + \int_{\delta}^{\mathfrak{r}} \frac{x^s}{s} ds \right) - \log L(0)$$

zu verstehen ist:

$$\lim_{\delta=0} \left(\sum_{\mathfrak{r}=0} \int_{-z+\mathfrak{a}}^{-\delta} \frac{x^s}{s} ds - \log L(\delta) \right).$$

In der Tat tritt im Falle

$$L(0) = 0$$

an Stelle jenes Komplexes der Ausdruck auf:

$$-\lambda + (1 - \mathfrak{a} + \mathfrak{d} - \mathfrak{b}) \lim_{\delta=0} \left(-\log\delta + \int_{-z+\mathfrak{a}}^{-\delta} \frac{x^s}{s} ds \right)$$

$$= -\lim_{\delta=0} (\log L(\delta) - (1 - \mathfrak{a} + \mathfrak{d} - \mathfrak{b}) \log\delta) + (1 - \mathfrak{a} + \mathfrak{d} - \mathfrak{b}) \lim_{\delta=0} \left(-\log\delta + \int_{-z+\mathfrak{a}}^{-\delta} \frac{x^s}{s} ds \right)$$

$$= \lim_{\delta=0} \left((1 - \mathfrak{a} + \mathfrak{d} - \mathfrak{b}) \int_{-z+\mathfrak{a}}^{-\delta} \frac{x^s}{s} ds - \log L(\delta) \right)$$

$$= \lim_{\delta=0} \left(\sum_{\mathfrak{r}=0} \int_{-z+\mathfrak{a}}^{-\delta} \frac{x^s}{s} ds - \log L(\delta) \right).$$

Es mögen von jetzt ab unter ϱ nur die nicht reellen Wurzeln verstanden werden, also die $\mathfrak{r}$ ausgesondert bleiben. Dann hat die Anwendung des Cauchyschen Satzes ergeben: Falls I, II, III, IV, von $2 - T_g i$ an nach oben gerechnet, die vier Rechteckseiten bedeuten, dabei III ohne die inzwischen zu durchlaufenden Schnitte, so ist

$$(6) \begin{cases} -\int\limits_{\mathrm{I}} - \int\limits_{\mathrm{II}} - \int\limits_{\mathrm{III}} - \int\limits_{\mathrm{IV}} = 2\pi i \sum\limits_{-T_g < \gamma < T_g} \int\limits_{-z+\mathfrak{a}+\gamma i}^{\varrho} \frac{x^s}{s} ds + 2\pi i \sum\limits_{q=1}^{\frac{z}{2}} \int\limits_{-z+\mathfrak{a}}^{-2q+\mathfrak{a}} \frac{x^s}{s} ds \\ + 2\pi i \sum\limits_{\mathfrak{r}} \lim\limits_{\delta=0} \left(\int\limits_{-z+\mathfrak{a}}^{-\delta} \frac{x^s}{s} ds + \int\limits_{\delta}^{\mathfrak{r}} \frac{x^s}{s} ds \right) - 2\pi i \mathfrak{b} \lim\limits_{\delta=0} \left(\int\limits_{-z+\mathfrak{a}}^{-\delta} \frac{x^s}{s} ds + \int\limits_{\delta}^{1} \frac{x^s}{s} ds \right) \\ + 2\pi i (-\log L(0) + (\mathfrak{e} - \mathfrak{b}) \pi i), \end{cases}$$

wo im Falle

$$L(0) = 0$$

der Punkt 0 nach den früheren Festsetzungen $(1-\mathfrak{a}+\mathfrak{d}-\mathfrak{b})$mal als $\mathfrak{r}$ gerechnet wird ($\mathfrak{e}$ aber doch nur die Anzahl der $\mathfrak{r}>0$ bezeichnet) und unter dem alsdann sinnlosen Komplex

$$(1-\mathfrak{a}+\mathfrak{d}-\mathfrak{b})\lim_{\delta=0}\left(\int_{-z+\mathfrak{a}}^{-\delta}\frac{x^s}{s}ds+\int_{\delta}^{0}\frac{x^s}{s}ds\right)-\log L(0)$$

der Grenzwert

$$\lim_{\delta=0}\left((1-\mathfrak{a}+\mathfrak{d}-\mathfrak{b})\int_{-z+\mathfrak{a}}^{-\delta}\frac{x^s}{s}ds-\log L(\delta)\right)$$

für positives abnehmendes δ verstanden wird, wo $\log L(\delta)$ den Wert am oberen Ufer bezeichnet.

§ 137.

Grenzübergang $z=\infty$.

Ich gehe nun in der Formel (6) des vorigen Paragraphen zur Grenze $z=\infty$ über, wo z ungerade Werte durchläuft. I ist von z unabhängig. Auf III bezeichnet $\log L(s)$ den Wert beim zweiten Teile des Satzes aus § 135 mit einem Fehler, der absolut genommen höchstens das 2πfache der Wurzelzahl im Rechteck, d. h.

$$<2\pi\left(N(T_g)+\overline{N}(T_g)+\frac{z}{2}+\mathfrak{e}+1-\mathfrak{a}+\mathfrak{d}-\mathfrak{b}\right),$$

ist, wo $\overline{N}(T_g)$ die Anzahl der Nullstellen von $\overline{L}(s)$ mit positiver Ordinate $<T_g$ bezeichnet. Daher ist auf III

$$\left|\frac{x^s}{s}\log L(s)\right|$$

$$<\frac{x^{-z+\mathfrak{a}}}{|s|}\left(c_4(z+T_g)\log^2(z+T_g)+2\pi N(T_g)+2\pi\overline{N}(T_g)+\pi z+2\pi(\mathfrak{e}+1-\mathfrak{a}+\mathfrak{d}-\mathfrak{b})\right)$$

$$<c_{10}x^{-z+\mathfrak{a}}\left((z+T_g)\log^2(z+T_g)+N(T_g)+\overline{N}(T_g)\right).$$

Der Integrand hat also gleichmäßig für $z=\infty$ den Limes 0; da die Weglänge von z unabhängig ist, hat das Integral den Limes 0.

Ich behaupte ferner, daß die Integrale über II und IV für $z=\infty$ je einen Limes besitzen und einfach über die unendlichen Geraden $t=\pm T_g$ von $\sigma=2$ bis $\sigma=-\infty$ erstreckt werden können. In der Tat ist nach dem ersten Teil des Satzes aus § 135 für $t=\pm T_g$, $\sigma\leqq 2$

$$(1)\qquad \left|\frac{x^s}{s}\log L(s)\right|<\frac{x^\sigma}{|s|}c_3(3-\sigma)\log^2|s|$$
$$<c_{11}x^\sigma(3-\sigma).$$

Ferner konvergiert in der Formel (6) des vorigen Paragraphen rechts jedes der endlich vielen Glieder

$$\int_{-z+\mathfrak{a}+\gamma i}^{\varrho} \frac{x^s}{s}\, ds$$

gegen

$$\int_{-\infty+\gamma i}^{\varrho} \frac{x^s}{s}\, ds = Li(x^\varrho) \mp \pi i,$$

je nachdem $\gamma > 0$ oder $\gamma < 0$ ist, desgleichen jedes der endlich vielen Glieder

$$\lim_{\delta=0}\left(\int_{-z+\mathfrak{a}}^{-\delta} \frac{x^s}{s}\, ds + \int_{\delta}^{\mathfrak{r}} \frac{x^s}{s}\, ds\right)$$

gegen

$$Li(x^{\mathfrak{r}}).$$

Ferner konvergiert

$$\lim_{\delta=0}\left(\int_{-z+\mathfrak{a}}^{-\delta} \frac{x^s}{s}\, ds + \int_{\delta}^{1} \frac{x^s}{s}\, ds\right)$$

gegen

$$Li(x).$$

Endlich ist, da alle Elemente negativ sind,

$$\lim_{z=\infty} \sum_{q=1}^{\frac{z}{2}} \int_{-z+\mathfrak{a}}^{-2q+\mathfrak{a}} \frac{x^s}{s}\, ds = \sum_{q=1}^{\infty} \int_{-\infty}^{-2q+\mathfrak{a}} \frac{x^s}{s}\, ds$$

$$= -\sum_{q=1}^{\infty} \int_{1}^{\infty} \frac{x^{(-2q+\mathfrak{a})u}}{u}\, du$$

$$= -\int_{1}^{\infty} \frac{x^{\mathfrak{a}u}\, du}{u(x^{2u}-1)}$$

$$= -\int_{x}^{\infty} \frac{y^{\mathfrak{a}}\, dy}{y \log y\, (y^2-1)}$$

$$= -\int_{x}^{\infty} \frac{dy}{y^{1-\mathfrak{a}} \log y\, (y^2-1)}.$$

Der Grenzübergang $z = \infty$ hat also ergeben:

$$(2)\quad \begin{cases} -\mathfrak{b}\,Li(x) + \sum\limits_{-T_g<\gamma<T_g} (Li(x^\varrho) \mp \pi i) - \int\limits_x^\infty \frac{dy}{y^{1-\mathfrak{a}} \log y\,(y^2-1)} \\ + \sum\limits_{\mathfrak{r}} Li(x^{\mathfrak{r}}) - \log L(0) + (\mathfrak{e} - \mathfrak{b})\pi i \\ = -\frac{1}{2\pi i}\left(\int\limits_{-\infty - T_g i}^{2 - T_g i} \frac{x^s}{s} \log L(s)\,ds + \int\limits_{2 - T_g i}^{2 + T_g i} \frac{x^s}{s} \log L(s)\,ds + \int\limits_{2 + T_g i}^{-\infty + T_g i} \frac{x^s}{s} \log L(s)\,ds\right). \end{cases}$$

Hierin bedeutet im Falle

$$L(0) = 0$$

der sinnlose Komplex

$$(1 - \mathfrak{a} + \mathfrak{d} - \mathfrak{b})\,Li(x^0) - \log L(0)$$

den Grenzwert

$$\lim_{\delta = 0}\left((1 - \mathfrak{a} + \mathfrak{d} - \mathfrak{b}) \int\limits_{-\infty}^{-\delta} \frac{x^s}{s}\,ds - \log L(\delta)\right);$$

derselbe kann auch in die Form

$$\lim_{\delta = 0}\left((1 - \mathfrak{a} + \mathfrak{d} - \mathfrak{b})\,Li(x^\delta) - \log L(\delta)\right)$$

gesetzt werden; in der Tat ist[1])

$$\lim_{\delta = 0}\left(\int\limits_{-\infty}^{-\delta} \frac{x^s}{s}\,ds - Li(x^\delta)\right) = 0.$$

§ 138.

Grenzübergang $g = \infty$ und Endformel.

Jetzt gehe ich zur Grenze $g = \infty$ über. Das zweite Integral auf der rechten Seite von § 137, (2) konvergiert nach § 133 gegen $2\pi i f(x)$.

1) Denn es ist

$$Li(x^\delta) = \lim_{\varepsilon = 0}\left(\int\limits_{-\infty}^{-\varepsilon} \frac{x^s}{s}\,ds + \int\limits_{\varepsilon}^{\delta} \frac{x^s}{s}\,ds\right),$$

also

$$\int\limits_{-\infty}^{-\delta} \frac{x^s}{s}\,ds - Li(x^\delta) = -\lim_{\varepsilon = 0}\left(\int\limits_{-\delta}^{-\varepsilon} \frac{x^s}{s}\,ds + \int\limits_{\varepsilon}^{\delta} \frac{x^s}{s}\,ds\right);$$

dies hat für $\delta = 0$ den Limes 0, da für $\delta > 0$, $\varepsilon > 0$

$$\int\limits_{-\delta}^{-\varepsilon} \frac{ds}{s} + \int\limits_{\varepsilon}^{\delta} \frac{ds}{s} = 0$$

ist.

Das erste und dritte Integral rechts konvergieren gegen Null, da nach § 137, (1) auf dem Wege

$$\left|\frac{x^s}{s}\log L(s)\right| < \frac{x^\sigma}{|s|} c_3 (3-\sigma)\log^2|s|$$
$$< c_{12}\frac{\log^2 T_g}{T_g} x^\sigma (3-\sigma),$$

also der Wert jedes der beiden Integrale absolut genommen

$$< c_{12}\frac{\log^2 T_g}{T_g}\int_{-\infty}^{2} x^\sigma (3-\sigma)\,d\sigma$$

ist, was für $g = \infty$ den Limes 0 hat.

Daher erhalte ich

$$f(x) = \mathfrak{b}\,Li(x) - \lim_{g=\infty}\sum_{-T_g<\gamma<T_g}(Li(x^\varrho) \mp \pi i)$$
$$+\int_x^\infty \frac{dy}{y^{1-a}\log y\,(y^2-1)} - \sum_{\mathfrak{r}} Li(x^{\mathfrak{r}}) + \log L(0) + (\mathfrak{b}-\mathfrak{e})\pi i;$$

da hiermit die Existenz von

$$\lim_{g=\infty}\sum_{-T_g<\gamma<T_g}(Li(x^\varrho) \mp \pi i)$$

bewiesen ist, folgt nunmehr leicht die Konvergenz der nach absolut wachsenden γ geordneten Reihe

$$\sum_\varrho (Li(x^\varrho) \mp \pi i);$$

denn es ist

$$\lim_{g=\infty}\sum_{g\leqq|\gamma|\leqq g+1}|Li(x^\varrho) \mp \pi i| = 0$$

wegen

$$|Li(x^\varrho) \mp \pi i| = \left|\int_{-\infty+\gamma i}^{\varrho}\frac{x^s}{s}\,ds\right|$$
$$\leqq \int_{-\infty}^{1}\frac{x^\sigma}{g}\,d\sigma$$
$$= \frac{x}{g\log x}$$

und Satz 1 des § 134.

Damit ist die Endformel bewiesen:

$$f(x)=\mathfrak{b}\,Li(x)-\sum_{\varrho}(Li(x^{\varrho})\mp\pi i)+\int_x^{\infty}\frac{dy}{y^{1-\mathfrak{a}}\log y\,(y^2-1)}$$

$$-\sum_{\mathfrak{r}}Li(x^{\mathfrak{r}})+\log L(0)+(\mathfrak{b}-\mathfrak{e})\pi i,$$

wo, um es nochmals zu sagen, im Falle

$$L(0)=0$$

unter

$$-(1-\mathfrak{a}+\mathfrak{d}-\mathfrak{b})\,Li(x^0)+\log L(0)$$

der Grenzwert

$$\lim_{\delta=0}\left(-(1-\mathfrak{a}+\mathfrak{d}-\mathfrak{b})\,Li(x^{\delta})+\log L(\delta)\right)$$

zu verstehen ist und $\mathfrak{a}$, $\mathfrak{b}$, $\mathfrak{d}$, $\mathfrak{e}$ folgende Bedeutungen haben:

$\mathfrak{a}=0$ für $\chi(-1)=1$,
$\mathfrak{a}=1$ für $\chi(-1)=-1$;
$\mathfrak{b}=1$ für den Hauptcharakter,
$\mathfrak{b}=0$ für jeden anderen Charakter;
$\mathfrak{d}=$ der Anzahl derjenigen in k aufgehenden Primzahlen, für welche $X(p)=1$ ist;
$\mathfrak{e}=$ der Anzahl der positiven Wurzeln von $L(s)$,

und wo $\log L(0)$ bzw. $\log L(\delta)$ den Wert bei Fortsetzung längs der reellen Achse mit Ausbuchtungen nach oben um die singulären Punkte bezeichnet.

Vierunddreißigstes Kapitel.

Genauere Abschätzung von $N(T)$.

§ 139.

Reduktion auf $N_0(T)$.

Ich will jetzt $N(T)$ analog zum Kapitel 20 möglichst genau abschätzen. Für den Hauptcharakter ist offenbar $N(T)$ das alte $N(T)$ plus der Anzahl der Wurzeln der endlich vielen Faktoren

$$1-\frac{1}{p^s}$$

mit positiver Ordinate $\leqq T$; da jeder solche Faktor

$$\frac{\log p}{2\pi}T+O(1)$$

Nullstellen im Ordinatenintervall

$$0 < t \leqq T$$

hat, ist

$$N(T) = \frac{1}{2\pi} T \log T - \frac{1 + \log(2\pi) - \sum_{\nu=1}^{c} \log p_\nu}{2\pi} T + O(\log T).$$

Dasselbe Resultat

$$N(T) = \frac{1}{2\pi} T \log T + AT + O(\log T)$$

mit konstantem A werde ich für jedes andere $L(s)$ erhalten. Da die Anzahl der Nullstellen von

$$\prod_{\nu=1}^{c} \left(1 - \frac{\varepsilon_\nu}{p_\nu^s}\right)$$

im Ordinatenintervall

$$0 < t \leqq T$$

offenbar

$$\frac{\sum_{\nu=1}^{c} \log p_\nu}{2\pi} T + O(1)$$

ist, habe ich also nur zu beweisen, daß die Anzahl $N_0(T)$ der Nullstellen ϱ von $\xi(s)$ mit positiver Ordinate $\leqq T$ die Gestalt hat:

$$N_0(T) = \frac{1}{2\pi} T \log T + A_0 T + O(\log T),$$

wo A_0 eine Konstante ist, die ich überdies bestimmen werde.

Darin liegt speziell enthalten, daß

$$\sum_\varrho \frac{1}{|\varrho|},$$

über alle Wurzeln von $\xi(s)$ erstreckt, divergiert, wie in § 130 angekündigt wurde und sich im übrigen auch direkt beweisen ließe[1].

---

1) Im Falle der Konvergenz jener Reihe wäre nämlich, $|s| = r$ gesetzt,

$$\left|\prod_\varrho \left(1 - \frac{s}{\varrho}\right)\right| \leqq \prod_\varrho \left(1 + \frac{r}{|\varrho|}\right)$$

$$\leqq e^{r \sum_\varrho \frac{1}{|\varrho|}},$$

also nach § 130, (2)

$$\xi(s, \chi) = O\left(e^{c_1 r}\right),$$

woraus wie dort ein Widerspruch folgt.

§ 140.

Beweis des Satzes über $N_0(T)$.

Es darf ohne Beschränkung der Allgemeinheit angenommen werden, daß T keine Nullstellenordinate ist. $\delta > 0$ sei kleiner als alle positiven Nullstellenordinaten gewählt. Dann ist

$$2\pi N_0(T) = \Im \int \frac{\xi'(s)}{\xi(s)}\, ds,$$

wo das Integral in positivem Sinne über das Rechteck mit den Ecken $2+\delta i$, $2+Ti$, $-1+Ti$, $-1+\delta i$ erstreckt ist.

Das untere Stück $(-1+\delta i \cdots 2+\delta i)$ ist von T unabhängig.

Auf dem rechten Stück $(2+\delta i \cdots 2+Ti)$ ist wegen der aus § 130, (9) fließenden Identität ($\mathfrak{b}$ ist hier 0)

$$(1) \quad \frac{L'(s)}{L(s)} = \frac{1}{2}\log\frac{\pi}{K} + \sum_{\nu=1}^{\mathfrak{c}} \sum_{m=1}^{\infty} \frac{\varepsilon_\nu^m \log p_\nu}{p_\nu^{ms}} - \frac{1}{2}\,\frac{\Gamma'\left(\frac{s+\mathfrak{a}}{2}\right)}{\Gamma\left(\frac{s+\mathfrak{a}}{2}\right)} + \frac{\xi'(s)}{\xi(s)}$$

nach dem Satz 3 des § 90 über $\Gamma(s)$ und, weil $\frac{L'(s)}{L(s)}$ links und das zweite Glied rechts absolut konvergente Dirichletsche Reihen sind,

$$\Im \int_{2+\delta i}^{2+Ti} \frac{\xi'(s)}{\xi(s)}\, ds = O(1) + \Im \int_{2}^{2+Ti} \frac{\xi'(s)}{\xi(s)}\, ds$$

$$= -\frac{1}{2} T \log\frac{\pi}{K} + \frac{T}{2}\log\frac{T}{2} - \frac{T}{2} + O(\log T).$$

Auf dem linken Stück $(-1+Ti \cdots -1+\delta i)$ ist wegen

$$\frac{\xi'(s)}{\xi(s)} = -\frac{\bar{\xi}'(1-s)}{\bar{\xi}(1-s)}$$

$$\Im \int_{-1+Ti}^{-1+\delta i} \frac{\xi'(s)}{\xi(s)}\, ds = O(1) + \Im \int_{-1+Ti}^{-1} \frac{\xi'(s)}{\xi(s)}\, ds$$

$$= O(1) - \Im \int_{-1+Ti}^{-1} \frac{\bar{\xi}'(1-s)}{\bar{\xi}(1-s)}\, ds$$

$$= O(1) + \Im \int_{2-Ti}^{2} \frac{\bar{\xi}'(s)}{\bar{\xi}(s)}\, ds,$$

also nach der obigen Rechnung, die natürlich in der unteren Halbebene ebenso verläuft,

$$= -\frac{1}{2} T \log \frac{\pi}{K} + \frac{T}{2} \log \frac{T}{2} - \frac{T}{2} + O(\log T).$$

Auf dem horizontalen Stück oben $(2 + Ti \cdots -1 + Ti)$ ist, wenn ϱ alle Wurzeln von $\xi(s)$ durchläuft, nach § 130, (2)

$$\frac{\xi'(s)}{\xi(s)} = B + \sum_{\varrho} \left(\frac{1}{s-\varrho} + \frac{1}{\varrho}\right)$$

$$= B + \sum_{|T-\gamma| \geqq 1} \left(\frac{1}{s-\varrho} + \frac{1}{\varrho}\right) + \sum_{|T-\gamma| < 1} \left(\frac{1}{s-\varrho} + \frac{1}{\varrho}\right).$$

Nach (1) ist für $s = 2 + Ti$

$$\frac{\xi'(s)}{\xi(s)} = O(\log T),$$

$$\sum_{\varrho} \left(\frac{1}{s-\varrho} + \frac{1}{\varrho}\right) = O(\log T),$$

also, obgleich hier ϱ im Gegensatz zu § 134 nur die Wurzeln von $\xi(s)$, nicht auch die von

$$\prod_{\nu=1}^{c} \left(1 - \frac{\varepsilon_\nu}{p_\nu^s}\right)$$

(exkl. eventuell $s = 0$) durchläuft, hier (wie beim Satz 3 dort) auf dem horizontalen Wege

$$\sum_{|T-\gamma| \geqq 1} \left(\frac{1}{s-\varrho} + \frac{1}{\varrho}\right) = O(\log T);$$

ferner hat

$$\sum_{|T-\gamma| < 1} \left(\frac{1}{s-\varrho} + \frac{1}{\varrho}\right)$$

nur $O(\log T)$ Glieder, so daß

$$\Im \int_{2+Ti}^{-1+Ti} \sum_{|T-\gamma|<1} \left(\frac{1}{s-\varrho} + \frac{1}{\varrho}\right) ds = \sum_{|T-\gamma|<1} \left(\Im \int_{2+Ti}^{-1+Ti} \frac{ds}{s-\varrho} + \Im\left(\frac{-3}{\varrho}\right)\right)$$

$$= O(\log T)$$

ist. Das obere Stück liefert also den Beitrag

$$O(\log T)$$

und damit die Endformel

$$N_0(T) = \frac{1}{2\pi} T \log T - \frac{1 + \log \frac{2\pi}{K}}{2\pi} T + O(\log T).$$

Achter Teil.

Anwendungen der Theorie der Primzahlen in einer arithmetischen Progression.

Fünfunddreißigstes Kapitel.

Über die Zerlegung der Zahlen in Quadrate.

§ 141.

Hilfssätze aus der Theorie der definiten binären quadratischen Formen.

In diesem Kapitel und in den zwei nächsten, welche ja nur Beispiele für die Anwendbarkeit der Primzahltheorie sein sollen und später nicht weiter benutzt werden, mache ich ausnahmsweise Gebrauch von der — in jedem Lehrbuche der niederen Zahlentheorie behandelten — Theorie der quadratischen Reste. Aus einem in den elementaren Lehrbüchern nicht behandelten Kapitel, dem von der Reduktion der definiten ternären quadratischen Formen, entwickle ich in extenso alles, was ich hier brauche; da ich zur Einführung doch aus der Theorie der definiten binären quadratischen Formen das Erforderliche analog beweise, braucht dem Leser über binäre quadratische Formen (wenngleich sie in den Elementen behandelt zu werden pflegen) nichts bekannt zu sein.

Definition: Wenn a, b, c ganze Zahlen, x und y ganzzahlige Variable sind, heißt

$$ax^2 + 2bxy + cy^2$$

eine binäre quadratische Form und wird mit

$$(a, b, c)$$

bezeichnet[1].

Führt man statt x und y neue Variable durch die Gleichungen mit ganzzahligen Koeffizienten

$$x = \alpha\xi + \beta\eta,$$
$$y = \gamma\xi + \delta\eta$$

1) Es liegt wohl keine Gefahr der Verwechselung mit der Bezeichnung (u, v) des größten gemeinsamen Teilers zweier Zahlen vor.

ein, so wird

$$ax^2+2bxy+cy^2=a(\alpha\xi+\beta\eta)^2+2b(\alpha\xi+\beta\eta)(\gamma\xi+\delta\eta)+c(\gamma\xi+\delta\eta)^2$$
$$=(a\alpha^2+2b\alpha\gamma+c\gamma^2)\xi^2+2(a\alpha\beta+b(\alpha\delta+\beta\gamma)+c\gamma\delta)\xi\eta+(a\beta^2+2b\beta\delta+c\delta^2)\eta^2;$$

d. h. durch die Substitution

$$\begin{pmatrix}\alpha & \beta\\ \gamma & \delta\end{pmatrix}$$

geht die Form (a, b, c) in (a', b', c') über, wo zur Abkürzung

$$a' = a\alpha^2 + 2b\alpha\gamma + c\gamma^2,$$
$$b' = a\alpha\beta + b(\alpha\delta + \beta\gamma) + c\gamma\delta,$$
$$c' = a\beta^2 + 2b\beta\delta + c\delta^2$$

gesetzt ist. In der Sprache des Matrizenkalküls schreibt man dafür kürzer und eleganter

(1) $$\begin{pmatrix}a' & b'\\ b' & c'\end{pmatrix} = \begin{pmatrix}\alpha & \gamma\\ \beta & \delta\end{pmatrix}\begin{pmatrix}a & b\\ b & c\end{pmatrix}\begin{pmatrix}\alpha & \beta\\ \gamma & \delta\end{pmatrix},$$

kurz

$$\begin{pmatrix}a' & b'\\ b' & c'\end{pmatrix} = S'\begin{pmatrix}a & b\\ b & c\end{pmatrix}S,$$

wo S' die aus S transponierte Substitution bezeichnet; in der Tat ist ja

$$a' = \alpha(a\alpha + b\gamma) + \gamma(b\alpha + c\gamma),$$
$$b' = \alpha(a\beta + b\delta) + \gamma(b\beta + c\delta)$$
$$= \beta(a\alpha + b\gamma) + \delta(b\alpha + c\gamma),$$
$$c' = \beta(a\beta + b\delta) + \delta(b\beta + c\delta).$$

Wenn

$$D = \begin{vmatrix}a & b\\ b & c\end{vmatrix}$$

die Diskriminante[1)] der Form (a, b, c) genannt wird, ist also für die Form (a', b', c')

$$D' = \begin{vmatrix}a & b\\ b & c\end{vmatrix}\begin{vmatrix}\alpha & \beta\\ \gamma & \delta\end{vmatrix}^2.$$

Insbesondere: Wenn die Substitutionsdeterminante

$$\begin{vmatrix}\alpha & \beta\\ \gamma & \delta\end{vmatrix} = 1$$

1) Es ist für die folgende Anwendung auf ternäre Formen zweckmäßig, hier $ac - b^2$ statt des in der niederen Zahlentheorie üblichen $bc - a^2$ als Diskriminante zu bezeichnen.

ist, ist

$$D' = D.$$

Definition: Zwei Formen (a, b, c), (a', b', c') heißen äquivalent, wenn es eine Substitution

$$S = \begin{pmatrix} \alpha & \beta \\ \gamma & \delta \end{pmatrix}$$

mit der Determinante 1 gibt, durch welche die erste in die zweite übergeht.

Diese Definition ist offenbar symmetrisch; denn aus (1) folgt im Falle

$$D = 1,$$

da alsdann

$$\begin{pmatrix} \alpha & \beta \\ \gamma & \delta \end{pmatrix}^{-1} = \begin{pmatrix} \delta & -\beta \\ -\gamma & \alpha \end{pmatrix},$$

$$\begin{pmatrix} \alpha & \gamma \\ \beta & \delta \end{pmatrix}^{-1} = \begin{pmatrix} \delta & -\gamma \\ -\beta & \alpha \end{pmatrix}$$

ist, die Gleichung

$$\begin{pmatrix} a & b \\ c & d \end{pmatrix} = \begin{pmatrix} \delta & -\gamma \\ -\beta & \alpha \end{pmatrix} \begin{pmatrix} a' & b' \\ b' & c' \end{pmatrix} \begin{pmatrix} \delta & -\beta \\ -\gamma & \alpha \end{pmatrix},$$

wo auch

$$\begin{vmatrix} \delta & -\beta \\ -\gamma & \alpha \end{vmatrix} = 1$$

ist. Nach dem Vorangehenden haben äquivalente Formen jedenfalls dieselbe Diskriminante.

Die Definition der Äquivalenz erfüllt ferner die Bedingung, daß jede Form sich selbst äquivalent ist; denn (a, b, c) geht durch die Substitution $\begin{pmatrix} 1 & 0 \\ 0 & 1 \end{pmatrix}$ in sich über:

$$\begin{pmatrix} 1 & 0 \\ 0 & 1 \end{pmatrix} \begin{pmatrix} a & b \\ b & c \end{pmatrix} \begin{pmatrix} 1 & 0 \\ 0 & 1 \end{pmatrix} = \begin{pmatrix} a & b \\ b & c \end{pmatrix}.$$

Es besteht ferner der

Satz: Wenn zwei Formen einer dritten äquivalent sind, sind sie untereinander äquivalent.

Beweis: Es seien (a, b, c), (a', b', c'), (a'', b'', c'') die Formen. Die Substitution S führe (a, b, c) in (a', b', c') über; die Substitution T führe (a', b', c') in (a'', b'', c'') über. S und T sollen die Determinante 1 haben. Dann ergibt sich

$$\begin{pmatrix} a' & b' \\ b' & c' \end{pmatrix} = S' \begin{pmatrix} a & b \\ c & d \end{pmatrix} S,$$

$$\begin{aligned} \begin{pmatrix} a'' & b'' \\ b'' & c'' \end{pmatrix} &= T' \begin{pmatrix} a' & b' \\ c' & d' \end{pmatrix} T \\ &= T' S' \begin{pmatrix} a & b \\ c & d \end{pmatrix} S T \\ &= (S T)' \begin{pmatrix} a & b \\ c & d \end{pmatrix} S T, \end{aligned}$$

wo ST eine ganzzahlige Substitution mit der Determinante 1 ist.

Alle Formen der Diskriminante D zerfallen also in Klassen äquivalenter Formen.

Zwei äquivalente Formen stellen gewiß dieselben Zahlen dar.

Uns interessiert hier nur der Fall

$$D > 0,$$

d. h.

$$ac - b^2 > 0.$$

Alsdann ist stets

$$a \neq 0, \ c \neq 0,$$

ferner

$$\begin{aligned} a(ax^2 + 2bxy + cy^2) &= (ax + by)^2 + Dy^2 \\ &\geqq 0; \end{aligned}$$

die quadratische Form stellt also außer 0 entweder nur positive oder nur negative Zahlen dar, je nach dem Vorzeichen von a; sie stellt 0 nur für $x = 0$, $y = 0$ dar. Es genügt, den ersteren Fall zu betrachten, da mit (a, b, c) die Form $(-a, -b, -c)$ dieselbe Diskriminante hat. Umgekehrt ist ausschließlich im Falle

$$D > 0, \ a > 0$$

die Form so beschaffen, daß sie nur Zahlen $\geqq 0$ darstellt und die Zahl 0 nur für das eine Wertsystem

$$x = 0, \ y = 0;$$

dies folgt unmittelbar aus

$$a(ax^2 + 2bxy + cy^2) = (ax + by)^2 + Dy^2.$$

Im Falle

$$D > 0, \ a > 0$$

sprechen wir von definit-positiven (binären ganzzahligen quadratischen), kurz definiten Formen positiver Diskriminante[1]).

1) Definit-positiv, d. h. beständig $\geqq 0$ wäre jede Form, die den Bedingungen $D \geqq 0$, $a > 0$ oder $D = 0$, $a = 0$, $c \geqq 0$ genügt.

Satz: Jede definite Form (a, b, c) positiver Diskriminante ist äquivalent zu mindestens einer Form (a', b', c'), wo

$$2\,|b'| \leqq a' \leqq c'$$

ist.

Beweis: Es sei a'' die kleinste positive durch die gegebene Form darstellbare Zahl. Dann gibt es zwei ganze Zahlen α, γ, so daß

$$a'' = a\alpha^2 + 2b\alpha\gamma + c\gamma^2$$

ist. Hierin sind α und γ teilerfremd; denn, wenn sie einen gemeinsamen Teiler $d > 1$ hätten, so wäre

$$\frac{a''}{d^2} = a\left(\frac{\alpha}{d}\right)^2 + 2b\,\frac{\alpha}{d}\,\frac{\gamma}{d} + c\left(\frac{\gamma}{d}\right)^2$$

durch die gegebene Form darstellbar, also a'' nicht die kleinste solche Zahl.

Es sind daher β und δ so bestimmbar, daß

$$\alpha\delta - \beta\gamma = 1$$

ist. Durch die Substitution $\begin{pmatrix}\alpha & \beta\\ \gamma & \delta\end{pmatrix}$ geht also (a, b, c) in (a'', b'', c'') über, wo a'' die kleinste positive darstellbare Zahl ist. Nun werde auf (a'', b'', c'') eine Substitution $\begin{pmatrix}1 & \beta''\\ 0 & 1\end{pmatrix}$ angewendet, die jedenfalls die Determinante 1 hat und in der über β'' noch verfügt werden wird. Sie liefert (a', b', c'), wo

$$a' = a'',$$
$$b' = a''\beta'' + b''$$

ist. Der erste Koeffizient a' bleibt also die kleinste darstellbare Zahl. Ich kann über β'' so verfügen, daß

$$|b'| \leqq \frac{a''}{2}$$
$$= \frac{a'}{2}$$

ist. Da c'' durch (a', b', c') darstellbar ist, ist

$$a' \leqq c';$$

daher ist

$$2\,|b'| \leqq a' \leqq c';$$

also sind die verlangten Ungleichungen erfüllt.

Definition: Eine definite Form (a, b, c) positiver Diskriminante heißt reduziert, wenn

$$2|b| \leqq a \leqq c$$

ist.

Wir haben also bewiesen, daß jede Form mindestens einer reduzierten äquivalent ist, d. h., daß jede Klasse mindestens eine reduzierte Form enthält.

Satz: In jeder reduzierten Form ist

$$a \leqq \frac{2}{\sqrt{3}} \sqrt{D}.$$

Beweis: Aus

$$ac - b^2 = D$$

folgt nach den Reduktionsrelationen

$$\begin{aligned} a^2 &\leqq ac \\ &= b^2 + D \\ &\leqq \frac{a^2}{4} + D, \\ \tfrac{3}{4} a^2 &\leqq D, \\ a &\leqq \frac{2}{\sqrt{3}} \sqrt{D}. \end{aligned}$$

Speziell für

$$D = 1$$

ist also bei jeder reduzierten Form

$$\begin{aligned} a &\leqq \frac{2}{\sqrt{3}}, \\ a &= 1, \\ |b| &\leqq \frac{a}{2} \\ &= \frac{1}{2}, \\ b &= 0, \\ c &= \frac{b^2 + 1}{a} \\ &= 1; \end{aligned}$$

d. h. es gibt nur eine reduzierte Form der Diskriminante 1, nämlich $(1, 0, 1)$. Jede durch eine Form der Diskriminante 1 darstellbare positive Zahl ist daher durch die Form $x^2 + y^2$ darstellbar, d. h. in zwei Quadrate zerlegbar.

Das genügt für uns; um aber nicht an der interessantesten Stelle dieser Theorie abzubrechen, möchte ich doch dem in der Theorie der quadratischen Formen nicht bewanderten Leser mitteilen, daß der letzte Satz wegen

$$\begin{aligned} 2\,|b| &\leqq a \\ &\leqq \frac{2}{\sqrt{3}}\sqrt{D}, \\ c &= \frac{b^2+D}{a} \end{aligned}$$

unmittelbar liefert: Zu jedem $D > 0$ gibt es nur endlich viele reduzierte Formen; folglich ist die Klassenzahl der zu einer gegebenen positiven Diskriminante gehörigen definiten binären quadratischen Formen endlich.

§ 142.

Hilfssätze über definite ternäre quadratische Formen.

Definition: Wenn

$$\begin{pmatrix} a_{11} & a_{12} & a_{13} \\ a_{21} & a_{22} & a_{23} \\ a_{31} & a_{32} & a_{33} \end{pmatrix}$$

eine symmetrische Matrix ist, in der also

$$a_{12} = a_{21},\ a_{13} = a_{31},\ a_{23} = a_{32}$$

ist, heißt

$$\sum_{\mu,\nu=1}^{3} a_{\mu\nu} x_\mu x_\nu = a_{11}x_1^2 + 2a_{12}x_1x_2 + a_{22}x_2^2 + 2a_{13}x_1x_3 + 2a_{23}x_2x_3 + a_{33}x_3^2$$

eine ternäre quadratische Form.

Koeffizienten und Variable sind bei den vorliegenden Betrachtungen ganze Zahlen.

Durch die Substitution

$$S = \begin{pmatrix} \alpha_{11} & \alpha_{12} & \alpha_{13} \\ \alpha_{21} & \alpha_{22} & \alpha_{23} \\ \alpha_{31} & \alpha_{32} & \alpha_{33} \end{pmatrix},$$

deren Elemente ganzzahlig seien, d. h. durch die Gleichungen

$$\begin{aligned} x_1 &= \alpha_{11}\xi_1 + \alpha_{12}\xi_2 + \alpha_{13}\xi_3, \\ x_2 &= \alpha_{21}\xi_1 + \alpha_{22}\xi_2 + \alpha_{23}\xi_3, \\ x_3 &= \alpha_{31}\xi_1 + \alpha_{32}\xi_2 + \alpha_{33}\xi_3 \end{aligned}$$

geht die Form in die neue Form

$$\sum_{\mu,\nu=1}^{3} a'_{\mu\nu}\xi_\mu\xi_\nu$$

über, wo

(1)
$$\begin{pmatrix} a'_{11} & a'_{12} & a'_{13} \\ a'_{21} & a'_{22} & a'_{23} \\ a'_{31} & a'_{32} & a'_{33} \end{pmatrix} = S' \begin{pmatrix} a_{11} & a_{12} & a_{13} \\ a_{21} & a_{22} & a_{23} \\ a_{31} & a_{32} & a_{33} \end{pmatrix} S$$

ist, wie aus

$$\sum_{\mu,\nu=1}^{3} a_{\mu\nu}x_\mu x_\nu = \sum_{\mu,\nu=1}^{3} a_{\mu\nu}\sum_{\varrho=1}^{3}\alpha_{\mu\varrho}\xi_\varrho\sum_{\sigma=1}^{3}\alpha_{\nu\sigma}\xi_\sigma,$$

$$a'_{\varrho\sigma} = \sum_{\mu,\nu=1}^{3}\alpha_{\mu\varrho}a_{\mu\nu}\alpha_{\nu\sigma}$$

unmittelbar ersichtlich ist.

Wenn

$$\begin{vmatrix} a_{11} & a_{12} & a_{13} \\ a_{21} & a_{22} & a_{23} \\ a_{31} & a_{32} & a_{33} \end{vmatrix} = D$$

gesetzt und die Diskriminante der Form genannt wird, ist im Falle

$$|S| = 1$$

die Diskriminante der neuen Form

$$\begin{aligned} D' &= 1 \cdot D \cdot 1 \\ &= D. \end{aligned}$$

Definition: Zwei Formen heißen äquivalent, wenn es eine Substitution der Determinante 1 gibt, welche die eine in die andere überführt.

Äquivalente Formen haben also dieselbe Diskriminante; in der Definition der Äquivalenz treten beide Formen gleichberechtigt auf, da aus (1) offenbar

$$\begin{pmatrix} a_{11} & a_{12} & a_{13} \\ a_{21} & a_{22} & a_{23} \\ a_{31} & a_{32} & a_{33} \end{pmatrix} = (S^{-1})' \begin{pmatrix} a'_{11} & a'_{12} & a'_{13} \\ a'_{21} & a'_{22} & a'_{23} \\ a'_{31} & a'_{32} & a'_{33} \end{pmatrix} S^{-1}$$

folgt und

$$|S^{-1}| = 1$$

ist.

Wie bei binären Formen erfüllt auch hier die Definition der Äquivalenz die ferneren Bedingungen:

1. Jede Form ist zu sich selbst äquivalent.

2. Zwei Formen, die einer dritten äquivalent sind, sind unter einander äquivalent.

Alle Formen der Diskriminante D zerfallen also in Klassen äquivalenter Formen.

Zwei äquivalente Formen stellen natürlich dieselben Zahlen dar.

Es sei nun eine gegebene Form

$$F(x_1, x_2, x_3) = \sum_{\mu, \nu = 1}^{3} a_{\mu\nu} x_\mu x_\nu$$

so beschaffen, daß sie nur Zahlen $\geqq 0$ darstellt und die Zahl 0 nur für das eine Wertsystem

$$x_1 = 0, \; x_2 = 0, \; x_3 = 0.$$

Wann tritt dies ein? Es ist

$$a_{11} F = (a_{11} x_1 + a_{12} x_2 + a_{13} x_3)^2 + (a_{11} a_{22} - a_{12}^2) x_2^2 \\ + 2(a_{11} a_{23} - a_{12} a_{13}) x_2 x_3 + (a_{11} a_{33} - a_{13}^2) x_3^2.$$

Notwendig ist

$$a_{11} > 0;$$

denn a_{11} ist eine darstellbare Zahl, also $\geqq 0$, und, wenn

$$a_{11} = 0$$

wäre, so wäre 0 auch für

$$x_1 = 1, \; x_2 = 0, \; x_3 = 0$$

darstellbar. Es muß ferner

$$(a_{11} a_{22} - a_{12}^2) x_2^2 + 2(a_{11} a_{23} - a_{12} a_{13}) x_2 x_3 + (a_{11} a_{33} - a_{13}^2) x_3^2$$

eine definite positive binäre Form mit positiver Diskriminante sein; denn, wäre diese Form einmal $\leqq 0$, ohne daß x_2 und x_3 beide verschwinden, so träte dies gewiß auch für ein solches System ein, für das

$$a_{11} x_1 + a_{12} x_2 + a_{13} x_3 = 0$$

nach x_1 ganzzahlig auflösbar wäre; F wäre also entweder negativer Werte fähig oder, ohne daß gleichzeitig

$$x_1 = x_2 = x_3 = 0$$

ist, des Wertes 0 fähig. Folglich ist notwendig:

1) $a_{11} > 0$,

2) $a_{11} a_{22} - a_{12}^2 > 0$,

3) Die Diskriminante der quadratischen Form > 0.

Offenbar sind diese Bedingungen 1), 2), 3) zusammen auch hinreichend.

Die Diskriminante der quadratischen Form ist

$$(a_{11}a_{22}-a_{12}^2)(a_{11}a_{33}-a_{13}^2)-(a_{11}a_{23}-a_{12}a_{13})^2$$
$$=a_{11}^2a_{22}a_{33}-a_{11}a_{12}^2a_{33}-a_{11}a_{22}a_{13}^2+a_{12}^2a_{13}^2-a_{11}^2a_{23}^2+2a_{11}a_{12}a_{13}a_{23}-a_{12}^2a_{13}^2$$
$$=a_{11}(a_{11}a_{22}a_{33}-a_{11}a_{23}^2+2a_{12}a_{13}a_{23}-a_{12}^2a_{33}-a_{13}^2a_{22})$$
$$=a_{11}D.$$

Die Bedingungen lauten also:

$$1)\quad a_{11}>0,$$

$$2)\quad \begin{vmatrix} a_{11} & a_{12} \\ a_{21} & a_{22} \end{vmatrix} > 0,$$

$$3)\quad \begin{vmatrix} a_{11} & a_{12} & a_{13} \\ a_{21} & a_{22} & a_{23} \\ a_{31} & a_{32} & a_{33} \end{vmatrix} > 0.$$

Satz: Jede ternäre Form, welche nur dann verschwindet, wenn alle Variabeln 0 sind, und sonst positiv ist, ist mindestens einer Form

$$F(\xi_1, \xi_2, \xi_3)=\sum_{\mu,\nu=1}^{3} a_{\mu\nu}\xi_\mu\xi_\nu$$

äquivalent, wo

$$a_{11}\leqq \frac{4}{3}\sqrt[3]{D},$$
$$2\,|a_{12}|\leqq a_{11},$$
$$2\,|a_{13}|\leqq a_{11}$$

ist und

$$a_{11}F-(a_{11}\xi_1+a_{12}\xi_2+a_{13}\xi_3)^2$$

eine reduzierte quadratische Form ist.

Beweis: Man kann zunächst die gegebene Form durch eine ersetzen, in welcher der erste Koeffizient die kleinste darstellbare positive Zahl ist. Denn, wenn a'_{11} diese Zahl ist, so sind die darstellenden Zahlen $\alpha_{11}, \alpha_{21}, \alpha_{31}$ in

$$a'_{11}=F(\alpha_{11}, \alpha_{21}, \alpha_{31})$$

teilerfremd, da sonst schon

$$\frac{a'_{11}}{d^2}\quad (d>1)$$

darstellbar wäre. Hierzu sind also die sechs anderen $\alpha_{\mu\nu}$ so bestimmbar, daß

$$\begin{pmatrix} \alpha_{11} & \alpha_{12} & \alpha_{13} \\ \alpha_{21} & \alpha_{22} & \alpha_{23} \\ \alpha_{31} & \alpha_{32} & \alpha_{33} \end{pmatrix}$$

eine Substitution mit der Determinante 1 ist. Denn, wenn der größte gemeinsame Teiler von α_{11} und α_{21}

$$(\alpha_{11}, \alpha_{21}) = g$$

gesetzt wird, so bestimme man zunächst α_{12} und α_{22} so, daß

$$\alpha_{11}\alpha_{22} - \alpha_{12}\alpha_{21} = g$$

ist, und, was wegen

$$(g, \alpha_{31}) = 1$$

möglich ist, k und q so, daß

$$gk - \alpha_{31}q = 1$$

ist. Dann ist

$$\begin{vmatrix} \alpha_{11} & \alpha_{12} & \frac{\alpha_{11}}{g}q \\ \alpha_{21} & \alpha_{22} & \frac{\alpha_{21}}{g}q \\ \alpha_{31} & 0 & k \end{vmatrix} = \alpha_{31}\left(\frac{\alpha_{12}\alpha_{21}}{g}q - \frac{\alpha_{11}\alpha_{22}}{g}q\right) + k(\alpha_{11}\alpha_{22} - \alpha_{12}\alpha_{21})$$

$$= kg - q\alpha_{31}$$

$$= 1.$$

Die gegebene Form ist also einer Form

$$G = \sum_{\mu,\nu=1}^{3} a'_{\mu\nu} x_\mu x_\nu$$

äquivalent, in der a'_{11} die kleinste darstellbare positive Zahl ist. Auf G wende ich nun eine Substitution

$$\begin{pmatrix} 1 & r & s \\ 0 & \alpha & \beta \\ 0 & \gamma & \delta \end{pmatrix}$$

an, wo

$$\alpha\delta - \beta\gamma = 1$$

ist; sie hat die Determinante 1, was auch r und s seien. In der aus G entstehenden Form

$$F = \sum_{\mu,\nu=1}^{3} a_{\mu\nu} \xi_\mu \xi_\nu$$

ist insbesondere

$$a_{11} = a'_{11},$$
$$a_{12} = r a'_{11} + \alpha a'_{12} + \gamma a'_{13},$$
$$a_{13} = s a'_{11} + \beta a'_{12} + \delta a'_{13},$$

also

$$a_{11}\xi_1 + a_{12}\xi_2 + a_{13}\xi_3 = a'_{11}x_1 + a'_{12}x_2 + a'_{13}x_3.$$

Es ist

$a'_{11}\, G(x_1, x_2, x_3) = (a'_{11}x_1 + a'_{12}x_2 + a'_{13}x_3)^2 +$ einer definiten quadratischen Form in x_2, x_3 mit positiver Diskriminante,

$a_{11}\, F(\xi_1, \xi_2, \xi_3) = (a_{11}\xi_1 + a_{12}\xi_2 + a_{13}\xi_3)^2 +$ einer definiten quadratischen Form in ξ_2, ξ_3 mit positiver Diskriminante;

durch die Substitution $\begin{pmatrix}\alpha & \beta\\ \gamma & \delta\end{pmatrix}$ geht jene quadratische Form von x_2, x_3 in diese quadratische Form von ξ_2, ξ_3 über. Über α, β, γ, δ kann so verfügt werden, daß diese quadratische Form in ξ_2, ξ_3

$$(a_{11}a_{22} - a_{12}^2)\xi_2^2 + 2(a_{11}a_{23} - a_{12}a_{13})\xi_2\xi_3 + (a_{11}a_{33} - a_{13}^2)\xi_3^2$$

reduziert ist. Da sie die Diskriminante $a_{11}D$ hat, ist alsdann

$$2\,|\,a_{11}a_{23} - a_{12}a_{13}\,| \leqq a_{11}a_{22} - a_{12}^2 \leqq a_{11}a_{33} - a_{13}^2,$$
$$a_{11}a_{22} - a_{12}^2 \leqq \frac{2}{\sqrt{3}}\sqrt{a_{11}D}.$$

Alsdann kann man r so bestimmen, daß

$$|\,a_{12}\,| = |\,r a'_{11} + \alpha a'_{12} + \gamma a'_{13}\,|$$
$$\leqq \frac{1}{2}a'_{11}$$
$$= \frac{1}{2}a_{11}$$

ist, und s so, daß

$$|\,a_{13}\,| = |\,s a'_{11} + \beta a'_{12} + \delta a'_{13}\,|$$
$$\leqq \frac{1}{2}a'_{11}$$
$$= \frac{1}{2}a_{11}$$

ist. Da a_{11} die kleinste darstellbare positive Zahl und a_{22} auch darstellbar ist, ist

$$a_{11} \leqq a_{22},$$

folglich

$$\begin{aligned} a_{11}^2 &\leqq a_{11}a_{22} \\ &= a_{11}a_{22} - a_{12}^2 + a_{12}^2 \\ &\leqq \frac{2}{\sqrt{3}}\sqrt{a_{11}D} + \frac{1}{4}a_{11}^2, \end{aligned}$$

$$\frac{3}{4}a_{11}^2 \leqq \frac{2}{\sqrt{3}}\sqrt{a_{11}D},$$

$$a_{11}^{\frac{3}{2}} \leqq \frac{8}{3\sqrt{3}}D^{\frac{1}{2}},$$

$$a_{11} \leqq \frac{4}{3}\sqrt[3]{D}.$$

Damit ist der Satz bewiesen; er liefert natürlich die Endlichkeit der Klassenzahl; denn er läßt bei gegebenem D nur endlich viele Systeme a_{11}, a_{12}, a_{13} zu und alsdann nach der Theorie der binären Formen für

$$a_{11}a_{22} - a_{12}^2,\quad a_{11}a_{23} - a_{12}a_{13},\quad a_{11}a_{33} - a_{13}^2,$$

also für a_{22}, a_{23}, a_{33} nur endlich viele Wertsysteme.

Wir brauchen aber nur den Fall $D = 1$.

Satz: Jede ternäre Form der Diskriminante 1 von x_1, x_2, x_3, welche nur dann verschwindet, wenn $x_1 = x_2 = x_3 = 0$ ist, und sonst positiv ist, ist der Form $\xi_1^2 + \xi_2^2 + \xi_3^2$ äquivalent; d. h. jede durch eine solche Form darstellbare Zahl ist in drei Quadrate zerlegbar.

Beweis: Die gegebene Form ist nach dem vorigen Satz einer Form F äquivalent, in der

$$0 < a_{11} \leqq \frac{4}{3},$$

also

$$a_{11} = 1,$$

ferner

$$2\,|a_{12}| \leqq 1,$$

$$2\,|a_{13}| \leqq 1,$$

also

$$a_{12} = 0,$$

$$a_{13} = 0$$

ist und überdies

$$a_{11}F - (a_{11}\xi_1 + a_{12}\xi_2 + a_{13}\xi_3)^2 = a_{22}\xi_2^2 + 2a_{23}\xi_2\xi_3 + a_{33}\xi_3^2$$

eine reduzierte quadratische Form der Diskriminante 1 ist. Nach § 141 kann also nur

$$a_{22} = 1,$$
$$a_{23} = 0,$$
$$a_{33} = 1,$$

d. h.

$$F = \xi_1^2 + \xi_2^2 + \xi_3^2$$

sein.

§ 143.
Über die Zerlegung der Zahlen in zwei Quadrate.

Die Sätze dieses Paragraphen lassen sich ohne die Theorie der quadratischen Formen beweisen; zur Vorbereitung auf das folgende gebe ich jedoch mit Absicht die vorliegenden Beweise.

Satz: Wenn eine positive ganze Zahl in zwei Quadrate zerlegbar, d. h. durch die Form $x^2 + y^2$ darstellbar ist, enthält sie keinen Primfaktor $4m + 3$ in ungerader Potenz.

Beweis: Wenn

$$x^2 + y^2 \equiv 0 \pmod{p^w}$$

ist, wo

$$p \equiv 3 \pmod{4}$$

und

$$w \geqq 1$$

ist, so sind x und y durch p teilbar. Denn sonst wäre keine beider Zahlen durch p teilbar, also, wenn z durch

$$yz \equiv 1 \pmod{p}$$

bestimmt wird,

$$(xz)^2 + 1 \equiv 0 \pmod{p},$$

$$\left(\frac{-1}{p}\right) = 1.$$

Es ist also,

$$x = p\,\xi,$$
$$y = p\,\eta$$

gesetzt,

$$x^2 + y^2 = p^2(\xi^2 + \eta^2),$$

also $x^2 + y^2$ durch p^2 teilbar. Wenn noch

$$\xi^2 + \eta^2 \equiv 0 \pmod{p}$$

ist, ergibt sich ebenso: $\xi^2 + \eta^2$ ist durch p^2, also $x^2 + y^2$ durch p^4 teilbar usw. $x^2 + y^2$ kann also nicht genau durch eine ungerade Potenz von p teilbar sein.

Umgekehrt gilt der

Satz: Wenn die positive Zahl n keinen Primfaktor $4m+3$ in ungerader Potenz enthält, ist n in zwei Quadrate zerlegbar:

$$n = x^2 + y^2.$$

Beweis: n hat nach Voraussetzung die Gestalt $v^2 n_1$, wo n_1 keinen Primfaktor $4m+3$ und überhaupt kein Primzahlquadrat enthält. -1 ist also quadratischer Rest von n_1; d. h. die Kongruenz

$$-1 \equiv z^2 \,(\text{mod.}\, n_1)$$

ist lösbar:

$$n_1 n_2 - 1 = z^2,$$

$$n_1 n_2 - z^2 = 1.$$

Folglich ist (n_1, z, n_2) eine quadratische Form der Diskriminante 1, also äquivalent zu $(1, 0, 1)$; da n_1 durch erstere darstellbar ist, ist n_1 durch letztere darstellbar:

$$n_1 = x_1^2 + y_1^2.$$

Daher ist

$$n = (v x_1)^2 + (v y_1)^2$$

$$= x^2 + y^2.$$

§ 144.

Über die Zerlegung der Zahlen in drei Quadrate.

Satz: Wenn n in drei Quadrate zerlegbar ist, hat n nicht die Gestalt $8m+7$, auch nicht $4(8m+7)$, $4^2(8m+7)$, $\cdots$, $4^a(8m+7)$.

Beweis: 1) $n = 8m+7$ ist nicht durch die Form $x^2+y^2+z^2$ darstellbar, da jedes Quadrat modulo 8 einen der Reste 0, 1, 4 läßt und die Summe von drei Quadraten modulo 8 nur kongruent sein kann zu:

$$0+0+0 \equiv 0,$$

$$0+0+1 \equiv 1,$$

$$0+1+1 \equiv 2,$$

$$1+1+1 \equiv 3,$$

$$0+0+4 \equiv 4,$$

$$0+4+4 \equiv 0,$$

$$4+4+4 \equiv 4,$$

$$1+1+4 \equiv 6,$$

$$1+4+4 \equiv 1,$$

$$0+1+4 \equiv 5,$$

also nie $\equiv 7$ sein kann.

2) Wenn für ein $a \geqq 1$

$$n = 4^a(8m + 7) = x^2 + y^2 + z^2$$

ist, so zeigt die obige Tabelle, daß x, y, z gerade sein müssen; also wäre

$$4^{a-1}(8m + 7) = x_1^2 + y_1^2 + z_1^2,$$

$$\cdots\cdots\cdots\cdots$$

$$8m + 7 = x_a^2 + y_a^2 + z_a^2.$$

Umgekehrt besteht der

Satz: Wenn die positive Zahl n nicht die Gestalt $4^a(8m+7)$ $(a \geqq 0)$ hat, ist n in drei Quadrate zerlegbar.

Beweis: Ohne Beschränkung der Allgemeinheit darf n als ungerade oder als das Doppelte einer ungeraden Zahl angenommen werden; denn mit n ist die Behauptung für $4n$, $16n$, $\cdots$ bewiesen. Es darf also ohne Beschränkung der Allgemeinheit angenommen werden:

$$n \equiv 1, 2, 3, 5, 6 \pmod{8}.$$

Es ist nach § 142 nur nötig, zu beweisen, daß es eine nur für $x_1 = x_2 = x_3 = 0$ verschwindende, sonst positive ternäre Form

$$\sum_{\mu,\nu=1}^{3} a_{\mu\nu} x_\mu x_\nu$$

der Diskriminante 1 gibt, durch die n darstellbar ist; denn dann ist n durch $\xi_1^2 + \xi_2^2 + \xi_3^2$ darstellbar. Es sollen also die vier Relationen erfüllt sein:

$$\left\{\begin{aligned} n &= a_{11}x_1^2 + 2a_{12}x_1x_2 + a_{22}x_2^2 + 2a_{13}x_1x_3 + 2a_{23}x_2x_3 + a_{33}x_3^2, \\ &a_{11} > 0, \\ &a_{11}a_{22} - a_{12}^2 > 0, \\ &\begin{vmatrix} a_{11} & a_{12} & a_{13} \\ a_{21} & a_{22} & a_{23} \\ a_{31} & a_{32} & a_{33} \end{vmatrix} = 1. \end{aligned}\right.$$

Es wird sogar mit

$$a_{13} = 1,\ a_{23} = 0,\ x_1 = 0,\ x_2 = 0,\ x_3 = 1$$

gehen. Dann muß sein:

$$\left\{\begin{aligned} &n = a_{33}, \\ &a_{11} > 0, \\ &a_{11}a_{22} - a_{12}^2 > 0, \\ &\begin{vmatrix} a_{11} & a_{12} & 1 \\ a_{21} & a_{22} & 0 \\ 1 & 0 & a_{33} \end{vmatrix} = (a_{11}a_{22} - a_{12}^2)n - a_{22} = 1, \end{aligned}\right.$$

d. h.

$$\begin{cases} a_{11} > 0, \\ \Delta = a_{11}a_{22} - a_{12}^2 > 0, \\ a_{22} = \Delta n - 1. \end{cases}$$

Hierin ist noch für $n > 1$ (der Wert $n = 1$ ist trivial)

$$a_{11} > 0$$

eine Folge der beiden anderen Relationen, da aus

$$\Delta > 0$$

folgt:

$$\begin{aligned} a_{22} &= \Delta n - 1 \\ &> 0, \\ a_{11}a_{22} &> 0, \\ a_{11} &> 0. \end{aligned}$$

Es soll· also sein:

$$\begin{cases} \Delta = a_{11}a_{22} - a_{12}^2 > 0, \\ a_{22} = \Delta n - 1. \end{cases}$$

Das sind zwei Bestimmungsrelationen mit ganzzahligen Unbekannten. Die erste sagt bloß aus: Δ ist > 0 und $-\Delta$ ist quadratischer Rest von a_{22}. Ich habe also lediglich zu beweisen:

Es gibt bei gegebenem n, falls $n > 1$ ist und modulo 8 einen der Reste 1, 2, 3, 5, 6 läßt, ein $\Delta > 0$ derart, daß $-\Delta$ quadratischer Rest von $\Delta n - 1$ ist.

1. Es sei

$$n \equiv 2 \text{ oder } 6 \pmod{8}.$$

Dann werde ich sogar zeigen: Es gibt eine ungerade Primzahl

$$p = \Delta n - 1,$$

wo Δ ungerade ist, derart, daß

$$\left(\frac{-\Delta}{p}\right) = 1$$

ist.

Da Δ ungerade sein soll, ist jedenfalls erforderlich, daß

$$p \equiv 1 \pmod{4}$$

ist; für jedes solche p ist

$$\begin{aligned} \left(\frac{-\Delta}{p}\right) &= \left(\frac{\Delta}{p}\right) \\ &= \left(\frac{p}{\Delta}\right) \end{aligned}$$

$$= \left(\frac{\Delta n - 1}{\Delta}\right)$$
$$= \left(\frac{-1}{\Delta}\right).$$

Es ist also nur nötig,
$$\Delta = 4v + 1$$
so zu wählen, daß
$$\Delta n - 1 = (4v + 1)n - 1$$
$$= 4nv + n - 1$$
eine Primzahl ist, und das ist wegen
$$(4n, n - 1) = 1$$
nach dem Satz von der arithmetischen Progression möglich.

2. Es sei
$$n \equiv 1 \text{ oder } 3 \text{ oder } 5 \pmod{8}.$$
Dann werde ich zeigen: Es gibt eine ungerade Primzahl p, so daß
$$2p = \Delta n - 1$$
und $-\Delta$ quadratischer Rest von p, also auch von $2p$ ist, d. h., daß
$$\left(\frac{-\Delta}{p}\right) = 1$$
ist.

Damit überhaupt $\Delta n - 1$ das Doppelte einer ungeraden Zahl ist, muß modulo 8 gewählt werden:
$$\Delta \equiv 3 \text{ oder } 7 \quad \text{für } n \equiv 1,$$
$$\Delta \equiv 1 \text{ oder } 5 \quad \text{für } n \equiv 3,$$
$$\Delta \equiv 7 \text{ oder } 3 \quad \text{für } n \equiv 5.$$
Für das in jeder der drei letzten Zeilen erstgenannte Δ ist jedesmal
$$p \equiv 1 \pmod{4},$$
für das letztgenannte
$$p \equiv 3 \pmod{4}.$$
Jedenfalls ist wegen
$$\left(\frac{-\Delta}{p}\right) = (-1)^{\frac{p-1}{2}} \left(\frac{\Delta}{p}\right)$$
$$= (-1)^{\frac{p-1}{2} + \frac{p-1}{2}\frac{\Delta-1}{2}} \left(\frac{p}{\Delta}\right)$$
$$= (-1)^{\frac{p-1}{2} + \frac{p-1}{2}\frac{\Delta-1}{2} + \frac{\Delta^2-1}{8}} \left(\frac{2p}{\Delta}\right)$$

$$= (-1)^{\frac{p-1}{2}\frac{\Delta+1}{2}+\frac{\Delta^2-1}{8}}\left(\frac{\Delta n-1}{\Delta}\right)$$

$$= (-1)^{\frac{p-1}{2}\frac{\Delta+1}{2}+\frac{\Delta^2-1}{8}+\frac{\Delta-1}{2}}$$

für $n \equiv 1 \pmod{8}$, $\Delta \equiv 3 \pmod{8}$: $p \equiv 1 \pmod{4}$, $\left(\frac{-\Delta}{p}\right) = 1$;

für $n \equiv 3 \pmod{8}$, $\Delta \equiv 1 \pmod{8}$: $p \equiv 1 \pmod{4}$, $\left(\frac{-\Delta}{p}\right) = 1$;

für $n \equiv 5 \pmod{8}$, $\Delta \equiv 3 \pmod{8}$: $p \equiv 3 \pmod{4}$, $\left(\frac{-\Delta}{p}\right) = 1$.

In jedem der drei Fälle ist somit

$$\left(\frac{-\Delta}{p}\right) = 1.$$

Es ist also nur zu zeigen, daß in der Zahlklasse

$$\tfrac{1}{2}(\Delta n - 1),$$

wo Δ seine Werte $8v + \varepsilon$ ($\varepsilon = 1$ bzw. $\varepsilon = 3$) durchläuft, d. h. unter den Zahlen

$$4vn + \tfrac{1}{2}(n\varepsilon - 1)$$

eine Primzahl vorkommt. Das folgt aus dem Satz von der Existenz unendlich vieler Primzahlen in jeder arithmetischen Progression $ky + l$ mit teilerfremden k, l; es ist hier wirklich

$$(4n, \tfrac{1}{2}(n\varepsilon - 1)) = 1;$$

denn

$$(4n, \tfrac{1}{2}(n\varepsilon - 1)) = d$$

gibt, da $\frac{n\varepsilon - 1}{2}$ ungerade ist,

$$d \mid n,$$
$$d \mid n\varepsilon - 1,$$
$$d \mid 1,$$
$$d = 1.$$

Der behauptete Satz ist also vollständig bewiesen.

Aus ihm folgt leicht, daß jede positive Zahl n in vier Quadrate zerlegbar ist (was übrigens direkt viel leichter zu beweisen geht); denn, wenn n nicht die Form $4^a(8m + 7)$ hat, ist n sogar in drei Quadrate zerlegbar; wenn

$$n = 8m + 7$$

ist, ist gewiß $n-1$ nach dem vorigen Satz in drei Quadrate zerlegbar, also n in vier Quadrate; wenn

$$n = 4^a(8m+7)$$

ist, ist nach dem soeben Bewiesenen

$$\frac{n}{4^a} = \frac{n}{(2^a)^2}$$

in vier Quadrate zerlegbar, also auch n.

Für das Folgende mache ich noch besonders darauf aufmerksam, daß nach dem Bewiesenen die positiven Zahlen folgender zwölf Restklassen modulo 16 sämtlich in drei Quadrate zerlegbar sind:

$$n \equiv 1,\ 2,\ 3,\ 4,\ 5,\ 6,\ 8,\ 9,\ 10,\ 11,\ 13,\ 14 \pmod{16}.$$

In der Tat sind die Zahlen $\equiv 1, 3, 5, 9, 11, 13$ ungerade und nicht von der Form $8m+7$, die Zahlen $\equiv 2, 6, 10, 14$ Doppelte von ungeraden Zahlen, die Zahlen $\equiv 4, 8$ das Vierfache einer Zahl $4\nu+1$, $4\nu+2$, also gewiß nicht von der Gestalt $4^a(8m+7)$.

Sechsunddreißigstes Kapitel.

Über die Zerlegung der Zahlen in Kuben.

§ 145.

Einleitung und Hilfssätze.

Unter Benutzung des Satzes aus § 144 und der tiefsten Eigenschaften der Primzahlen der arithmetischen Progression werde ich in diesem Kapitel den Satz beweisen:

Satz: Jede positive ganze Zahl von einer gewissen Stelle an ist als Summe von höchstens 8 positiven Kuben darstellbar.

Ich schicke in diesem Paragraphen zwei Hilfssätze voraus.

Hilfssatz 1: Wenn p eine Primzahl und

$$p \equiv 2 \pmod{3}$$

ist, ist jede nicht durch p teilbare Zahl kubischer Rest[1] mod. p^3.

1) Ich gebrauche natürlich nicht die Theorie der kubischen Reste, sondern nur den Begriff: Die Kongruenz

$$v \equiv z^3 \pmod{p^3}$$

ist auflösbar.

Beweis: Wenn $a_1, a_2, \cdots, a_{\varphi(p^3)}$ die zu p^3 teilerfremden Restklassen modulo p^3 bezeichnen, repräsentieren $a_1^3, \cdots, a_{\varphi(p^3)}^3$ wieder $\varphi(p^3)$ teilerfremde Restklassen modulo p^3. Es ist nur nötig, zu beweisen, daß diese verschieden sind, d. h., daß aus

$$a^3 \equiv b^3 \,(\text{mod.}\, p^3), \; (a, p) = 1, \; (b, p) = 1 \tag{1}$$

$$a \equiv b \,(\text{mod.}\, p^3)$$

folgt, um sagen zu können: Jede teilerfremde Restklasse ist der Kubus einer (teilerfremden) Restklasse. In der Tat folgt nun aus (1), wenn c durch

$$a \equiv bc \,(\text{mod.}\, p^3)$$

bestimmt ist,

$$c^3 \equiv 1 \,(\text{mod.}\, p^3). \tag{2}$$

c gehört jedenfalls zu einem Exponenten, der in

$$\varphi(p^3) = p^2(p-1),$$

aber nach (2) auch in 3 aufgeht. Wegen

$$p \equiv 2 \,(\text{mod.}\, 3)$$

ist derselbe 1; d. h. es ist[1]

$$c \equiv 1 \,(\text{mod.}\, p^3).$$

Hilfssatz 2: Zu jeder Zahl a gibt es ein γ derart, daß $a - \gamma^3$ modulo 96 einen der Reste

$$6, 12, 18, 24, 30, 36, 48, 54, 60, 66, 78, 84$$

läßt.

1) Anderer Beweis: Es ist

$$p^3 \mid (c-1)(c^2+c+1).$$

Wäre $c - 1$ nicht durch p^3 teilbar, so wäre

$$p \mid c^2 + c + 1;$$

für $p = 2$ ist dies unmöglich, und für $p > 3$ würde aus

$$p \mid 4c^2 + 4c + 4 = (2c+1)^2 + 3$$

folgen:

$$\left(\frac{-3}{p}\right) = 1,$$

was nicht der Fall ist.

Beweis: Man setze

$\gamma =$	für $a \equiv$
0	6, 12, 18, 24, 30, 36, 48, 54, 60, 66, 78, 84;
1	7, 13, 19, 25, 31, 37, 49, 55, 61, 67, 79, 85;
2	14, 20, 26, 32, 38, 44, 56, 62, 68, 74, 86, 92;
3	33, 39, 45, 51, 57, 63, 75, 81, 87, 93, 9, 15;
4	70, 76, 82, 88, 94, 4, 16, 22, 28, 34, 46, 52;
5	35, 41, 47, 53, 59, 65, 77, 83, 89, 95, 11, 17;
6	42, 72, 90;
7	73, 91, 43;
8	50, 80, 2;
9	69, 21, 27;
10	58, 64, 10;
11	5, 23, 71;
13	1;
14	8;
15	3;
17	29;
18	0;
22	40.

§ 146.

Beweis des Satzes.

Aus § 121 wissen wir: Wenn

$$(k, l) = 1$$

ist und $\varepsilon > 0$ gegeben ist, so wächst die Anzahl der Primzahlen $ky + l$ zwischen x (exkl.) und $x + \varepsilon x$ (inkl.) mit x ins Unendliche.

Speziell, für $k = 3$, $l = 2$, $\varepsilon = \sqrt[9]{\frac{12}{8}} - 1$: Für alle hinreichend großen ganzen n gibt es mindestens zehn Primzahlen p, welche die Bedingungen

$$(1) \qquad \sqrt[9]{\frac{n}{12}} < p \leqq \sqrt[9]{\frac{n}{8}},$$

$$(2) \qquad p \equiv 2 \pmod{3}$$

erfüllen. Von je zehn solchen Primzahlen geht für alle hinreichend großen n mindestens eine nicht in n auf, da ihr Produkt $> \left(\frac{n}{12}\right)^{\frac{10}{9}}$, also von einer gewissen Stelle an $> n$ ist. p bezeichne eine solche Primzahl, die also nicht in n aufgeht und (1), (2) erfüllt.

Aus (1) folgt
$$8p^9 \leqq n < 12p^9,$$
aus (2) nach dem Hilfssatz 1 des § 145, daß n kubischer Rest modulo p^3 ist. Es gibt also ein β derart, daß
$$0 < \beta < p^3$$
und
$$n - \beta^3 = p^3 M$$
ist. Hierin ist
$$7p^9 < p^3 M < 12p^9,$$
$$7p^6 < M < 12p^6.$$

Es werde nun
$$M = 6p^6 + M_1$$
gesetzt:
$$p^6 < M_1 < 6p^6.$$
Nach dem Hilfssatz 2 des § 145 läßt sich von M_1 ein $\gamma^3 (0 \leqq \gamma < 96)$ subtrahieren, so daß
$$M_1 - \gamma^3 = M_2$$
modulo 96 einen der Reste
$$6, 12, 18, 24, 30, 36, 48, 54, 60, 66, 78, 84$$
läßt. Es ist
$$M_2 \leqq M_1$$
$$< 6p^6$$
und für alle hinreichend großen n
$$M_2 > p^6 - 96^3$$
$$> 0.$$
Da
$$\frac{M_2}{6} = M_3$$
$$\equiv 1, 2, 3, 4, 5, 6, 8, 9, 10, 11, 13, 14 \pmod{16}$$
ist, ist das für alle hinreichend großen n positive M_3 nach der Schlußbemerkung des § 144 in drei Quadrate zerlegbar:
$$M_3 = A^2 + B^2 + C^2,$$
wo wegen
$$M_3 < p^6$$
die Ungleichungen
$$-p^3 < A < p^3,$$
$$-p^3 < B < p^3,$$
$$-p^3 < C < p^3$$
erfüllt sind.

Alsdann ist

$$\begin{aligned} n &= \beta^3 + p^3 M \\ &= \beta^3 + p^3(6p^6 + M_1) \\ &= \beta^3 + p^3(6p^6 + \gamma^3 + M_2) \\ &= \beta^3 + p^3(6p^6 + \gamma^3 + 6M_3) \\ &= \beta^3 + (p\gamma)^3 + p^3(6p^6 + 6A^2 + 6B^2 + 6C^2) \\ &= \beta^3 + (p\gamma)^3 + (p^3 + A)^3 + (p^3 - A)^3 + (p^3 + B)^3 + (p^3 - B)^3 \\ &\qquad + (p^3 + C)^3 + (p^3 - C)^3, \end{aligned}$$

also die gegebene Zahl n in 8 nicht negative Kuben zerlegbar.

Siebenunddreißigstes Kapitel.

Über den größten Primteiler gewisser Produkte.

§ 147.

Beweis eines Satzes über die Primteiler des Produktes $(1+1^2)(1+2^2)\cdots(1+x^2)$.

Satz: Es sei x eine ganze Zahl $\geqq 1$. Wenn P_x der größte Primteiler von

$$(1) \qquad \prod_{n=1}^{x}(1+n^2) = (1+1^2)(1+2^2)\cdots(1+x^2)$$

ist, so ist

$$\lim_{x=\infty} \frac{P_x}{x} = \infty.$$

Beweis: Da die Kongruenz

$$y^2 \equiv -1 \pmod{p}$$

für $p \equiv 3 \pmod{4}$ keine Wurzel, für $p = 2$ eine Wurzel modulo p und für $p \equiv 1 \pmod{4}$ zwei Wurzeln modulo p hat, so ist die Anzahl der Faktoren des Produktes (1), welche durch p teilbar sind,

1. im Falle $p \equiv 3 \pmod{4}$

$$0,$$

2. im Falle $p = 2$

$$\leqq \frac{x+1}{2},$$

3. im Falle $p \equiv 1 \pmod{4}$

$$\leqq 2\left(\left[\frac{x}{p}\right] + 1\right)$$

$$\leqq \frac{2x}{p} + 2.$$

Für p^m $(m > 1)$ ist die Anzahl der durch diese Zahl teilbaren Faktoren von (1) (da die Kongruenzwurzelzahlen modulo p^m die Werte 0, 0, 2 haben)

1. im Falle $p \equiv 3 \pmod{4}$

$$0,$$

2. im Falle $p = 2$

$$0,$$

3. im Falle $p \equiv 1 \pmod{4}$

$$\leqq 2\left(\left[\frac{x}{p^m}\right] + 1\right)$$

$$\leqq \frac{2x}{p^m} + 2.$$

Daher ist, wenn — gegen die Voraussetzung — bei festem g für unendlich viele x

$$P_x \leqq gx$$

wäre, für diese x

$$\log \prod_{n=1}^{x}(1 + n^2) = \sum_{n=1}^{x}\log(1 + n^2)$$

$$\leqq \log 2 \, \frac{x+1}{2} + \sum_{\substack{p \equiv 1 \\ p \leqq gx}} \log p \left(\left(\frac{2x}{p} + 2\right) + \left(\frac{2x}{p^2} + 2\right) + \cdots\right),$$

wo die Klammer nur so weit fortzusetzen ist, als

$$p^m \leqq 1 + x^2$$

ist, also höchstens

$$\frac{\log(1 + x^2)}{\log p}$$

Glieder hat. Daher wäre für jene unendlich vielen x

$$\log \prod_{n=1}^{x}(1 + n^2) \leqq O(x) + \sum_{\substack{p \equiv 1 \\ p \leqq gx}} \log p \left(\frac{2x}{p} + \frac{2x}{p^2} + \cdots \text{ ad inf.}\right) + O \sum_{p \leqq gx} \log p \, \frac{\log}{\log}$$

$$= O(x) + 2x \sum_{\substack{p \equiv 1 \\ p \leqq gx}} \frac{\log p}{p-1} + O\left(\log x \, \pi(gx)\right)$$

$$= O(x) + 2x \sum_{\substack{p \equiv 1 \\ p \leqq gx}} \frac{\log p}{p} + O\left(\log x \, \frac{x}{\log x}\right);$$

nach § 110 ist

$$\sum_{\substack{p\equiv 1\\ p\leqq gx}}\frac{\log p}{p}=\tfrac{1}{2}\log x+O(1);$$

daher wäre für jene unendlich vielen x

$$\sum_{n=1}^{x}\log(1+n^2)\leqq x\log x+O(x).$$

Andererseits ist

$$\sum_{n=1}^{x}\log(1+n^2)\geqq 2\sum_{n=1}^{x}\log n$$

$$\sim 2x\log x,$$

und es hat sich ein Widerspruch ergeben.

§ 148.

Anwendung auf eine diophantische Gleichung[1].

Satz: Die Zahl

$$i(i-1)(i-2)\cdots(i-x)$$

kann nur für endlich viele positiv-ganzzahlige x reell oder rein imaginär sein.

Beweis: Wenn für ein x jene Zahl reell oder rein imaginär ist, so ist auch

$$(-i)(-i-1)(-i-2)\cdots(-i-x),$$

also auch

$$(1+i)(2+i)\cdots(x+i)$$

reell oder rein imaginär; es ist alsdann

$$(1+i)(2+i)\cdots(x+i)=\pm(1-i)(2-i)\cdots(x-i).$$

Das Produkt

$$Q_n=(1+n)(2+n)\cdots(x+n),$$

wo $1\leqq n\leqq x$ ist, ist also

$$\begin{aligned}&\equiv(1-i)(2-i)\cdots(x-i) &&(\operatorname{mod.} n+i)\\ &\equiv\pm(1+i)(2+i)\cdots(x+i) &&(\operatorname{mod.} n+i)\\ &\equiv 0 &&(\operatorname{mod.} n+i).\end{aligned}$$

Die reelle Zahl Q_n wäre also durch $n+i$ teilbar.

1) In diesem Paragraphen mache ich von den Elementen der Theorie der ganzen komplexen Zahlen $a+bi$ Gebrauch.

Es sei nun p eine reelle Primzahl und

$$p \mid (1+1^2)(1+2^2)\cdots(1+x^2);$$

dann gibt es ein n, so daß

$$1 \leqq n \leqq x$$

und

$$p \mid 1+n^2,$$

d. h.

$$p \mid (n+i)(n-i)$$

ist; wenn die Zerlegung von p in komplexe Primfaktoren

$$p = \mathfrak{p}\,\bar{\mathfrak{p}}$$

lautet, kann die Anordnung der beiden Faktoren so gewählt werden, daß

$$\mathfrak{p} \mid n+i$$

ist. Alsdann ist nach dem Obigen

$$\mathfrak{p} \mid Q_n = (1+n)\cdots(x+n),$$

also auch

$$p \mid (1+n)\cdots(x+n),$$

folglich

$$p \leqq 2x.$$

Jeder Primfaktor von

$$(1+1^2)(1+2^2)\cdots(1+x^2)$$

ist also $\leqq 2x$, was nach dem Satze des vorigen Paragraphen für alle hinreichend großen x unmöglich ist.

§ 149.

Verallgemeinerung des Satzes auf das Produkt $(A+1^2)(A+2^2)\cdots(A+x^2)$.

Satz: A sei $\geqq 1$, $x \geqq 1$. Wenn P_x der größte Primfaktor von

$$\prod_{n=1}^{x}(A+n^2)$$

ist, ist

$$\lim_{x=\infty}\frac{P_x}{x} = \infty.$$

Beweis: Es sei g eine Konstante und unendlich oft

(1) $$P_x \leqq gx.$$

Daraus soll ein Widerspruch entwickelt werden.

Die Kongruenz
$$y^2 \equiv -A \pmod{p^m}$$
ist bekanntlich[1] für die Primzahlen der Hälfte der $h = \varphi(4A)$ zu $4A$ teilerfremden Restklassen lösbar, in der anderen Hälfte unlösbar; im Falle der Lösbarkeit hat sie zwei Lösungen modulo p^m.

Die Potenzen $p^m (m \geqq 1)$ der endlich vielen in $4A$ aufgehenden Primzahlen liefern bei der Zerlegung von
$$\log \prod_{n=1}^{x} (A + n^2) = \sum_{n=1}^{x} \log (A + n^2)$$
nur einen Beitrag $O(x)$. Denn bei festem A und festem p liegt die Lösungszahl modulo p^m von
$$y^2 \equiv -A \pmod{p^m}$$
unterhalb einer von m unabhängigen Schranke[2] C_p; daher ist der Beitrag jeder solchen Primzahl
$$\leqq C_p \log p \sum_{m=1}^{\frac{\log (A + x^2)}{\log p}} \left(\left[\frac{x}{p^m}\right] + 1\right)$$
$$= O \sum_{m=1}^{\infty} \frac{x}{p^m} + O(\log x)$$
$$= O(x).$$

Es ergibt sich also, wenn x durch die Lösungen von (1) läuft und Σ' sich auf die $\frac{h}{2}$ Restklassen bezieht, denen Primzahlen entsprechen,

1) In diesem Paragraphen, dessen Ergebnis im folgenden nie benutzt wird, mache ich von mehr zahlentheoretischen Vorkenntnissen Gebrauch als gewöhnlich. Übrigens würde bereits die Kenntnis genügen, daß die Kongruenz für die Primzahlen mindestens einer jener h Restklassen unlösbar ist; denn mit $h - 1$ statt $\frac{h}{2}$ kommt der folgende Beweis auch zum Ziel.

2) Wenn nämlich $p = 2$ und A ungerade ist, hat die Kongruenz bekanntlich nicht mehr als vier Wurzeln modulo p^m. Wenn dagegen die Primzahl $p \geqq 2$ in A aufgeht, sind zwei Fälle zu unterscheiden. Falls p in ungerader Vielfachheit aufgeht, ist die Kongruenz von einem gewissen m an unlösbar. Falls p genau zur $2v$ten Potenz in $A = p^{2v} B$ vorkommt, geht für $m > 2v$ die Kongruenz, $y = p^v z$ gesetzt, in
$$z^2 \equiv -B \pmod{p^{m-2v}}$$
über, hat also alsdann höchstens vier Wurzeln y modulo $p^v \cdot p^{m-2v} = p^{m-v}$ d. h. höchstens $4p^v$ Wurzeln modulo p^m.

$$\sum_{n=1}^{x} \log(A+n^2) \leqq O(x) + {\sum_{p \leqq gx}}' \log p \left(\left(\frac{2x}{p} + 2\right) + \left(\frac{2x}{p^2} + 2\right) + \cdots \right)$$

$$\leqq O(x) + 2x {\sum_{p \leqq gx}}' \frac{\log p}{p-1} + O \sum_{p \leqq gx} \log p \frac{\log x}{\log p}$$

$$= O(x) + 2x {\sum_{p \leqq gx}}' \frac{\log p}{p} + O(\log x\, \pi(gx))$$

$$= O(x) + 2x {\sum_{p \leqq gx}}' \frac{\log p}{p};$$

nach § 110 ist für jede teilerfremde Restklasse modulo $4A$

$$\sum_{\substack{p \equiv l \\ p \leqq gx}} \frac{\log p}{p} = \frac{1}{h} \log x + O(1);$$

also ergibt sich, wenn x die Lösungen von (1) durchläuft,

$$\sum_{n=1}^{x} \log(A+n^2) \leqq O(x) + 2x\left(\frac{h}{2} \cdot \frac{1}{h} \log x + O(1)\right)$$

$$= x \log x + O(x),$$

was mit

$$\sum_{n=1}^{x} \log(A+n^2) \geqq 2 \sum_{n=1}^{x} \log n$$

$$\sim 2x \log x$$

in Widerspruch steht.